高等学校教材

工程图与表现图投影基础 （上册）

西安建筑科技大学 贾天科 成 彬 主编
李树涛 主审

中国建筑工业出版社

图书在版编目(CIP)数据

工程图与表现图投影基础. 上册/贾天科,成彬主编.
北京:中国建筑工业出版社,2006
高等学校教材
ISBN 978-7-112-08565-1

Ⅰ. 工… Ⅱ. ①贾… ②成… Ⅲ. ①画法几何-高等
学校-习题②建筑制图-透视投影-高等学校-习题
Ⅳ. TU204-44

中国版本图书馆CIP数据核字(2006)第051863号

高等学校教材
工程图与表现图投影基础
(上册)
西安建筑科技大学 贾天科　成　彬　主编
李树涛　主审

*

中国建筑工业出版社出版、发行（北京西郊百万庄）
各地新华书店、建筑书店经销
廊坊市海涛印刷有限公司印刷

*

开本: 850×1168毫米　1/16　印张: 30　字数: 563千字
2006年9月第一版　2017年8月第五次印刷
定价: **65.00**元（含习题集）
ISBN 978-7-112-08565-1
(15229)

本教材是为培养建筑学、城市规划、环境艺术等专业学生的绘图技能而编写的。内容共分三大部分：画法几何、阴影透视及建筑制图。考虑到读者对象及特点，本教材编写为上、下两册，每册又分上、下两篇。

上册：上篇——投影原理，下篇——投影制图。

下册：上篇——阴影透视，下篇——房屋建筑图。

该教材的最大特点是，插图及例题较多，且图形清晰准确，难点及重点采用分步作图，一看即明，方便阅读，有利自学。书中对方案图的表达和施工图的画法都做了详细的介绍，可供后继课程教学使用或参考。再者，该教材涵盖面宽，通用性强，职业技术、成人教育、电视大学等均可选用或参考。

与本书配套的《工程图与表现图投影基础习题集》上、下册，是教材内容的延伸与扩展，希望读者在学习中一并选用。

*　　*　　*

责任编辑：王玉容

责任设计：赵明霞

责任校对：张树梅　王雪竹

前　言

本书是根据教育部1995年颁发的高等学校工科、本科“画法几何及阴影透视”课程教学大纲的基本要求，并在总结近年来教学改革经验的基础上编写的。本书贯彻中华人民共和国建设部2002年颁布实施的最新建筑制图标准。

本书在内容处理上具有以下特点：

(1) 方便阅读。有利于自学是我们编写本教材的宗旨，为此我们充分利用计算机绘图的优越性，重点例题均采用分步作图，使作图方法、步骤一目了然。对基本要领，投影规律以及较为复杂的难点问题，都绘制了空间示意图，以帮助学生建立从空间到平面的思维过程。本书在排版时尽量做到图文并茂，以避免图文相隔太远给阅读带来的不便。

(2) 本教材全文插图均采用计算机绘制，图形清晰、准确、生动。

(3) 注重教学性。本教材在体系和内容的编排上具有良好的系统性，更注重上、下册内容的有机联系，有助于学习难点的突破。如下册的复合落影的形成问题，引导学生从上册交叉两直线重影点的概念去理解；下册曲面体阴影中盖盘阴线在圆锥、圆柱面上落影的形成，引用上册截交线的概念去理解，从而避免了将上册理论束之高阁，而下册的应用问题学不动的现象。

(4) 本书以“提高素质”为目的，突出了建筑表现图技能的培养和训练。本书在内容安排上重视尺规绘图、徒手草图及计算机绘图三种制图能力的培养。在透视基本画法中既重点介绍了画透视图的基本方法，还通过大量的例题启发学生掌握更多的求透视的简捷的作图方法和技巧。其中强调了降低基线作基透视的方法。因为它是用于修改建筑设计很好的作图方法，而且降低和升高基线画出的透视图，其方法、步骤清晰，有利于教学和学生自学。

(5) 注重实用性。本书采用的图例不仅结合建筑实际，且取材新颖，富有时代感。为适应建筑学专业的学科特点，本书打破了传统的教学体系，增加了制图基本知识、投影制图和房屋建筑图三部分内容，使学生顺利从投影图向工程图过渡的同时，增强了工程意识。

(6) 根据建筑学、城市规划专业的教学特点，在房屋建筑图一篇中我们按建筑设计的程序，重点阐述了从方案图的产生，到施工图的完成全部过程。并对方案图的表达和施工图的画法都做了详细的介绍，使学生对方案图和施工图的区别有了明确的认识。为今后作方案图设计和施工图设计奠定良好的绘图基础。

(7) 本教材对其他相关教材的薄弱环节都做了重点改进：

- 加强了透视基本理论中直线透视部分从空间到平面的作图过程。
- 对如何画好透视图和怎样才算是一张好的透视图有详细的论述。
- 考虑到今后工作的实际应用，对透视的实用画法也做了一定量的补充。
- 在透视的画法中，将量点法的概念和量点法的作图分别讲述，强调量点法与视线法作图的区别，从而改变了量点法与视线法的学习容易混淆的局面，有利于突破量点法教学的难点。
- 加强和完善了阴影的基本知识的内容，对组合体阴影、曲面体阴影及建筑形体阴影的学习奠定了良好的基础。

本书上册的上篇第1、7、12章由高燕编写，第2、8、9章由成彬编写，第3、4、5、6、11章由贾天科编写，第10章由高燕、贾天科编写。下篇的第1章由成彬编写，第2章由高燕编写。贾天科、成彬任主编。李树涛老师任主审。

本书下册的上篇第11章由贾天科编写，第14章由成彬、王亚红编写，第6章由贾天科、高燕编写，第1、2、3、4、5、7、8、9、10、12、13章由高燕编写。下篇由李莉编写。高燕任主编。郑士奇老师任主审。

本书在编写过程中，参考了国内众多画法几何、工程制图、建筑透视与阴影教材及有关文献资料，得到许多同行的指导，提出了许多建设性修改意见，在此一并致谢！

由于编者水平有限，本套教材难免存在不少缺点和错误，恳请广大同仁和读者批评指正。

编者

2006年3月

目　录

上篇　投 影 原 理

下篇　投　影　制　图

上篇 投影原理

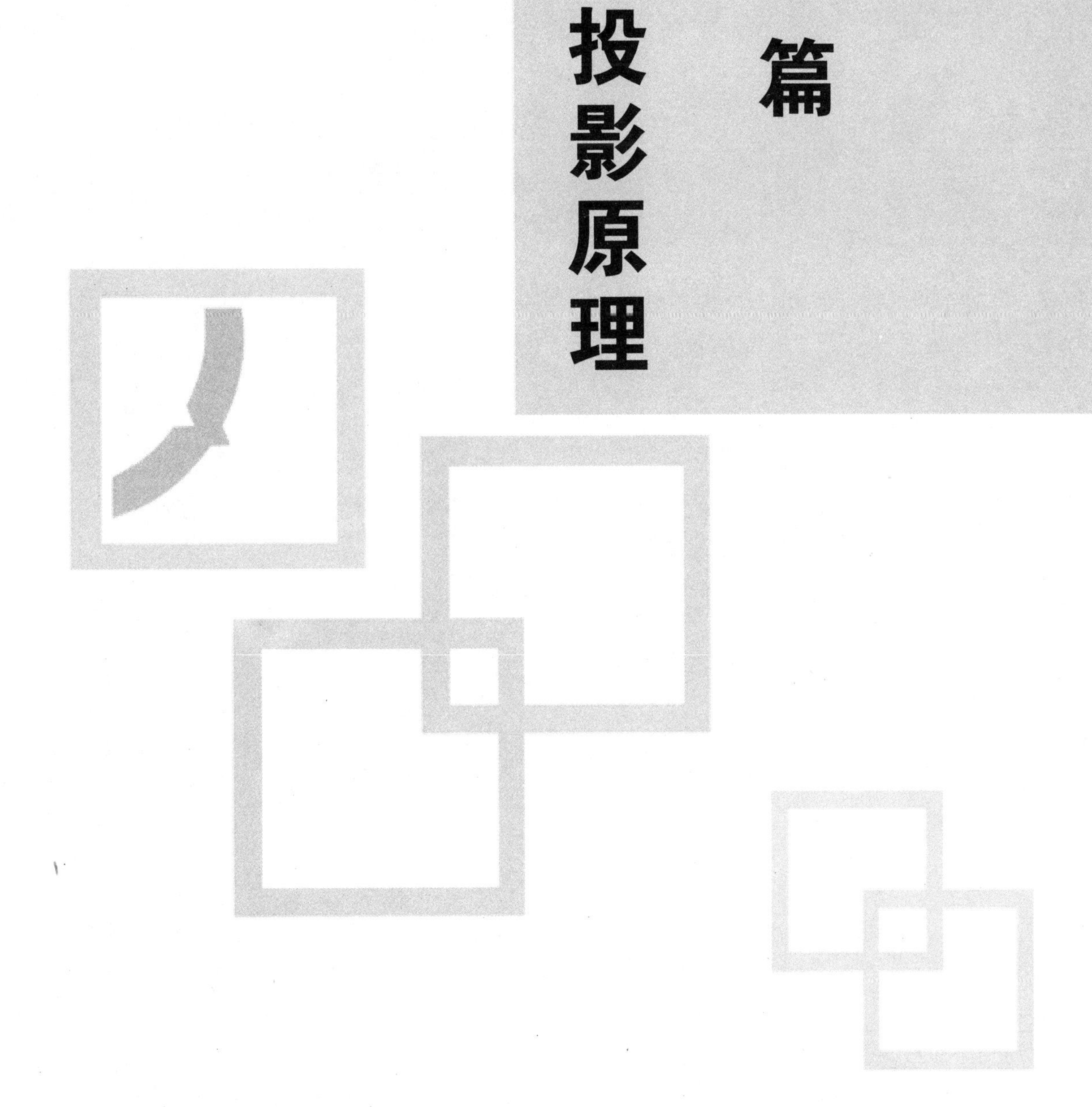

第1章

绪 论

画法几何与阴影透视是怎样的一门课？它对所学专业有何关系和影响？这对一个初入大学校门的新生似乎很茫然。本课程的绪论篇将会使你初步懂得本课程是每个建筑学类专业学生的必修课、先行课。画法几何与阴影透视是绘制建筑工程图与建筑表现图的理论基础，学好本门功课才能使你在今后的建筑设计工作中，将你对未来建筑的美好构思充分表现在图纸上，通过表现图完成你与客户关于设计思想的交流，帮助你实现建筑师的梦想。

1.1 课程简介

1.1.1 学习本课程的目的和意义

图作为表达和交流思想的基本手段由来已久。工程图广泛应用于工程界,因此被称为工程界的技术语言,或者称工程师的语言。工程领域的各项工作,如建筑设计与施工、机械设计与制造的各个环节均离不开工程图。

绘画是对感观视觉或艺术创作的描绘,而建筑工程图却不同于绘画,它是以科学的投影原理和方法,逐渐发展形成的标准图示法。它要求准确,按一定比例用绘图工具绘制完成。它可以充分表达设计内容和技术要求,是建筑设计与施工中不可缺少的重要文件资料,是表达设计意图、进行技术交流、保证施工生产的一种特殊语言工具。

本课程将与建筑初步、建筑美术课程共同培养关于形体的正确表达、表现技法和艺术构思的综合能力,为建筑设计中绘制建筑表现图、建筑施工图打下坚实的理论基础。

1.1.2 本课程的任务

(1)学习正投影法的基本理论及其应用,掌握正投影图的绘制与阅读。

(2)通过对空间几何问题进行分析及图解作图方法的学习,提高空间思维能力,为创造性思维能力的培养奠定基础。

(3)学习斜投影、中心投影的基本理论及其应用,掌握轴测投影、透视投影及求阴影的画法,为绘制建筑表现图奠定投影基础。

(4)熟悉掌握制图的基本知识与基本技能,及有关标准与规定,为今后绘制建筑工程图奠定基础。

(5)了解计算机绘图的基本原理及基本方法,初步掌握绘制简单形体的计算机图形。

1.1.3 本课程的特点及学习方法

本课程是用投影的方法研究三维形体表达的作图方法,即以二维的平面图形表达三维的空间形体和把三维的空间形体表达在二维的平面图纸上。其基本理论并不很难,但我们所处的环境空间的各种形体的差异却是千变万化的,加之从平面到空间、从空间到平面的学习过程是比较抽象的思维过程,所以初学者极易将本课程的基本理论"束之高阁",即作题时与基本理论脱节,常常出现课听懂了做题困难的现象。因此在学习过程中,既要重视投影理论的学习,更要重视实践环节的训练。为了提高学习效率,尽快掌握所学内容,特提出以下几点学习方法以供参考:

(1)学习投影的基本原理时,要注意其系统性和连续性。从一开始就要重视对每个基本概念、基本投影规律和基本作图方法的理解掌握。因为任何一门理论都是由浅入深,循序渐进的。只有消化理解了前面的知识,才能更容易掌握后面的知识。

(2)在学习时,应注重空间分析,要弄清楚把空间关系转化为平面图形的投影规律及在平面上作图的方法和步骤。

(3)要认真细致地按时完成每一道课后习题和作业,应避免看书时感觉什么都会,做题时又很难下手,做完又不知对错的现象。

1.2　投影的基本知识

1.2.1　投影的概念

自然界影子的现象为大家所熟悉，图 1-1(a)所示三棱锥在太阳光的照射下，在地面上产生影子，可这个影子并没有详尽地反映三棱锥的整体形状，由此可见，影子并不能直接服务于生产。但影子现象却启发了人类的智慧，人们把影子现象加以科学的抽象，将其理想化，即假想光源发出的光线能够通过形体上所有顶点，使其在落影面上得到的影点连线，能够充分反映形体构成的所有顶

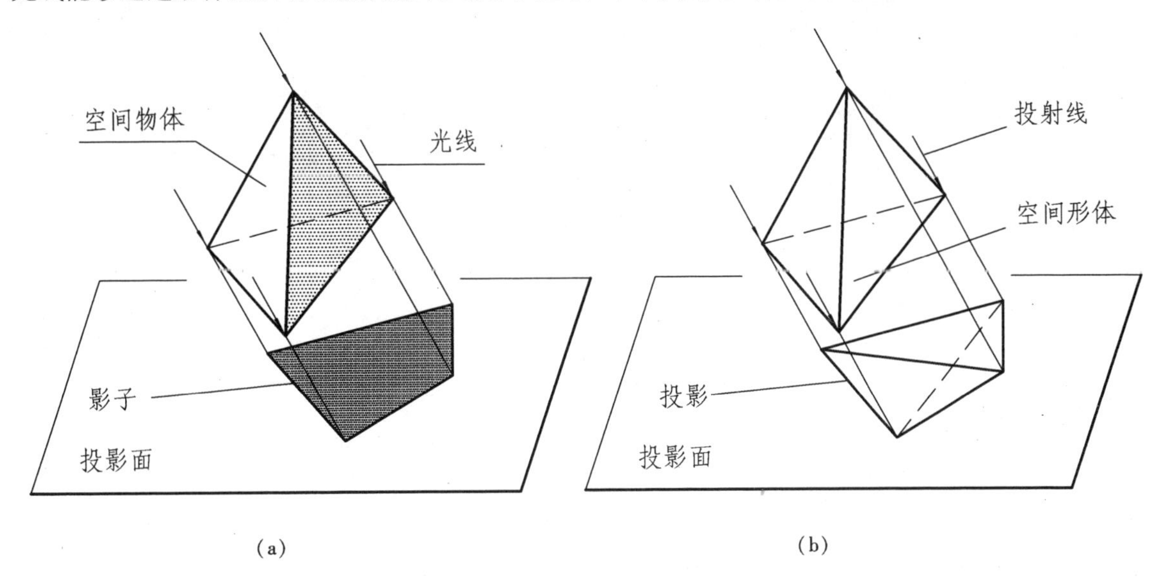

图 1-1　物体的影子和形体投影

点、棱线和棱面，如图 1-1(b)所示。人们通常把能够完整表现其形体构成的影点连线——闭合的平面图形，称为形体的投影。光源称投影中心，用 S 表示；光线称投射线；投影所在的平面称投影面。图 1-2 所示为空间点形成投影的过程，即通过空间点的投射线与投影面的交点，为该点在投影面上的投影。作出空间形体投影的方法，称为投影法。投影中心、空间形体、投影面是形成投影应具备的三个条件。

图 1-2　投影的概念

1.2.2　投影的分类

投影可根据投影中心到投影面的距离的不同分为两大类，即中心投影和平行投影。

1. 中心投影

当投影中心距离投影面为有限远时，所有投射线都汇交于一点 S(相当于点光源发出的光线)，通过 S 的投射线，将平面三角形 ABC 投射到投影面 H 上，得投影 $\triangle abc$。该 $\triangle abc$ 称平面 ABC 的中

心投影,如图 1-3(a)所示。作出中心投影的方法为中心投影法。

2. 平行投影

当投影中心对投影面的距离为无限远时,所有投射线均互相平行,空间形体在平行投射线下形成的投影为平行投影。作出平行投影的方法称平行投影法。

平行投影又根据其投射线与投影面倾角的不同,分为平行正投影和平行斜投影,简称正投影和斜投影。

投射线与投影面垂直,所得到的投影称为正投影,如图 1-3(b)所示。

投射线与投影面倾斜,所得到的投影称为斜投影,如图 1-3(c)所示。

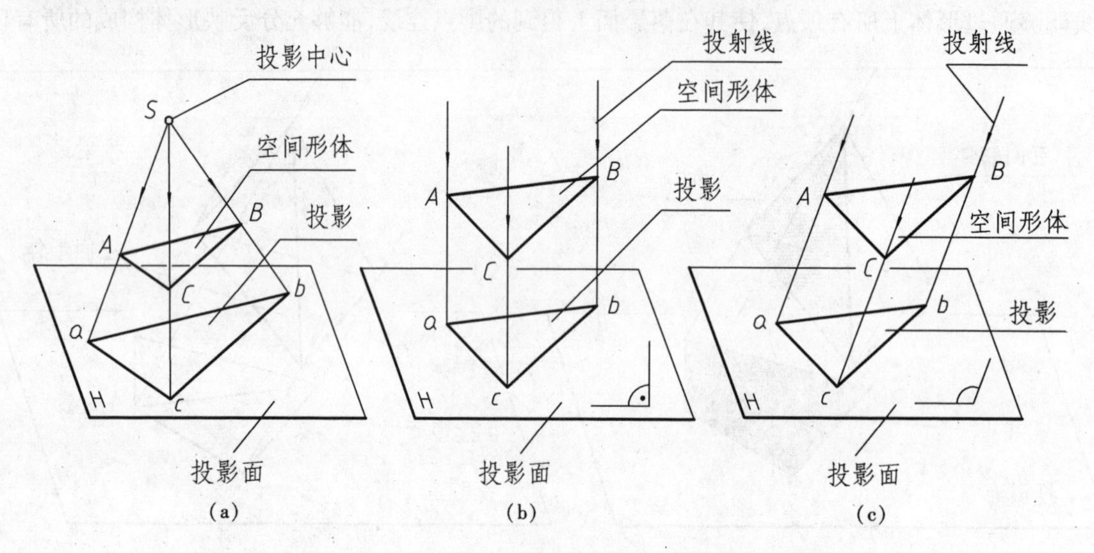

图 1-3　投影的概念

(a)中心投影;(b)平行正投影;(c)平行斜投影

1.2.3　工程中常用的图示法

表达工程物体时,由于所表达的目的和表达对象的特性不同,需要采用不同的图示方法。工程

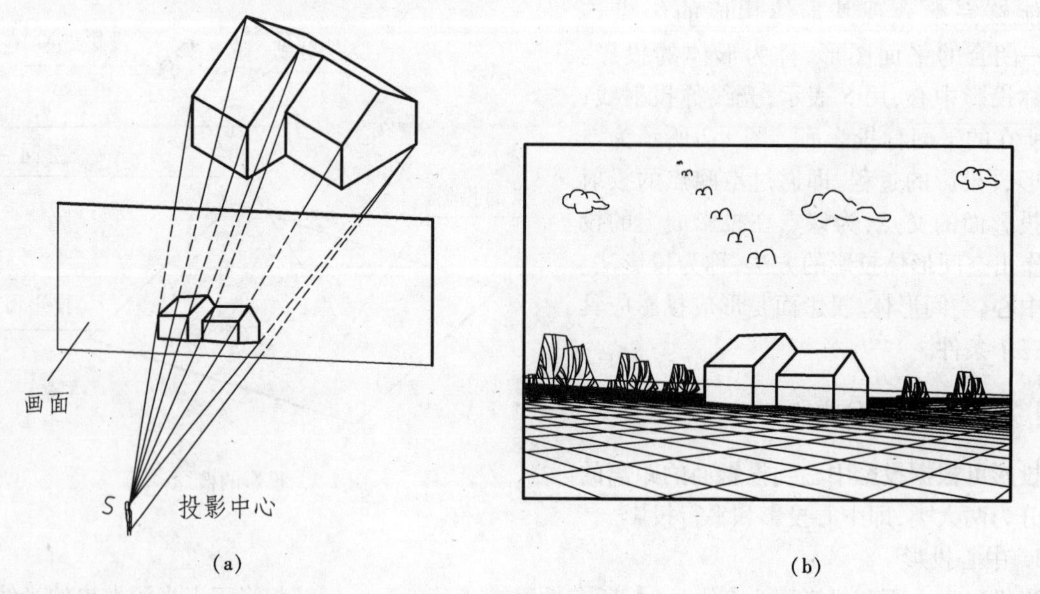

图 1-4　透视投影法

(a)透视投影的原理;(b)透视图

中常用的图示法有四种。

1. 透视图

图1-4(a)所示为中心投影法形成透视投影图的基本原理。透视投影图,简称透视图,如图1-4(b)所示。透视图与人眼观察建筑物的视觉效果近乎相同,因此透视图具有身临其境的真实感。在建筑工程中的方案设计阶段,建筑师常以透视图与用户实现设计思想的交流。但透视图的绘制相对复杂,且也不易度量真实尺寸,所以不能成为生产中的主要图样,仅仅用于方案设计、报建审批及招投标之用。

2. 轴测图

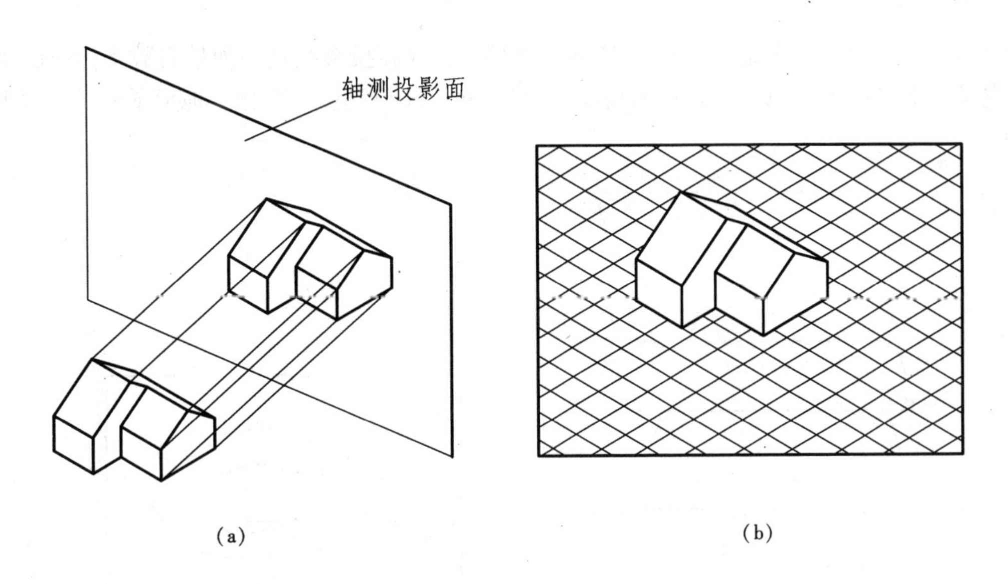

图1-5 轴测投影法

(a)轴测投影的原理;(b)轴测图

图1-5(a)所示为平行投影法形成轴测投影图的基本原理。轴测投影图简称轴测图,俗称立体图。顾名思义,这种图形具有很好的立体感,但不具有透视的真实感,且作图也比较麻烦,度量性不

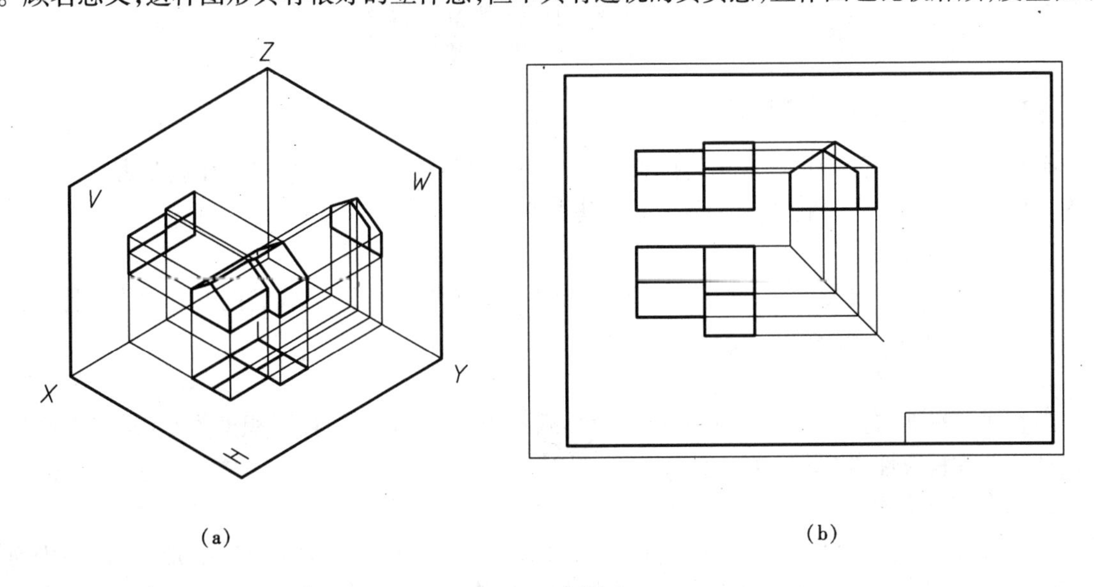

图1-6 正投影法

(a)正投影的原理;(b)正投影图

够理想。所以在生产中多以辅助图样出现,轴测图常用于建筑构造的节点详图、管网系统图及规划鸟瞰图。

3. 正投影图

图1-6(a)所示为由平行正投影法形成的正投影图的基本原理。表达一个空间形体,必须通过两个以上的正投影图的相互配合,通常采用三个正投影图联合表达一个空间形体,习惯上称三面投影图,如图1-6(b)所示。由于一个正投影图反映空间形体的两个尺度,所以正投影图不具有立体感,比较抽象,没有经过专业训练的人不易看懂,但它从各个方向能够完整、准确地表达形体的空间形状,且度量性好,容易绘制,因此成为工程界广为应用的图示方法。

4. 标高投影图

图1-7所示为由平行正投影法形成的标高投影图。标高投影图是一种带有数字标记的单面投影图,它是用等高线表示地面的形状和高度,常用来表达地势起伏的变化。地形图就是根据上述方法绘制的。

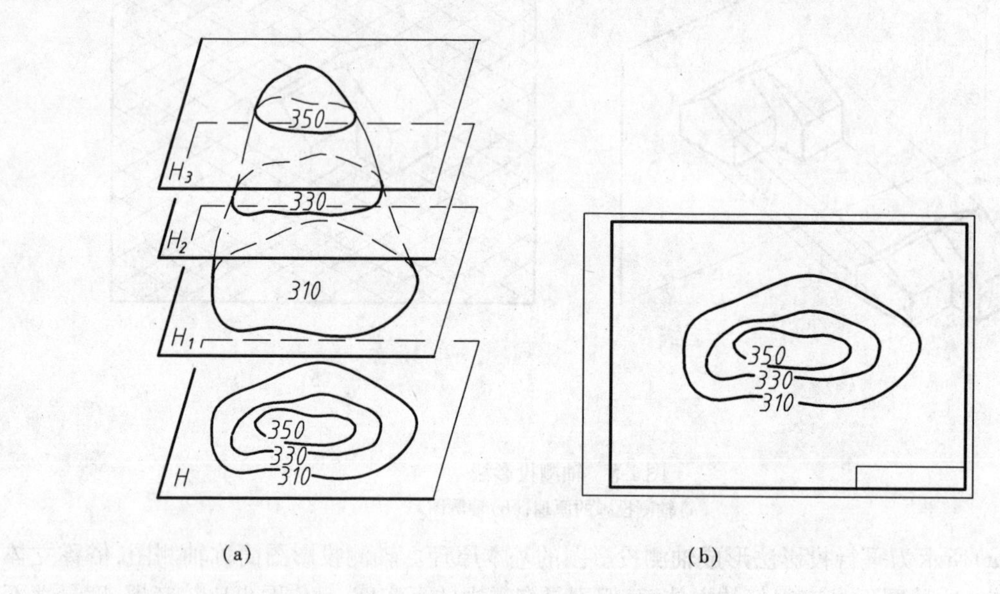

图1-7　标高投影图

(a)标高投影的原理;(b)地形图

1.2.4　平行投影的基本性质

平行投影是工程图中广泛应用的投影原理,了解平行投影的基本性质,对于初学者绘制简单的三面投影图非常必要。平行投影主要有如下基本性质:

1. 投影的真实性

直线或平面平行投影面时,其投影反映直线的实长或平面的实形,我们把投影的这种特性称投影的真实性,也称实形性,如图1-8(a)所示。

2. 投影的积聚性

当直线或平面与投影面垂直时,直线的投影积聚为一点,平面的投影积聚为直线,我们把投影的这种特性称积聚性,如图1-8(b)所示。

3. 投影的类似性

当直线或平面倾斜投影面时,直线的投影不反映实长,平面的投影不反映实形,但投影仍与原平面的边数相等,即与原平面类似,我们把投影的这种特性称类似性,如图1-8(c)所示。

4. 投影的平行性

空间互相平行的两直线,在同一投影面上的投影保持平行,通常把投影的这种特性称平行性,如图1-8(d)所示。

5. 投影的从属性

若点在直线上,则点的投影必在直线的投影上;若直线在平面内,则直线的投影必在平面的投影上,通常把投影的这种特性称从属性,如图1-8(e)所示。

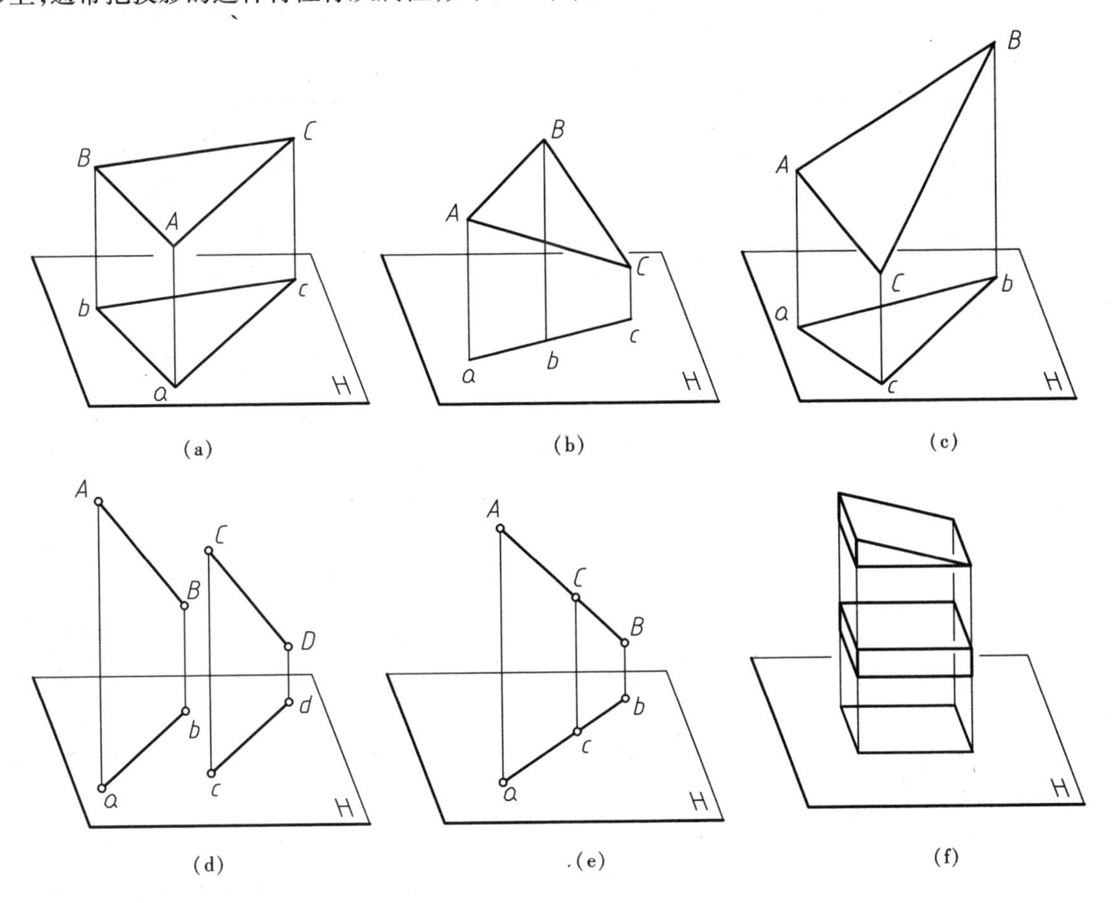

图1-8　平行投影的特性

(a)投影真实性;(b)投影积聚性;(c)投影类似性;(d)平行性;(e)从属性、定比性;(f)投影的不确定性

6. 投影的定比性

点分线段成定比,点的投影分线段的投影也成相同的定比,通常把投影的这种特性称定比性,如图1-8(e)所示。

7. 单面投影的不确定性

如图1-8(f)所示,四棱柱和三棱柱在投影面上的投影均为四边形。若根据四边形投影想像形体的空间形状则不是唯一的,我们把投影的这种特性称单面投影的不确定性。正是由于这个原因,用正投影图表达形体必须采用多面正投影图。

1.3　三视图的形成及其特性

1.3.1　投影体系的建立

用正投影图表现形体时,总是假想把形体放在一个由多个投影面组成的空间里,这个投影空间称为投影面体系。由于产生正投影图的投射线是垂直投影面的，所以投影面体系的各投影面之间必相互垂直。

图1-9(a)所示为两面投影体系，水平放置的投影面(相当地面)称水平投影面，用H表示；竖直放置的投影面称正面投影面，用V表示；V与H相互垂直。两面投影体系的交线称投影轴，用OX表示。

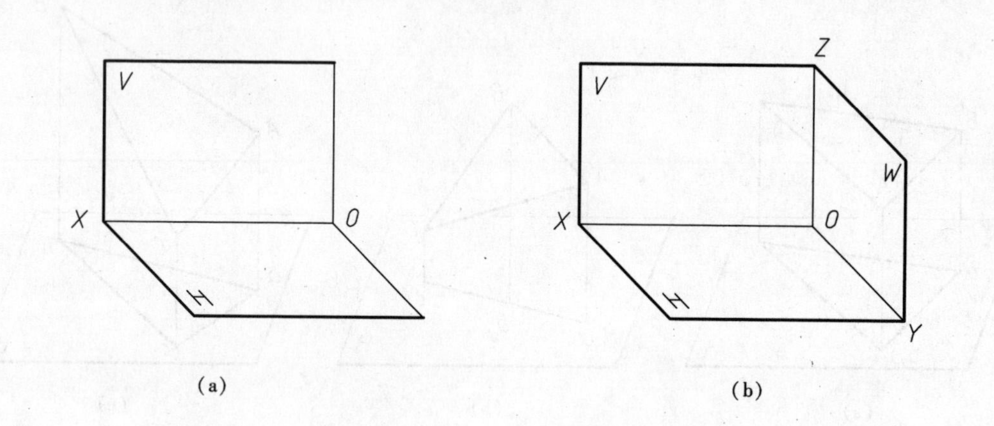

图1-9　投影面体系
(a)两面投影体系；(b)三面投影体系

图1-9(b)所示为三面投影体系，即在两面投影体系的基础上，再增加一个与V、H投影面均垂直的第三个投影面，这个投影面称侧面投影面，用W表示。它与V、H投影面的交线分别为OZ轴和OY轴。

1.3.2　三面投影的形成

1. 投影的形成

在图1-10(a)中，将一个长方体放置在三面投影体系中，假想垂直于三个投影面的三组平行光线都通过长方体的各个顶点，分别向三个投影面垂直投射，将投射线与各投影面的交点分别连线，

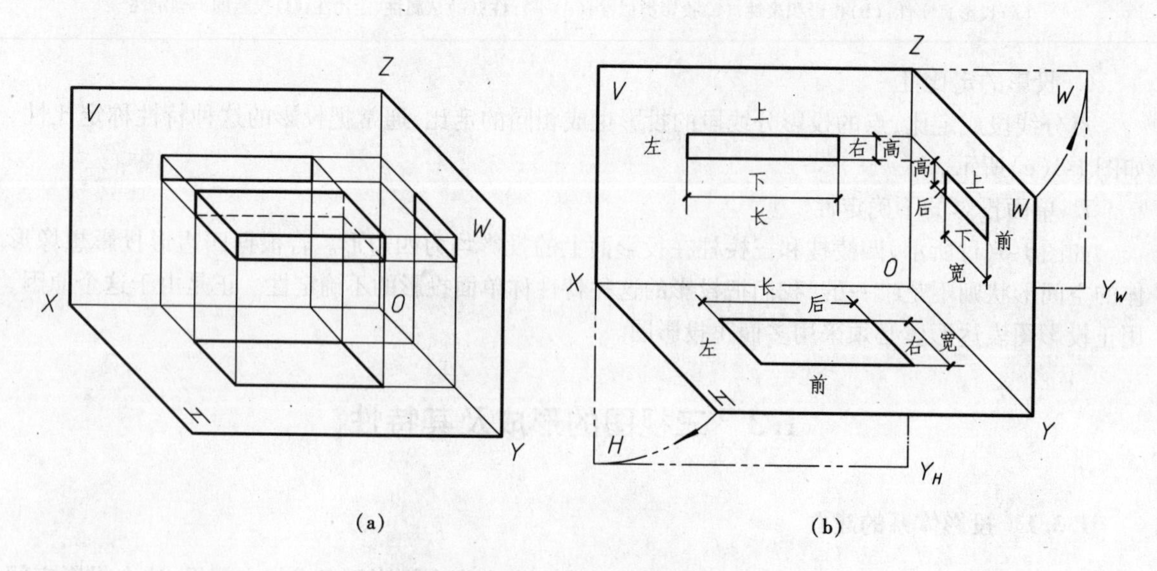

图1-10　三面投影的形成

便可得到形体的三面投影图，分别称为正面投影、水平投影和侧面投影。

2. 投影面的展开

三面投影图的确定，即完成空间形体形状的表达，换言之，则以二维的平面图形代替三维的空间形体，但三面投影仍然处于空间互相垂直的投影面上，需要展开在二维的平面图纸上。展开方法如图1-10(b)所示，即令 V 面不动，在 OY 轴处将 H 面与 W 面分开，展开后，Y 轴变成两个，在 H 面上的 Y 轴以 Y_H 表示，在 W 面上的 Y 轴以 Y_W 表示。H 面绕 OX 轴向下旋转90°，W 面绕 OZ 轴向右转90°，均与 V 面共面，此时的三面投影图便展开到同一平面上，如图1-11(a)所示(投影面边界不必表示)。

3. 三面投影图之间的关系

三面投影图是空间形体在安放位置不变的情况下，从三个不同方向投影的结果。它们共同表达的是一个形体，因此它们之间一定存在紧密的关系。

(1)位置关系

三面投影图能反映空间形体在投影图中上下、左右、前后的位置关系：正面投影反映形体的上、下、左、右关系，水平投影反映形体左、右、前、后关系，侧面投影反映了形体的上、下、前、后关系。明辨空间形体在投影图中所处的上、下、左、右、前、后的相互位置关系，将有利于空间想像能力的培养。

(2)尺度关系

从图1-11(a)中不难看出，正面投影反映长和高两个方向的尺度；水平投影反映长和宽两个方向的尺度；侧面投影反映宽和高两个方向的尺度。

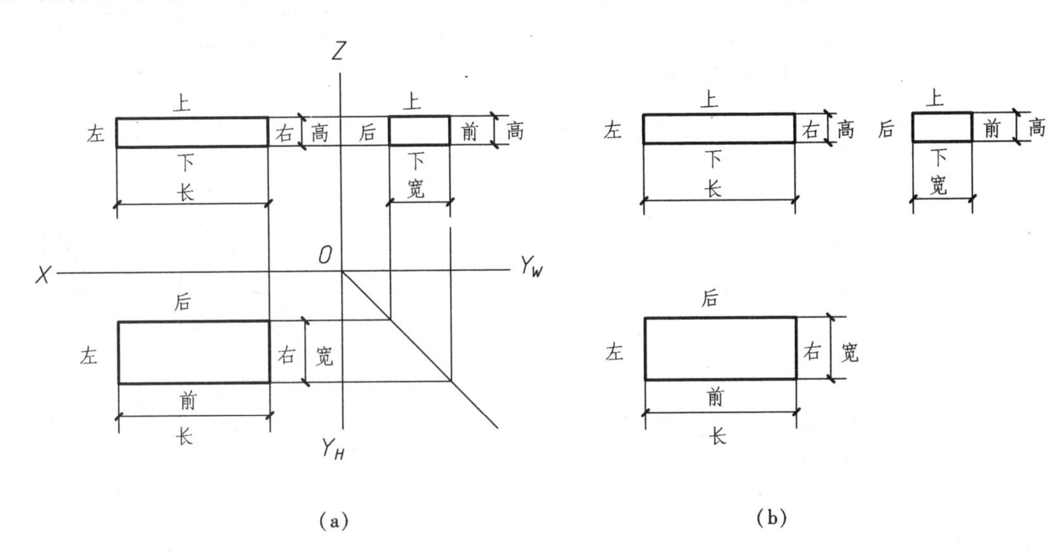

图1-11 三面投影的展开及画法

(3)三等关系

从图1-11(a)可见，正面投影的长与水平投影的长，由于表达的是同一个形体的长度，所以长是相同的；同理，水平投影的宽与侧面投影的宽也是相同的，正面投影的高与侧面投影的高也是相同的。总之，三面投影之间的度量关系，概括为“长对正、高平齐、宽相等”，简称为三等关系或九字规律。应当指出，三等关系不仅适用于形体的总体轮廓，也适用于形体的局部轮廓，它是画图和读图的重要依据。

由于三面投影图的三等关系的确定，今后在表达三面投影图时，可以不再画投影轴，如图1-11(b)所示。

三视图之间的尺寸在保证三等关系的前提下，根据图幅大小可任意调整。

1.3.3　绘制空间形体的三面投影图

例1-1　以图1-12(a)所示形体为例,说明绘制形体三面投影图的方法与步骤。

1. 选择正面投影的投影方向

空间形体在投影体系中安放位置不同,所得到的各个投影均不同。将最能反映形体形状特征的主要面平行于V面,其他表面也尽量平行H、W投影面,以便使各投影充分体现平行投影的真实性和极好的度量性。

2. 分析形体构成

图1-12(a)所示形体由两部分组成,第Ⅰ部分为扁长的四棱柱,左前方切去一个小三棱柱;第Ⅱ部分放置于第Ⅰ部分之上。第Ⅱ部分由基本立体四棱柱,中间挖去三棱柱而形成。画图时应按上述分析过程顺次完成。

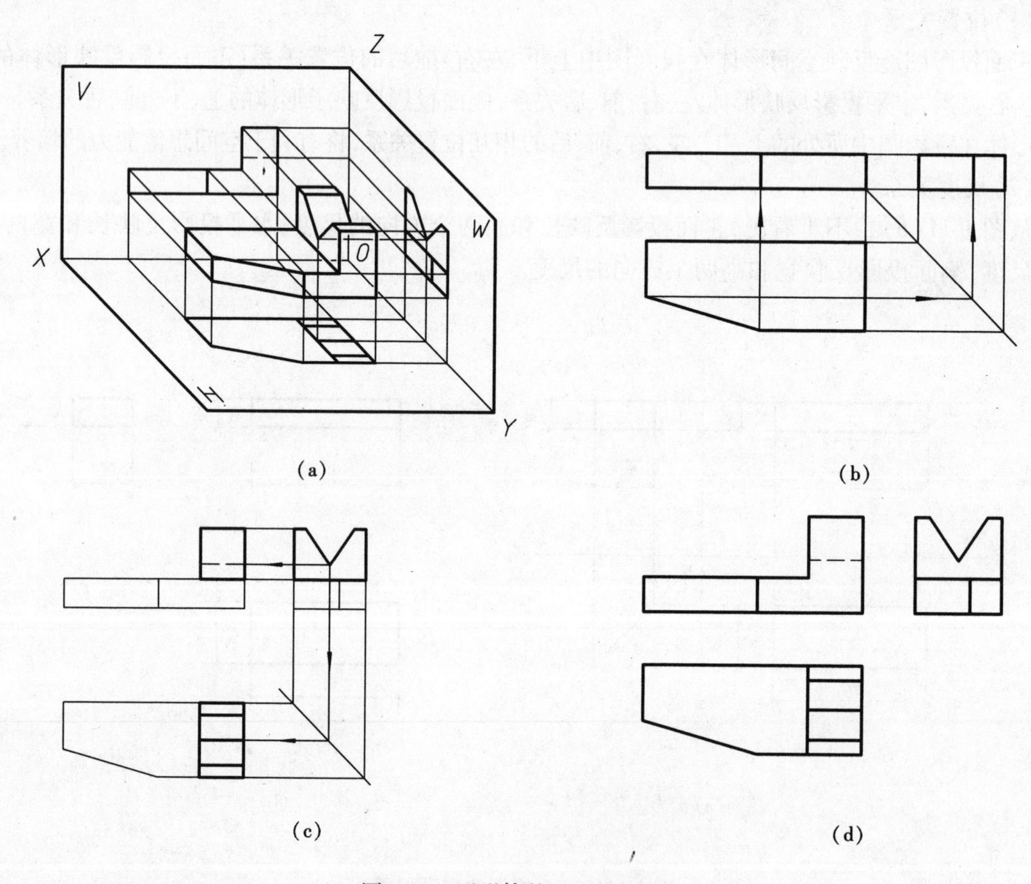

图1-12　画形体的三面投影图

3. 画三面投影图

(1)根据三等关系画第Ⅰ组成部分的基本立体——四棱柱,其次再从水平投影入手,画切去的小三棱柱的长和宽,然后再完成小三棱柱的正面投影和侧面投影,如图1-12(b)所示。

(2)根据三等关系画第Ⅱ组成部分的基本立体——四棱柱,其次再画切去的三棱柱的侧面投影,然后再完成三棱柱的正面投影和水平投影,如图1-12(c)所示。

(3)由于形体的第Ⅰ部分和第Ⅱ部分叠加之后,在前端面共面,正面投影右侧应擦去两部分投影的分界线,并整理三面投影的轮廓线,可见轮廓线画粗线(线宽$b=0.7$mm),不可见轮廓线画虚线(线宽的1/4),见图1-12(d)。

例1-2 完成图1-13(a)所示形体的三面投影图。

该形体由两部分构成,第一部分的投影如图1-13(b)所示,第二部分的投影如图1-13(c)粗实线所示。由于两部分形体长度尺寸相同,左、右两端共面,故侧面投影不存在两部分投影的分界线,如图1-13(d)所示。

此例的正面投影方向还可以选择图1-13(e)的表达方案。而图1-13(f)的表达方案致使其他投影图产生了较多的虚线,故正面投影方向选择得不合理。

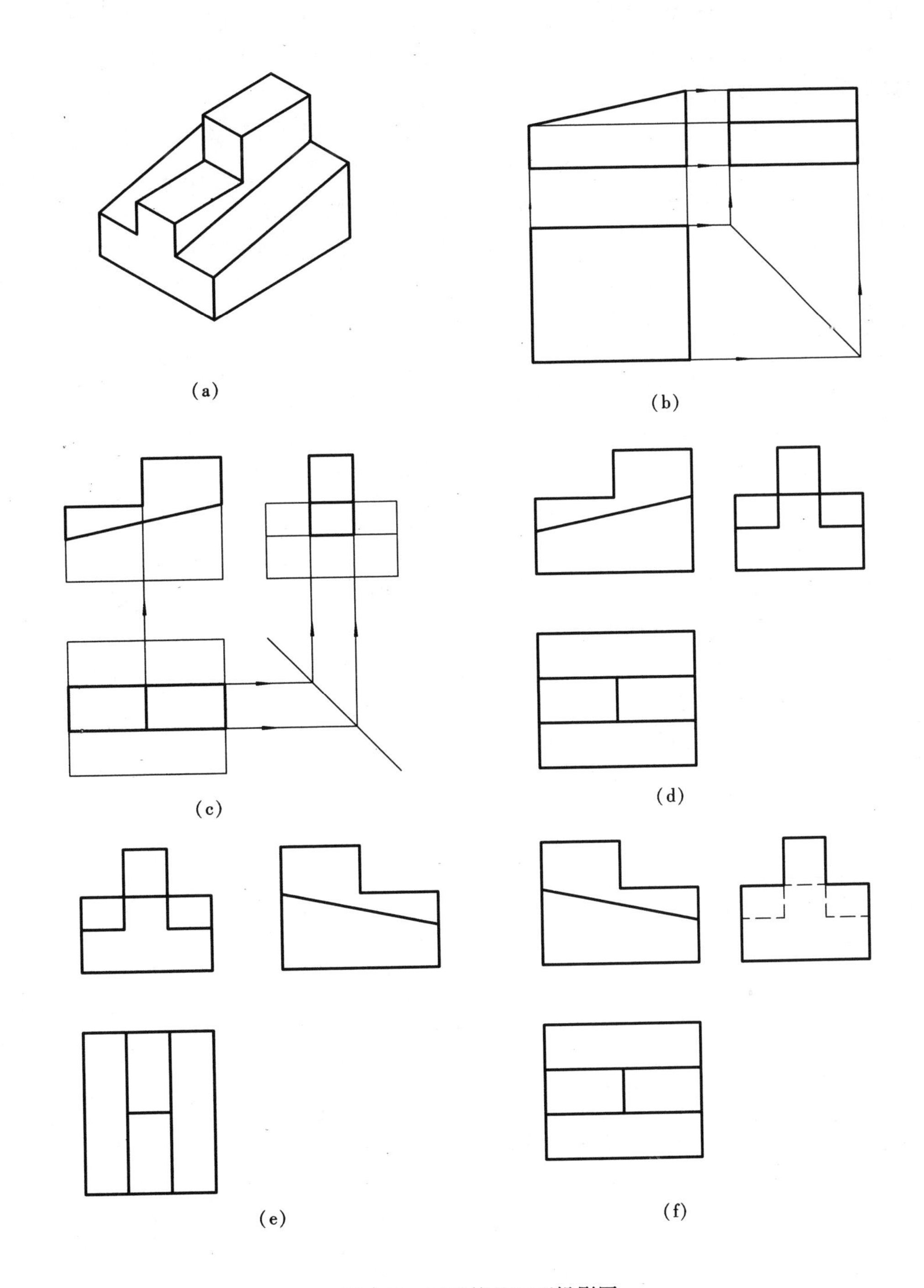

图1-13 画形体的三面投影图

1.3.4 第三角投影

随着国际交流和援外工程的开展,在未来工作中,会遇到第三角投影的工程图纸,为此对第三角投影作以下简介。

互相垂直的三个投影面扩展之后,将空间划分为如图 1-14 所示的八个直角空间,称八个角。*W* 面以左的四个空间分别为:*V* 面之前,*H* 面之上的空间为第Ⅰ分角;*V* 面之后,*H* 面之上的空间为第Ⅱ分角;*V* 面之后,*H* 面之下的空间为第Ⅲ分角;*V* 面之前,*H* 面之下的空间为第Ⅳ分角。*W* 面以右的四个分角分别为Ⅴ、Ⅵ、Ⅶ、Ⅷ分角。其中第Ⅰ分角即为前述的三面投影体系。我国及俄罗斯等东欧国家的制图国家标准规定三面投影图为第Ⅰ分角投影,而欧、美、日等国的制图国家标准规定三面投影图为第Ⅲ分角投影,简称第三角投影。

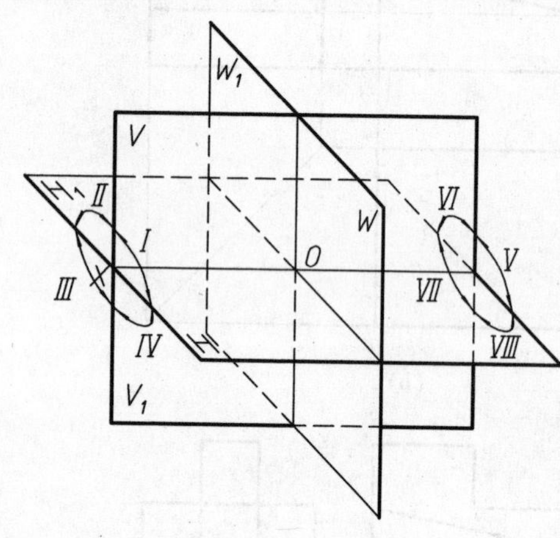

图 1-14 八个分角

第三角投影形成的过程是,假想投影面是透明的,投影的顺序是:人—投影面—空间形体,就仿佛隔着玻璃看东西一样。投影面展开时,*V* 面不动,*H* 面以 *OX* 为准向上翻转 90°,*W* 面向前翻转 90°,其形成过程见图 1-15(a)。第一角投影与第三角投影的形成过程均是采用的平行正投影法,因此它们均具有平行投影的特性,画图时都共同遵守三等关系的投影规律。两者区别有如下三点:

(1)投影中心、物体、投影面三者的位置关系不同。第一角投影的顺序是:投影中心—空间形体—投影面,即投射线先经过形体各顶点,然后与投影面相交。第三角投影顺序是:投影中心—投影面—空间形体,即投射线先通过投影面,然后到达形体各顶点。

(2)投影图的布置有所不同,如图 1-15(b)所示。

(3)投影图中形体的位置关系有所不同,第三角投影的水平投影中靠近 *OX* 轴的一侧为前,侧面投影中靠近 *OZ* 轴的一侧也为前。而第一角投影前后位置关系与第三角投影恰好相反。希望在有幸接触第三角投影的工程图时,千万注意这一点区别。

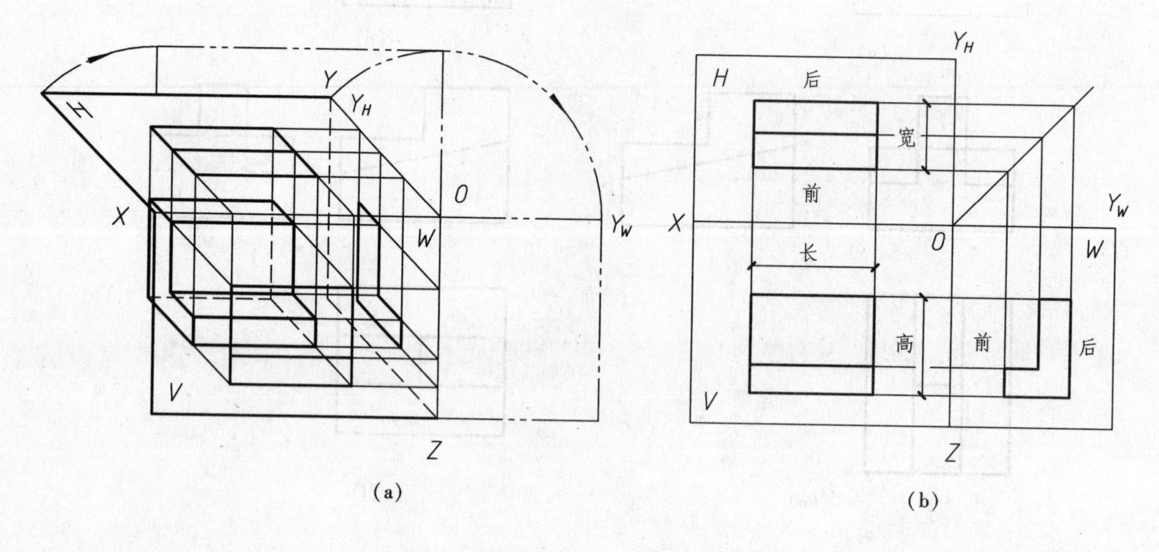

图 1-15 第三角投影
(a)投影形成;(b)投影展开

第2章

点的投影

点的投影是几何元素直线、平面的投影基础。本章主要讲授点的投影的基本概念、点的投影特性、点的相对位置、重影点等。

2.1 点在两投影面体系中的投影

如图2-1(a)所示,在单面投影体系中,若空间A、B两点位于同一条投射线上,则不能根据其单面投影来确定它们的空间位置,要解决这个问题必须采用多面投影。

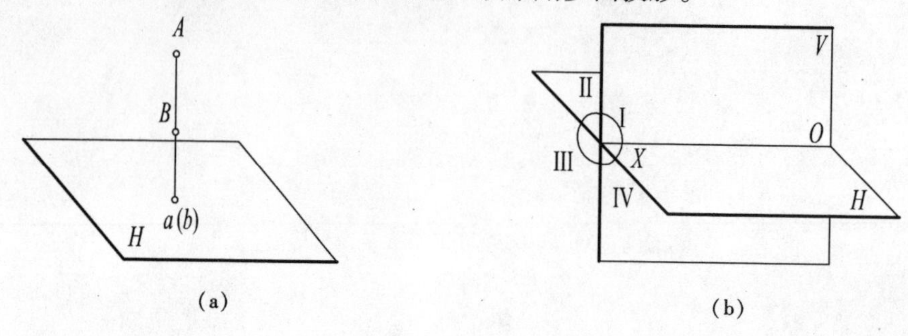

(a)　　(b)

图2-1 两面投影体系

2.1.1 两面投影体系

两面投影体系(图2-1b):建立两个空间相互垂直的投影面,处于正面直立位置的投影面称为正面投影面,以V表示,简称V面(或叫正立投影面,简称正立面、正平面);处于水平位置的投影面称为水平投影面,以H表示,简称H面(或简称水平面)。

V面和H面所组成的体系称为两面投影体系。V和H两个投影面的交线称为OX投影轴,简称X轴。

在互相垂直的V面和H面构成的两投影面体系中,V面和H面将空间分成四个分角,分别是第一分角,第二分角,第三分角和第四分角,如图2-1(b)所示。

2.1.2 点的两面投影图

如图2-2(a)所示,空间点A位于V/H两面投影体系中,过A点分别向V和H面作垂线,得垂足a'和a,则a'称为空间A点的正面投影,a称为A的水平投影。

一般规定,空间点用大写字母表示,如A、B、C等;水平投影用相应的小写字母表示,如a、b、c等;正面投影用相应的小写字母加一撇表示,如a'、b'、c';侧面投影用相应的小写字母加两撇表示,如a''、b''、c''(指三面投影体系中的侧面投影)。

投影面展开:在实际作图时,为把空间元素在一个平面上表示出来,而把空间两个投影面展开成一个平面,使V面保持不动,使H面绕OX轴向下旋转90°与V面重合,即得A点的正投影图,如图2-2(b)所示。

由点的两面投影,可以反过来确定点在两投影面体系中的位置,与展开的过程相反。

在实际画图时,不必画出投影面的边框,如图2-2(c)所示。

2.1.3 两面投影图中点的投影规律

如图2-2(a)所示:$Aa \perp H$面,$A\,a' \perp V$面,故Aaa'所决定的平面既垂直于V面又垂直于H面,因而垂直于它们的交线OX。由于OX垂直于Aaa'所决定的平面,则OX必垂直于Aaa'所决定的平面内的所有直线,包括$a'a_x$和aa_x。而Aaa_xa'是个矩形,所以$a'a_x = Aa$,$aa_x = Aa'$。

投影面展开后这种相等、垂直关系保持不变,由此可概括出点具有如下投影特性(图2-2c):

(1)点的两面投影连线垂直于投影轴,即$a'a \perp OX$;

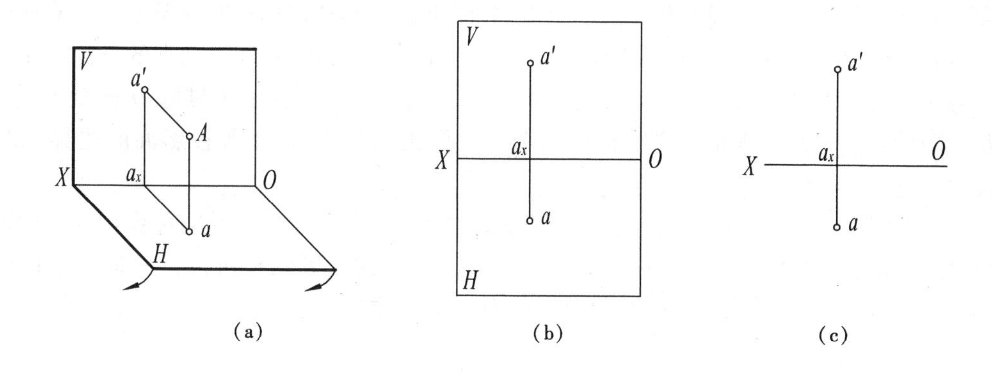

图 2-2　点在两面投影体系中的投影

(2)点的投影到投影轴的距离等于该点到相邻投影面的距离，即 $a'a_x = Aa$，$aa_x = Aa'$，如图 2-2(a)所示。

2.2　点在三投影面体系中的投影

2.2.1　点的三面投影体系

如图 2-3(a)所示，在两面投影体系的基础上，再增加一个同时垂直于投影面 V 和投影面 H 的 W 面，其处于侧立位置，称为侧立投影面，以 W 表示，简称 W 面。这样三个两两相互垂直的投影面 H、V、W 就组成一个三面投影体系。H、W 面的交线称为 OY 投影轴，简称 Y 轴；V、W 面的交线成为 OZ 投影轴，简称 Z 轴；三个投影轴 X、Y、Z 相交于 O 点，称为原点。

在三面投影体系中，三个投影面将空间分为 8 个空间，这 8 个空间称为 8 个分角。H 面以上、V 面以前、W 面以左的空间称为第一分角。其他各空间的位置如图 2-3(a)所示。

我国国标规定采用第一分角画法，所以本教材只讨论第一分角画法，为简便作图，随后的三投影面体系的立体图都画成图 2-3(b)的形式。

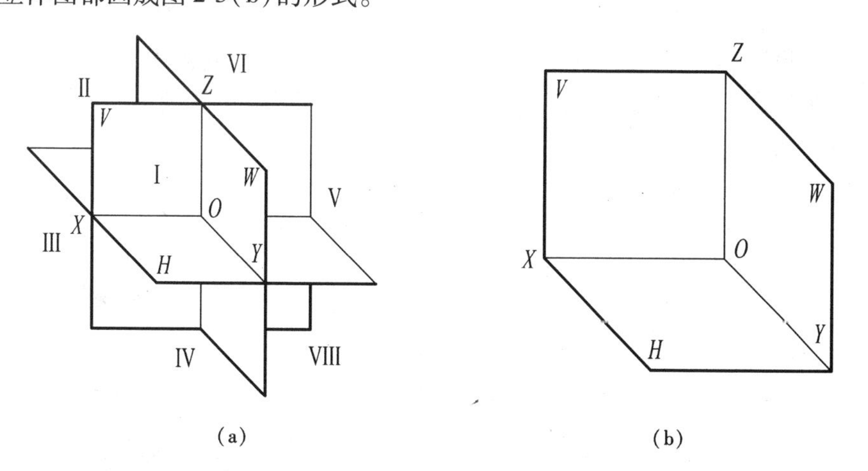

图 2-3　点的三面投影体系

2.2.2　点的三面投影

设有一空间点 A，过 A 点分别向 H、V 和 W 面作垂线，得垂足 a、a' 和 a''，则 a 称为空间点 A 的水平投影；a' 称为空间点 A 点的正面投影；a'' 称为空间点 A 点的侧面投影；如图 2-4(a)所示。

如图 2-4(b)所示,对三面投影体系进行展开,V 面仍保持不动,将 H、W 面分别绕 OX 轴向下和绕 OZ 轴向后旋转 90°,使与 V 面重合,即点的三个投影在同一平面内,即得到点的三面投影图。三面投影体系的投影面展开后,同一条 Y 轴旋转后出现了两个位置。其中 Y 轴随 H 面旋转后,以 Y_H 表示;随 W 面旋转后,以 Y_W 表示。通常在投影图上只画出其投影轴,不画投影面的边界,如图 2-4(c)所示。

由点的三面投影,可以反过来确定点在三投影面体系中的位置,与展开的过程相反。即若已知点的空间位置,就可以作出点的三面投影图;反之,若已知点的投影图就可以惟一地确定该点的空间位置,而且点的三个投影不是孤立的,彼此之间有一定的位置关系。

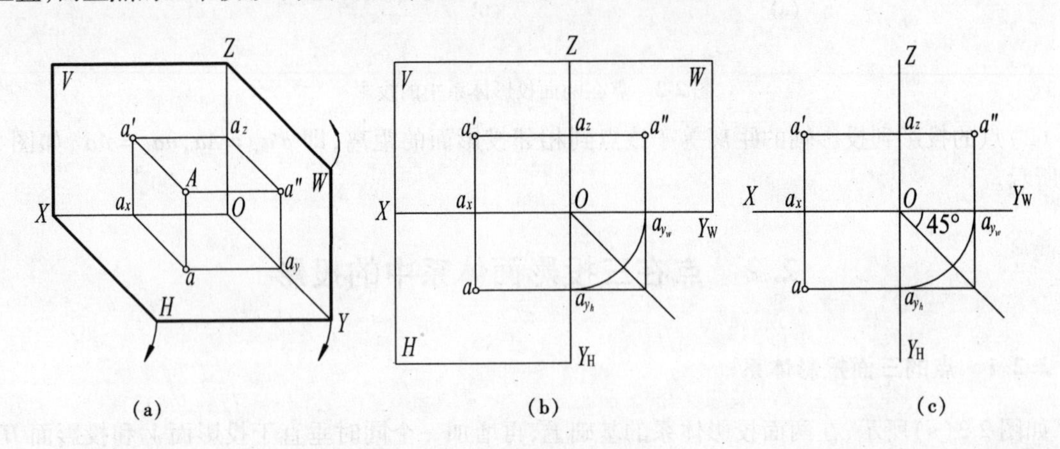

图 2-4　点的三面投影

2.2.3　点的投影规律

由于三个投影面相互垂直,所以过空间点 A 的三条垂线也相互垂直,8 个顶点 A、a、a_y、a''、a'、a_x、O、a_z 就构成了一个长方体。由图 2-4 根据长方体的性质可以概括出点在三面投影体系中的投影规律如下:

(1)点的正面投影和水平投影的连线垂直于 OX 轴,即 $a'a \perp OX$(长对正);

(2)点的正面投影和侧面投影的连线垂直于 OZ 轴,即 $a'a'' \perp OZ$(高平齐);

(3)点的水平投影到 OX 轴的距离等于点的侧面投影到 OZ 轴的距离,即 $aa_x = a''a_z$(宽相等),可以用圆弧或 45°线来反映该关系。

例 2-1　已知点 A 的两投影(图 2-5a),求其第三投影。

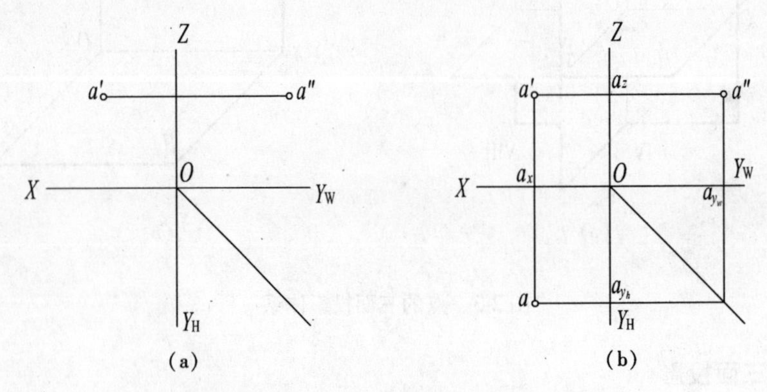

图 2-5　已知点的两面投影求第三投影

分析:

可根据点的投影规律来完成作图(图 2-5b)。

作图:

- 根据长对正,过点的正面投影 a' 作 OX 轴的垂线,即 $a'a_x$(图 2-5b);
- 根据宽相等,过点的侧面投影 a'' 作 OZ 轴的垂线,即 $a''a_{yw}$(图 2-5b);
- 两线的交点即为点的水平投影 a(图 2-5b)。

结果如图 2-5(b)所示。

2.2.4　点的坐标与投影的关系

如果把投影面 H、V、W 作为坐标面,三个投影轴 X、Y、Z 作为坐标轴,三个轴的交点 O 即为坐标泉点,那么三投影面体系即为空间直角坐标系。规定 X 轴自 O 点向左为正,Y 轴自 O 点向前为正,Z 轴自 O 点向上为正。

这样,空间点到投影面的距离可以用坐标来表示。其中,水平投影由 X 与 Y 坐标确定;正面投影由 X 与 Z 坐标确定;侧面投影由 Y 与 Z 坐标确定。点的任何两个投影可反映点的三个坐标,即确定该点的空间位置。空间点在三面投影体系中有惟一确定的一组投影。

点的投影到投影轴的距离,反映空间点到相应投影面的距离。点的坐标值(x,y,z)与相应的投影有如下关系:

(1)点 A 到 W 面的距离等于点 A 的 x 坐标,其投影具有如下关系:$a'a_Z = Aa'' = aa_{yh} = x$;

(2)点 A 到 V 面的距离等于点 A 的 y 坐标,其投影具有如下关系:$aa_X = Aa' = a''a_Z = y$;

(3)点 A 到 H 面的距离等于点 A 的 z 坐标,其投影具有如下关系:$a'a_X = Aa = a''a_{yw} = z$。

例 2-2　已知点 A 的坐标为 15,15,15,求作其三面投影。

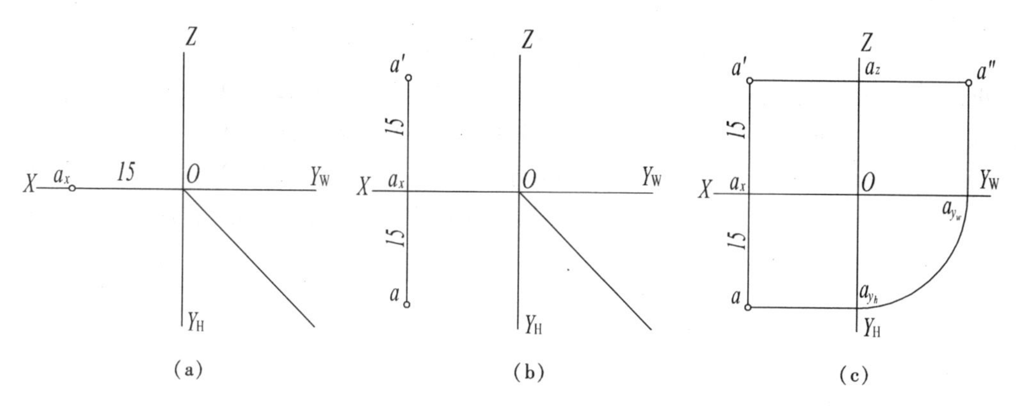

图 2-6　求点的三面投影

分析:

可根据点的投影规律来完成作图(图 2-6)。

作图:

- 画坐标轴,并由原点 O 在 OX 轴的左方取 $x = 15$,得点 a_x,如图 2-6(a)所示;
- 过 a_x 作 OX 轴的垂线,自 a_x 起沿 y 方向量取 15mm 得 a,沿 z 方向量取 15mm 得 a',如图 2-6(b)所示;
- 按点的投影规律作出 a'',如图 2-6(c)。

2.2.5　投影面和投影轴上的点

在投影面和投影轴上的点,其作图原理和方法与前面所讲相同,只是位置有重合而已,如图 2-7 的投影面和投影轴上的点的投影。

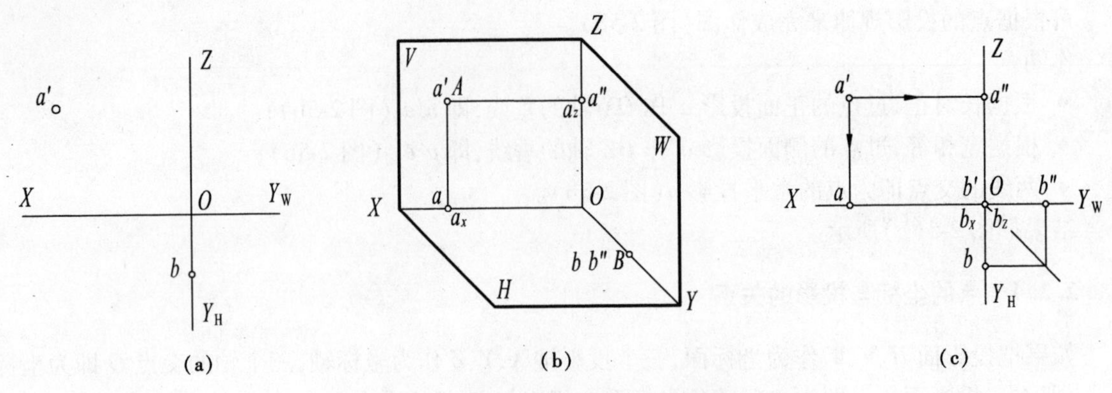

图 2-7　投影面和投影轴上点的投影

2.3　两点的相对位置

在三面投影图中，两点的正面投影反映它们的上下、左右位置关系，水平投影反映它们的左右、前后位置关系，侧面投影反映它们的上下、前后位置关系，如图 2-8(a)所示。

在投影图中，可以根据两点同面投影之间的坐标关系，判断空间两点的相对位置。

根据 x 坐标值的大小可以判断两点的左右位置，即规定 X 坐标大者为左，反之为右；根据 Z 坐标值的大小可以判断两点的上下位置，即 Z 坐标大者为上，反之为下；根据 Y 坐标值的大小可以判断两点的前后位置，即 Y 坐标大者为前，反之为后。

在投影图上判断空间两个点的相对位置，也可以用它们的坐标差来确定，就是分析两点之间上下、左右和前后的关系。

由正面投影或侧面投影坐标差来判断上下关系，称为 Z 坐标差，或 $\triangle Z$；

由正面投影或水平投影坐标差来判断左右关系，称为 X 坐标差，或 $\triangle X$；

由水平投影或侧面投影坐标差来判断前后关系，称为 Y 坐标差，或 $\triangle Y$。

如图 2-8(b)所示，点 B 的 X 和 Y 坐标均大于点 A 的相应坐标，即 $\triangle X_{BA}>0$，$\triangle Y_{BA}>0$；而点 B 的 Z 坐标小于点 A 的 Z 坐标，即 $\triangle Z_{BA}<0$，因而，点 B 在点 A 的左方、下方、前方。

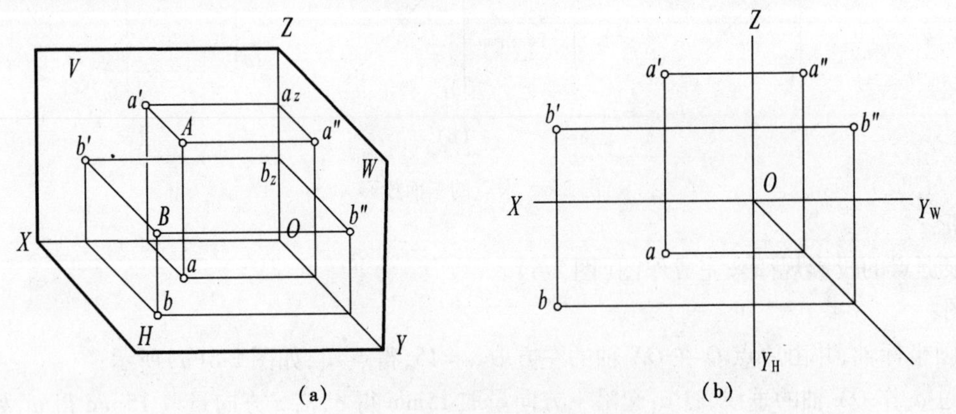

图 2-8　空间两点的位置关系

2.4　重影点及其投影的可见性

2.4.1　重影点

1. 重影点概念

如图2-9(a)所示,当空间两点有一个投影重合时,称这两个点是对此投影面的重影点,简称重影点。

或当空间两点位于某一投影面的同一条投射线(即其有两对坐标值分别相等),则此两点在该投影面上的投影重合为一点,此两点称为对该投影面的重影点。

2. 重影点投影特性

当空间两点为对某一投影面的重影点时,空间两点的两个坐标值分别相等,另一投影则为重合投影,此时,其可见性可由重影点的一对不等的坐标值来确定。

为区分重影点的可见性,规定观察方向与投影面的投射方向一致,即对 V 面由前向后,对 H 面由上向下,对 W 面由左向右。

3. 重影点分类

重影点可分为:对 H 面的重影点,对 V 面的重影点和对 W 面的重影点。

图2-9(b)所示为对 H 面的重影点的投影图,图2-9(c)所示为对 V 面的重影点的投影图,图2-9(d)所示为对 W 面重影点的投影图。

2.4.2 投影的可见性

表明这两个点是两个坐标相同,而且处于同一投影线上,有重影就要判断其可见性,即判断两个点中哪个点可见,哪个点不可见。

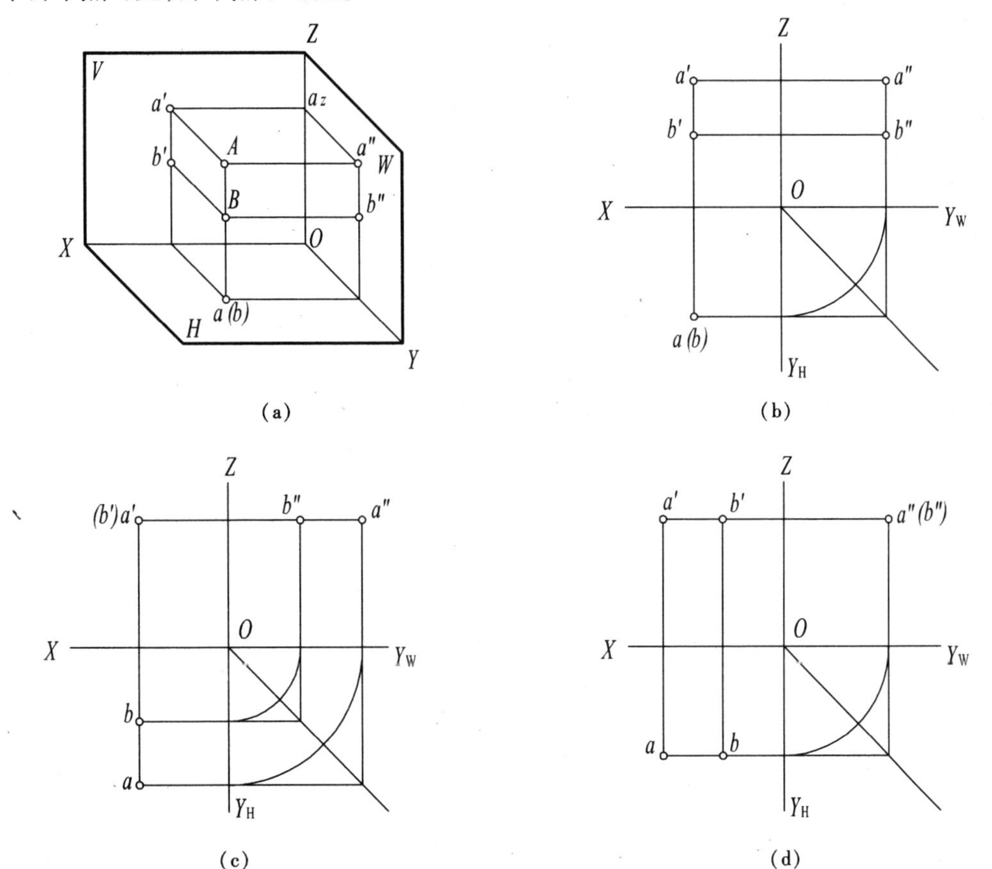

图2-9　重影点

如何判定重影点的可见性呢?根据正投影特性,可见性的区分应是前遮后,上遮下,左遮右。图2-9(a)、(b)中的重影点应是点 A 遮挡点 B,点 B 的 H 面投影不可见。即坐标值大者为可见,小者为不可见。

规定不可见点的投影加括号表示，如图 2-9(a)、(b)、(c)分别所示的 b、b'、b''投影。

若 A、B 两点无左右、前后距离差，点 A 在点 B 正上方或正下方时，两点的 H 面投影重合(如图 2-9)，点 A 和点 B 称为对 H 面投影的重影点。此时，两点 Z 坐标中，坐标值大者为可见，坐标值小者为不可见。此时不可见点的投影用小括号括起来，以表示其投影不可见，如图 2-9(a)、(b)所示。

同理，若一点在另一点的正前方或正后方时，则两点是对 V 面投影的重影点，此时两点 Y 坐标中，坐标值大者为可见，坐标值小者为不可见。此时，不可见点的投影用小括号括起来，以表示其投影不可见，如图 2-9(c)所示。

同样，若一点在另一点的正左方或正右方时，则两点是对 W 面投影的重影点，此时两点 X 坐标中，坐标值大者为可见，坐标值小者为不可见。此时，不可见点的投影用小括号括起来，以表示其投影不可见，如图 2-9(d)所示。

第3章

直线的投影

本章主要阐述各种位置直线的投影特性，以及点与直线、两直线相对位置的投影特性和作图方法。本章所研究的直线投影作图问题，是图示和图解的基础。学习中，要熟悉各种位置直线的投影特性，要求能画出各类直线的投影图，并根据投影图识别直线的空间位置。要着重掌握直角三角形法的几何分析和图解作图。利用重影点判别可见性的作图方法和一边平行于投影面的直角投影特性在以后学习中特别重要，要熟练掌握。

学习中要明确各种概念，并掌握基本的作图方法。要注意典型例题的分析与解法，提高空间思维能力。

3.1　直线的投影及其对投影面的倾角

3.1.1　两点确定一直线

由平面几何得知，直线一般由两点所确定，故空间一直线的投影可由直线上两点（通常取直线段的两个端点，为叙述简单，一般把直线段简称直线）的同面投影来确定。如图 3-1 所示，在投影图上表示直线时，可分别作出 A、B 两端点的投影（a,a',a''）、（b,b',b''），然后将其同面投影用直线连接起来，即得 AB 的三面投影图（$ab,a'b',a''b''$）。

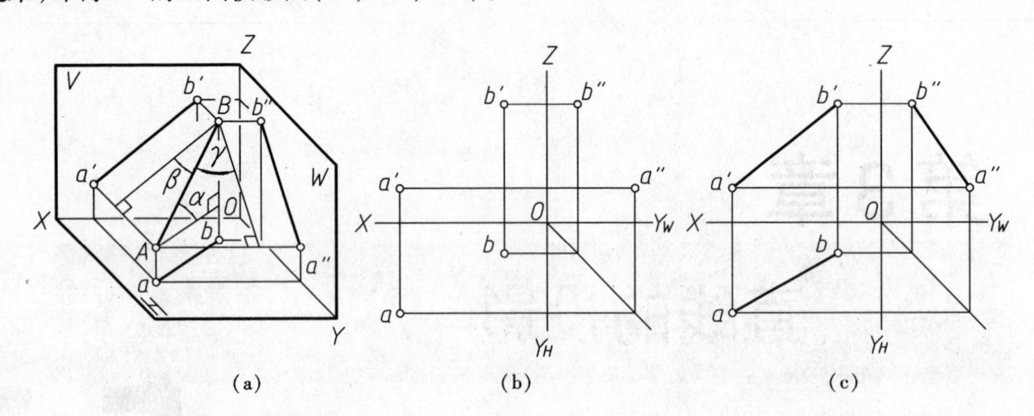

图 3-1　直线的投影

3.1.2　直线对投影面的倾角

直线的投影也可由一点及其对三个投影面的倾角来表示。

由立体几何可知，空间直线与它在某投影面上的投影之间的夹角，即为直线对该投影面的倾角。如图 3-1(a) 所示，直线 AB 对投影面 H、V 和 W 的倾角分别用 α、β、γ 表示。

3.2　直线的投影特性

3.2.1　直线对投影面的相对位置

直线的投影特性是由其对投影面的相对位置不同所决定的。直线在三面投影体系中的位置可分为投影面垂直线、投影面平行线和投影面倾斜线三类。

前两类称为特殊位置直线，后一类称为一般位置直线，它们具有不同的投影特性。

垂直于某一投影面的直线，称为投影面垂直线。

仅平行于某一投影面的直线，称为投影面平行线。

对三个投影面均倾斜的直线，称为一般位置直线（简称倾斜线）。

3.2.2　特殊位置直线的投影特性

1. 投影面垂直线

投影面垂直线可分为铅垂线、正垂线、侧垂线三种，它们分别垂直于 H、V、W 面。

以图 3-2 所示铅垂线 AB 为例，其投影特性为：

(1) 水平投影 $a(b)$ 积聚为一点。

(2)正面投影 $a'b' \perp OX$ 轴;侧面投影 $a''b'' \perp Y_W$ 轴。$a'b'$ 、$a''b''$ 均反映实长。

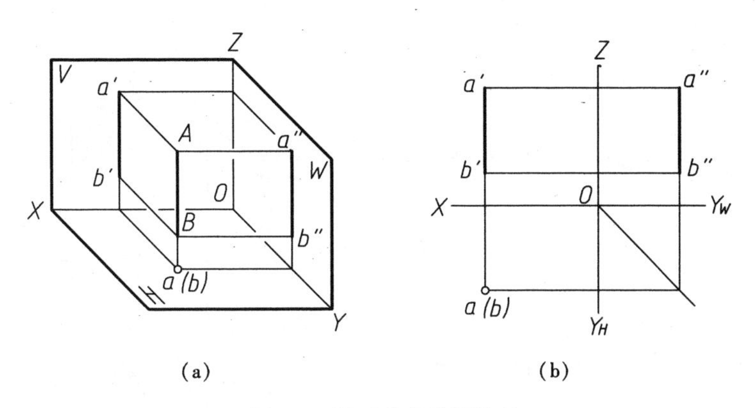

图 3-2　铅垂线的投影特性

正垂线和侧垂线有类似的投影特性。即直线在所垂直的投影面上的投影积聚成一点,在另两个投影面上的投影均垂直于相应的投影轴,且反映直线的实长,见表 3-1。

正垂线和侧垂线的投影特性　　表 3-1

名称	正垂线 ($AB \perp V$ 面)	侧垂线 ($AB \perp W$ 面)
轴测图		
投影图		
投影特性	1. $a'(b')$积聚成一点 2. $ab \perp OX, a''b'' \perp OZ, ab = a''b'' = AB$	1. $a''(b'')$积聚成一点 2. $ab \perp OY_H, a'b' \perp OZ, ab = a'b' = AB$

2. 投影面平行线

投影面平行线可分为正平线、水平线、侧平线三种,它们分别平行于 V、H、W 面。

以图 3-3 所示的正平线 AB 为例,其投影特性为:

(1)正面投影 $a'b'$ 反映直线 AB 的实长。它与 OX 轴的夹角反映直线对 H 面的倾角 α,与 OZ 轴的夹角反映直线对 W 面的倾角 γ。

(2)水平投影 $ab \parallel OX$ 轴。侧面投影 $a''b'' \parallel OZ$。$ab < AB$，$a''b'' < AB$，$ab = AB\cos\alpha$，$a''b'' = AB\cos\gamma$。

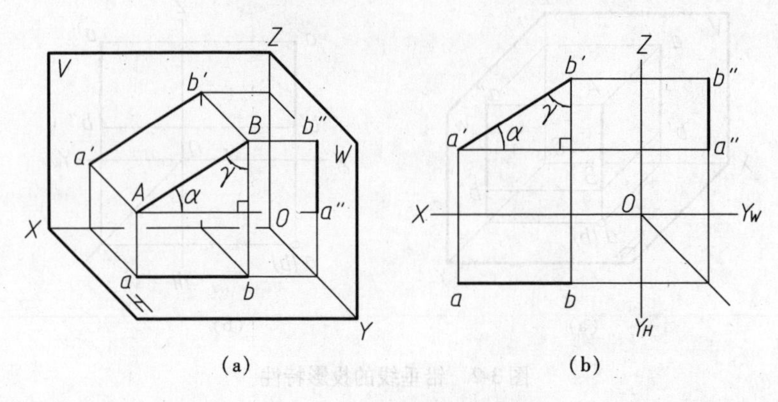

图 3-3　正平线的投影特性

水平线和侧平线有类似的投影特性。即直线在所平行的投影面上的投影反映实长，且反映与另两个投影面的倾角；在另两个投影面上的投影均平行于相应的投影轴，但不反映直线的实长，见表 3-2。

水平线和侧平线的投影特性　　表 3-2

名称	水平线 ($AB \parallel H$ 面，与 V、W 倾斜)	侧平线 ($AB \parallel W$ 面，与 V、H 倾斜)
轴测图	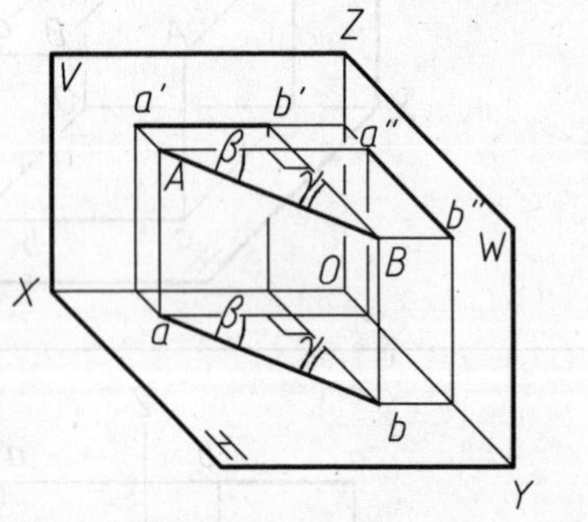	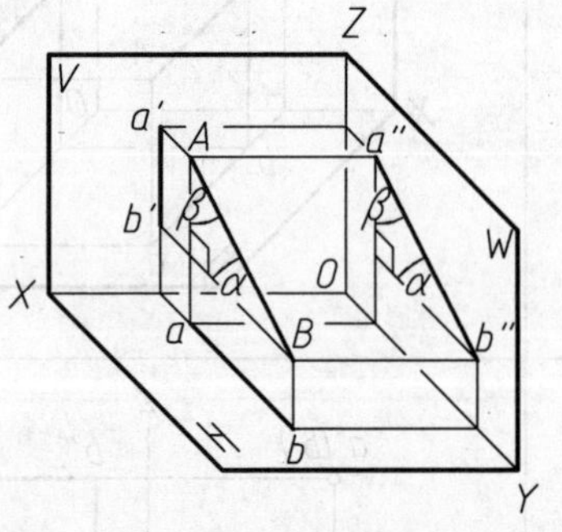
投影图	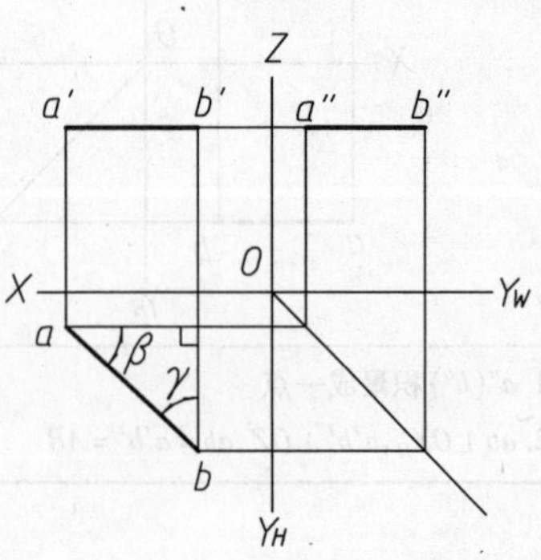	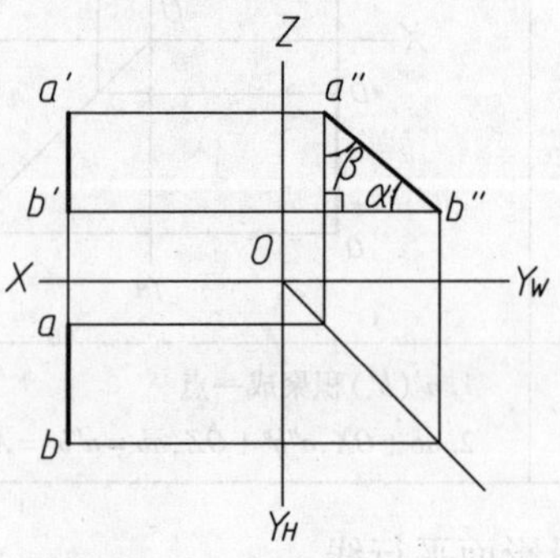
投影特性	1. $ab = AB$，H 面投影反映倾角 β、γ 2. $a'b' \parallel OX$，$a''b'' \parallel OY_W$，$a'b' < AB$，$a''b'' < AB$	1. $a''b'' = AB$，W 面投影反映倾角 α、β 2. $ab \parallel OY_H$，$a'b' \parallel OZ$，$ab < AB$，$a'b' < AB$

3.2.3　一般位置直线的投影特性

如图 3-4 所示，因一般位置直线 AB 与三个投影面均倾斜，则直线的实长、投影和对投影面的倾角之间的关系为：

$$ab = AB\cos\alpha;\ a'b' = AB\cos\beta;\ a''b'' = AB\cos\gamma。$$

当直线处于倾斜位置时，由于 $0° < \alpha < 90°$；$0° < \beta < 90°$；$0° < \gamma < 90°$，因此直线 AB 的三个投影 ab，$a'b'$，$a''b''$ 均小于实长。

一般位置直线的投影特性为：三个投影都与投影轴倾斜且都小于实长。三个投影与投影轴的夹角都不反映直线对投影面的倾角。

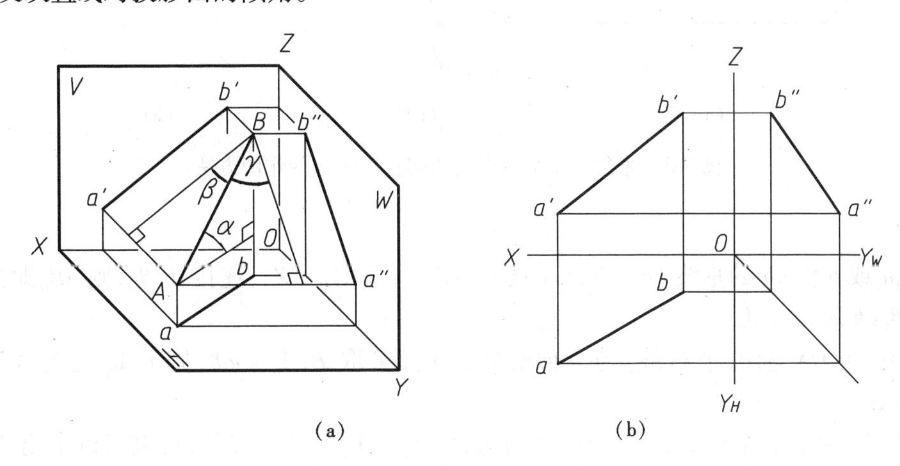

图 3-4　一般位置直线的投影特性

3.3　倾斜线的实长和对投影面的倾角

由上得知，特殊位置直线的投影可直接反映线段的实长和对投影面的倾角等度量问题，而倾斜线的各投影均不反映其实长及对投影面的倾角。但是，如果有了直线的两个投影，该直线的空间位置就完全确定了。我们就可以通过图解法解决这类工程上的度量问题。

3.3.1　几何分析

图 3-5(a)所示的 AB 为倾斜线，ab、$a'b'$ 都小于直线 AB，过点 A 作 $AB_0 /\!/ ab$，交 Bb 于 K，即得一直角三角形 ABK。在这个三角形中，斜边 AB 为实长，一直角边 AK 的长度等于 AB 的水平投影长度 ab，另一直角边 BK 是线段两端点 A、B 的 Z 坐标差($Z_B - Z_A$)，AB 与 AK 的夹角 $\angle BAK$ 为 AB 对 H 面的倾角 α。

由此可见，根据倾斜线 AB 的投影，求实长和对 H 面的倾角 α，可归结为设法作出直角三角形 ABK 的实形。这种求作倾斜线实长和对投影面倾角的方法，称为直角三角形法。

同理，如过 A 作 $AL /\!/ a'b'$，则得另一直角三角形 ABL。它的斜边 AB 为实长，一直角边 AL 的长度等于 $a'b'$，另一直角边 BL 是线段两端点 A、B 的 Y 坐标差($Y_B - Y_A$)，AB 与 AL 的夹角 $\angle BAL$ 为 AB 对 V 面的倾角 β。

3.3.2　作图方法

已知直线 AB 的两面投影 ab 和 $a'b'$，可用两种方法求出直线 AB 的实长和对 H 面的倾角 α(图

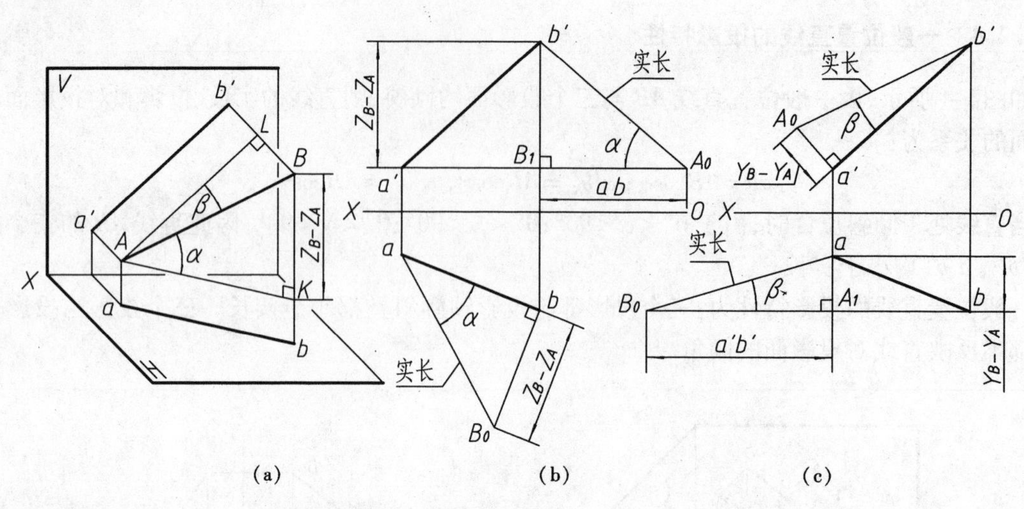

图 3-5　直角三角形法求线段实长及倾角的作图方法

3-5(b))：

(1)过 a 或 b 作 ab 的垂线 bB_0，在此垂线上量取 $bB_0 = Z_B - Z_A$，连接 a、B_0，则 aB_0 即为直线 AB 的实长，$\angle B_0ab$ 即为 α 角。

(2)过 a' 作 OX 轴的平行线，与 $b'b$ 相交于 B_1，量取 $B_1A_0 = ab$，则 $b'A_0$ 也是 AB 的实长，$\angle b'A_0B_1 = \alpha$。

同理，如图 3-5(c)所示，以 $a'b'$ 为一直角边，以 $Y_B - Y_A$ 为另一直角边，也可以求出 AB 的实长（$b'A_0 = AB$）。斜边 $b'A_0$ 与 $a'b'$ 的夹角即为 AB 对 V 面的倾角 β。另一作法，使 $A_1B_0 = a'b'$，则 $aB_0 = AB$，$\angle aB_0A_1$ 也反映 β 角。

直线对 W 面的倾角 γ，也可用类似的作图方法求出，请读者自行分析。

由此可归纳出用直角三角形法求直线实长与倾角的方法：以直线在某一投影面的投影为底边，直线两端点与这个投影面的距离差为高，形成的直角三角形的斜边是直线的实长，斜边与底边的夹角就是该直线对这个投影面的倾角。

值得注意的是，在直角三角形法中，三角形包含着四个因素：投影长、坐标差、实长及倾角，它们之间的关系如表 3-3 所示。只要知道两个因素，就可以把其他两个求出来。因此直角三角形法不仅仅是求直线的实长及倾角，根据已知条件，还有可能求投影长或坐标差。

直角三角形法中四个因素之间的关系(以图 3-4 为例)　　**表 3-3**

1. H 面投影长和 ΔZ 为直角边	2. V 面投影长和 ΔY 为直角边	3. W 面投影长和 ΔX 为直角边
AB实长　ΔZ　α　ab长	AB实长　ΔY　β　a′b′长	AB实长　ΔX　γ　a″b″长
ΔZ 表示直线 AB 两端点的 Z 坐标差	ΔY 表示直线 AB 两端点的 Y 坐标差	ΔX 表示直线 AB 两端点的 X 坐标差

例 3-1　已知直线 $CD = 30$mm，试完成 CD 的正面投影 $c'd'$（图 3-6a）。

分析：

根据直角三角形法，若已知直角三角形中投影长、坐标差、实长及倾角四个因素中的任意两个，

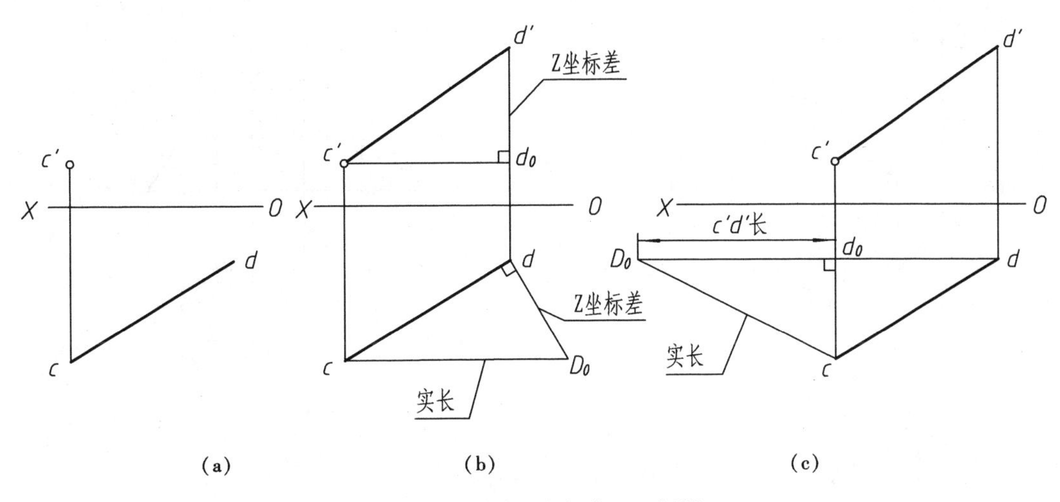

图3-6　已知线段实长求正面投影

便可求得另两个。本例已知直线的水平投影及实长，c' 也已知，是确定 d' 的问题。求 d' 只要知道 C、D 两点的 Z 坐标差或 $c'd'$ 的长度即可，均可以用直角三角形法求得。图3-6(b)是根据直角二角形的条件利用 cd 和实长求 C、D 两点的 Z 坐标差来确定 d'；图3-6(c)是根据直角三角形的条件利用 C、D 两点的 Y 坐标差和实长求 $c'd'$ 长度的作图。本例有两解，这里只作出了一解。

作图：

● 求 C、D 两点的 Z 坐标差，以确定 $c'd'$（图3-6b）。

●● 过 d 作 cd 的垂线；

●● 以 c 为圆心，30mm为半径画圆弧，交 cd 的垂线于 D_0；

●● 过 c' 作 OX 轴平行线，过 d 作投影连线，两线交于 d_0；

●● 过 d_0 在投影连线的上方（或下方）截取 $d_0d'=dD_0$，连 c'、d'，$c'd'$ 即为所求。

● 求 $c'd'$ 长度以确定 $c'd'$（图3-6c）。

●● 过 d 作 OX 轴的平行线，与 cc' 交于 d_0；

●● 以 c 为圆心，30mm为半径画圆弧，交上述平行线于 D_0，D_0d_0 即为 $c'd'$ 的长度；

●● 以 c' 为圆心，D_0d_0 为半径画圆弧，与过 d 的投影连线交于 d'，连 c'、d'，$c'd'$ 即为所求。

3.4　直线上的点

3.4.1　直线上点的投影

点在直线上，则点的投影必定在该直线的同面投影上。反之，点的各个投影在直线的同面投影上，并且符合点的投影特性，则该点一定在直线上。图3-7中的点 C 在直线 AB 上，c、c'、c'' 分别在 ab、$a'b'$、$a''b''$ 上，且 $cc' \perp OX$，$c'c'' \perp OZ$，$cc_x = c''c_z$。

3.4.2　点分割线段成定比

点分割线段成定比，则分割线段的各个同面投影之比等于分割线段之比。如图3-7所示，点 C 在直线 AB 上，它把线段 AB 分成 AC 和 CB 两段，根据平行投影的基本特性，分割线段及其投影应有如下关系：

$\dfrac{AC}{CB}=\dfrac{ac}{cb}=\dfrac{a'c'}{c'b'}=\dfrac{a''c''}{c''b''}$ 这种关系称为定比关系。

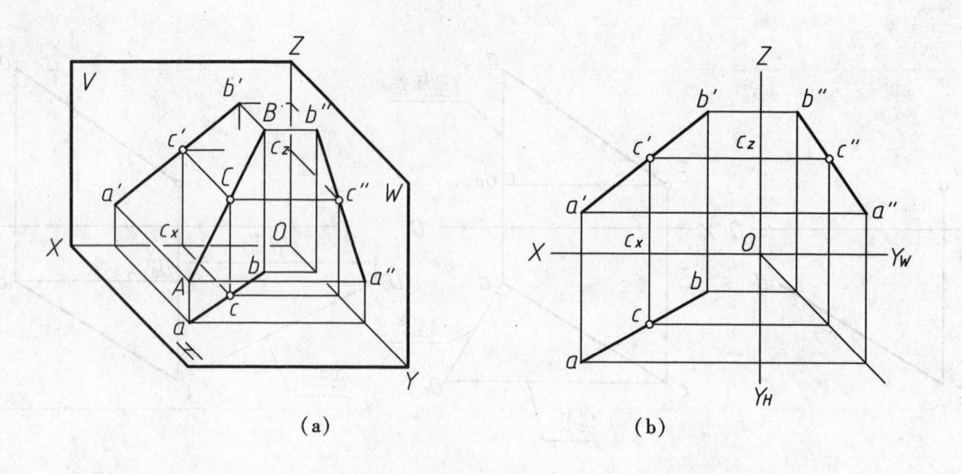

图 3-7　直线上点的投影

利用定比关系，可以在直线上求点和分割线段成定比，还可以判断一点是否在直线上。

例 3-2　已知点 C 在直线 AB 上，根据 c'' 求 c 和 c'（图 3-8a）。

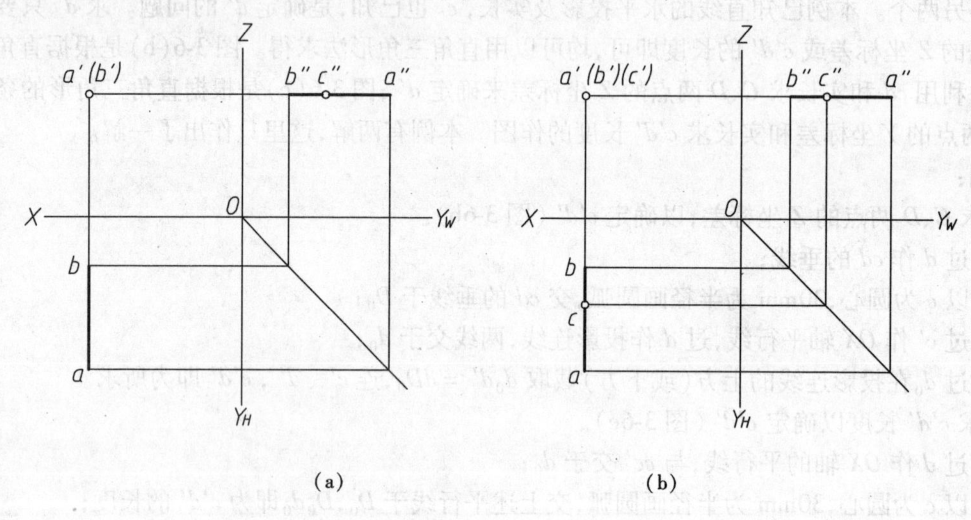

图 3-8　已知 C 在 AB 上，据 c'' 求 c 和 c'

分析：

由于点在直线上，则点的投影必在直线的同面投影上。因该直线为正垂线，故点 C 的正面投影 c' 与直线有积聚性的正面投影 $a'(b')$ 重合，点 C 的水平投影 c 可根据点的投影特性在 ab 上确定。

作图：如图 3-8(b)所示。

例 3-3　在直线 AB 上求一点 C，使 $AC: CB=2: 3$（图 3-9a）。

分析：

因 $AC: CB=2: 3$，则 $ac: cb=a'c': c'b'=2: 3$。只要将 ab（或 $a'b'$）分成 $(2+3)$ 等分后，从 a 开始取二份，即可求出 c、c'。

作图（图 3-9b）：

- 自 a（或 a'）任作辅助线 aB_0；
- 在 aB_0 上以适当长度为单位取 5 等分，得 1、2、…、5 诸点；
- 连 $b5$，自 2 作 $b5$ 的平行线，交 ab 于 c；
- 据 c 求出 c'。c、c' 即为所求。

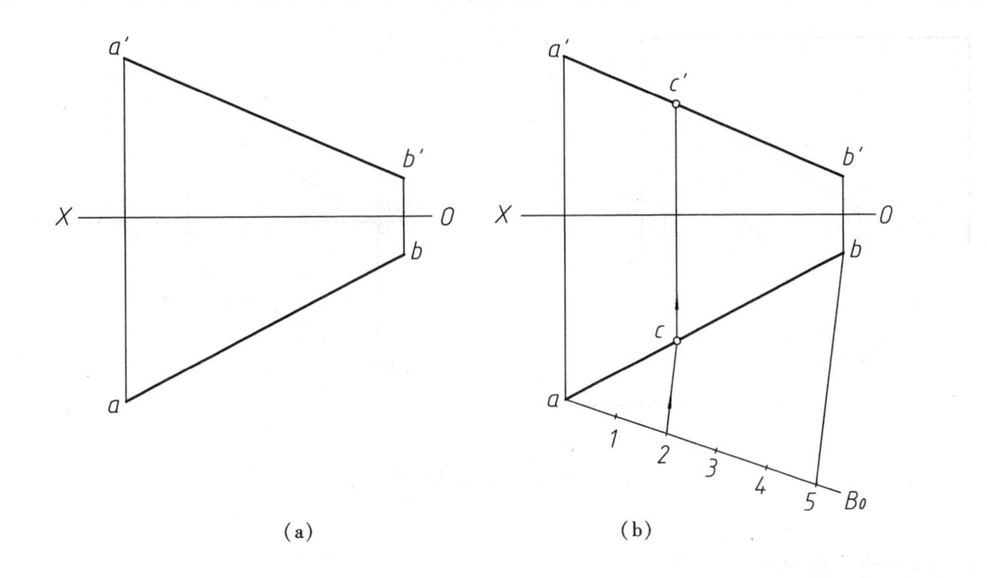

图3-9　求点 C，使 $AC:CB=2:3$

例3-4　判断点 D 是否在直线 AB 上（图3-10a）。

分析：

因为 AB 是侧平线，虽然投影图中 d 在 ab 上，d' 在 $a'b'$ 上，但仍不能确定 D 在 AB 上。因为过 AB 形成的侧平面上所有点的 V、H 投影分别与 $a'b'$ 和 ab 重合。因此需作出 AB 和点 D 的侧面投影或用定比方法进行判断。后一种方法作图简便，比较常用。如图3-10（b）所示，如点 D 在直线 AB 上，则 $ad:db=a'd':d'b'$。否则，点 D 不在直线 AB 上。

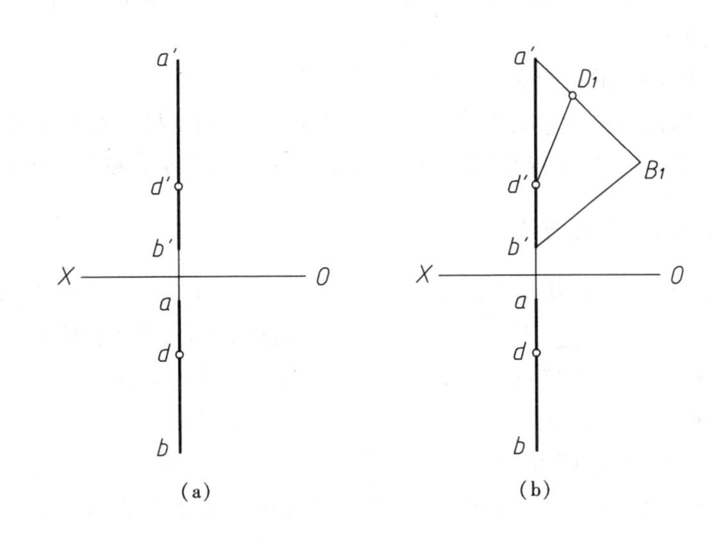

图3-10　用点分线段成定比判断点是否在直线上

作图（图3-10b）：

- 过 a' 任作一辅助线 $a'B_1$，使 $a'B_1=ab$，$a'D_1=ad$；
- 连 $b'B_1$、$d'D_1$，由于 $d'D_1 \not\parallel b'B_1$，故点 D 不在直线 AB 上。

3.5　直线的迹点

3.5.1　定义

直线与投影面的交点称为直线的迹点。在三面投影体系中，一般位置直线有三个迹点，投影面平行线有两个迹点，投影面垂直线只有一个迹点。直线与 H 面的交点称为水平迹点，常以 $M(m, m', m'')$ 表示；直线与 V 面的交点称为正面迹点，常以 $N(n, n', n'')$ 表示；直线与 W 面的交点称为侧面迹点，常以 $S(s, s', s'')$ 表示。图3-11（a）所示为直线 AB 的水平迹点 M 和正面迹点 N 的空间位置。

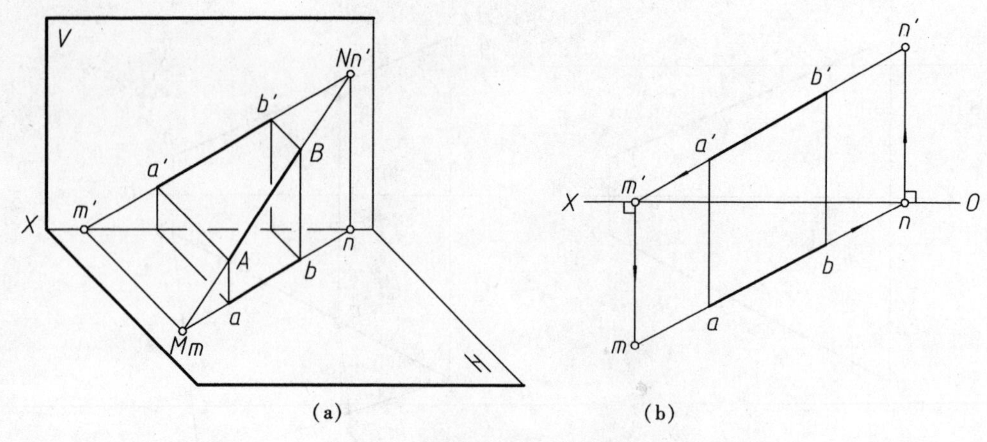

(a)　(b)

图 3-11　直线的迹点及其作图方法

3.5.2　迹点的投影特性

迹点是直线和投影面的共有点，因此它的投影应同时具有直线上的点和投影面上的点的投影特性，即：

(1)迹点的投影必在该直线的同面投影上。

(2)迹点的投影必有一个与其本身重合，另两个投影在相应的投影轴上。

应用这个投影特性，就可在投影图上确定直线各个迹点的投影。

3.5.3　作图方法

由于点 M 是 H 面上的点，所以 m' 必定在 OX 轴上，又由于 M 是直线 AB 上的点，所以 m' 在 $a'b'$ 上，m 在 ab 上。因此直线 AB 水平迹点的投影作法为(图 3-11b)：

- 延长 $a'b'$ 与 OX 轴相交，交点 m' 即为水平迹点 M 的正面投影；
- 自 m' 引 OX 轴的垂线与 ab 的延长线相交于 m，m 即为水平迹点 M 的水平投影；

同理，直线 AB 正面迹点 N 的投影作法为(图 3-11b)：

- 延长 ab 与 OX 轴相交，交点 n 即为正面迹点 N 的水平投影；
- 自 n 引 OX 轴的垂线与 $a'b'$ 的延长线相交于 n'，n' 即为正面迹点 N 的正面投影。

例 3-5　求水平线 CD 的各迹点(图 3-12a)。

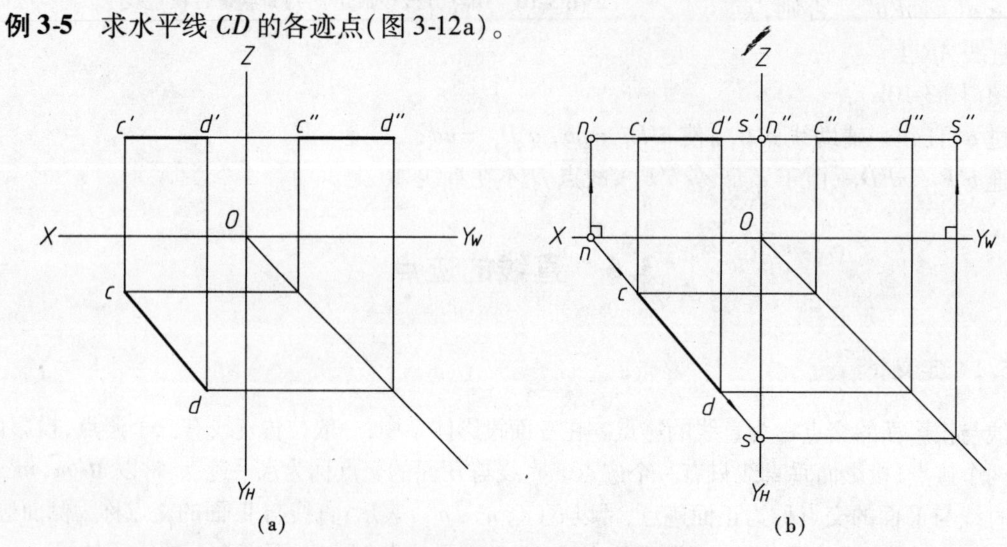

(a)　(b)

图 3-12　求水平线 CD 的迹点

分析：

水平线平行于 H 面，因此无水平迹点，只需求正面迹点 $N(n、n'、n'')$ 和侧面迹点 $S(s、s'、s'')$。

作图（图 3-12b）：

- 延长 cd，交 OX 轴于 n，自 n 引 OX 轴的垂线与 $c'd'$ 的延长线相交于 n'；延长 $c''d''$，交 OZ 轴得 n''；
- 延长 cd，交 OY_H 于 s，延长 $c'd'$ 交 OZ 轴于 s'，由 s 在 $c''d''$ 的延长线上确定 s''。(n,n',n'') 和 (s,s',s'') 即为所求。

3.6　两直线的相对位置

空间两直线的相对位置有平行、相交和交叉三种情况。前两种情况两直线位于同一平面内，称为同面直线；后一种情况两直线不位于同一平面内，称为异面直线。

3.6.1　平行两直线

根据“空间平行的两直线，它们的投影仍相互平行”的平行投影法的性质，它们的各组同面投影必定相互平行。如图 3-13 所示，由于 $AB /\!/ CD$，则 $ab /\!/ cd$，$a'b' /\!/ c'd'$，$a''b'' /\!/ c''d''$。

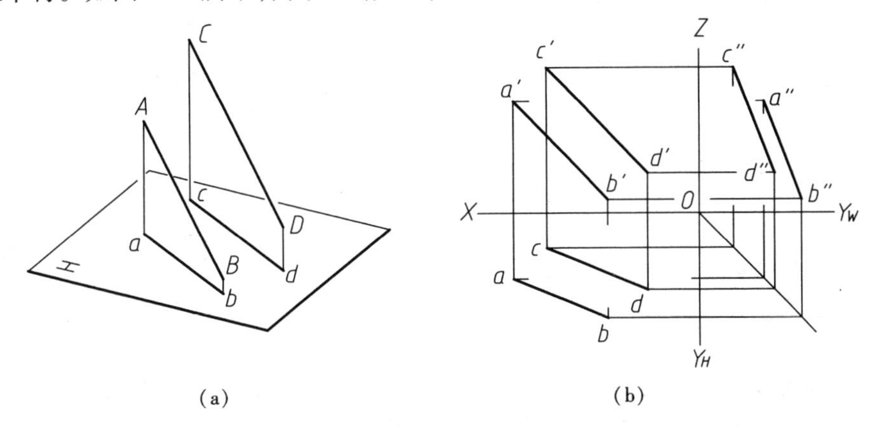

(a)　　(b)

图 3-13　平行两直线的投影

反之，如果两直线在投影图上的各组同面投影都相互平行，则两直线在空间必定相互平行。

利用空间相互平行的直线其同面投影必相互平行的这一投影特性，可解决有关两直线平行的作图问题。

例 3-6　过点 E 作直线 $EF /\!/ AB$，且使 $EF = AB$（图 3-14a）。

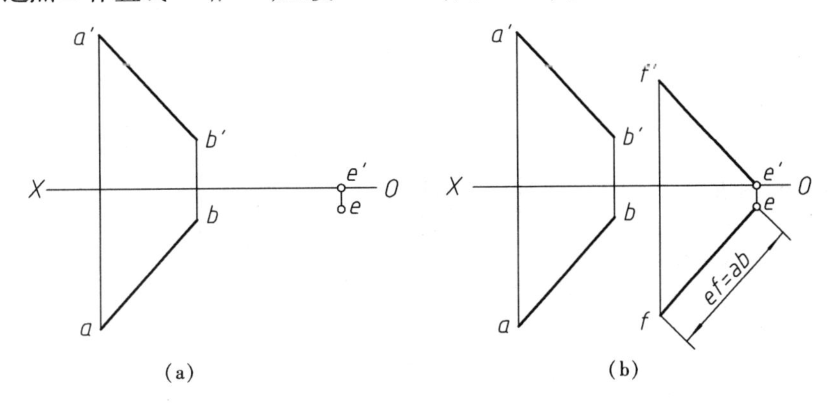

(a)　　(b)

图 3-14　过 E 作 $EF /\!/ AB$，且使 $EF = AB$

分析：

因 $EF/\!/AB$，则有 $ef/\!/ab$，$e'f'/\!/a'b'$。$EF=AB$，则有 $ef=ab$，$e'f'=a'b'$。

作图(图 3-14b)：

过 e 作 $ef/\!/ab$，过 e' 作 $e'f'/\!/a'b'$，且使 $ef=ab$，$e'f'=a'b'$。

3.6.2 相交两直线

当两直线相交时，它们在各投影面上的同面投影也必然相交，且交点的投影应符合空间一点的投影规律。如图 3-15 所示，直线 AB 与 CD 相交于点 K，则在投影图上，ab 与 cd，$a'b'$ 与 $c'd'$，$a''b''$ 与 $c''d''$ 也必然相交，并且 $k'k\perp OX$，$k'k''\perp OZ$，k'' 到 OZ 的距离等于 k 到 OX 轴的距离。

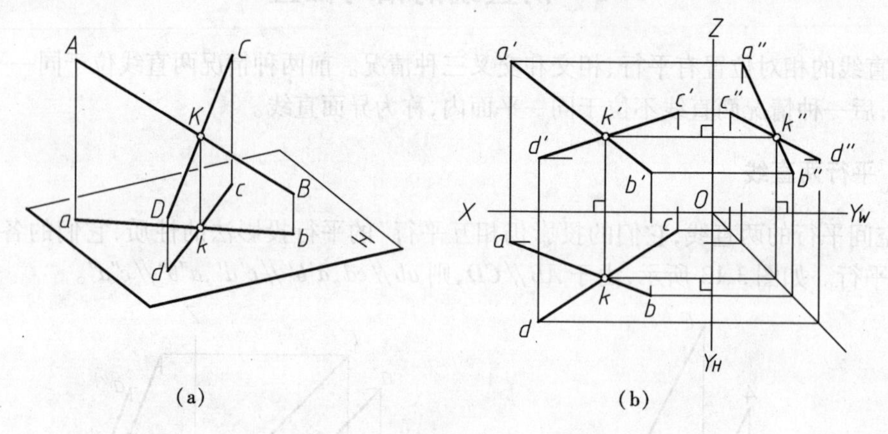

图 3-15 相交两直线的投影

反之，两直线在投影图上的各组同面投影都相交，且各组投影的交点符合空间一点的投影规律，则两直线在空间必定相交。

3.6.3 交叉两直线

既不平行又不相交的两直线称为交叉两直线。它们是既不平行也不相交的两直线，所以它们的投影既不符合平行两直线的投影特性，也不符合相交两直线的投影特性。

交叉两直线的投影可能是相交的，但它们的交点一定不符合同一点的投影规律。从图 3-16(a)、(b)可以看出，AB、CD 是交叉两直线。因为两直线投影的交点不符合同一点的投影规律，ab 和 cd 的交点实际上是 AB、CD 对 H 面的重影点Ⅰ、Ⅱ的投影 1(2)，由于Ⅰ在Ⅱ之上，所以 1 可见，2

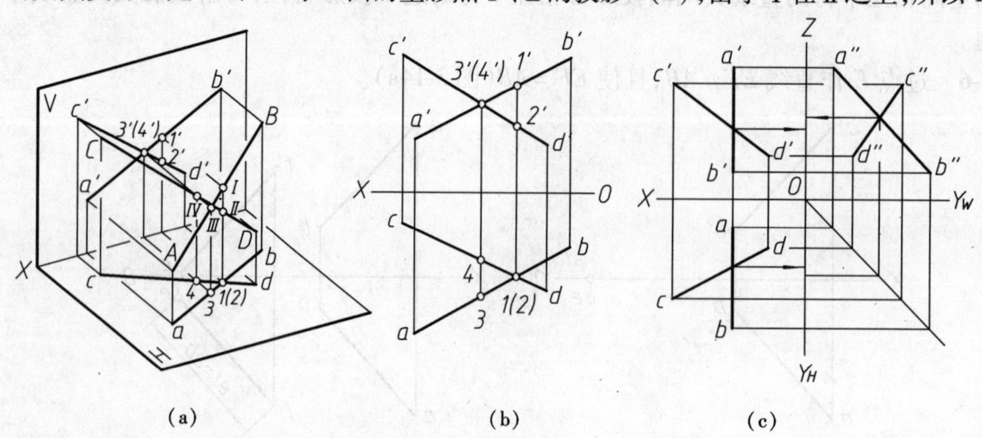

图 3-16 交叉两直线的投影(一)

不可见。同理，$a'b'$ 和 $c'd'$ 的交点是 AB、CD 对 V 面的重影点Ⅲ、Ⅳ的投影$3'(4')$，由于Ⅲ在Ⅳ之前，所以 $3'$ 可见，$4'$ 不可见。

若两直线的投影相交，其中有一直线为侧平线时，则一定要检查两直线在三投影面上的投影的交点是否符合点的投影规律。显然，图 3-16(c)所示两直线也是交叉两直线。

如图 3-17 所示，交叉两直线的投影可能会有一组或二组是相互平行的，但决不会三组同面投影都相互平行。因此，当两直线是一般位置直线时，只要有两面投影相互平行就可以断定该两直线在空间平行(图 3-13)。但若两直线同时平行于某一投影面时，则应看两直线在所平行的投影面上的投影是否平行。若平行，则两直线在空间平行，否则，不平行。显然，图 3-17(b)所示的两条侧平线也是交叉两直线。

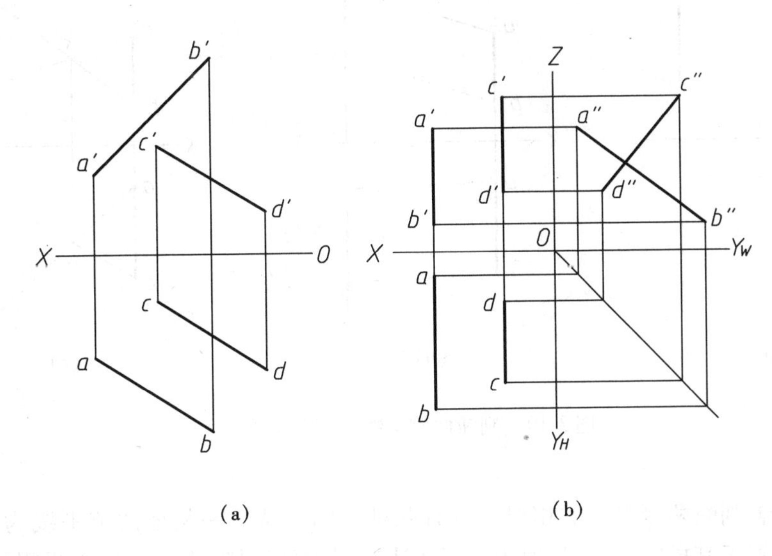

图 3-17　交叉两直线的投影(二)

例 3-7　判断两直线的相对位置(图 3-18a)。

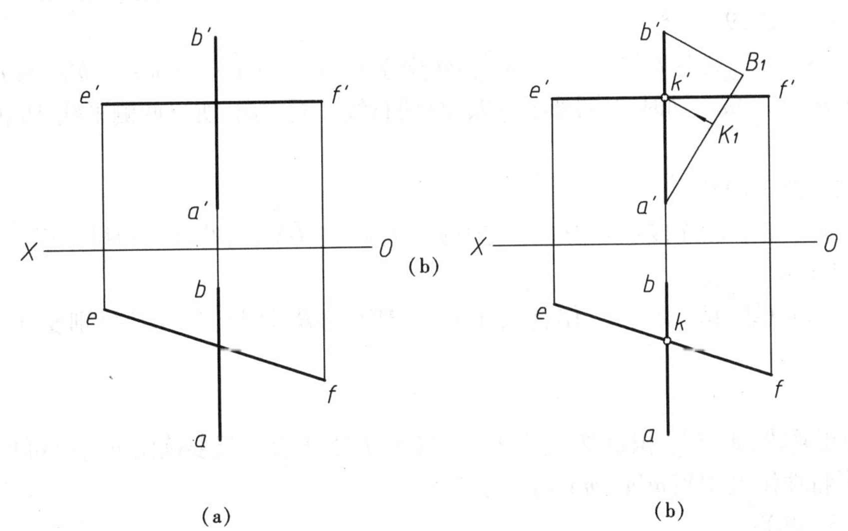

图 3-18　判断两直线的相对位置

分析：

图 3-18(a)中的 AB 为侧平线，EF 为水平线，它们在空间可能相交，也可能交叉，在正面投影

(或水平投影)上,用点分割线段成比例的作图方法进行检查。若交点的同面投影符合点的投影特性,则直线 AB、CD 为相交两直线,否则为交叉两直线。

作图:

如图 3-18(b)所示,设 ab 与 ef 交于 k, $a'b'$ 与 $e'f'$ 交于 k'。

- 过 a' 任作一辅助线,使 $a'B_1 = ab$, $a'K_1 = ak$;
- 连接 $b'B_1$,过 K_1 作 $b'B_1$ 的平行线, k' 正好在此平行线上,说明点 K 符合线上点的投影特性,所以 AB、EF 为相交两直线。

例 3-8　不利用侧面投影判断两侧平线的相对位置(图 3-19a)。

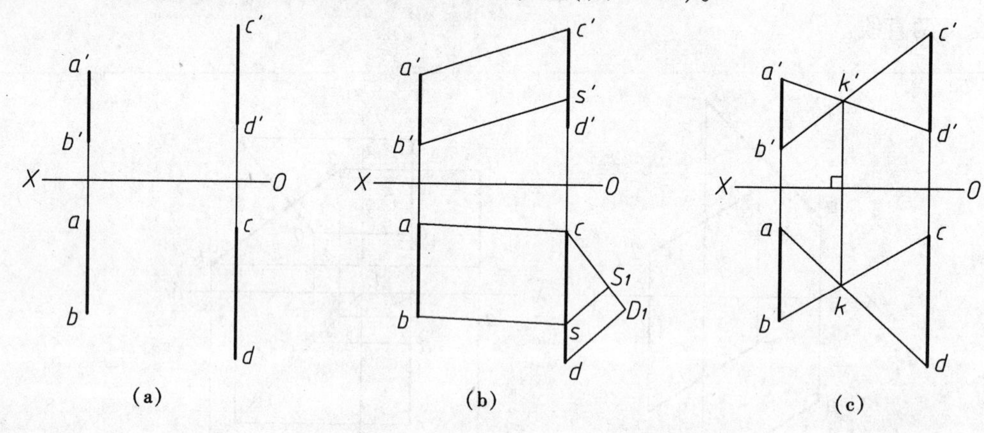

图 3-19　判断两侧平线的相对位置

分析:

不利用侧面投影判断两侧平线的相对位置有两种判断方法。一是如两侧平线为平行两直线,则两平行线段之比等于其投影之比,且对 H、V 面成同方向的相同倾角。二是如两侧平线为平行两直线,则可根据平行两直线决定一平面这一性质来判断。

作图:

- 方法一(图 3-19b)

先连接 ac 和 $a'c'$,再过 b 作 $bs /\!/ ac$, bs 与 cd 交于 s;过 b' 作 $b's' /\!/ a'c'$, $b's'$ 与 $c'd'$ 交于 s'。因为 $cs: sd = c's': s'd'$,同时,从投影看 AB、CD 两直线是同方向,所以两侧平线 AB、CD 是平行两直线。

- 方法二(图 3-19c)

连接 ad 与 bc 交于 k,连接 $a'd'$ 与 $b'c'$ 交于 k',因 $kk' \perp OX$ 轴,符合点的投影规律,因此两侧平线 AB、CD 是平行两直线。

例 3-9　已知直线 AB、CD、EF,作直线 MN,使 $MN /\!/ AB$,且与 CD、EF 分别交于 M、N(图 3-20a)。

分析:

因 EF 为正垂线, $e'(f')$ 积聚成一点,故 n' 与 $e'(f')$ 重合。只要确定 n',就可根据平行线和相交线的投影特性作出 $MN(m'n', mn)$。

作图(图 3-20b):

- n' 积聚在 $e'(f')$ 上,由 n' 作 $a'b'$ 的平行线交 $c'd'$ 于 m',则 $m'n'$ 为所求;
- 因 M 在直线 CD 上,故由 m' 可在 cd 上确定 m;
- 过 m 作 ab 的平行线交 ef 于 n,则 mn 为所求。

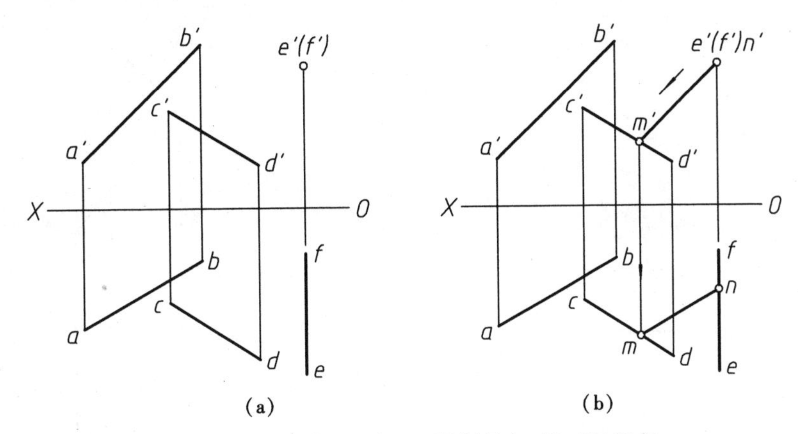

图 3-20　作直线 MN 与 AB 平行且与 CD、EF 相交

3.7　一边平行于投影面的直角投影

空间两直线成直角(相交或交叉),在一般情况下投影图中不反映直角,但当两直线同时为某投影面平行线时,它在该投影面上的投影反映直角;当直角的另一边垂直于某投影面时,它在该投影面上的投影成为一直线。

除上述两个特例外,只要直角有一直角边平行于某一投影面,则它在该投影面上的投影还是直角。这种一边平行于投影面的直角投影特性称为直角投影定则。这是在投影图上解决有关垂直问题以及距离问题常用的作图依据。

如图 3-21(a)所示,$\angle ABC$ 是直角,$AB \parallel H$ 面,BC 倾斜于 H 面。因 $AB \parallel H$,$Bb \perp H$,所以 $AB \perp Bb$。因 $AB \perp Bb$,则 $AB \perp$ 平面 $BbcC$。又因 $ab \parallel AB$,所以 $ab \perp$ 平面 $BbcC$,因此 $ab \perp bc$,即 $\angle abc = \angle ABC = 90°$。

图 3-21(b)是这个一边平行于水平投影面的直角的投影图。

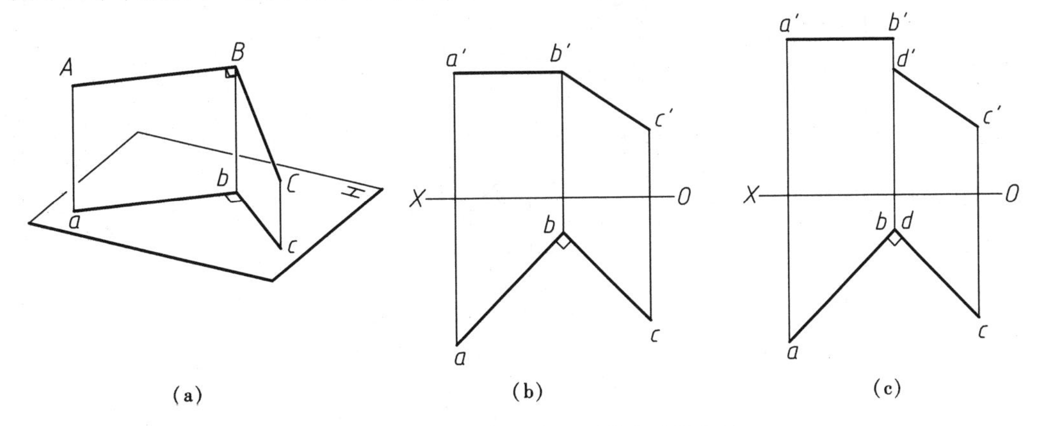

图 3-21　一边平行于水平面的直角的投影

当两直线交叉垂直时,也符合上述投影特性。如图 3-21(c)中水平线 AB 平行上移后,ab 与 cd 仍相互垂直。

反之,如两直线在某一投影面上的投影成直角,且其中有一条直线为该投影面的平行线,则这两直线在空间也必成直角(相交或交叉)。

例 3-10　求点 C 到直线 AB 的距离(图 3-22a)。

分析:

过点向直线作垂线,此垂线的长度即为该点到直线的距离。由于 AB 为正平线,因此可应用直

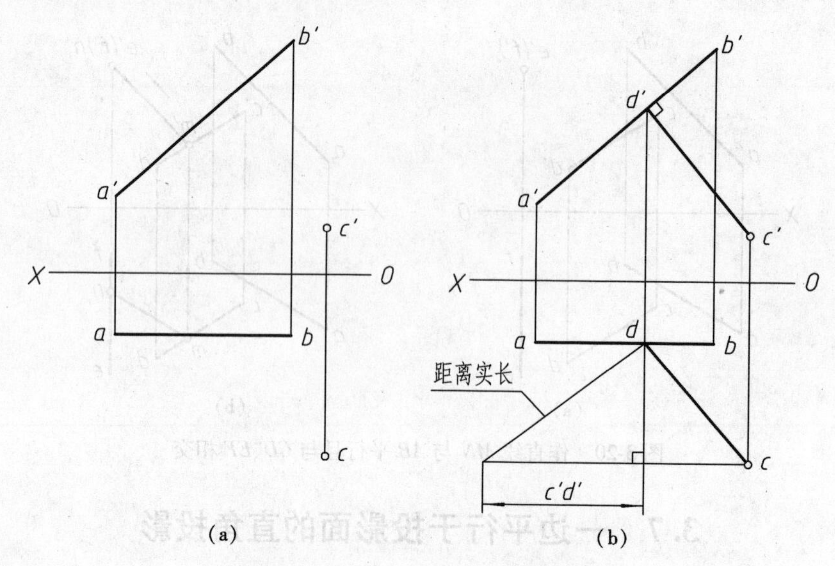

图 3-22　求点 C 到直线 AB 的距离

角投影定则作出垂线的投影，再用直角三角形法求出垂线的实长，即为所求。

作图(图 3-22b)：

- 过 c' 作 $c'd' \perp a'b'$，与 $a'b'$ 交于 d'；
- 由 d' 在 ab 上作出 d，连接 c、d；
- 用直角三角形法求出 CD 的实长。

例 3-11　求 AB、CD 两直线的公垂线 EF(图 3-23a)。

分析：

如图 3-23(c)所示，本例中 AB 是铅垂线，CD 是一般位置线，所以它们的公垂线 EF 是一条水平线。设垂足分别为 E、F，且与 AB、CD 分别交于 E、F，因此垂足 E 的水平投影 e 一定积聚在 ab 上，$ef \perp cd$。于是可先作出 ef，再由 ef 作出 $e'f'$。

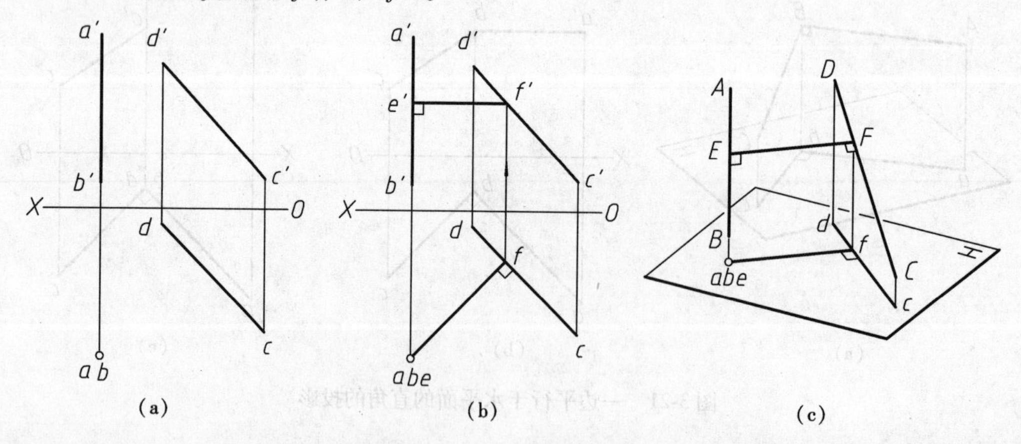

图 3-23　求 AB、CD 的公垂线 EF

作图(图 3-23b)：

- 先在 ab 处定出 e，作 $ef \perp cd$，与 cd 交于 f；
- 由 f 引投影连线，在 $c'd'$ 上作出 f'；
- 由 f' 作 $e'f' /\!/ OX$，与 $a'b'$ 交于 e'。ef、$e'f'$ 即为所求公垂线 EF 的两面投影。

第4章

平面的投影

PINGMIAN
DE
TOUYING

本章主要阐述各种位置平面的投影特性，以及点、直线与平面和平面上的特殊位置直线的投影特性与作图方法。点、线、面这三种几何元素相互依存，可相互转化，而平面的投影作图，是点和直线投影作图的综合。学习本章内容时，除应认真分析几何元素与投影面的相对位置，几何元素间的从属关系外，还应注意平面投影的积聚性，这是掌握各种投影特性和作图的基本要领。

对于平面上的投影面平行线和平面上的对投影面的最大斜度线，要熟练掌握它们在投影图上的作图方法及其应用。用迹线表示的特殊位置平面能形象地反映出该平面对投影面的空间位置，且作图简便，在以后学习中经常用到，要熟悉掌握。

4.1　平面的表示法

平面通常用确定该平面的几何元素的投影表示，也可用迹线表示。

4.1.1　用几何元素表示平面

由初等几何学所述的平面的基本性质可知，下列几何元素组都可以决定平面的空间位置：

（1）不在同一直线上的三个点（图4-1a）；

（2）一直线和直线外一点（图4-1b）；

（3）相交两直线（图4-1c）；

（4）平行两直线（图4-1d）；

（5）平面图形，如三角形、平行四边形、圆等（图4-1e）。

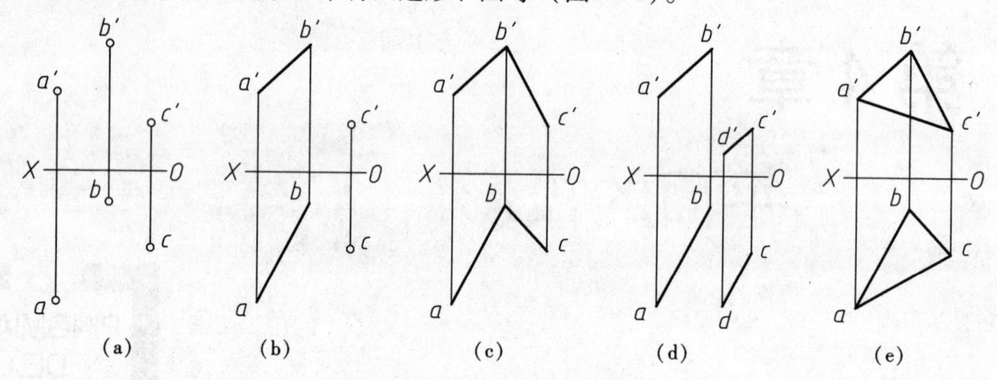

图4-1　用几何元素表示平面

上面五种情况是可以相互转化的，其中以平面图形表示平面最为常见，不在同一直线上的三个点是决定平面位置最基本的几何元素组。在图解几何问题时，也常用一对相交的正平线和水平线表示平面。

4.1.2　用迹线表示平面

平面与投影面的交线，称为平面的迹线，也可以用迹线表示平面。用迹线表示的平面称为迹线平面。平面与H、V、W面的交线分别称为水平迹线、正面迹线和侧面迹线。迹线的符号用平面名称的大写字母附加投影面名称的注脚表示，如图4-2中的P_H、P_V、P_W。P_H、P_V、P_W两两相

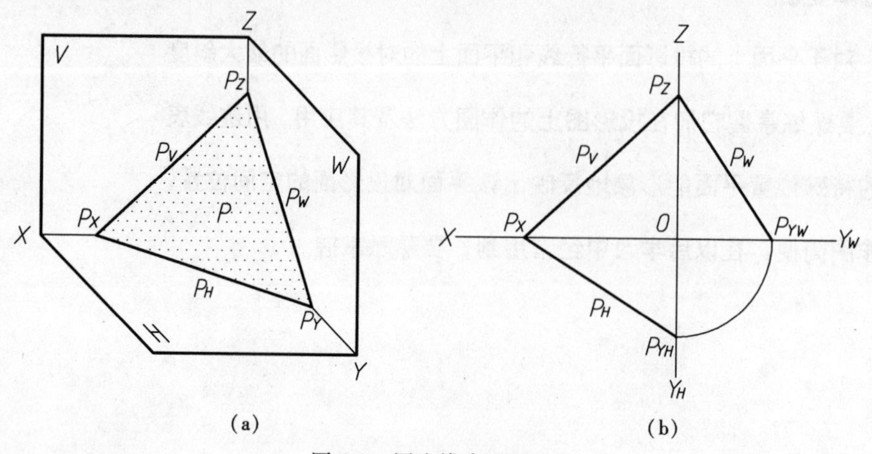

图4-2　用迹线表示平面

交于 OX、OY、OZ 轴上的一点称为迹线集合点，分别以 P_X、P_Y、P_Z 表示。迹线是平面上的直线，又是投影面上的直线，所以它的一个投影必定与其本身重合，用粗实线表示，并标注上述符号。它的另外两个投影分别与相应的投影轴重合，不需作任何表示和标注。

工程图样中常用平面图形来表示平面，而在某些解题中应用迹线平面更能形象地反映出该平面对投影面的空间位置，且作图简便。如图4-5所示的水平面和图4-6所示的铅垂面。

4.2 平面的投影特性

4.2.1 平面对投影面的相对位置

平面的投影特性是由其对投影面的相对位置不同所决定的。平面在三投影面体系中的位置可分为投影面垂直面、投影面平行面和投影面倾斜面三类。

前两类称为特殊位置平面，后一类称为一般位置平面，它们具有不同的投影特性。

仅垂直于某一投影面的平面，称为投影面垂直面。

平行于某一投影面的平面，称为投影面平行面。

对三个投影面均倾斜的平面，称为一般位置平面（简称倾斜面）。

平面与 H、V、W 的两面角，就是平面对投影面的倾角。平面对 H、V 和 W 的倾角分别用 α、β、γ 表示。当平面垂直于投影面时，倾角为90°；平行于投影面时，倾角为0°；倾斜于投影面时，倾角大于0°，小于90°。

4.2.2 特殊位置平面

1. 投影面垂直面

投影面垂直面可分为铅垂面、正垂面、侧垂面三种，它们分别垂直于 H、V、W 面。

以图4-3所示的铅垂面矩形 $ABCD$ 为例，其投影特性为：

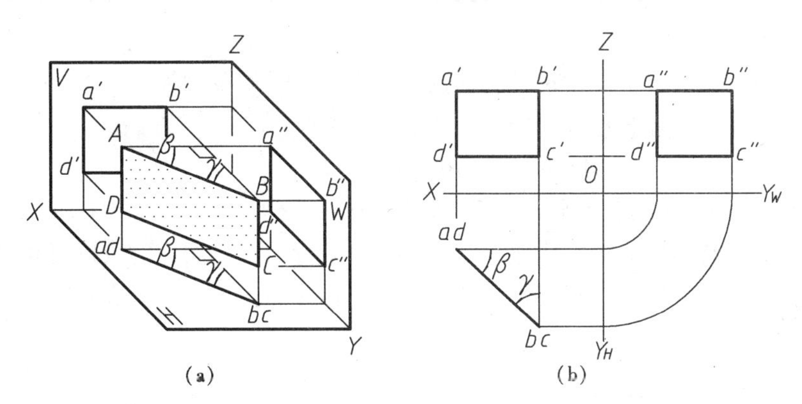

图4-3 铅垂面的投影特性

（1）水平投影 $abcd$ 积聚成一直线，它与 OX 轴的夹角反映平面与 V 面的倾角 β；与 OY 轴的夹角反映平面与 W 面的倾角 γ。

（2）正面投影矩形 $a'b'c'd'$ 和侧面投影矩形 $a''b''c''d''$ 均为矩形 $ABCD$ 的类似形，但不反映实形。

正垂面和侧垂面有类似的投影特性。即平面在所垂直的投影面上的投影积聚成一直线，它与相应投影轴的夹角反映平面对另两个投影面的倾角，在另两个投影面上的投影均为平面的类似形，但不反映平面的实形，见表4-1。

正垂面和侧垂面的投影特性　　**表 4-1**

名称	正　垂　面 （矩形 $ABCD \perp V$ 面，与 H、W 倾斜）	侧　垂　面 （矩形 $ABCD \perp W$ 面，与 V、H 倾斜）
轴测图		
投影图		
投影特性	1. $a'b'c'd'$ 积聚成一直线，V 面投影反映倾角 α、γ 2. 矩形 $abcd$、矩形 $a''b''c''d''$ 为类似形	1. $a''b''c''d''$ 积聚成一直线，W 面投影反映倾角 α、β 2. 矩形 $abcd$、矩形 $a'b'c'd$ 为类似形

2. 投影面平行面

投影面平行面可分为正平面、水平面、侧平面三种，它们分别平行于 V、H、W 面。

以图 4-4 所示的正平面矩形 $ABCD$ 为例，其投影特性为：

（1）正面投影矩形 $a'b'c'd'$ 反映矩形 $ABCD$ 的实形。

（2）水平投影 $abcd$ 和侧面投影 $a''b''c''d''$ 均积聚成一直线，且 $abcd /\!/ OX$ 轴，$a''b''c''d'' /\!/ OZ$ 轴。

水平面和侧平面有类似的投影特性。即平面在所平行的投影面上的投影反映平面实形；在另两个投影面上的投影均积聚成一直线，且分别平行于相应的投影轴，见表 4-2。

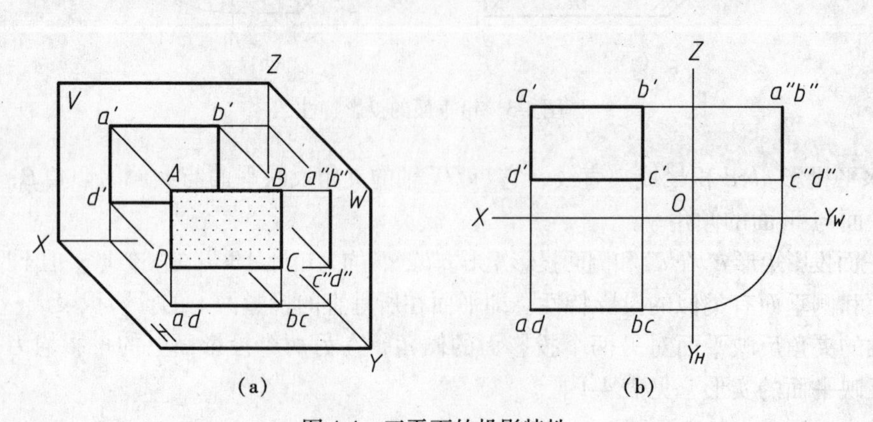

（a）　　（b）

图 4-4　正平面的投影特性

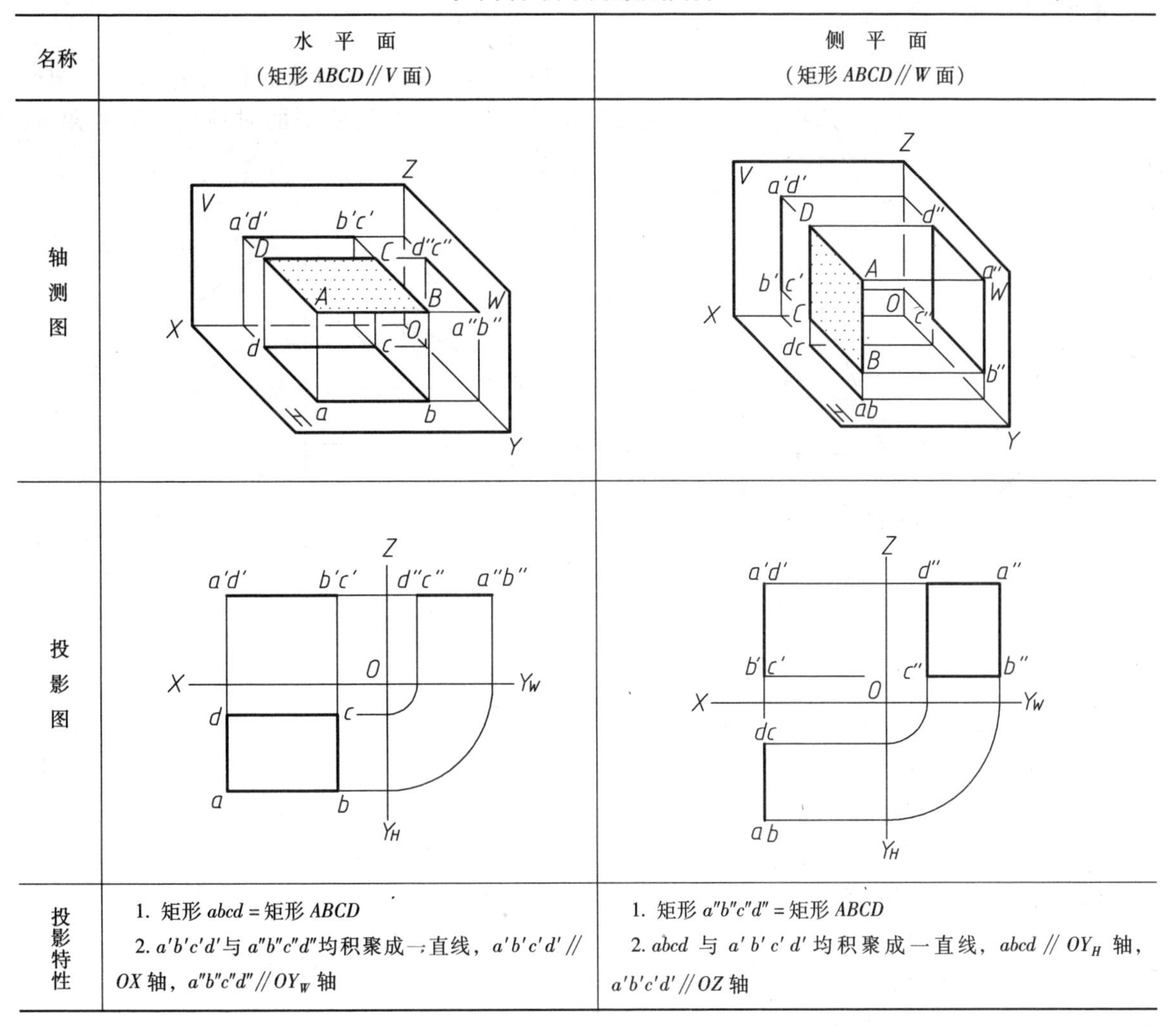

水平面和侧平面的投影特性　　**表 4-2**

名称	水　平　面 （矩形 $ABCD // V$ 面）	侧　平　面 （矩形 $ABCD // W$ 面）
轴测图		
投影图		
投影特性	1. 矩形 $abcd$ = 矩形 $ABCD$ 2. $a'b'c'd'$ 与 $a''b''c''d''$ 均积聚成一直线，$a'b'c'd' // OX$ 轴，$a''b''c''d'' // OY_W$ 轴	1. 矩形 $a''b''c''d''$ = 矩形 $ABCD$ 2. $abcd$ 与 $a'b'c'd'$ 均积聚成一直线，$abcd // OY_H$ 轴，$a'b'c'd' // OZ$ 轴

图 4-5 为用迹线表示的水平面 R。其正面迹线 $R_V // OX$ 轴，且积聚成一直线，水平迹线 R_H 不存在。

图 4-6 为用迹线表示的铅垂面 P。其水平迹线 P_H 与 OX 轴的夹角反映平面的倾角 β，P_H 积聚成一直线，正面迹线 P_V 必定垂直于 OX 轴（图 4-6b）。有时为作图简便起见，P_V 可省略不画，仅画出具有积聚性的迹线 P_H（图 4-6c）。

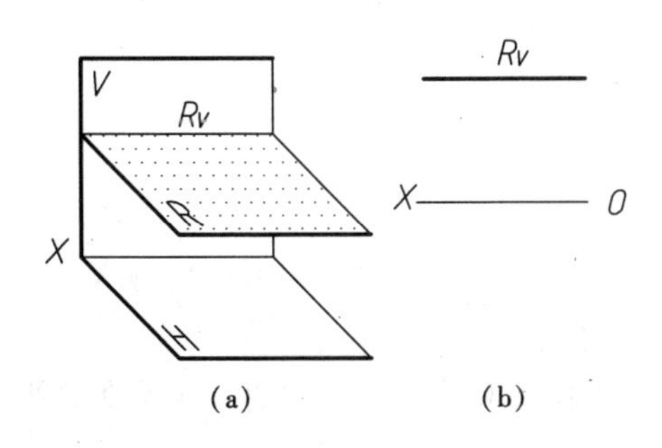

图 4-5　水平面的迹线表示法

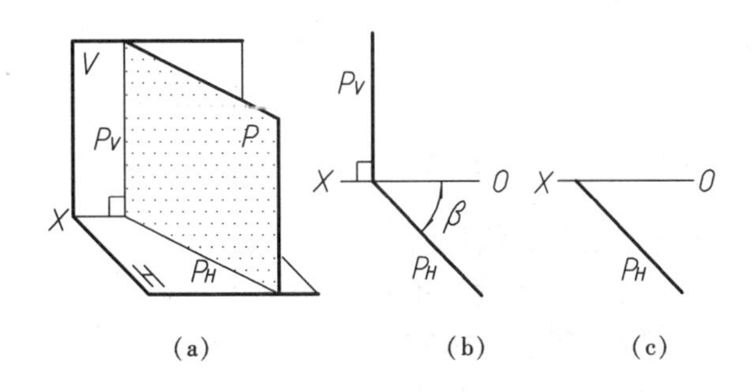

图 4-6　铅垂面的迹线表示法

4.2.3　一般位置平面

如图 4-7 所示，一般位置平面△*ABC* 与三个投影面均倾斜，因此它的三个投影△*abc*、△*a′b′c′*、△*a″b″c″* 均为三角形，但不反映△*ABC* 的实形，也不反映平面对各投影的倾角 α、β、γ。

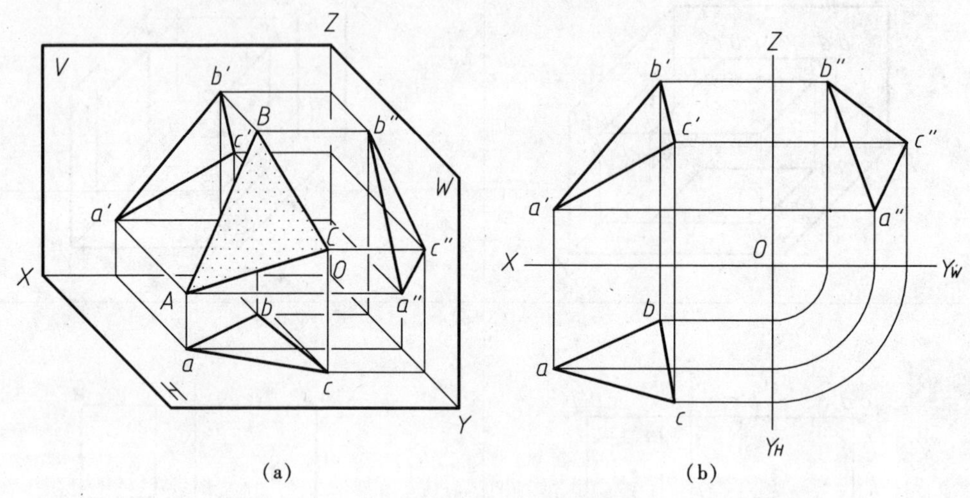

(a)　　　　(b)

图 4-7　一般位置平面的投影特性

一般位置平面的投影特性为：三个投影都是封闭线框，形状与平面类似，但不反映实形。图 4-2 为迹线表示的一般位置平面。

从图 4-3 至图 4-7，我们归纳出两个学习重点，请读者特别注意：

（1）要熟悉平面的投影规律，即：

1）平面在所垂直的投影面上的投影积聚成一直线——积聚性。

2）平面在所平行的投影面上的投影反映实形——实形性。

3）平面在所倾斜的投影面上的投影为类似图形——类似性。

积聚性和类似性是两个很重要的性质，前者能帮助我们想像出平面的空间位置；后者能帮助我们预见平面的投影形状，避免在作图时发生差错。

（2）平面图形的三个投影中，至少有一个投影是封闭线框。反过来看，投影图上的一个封闭线框，在一般情况下表示空间一个面的投影。

4.3　平面上的直线和点

4.3.1　在平面上取直线

在平面上取直线是以立体几何中的两个定理为依据的。

（1）若一直线通过平面上的两点，则此直线必在该平面上。

如图 4-8 所示△*ABC* 决定一平面 *P*，在 *AB* 和 *AC* 上分别取点 *M* 和 *N*，所以直线 *MN* 在 *P* 平面上。这种作图方法称为两点法。

（2）若一直线通过平面上一点，且平行于平面上的另一直线，则此直线必在该平面上。

如图 4-9 所示相交两直线 *EF*、*ED* 决定一平面 *Q*，*M* 是 *ED* 上的一个点。如过 *M* 作 *MN*∥*EF*，则 *MN* 一定在平面 *Q* 上。这种作图方法称为一点一方向法。

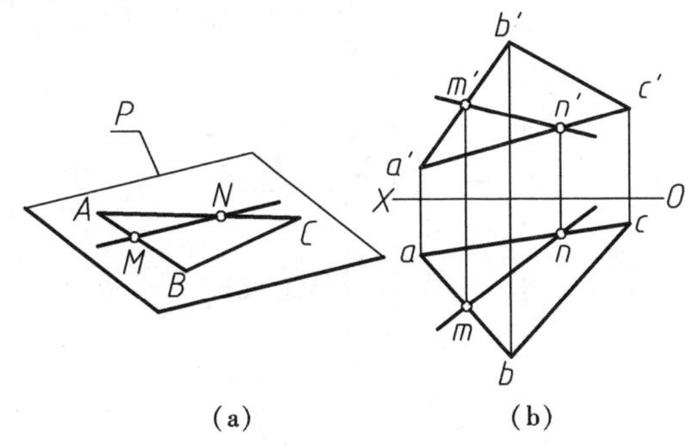

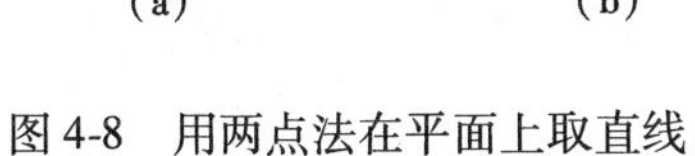

图4-8　用两点法在平面上取直线

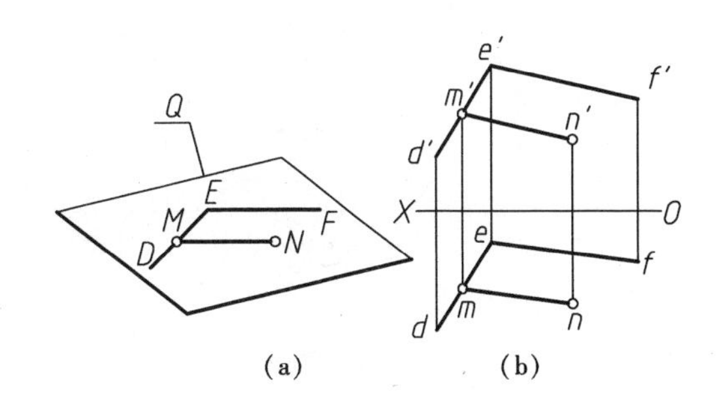

图4-9　用一点一方向法在平面上取直线

4.3.2　在平面上取点

若点在平面的某条直线上，则此点一定在该平面上。即要在平面上取点，必先在平面上取一直线，然后在此直线上取点。由于直线在平面上，则直线上的各点必然在平面上。

如图4-9所示，由于点 N 在平面 Q 的直线 MN 上，因此点 N 在平面 Q 上。

例4-1　已知△ABC 的两面投影，（1）判断点 K 是否在△ABC 上；（2）点 M 在△ABC 上，作出其水平投影 m（图4-10a）。

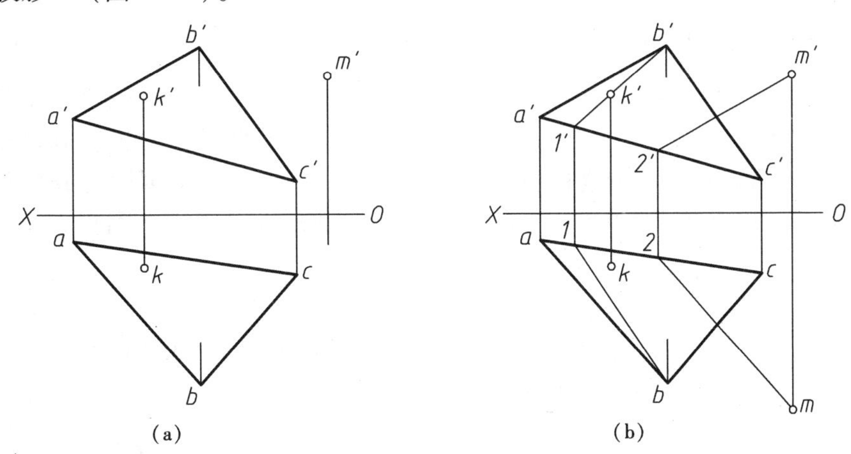

图4-10　平面上的点

分析：

判断一点是否在平面上以及在平面上取点，都必须在平面上取直线。

作图（图4-10b）：

- 连接 b'、k' 并延长 $b'k'$ 与 $a'c'$ 交于 $1'$，由 $b'1'$ 求出 $b1$，则 BI 是△ABC 平面上的一条直线。从作图得知 k 不在 $b1$ 上，所以点 K 不在△ABC 上；
- 过 m' 作 $a'b'$ 的平行线与 $a'c'$ 交于 $2'$，由 $2'$ 在 ac 上求出 2，过 2 作 ab 的平行线，此平行线与过 m' 所作的投影连线的交点即为 m。这里是用一点一方向法确定 M 点的水平投影 m，也可用两点法作图。

由本例可见，即使点的两个投影都在平面图形的投影轮廓线范围内，该点也不一定在平面上。即使一点的两个投影都在平面图形的投影轮廓线范围外，该点也不一定不在平面上。

例4-2　在▱$ABCD$ 上取一点 K，使点 K 在 H 面之上15mm，V 面之前10mm（图4-11a）。

分析：

可先在▱$ABCD$ 上取位于 H 面之上15mm的水平线 EF，再在 EF 上取位于 V 面之前10mm的

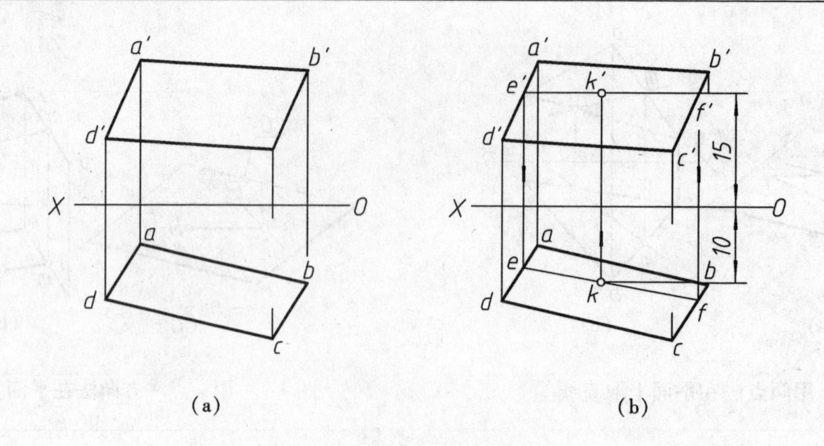

图 4-11　在□*ABCD* 上取一点 *K*

点 *K*。

作图（图 4-11b）：

• 在 *OX* 之上 15mm 处作 $e'f'$ // *OX*，再由 $e'f'$ 作出 *ef*；

• 在 *ef* 上取位于 *OX* 之前 10mm 的点 *k*，即为点 *K* 的水平投影，再由 *k* 在 $e'f'$ 上作出点 *K* 的正面投影 k'。

4.3.3　特殊位置平面上的点和直线

特殊位置平面在它所垂直的投影面上的投影积聚成直线，所以特殊位置平面上的点、直线和平面图形在该平面所垂直的投影面上的投影，都位于这个平面的有积聚性的同面投影或迹线上。在图 4-12（a）中，因为 *k*、*m* 分别积聚在 *abc* 上，所以点 *K*、*M* 在铅垂面△*ABC* 上。在图 4-12（b）中，因为 $m'n'$ 位于有积聚性的水平面△*ABC* 的正面投影 $a'b'c'$ 上，所以直线 *MN* 在水平面△*ABC* 上。

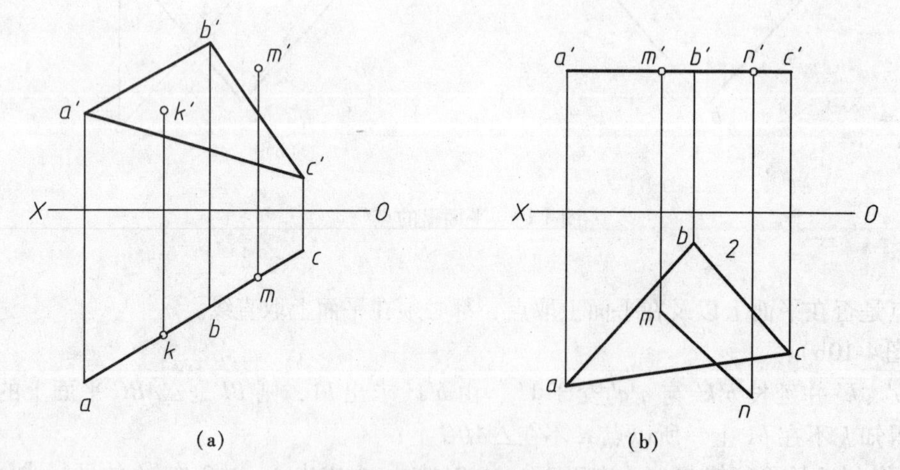

图 4-12　特殊位置平面上的点和直线

图 4-12 也可以看作是包含已知点或直线作特殊位置平面，这时，平面有积聚性的投影必定位于点或直线的同面投影上。

4.4　平面上的特殊位置直线

在平面上画出的各种不同位置的直线，对投影面的倾角各不相同。但在解题作图过程中，常常用到两种倾角较特殊的直线，一是倾角最小（等于零度），另一是倾角最大。前者为平面上的投影面平行线，后者称为最大斜度线。

4.4.1　平面上的投影面平行线

平面上的投影面平行线，因既在平面上，又与一投影面平行，所以既符合直线在平面上的条件，又具有投影面平行线的投影特性。

投影面平行线之所以在所平行的投影面上的投影反映实长，实质上是直线上每一点到该投影面的距离相等，因此在另两个投影面上的投影均平行于相应的投影轴，投影面平行线的这一投影特性是在平面上作投影面平行线的依据，作图时应特别注意。即在平面上作水平线，先应作水平线的正面投影，因其平行 OX 轴；在平面上作正平线，先应作正平线的水平投影，因其平行 OX 轴；在平面上作侧平线也一样。

图 4-13（a）所示是在 $\triangle ABC$ 平面上作水平线的作图方法。如过点 A 在 $\triangle ABC$ 平面上作一水平线 AD，可先过 a' 作 $a'd' \parallel OX$ 轴，$a'd'$ 与 $b'c'$ 交于 d'，然后由 $a'd'$ 对应求出 ad，$a'd'$ 和 ad，即为 $\triangle ABC$ 上水平线 AD 的两面投影。

图 4-13（b）所示是在 $\triangle ABC$ 平面上作正平线的作图方法。如过点 C 在 $\triangle ABC$ 平面上作一正平线 CE，可先过 c 作 $ce \parallel OX$ 轴，ce 与 ab 交于 e，然后由 ce 对应求出 $c'e'$，ce 和 $c'e'$ 即为 $\triangle ABC$ 上正平线 CE 的两面投影。

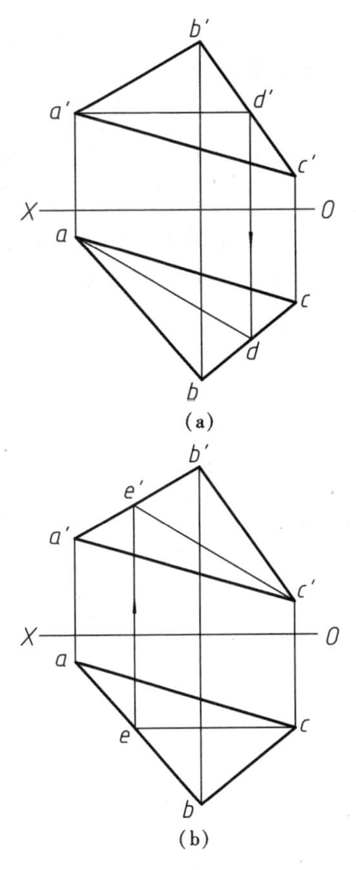

图 4-13　平面上的投影面平行线

4.4.2　平面上的对投影面的最大斜度线

平面上对 H 面成最大角度的直线称为 H 面的最大斜度线，对 V 面成最大角度的直线称为 V 面的最大斜度线，对 W 面成最大角度的直线称为 W 面的最大斜度线，它们分别垂直于平面上的水平线、正平线和侧平线。

现以平面对 H 面的最大斜度线为例，来分析最大斜度线的投影特性（图 4-14a）。

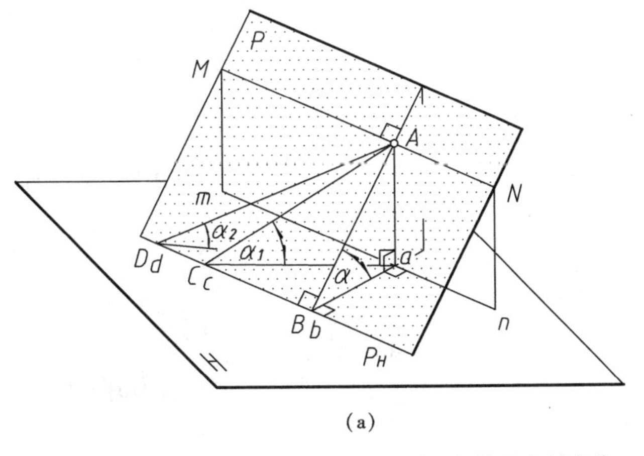

(a)

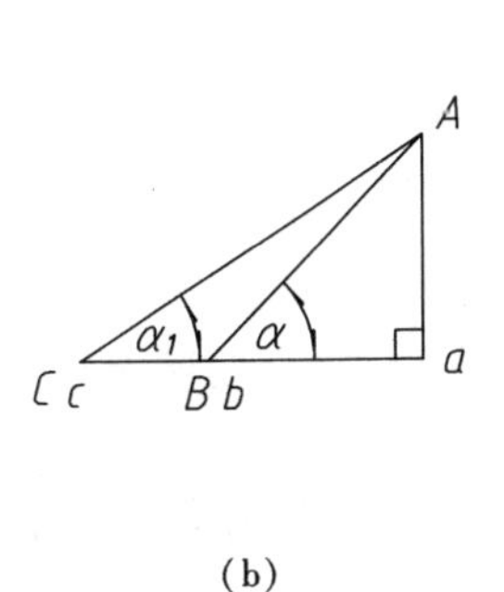

(b)

图 4-14　平面上的最大斜度线

图 4-14（a）所示，P_H是 P 平面的水平迹线，过 P 平面上一点 A 在该平面上作一条水平线 MN，显然，$MN /\!/ P_H$。再过 A 在 P 平面上作直线 AB 和 AC，使 $AB \perp MN$（即 $AB \perp P_H$），AC 与 MN 不垂直，AB 和 AC 分别与 P_H交于 B 和 C。点 A 的投影连线 Aa 与 AB、AC 形成两个直角三角形 ABa 和 ACa，AB 和 AC 分别为直角三角形的斜边，α 为 AB 对 H 面的倾角，α_1为 AC 对 H 面的倾角。若将两直角三角形重叠在一起（图 4-14b），可以看出，由于 $AC > AB$，所以 $\alpha > \alpha_1$，在直角边 Aa 等高的情况下，斜边最短者倾角为最大。由图 4-14（a）可知，过 P 平面上一点 A 可以在该平面上作一系列直线（如 AB、AC、AD…），只有当该直线与 P_H垂直时长度最短（倾角最大），即 AB 是 P 平面上过点 A 对 H 面的最大斜度线，直线 AB 的 α 角即为 P 平面的 α 角。根据垂直相交两直线的投影特性，MN 为水平线时，$ab \perp mn$。

根据以上分析可知，平面对某投影面的最大斜度线必定垂直于平面上对该投影面的平行线，最大斜度线在该投影面上的投影必定垂直于平面上该投影平行线的同面投影。

通常用最大斜度线来测定平面对投影面的倾角。只要在平面上分别作出对 H、V、W 面的最大斜度线，一般可应用直角三角法求出该平面对 H、V、W 面的倾角 α、β、γ。

例 4-3　求作△ABC 对 H、V 面的倾角 α、β（图 4-15）。

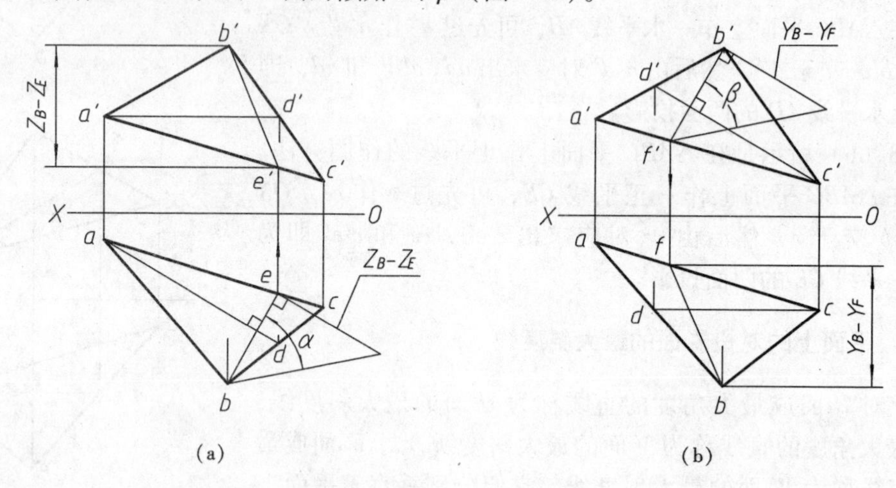

图 4-15　求平面的 α、β 角

分析：

先求出△ABC 对 H、V 面的最大斜度线，再利用直角三角形法求出其 α、β 角，即为△ABC 的 α、β 角。

作图：

• 求平面对 H 面的倾角 α（图 4-15a）

•• 过 A 在△ABC 上作水平线 AD，即 $a'd' /\!/ OX$，由 $a'd'$ 确定 ad；

•• 过 B 作 $BE \perp AD$，即 $be \perp ad$，由 be 确定 $b'e'$，be 和 $b'e'$ 即为△ABC 上对 H 面最大斜度线的两投影；

•• 用直角三角形法求 BE 对 H 面的倾角 α，α 即所求。

• 求平面对 V 面的倾角 β（图 4-15b）

•• 过 C 在△ABC 上作正平线 CD，即 $cd /\!/ OX$，由 cd 确定 $c'd'$；

•• 过 B 作 $BF \perp CD$，即 $b'f' \perp c'd'$，由 $b'f'$ 确定 bf, $b'f'$ 和 bf 即为△ABC 上对 V 面最大斜度线的两面投影；

•• 用直角三角形法求 BF 对 V 面的倾角 β，β 即所求。

第5章

几何元素间的相对位置

JIHE
YUANSU JIAN
DE XIANGDUI
WEIZHI

我们已经学习过直线与直线之间的相对位置，本章将在学习点、直线、平面等几何元素的投影规律和作图方法的基础上，着重讨论几何元素之间的相对位置问题。所谓相对位置，这里是指直线与平面、平面与平面之间的平行、相交、垂直关系。直线与平面以及两平面的相对位置问题，是在熟悉初等几何的有关定理的基础上，研究它们相互关系在投影图中的投影特性和基本作图方法。熟练地掌握这些内容，有助于进一步掌握图示法；同时，对培养空间想像能力和分析、解决空间问题的能力有重要作用。

相交关系是本章研究的重点，要熟练掌握它的作图方法与步骤。至于可见性的判别，一定要紧密联系两交叉直线重影点可见性的判别方法。

5.1　平 行 关 系

5.1.1　直线与平面平行

1. 根据立体几何可知：若一直线平行于平面上的某一直线，则该直线与该平面必然相互平行

在图5-1中，因为直线AB平行于平面P上的直线CD，所以$AB /\!/ P$平面。据此，我们便可以在投影图上判别直线与平面是否平行，并解决有关直线与平面平行的作图问题。

例5-1　过点K作一直线EF与$\triangle ABC$平行（图5-2）。

分析与作图：

过点K可以作无数条直线与$\triangle ABC$平行。可先在$\triangle ABC$内任意作一条辅助线AD，再过点K作直线EF与AD平行（$ef /\!/ ad$，$e'f' /\!/ a'd'$），则EF必平行于$\triangle ABC$。也可以不作辅助线，而过点K直接作与$\triangle ABC$的任一已知边相平行的直线。

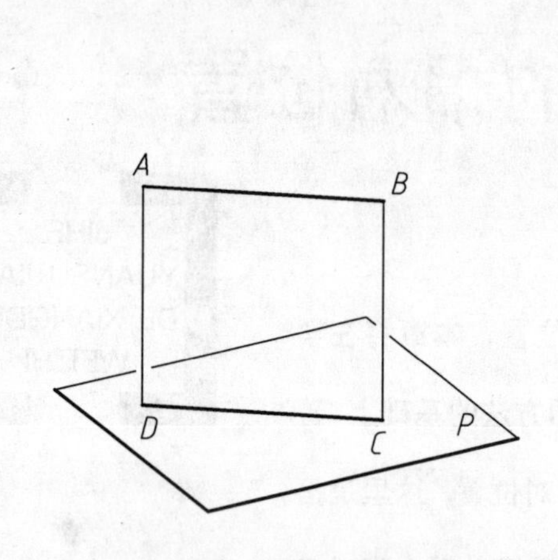

图5-1　直线与平面平行

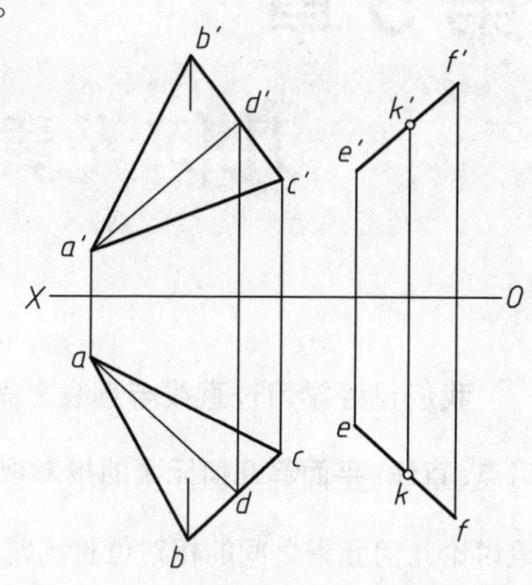

图5-2　过点K作直线EF与$\triangle ABC$平行

2. 若一直线与某一投影面垂直面平行，则该直线必有一个投影与平面具有积聚性的那个投影平行

在图5-3中，直线AB的水平投影ab平行于铅垂面P的水平迹线P_H，所以它们在空间相互平行。直线与平面平行的这种形式，在图解法中经常用到，应熟练地掌握它的特性及画法。

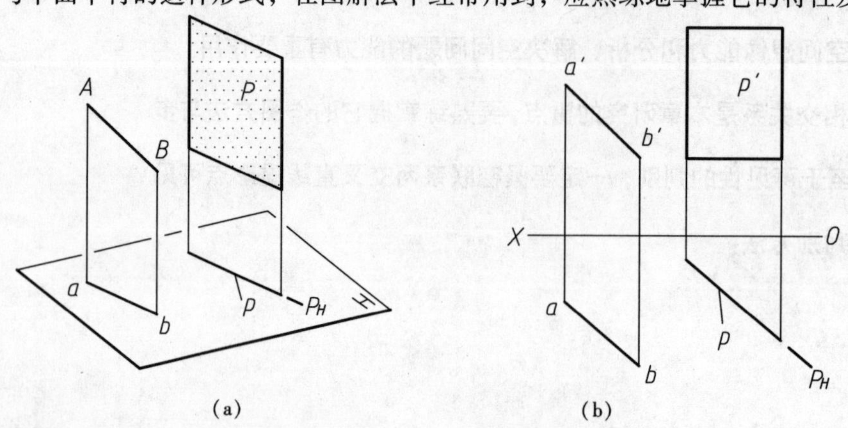

图5-3　直线与投影面垂直面平行

5.1.2　两平面平行

1. 根据立体几何可知：若一平面上的相交两直线对应地平行于另一平面上的相交两直线，则这两平面相互平行

如图5-4（a）所示，相交两直线 AB、BC 组成 P 平面；相交两直线 $\boldsymbol{A_1B_1}$、$\boldsymbol{B_1C_1}$ 组成 Q 平面，如果 $AB /\!/ \boldsymbol{A_1B_1}$，且 $BC /\!/ \boldsymbol{B_1C_1}$，则 $P /\!/ Q$。

根据这个原理，可以在投影图上解决有关平面与平面相互平行的作图问题。

例5-2　过点 K 作一平面与△ABC 平行（图5-4b）。

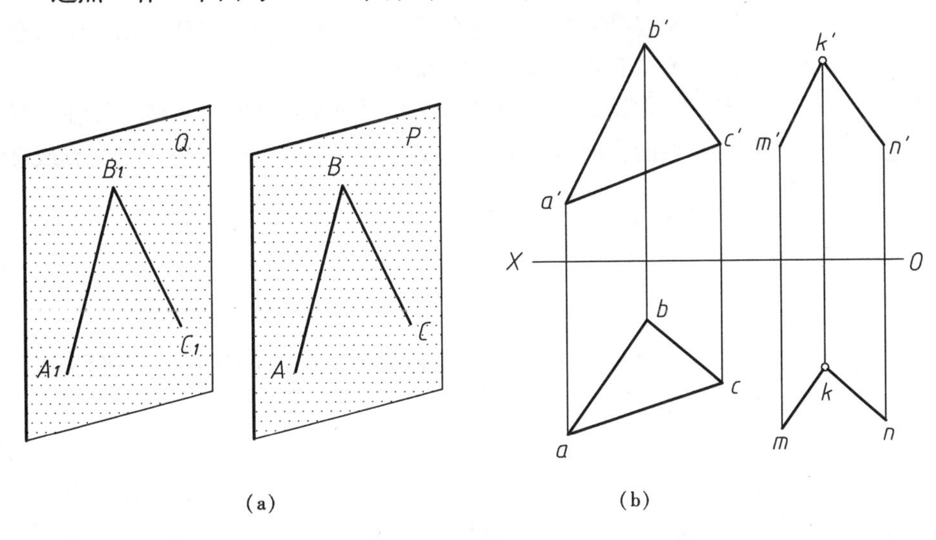

(a)　　(b)

图5-4　两平面平行

分析与作图：

过点 K 引直线 KM 和 KN 分别与△ABC 的 AB 边和 BC 边相互平行，则 KM 和 KN 相交两直线所决定的平面即为所求。

2. 若两投影面垂直面相互平行，则它们具有积聚性的投影必然相互平行

如果两平面垂直某一投影面，只要看在所垂直的投影面上的投影是否平行，如平行，则两平面平行；反之，则不平行。如图5-5（a）所示为两铅垂面，它们的水平投影分别积聚成直线——迹线 $\boldsymbol{P_H}$ 和 Q_H。因其两迹线 $\boldsymbol{P_H}$、Q_H 相互平行，所以两平面必相互平行。图5-5（b）是它们

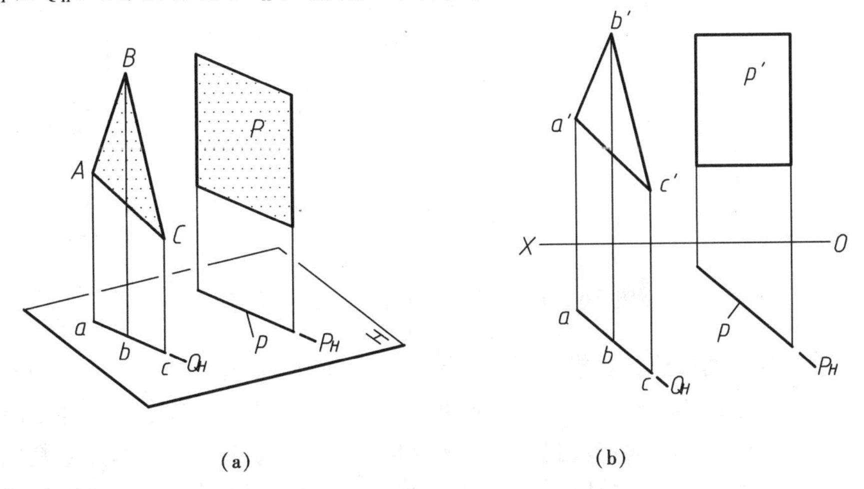

(a)　　(b)

图5-5　两投影面垂直面相互平行

的投影图。

5.2 相 交 关 系

直线与平面或平面与平面如不平行，则一定相交。本节主要讨论直线与平面的交点和两平面的交线在投影图上的求法。

直线与平面相交于一点，交点是直线与平面的共有点（既在直线上又在平面上）。因此，在求交点的作图过程中，将涉及到在直线或平面上取点的问题。

两平面的交线是一直线，交线是两平面的共有线。求交线时，可设法求出两个共有点，或求出一个共有点和交线的方向，即可确定两平面的交线。

如果两相交的几何元素之一在投影面上的投影具有积聚性，此时交点或交线在该投影面上的投影即可直接求得，再利用在平面上取点、取直线或在直线上取点的方法求出交点或交线的其他投影。

5.2.1　直线与平面相交

1. 直线或平面处于特殊位置

特殊位置直线或平面总有一个投影或一条迹线有积聚性，因此当直线或平面处于特殊位置时，可直接利用其积聚性求出交点。

（1）直线为特殊位置直线

若所给直线是投影面垂直线，可以利用直线投影的积聚性，使求交点的作图简化。例如，在图5-6中，直线 EF 为一铅垂线，它的水平投影积聚成一点 e（f）。所以它与△ABC 的交点 K 的水平投影 k 必然与它重合，即 e（f）k。为了求出 K 点的正面投影 k'，可以利用面上取点的方法。经过点 k 在△ABC 平面上作一辅助线 ad（图5-6b），找出它的正面投影 $a'd'$ 。$a'd'$ 与 $e'f'$ 的交点，即为 k'（图5-6b）。

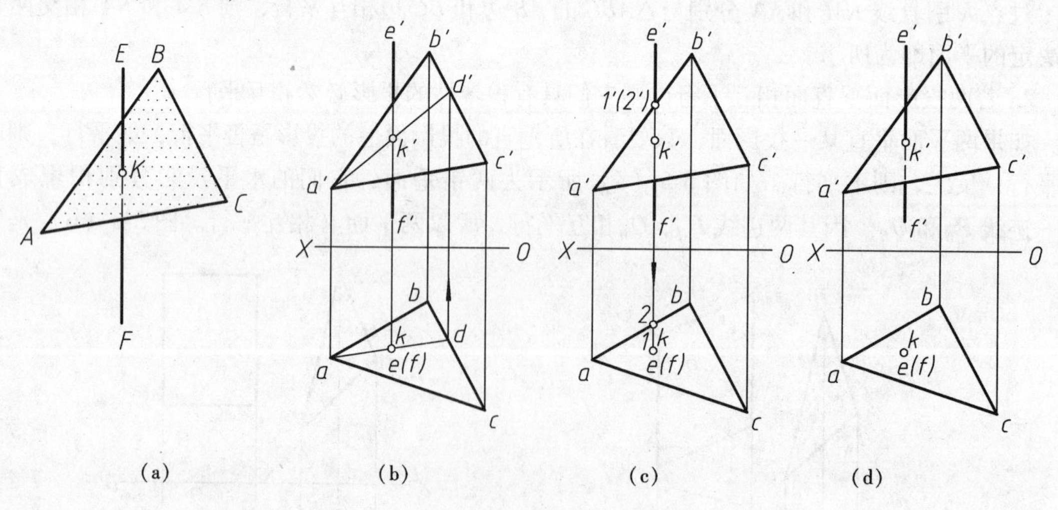

图5-6　求铅垂线与一般位置平面的交点

交点 K 把直线分成两部分，在投影图上直线被平面遮住的一部分为不可见。图5-6（c）所示为正面投影可见性的判别。显然，只有线段 $e'f'$ 与△$a'b'c'$ 相重叠部分才有可见性的问题，交点 k' 是可见与不可见部分的分界点。我们选取 $e'f'$ 与 $a'b'$ 的重影 1′（2′）两点来判别。假设点Ⅰ在 EF 上，点Ⅱ在 AB 上，找出它们的水平投影 1 和 2，可以看出 1 点比 2 点离观察者近，因此点

Ⅰ位于点Ⅱ的前面，即在点1′2′处直线 *EF* 位于平面上的 *AB* 之前，所以 $e'f'$ 在交点 k' 的上边一段 $k'1'$ 可见，而另一段不可见（图5-6d）。为了加强图形的清晰性，图中常用粗实线和虚线分别表示直线可见与不可见部分的投影。

（2）平面为特殊位置平面

若所给平面是投影面垂直面，可以利用平面投影的积聚性，使求交点的作图简化。例如，在图5-7中，平面 *P* 为一铅垂面，它的水平投影积聚成直线，所以它与直线 *AB* 的交点 *K* 的水平投影 *k* 必然是 *p* 与 *ab* 的交点。为了求出 *K* 点的正面投影 k'，可以利用直线上取点的方法，过点 *k* 向 *OX* 轴作垂线（图5-7b），该垂线与 $a'b'$ 的交点即为 k'（图5-7b）。

判别直线 *AB* 正面投影的可见性，可采用重影点来判别，也可根据直线与平面的空间位置来判别。直线与平面的水平投影显示，*KB* 在 *P* 平面之前，所以 $a'b'$ 在交点 k' 的右边一段可见，另一段不可见（图5-7b）。

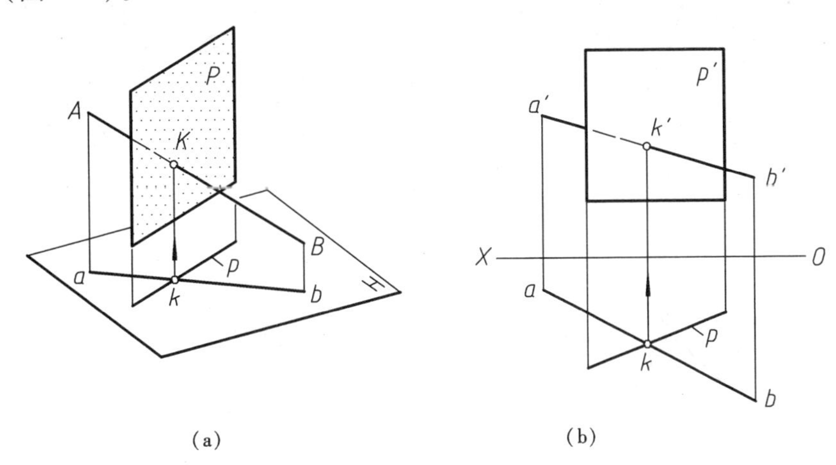

图5-7　求直线与铅垂面的交点

2. 直线和平面都处于一般位置

当直线和平面为一般位置时，直线和平面的投影都没有积聚性，所以不能直接确定交点的投影，需要通过作辅助平面解决。图5-8表示一般位置直线 *EF* 与一般位置平面△*ABC* 相交。从图5-8（a）中可以看出，交点 *K* 是平面△*ABC* 上的点，它一定在△*ABC* 平面内的某一直线上，例如在 *MN* 上。这样，过交点 *K* 的直线 *MN* 和已知直线 *EF* 就构成了辅助平面 *P*。显然，直线 *MN* 就是辅助平面 *P* 和△*ABC* 的交线。交线 *MN* 与已知直线 *EF* 的交点 *K* 即为直线 *EF* 与△*ABC* 的交点。

根据上述分析可以看出，求直线与平面交点的一般步骤如下：

（1）包含已知直线 *EF* 作一辅助平面。为了作图简便，通常选用特殊位置平面作为辅助平面，如包含直线 *EF* 作铅垂面 *P*（图5-8b），其水平迹线 P_H 与 *ef* 重合。

（2）求出辅助平面 *P* 与△*ABC* 的交线 *MN*（*mn*，$m'n'$），如图5-8（b）。

（3）求出 *MN* 与已知直线 *EF* 的交点 *K*（*k*，k'），即为所求（图5-8b）。

求出交点后，还应根据重影点Ⅰ、Ⅱ和Ⅲ、Ⅳ分别判别直线 *EF* 在正面投影和水平投影中的可见性（图5-8c）。完成后的投影图如图5-8（d）所示。

5.2.2　两平面相交

1. 两平面之一为特殊位置平面

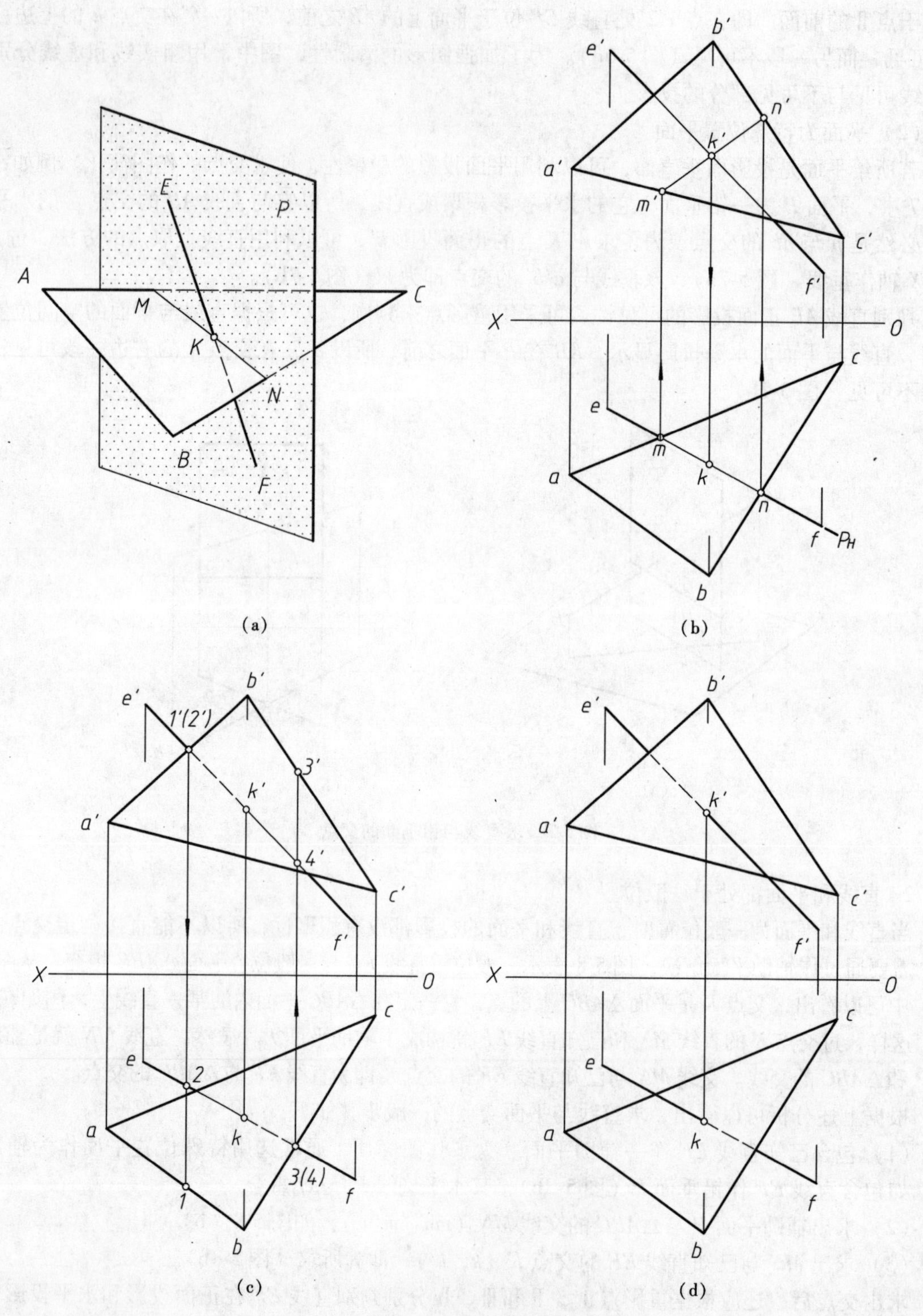

图 5-8　用辅助平面法求直线与平面的交点

当两平面中有一个是投影面平行面或投影面垂直面时，它们的交线可以利用积聚性简便地求出。

例 5-3　求铅垂面 P 与 $\triangle ABC$ 的交线（图 5-9）。

分析与作图：

因为 $\boldsymbol{P}_H$有积聚性，所以交线的水平投影应在 $\boldsymbol{P}_H$上。从水平投影可直接看出：$\triangle ABC$ 的两边 ab 及 bc 与 $\boldsymbol{P}_H$的交点 k 和 l，就是这两平面的两个共有点的水平投影。可利用直线上取点的方法

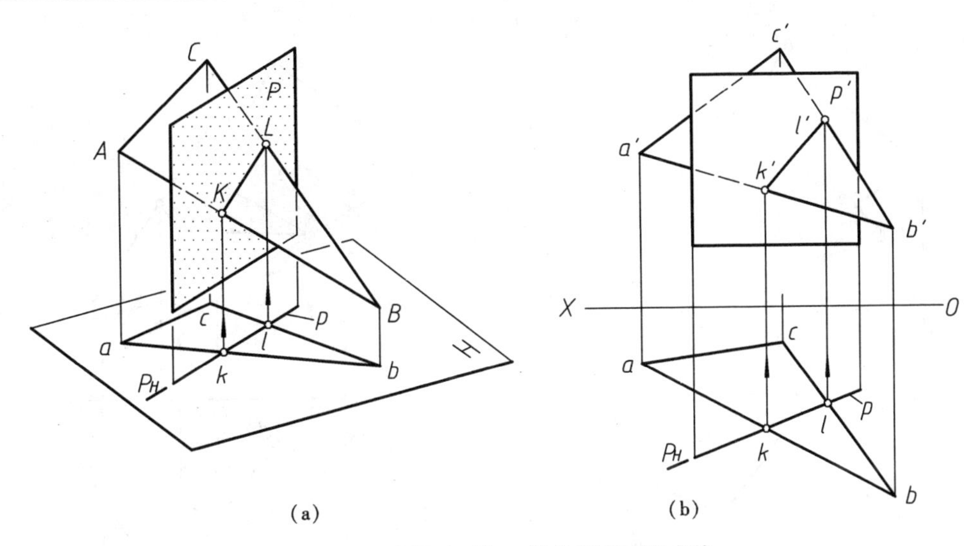

图 5-9　求铅垂面与一般位置平面的交线

（作图过程同图 5-7b），对应作出它们的正面投影 k' 和 l'，并用粗实线连接起来，则 KL（kl，$k'l'$）为所求。

正面投影可见性的判别与图 5-7（b）相同。

2. 两平面都处于一般位置

两平面相交有全交和互交两种情况，全交为一个平面全部穿过另一个平面（图 5-10a），互交为两个平面的棱边相互穿过（图 5-10b）。这两种相交情况的实质是相同的，求交线的方法也相同。如将图 5-10（a）中的△*ABC* 向下平移，即为图 5-10（b）所示的互交情况。

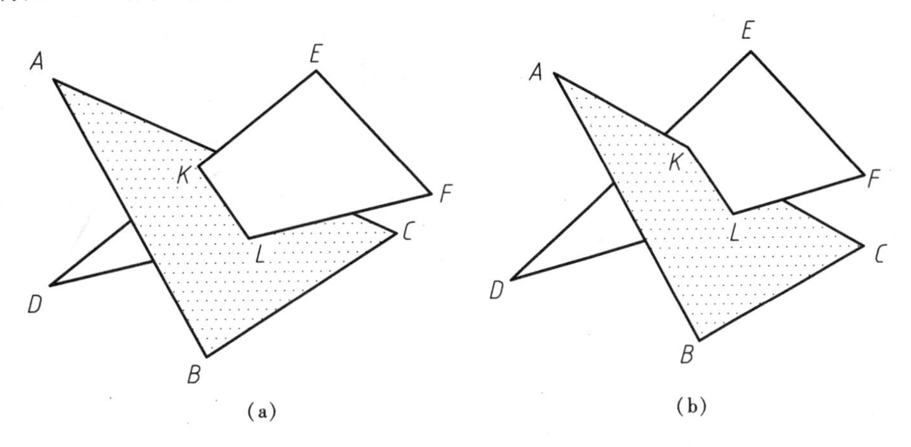

图 5-10　两平面相交的两种情况

（a）全交；（b）互交

当两平面都处于一般位置时，两平面的投影都没有积聚性，所以不能直接确定交线的投影，需利用辅助平面法或采用三面共点原理求两平面的交线。

（1）利用辅助平面法求交线

例 5-4　求△*ABC* 与△*DEF* 的交线。

分析：

如图 5-11（a）所示，△*ABC* 与△*DEF* 都处于一般位置，不能直接确定交线的投影，需要利用“直线与一般位置平面求交点”的方法求两平面的交线。由于某一平面上的直线对另一平面的交点必为两平面的共有点，即交线上的一点。所以只要求出两个交点，并连接其同面投影，即

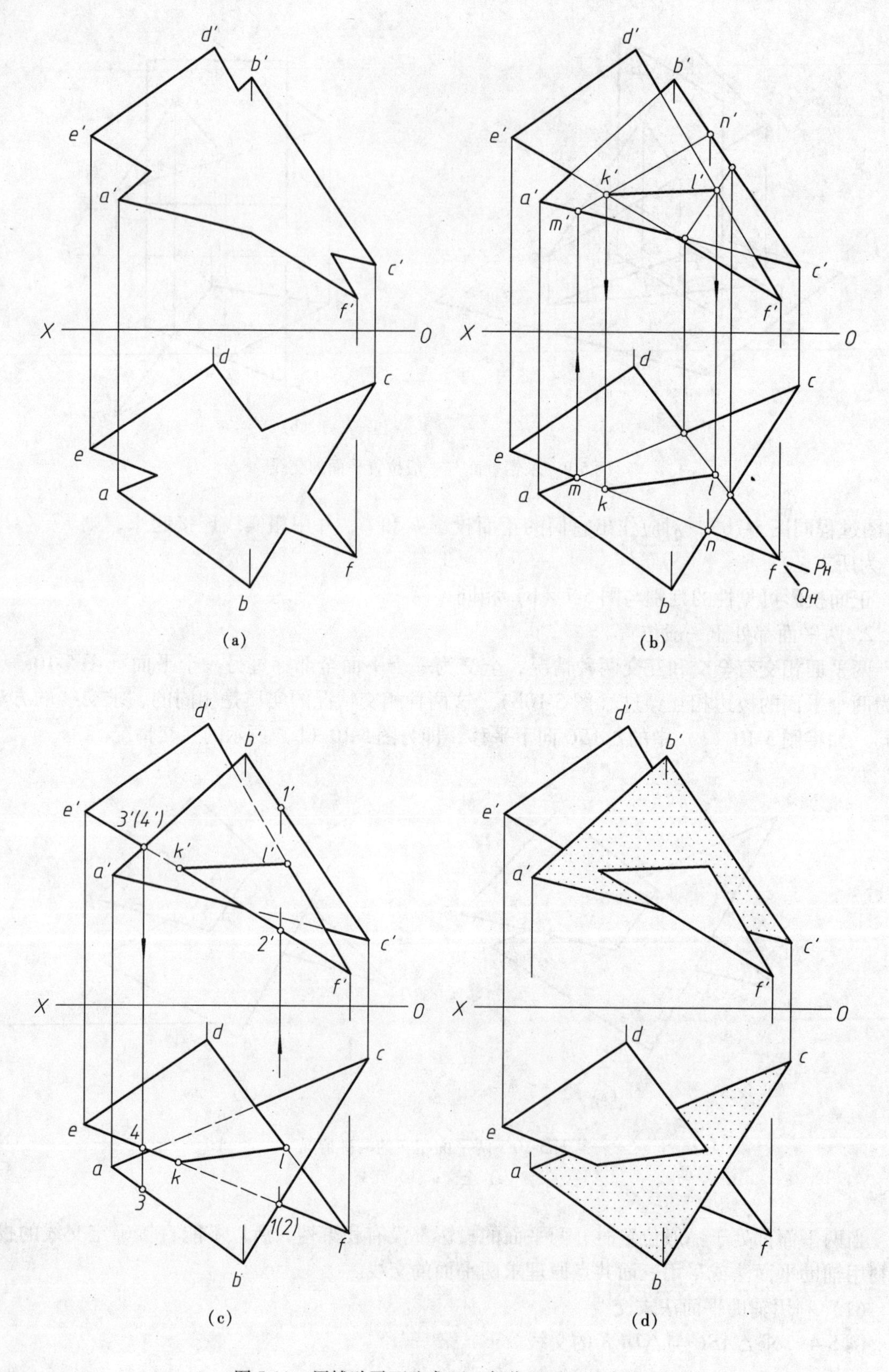

图5-11　用辅助平面法求两一般位置平面的交线

得两平面交线的投影。从图5-11(a)所示两三角形的六条边中可以看出，*AB*、*BC*和*DE*三边在两三角形的有限范围内没有交点，因此可在其余三边中确定两边（如 *EF* 和 *DF*），并求出它们与△*ABC* 的两个交点，连线即为两平面的交线。

作图：

• 包含直线 *EF* 作辅助铅垂面 ***P*** 与△*ABC* 交于直线 *MN*。*MN* 与 *EF* 相交于点 *K*，点 *K*（*k*，*k′*）即为交线的一个端点（图 5-11b）；

• 包含直线 *DF* 作辅助铅垂面 ***Q***，同样可求出 *DF* 与△*ABC* 的交点 *L*，点 *L*（*l*，*l′*）即为交线的另一端点（图 5-11b）；

• 连接 *KL*（*kl*，*k′l′*）即为所求交线。

两平面重影部分可见性的判别，如图 5-11（c）所示。图中通过Ⅰ、Ⅱ重影点判别水平投影中的可见性，通过Ⅲ、Ⅳ重影点判别正面投影中的可见性。

求出两平面的交线后，如果不可见部分不画虚线，图形更清晰，且有立体感。图 5-11（d）非常清楚地显示了△*DEF* 从左上方向右下方与△*ABC* 全交的情况。

（2）利用三面共点原理求两平面的交线

例 5-5　求作三角形平面与平行四边形平面的交线（图 5-12）。

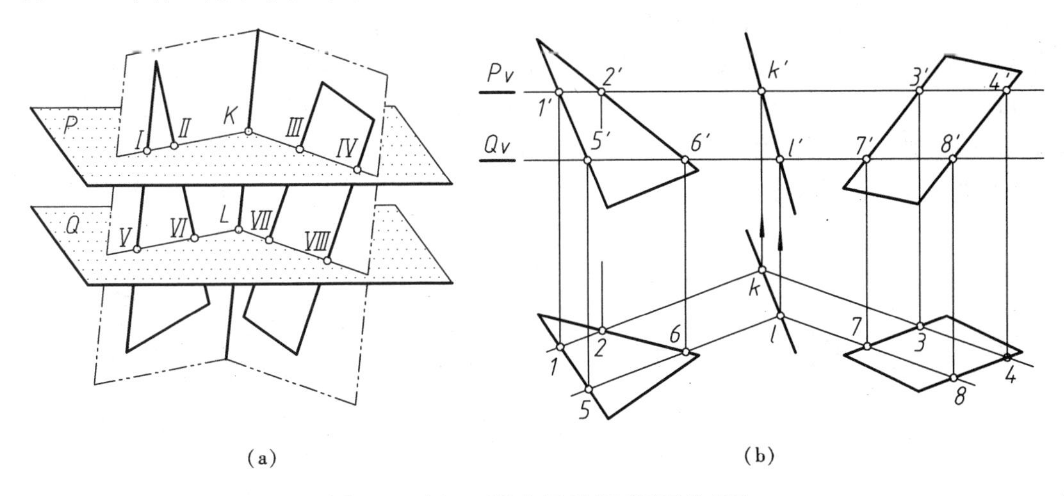

图 5-12　用三面共点原理求两平面的交线

分析：

在图 5-12 中，两平面在有限范围内不相交。为了求出它们的交线，可作辅助平面 *P* 与两平面分别相交于ⅠⅡ和ⅢⅣ。由于这两条交线在同一平面内，因此将它们延长后一定相交于一点 *K*，且点 *K* 必为两平面的共有点。用同样方法再作辅助平面 *Q*，可求出另一共有点 *L*，连接直线 *KL* 即为所求的交线。*KL* 为两平面扩大后的交线位置，故不必判别投影的可见性。

为了作图简便，一般选取特殊位置平面作为辅助平面，在这里 *P* 和 *Q* 均为水平面。

作图：

• 用水平面 *P* 作辅助平面，求出迹线 $\boldsymbol{P}_V$ 与已知两平面正面投影的交点 1′、2′和 3′、4′；再找出这些点的水平投影 1、2、3、4。它们的连线 12 和 34 就是平面 *P* 与两已知平面的交线的水平投影。这两条直线的交点 *k* 就是所求的一个共有点的水平投影，它的正面投影 *k′*应该积聚在迹线 $\boldsymbol{P}_V$ 上（图 5-12b）；

• 再用水平面 *Q* 作辅助平面，求出迹线 $\boldsymbol{Q}_V$ 与已知两平面正面投影的交点 5′、6′和 7′、8′；再找出这些点的水平投影 5、6、7、8，它们的连线 56 和 78 就是平面 *Q* 与两已知平面的交线的水平投影。这两条直线的交点 *l* 就是所求的另一个共有点的水平投影，它的正面投影 *l′*应该积聚在迹线 $\boldsymbol{Q}_V$ 上（图 5-12b）；

• 连接 KL（kl，$k'l'$）即为所求交线。

5.3 垂直关系

5.3.1 直线与平面垂直

直线与平面垂直是直线与平面相交的一种特殊情况。由立体几何可知，若直线垂直于平面，则它一定垂直于平面上的一切直线（过垂足或不过垂足）。如图 5-13（a）所示的直线 KL 垂直于 $\triangle ABC$，则 KL 必垂直于 $\triangle ABC$ 上的直线 AD、EF 和 AB 等。其中 $KL \perp AD$、$KL \perp EF$ 属于相交垂直，即垂足 L 为 AD 与 EF 的交点；$KL \perp AB$ 则属于交叉垂直，即垂足 L 不在 AB 上。

根据立体几何中直线垂直于平面的判定定理可知：若一直线和一平面内的两条相交直线垂直，则此直线必与该平面垂直。因此，直线与平面垂直的问题可以转化为直线与直线垂直的问题。根据直角投影定理，如果空间直线能同时垂直于平面上两条相交的投影面平行线，那么直线垂直于平面的作图问题即可得到解决。

在图 5-13（b）中，直线 KL 垂直于 $\triangle ABC$，垂足为 L。若过垂足 L 在 $\triangle ABC$ 上作一水平线 AD，其水平投影为 ad。因 $KL \perp \triangle ABC$，故 $KL \perp AD$（相交垂直）。根据直角投影原理，其水平投影 $kl \perp ad$，且 kl 与 ad 的交点 l 必为垂足 L 的水平投影。同理，过垂足 L 在 $\triangle ABC$ 上再作一正平线 EF，其正面投影为 $e'f'$，因 $KL \perp EF$（相交垂直），则其正面投影 $k'l' \perp e'f'$，且 $k'l'$ 与 $e'f'$ 的交点 l' 必为垂足 L 的正面投影。

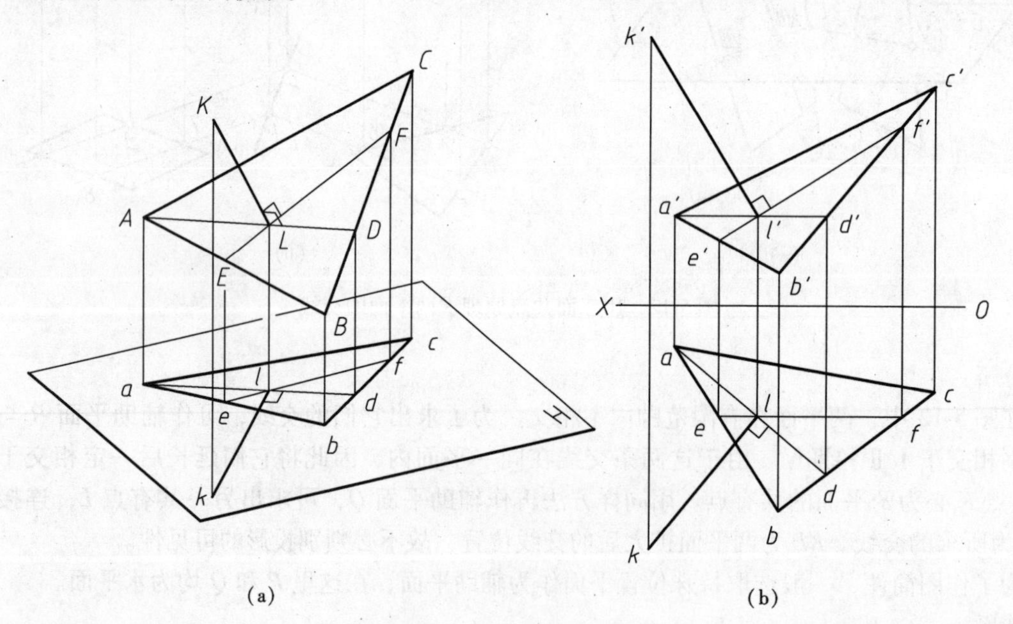

图 5-13 直线与平面垂直

根据上述分析可得出如下结论：若一直线垂直于一平面，则该直线的水平投影一定垂直于该平面上水平线的水平投影（也垂直于水平迹线）；直线的正面投影一定垂直于该平面上正平线的正面投影（也垂直于正面迹线）。

反之，若直线的水平投影与平面上任一条水平线的水平投影垂直，直线的正面投影与平面上任一条正平线的正面投影垂直，则该直线与平面一定垂直。

应用上述结论，可以在投影图上解决有关直线与平面垂直的作图问题。

例 5-6　求点 A 到直线 BC 的距离（图 5-14b）。

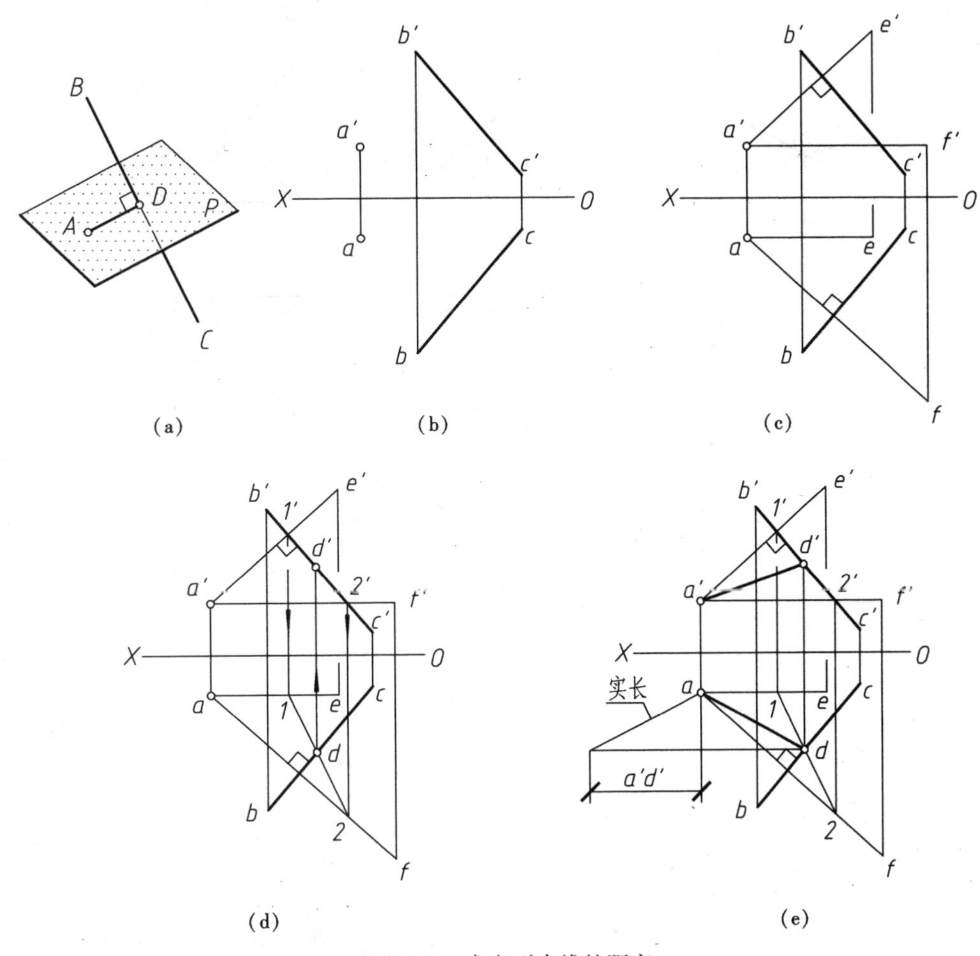

图 5-14　求点到直线的距离

分析：

如图 5-14（a）所示，从点 A 作 BC 的垂线 AD，并求出垂线 AD 的实长即为点 A 到直线 BC 的距离。为了求出垂足 D，可过点 A 作一平面 P 垂直已知直线 BC；再求出 BC 与 P 的交点即为垂足 D。

作图：

- 过点 A 作正平线 AE，使 $a'e' \perp b'c'$；再过点 A 作水平线 AF，使 $af \perp bc$，则 AE 和 AF 两直线确定的平面 P 一定垂直 BC（图 5-14c）；
- 包含 BC 作辅助正垂面，求出 BC 与平面 P 的交点 D（d，d'）（图 5-14d）；
- 连接 AD（ad，$a'd'$），再用直角三角形法求出 AD 的实长，即为点 A 到 BC 直线的距离（图 5-14e）。

5.3.2　两平面垂直

两平面垂直是两平面相交的一种特殊情况。根据初等几何可知，如果一直线垂直于一平面，则包含此直线的所有平面都垂直于该平面。如图 5-15（a）所示，直线 KL 垂直于平面 P，则包含 KL 所作的一系列平面 Q、S 等均垂直于平面 P。显然，两平面垂直的问题是直线垂直平面和包含直线作平面这两个作图问题的综合。

例 5-7 过点 K 作平面分别与△ABC 和△DEF 垂直（图 5-15b）。

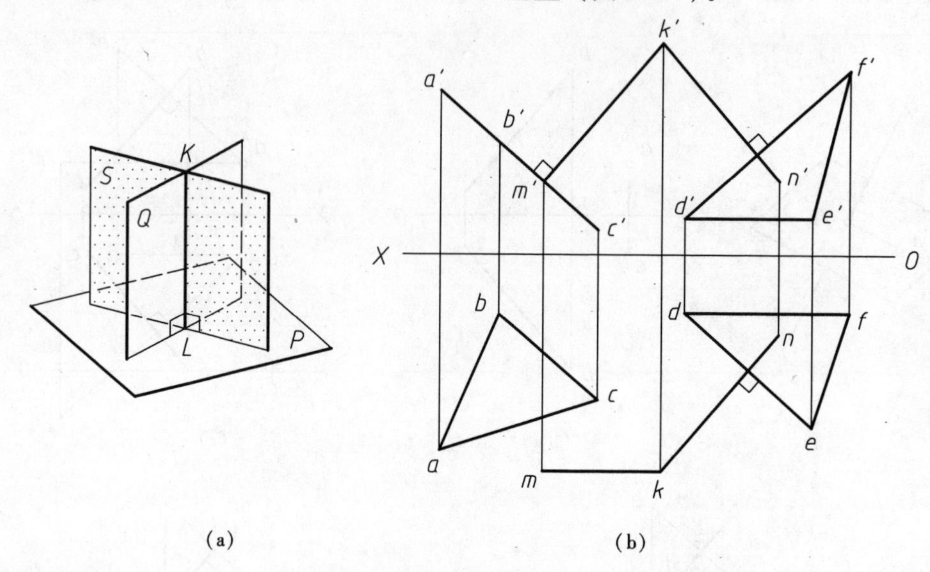

图 5-15 平面与平面垂直

分析：

根据两平面垂直的几何条件，如果过点 K 作一条直线垂直于△ABC，再另作一条直线垂直于△DEF，则这两条相交直线所决定的平面即为所求。从图 5-15（b）可以看出，△ABC 为正垂面，与正垂面垂直的这条直线必然为正平线；△DEF 的 DE 边为水平线，而 DF 边为正平线，由此可确定另一条垂线的方向。

作图（图 5-15b）：

- 过点 K 作正平线 KM，使 $k'm'$ 垂直于△ABC 有积聚性的正面投影 $a'b'c'$，$km \parallel OX$；
- 过点 K 作直线 KN 垂直于△DEF，即使 $kn \perp de$，$k'n' \perp d'f'$；
- 相交两直线 KM、KN 所决定的平面即为所求。

5.4 综合应用举例

实际问题一般都较为复杂，如果一道题涉及点、线、面的多个概念，解题中又要用到直线与平面、平面与平面之间的平行、相交、垂直关系的多种基本作图方法，则此类题就是综合题。图 5-14 所示求点到直线的距离就是一道综合题。综合题涉及到几何元素之间的距离、角度、轨迹、实际形状及尺寸等问题。综合题都是由已知条件和所求问题两部分组成。解题时首先要搞懂题意，应分清哪些是已知条件，它是解题的依据和出发点；哪些是所求问题，它是思考的方向。解题时只有先从空间分析上把复杂的综合问题分解为简单的、各种相互位置问题的组合，进而明确解题步骤，才能顺利地在投影图上作出结果来。下面分析几个典型例子，希望从中领悟这种分析方法，进一步达到举一反三，解决今后遇到的各种问题。

例 5-8 完成直角△ABC 的正面投影（图 5-16a）。

分析：

从图 5-16（a）可以看出，直角△ABC 的 AC 边为斜边，因此本题涉及 AB 边与 BC 边相交成

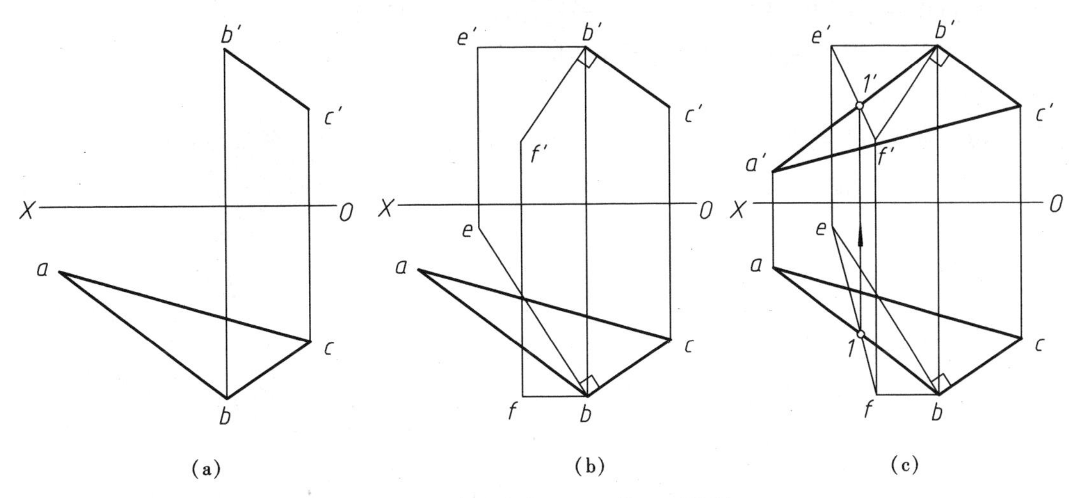

图 5-16 完成直角△*ABC* 的正面投影

直角，即∠*ABC* = 90°。但图中给定的 *BC* 边是一般位置直线，因此∠*ABC* 的投影不可能为直角。解题的关键是根据已知条件设法求出 *AB* 边的正面投影 *a′b′* 。可以这样设想：既然 *AB*⊥*BC*，那么 *AB* 必然处在过点 *B* 而垂直于 *BC* 边的平面内，一旦作出此平面的两面投影，就可利用从属关系由已知的 *ab* 求出 *a′b′* 。

作图：

- 过点 *B* 作水平线 *BE*⊥*BC*，作正平线 *BF*⊥*BC*（图 5-16b）；
- 连接 *EF* 得垂直于 *BC* 的△*BEF*（图 5-16c）；
- *AB* 是△*BEF* 平面内的直线，点 *A* 在 *B*Ⅰ的延长线上。*ef* 与 *ab* 相交于 1，据此求出 1′，于是便可定出 *a′b′*（图 5-16c）；
- 完成△*ABC* 的正面投影（图 5-16c）。

例 5-9 过点 *K* 作直线 *KL* 与△*ABC* 平行，并与直线 *MN* 相交于 *L*（图 5-17a）；

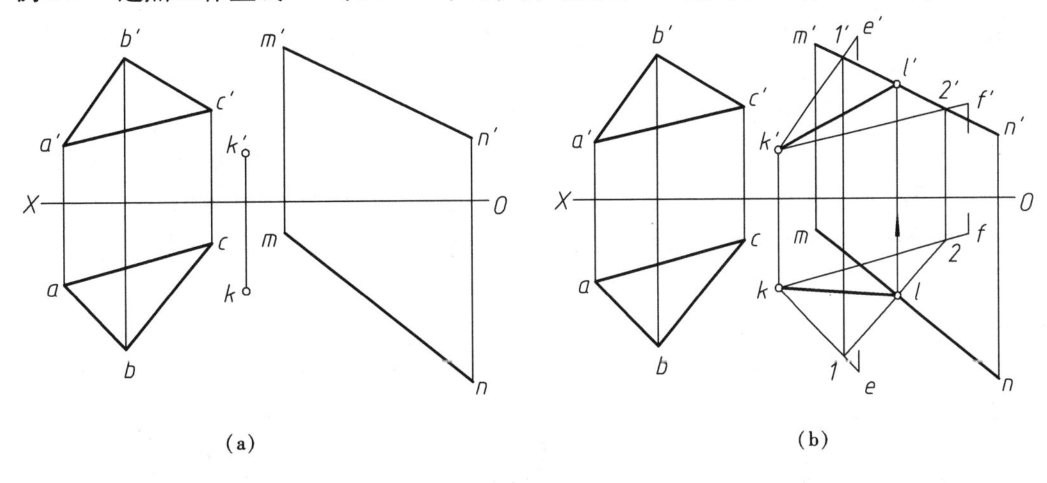

图 5-17 过点 *K* 作直线 *KL* 平行于△*ABC* 且与直线 *MN* 相交于 *L*

分析：

过点 *K* 作与△*ABC* 平行的直线有无数条，这无数条直线形成一平行于△*ABC* 的平面 *P*。所求直线 *KL* 应该既交在直线 *MN* 上又在 *P* 平面上。点 *L* 即直线 *MN* 与平面 *P* 的交点。

作图：

- 过 K 点作一平面 P（$KE \times KF$）平行于△ABC（图 5-17b）；
- 求出 MN 与所作平面的交点 L（图 5-17b）；
- 连 KL 即为所求。

例 5-10　直线 MN 与△ABC 相距 15 mm，求作 MN 的正面投影（图 5-18a）。

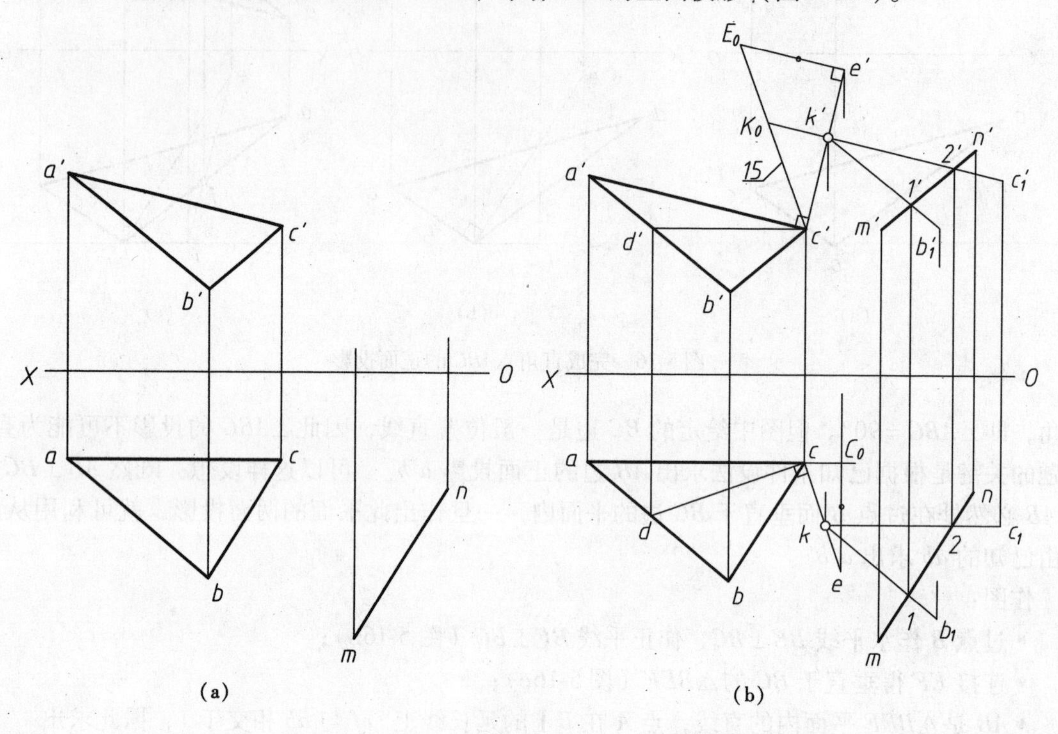

图 5-18　直线 MN 与△ABC 相距 15 mm，求作 MN 的正面投影

分析：

本题涉及到由直线与平面平行，转化为求平面与平面平行；再由求两平面之间的距离，必须作直线垂直已知平面等诸多作图问题。

直线与平面或平面与平面如不平行，则一定相交。显然，本题是平行关系。与△ABC 定距离的直线可以作无数条，仅根据 MN 的水平投影无法直接确定其正面投影的位置，但这无数条直线形成一个 P 平面，MN 是 P 平面上一条直线，只要作出与△ABC 平行的 P 平面，就可以根据在平面上取直线的作图，由 MN 的水平投影作出其正面投影。要确定 P 平面与△ABC 定距离，首先要过△ABC 上一点做该平面的垂线，然后在垂线上确定 P 平面的位置。

作图（图 5-18b）：

- 过△ABC 一点 C 点作该平面的垂线 CE（$c'e' \perp c'a'$，$ce \perp cd$）；
- 在 CE 任取一点 E，用直角三角形法求出 CE 的实长 $c'E_0$；
- 在 $c'E_0$ 上取 $c'K_0 = 15$ mm，由此确定点 K（k'，k），即点 K 与△ABC 相距为 15 mm；
- 过点 K（k'，k）作平面 P（$KB_1 \times KC_1$）平行△ABC；
- 由 MN 的水平投影 mn 与 P 平面水平投影的交点 1、2 对应在 P 平面的正面投影上确定 1′、2′，由 m、n 对应在 1′2′的连线上确定 m'、n'，$m'n'$ 即为所求。

第6章

投影变换

本章主要阐述投影变换的基本原理和作图方法，着重解决空间有关几何元素的定位和度量问题。投影变换的作图简便清晰，在图示和图解某些工程实际问题时有较高的实用价值。第5章涉及到的几何元素之间的距离、角度、轨迹、实际形状及尺寸等问题，都可以采用投影变换方法更为简捷的解决。通过本章的学习，将会进一步提高我们的空间分析能力和解题能力。

变换投影面和旋转空间几何元素是常用的投影变换方法，这将使投影体系或空间几何元素处于不断“变换”的状态，这一点和前面各章不同，应予以特别注意，学习中要弄清“变换”前后投影体系和空间几何元素之间的关系。

6.1　投影变换的目的与方法

在解决定位或度量等问题时，如果空间几何元素对投影面处于某种特殊位置（平行或垂直）时，其投影具有积聚性，也可能反映实长、实形或倾角，问题就容易得到解决。以前各章已经讨论了在投影图上解决有关几何元素定位或度量问题的基本原理和方法。本章将讨论用投影变换的方法，使某些问题的图示更为明了，图解更为简捷。

从图 6-1（a）可以看出，当直线或平面对投影面处于一般位置时，它们的投影不能直接反映线段的实长或平面的实形。但从图 6-1（b）可以看出，当它们和投影面处于特殊位置时，线段的实长、倾角、平面的实形，以及某些距离、角度等就能在投影图中直接反映出来。从这里我们得到启示，当要解决一般位置几何元素的定位或度量问题时，如能把它们由一般位置变为特殊位置，问题就容易解决。这时我们称这些几何元素处于有利于解题位置。投影变换正是研究如何改变空间几何元素与投影面的相对位置，以达到简化解题的目的。

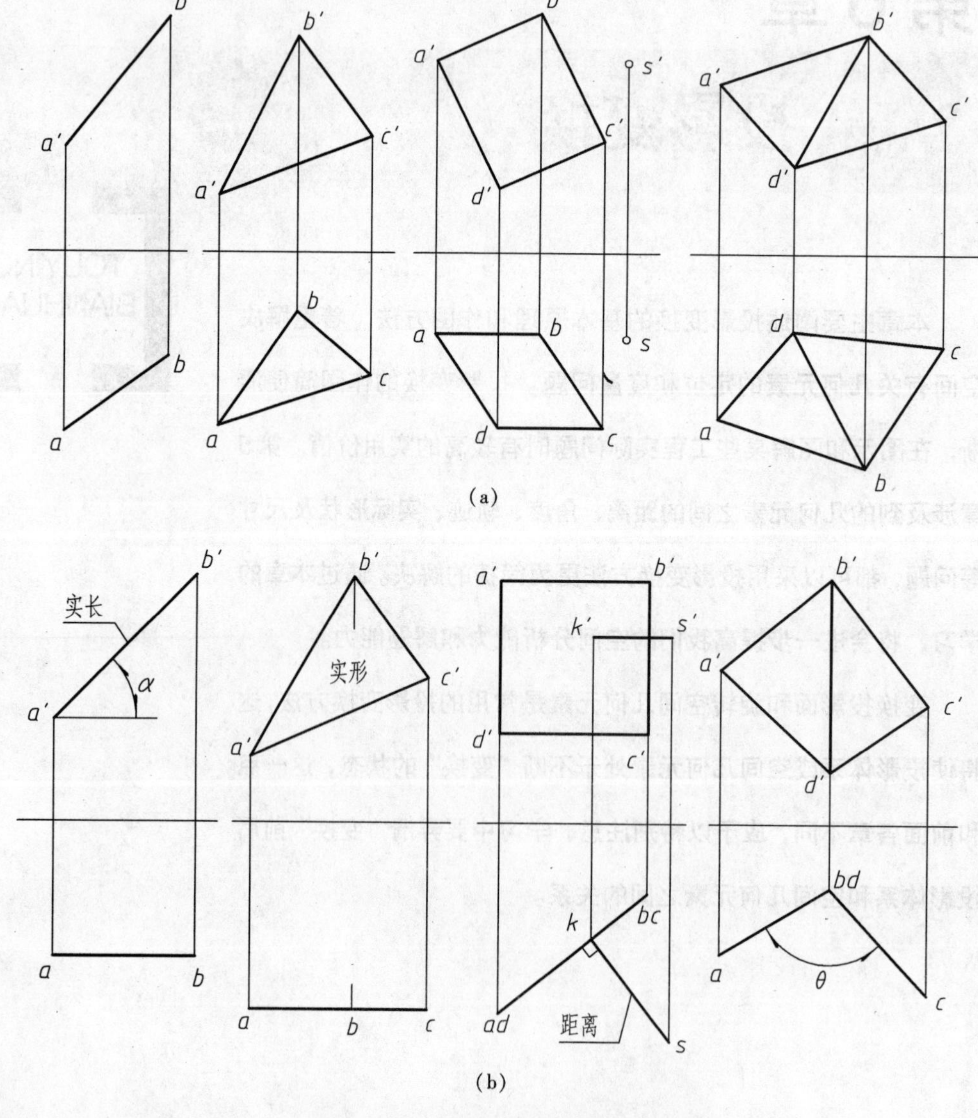

图 6-1　几何元素与投影面的相对位置

（a）一般位置；（b）特殊位置

最常用的投影变换方法有两种：一种是换面法（变换投影面法），另一种是旋转法。

1. 换面法

空间几何元素的位置保持不动，用新的投影面来代替原来的投影面，使空间几何元素对新投影面的相对位置变成有利于解题的位置，然后作出其在新投影面上的投影。

2. 旋转法

投影面保持不动，而将空间几何元素绕某一轴旋转到相对投影面处于有利于解题的位置，然后作出其旋转后的新投影。

6.2 换　面　法

6.2.1 换面法的基本规律

如图6-2（a）所示，给出了一个处于铅垂位置的△ABC，它的两个投影 abc 和△ $a'b'c'$ 都未反映出△ABC 的实形。如果我们设立一个新投影面 V_1，使之垂直于 H 面，并平行于△ABC，则 V_1和 H 构成了一个新的投影面体系。在新的投影面体系中，△ABC 处于正平面位置，将△ABC 向 V_1面进行投影，得到的新投影 $\Delta a'_1b'_1c'_1$ 反映△ABC 的实形。投影面展开后的投影图如图6-2（b）所示，这样就实现了投影的变换，并获得实形。

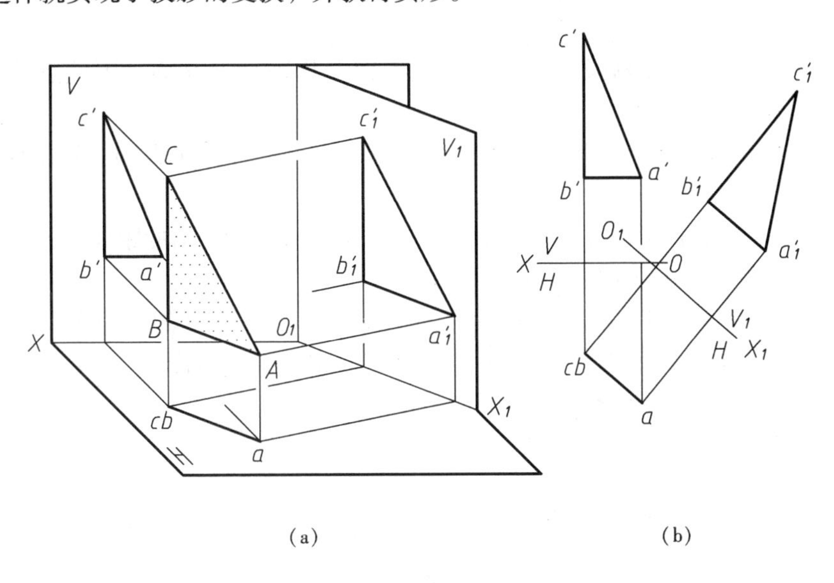

（a）　　　（b）

图6-2　设立新投影面 V_1

由此可知，新投影面的选择应符合以下两个条件：

（1）新投影面必须处于有利于解题的位置，如图6-2中 $V_1 /\!/ \triangle ABC$。

（2）新投影面必须垂直于原投影体系中一个投影面，这样才能构成一个新的相互垂直的投影面体系，如图6-2中 $V_1 \perp H$。

前一条件是解题的需要，后一条件是只有这样才能应用正投影规律作图。

如果设立的新投影面垂直于 H 投影面，则称之为新的正立投影面，用 V_1标记；如果所设立的新投影面垂直于 V 面，则称之为新的水平投影面，以 H_1标记。新投影面和原有投影面之一所构成的新投影面体系，用 $\frac{V_1}{H}$ 或 $\frac{V}{H_1}$ 等标记，它们的交线称为新投影轴，用 O_1X_1等标记。点的新投影在 V_1面上用相应的 a_1' 、b_1'、c_1' 等符号表示；而在 H_1面上用相应的 a_1、b_1、c_1等符号表示。

点是最基本的几何元素，也是作图的基础，因此必须首先研究点的变换规律。

1. 点的一次变换

在图 6-3 中，已知点 A（a, a'），若给定了新的正立投影面 V_1 的位置，要作出点 A 在 V_1 面上的新投影 a_1'，可由点 A 向 V_1 面引垂线，得垂足 a_1'（图 6-3（a））。a'_1 即点 A 在 V_1 面上的新投影。投影面展开时，将 V_1 面绕新投影轴 O_1X_1 向后旋转使之与 H 面重合，得到的投影图如图 6-3（b）所示。实际作图时，不画投影面边框，如图 6-3（c）那样。

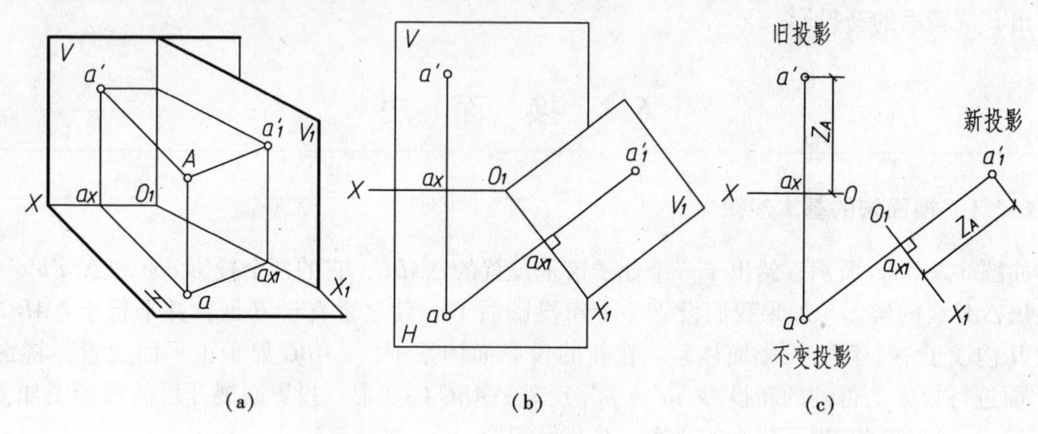

图 6-3 点的一次变换（变换 V 面）

从图 6-3 可以看出，由于新投影面 V_1 和旧投影面 V 均垂直于 H 面，因此点的新投影与旧投影之间存在着如下关系：

（1）根据点的投影规律，在新投影面体系中，不变投影 a 和新投影 a_1' 的连线垂直于新投影轴 O_1X_1，即 $aa_1' \perp O_1X_1$。

（2）新投影 a_1' 到新投影轴 O_1X_1 的距离，等于旧投影 a' 到 OX 轴的距离。即点 A 的 Z 坐标在变换 V 面时是不变的，$a_1'a_{x1} = a'a_x = Aa = Z_A$。

图 6-4 表示用一个垂直于 V 面的新投影面 H_1 代替 H 面时，点 B 的新投影 b_1 的求法。作图方法与图 6-3 类似。因 H_1 与 H 面都垂直 V 面，故 $b_1b_{x1} = Bb' = bbx$，且 $b'b_1 \perp O_1X_1$ 轴。

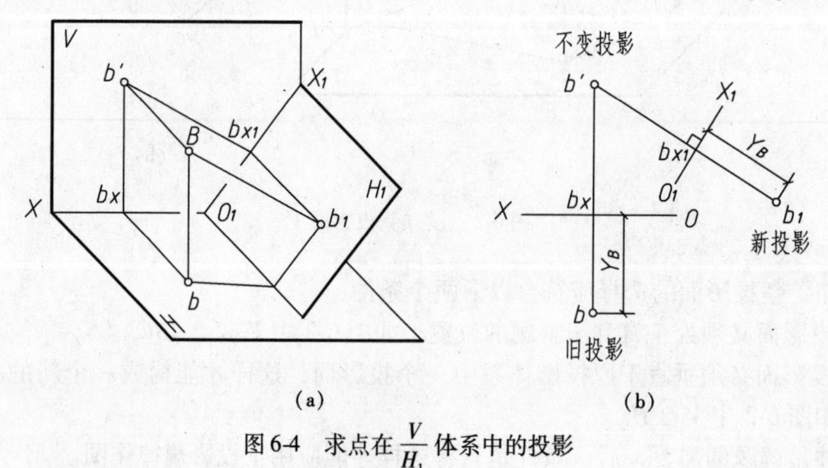

图 6-4 求点在 $\frac{V}{H_1}$ 体系中的投影

综上所述，点的换面法的基本规律可归纳如下：

（1）点的新投影与不变换的原投影的连线，垂直于新投影轴。

（2）点的新投影到新投影轴的距离等于被变换的旧投影到旧投影轴的距离。

2. 点的二次变换

由于新投影面必须垂直于原投影体系中一个投影面，因此在运用换面法解题时，变换一次投影面，有时不足以解决问题，而必须变换二次或多次。这种变换二次或多次投影面的方法称为二次变换或多次变换。

二次变换的作图方法与一次变换的完全相同，只是将作图过程重复一次而已。图6-5所示为点的二次变换，其作图步骤如下：

（1）先变换一次，以 V_1 面代替 V 面，构成新投影体系 $\frac{V_1}{H}$，作出新投影 a_1'。

（2）在 $\frac{V_1}{H}$ 投影体系的基础上，再作 H_2 面垂直于 V_1 面，形成 $\frac{V_1}{H_2}$ 体系，代替 $\frac{V_1}{H}$ 体系（以 H_2 代替 H 面），这时 V_1 为不变投影面，H 为旧投影面，X_1 为旧轴。因 H_2 与 H 都垂直于 V_1 面，故 $a_1'a_2 \perp O_2X_2$，$a_2a_{X2}=Aa_1'=aa_{x1}$，即可作出新投影 a_2。

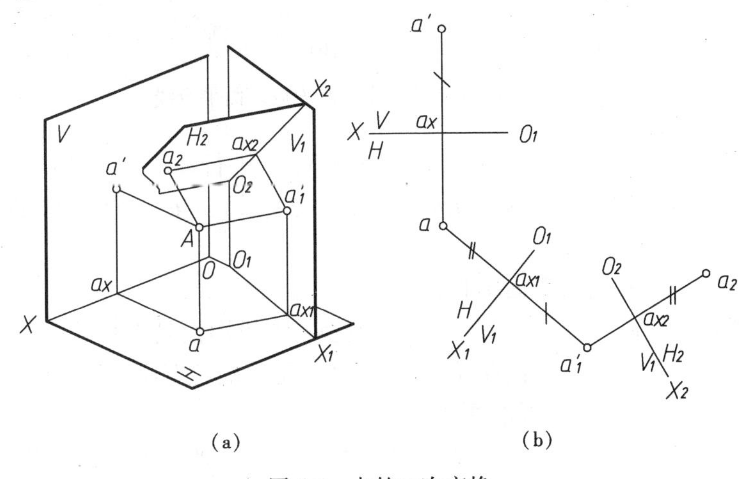

（a）　　　　　　（b）

图6-5　点的二次变换

由此可见，第二次变换时，新投影的求法与第一次相同，只是“旧投影”及“旧投影轴”不同而已。

但必须指出：在进行二次或多次变换时，由于新投影面的选择必须符合前面所述的两个条件，因此不能同时变换两个投影面，而必须变换一个投影面后，在新的两投影面体系中再变换另一个还未被代替的投影面，即旧的两个投影面必须交替地被新投影面所替换。

6.2.2 基本作图问题

用换面法解决定位或度量问题时，经常遇到如下四种作图问题：

1. 将一般位置直线变换为投影面平行线

将一般位置直线变换为投影面平行线，应设立新的投影面，使其平行于已知直线。这时，已知直线对新投影面来说就处于平行位置。

如图6-6所示，AB 为一般位置直线，如要变换为正平线，则必须变换 V 面，使新投影面 V_1 面平行 AB。这样，AB 在 V_1 面上的投影 $a'_1b'_1$ 将反映 AB 的实长，$a_1'b_1'$ 与 O_1X_1 轴的夹角反映直线对 H 面的倾角 α。作图步骤如下（图6-6b）：

（1）作新投影轴 $O_1X_1 /\!/ ab$；

（2）根据前述点的新投影的作图规律分别作出 a_1'、b_1'；

（3）连接 a_1'、b_1'，得新投影 $a_1'b_1'$。它反映 AB 的实长，$a_1'b_1'$ 与 O_1X_1 轴的夹角反映 AB 对 H 面的倾角 α。

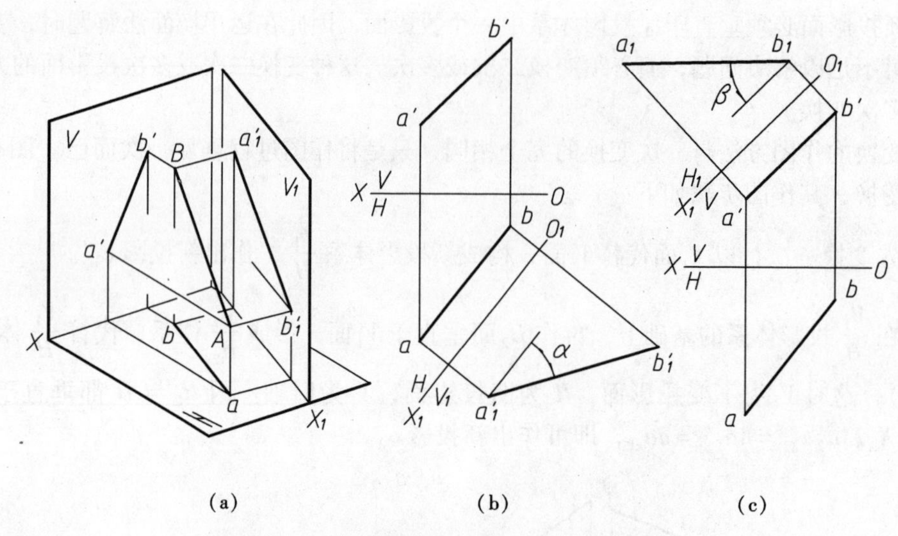

(a)　　　　　　　　(b)　　　　　　　　(c)

图6-6　一般位置直线变换为投影面平行线

如果要求出 AB 对 V 面的倾角 β，则要以新投影面 H_1 平行 AB。作图时，以 O_1X_1 轴 $/\!/ \ a'b'$，图6-6（c）表示了投影图的作法。其中 a_1b_1 反映 AB 的实长，a_1b_1 与 O_1X_1 轴的夹角反映 AB 对 V 面的倾角 β。

2. 将一般位置直线变换为投影面垂直线

欲将一般位置直线变换为投影面垂直线，只变换一次投影面是不行的。如图6-7（a）所示，若选新投影面 P 直接垂直于一般位置直线 AB，则 P 必是一般位置平面，所以它和原体系中的任一投影面都不会垂直，因此不能构成新的投影面体系。

如果所给是一条投影面平行线，要变为投影面垂直线，则更换一次投影面即可。如图6-7（b）所示，由于 AB 为正平线，因此所作垂直于 AB 的新投影面 H_1 必垂直于原体系中的 V 面，这样 AB 在 $\dfrac{V}{H_1}$ 体系中就变换为新投影面垂直线，其投影图作法见图6-7（c）。根据投影面垂直线的投影特性，反映实长的投影必定为不变投影，即作新投影面 H_1 垂直 AB。作图时，使 O_1X_1 轴 $\perp a'b'$，则 AB 在 H_1 面上的投影积聚为一点 a_1b_1。

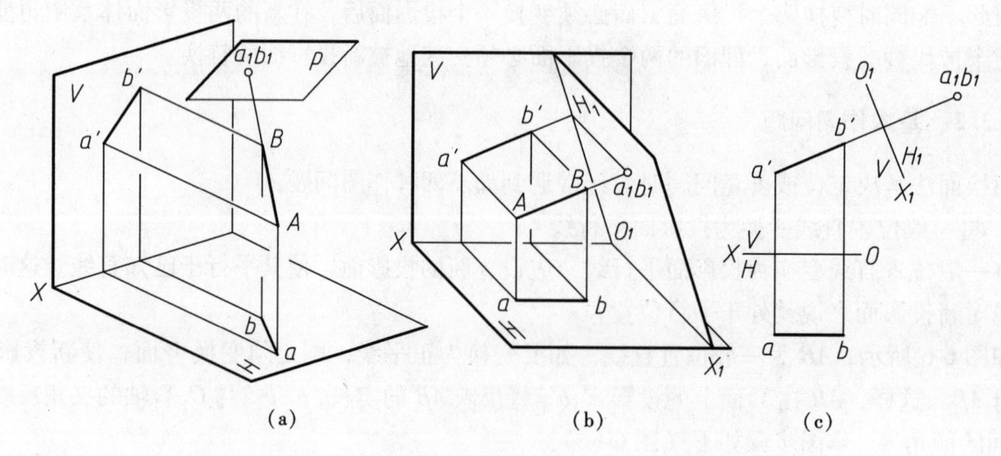

(a)　　　　　　　　(b)　　　　　　　　(c)

图6-7　变换一次不能将一般位置直线变换为投影面垂直线

因此要将一般位置直线变换为投影面垂直线，必须经过二次变换。如图6-8（a）所示，第一次将一般位置直线变换成投影面平行线，第二次将投影面平行线变换成投影面垂直线。

图6-8（b）所示，投影图作法为先变换 V 面，使 V_1 面 $/\!/ AB$，则 AB 在 $\frac{V_1}{H}$ 投影体系中为投影面平行线；再变换 H 面，作 H_2 面 $\perp AB$，则 AB 在 $\frac{V_1}{H_2}$ 投影体系中为投影面垂直线，具体作图步骤如下：

（1）先作 $O_1X_1 /\!/ ab$，求得 AB 在 V_1 面上的新投影 $a'_1b'_1$；

（2）再作 $O_2X_2 \perp a'_1b'_1$，得出 AB 在 H_2 面上的投影 a_2b_2，这时 a_2 与 b_2 积聚为一点。

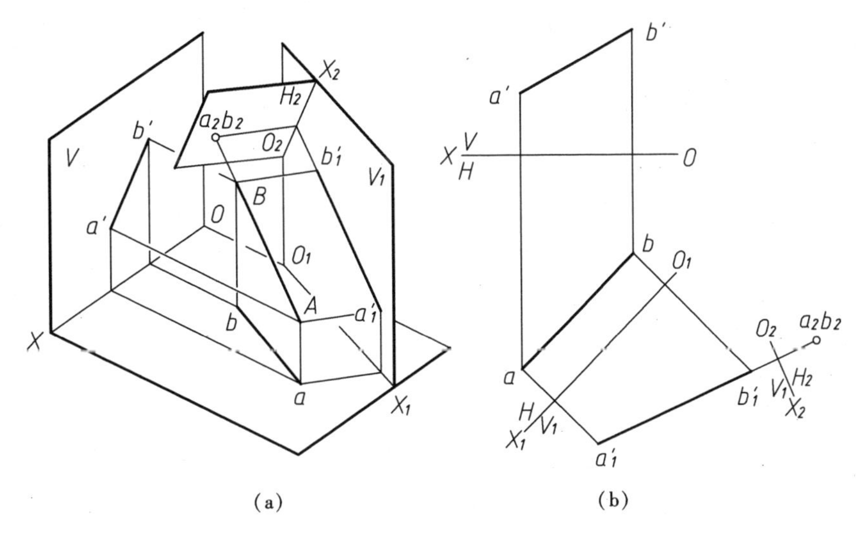

图6-8 变换二次将一般位置直线变换为投影面垂直线

3. 将一般位置平面变换为投影面垂直面

一个平面成为投影面垂直面的必要条件是该平面应包含一条垂直于投影面的直线。因此，将一般位置平面变换为投影面垂直面的问题，实质上就是将平面上的一条直线变换为投影面垂直线的问题。由前面直线的投影变换知道，若将一般位置直线变换为投影面垂直线，必须变换两次投影面，而将投影面平行线变换为投影面垂直线只需要换一次投影面。因此在解决这类问题时，总是在一般位置平面上任取一条投影面平行线作为辅助线，再取与该辅助线垂直的平面为新投影面，则该一般位置平面也就和新投影面垂直。

如图6-9（a）所示，$\triangle ABC$ 为一般位置平面，如要变换为正垂面，必须取新投影面 V_1 代替 V 面，V_1 面既垂直 $\triangle ABC$，又垂直 H 面。为此，可在 $\triangle ABC$ 上先作一水平线，然后作 V_1 面与该水平线垂直，则它也一定垂直 H 面。

图6-9（b）表示将 $\triangle ABC$ 变换为投影面垂直面的作图过程。作图步骤如下：

（1）在 $\triangle ABC$ 上作水平线 AD，其投影为 $a'd'$ 和 ad；

（2）作 O_1X_1 轴 $\perp ad$；

（3）作 $\triangle ABC$ 在 V_1 面上的投影 $a_1'b_1'c_1'$，$a_1'b_1'c_1'$ 必积聚为一直线，它与 O_1X_1 轴的夹角反映 $\triangle ABC$ 对 H 面的倾角 α。

如要求 $\triangle ABC$ 对 V 面的倾角 β，可在此平面上取一正平线，作 H_1 面垂直该正平线，这样 $\triangle ABC$ 在 $\frac{V}{H_1}$ 体系中就变换为铅垂面，则 $\triangle ABC$ 在 H_1 面上的投影积聚为一直线，它与 O_1X_1 轴的夹角反映 $\triangle ABC$ 对 V 面的倾角 β。

4. 将一般位置平面变换为投影面平行面

要将一般位置平面变换为投影面平行面，与前述将一般位置直线变换为投影面垂直线一样，

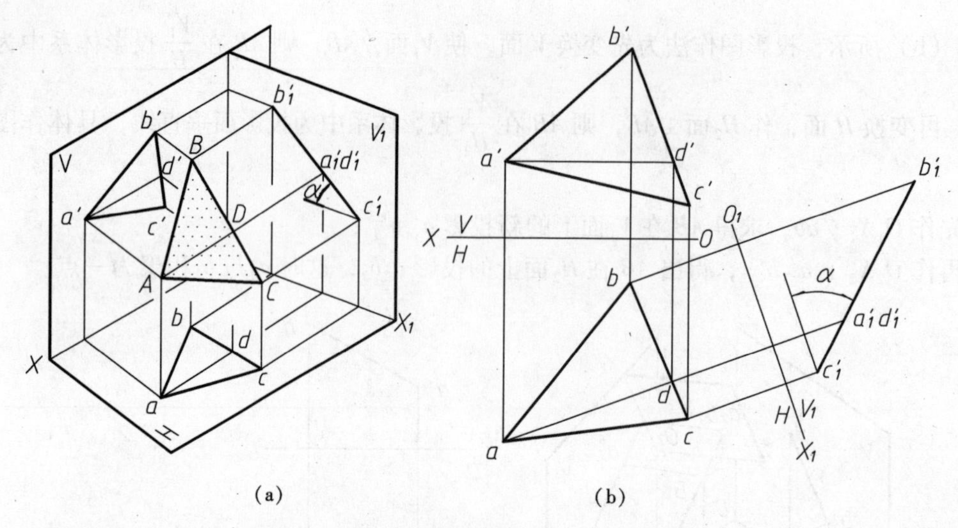

图 6-9 将一般位置平面变换为投影面垂直面

只更换一次投影面也是不行的。因为若取新投影面平行于一般位置平面，则这个新投影面也一定是一般位置平面，它和原投影体系中任一投影面都不垂直，自然不能构成新的投影面体系。

要解决这个问题，必须经过二次变换。如图 6-10（a）所示，第一次将一般位置平面变换为投影面垂直面，第二次再将投影面垂直面变换为投影面平行面。

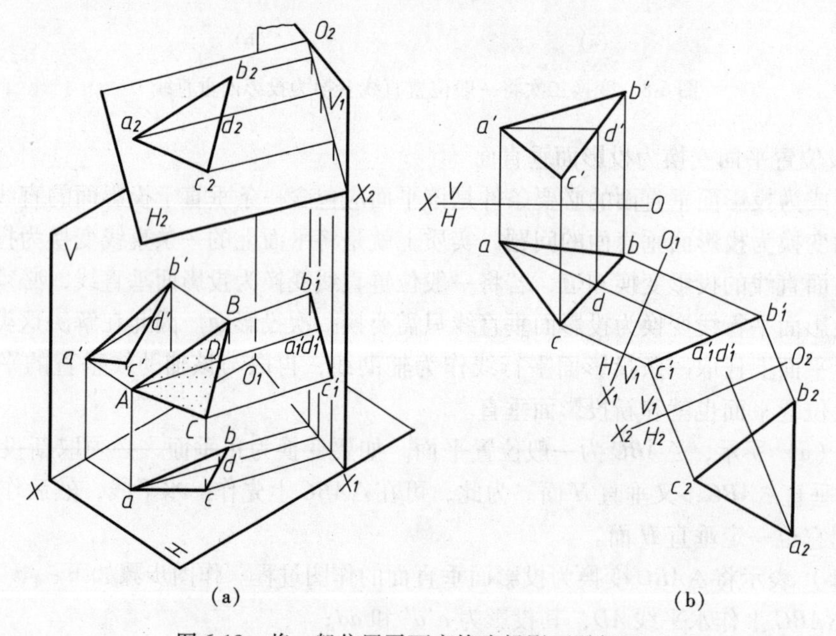

图 6-10 将一般位置平面变换为投影面平行面

图 6-10（b）表示将△ABC 变换为投影面平行面的作图过程。先将△ABC 变换为垂直 V_1 面，再变换使之平行 H_2 面，具体作图如下：

（1）在△ABC 上取水平线 AD，作新投影面 $V_1 \perp AD$，即作 $O_1X_1 \perp ad$；然后作出△ABC 在 V_1 面上的新投影 $a_1'b_1'c_1'$，它积聚成一直线；

（2）作新投影面 H_2平行△ABC，即作 $O_2X_2 // a_1'b_1'c_1'$；然后作出△ABC 在 H_2面上的新投影△$a_2b_2c_2$。△$a_2b_2c_2$反映△ABC 的实形。

以上四种作图问题，前两种是直线的变换，后两种是平面的变换。掌握直线的变换就可以解决一系列空间几何作图问题，掌握平面的变换就可以解决平面上的几何作图问题。

6.2.3 应用举例

用换面法解题时，必须先按已知条件及要求，分清是直线的变换还是平面的变换，分析空间几何元素与投影面处于什么特殊位置才有利于解题，需要变换几次投影面和先变换哪一个投影面，才能按上述作图方法作图。

例6-1 求点 C 到直线 AB 的距离（图6-11a）。

分析：

点到直线的距离就是点到直线的垂线实长。因 AB 是一般位置直线，根据直角投影定则可先将 AB 变换成投影面平行线，然后从点 C 向 AB 作垂线，得垂足 K，再求出 CK 实长。也可将直线 AB 变换成投影面垂直线，点 C 到 AB 的垂线 CK 为投影面平行线，在投影图上反映距离实长。图6-11（b）表示作图过程。

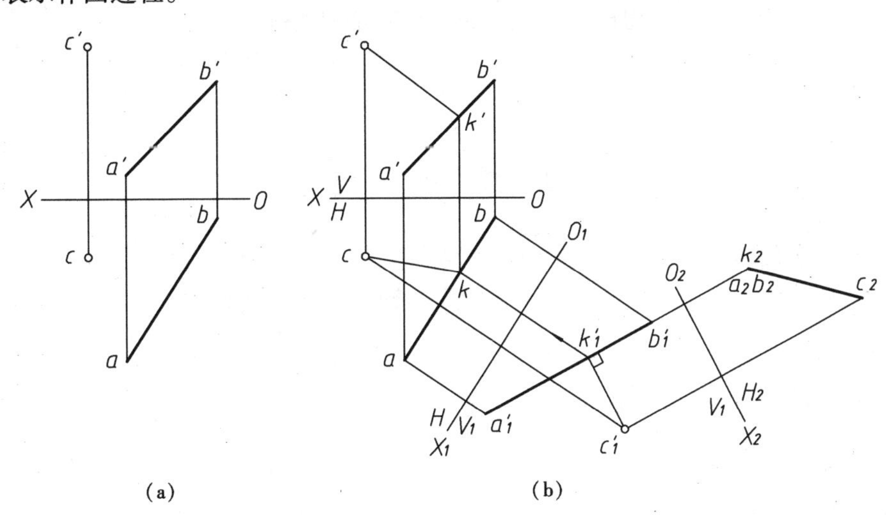

图6-11 求点到直线的距离

作图（图6-11b）：

- 先将直线 AB 变换成 V_1 面的平行线。点 C 在 V_1 面上的投影为 c_1'；
- 再将 AB 变换成 H_2 面的垂直线，AB 在 H_2 面上的投影为 a_2b_2，点 C 在 H_2 面上的投影为 c_2；
- 过 c_1' 作 $c_1'k_1' \perp a_1'b_1'$，即 $c_1'k_1' // O_2X_2$ 轴；k_2 与 a_2b_2 积聚成一点，连接 c_2、k_2，c_2k_2 即反映点 C 到 AB 直线的距离。

如要求出 CK 在 $\frac{V}{H}$ 投影体系中的投影 ck 和 $c'k'$，可根据 k_1' 返回作出。

例6-2 求漏斗相邻两斗壁间的夹角 θ（图6-12）。

分析：

由图6-1（b）得知，当两平面的交线垂直于投影面时，则两平面在该投影面上的投影积聚成两相交直线，它们之间的夹角即反映两平面间的夹角。因漏斗的上下口为正方形，四个斗壁的形状相同，相邻两斗壁间的夹角相等。因相邻两斗壁的交线是一般位置直线，要将它变换成投影面垂直线，必须经过二次变换（图6-8）。

作图：

- 将斗壁 $MNAB$ 与 $MNCD$ 的交线 MN 经二次变换成 H_2 面的垂直线；
- 斗壁 $MNAB$ 与 $MNCD$ 在 H_2 面上的投影分别积聚为直线段 $m_2n_2a_2$ 和 $m_2n_2d_2$；

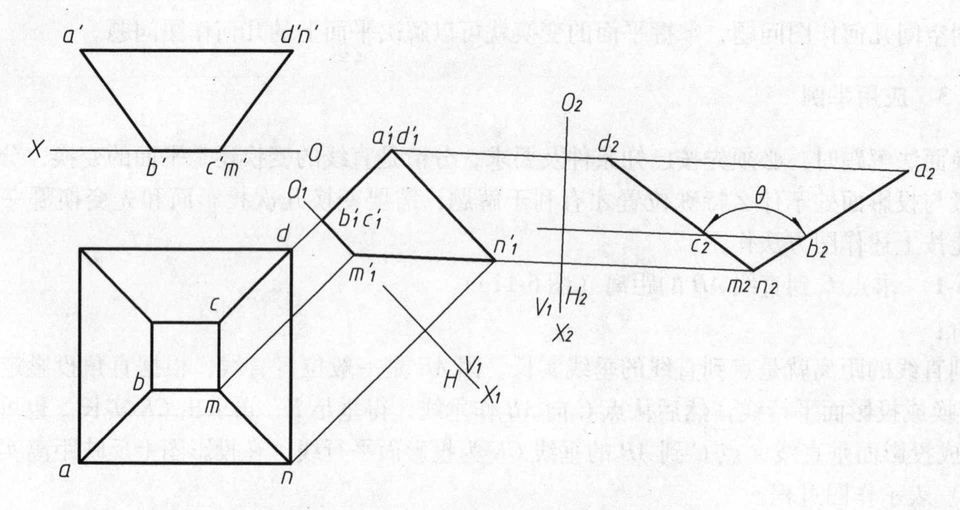

图 6-12 求漏斗相邻两斗壁间的夹角

• $\angle a_2m_2d_2$即反映漏斗相邻两斗壁间的夹角 θ。

6.3 旋 转 法

旋转法是指投影面体系不变，将空间几何元素绕某轴线旋转到有利解题的位置。绕垂直于投影面的轴线的旋转称为垂轴旋转，绕平行于投影面的轴线的旋转则称为平轴旋转。这里只讨论垂轴旋转。

6.3.1 绕垂轴旋转的基本规律

点的旋转是旋转法的基础。直线、平面或几何形体的旋转均可归结为点的旋转，因此首先要掌握点的旋转规律。

如图 6-13 所示，点 A 绕任一轴 OO 旋转时，点 A 的运动轨迹是一个垂直于旋转轴的圆周。这个圆周称为旋转圆，其所在平面 P 叫旋转平面，所绕的轴 OO 称为旋转轴。旋转圆的中心 S 称为旋转中心（即点 A 到 OO 轴的垂足）。旋转圆的半径 R 叫作旋转半径。

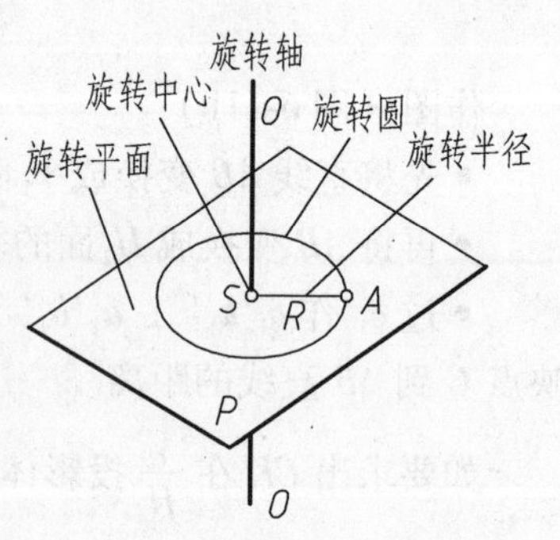

图 6-13 点绕轴线旋转

必须着重指出，旋转圆所在的平面一定垂直于旋转轴。如图 6-14 所示，点 A 绕垂直 H 面的铅垂轴 OO 旋转，点 A 到 OO 轴的垂足为 S，点 A 的旋转轨迹是以 S 为中心的圆。该圆所在平面 P 垂直于 OO 轴。由于轴线垂直于 H 面，所以 P 平面是水平面，因此点 A 的轨迹在 V 面上的投影为一平行于 OX 轴的直线，在 H 面上的投影反映实形，即以 S 为圆心，sa 为半径的一个圆。如果将点 A 转动某一角度 θ 使之到达新位置 A_1 时，则它的水平投影也同样转过 θ 角到达 a_1，其正面投影则沿平行于 OX 轴方向移动，由 a' 移动到 a'_1 位置。

图 6-15 为点 A 绕垂直 V 面的正垂轴 OO 旋转时的投影情况。它的运动轨迹在 V 面上投影为一个圆，在 H 面上的投影为一平行于 OX 轴的直线。

综上所述，点绕垂轴旋转的基本规律为：

点的运动轨迹在轴所垂直的投影面上的投影为一个圆，在轴所平行的投影面上的投影为一平

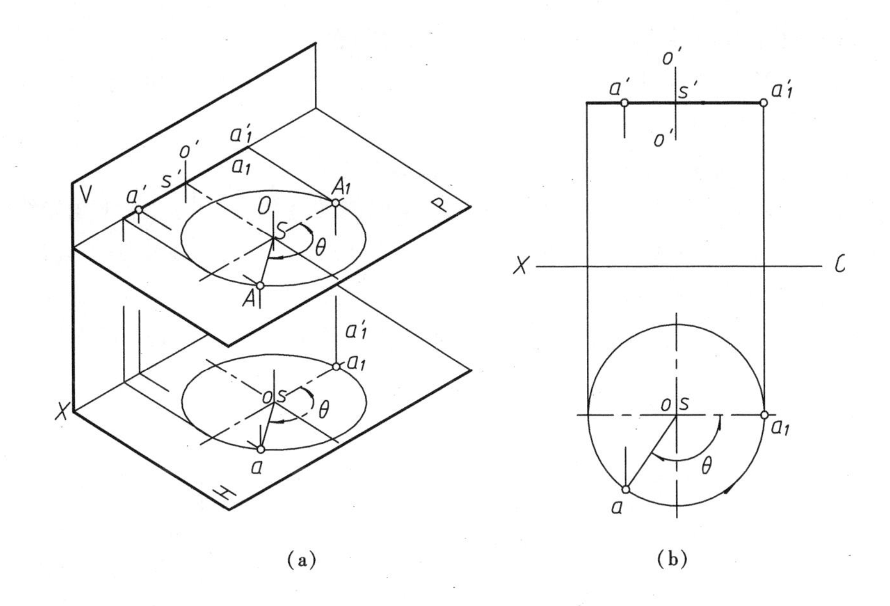

图 6-14　点绕铅垂线旋转

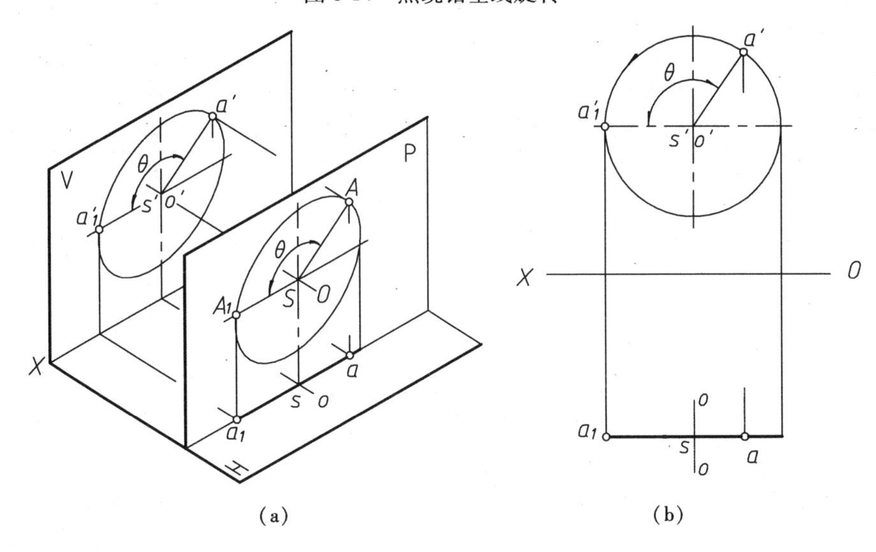

图 6-15　点绕正垂线旋转

行于投影轴的直线。

6.3.2　基本作图问题

用旋转法解决定位或度量问题，如同换面法一样，也经常遇到以下四种作图问题。

1. 将一般位置直线旋转成投影面平行线

将一般位置直线旋转成投影面平行线，可以求出线段实长和对投影面的倾角。如图 6-16 所示，*AB* 为一般位置直线，要旋转成正平线，则其水平投影必须旋转到平行 *OX* 轴的位置，因此应选择铅垂线作为旋转轴。为作图简便起见，使旋转轴通过端点 *A*，只要旋转另一个端点 *B* 就可以完成作图。*AB* 线段的旋转轨迹是圆锥面，线段在旋转过程中对 *H* 面的倾角始终不变。具体作图过程如下：

（1）过 *A*（*a*，*a′*）作 *OO* 轴垂直 *H* 面；

（2）以 *o* 为圆心，*ob* 为半径画圆弧（顺时针或逆时针方向都可以）；

（3）由 a 作 OX 轴的平行线与圆弧相交于 b_1，得 ab_1；

（4）从 b' 作 OX 轴平行线，根据 b_1 在该线上求出 b_1'，$a'b_1'$ 即反映直线 AB 的实长；$a'b_1'$ 与 OX 轴的夹角则反映 AB 对 H 面的倾角 α。

2. 将投影面平行线或一般位置直线旋转成投影面垂直线

图 6-17 所示 AB 为一正平线，如果绕垂直于 H 面的轴旋转，它的水平夹角始终保持不变，不可能成为投影面垂直线。要旋转成投影面垂直线，反映实长的正面投影必须旋转成垂直 OX 轴，因此应选择正垂线为旋转轴。为简便起见，使 OO 轴通过点 B，图中以 b' 为圆心，将 a' 旋转到 a_1' 位置，使 $a_1'b' \perp OX$。这时，水平投影 a 移动到与 b 重合的位置 a_1，$a_1'b'$ 和 a_1b 就是铅垂线 A_1B 的两个投影。

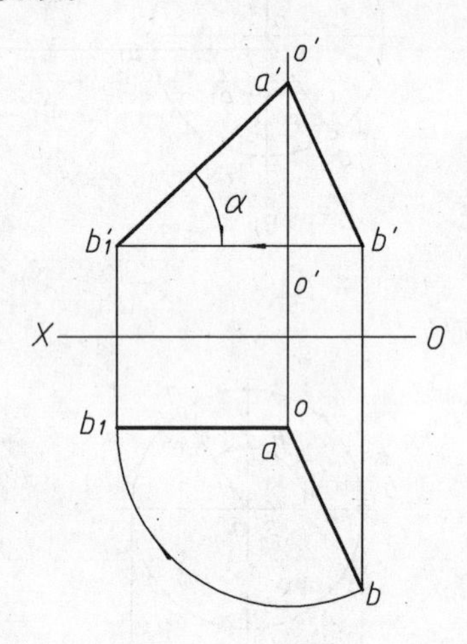

图 6-16　将一般位置直线旋转成正平线

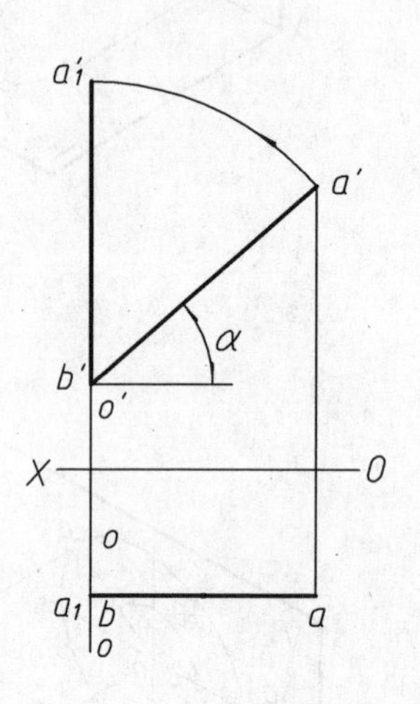

图 6-17　将正平线旋转成铅垂线

同理，可以将水平线绕垂直于 H 面的轴线旋转成正垂线。

要将一般位置直线旋转成投影面垂直线，必须经过二次旋转。第一次将它旋转成投影面平行线，第二次再将该投影面平行线旋转成投影面垂直线。二次旋转时，必须交替选用垂直 H 面和 V 面的旋转轴，这一过程如同换面法中必须交替变换 H 面和 V 面一样。

3. 将一般位置平面旋转成投影面垂直面

将一般位置平面旋转成投影面垂直面，可以求出平面对投影面的倾角。如图 6-18 所示，$\triangle ABC$ 为一般位置平面，要旋转成铅垂面并求出 β 角，则必须在平面上找一直线，将它旋转成铅垂线。由前述可知，正平线径一次旋转可旋转成铅垂线，因此先在平面上取一正平线 AD，将它旋转成铅垂线 AD_1。作图时先在正面投影中以 a' 为圆心，$a'd'$ 为半径作圆弧，再经 a' 引竖直线交圆弧于 d_1'，这时其相应的水平投影 a、d_1 重合为一点。在这里，点 D 绕过点 A 的正垂线按逆时针方向旋转了 θ 角，因此点 B 和点 C 也必须绕同一旋转轴，按同一方向，旋转同一角度，这就是旋转时的“三同”规律，按此规律旋转才能保持各几何元素之间的相对位置不变。在正面投影中，b' 和 c' 分别旋转到 b_1' 和 c_1'（根据 b'、c' 与 d' 的相对位置，以 d'_1 为基点在以 $a'b'$ 为半径的圆周上截取 $d_1'b_1'$ =

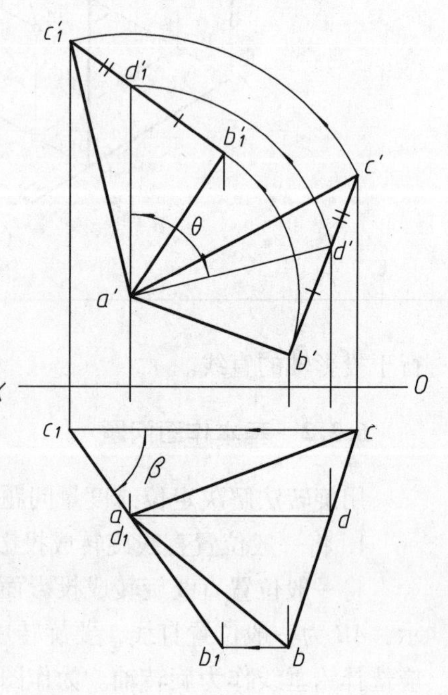

图 6-18　一般位置平面旋转成铅垂面

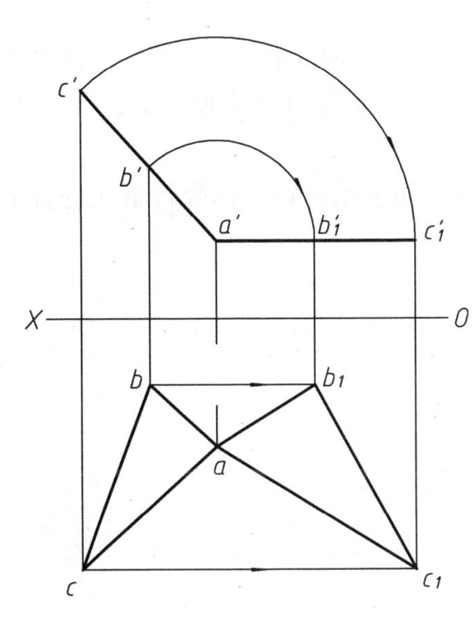

图 6-19　正垂面旋转成水平面

$d'b'$；以 $a'c'$ 为半径的圆周上截取 $d_1'c_1' = d'c'$），其相应的水平投影为 b_1 和 c_1。连接 a'、b'_1、c_1'，得到△ $a'b'c'$ 旋转 θ 角之后的正面投影△ $a'b'_1c_1'$。值得注意的是：$a'b_1'c_1' \cong \triangle a'b'c'$。这就是说：在垂轴旋转中，在轴所垂直的那个投影面上的投影，旋转时形状不变，而只改变了位置，这就是旋转时的不变性。由于平面在轴所垂直的投影面上的投影形状和大小不变，因此平面与该投影面的倾角不变。在水平投影中 c_1ab_1 必定积聚为一直线，$\triangle AB_1C_1$ 即为铅垂面，c_1ab_1 与 OX 轴的夹角即反映平面对 V 面的倾角 β。

同理，也可以将一般位置平面绕铅垂线旋转成为正垂面。

旋转时，可根据平面（或直线）的一个投影在旋转前后的不变性，首先作出其不变投影，然后再根据点绕垂轴旋转的规律作出另一投影。

4. 将投影面垂直面或一般位置平面旋转成投影面平行面

如图 6-19 所示，$\triangle ABC$ 为一正垂面要旋转成水平面。作图时，可过点 A 绕正垂线旋转 $\triangle ABC$，使具有积聚性的投影平行 OX 轴，此时该平面即为水平面，其水平投影 $\triangle ab_1c_1$ 反映 $\triangle ABC$ 的实形。

要将一般位置平面旋转成投影面平行面，必须经过二次旋转。先将它旋转成投影面垂直面，然后再将该投影面垂直面旋转成投影面平行面。

6.3.3　应用举例

例 6-3　已知 BC 为等腰 $\triangle ABC$ 的底边，完成其水平投影（图 6-20a）。

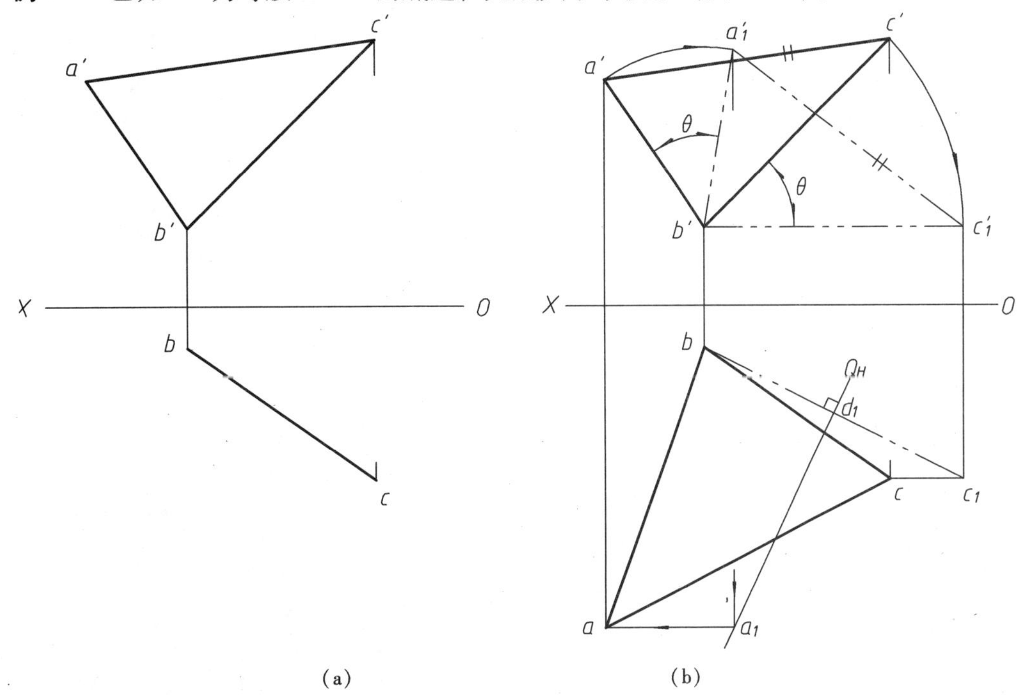

图 6-20　完成等腰△ABC 的水平投影

分析：

根据已知条件，只要确定顶点 A 的水平投影，就能完成等腰△ABC 的水平投影。而顶点 A 必在底边 BC 的垂直平分面上，若底边 BC 为水平线，则 BC 的垂直平分面 Q 为铅垂面，Q_H必垂直平分 BC 的水平投影 bc，顶点 A 的水平投影在 Q_H上。

由于已知 BC 为一般位置线，因此应将 BC 变换为水平线。如采用旋转法，旋转轴应垂直 V 面。为简便起见，使旋转轴通过点 B。

作图（图 6-20b）：

- 将 BC 旋转成水平线 BC_1。作图时，以 b' 为圆心，$b'c'$ 为半径，将 c' 旋转到 c_1'，使 $b'c_1' // OX$。然后根据点的旋转规律由 c_1' 和 c 确定 c_1；
- 按“三同”规律将 a' 旋转到 a'_1；
- 过 bc_1 中点 d_1 作迹线 $Q_H \perp bc_1$，由 a_1' 对应在 Q_H上确定 a_1；
- 过 a_1 作平行于 OX 的直线，由 a' 对应在该直线上确定 a；
- 连接 a、b 和 a、c，则△abc 为所求。

第7章

曲线、曲面

平面的组合可以完成丰富多彩的建筑造型，而曲面的形式之多，更为现代建筑的发展增添异彩，伴随着日益发展的经济，由曲面形成的建筑；由曲面形成的屋顶、墙体、楼梯……比比皆是。本章主要研究建筑工程中常用的曲线、曲面的形成；投影特点及他们的图示方法。

7.1 曲　　线

7.1.1 曲线的分类及投影

曲线可以认为是一个点的运动轨迹。按点的运动有无规律，曲线分为规则曲线和不规则曲线，我们主要研究的是规则曲线。规则曲线又分为平面曲线和空间曲线。曲线上点的运动均在同一平面内，形成的曲线为平面曲线。常用的平面曲线有圆、椭圆、抛物线和双曲线。凡曲线上连续四个点的运动不在同一平面内，形成的曲线为空间曲线，常用的空间曲线有圆柱螺旋线。

由于曲线是点的集合，只要画出曲线上一系列点的投影，并将各投影依次光滑地连接起来，即得该曲线的投影。为了能准确地画出曲线的投影，一般应把曲线上的特殊点，如端点、最高点、最低点、最左、最右、最前、最后点以及控制曲线性质的点首先画出，然后再补些一般点，最后光滑连接各点的投影，即完成曲线的投影。如图7-1所示，要绘制曲线 K 的投影，可在其上取 A、B、C、D 和 E 点，作出它们在 H 面上的投影 a、b、c、d 和 e，并光滑地依次连接，即得曲线 K 的水平投影 k。图中 A、E 为曲线的端点，B 为最左点，C 为最前点。

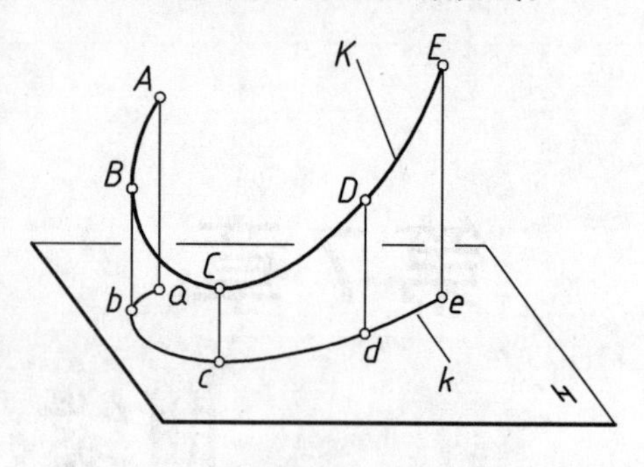

图7-1　曲线的投影

7.1.2 平面曲线

1. 平面曲线的投影特征

图7-2所示是一段平面曲线 AB 在 H 面上投影的三种情况。当曲线 AB 所在的平面平行于投影面时，其投影 ab 反映曲线的实形，如图7-2（a）所示。当曲线所在平面垂直投影面时，其投影 ab 积聚为一条直线，如图7-2（b）所示。当曲线所在的平面倾斜于投影面时，其投影 ab 产生了变形，但其投影的形状与曲线 AB 本身相类似，如图7-2（c）所示。

平面曲线的投影通常为曲线，且其投影的次数及类型不变，即二次曲线的投影仍为二次曲线，圆（椭圆）的投影为椭圆，抛物线的投影仍为抛物线，双曲线的投影仍为双曲线。

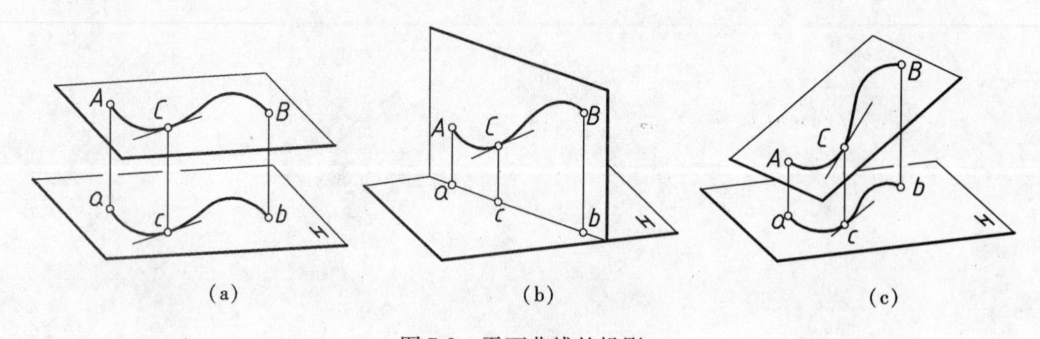

图7-2　平面曲线的投影

无论是平面曲线或空间曲线，若直线和曲线相切，则此直线的投影仍与该曲线的同面投影相切。要证明这个问题，可以将切线看作割线的极限位置。

若曲线 K 上有一条割线 AB，如图7-3所示，假设把割线 AB 的端点 B，沿箭头所指方向逐渐靠拢端点 A。当 B 点重合于 A 点时，割线 AB 就一定成为过 A 点的切线 F。在 H 投影中，则点 B

的投影 b 也逐渐靠拢 a，直至 b 重合于 a，这时割线 AB 的投影 ab 就一定是曲线投影 k 在 a 处的切线 f。

2. 圆的投影

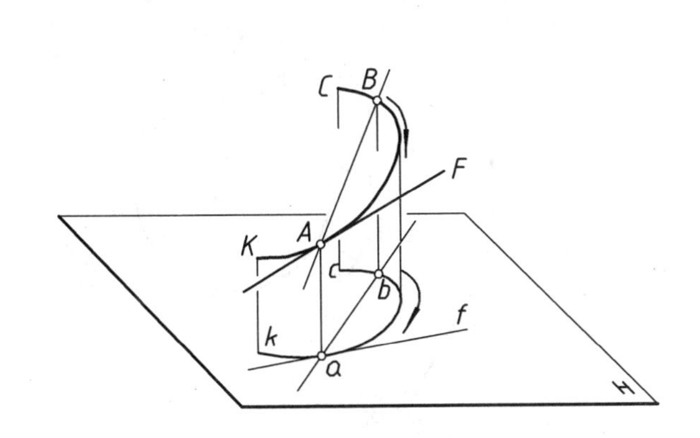

图 7-3　曲线的切线的投影特性

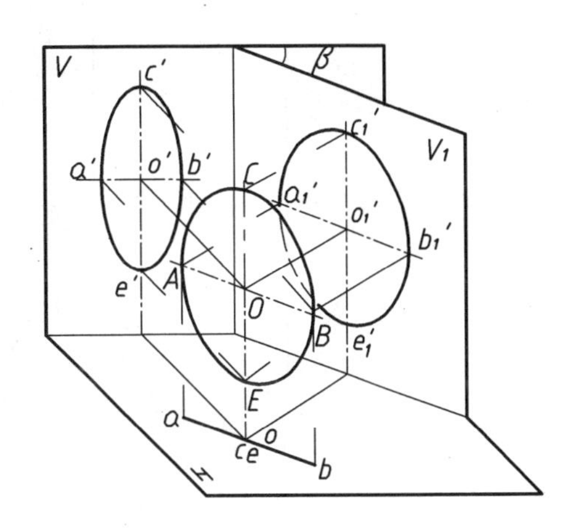

图 7-4　圆周的投影

圆是工程上常见的平面曲线。圆的投影有三种情况：当圆所在平面平行于投影面时，圆在该投影面上的投影反映实形；当圆所在平面垂直于投影面时，它的投影积聚为直线，其投影的长度等于圆的直径，如图 7-4 中 H 投影所示；当圆所在平面倾斜于投影面时，它的投影为一椭圆，如图 7-4 中 V 面的投影所示。椭圆的长轴方向应是过圆心的铅垂线，因为圆的所有直径中，只有过圆心的铅垂线平行 V 面，其 V 面投影反映实长。长轴的大小等于圆的直径 d，即 $c'e' = CE = d$。椭圆的短轴方向应是过圆心的水平线，其短轴的大小 $a'b' = AB\cos\beta$。椭圆的长短轴互相垂直，由于长轴平行 V 面，依直角定则，椭圆长短轴在 V 面仍互相垂直。

例 7-1　求作位于铅垂面 P 上的一圆周的投影。已知圆心 O 的投影及直径 d 的长度，如图 7-5（a）所示。

依据对图 7-4 中圆的投影分析，首先确定椭圆长短轴的大小及方向。求椭圆的方法有以下两种：

方法一：

按几何作图的方法，根据椭圆的长短轴用四圆心法画椭圆，在此不予介绍（可查阅本书下篇几何作图）。

方法二：

用换面法完成椭圆，作图步骤如下：

- 确定椭圆长短轴的方向及大小

由于圆所在的 P 面为铅垂面，所以圆的水平投影为一段与 P_H 重合的直线，其长度为圆的直径，即 $ab = d$，如图 7-5（b）所示。圆的正面投影为一椭圆，其长轴 $c'e' = d$，短轴为过圆心的 $a'b'$（依 ab 确定），$c'e' \perp a'b'$ 如图 7-5（b）所示。

- 求椭圆曲线的一般点

作新轴 $O_1X_1 /\!/ P_H$（ab），在新投影体系 V_1/H 中，圆的投影反映实形。图 7-5（c）所示为一般点 F 和 G 的作图过程，为使椭圆曲线比较光滑，可找出椭圆曲线足够的一般点的投影，然后依次连接，即完成椭圆的投影。

7.1.3　空间曲线

圆柱螺旋线属空间曲线，在建筑工程中应用甚为广泛。

1. 圆柱螺旋线的形成

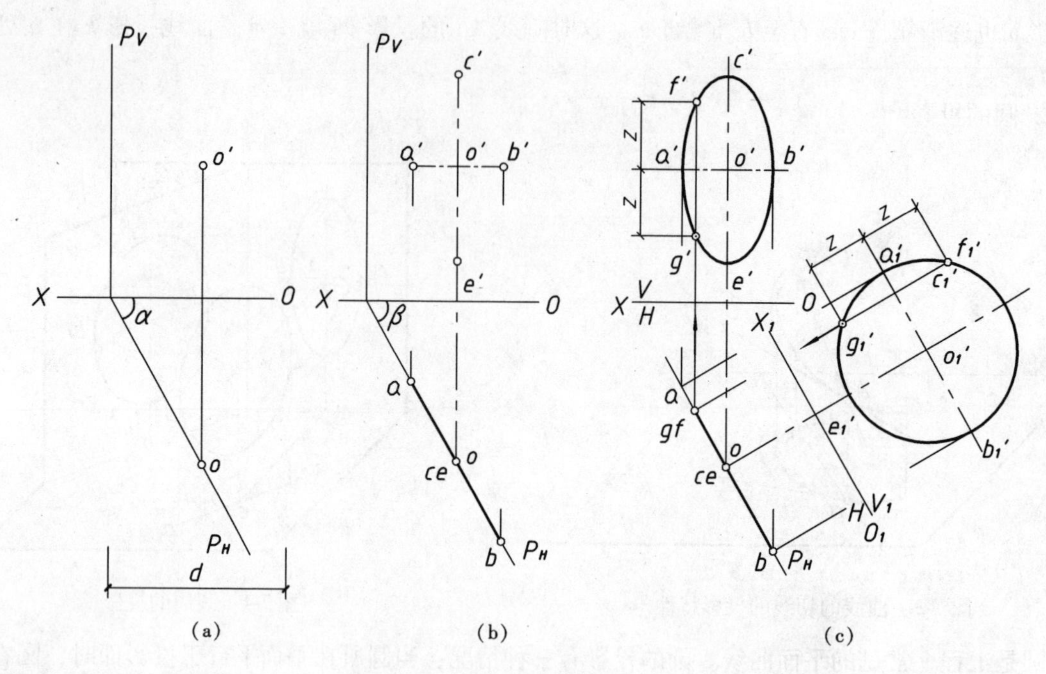

图 7-5　作圆的投影

圆柱螺旋线是画在圆柱表面上的曲线，当圆柱表面上一动点 A 绕圆的轴线作等速回转运动，同时沿圆柱的轴线方向作等速直线运动，则动点的运动轨迹即形成圆柱螺旋线，如图 7-6 所示。

圆柱螺旋线所在的圆柱面称为导圆柱面，动点 A 旋转一周沿轴向移动的距离称为导程，用 h 表示。由于动点旋转方向不同，圆柱螺旋线有右螺旋线和左螺旋线之分，如图 7-7 所示。图 7-7（a)为右螺旋线，其特点是螺旋线的可见部分由左向右升高；图 7-7（b）为左螺旋线，其特点是螺旋线可见部分由右向左升高。

螺旋线的形状取决于导圆柱的直径 d、导程 h 和旋向，这三者常称为圆柱螺旋线的基本要素，改变螺旋线的基本要素就可以得到不同形状的螺旋线。

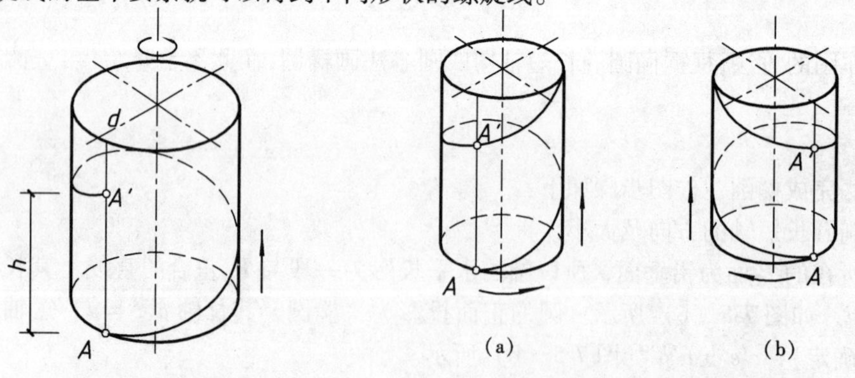

图 7-6　圆柱螺旋线的形成

图 7-7　圆柱螺旋线的分类
（a）右螺旋线；（b）左螺旋线

2. 圆柱螺旋线的投影

根据点的运动规律，可以作出圆柱螺旋线的投影。

例 7-2　图 7-8（a）中给出了动点 A（a', a）的投影，导圆柱直径 d（$d/2=oa$）和导程 h，完成右螺旋线的投影。

作图步骤如下：

- 画出导圆柱面的投影，将底圆周及导程各分为相同的 12 等份，并分别编号，如图 7-8(b)所示；

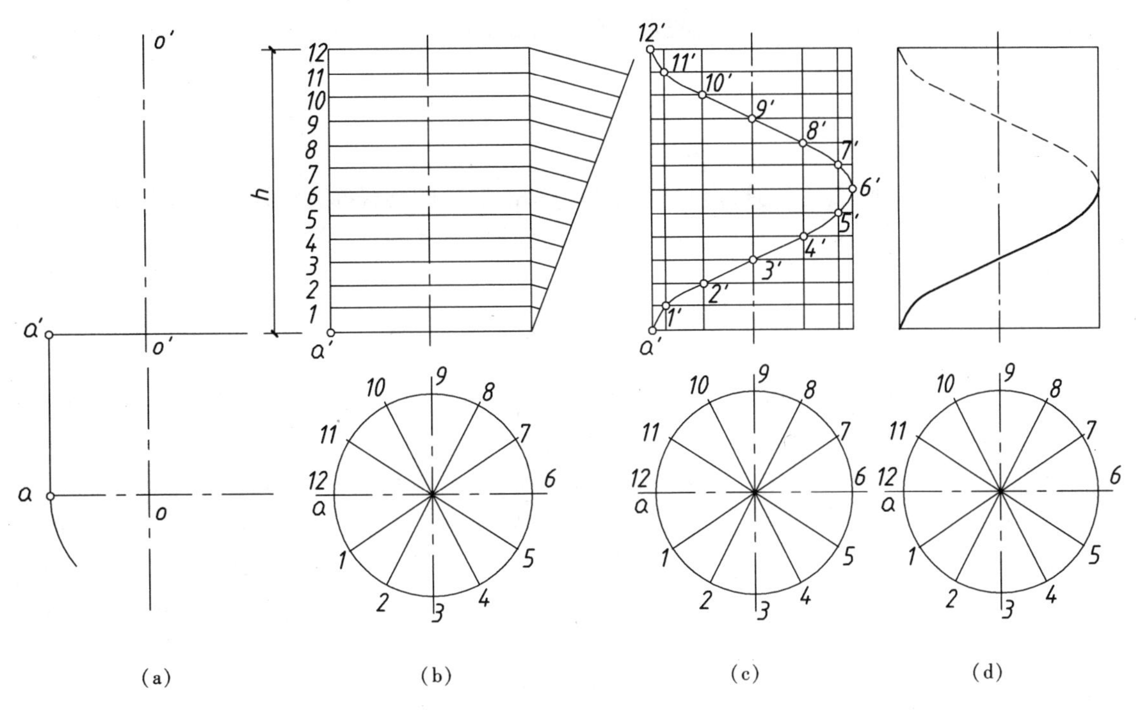

图 7-8 圆柱螺旋线的画法

• 由圆周上各等分点向上作竖直线，与导程上相应的各点所作的水平直线相交，其交点 1′、2′、3′……12′即为螺旋线上点的正面投影；

• 依次光滑连接 1′、2′、3′……12′各点，即得螺旋线的正面投影。正面投影为正弦曲线，如图 7-8（c）所示；

• 前半个圆柱面螺旋线上的点 0′、1′……6′可见，后半个圆柱面螺旋线上的点 6′、7′……12′不可见，如图 7-8（d）所示。

螺旋线的水平投影重影在圆柱面的水平投影上。

根据圆柱螺旋线的形成规律，如将圆柱面展开，则螺旋线的展开图是一直线，如图 7-9 所示。该直线为直角三角形的斜边，底边为圆柱面圆周的周长 πd，高为螺旋线的导程 h，直角三角形斜边

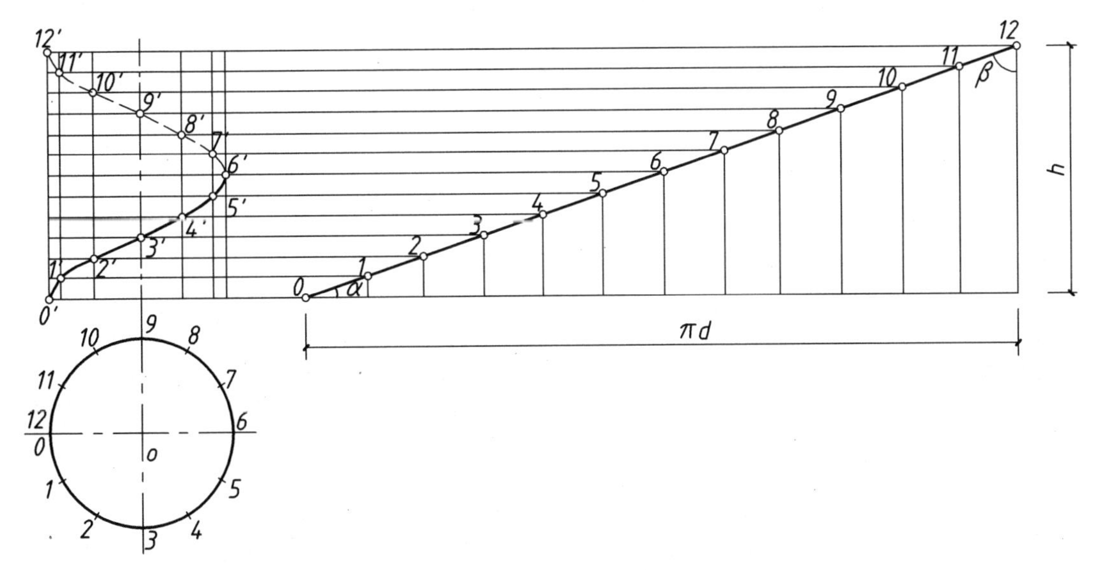

图 7-9 圆柱螺旋线的展开

与底边的夹角 α 称为螺旋线的升角，它的余角 β 称为螺旋角，同一条螺旋线 α、β 角是常数。

7.2　曲　　面

曲面可看作一条动线在空间连续运动的轨迹，形成曲面的动线称为母线；运动中的母线在曲面上的任一位置称为该曲面的素线；控制母线运动的一些不动的点、线和面分别称为导点、导线和导面，如图 7-10 所示。

曲面按母线运动是否有规则分为规则曲面和不规则曲面，这里只讨论规则曲面的形成和表示方法。

曲面的形成根据母线是直线还是曲线，可分为直线曲面和曲线曲面，简称为直线面和曲线面。如果曲面可以由直线作母线形成，也可以由曲线作母线形成，仍称为直线面。如图 7-10 所示的圆柱面，可看作一直母线 AB，绕轴线 OO（直导线），沿导线圆旋转而成，如图 7-10（a）所示；也可看作由一个圆母线，沿着垂直于该圆的直导线 OO 平移而形成，如图 7-10（b）所示。

直线面又可分为单曲面和扭曲面两类。单曲面的任意相邻两素线彼此相交或平行，即相邻素线位于同一平面上，这种曲面能无变形地展开成一平面，所以单曲面又称为可展直线面。扭曲面的任意相邻素线彼此交叉，即相邻素线不位于同一平面，该曲面也称为不可展直线面。

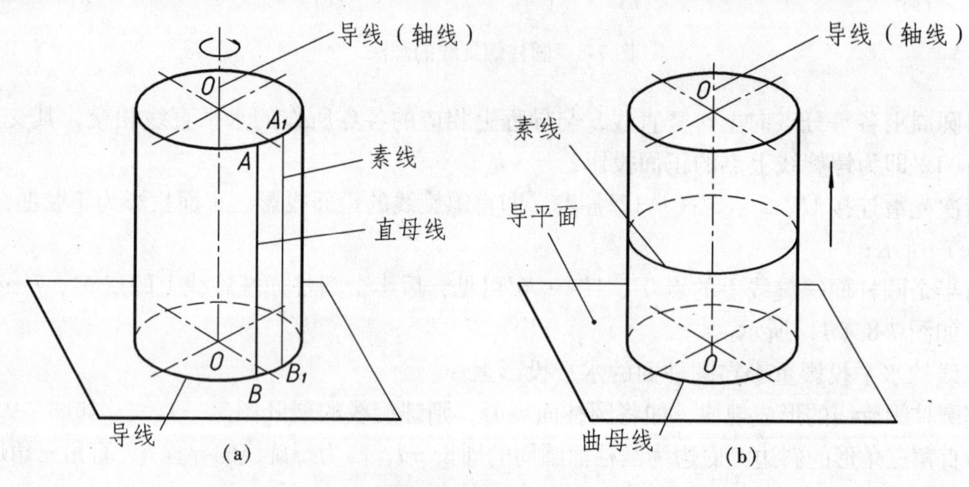

图 7-10　圆柱面形成

表示曲面时，首先必须作出形成该曲面的母线、导线、导面等。此外，为清楚地表达曲面，还需要画出曲面的外形轮廓线，以确定曲面的范围。

下面介绍建筑工程中几种常见曲面的形成和表示方法。

7.2.1　直线面

1. 柱面

(1) 柱面的形成

一直母线沿着曲导线移动，并且始终平行于直导线而形成的曲面称为柱面。曲导线可以是闭合的，也可以是不闭合的。如图 7-11（a）所示柱面，AA_1 为母线，ABC 为曲导线，L 为直导线，因为柱面的相邻两素线是互相平行的，所以柱面是可展直线面。

(2) 柱面的投影

在投影图上表示柱面一般要画出导线及柱面各投影的外形轮廓线。外形轮廓线也称转向素线。图 7-11（b）中给了直母线 AA_1 和直导线 L（正平线），及曲导线水平圆的投影。表示这一柱

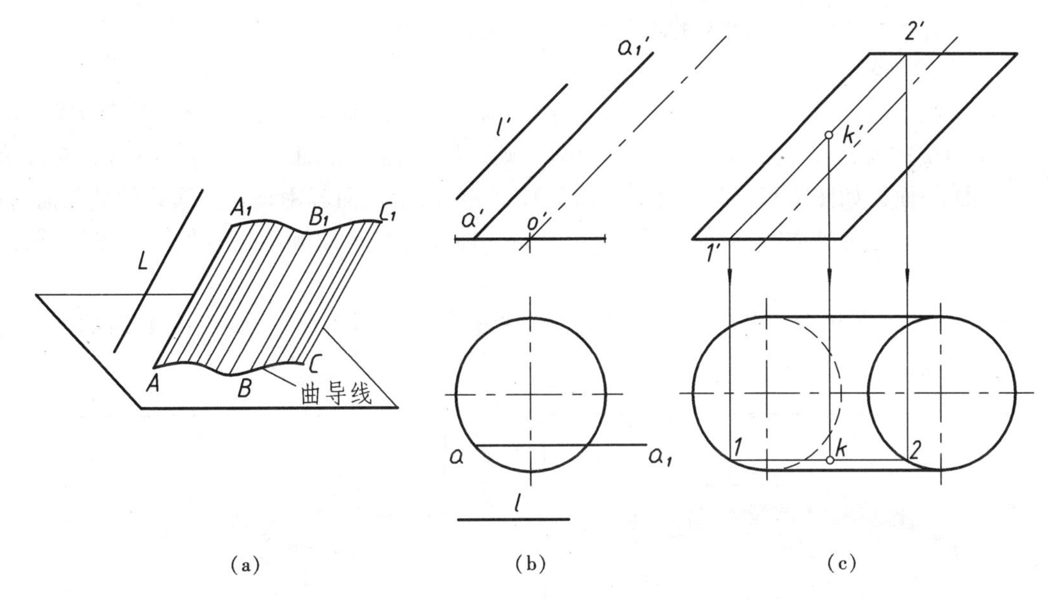

(a)　(b)　(c)

图7-11　柱面的形成及投影

面时，可过水平圆圆心的正面投影 o'，作与导线l'平行的直线，即为柱面的轴线。在轴线上确定顶圆的位置，选取顶圆与底圆（导线圆）平行，并完成顶圆的水平投影与正面投影。由于柱面轴线与直导线平行，所以在投影图中不再表示母线和直导线，但是要画出柱面各投影的外形轮廓线（或转向素线）。如在正面投影中画出顶圆和底圆最左点、最右点的投影连线，它是柱面前后转向素线的投影，该转向素线把柱面分为前半个柱和后半个柱，在正面投影中前半个柱面可见，后半个柱面不可见。在水平投影中画出两圆的公切线，它们是柱面中上半个柱面与下半个柱面的转向素线的投影。在水平投影中，上半个柱面可见，下半个柱面不可见，如图7-11（c）所示。因此，转向素线是曲面可见与不可见的分界线。

（3）柱面上定点

在柱面上定点采用素线作辅助线，这种方法称为素线法。在图7-11（c）中，已知柱面上一点 K 的正面投影 k'，求作点 K 的水平投影 k。

过 k'在柱面上作一辅助素线正面投影 $1'2'$，并确定素线水平投影12，然后在12上定点 k。

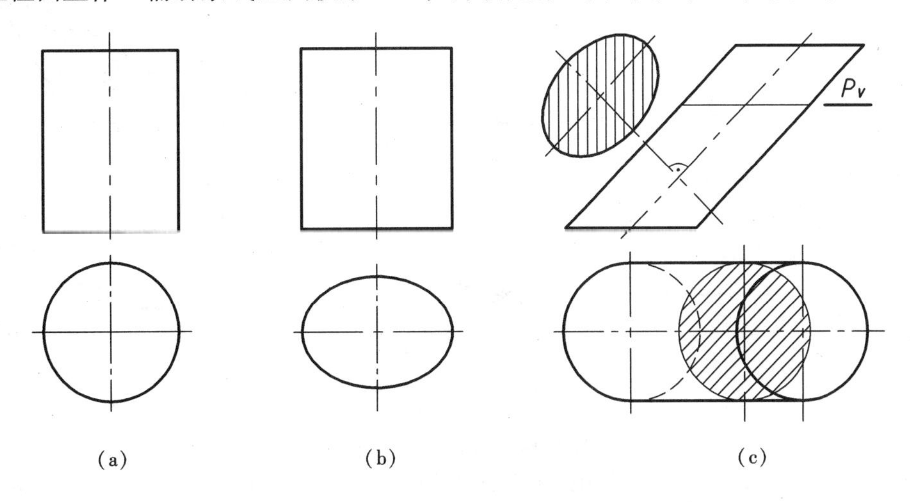

(a)　(b)　(c)

图7-12　各种柱面

(a) 正圆柱面；(b) 椭圆柱面；(c) 斜圆柱面

由于点 K 在上半个柱面上，因此 K 的水平投影 k 可见。

(4) 柱面的命名

曲导线形状不同，可形成不同的柱面，柱面的命名通常以垂直于柱面素线（或轴线）的截平面与柱面相交的交线形状而定，若交线为圆，则为圆柱面，如图 7-12（a）所示。交线为椭圆，则为椭圆柱面，如图 7-12（b）所示。图 7-12（c）所示柱面若用垂直于素线的截平面所截，交线应为一椭圆，这种柱面也称椭圆柱面，又因为其轴线与水平面倾斜，也称为斜置椭圆柱面，简称斜圆柱面。

图 7-13（a）所示体育馆的墙面，是圆柱面应用的实例。图 7-13（b）所示建筑的墙面是线体柱面应用的实例。

(a)

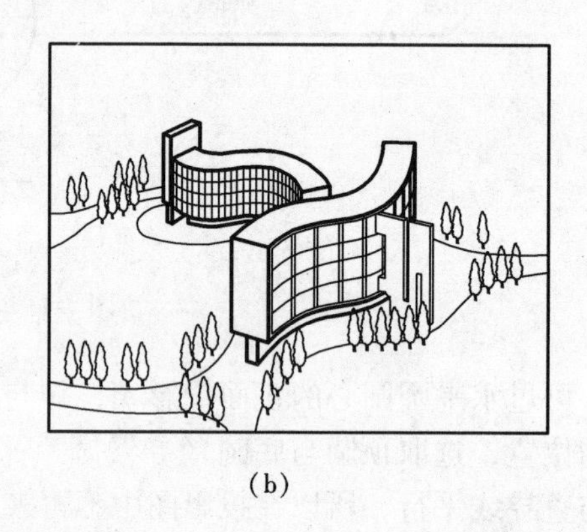

(b)

图 7-13　柱面的应用

2. 锥面

(1) 锥面的形成

一直母线沿着曲导线移动，且始终通过一定点而形成的曲面称为锥面，该定点为导点，即为锥面的顶点。如图 7-14（a）所示，SA 为母线，ABC 为曲导线，S 为导点。由于锥面上相邻两素线为过锥顶的相交两直线，因此锥面为可展直线面。

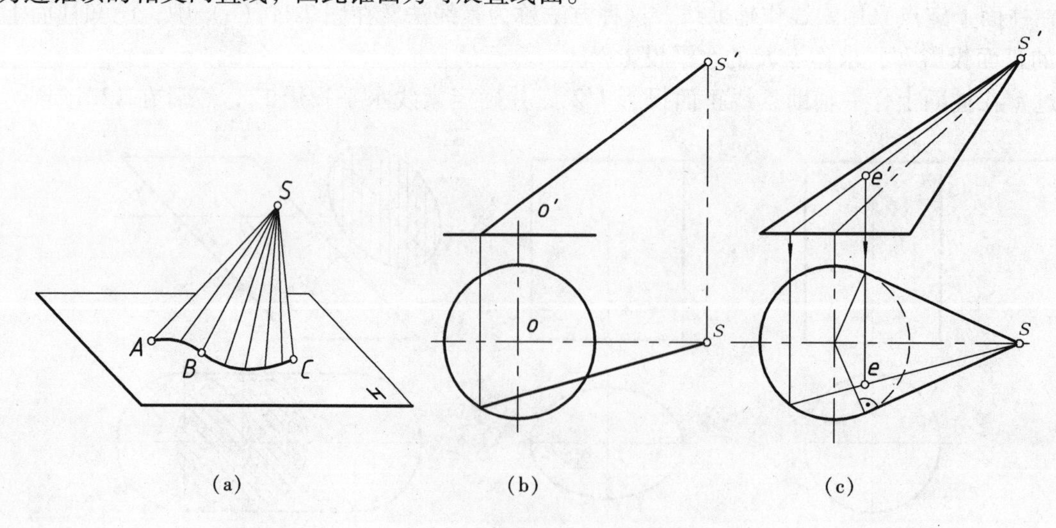

图 7-14　锥面的形成及投影

(a) 形成；(b) 已知；(c) 投影及表面定点

(2) 锥面的投影

在投影图上表示锥面一般要画出锥顶，导线及锥面各投影的外形轮廓线。图7-14（b）给定了锥面的导线圆（水平圆）及导点 S 的投影。表示这一锥面时，首先连线 $s'o'$，$s'o'$ 为锥面的轴线，然后画出其外形轮廓线（或转向素线）。如在正面投影中画出最左、最右素线，是锥面正面投影的转向素线，它们将锥面分为前半个锥面，后半个锥面。在正面投影中前半个锥面可见，后半个锥面不可见。在水平投影中过 s 画与底圆相切的切线，其切线即为上半个锥面与下半个锥面的转向素线。在水平投影中，上半个锥面可见，下半个锥面不可见，如图7-14（c）所示。

（3）锥面上定点

在锥面上定点也采取素线法，由锥面上一点 E 的正面投影 e'，求作该点的水平投影 e。由于 e' 在上半个锥面上，故水平投影 e 可见。其作图过程如图7-14（c）所示。

（4）锥面的命名

锥面的命名与柱面相同，以正截面（即垂直于轴线）与锥面的交线形状区分各种不同的锥面。若交线为圆，称为圆锥面，如图7-15（a）所示。交线为椭圆，称为椭圆锥面，如图7-15（b）所示。图7-15（c）所示锥面，若以正垂截面截锥面，交线为一椭圆，因此，这种锥面称为椭圆锥面，又因其轴线与水平面倾斜，也称斜椭圆锥面，简称斜圆锥面。

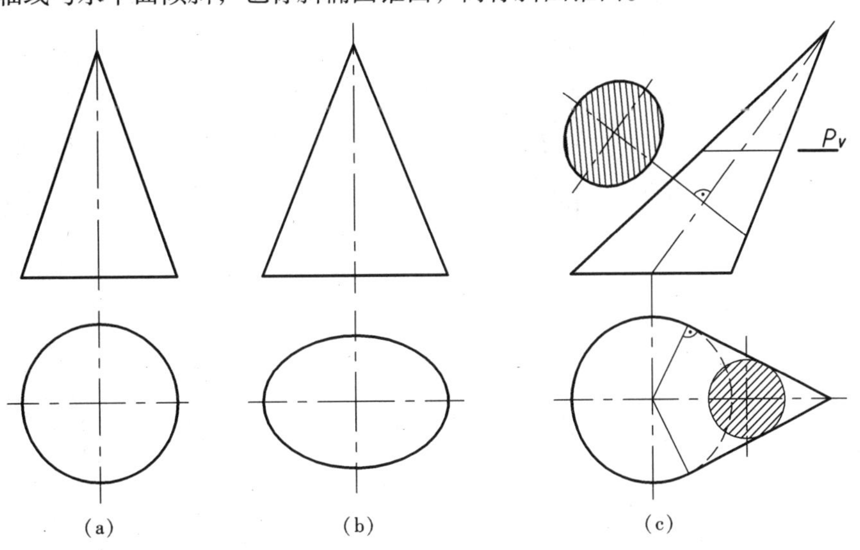

图7-15　各种锥面

（a）正圆锥面；（b）椭圆锥面；（c）斜圆锥面

图7-16所示壳体建筑的屋面，是锥面应用的实例。

3. 单叶双曲回转面

（1）单叶双曲回转面的形成

一直母线绕其交叉的直导线（轴线）回转而形成的曲面称为单叶双曲回转面。该曲面也可以认为以双曲线为母线，绕其虚轴回转而成。如图7-17所示，MN 为母线，OO 为导线，母线上任一点旋转的轨迹为一圆（称之为纬圆），点 M 和点 N 分别旋转成该曲面的顶圆和底圆，母线上距轴最近点形成该曲面的喉圆。由于单叶双曲回转面上相邻两素线为交叉两直线，因此该曲面是一种不可展直线面。

图7-16　锥面的应用实例

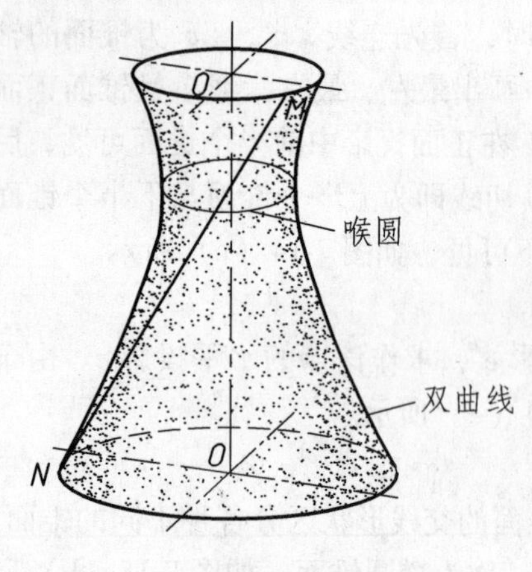

图 7-17 单叶双曲回转面的形成

(2) 单叶双曲回转面的投影

只要给出直母线 MN 和回转轴 OO，如图 7-18（a）所示，即可作出单叶双曲回转面的投影。作图步骤如下：

- 先作出过母线两端点 M 和 N 的纬圆的两面投影，即以 o 为圆心，分别以 om 和 on 为半径画圆，则得顶圆和底圆的水平投影。它们的正面投影分别是过 m'和 n'的水平线，其长度分别等于顶圆和底圆的直径，如图 7-18（b）所示；
- 将顶圆和底圆分别以 m 和 n 为起点，分成相同等分（如 12 等分），则 MN 顺时针旋转 30°后，就到达素线 P 和 Q 的位置。根据素线 PQ 的水平投影 pq 作出其正面投影 $p'q'$，如图 7-18（c）所示；
- 依次按顺时针旋转 30°，即完成各素线的水平投影及正面投影。用光滑曲线作为包络线与各素线正面投影相切，即得该曲面的正面投影的外形线，如图 7-18（d）正面投影所示。

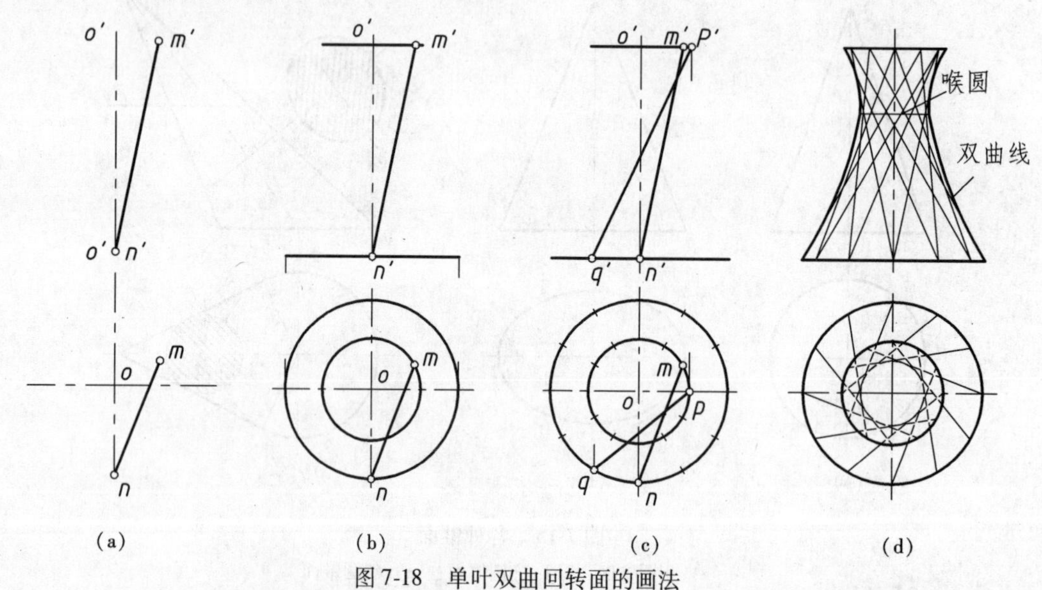

图 7-18 单叶双曲回转面的画法

（a）已知轴线 O 和母线 MN；（b）作出过母线两端点的纬圆；（c）作出素线 PQ；（d）作出整个曲面的投影

图 7-19 所示发电厂的冷凝塔为单叶双曲回转面应用实例。

图 7-19 单叶双曲回转面应用实例

4. 双曲抛物面

(1) 双曲抛物面的形成

一直母线沿着两交叉直导线连续运动，同时始终平行于一个导平面，其运动轨迹称为双曲抛物面。图 7-20 所示，两交叉直线 AB 和 CD 为导线，P 为导平面，BD 为母线，当直母线 BD 运动时，始终保持与交叉两直线相交，且与导平面 P 平行，这样连续运动所形成的曲面即为双曲抛物面。

图 7-21 所示用水平面截该曲面截交线为双曲线，用正平面或侧平面截得交线为抛物线，故曲面因此而得名——双曲抛物面。

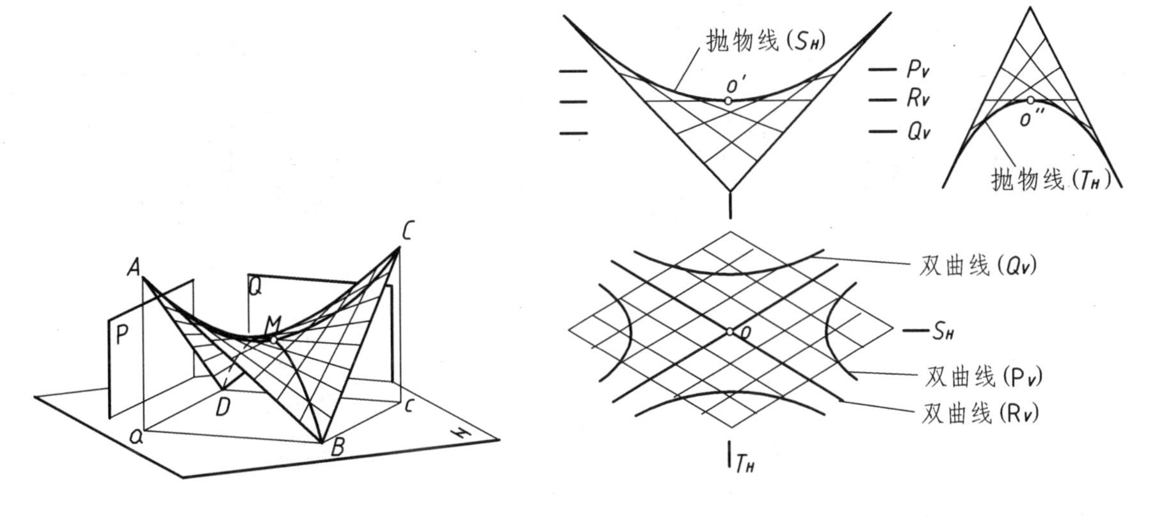

图7-20　双曲抛物面的形成

图7-21　双曲抛物面的截交线

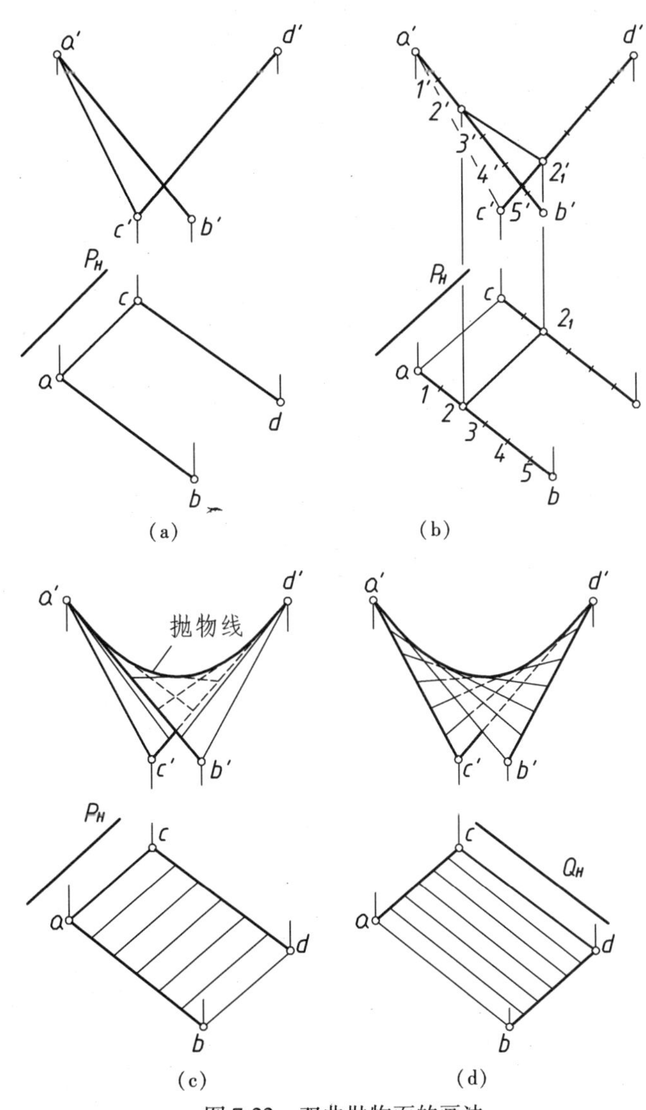

(a)　(b)　(c)　(d)

图7-22　双曲抛物面的画法

(a)已知母线AC、导线AB、CD和导平面P;(b)作出一根素线Ⅱ-Ⅱ$_1$;(c)完成投影图;(d)另一组素线

(2) 双曲抛物面的投影

如图7-22给出了已知交叉直线AB、CD及导平面P的投影，只要画出一系列素线的投影，并作出包络线，即可完成双曲抛物面的投影。

根据该曲面的形成，作图时将直导线分为若干等分，由于各素线平行于导平面P，因此，素线的水平投影都平行于P_H，由此可作出一系列素线的正面投影。在正面投影中还要作出与各素线正面投影相切的包络线，即为双曲抛物面的外形轮廓线，它是一条抛物线。其作图过程如图7-22(b)、(c)所示。

图7-22(d)中如以AB作母线，以AC和BD作导线，以Q作导平面，也可以形成同一个双曲抛物面。因此同一个双曲抛物面的形成有两组素线，各素线有不同的导线和导平面。同组素线互不相交，但每一素线却与另外一组素线相交。

图7-23(a)所示，为双曲抛物面形成的屋面。站台、工业厂房、礼堂等屋面常采用双曲抛物面的结构形式。图7-23(b)所示，当倾斜的岸坡与铅垂堤岸连接时，需用双曲抛物面过渡，才能将两面连接起来，此例的导平面为水平面，直导线为交错直线AB和CD，母线为水平线AC。

5. 锥状面

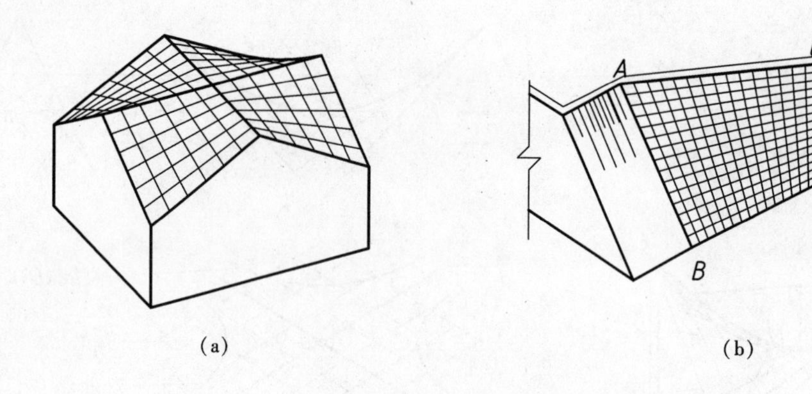

(a) (b)

图 7-23 双曲抛物面的应用实例

(a) 屋面为双曲抛物面；(b) 岸坡过渡面为双曲抛物面

(1) 锥状面的形成

锥状面是由一直母线沿着一直导线和一曲导线连续运动，并且始终平行于一导平面，其运动轨迹称锥状面。如图 7-24（a）所示的锥状面，直导线为 *ED*，曲导线为 *ABC*，*P* 为导平面，直母线为 *AE*。

(2) 锥状面的投影

图 7-24（b）所示为一锥状面的投影图，直导线 *ED* 为侧垂线，曲导线 *ABC* 处于正平面位置，导平面为侧平面。在表达锥状面的投影时，除了画出导线和母线的投影之外，还应画出一系列素线的投影，素线平行导平面，因此，投影图中可不画导平面的投影。

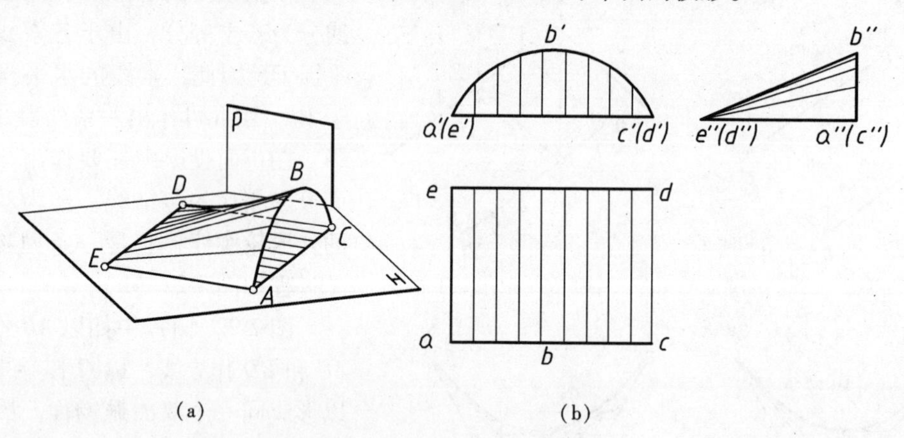

(a) (b)

图 7-24 锥状面的形成及投影

(a) 形成；(b) 投影图

图 7-25（a）所示的工业厂房屋面及图 7-25（b）所示的建筑入口处的屋顶均是锥状面在建筑工程中应用的实例。

6. 柱状面

柱状面的形成

柱状面是由一直线沿着两条曲导线连续运动，并且始终平行于一导平面，其运动的轨迹称为柱状面。如图 7-26（a）所示的柱状面，*AB* 和 *CD* 均为曲导线，*P* 为导平面，*AC* 为直母线。

图 7-26（b）所示为一柱状面的投影图，两曲导线均处于正平面位置，导平面为侧平面。在表达柱状面投影时，除了画出导线和母线的投影之外，还应画出一系列素线的投影，素线平行导平面，因此投影图中可不画出导平面的投影。

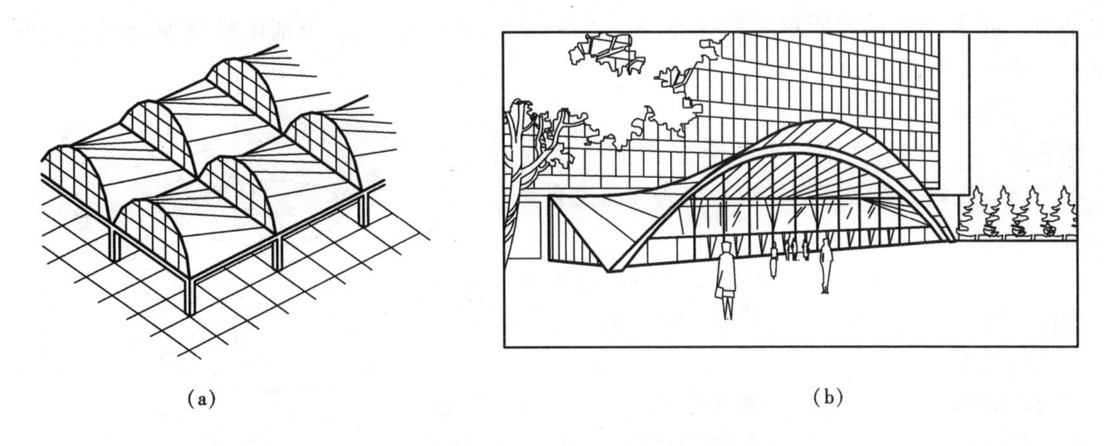
(a)　(b)

图7-25　锥状面的应用实例
(a) 锥状面屋顶；(b) 建筑入口锥状面屋面

图7-27 (a) 所示为一柱状面桥墩。图7-27 (b) 所示建筑屋面也为柱状面应用实例。

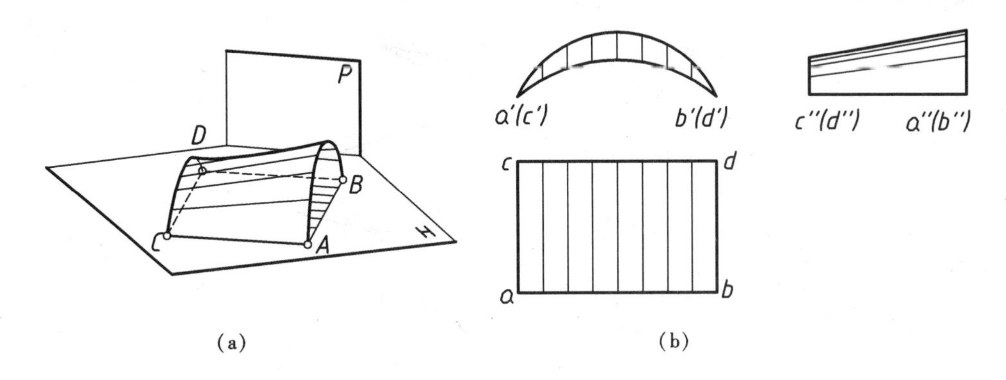

(a)　(b)

图7-26　柱状面及其投影
(a) 形成；(b) 投影图

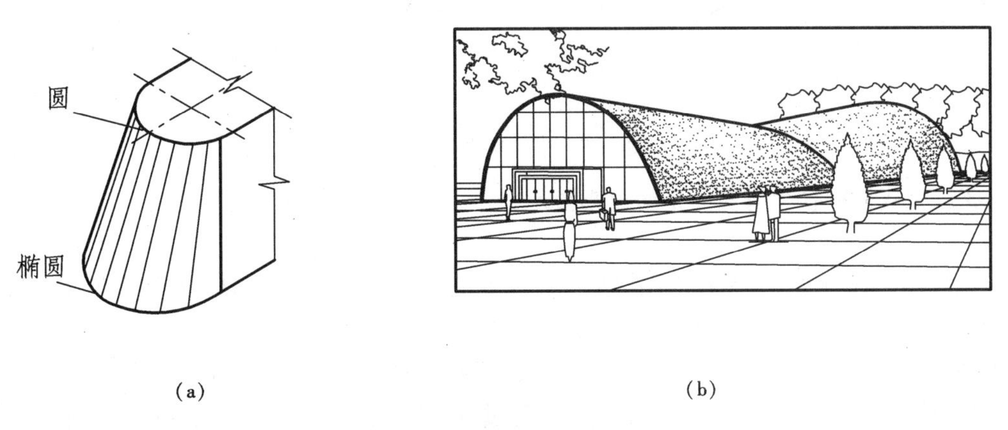

(a)　(b)

图7-27　柱状面应用实例
(a) 柱状面桥墩；(b) 柱状面屋面

7. 螺旋面

(1) 螺旋面属锥状面的一种，它是以轴线（直导线）和圆柱螺旋线（曲导线）为导线，当直母线沿着这两条导线移动，同时又与该轴线相交成一定角，这样形成的曲面称为螺旋面。其中若母线与轴线垂直，形成的螺旋面为平螺旋面，当轴线垂直 H 面时，母线即为水平线，导平面是水平面，形成如图7-28所示的平螺旋面。若母线与轴线不垂直，形成的螺旋面为斜螺旋面，这里只讨论平螺旋面。

（2）平螺旋面的投影

图7-29（a）所示为轴线垂直于 H 面的平螺旋面投影图。画图时应先画轴线及其圆柱螺旋线的两面投影，再画若干素线的两面投影。

将 H 投影中圆周各点（12等分点）与圆心连线，即为平螺旋面上素线的水平投影。素线的正面投影与轴的正面投影垂直，均为水平方向。

如果螺旋面被一个同轴的小圆柱面所截，它的投影图如图7-29（b）所示。小圆柱面与螺旋面的交线，是一根与螺旋曲导线有相等导程的螺旋线，因此图7-29（b）所示的平螺旋面也可认为是柱状面的特例。平螺旋面在建筑工程中应用最为广泛的是螺旋楼梯及扶手。

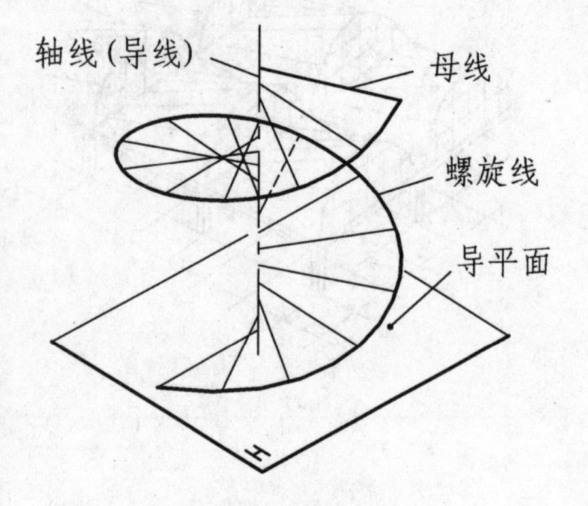

图7-28 平螺旋面的形成

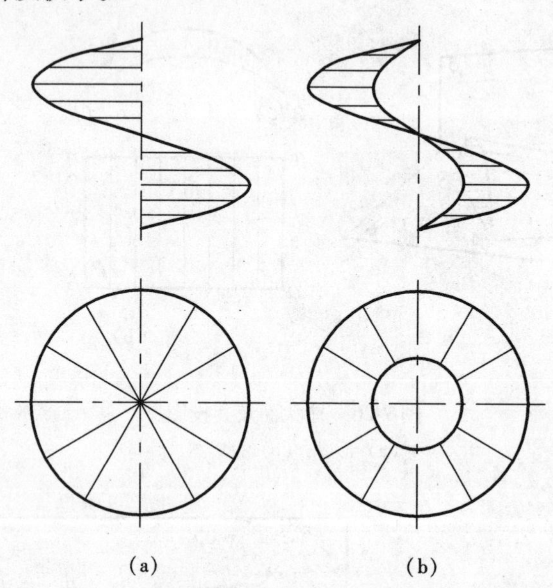

图7-29 平螺旋面的投影

例7-3 完成楼梯扶手弯头的正面投影图。

分析：

从给出的图7-30（a）所示投影图可见，扶手弯头是由一矩形截面 $ABCD$ 绕垂直 H 的轴线 O 作螺旋形运动（右旋）而形成。它实际上是由1/2导程的两平螺旋面和内外圆柱面所组成。扶手弯头上顶面，是由 AB 为母线形成的平螺旋面，下底面是由 CD 为母线形成的平螺旋面，素线 AD 形成内圆柱面，素线 BC 形成外圆柱面；只要过点 A、B、C、D 四个点画出四条螺旋线，即得弯头的 V 面投影。

作图：

- 作以 AB 为母线形成的平螺旋面，将 H 投影的半圆分6等分，将 $a'b'$ 到 $a_1'b_1'$ 之间的距离（导程的一半）6等分，根据螺旋线的画法完成螺旋面的投影，即是完成直径不等，但导程相同的两条螺旋线的投影，作图过程如图7-30（b）所示；
- 同样方法作出 CD 线形成的平螺旋面，作图过程如图7-30（c）所示；

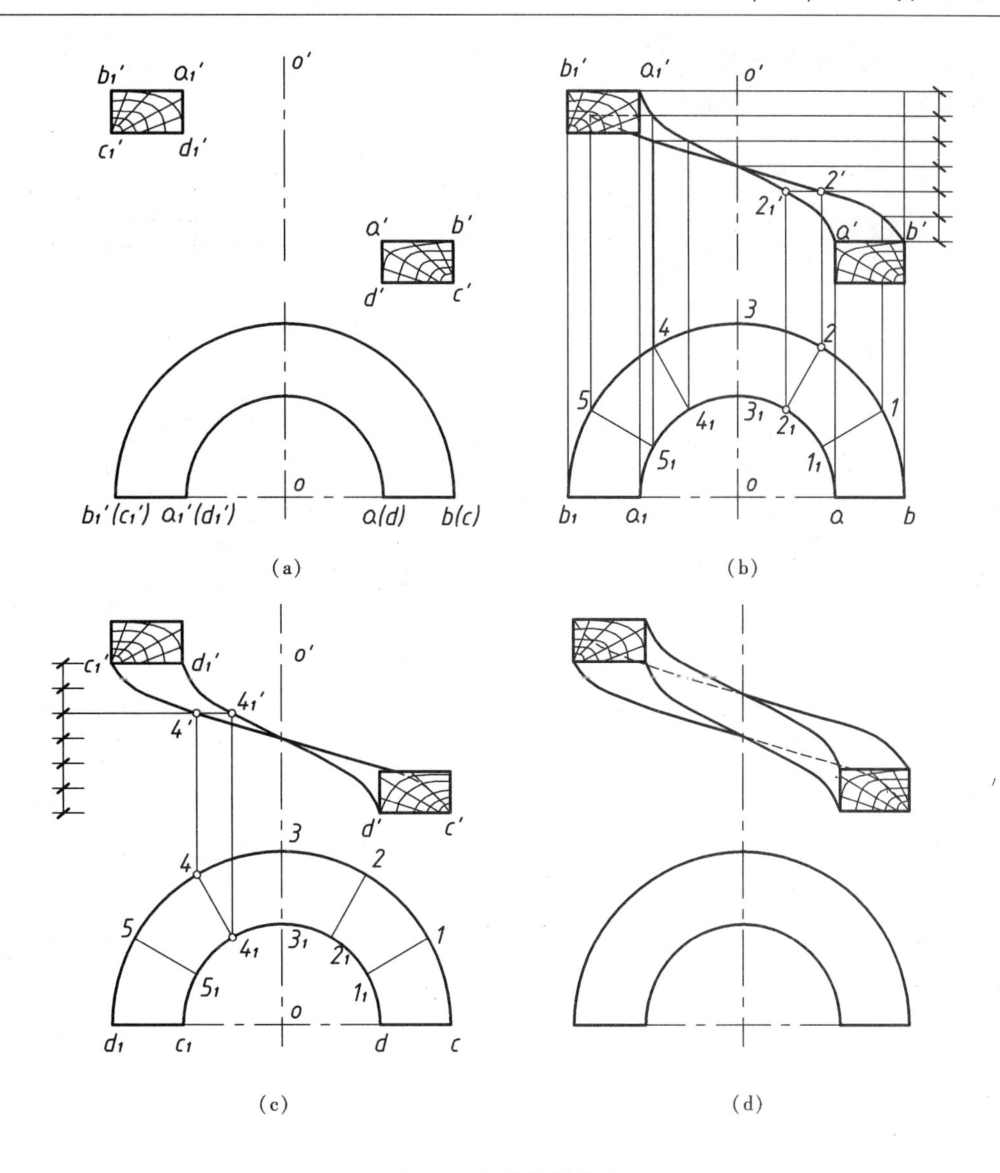

图7-30　螺旋楼梯扶手

（a）已知条件；（b）作扶手上顶面的平螺旋面；

（c）作扶手下底面的平螺旋面；（d）完成投影图

• 将图7-30（b）和图7-30（c）重合在一起，并区分可见性，即完成弯头的 V 投影的作图，如图7-30（d）所示。

例7-4　图7-31（a）给出了螺旋楼梯的基本尺寸，完成螺旋楼梯的投影图。

分析：

在实际工程中，螺旋楼梯有两种常见的承重方式：一是由中间实心圆柱承重，二是由一定厚度的楼梯板承重。楼板下表面是平螺旋面，螺旋楼梯的表达需要画出四条螺旋线的投影，为简化作图，假设沿螺旋线走一圈有12级，一圈的高度就是该螺旋面的导程，螺旋楼梯的内侧是小圆柱面，外侧是大圆柱面。

作图：

• 根据内、外圆柱的半径，导程及梯级数，画出螺旋面的两面投影，如图7-31（b）所示。

螺旋面的 H 投影被分12等份，每一等份就是螺旋楼梯的一个踏面的 H 投影（共12个踏面），两踏面的分界线即为踢面的积聚投影，所以只要按一个导程的步级数目等分螺旋面的投影，即完成了螺旋楼梯的水平投影。

- 在螺旋面上画踏面、踢面的投影。

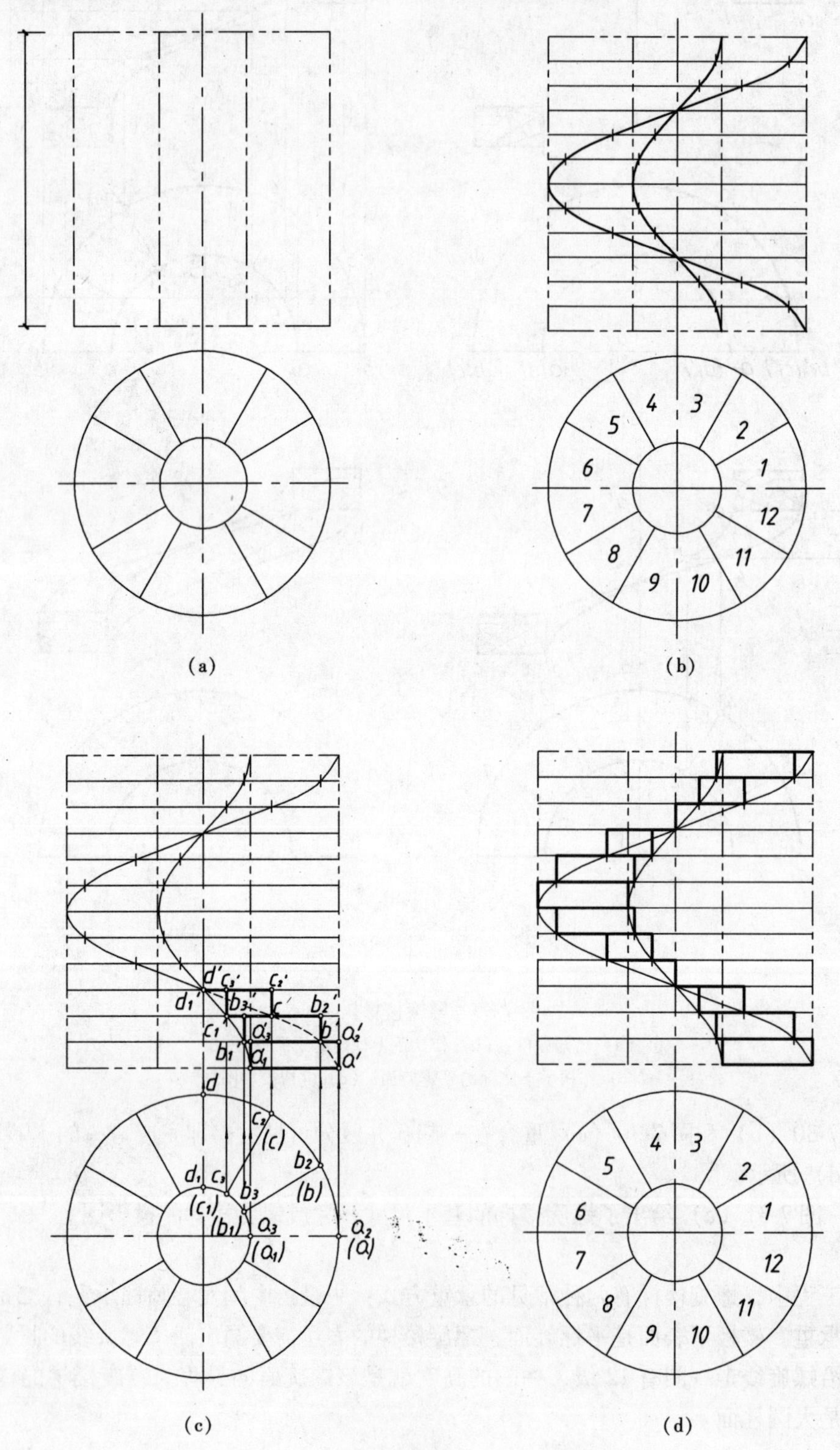

图 7-31　螺旋楼梯（一）

（a）已知螺旋楼梯的基本参数；（b）作平螺旋面的投影；

（c）作第一、二、三级的踏面、踢面的 V 投影；（d）完成其他各级踏步的 V 投影

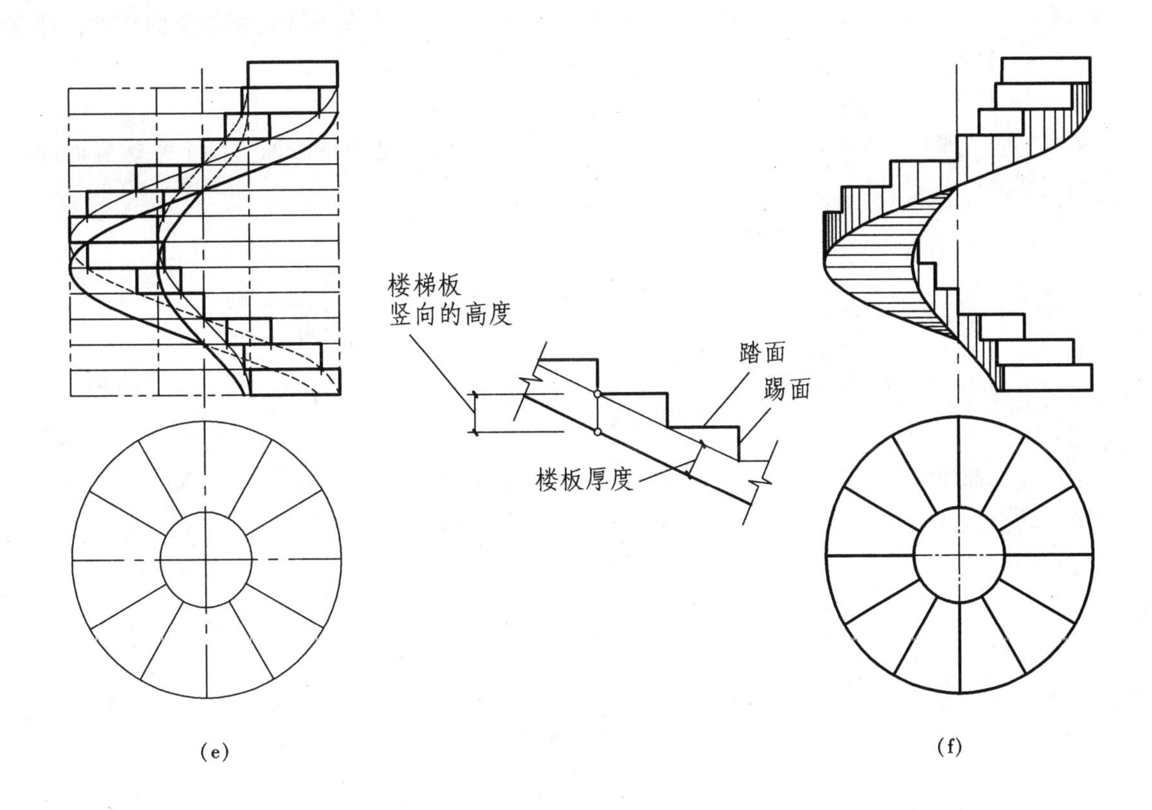

图 7-31 螺旋楼梯（二）
(e) 确定楼梯板底面的投影；(f) 完成螺旋楼梯的两投影

踏步的踏面为水平面，水平投影反应扇形踏面的实形，其正面投影均积聚为水平线（垂直轴线)，其中踏步的第1级和第7级的踢面为正平面，其V投影反应踢面的实形（矩形）。第4级和第10级的踢面为侧平面，其V投影聚积为直线。其他踢面均为铅垂面，其V投影均为大小不等的矩形。第5、6、7、8、9级的踢面被楼梯本身的螺旋面、柱面所遮挡，故正面投影不可见。

依据水平投影画第1、2、3级踏步的投影，其作图过程如图7-31（c）所示。

●● 画第1级踏步的踏面及踢面的投影

第1级踏步的踢面的积聚投影为：a_3（a_1）a_2（a），其正面投影为矩形 $a_1'a_3'a_2'a'$；第1级踏面的水平投影为 a_3（b_1）（b）a_2，其正面投影聚为线 $b_1'a_3'b'a_2'$。

●● 求第2级踏步的踏面及踢面

第2级踏步的踢面的积聚投影为：b_3（b_1）b_2（b），其正面投影为矩形 $b_3'b_1'bb_2'$；第2级踏面的水平投影为 b_3（c_1）（c）b_2，其正面投影为线 $c_1'b_3'c'b_2'$。

●● 求第3级踏步的踏面及踢面

第3级踏步的踢面的积聚投影为：c_3（c_1）c_2（c），其正面投影为矩形 $c_1'c_3'c_2'c'$；第3级踏面的水平投影为 $dd_1c_3c_2$，其正面投影为矩形 d_1'（d'）$c_3'c_2'$。

●● 用上述方法逐步完成各级踢面与踏面的投影，相邻两扇形踏面的分界线，即为上一级踢面的积聚投影，通过其长度确定踢面矩形宽。踏面在V面的投影均为水平线，水平线的长度决定于每一级扇形踏面的最左点（小圆柱上）和最右点（大圆柱上）。其作图过程详见图7-31（d）。

● 画螺旋楼梯板底面的投影

梯板底面也是螺旋面，它的形状和大小与梯级的螺旋面完全相同，是互相平行的两平螺旋面，只是两平螺旋面之间相距一个梯板沿竖直方向的厚度，为简化作图，设定楼梯板竖向高度等于踏步高（$h/12$）。具体作法是：将原来的两条螺旋线上的各点均向下降楼梯板竖向高度，即又分别产生两条螺旋线，详细作图如图7-31（e）所示。

• 区分可见性，完成投影图

为了加强直观性，应在可见的柱面上画柱面的素线，在可见的螺旋面上画上平螺旋面的素线，如图7-31（f）所示。

7.2.2　曲线面

1. 曲线回转面的形成

由任一母线绕一轴线回转而形成的曲面称为回转面。当母线为直线时形成的回转面为直线回转面（圆锥面、圆柱面）。

当母线为曲线时形成的回转面为曲线回转面，最常见的曲线回转面有球面、环面等。球面的母线为半圆，绕其本身的直径（轴）旋转而形成球面。环面的母线为圆，绕其圆外一轴线旋转而形成环面。

图7-32（a）所示回转面是以平面曲线 $ABCD$ 为母线，以 OO 为轴线，回转时曲线两端点 A、D 形成曲面的顶圆和底圆，曲线上距离轴最近的点 B 和最远的点 C 形成的圆为最小圆（喉圆）和最大圆（赤道圆）。

曲线回转面的特点：母线上任意一点的运动轨迹是一个垂直于回转轴的圆，称之为纬圆或纬线。

2. 曲线回转面的表示方法及表面取点线

在投影图中表示曲线回转面，通常要画出轴线的投影，母线端点形成其纬圆的投影，以及轮廓线的投影。

图7-32（b）所示为曲线回转面的投影图。在正面投影中 $o'o'$ 为轴线的投影，母线端点 A 和 D 形成的水平纬圆的正面投影为垂直于轴 $o'o'$ 的水平线，两条对称的曲线为处于最左和最右轮廓线的投影。在水平投影中，应画出母线端点 A 和 D 形成的同轴水平圆的投影，还应画赤道圆（外轮廓线）和喉圆（内轮廓线）的投影。

在曲线回转面上取点，只能取纬圆作辅助线，用纬圆作辅助线在曲面上定点的方法称为纬圆法。

图7-32（b）所示，在曲线回转面上，已知 K 的正面投影 k'，求其水平投影 k。根据 k' 点的位置，可知点 K 位于曲面右上部分，又因 k' 为不可见点，所以 K 在后半个曲面上。由于回转体轴线是铅垂线，所以曲线回转面上的纬圆为水平纬圆。水平纬圆的正面投影为一条垂直于 $O'O'$ 的水平线，故过 k' 作一水平线交外轮廓线于 l'，并作水平投影 l，以 ol 为半径作圆，由 k' 在纬圆上确定 k。由于 K 点所在纬圆半径大于顶圆半径，且点 K 在曲面上方所以 K 的水平投影 k 可见。

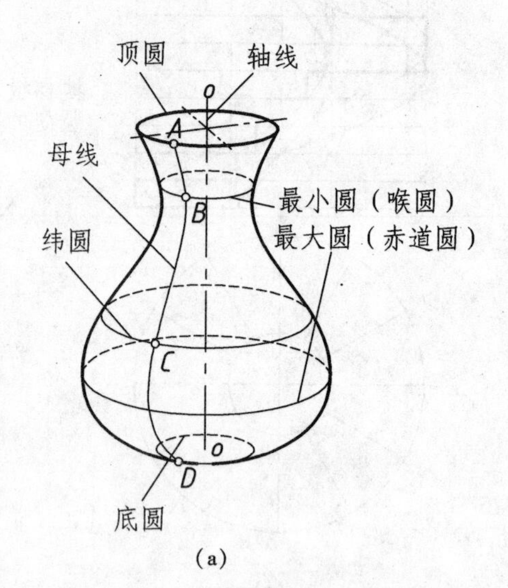

(a)

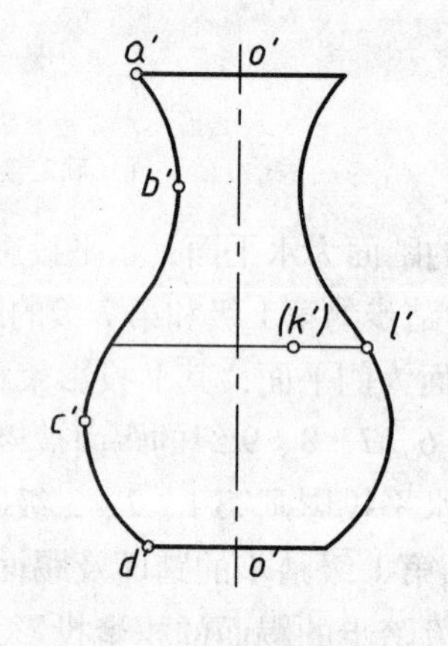

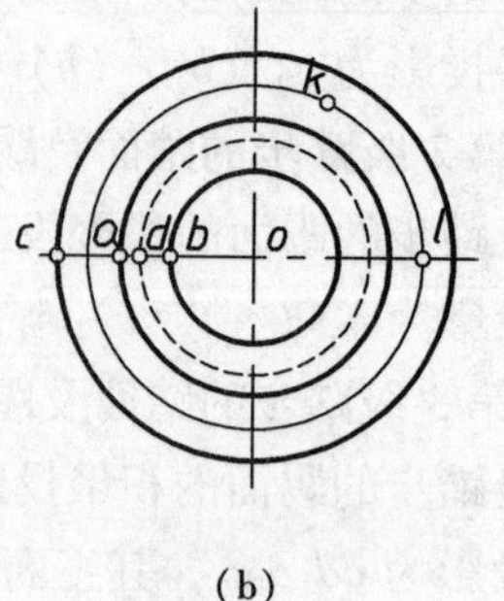

(b)

图7-32　曲线回转面

纬圆法定点线的方法也适用于直线回转面，以及斜圆锥面和斜圆柱面。纬圆法定点线的作图将在曲面体一章中详述。

第8章

立体的投影

本章主要讲述平面立体和曲面立体的投影特性、作图方法及表面上作点、作线，为后续的平面截切立体和立体与立体相交作铺垫。

任何复杂的零件都可以视为由若干基本几何体经过叠加、切割以及相交等方式形成。按照基本几何体表面性质可将其分为两大类:（1）平面立体：这是由若干个平面所围成的几何形体，如棱柱体、棱锥体等。（2）曲面立体：这是由曲面或曲面和平面所围成的几何形体，如圆柱体、圆锥体、圆球体等。

8.1　平面立体投影及可见性

8.1.1　平面立体的投影

由于平面立体是由顶点、棱线及棱面组成的，因此，平面立体的投影是点、直线和平面投影的集合。

绘制平面立体的投影图，可归结为绘制围成平面立体的所有多边形的棱线和所有顶点的投影。投影时，将平面立体看作是不透明的。投影图中，可见的线段用粗实线表示，不可见的棱线用虚线表示，以区分其可见性；所有投影的边缘轮廓线是可见的，用粗实线画出。

投影时，改变物体与三个投影面之间的距离，并不改变三个投影之间的投影关系。即立体投影的形状以及投影之间的关系与轴无关，所以实用图样不画投影轴。

8.1.2　平面立体投影作图

已知：图 8-1（a）所示为斜三棱柱的不完整两面投影图，根据其位置关系，完成两面投影图中线段的可见性。

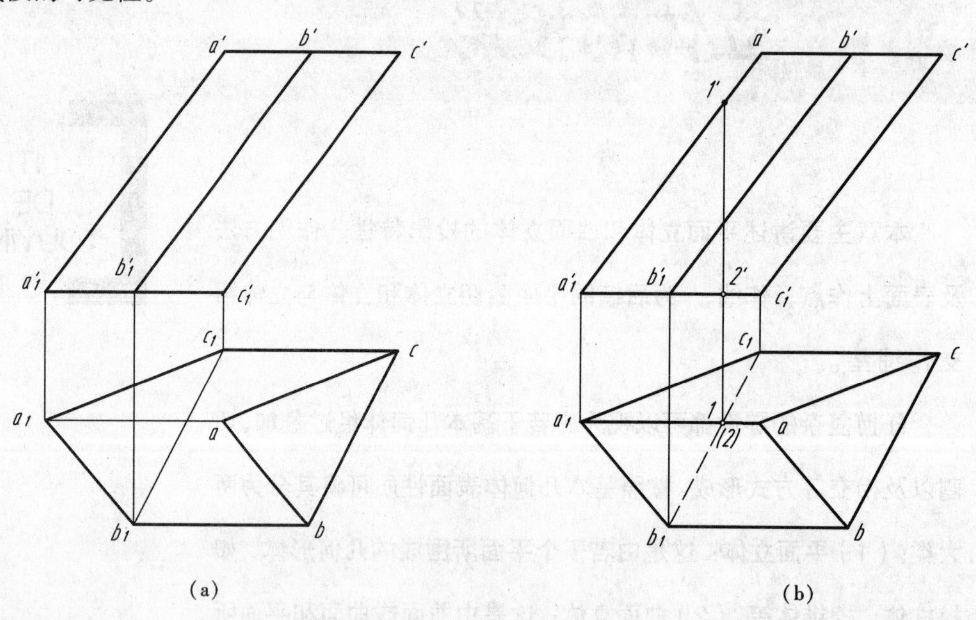

(a)　(b)

图 8-1　斜三棱柱投影

分析：

根据平面立体的投影性质做图（图 8-1a、b）。

作图：

• 因投影的外形轮廓线总是可见的，故两面投影中主要判别外形轮廓内部各图线的可见性，即是否可见；

• 水平面投影中，面 ABC 为水平面，所以在水平面上的投影反映实形，且可见；所以，从 B 点出发的棱线 AA_1 也可见；

• 对于水平投影面内，B_1C_1 的可见性，可以利用重影点的方法进行判定，判定结果如图所示，即不可见。

8.1.3　平面立体投影可见性判定

由于平面立体的投影实际上是由棱线的投影表示的，故平面立体表面在投影时的可见性是由其棱线投影的可见性来确定的。棱线投影的可见性确定以后，则棱面的可见性根据与棱线关联性可以确定，如图 8-2（a）、(b)、(c) 所示。

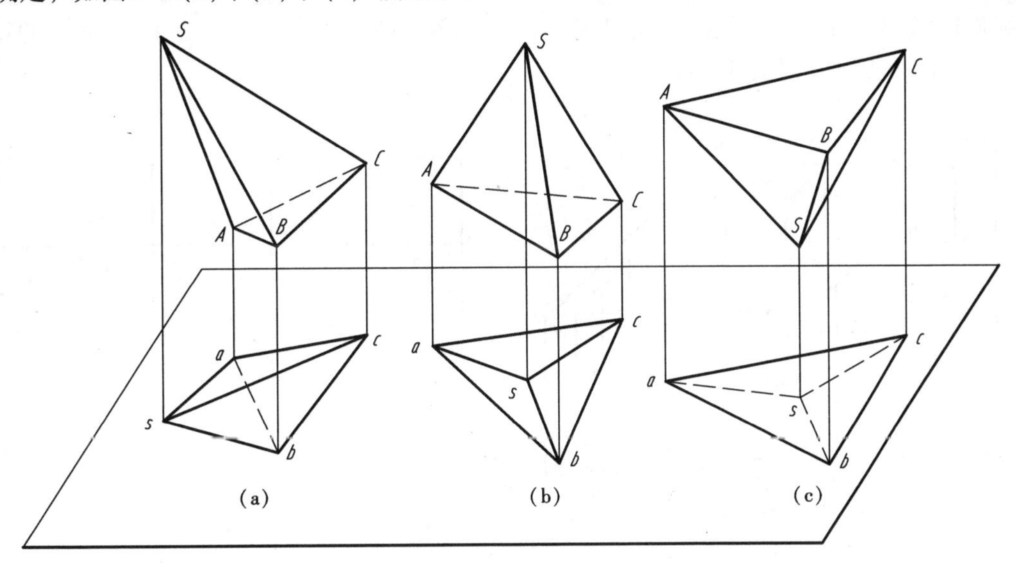

图 8-2　平面立体投影可见性

8.2　平面立体及其表面上的点与直线

平面立体的各表面均为平面多边形，它们都是由直线段（棱线）围成，而每一棱线都是由其两端点（顶点）所确定，因此，绘制平面立体的投影，实质上就是绘制平面立体各多边形表面，也即绘制其各棱线各顶点的投影。在平面立体的投影图中，可见棱线用实线表示，不可见棱线用虚线表示，以区分可见表面和不可见表面。

8.2.1　棱柱

1. 棱柱的投影

棱柱可以由一个平面多边形沿某一不与其平行的直线移动一段距离（拉伸）形成。由原平面多边形形成的两个相互平行的面称为底面，其余各面称为侧面。相邻两侧面交线称为侧棱线，各侧棱相互平行且相等。侧棱垂直于底面的称为直棱柱；侧棱与底面斜交的称为斜棱柱。

棱柱投影特性分析（以铅垂放置的正六棱柱为例），如图 8-3 所示为一铅垂放置正六棱柱，其投影特性为：

（1）棱柱的顶面和底面均为水平面，其水平投影反映实形，在正面及侧面投影积聚成一直线；

（2）前后棱面为正平面，它们的正面投影反映实形，水平投影及侧面投影积聚为一直线；

（3）棱柱的其他四个侧棱面均为铅垂面，水平投影积聚为直线，正面投影和侧面投影均为类似形；

（4）棱线为铅垂线，水平投影积聚为一点，正面投影和侧面投影均反映实长；

（5）棱线为侧垂线或水平线，侧面投影积聚为一点或是类似形，水平投影均反映实长，侧垂线正面投影亦反映实长。

2. 棱柱表面上取点

平面立体由若干平面构成，在其表面上取点、取线的方法与在平面上取点、取线的方法相同，一般用辅助线法。

若正棱柱的各个表面都处于特殊位置，因此在表面上取点可利用积聚性原理作图。

例 8-1　如图 8-4（a）所示，为正六棱柱的三视图。已知棱柱体表面上 A，B 两点的正面投影，求其另两个投影并判别可见性。

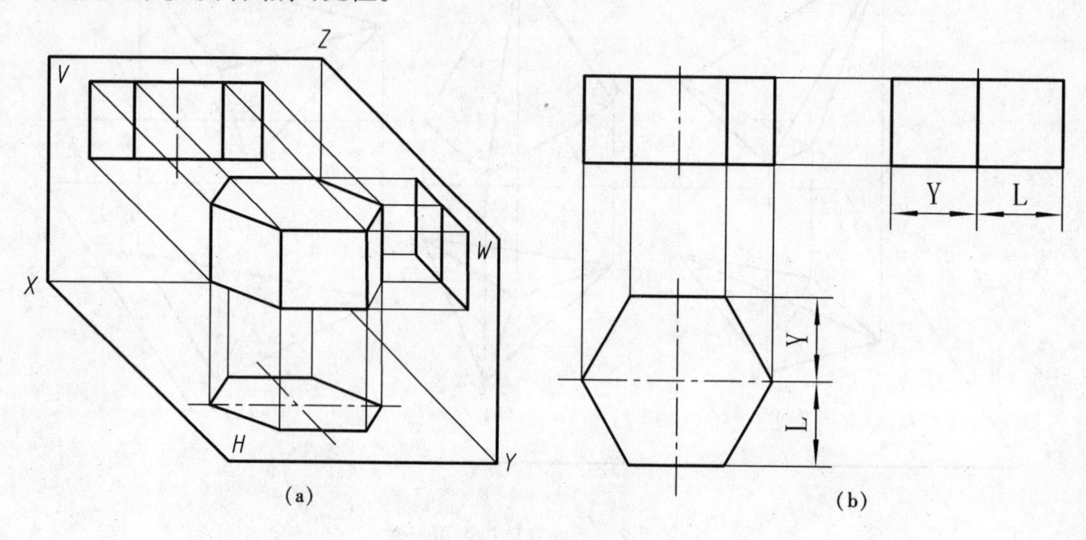

图 8-3　六棱柱的三视图

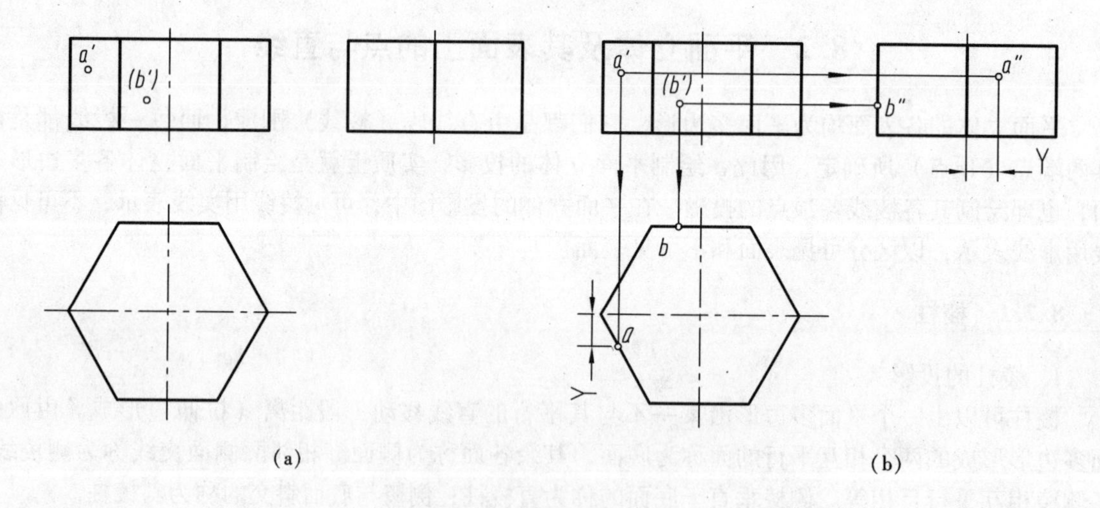

图 8-4　六棱柱体表面上取点

分析：

由图 8-4（a）可知，点 A 位于左前棱面上，该棱面在俯视图上积聚成一条直线，点 A 的水平投影 a 也应位于该直线上，求出 a 后，可根据“三等”关系求得 a''。

因 b' 不可见，所以点 B 位于后棱面上，该棱面在俯视图上积聚成一条直线，点 B 的水平投影 a 也应位于该直线上，求出 b 后，可根据“三等”关系求得 b''。

判别可见性的原则为：若点所在的面的投影可见（或有积聚性），则点的投影亦可见。

作图：

- 由 a' 向 H 面作投影连线与左前棱面的水平投影相交求得 a，由 a、a' 按“三等”关系求得

a''，如图 8-4（b）所示；

- 由 b'向 H 面作投影连线与后棱面的水平投影相交求得 b，由 b、b'按“三等”关系求得 b''，如图 8-4（b）所示；
- 判别可见性：

由于点 A 位于左前棱面上，故 a'、a''均可见；

同理，根据点 B 的位置可求出 b'、b''，并可确定它们都是可见的。

8.2.2　棱锥

1. 棱锥的投影

由一个平面多边形沿某一不与其平行的直线移动，同时各边按相同比例线性缩小（或放大）而形成的立体（线性变截面拉伸）。

产生棱锥的平面多边形称为底面，其余各平面称为侧面，侧面交线称为侧棱。

特点是所有侧棱相交于一点——锥顶。

棱锥的底面平行于水平面，其水平投影反映实形，在正面及侧面投影积聚成一直线。

因有一底边为侧垂线，所以其后侧面在左视图上积聚成直线；另两个底边为水平线。

另外两个棱面是倾斜面，它们的各个投影为类似形。其交线棱线为侧平线；另两棱线为一般位置直线。

如图 8-5（a）所示，正三棱锥的底面 ABC 为水平面，俯视图反映实形。后侧面 SAC 是侧垂面，在左视图上有积聚性；左、右两侧面 SAB，SBC 为一般位置平面。

作图（图 8-5b）：

- 画出反映底面 ABC 实形的水平投影及有积聚性的正面、侧面投影；
- 确定顶点 S 的三面投影；
- 分别连接顶点 S 与底面各顶点的同名投影从而画出各侧棱线的投影。

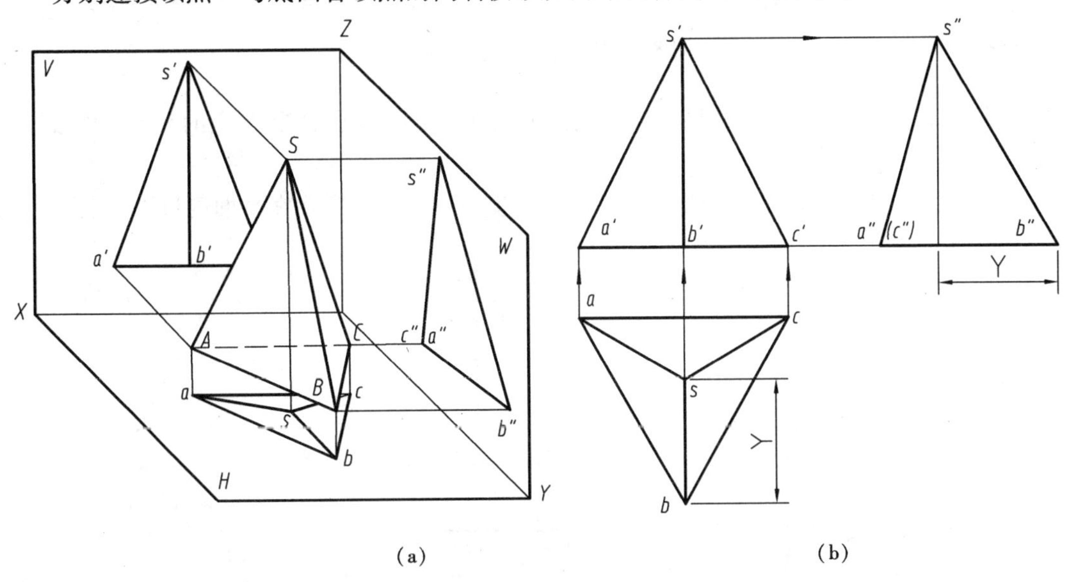

图 8-5　棱锥的三视图

2. 棱锥表面上取点

棱锥表面上取点有两种方法实现，即可采用两种方法来做辅助线：

(1) 过平面内两点作直线；

（2）过平面内一点作平面内已知直线的平行线。

例 8-2 如图 8-6（a）所示，已知棱锥表面上点 K 的正面投影，求 K 点的其余二面投影。

分析：

由图 8-6（a）可知，点 K 位于一般位置的侧棱面 SAB，需要在平面内过已知点作一辅助线，然后再在辅助线的投影上确定点的未知投影。

作图：

- 如图 8-6（b）所示，过点 K 的正面投影 k'，作辅助线 SD 的正面投影 $s'd'$；
- 求出 SD 的水平投影 sd，并在其上确定点 K 的水平投影 k；
- 按“三等”关系由 k、k'，求得 k''；
- 判别可见性：

由于侧棱面 SAB 的水平投影和侧面投影均是可见的，故 k、k''均可见。

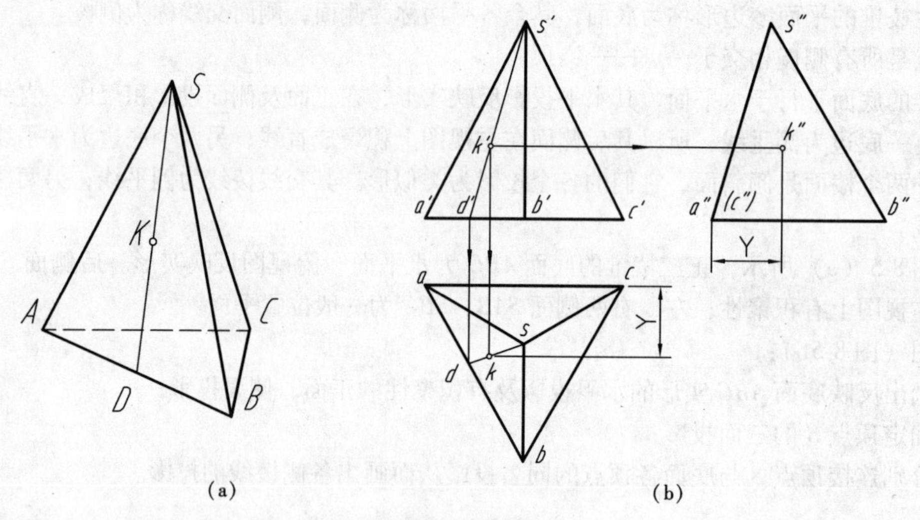

图 8-6 棱锥表面上取点（一）

例 8-3 如图 8-7（a）所示，已知棱锥表面上点 N 的正面投影，求 N 点的其余二面投影。

分析：

由图 8-7（a）可知，点 N 位于处于一般位置的侧棱面 SBC，需要在平面内过已知点作一辅助

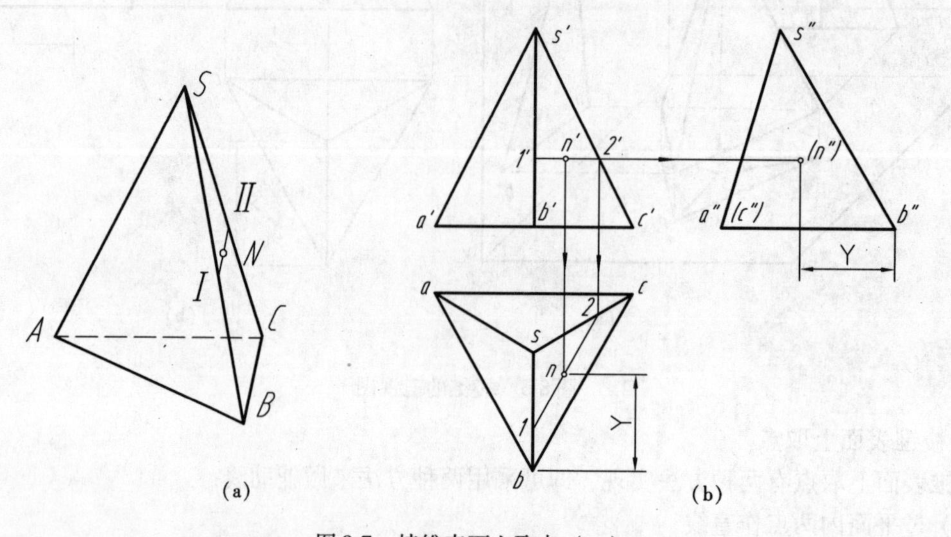

图 8-7 棱锥表面上取点（二）

线——即过平面内一点作平面内已知直线的平行线，然后再在辅助线的投影上确定点的未知投影。

作图（图8-7b）：

- 过点 N 的正面投影 n'，作辅助线ⅠⅡ的正面投影 $1'2'$ 与棱线 BC 的正面投影 $b'c'$ 平行；
- 根据平行性，求出ⅠⅡ的水平投影并在其上确定点 N 的水平投影 n；
- 按“三等”关系由 n、n'，求得 n''；
- 判别可见性：

侧棱面 SBC 的水平投影可见，侧面投影不可见，故 n 可见，n'' 不可见。

8.3　回转体及其表面上的点和线

8.3.1　圆柱体

1. 圆柱体的形成

圆柱面是由一条直母线，绕与它平行的轴线旋转形成。图8-8（a）为圆柱体的形成示意图。圆柱面可看成由一条直线 AA_l 绕与它平行的轴线旋转而成。运动的直线 AA_l 称为母线。圆柱面上与轴线平行的直线称为圆柱面的素线。

2. 圆柱体的投影

如图8-8（b）、（c）所示，直立圆柱的上顶、下底是水平面，其在 V 和 W 面投影积聚为一直线，水平投影为圆（反映实形）。

由于圆柱体的轴线垂直于 H 面，圆柱面的所有素线都垂直于 H 面，故其水平投影为圆，具有积聚性。圆柱面的 V，W 投影为同样大小的矩形，两面投影轮廓线为圆柱面上最左、最右、最前、最后轮廓素线的投影。

作图（图8-8c）：

- 画俯视图的中心线及轴线的正面和侧面投影；
- 画投影为圆的俯视图；
- 按圆柱体的高，并根据“三等”关系画出另两个视图；
- 轮廓线的投影分析及圆柱面可见性的判断：

由图8-8（b）、（c）可见，主视图上的轮廓线 $a'a'_1$ 和 $c'c'_1$ 是圆柱面上最左、最右两条素线 AA_1、CC_1 的投影。在左视图上，AA_1 和 CC_1 的投影与轴线的投影重合。同时 AA_1 和 CC_1 又是圆柱面前半部分与后半部分的分界线，因此在主视图上，以 AA_1 和 BB_1 为界，前半个圆柱面可见，后半个圆柱面不可见。

左视图的轮廓线 $b'b'_1$、$d'd'_1$ 是圆柱面最前、最后两条素线 BB_1、DD_1 的投影，BB_1、DD_1 的正面投影也与轴线的投影重合。BB_1、DD_1 又是圆柱面左半部分与右半部分的分界线，因此在左视图上，以 BB_1 和 DD_1 为界，左半个圆柱面可见，右半个圆柱面不可见。

3. 圆柱体表面上取点

在曲面立体表面取点和取线，是利用曲面的积聚性或在曲面上作辅助线（直素线或纬圆）作图。

例8-4　如图8-9（a）所示，已知圆柱体表面上点 M、N 的正面投影，求点 M、N 的其余二面投影。

分析：

由点 M 的正面投影的位置及可见性可知，点 M 位于后半个圆柱面的左侧。由点 N 的正面投

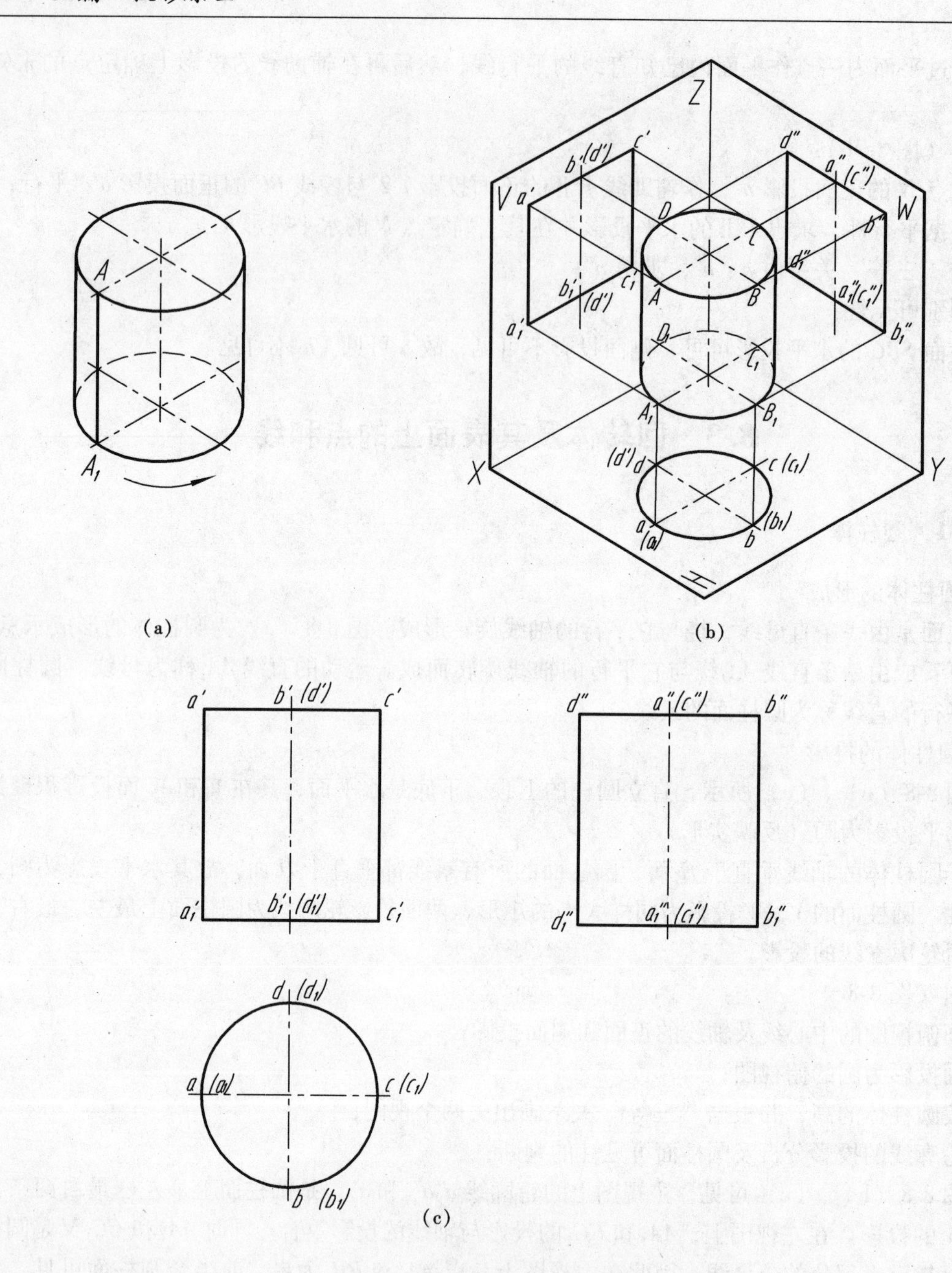

图 8-8　圆柱体的形成及其投影

影的位置及可见性可知，点 N 位于前半个圆柱面的右侧。

作图（图 8-9b）：

● 利用圆柱面的水平投影的积聚性由 m'，求出 M 点的水平投影 m，再利用“三等”关系求得 m''；

● 利用圆柱面的水平投影的积聚性由 n'，求出 N 点的水平投影 n，再利用“三等”关系求得 n''；

● 判别可见性：

由上面分析的点 M 和点 N 的位置可判断出，n''不可见，其余均可见。

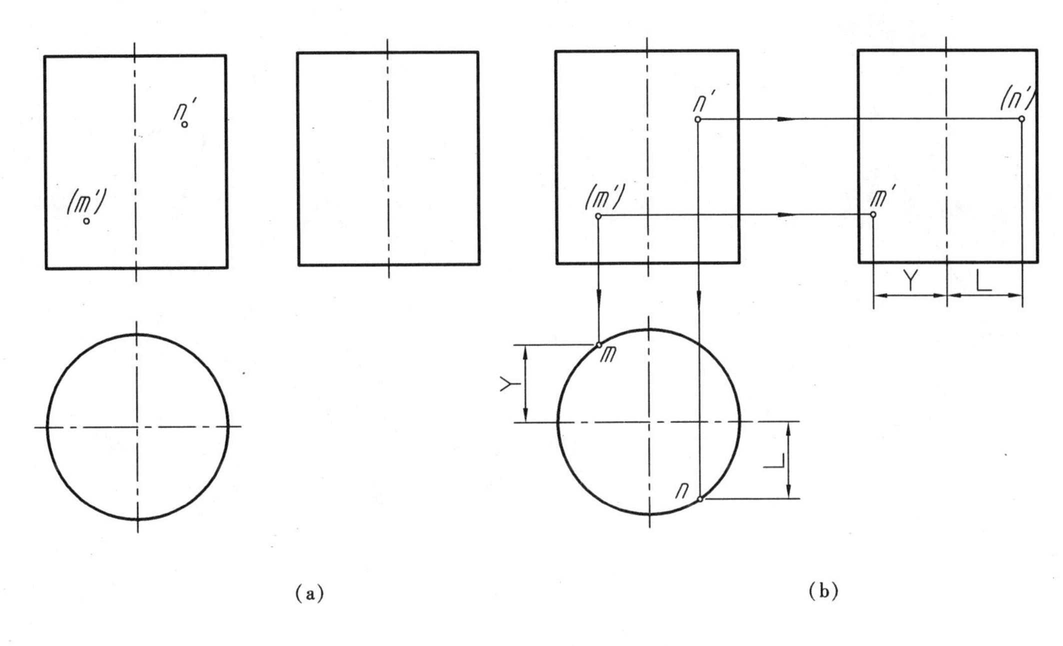

图 8-9　圆柱体表面上取点

8.3.2　圆锥体

1. 圆锥体的形成

圆锥面是由一条直母线 *SA*，绕与它相交的轴线旋转形成的。它是由圆锥面和底面（圆形平面）组成。如图 8-10（a）所示，直线 *SA* 绕与它相交的轴线旋转形成圆锥面。运动的直线 *SA* 叫做母线，圆锥面上过锥顶 *S* 的任一直线称为圆锥面的素线。

2. 圆锥体的投影

如图 8-10（b）、（c）所示，当圆锥体的轴线垂直于 *H* 面时，它的 *V* 和 *W* 投影为同样大小的等腰三角形线框。下底面为水平面，其 *H* 投影反映实形。

V 面投影 $s'a'$ 、$s'c'$ 分别为最左、最右两条轮廓线 *SA* 和 *SC* 的投影，它们的 *W* 面投影与轴线重合。左视图 $s''b''$ 和 $s''d''$ 分别为圆锥面的最前、最后两条转向轮廓线 *SB* 和 *SD* 的投影，它们的 *V* 面投影与轴线重合。

作图（图 8-10c）：

- 画俯视图的中心线及轴线的正面、侧面投影；
- 画俯视图的圆；
- 按圆锥体的高确定顶点 *S* 的投影并按“三等”关系画出另两个视图。

3. 圆锥体表面上取点

在圆锥面上取点，可利用作辅助线——素线法或纬圆法两种方法，如图 8-11（c）、（d）所示。

例 8-5　已知圆锥面上点 *K* 的正面投影，求点 *K* 的其余二面投影。

（1）解法一：利用素线法求解

分析：

如图 8-11（b）所示，过锥顶 *S* 和点 *K* 在圆锥面上作一条素线 *ST*，以 *ST* 作为辅助线求点 *K* 的另两个投影。

作图（图 8-11 c）：

- 在主视图上，连接 s'、k' 与底边交于 t'；

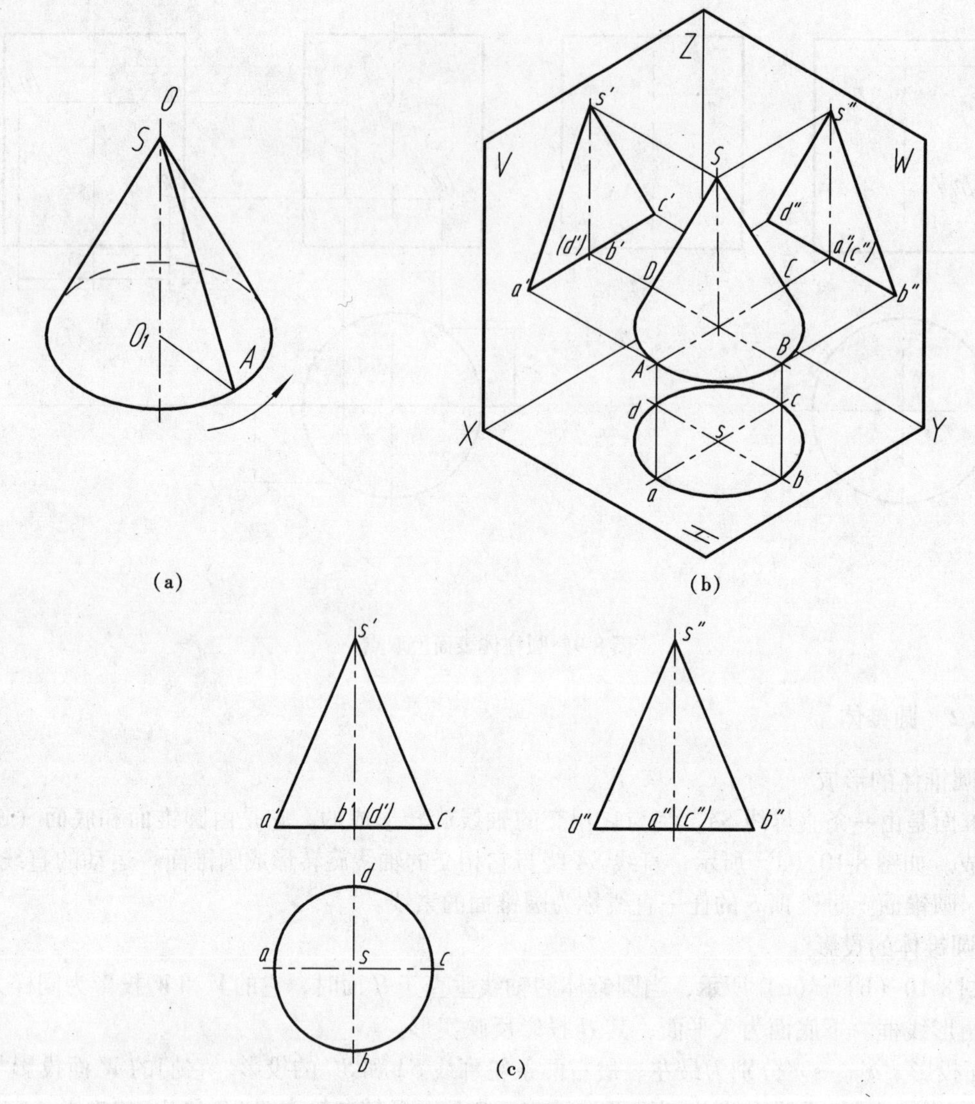

图 8-10　圆锥体的形成及三视图

• 求 ST 的水平投影 st，并在 st 上确定点 K 的水平投影 k；
• 利用“三等”关系求得 k''；
• 判别可见性：
由于点 K 位于前半个圆锥面的左半部分，故 k、k''均可见。
（2）利用纬圆法求解
分析：
如图 8-11（b）、（d）所示，过 K 在圆锥面上作一与底面平行的圆，该圆的水平投影为底面投影的同心圆，正面投影和侧面投影积聚为直线。
作图（图 8-11d）：
• 过 k'作直线 $k'b'$，并平行于底面的正面投影（即辅助圆的正面投影）；
• 做辅助圆的水平投影并在其上确定点 K 的水平投影 k；
• 利用“三等”关系求得 k'；
• 判别可见性：
由于点 K 位于前半个圆锥面的左半部分，故 k、k''均可见。

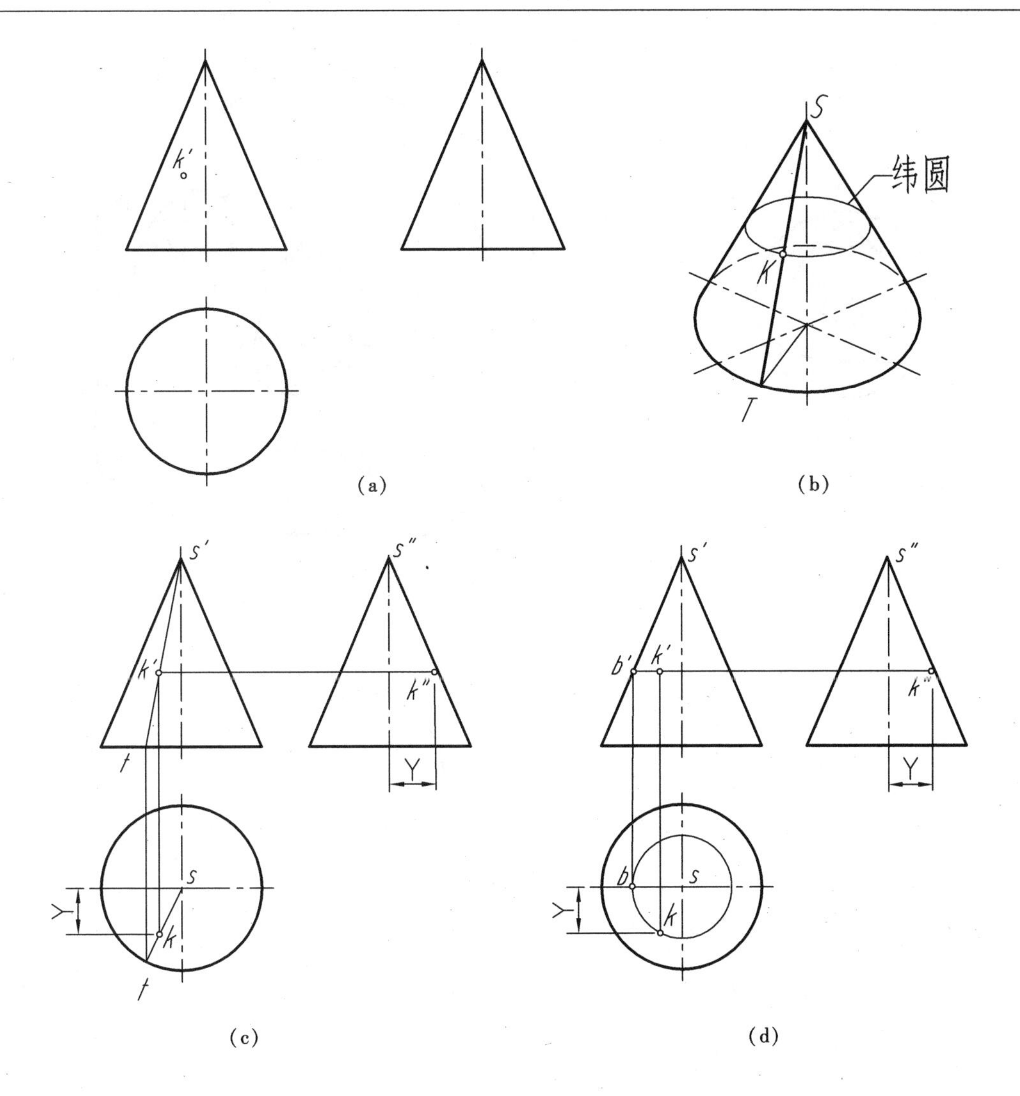

图 8-11　圆锥体表面上取点
（a）已知；（b）分析；（c）素线法；（d）纬圆法

8.3.3　圆球体

1. 圆球体的形成

圆球面是由一圆母线，以它的直径为回转轴旋转形成的，如图 8-12（a）所示。圆球的三个视图分别为三个和圆球直径相等的圆，它是圆球三个方向转向轮廓线（即三个不同方向的最大圆）的投影。圆球在平行于 H、V，W 三个方向的最大圆分别把球面分为上、下，前、后，左、右两部分。圆球体的形成和立体三视图如图 8-12（a）所示。

2. 圆球体的投影

水平最大圆 A 在 H 面投影为圆，在 V、W 面投影分别积聚为一直线，并与水平对称中心线重合（但不画出）；平行 V 面最大圆 B 在 V 面投影为圆，在 H、W 面投影分别积聚为一直线，都分别平行于 X 轴和平行于 Z 轴；W 面最大圆 C 也有类似的情况。

在主视图中，前半球为可见，后半球为不可见；在俯视图中，上半球为可见，下半球为不可见；在左视图中，左半球为可见，右半球为不可见。

3. 圆球体表面上取点

在圆球面上取点只能采用辅助圆法。

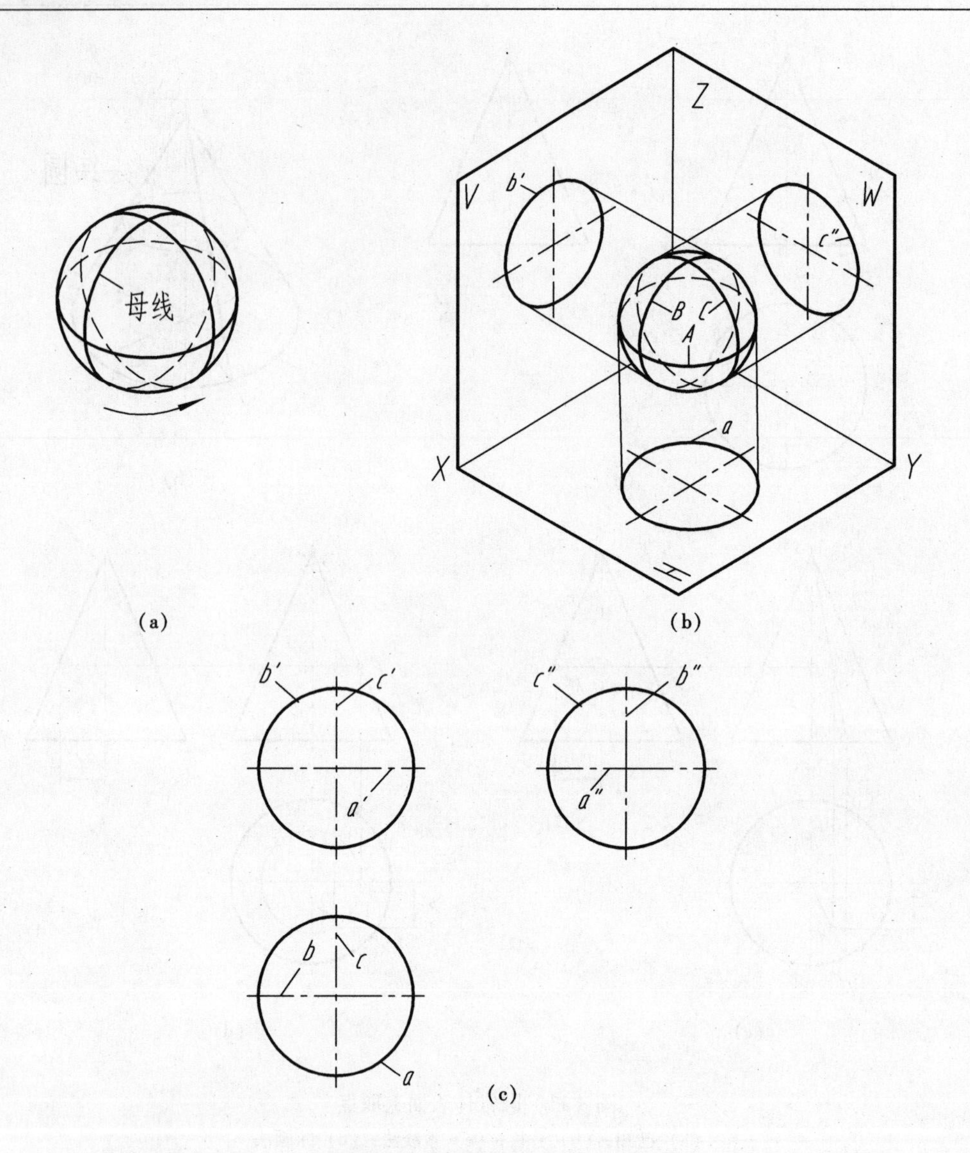

图 8-12　圆球体的形成及三视图

例 8-6　如图 8-13 所示，已知球面上点 *D* 的正面投影 d'，求点 *D* 的其余二投影。

分析：

过点 *D* 在球面上作一水平圆，该圆的水平投影为圆，正面投影和侧面投影积聚成直线，求出圆的三个投影后，即可用线上找点的方法求得 d，d''。

作图：

其作图过程参见图 8-13。

• 在正面投影上，过 d' 作一辅助的水平截平面，则其与球面的截交线为水平圆，在水平投影面上反映实形；

• 在水平投影面上，画出反映实形截交线圆，并过 d' 向 *X* 轴作投影连线，与圆相交与点 d，即为 *D* 点的水平投影；

• 根据“二求三”，可得 d''；

• 判别可见性：

由已知投影 d' 的位置及可见性可判断出点 *D* 位于上半球的前方及右方，故 d 可见，d'' 不可见。

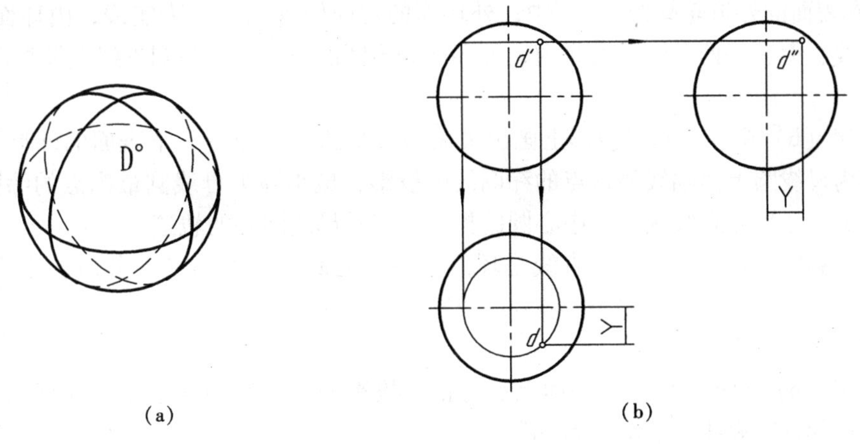

图 8-13　圆球体表面上取点

8.3.4　圆环体

1. 圆环体的形成

圆环体由圆环面围成。

圆环面是由一圆母线，绕与它共面，但不过圆心的轴线旋转形成的。

2. 圆环体的投影

如图 8-14（a）所示为一个轴线垂直于水平面的圆环的三面投影的立体图。

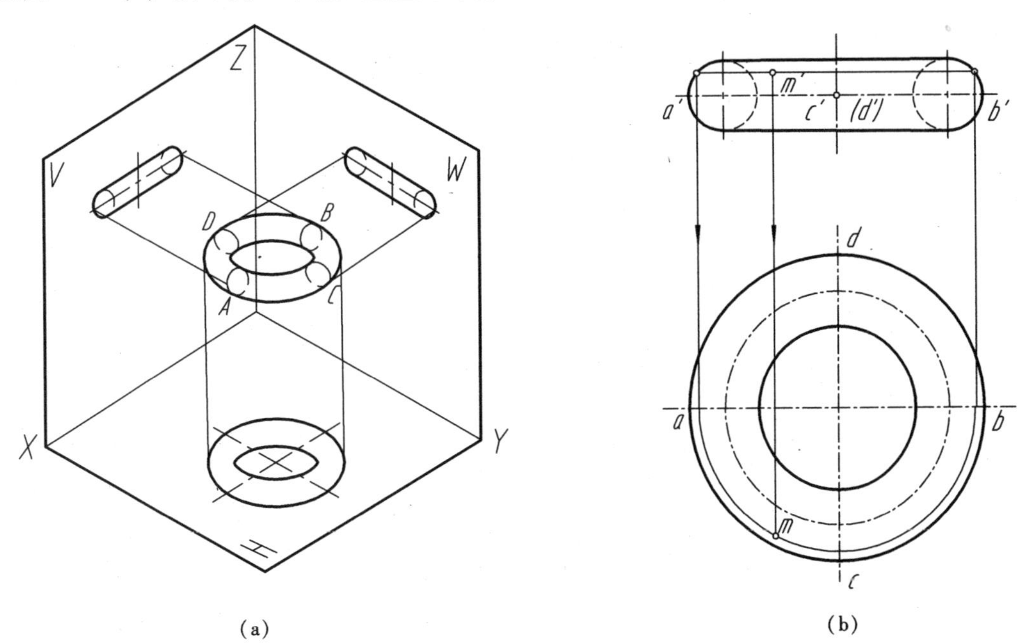

图 8-14　圆环体的投影

在图 8-14（b）中，在正面投影上左、右两圆是圆环面上平行于 V 面的 A、B 两圆的投影（区分前后表面的外形轮廓线）；其中，外环面的转向轮廓线半圆为实线，内环面的转向轮廓线半圆为虚线，上、下两条水平线是内、外环面分界圆的投影，也是圆母线上最高点和最低点纬圆线的投影。

在图 8-14（b）中，在侧面投影上，左、右两圆是圆环面上平行于 W 面的 C、D 两圆的投影

（区分左、右表面的外形轮廓线）；其中，外环面的转向轮廓线半圆为实线，内环面的转向轮廓线半圆为虚线，上、下两条水平线是内、外环面分界圆的投影，也是圆母线上最高点和最低点的纬线的投影。

在图8-14（b）中，在水平投影上画出最大和最小圆（区分上、下表面的外形轮廓线），其中，最大圆为母线圆上离轴线最远点的纬圆线的投影，最小圆为母线圆最内点的纬圆线的投影，在水平投影面上还用点划线画出了中心圆的投影，表示母线圆心的轨迹。

正面投影和侧面投影上、下两直线是环面最高和最低圆的投影（区分内、外环面分界圆的投影）。

3. 圆环体表面上取点

如图8-14（b）所示，已知圆环面上点的正面投影 m'，可采用过点做平行于水平面的辅助圆，并根据点的投影规律，求出 m 和 m''。

第9章

直线、平面与立体相交

直线与立体相交、平面与立体相交是立体与立体相交的基础。由于平面和立体的不透明性，在进行直线与立体、平面与立体求交时，需进行贯穿点、相贯线的求解，并进行贯穿点、相贯线的可见性的判定。在本章主要掌握直线与立体相交时贯穿点的求解与可见性的判定，平面与立体相交时相贯线的求解与可见性的判定。

9.1　直线与平面立体相交

9.1.1　概念与性质

1. 概念

直线与平面立体相交可以认为是平面立体被直线所贯穿（图9-1）。

直线与平面立体表面的交点称为贯穿点。

2. 性质

贯穿点的成对性：一般情况下，贯穿点一般成对出现，其中一个为穿入点时，另一个即为穿出点。

贯穿点具有共有点：即在直线上，又在平面立体表面上。

贯穿点同时也是分界点。一部分在平面立体内部，其用双点划线表示；一部分在平面立体外部，用粗实线表示，同时要判别可见性。

9.1.2　作图方法

1. 利用几何元素的积聚性求贯穿点

若平面立体表面的投影具有积聚性，则可利用积聚性质直接求出直线与平面立体表面的交点。

若直线的投影具有积聚性，则贯穿点的一个投影已知，其余投影可利用平面立体表面上定点的方法求出。

2. 利用线面求交点的方法求贯穿点

若直线和平面立体表面的投影没有积聚性，则不能利用积聚性质直接求出直线与平面立体表面的交点。求贯穿点的方法可利用线面求交的方法定位求出。线面求交具体方法参考前面所学内容。

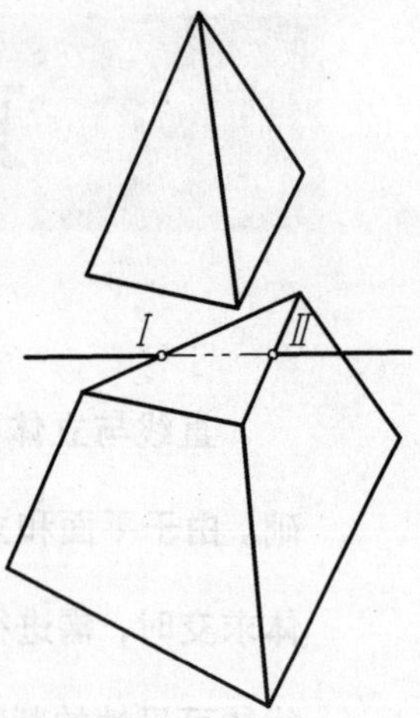

I　II

图9-1　直线与平面立体相交

9.1.3　作图举例

例9-1　求直线与四棱柱相交的贯穿点，如图9-2所示。

分析：

如图所示，因四棱柱具有积聚性，所以可以利用几何元素的积聚性的特殊性来求直线与四棱柱的贯穿点。

作图：

• 在水平投影中，因 *AB* 棱面具有积聚性，根据贯穿点的共有性，贯穿点即在直线上，又在立体表面上，所以空间贯穿点的水平投影即为 k，再根据从属性，可确定 k 的对应正面投影 k'；

• 在正面投影中，因 *ABCD* 顶面具有积聚性，根据贯穿点的共有性，贯穿点即在直线上，又在立体表面上，所以空间贯穿点的正面投影即为 l'；再根据从属性，可确定 l' 的对应水平投影 l，如图9-2（b）所示；

• 由于立体对直线的遮挡，所以需对贯穿点的可见性进行判定。此需根据贯穿点所在的立体棱面的可见性进行判定，如图9-2（b）所示；

• 完整视图：将直线的投影按投影特点补充完整，即将直线的投影分别划至贯穿点的位置，如图9-2（b）所示。

完整结果如图9-2（b）所示。

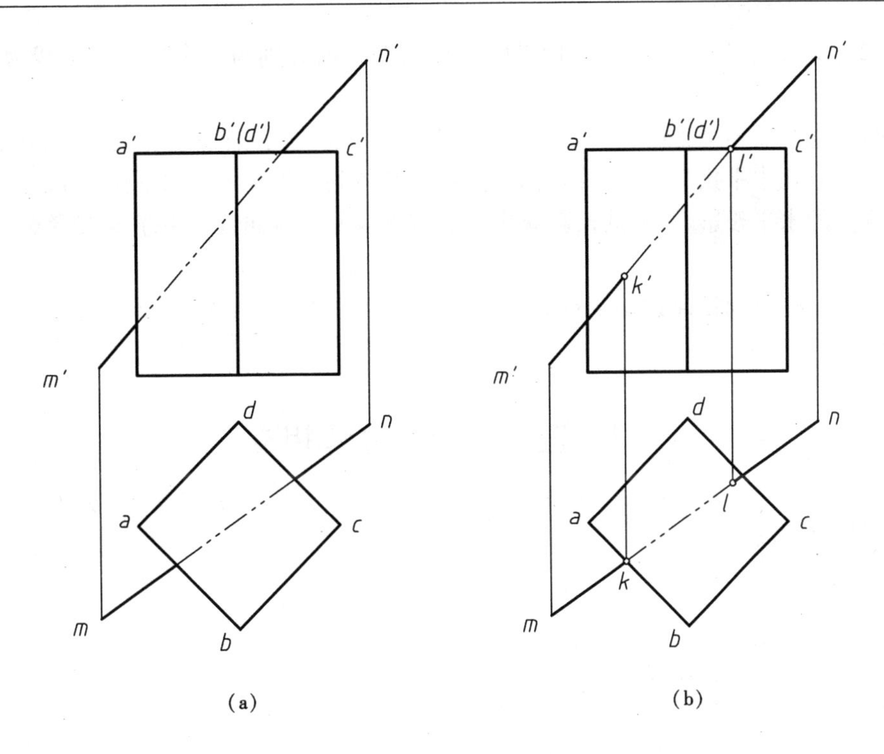

图 9-2 直线与四棱柱相交

例 9-2 求直线与三棱锥相交的贯穿点，如图 9-3 所示。

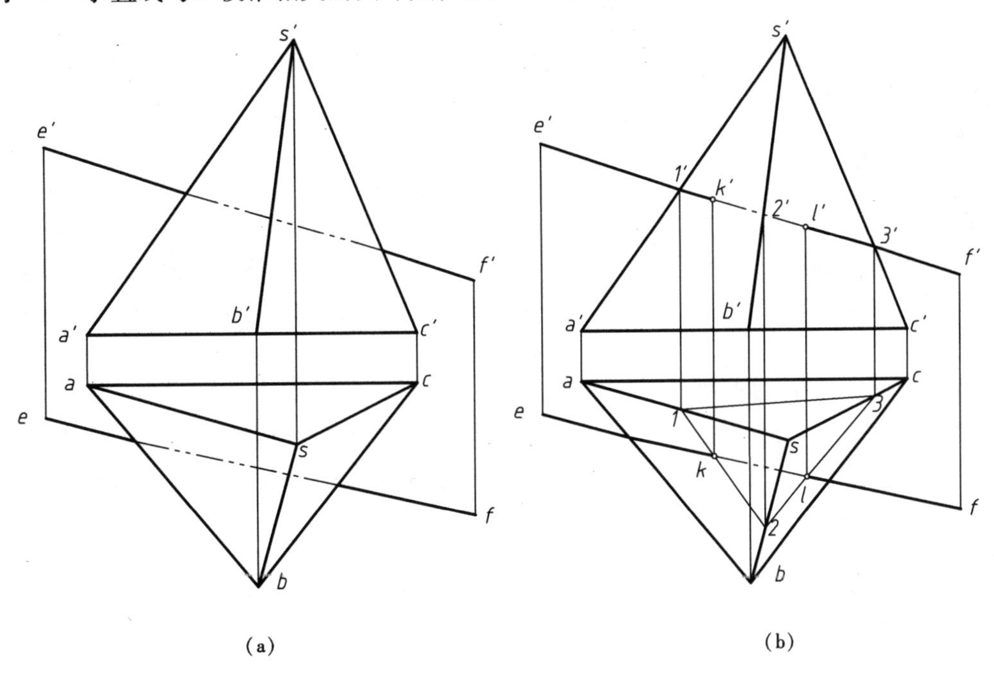

图 9-3 直线与三棱锥相交

分析：

如图 9-3 所示，因三棱柱没有积聚性，所以必须利用直线和一般位置面求交的方法求贯穿点。

作图（图 9-3b）：

- 包含直线 *EF* 做一辅助平面正垂面；
- 求出辅助平面与参与相交的各棱面的交线，如在正面投影中求得辅助平面分别与三个棱面的交线为1′2′、2′3′、3′1′，在水平投影中求得辅助平面分别与三个棱面的交线为12、23、31；

• 由于包含直线做辅助平面，所以贯穿点即在辅助平面与各棱面相交所得的交线上，又在直线的投影上。所以在水平投影中，直接由12和*ef*相交得到一贯穿点的水平投影*k*，由23和*ef*相交得到一贯穿点的水平投影*l*。根据投影规律核电在直线上的从属性，可求得贯穿点对的正面投影*k*′、*l*′；

• 补全投影：将直线各面投影按投影特点补充完整，即将直线的投影分别画至贯穿点的位置。

9.2 直线与曲面立体相交

9.2.1 概念与性质

1. 概念

直线与曲面立体相交可以认为是曲面立体被直线所贯穿。

直线与曲面立体表面的交点称为贯穿点。

2. 性质

贯穿点的成对性：一般情况下，贯穿点一般成对出现，其中一个为穿入点时，另一个即为穿出点。

贯穿点具有共有点：即在直线上，又在曲面立体表面上。

贯穿点同时也是分界点。一部分在曲面立体内部，用双点划线表示；一部分在立体外部，用粗实线表示，同时要判别可见性。

9.2.2 作图方法

1. 利用几何元素的积聚性求贯穿点

若曲面立体表面的投影具有积聚性，可利用积聚性质直接求出直线与曲面立体表面的交点。

若直线的投影具有积聚性，则贯穿点的一个投影已知，其余投影可利用曲面立体表面上定点的方法求出。

2. 利用曲面立体表面取点的方法求贯穿点

若直线和曲面立体表面的投影没有积聚性，则不能利用积聚性质直接求出直线与曲面立体表面的交点，则求贯穿点的方法用曲面立体表面取点的方法定位出。曲面立体表面取点的方法参考前面所学内容。

9.2.3 作图举例

例9-3 求直线与圆柱相交的贯穿点，如图9-4所示。

分析：

如图9-4（a）所示，因四棱柱具有积聚性，所以可以利用几何元素的积聚性的特殊性来求直线与四棱柱的贯穿点。

作图（图9-4b）：

• 由两面投影可知，直线在圆柱的顶面和圆柱面处与圆柱相交，则在水平投影中，因圆柱面具有积聚性，根据贯穿点的共有性，贯穿点即在直线上，又在圆柱表面上，所以空间贯穿点的水平投影即为*k*可直接求出；再根据从属性，可确定*k*的对应正面投影*k*′；

• 在正面投影中，因圆柱顶面具有积聚性，根据贯穿点的共有性，贯穿点即在直线上，又在立体表面上，所以空间贯穿点的正面投影 l' 可直接求出；再根据从属性：根据投影规律和从属性，可确定 l' 的对应水平投影 l；

• 由于曲面立体对直线的遮挡，所以需对贯穿点的可见性进行判定。此需根据贯穿点所在的立体棱面的可见性进行判定；

• 完整视图：将直线的投影按投影特点补充完整，即将直线的投影分别画至贯穿点的位置。

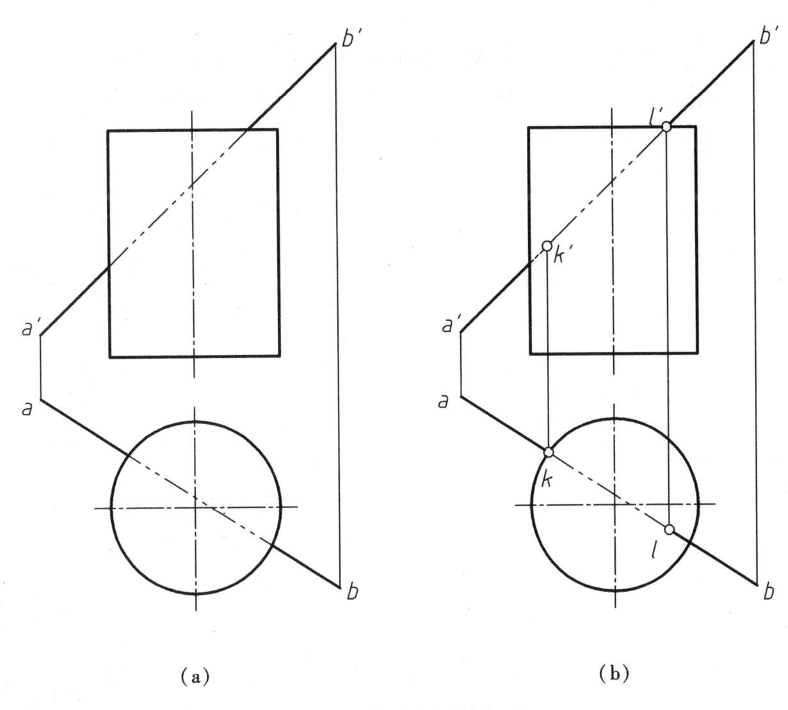

图 9-4 直线与圆柱相交

例 9-4 求特殊直线与圆锥相交的贯穿点，如图 9-5 所示。

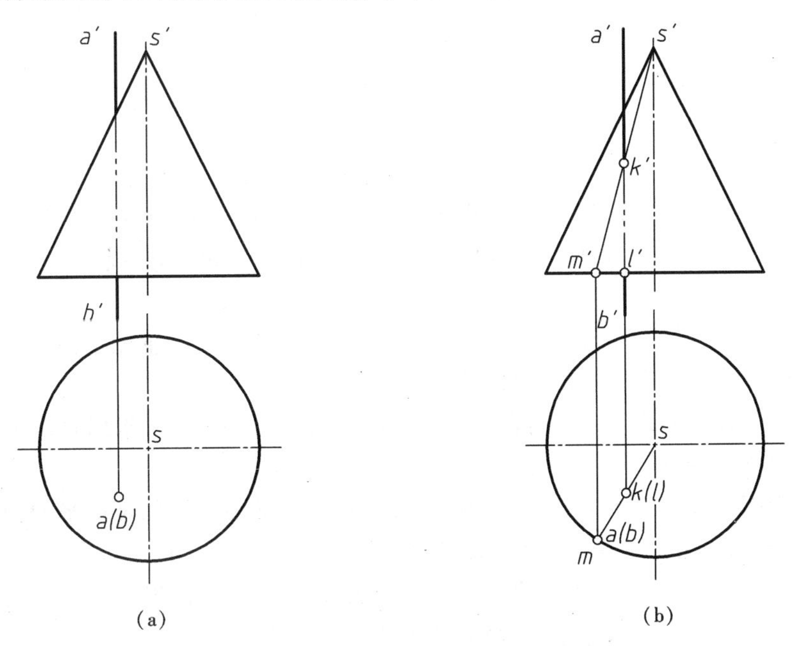

图 9-5 特殊直线与圆锥相交

分析：

如图9-5（a）所示，因直线具有积聚性，所以可以利用几何元素的积聚性的特殊性来求直线与圆锥的贯穿点。

作图（图9-5b）：

● 由两面投影可知，铅垂直线和圆锥的圆锥面和底面处贯穿。在水平投影中，直线的投影积聚为一点。则直线与圆椎底面的贯穿点可直接求出，另一贯穿点则利用圆锥表面取点的方法求出；

● 确定直线与圆锥表面的贯穿点。可利用在圆锥表面取点的方法-素线法或纬圆法求出；

● 完整视图：将直线的投影补充完整，即将直线的投影分别画至贯穿点的位置。

例9-5　求一般位置直线与圆锥相交的贯穿点；如图9-6所示。

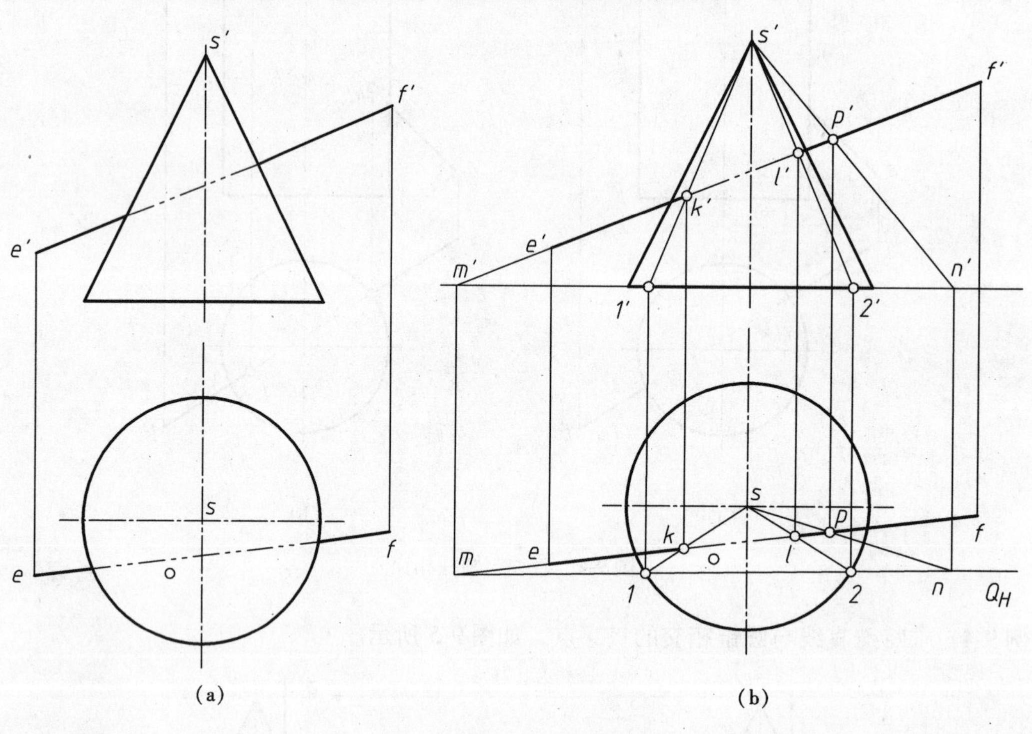

图9-6　一般直线与圆锥相交

分析：

如图9-6所示，因直线和圆锥都没有积聚性，所以必须利用辅助平面法确定一般位置直线和圆锥的贯穿点。一般所选取的辅助平面为其和立体表面相交得到的相交线为简单的直线或圆。

作图（图9-6b）：

● 为作图方便，选取过锥顶的包含直线 EF 的一般位置平面 Q 为辅助平面，其与 H 面的迹线为 QH。这样所截得的交线为过锥顶的两条素线；

● 在 EF 直线上任取一点 P，做出直线段 SP 的两面投影 sp、$s'p'$，求出直线 EF 和直线段 SP 所确定平面的水平迹线 QH；

● 利用水平迹线 QH 与圆锥底圆水平投影相交所得的ⅠⅡ点，做出辅助平面与圆锥表面相交所得的两条素线 SⅠ、SⅡ的水平投影和正面投影分别为 $s1$、$s2$ 和 $s'1'$、$s'2'$；

● 在正面投影中，利用两条素线的两面投影与直线的两面投影相交，直接确定出两贯穿点 K、L 的水平投影 k、l；再根据从属性，确定正面投影 k'、l'；

● 补全投影：将直线的投影按投影基本要求补充完整，即将直线的投影分别画至贯穿点的位置。

9.3　平面与平面立体相交

平面与平面立体相交，即用平面截取平面立体的一部分，或叫截切。

9.3.1　基本概念

1. 截平面

平面与平面立体相交，可以认为是平面立体被平面截切，因此该平面通常被称为截平面。

2. 截交线

截交线是截平面与平面立体表面的交线，它既在截平面上，又在平面立体的表面上，是截平面和平面立体表面的共有线，截交线上的任何一点都是共有点。所以求截交线的问题，可归结为求共有点的问题。

因为平面（截平面）与平面（平面立体表面）相交产生的交线都是直线，所以截交线是由直线围成的封闭图形。

3. 断面

由截交线围成的平面图形，称为断面。平面与平面立体相交的概念参考图9-7。

9.3.2　截交线的性质

1. 截交线既在截平面上，又在平面立体表面上，因此，截交线是截平面与平面立体表面的共有线。截交线上的点是截平面与平面立体表面的共有点。

2. 由于平面立体表面是封闭的，因此截交线必定是封闭的线条，截断面是封闭的平面图形。

3. 该平面封闭多边形，其形状取决于平面立体的形状及截平面在平面立体上的截切位置所决定，如图9-7所示。

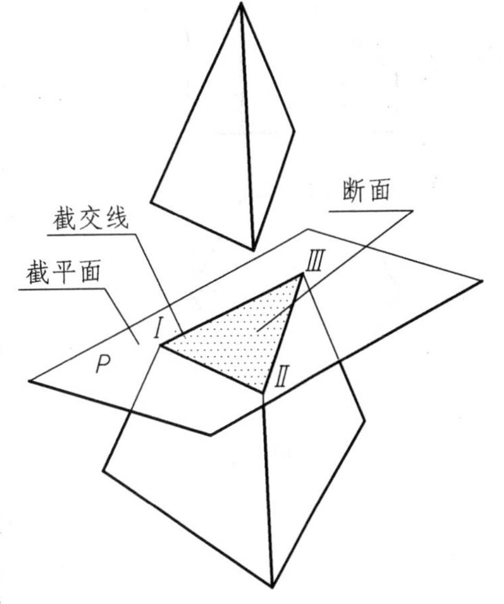

图9-7　截切概念示意图

9.3.3　作图方法

平面立体被截切后所得到的截交线，是由直线段组成的平面多边形。

此多边形的各边是参与相交的立体表面与截平面的交线。

而多边形的各顶点是参与相交的平面立体各棱线与截平面的交点。

截交线既在立体表面上，又在截平面上，所以它是平面立体表面和截平面的共有线。

截交线上的各顶点都是截平面与平面立体各棱线的共有点。

因此，求截交线实际上是求截平面与平面立体各棱线的交点，或求截平面与平面立体各表面的交线。

1. 求截交线的两种方法

棱线法：求各棱线与截平面的交点。

棱面法：求各棱面与截平面的交线。

2. 求截交线的步骤：

（1）空间及投影分析

截平面与平面立体的相对位置——确定截交线的形状。即截交线多边形的边数等于截平面截到的棱面数。

截平面与投影面的相对位置——确定截交线的投影特性。

(2) 求截交线

利用截平面与棱面相交或截平面与棱线相交，求截平面与平面立体的截交线。

(3) 判定可见性

要判定投影中截交线的可见性。可根据若某一投影中棱面可见，则此投影中棱面上的截交线可见。

(4) 补全各视图

进行截交线连线，并根据投影的基本要求，补全各个视图。

9.3.4　作图举例

例 9-6　如图 9-8 (a) 所示，铅垂的六棱柱被一正垂的平面截切，完成其另两面投影。

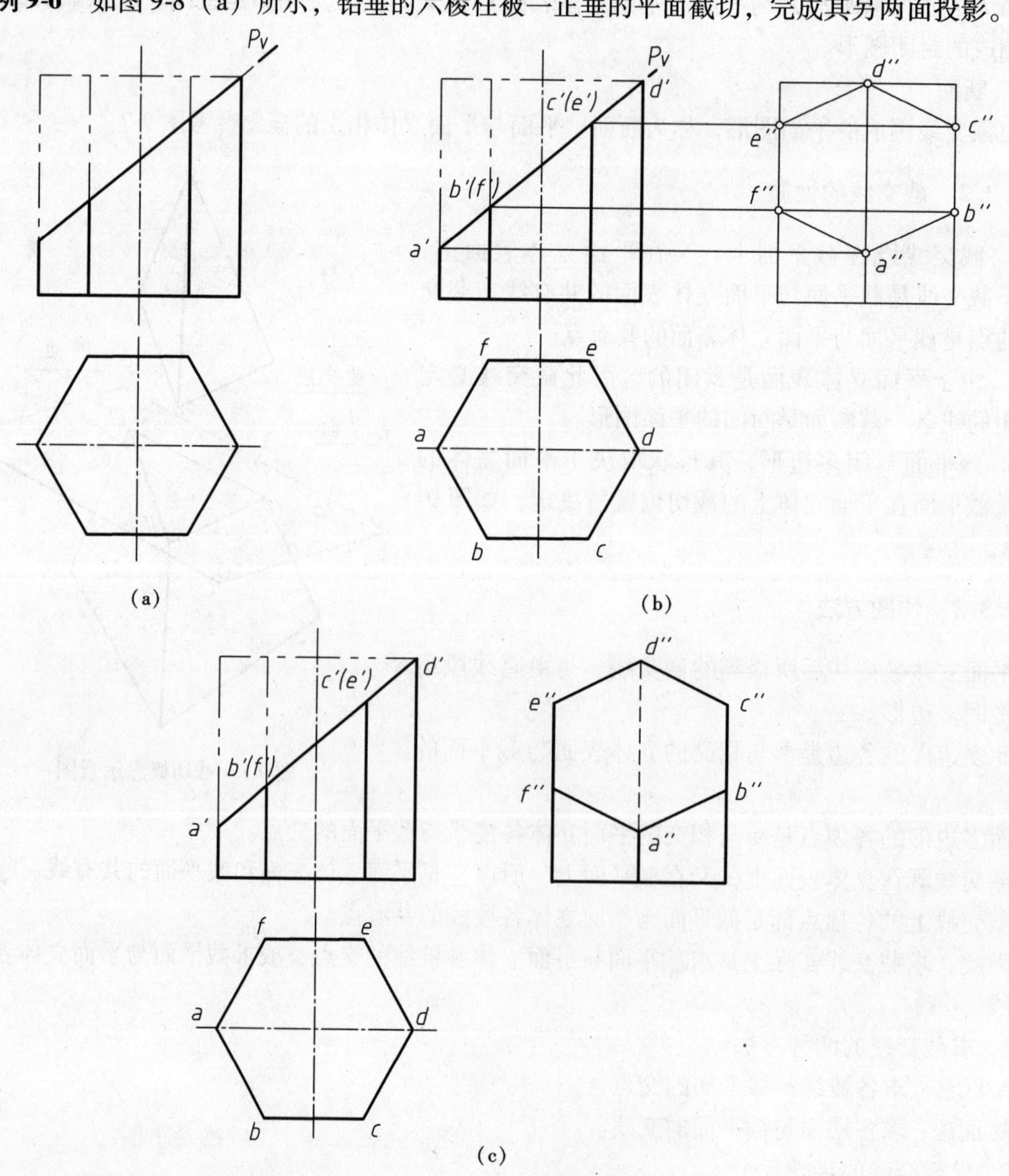

图 9-8　平面与六棱柱相交

分析：

可利用积聚性来求解。

作图：

• 如图9-8（b）所示，首先在正面投影面上对截平面与六棱柱各棱线的交点的正面投影进行编号，结果如图所示。并画出完整六棱柱的侧面投影图；

• 因截平面为正垂面，六棱柱的六条棱线与截平面的交点的正面投影 a'、b'、c'、d'、e'、f' 可直接求出；

• 六棱柱的水平投影有积聚性，各棱线与截平面的交点的水平投影 a、b、c、d、e、f 可直接求出；

• 根据直线上点的投影性质，在六棱柱的侧面投影上，求出相应点的侧面投影 a''、b''、c''、d''、e''、f''；

• 将各点的侧面投影依次连接起来，即得到截交线的侧面投影，并判断其可见性；

• 在侧面投影图上，将被截平面切去的顶面及各条棱线的相应部分去掉，并注意最右棱线在侧面投影上为不可见棱线，画成虚线。

完整的结果如图9-8（c）所示。

例9-7　两特殊截平面相交截切如图9-9（a）所示的四棱锥，完成其另两面投影。

分析：

四棱锥所构成的缺口是由一个水平截切面和一个正垂截切面切割四棱锥而形成的，由于水平面和正垂面的正面投影有积聚性，故截交线的正面投影已知。

因为水平截平面平行于底面，所以它与各侧棱面的交线必平行于各侧棱面内的底面棱线，与前棱面的交线ⅢⅣ、ⅣⅤ必对应平行于底边 AB、BC，与后棱面的交线ⅤⅥ、ⅥⅦ必对应平行于底边 AD、DC。如图所示，正垂面分别与四个侧棱面相交于直线段ⅠⅡ、ⅡⅢ、ⅠⅧ、ⅧⅦ。

由于多于一个平面截切立体，所以在求截交线时须画出各个截平面之间的交线。由于本题的两个截平面都垂直于正面，所以它们的交线ⅢⅦ一定为正垂线。

求得截平面与棱面的交线以及截平面间的交线投影，并判定截交线和截平面交线投影的可见性后，也就画出了两个截平面与四棱锥相交的所求的两面投影。

作图：

• 因为两截平面都垂直于正面，所以 $1'2'$、$2'3'$、$1'8'$、$7'8'$ 和 $3'4'$、$4'5'$、$5'6'$、$6'7'$ 都分别重合在它们的有积聚性的正面投影上，$3'7'$ 则位于它们的有积聚性的正面投影的交点处；

• 根据点在直线上从属性的投影特性，由 $1'$、$5'$ 在 sa 上作出5。由5作 $56 /\!/ ad$、$45 /\!/ ab$；再分别由4作 $43 /\!/ bc$ 和由6作 $67 /\!/ dc$；再根据二求三，直接做出 $3''4''$、$4''5''$、$5''6''$、$6''7''$，其侧面投影重合在水平截面的积聚成直线的侧面投影上；

• 由 $1'$ 分别在 sa、$s''a''$ 上作出1、$1''$；根据高平齐和从属性，由 $2'$、$8'$ 直接做出 $2''$、$8''$，再由二求三，直接做出2、8；

• 因 $3'$、$7'$ 分别在ⅢⅣ、ⅥⅦ直线上，可直接求出水平投影3、7。连接3、7两点，此直线为两截切平面的交线的水平投影，由于37线段被棱面 SBC、SDC 的水平投影所遮挡而不可见，画成虚线；$3''7''$ 则重合在水平截面的积聚成直线的侧面投影上；

• 按相应的顺序连接截交线，并判定截交线的可见性；

• 最后补全投影，对需加粗的各投影面上的棱线进行加粗。

最后完整作图如图9-9（c）所示。

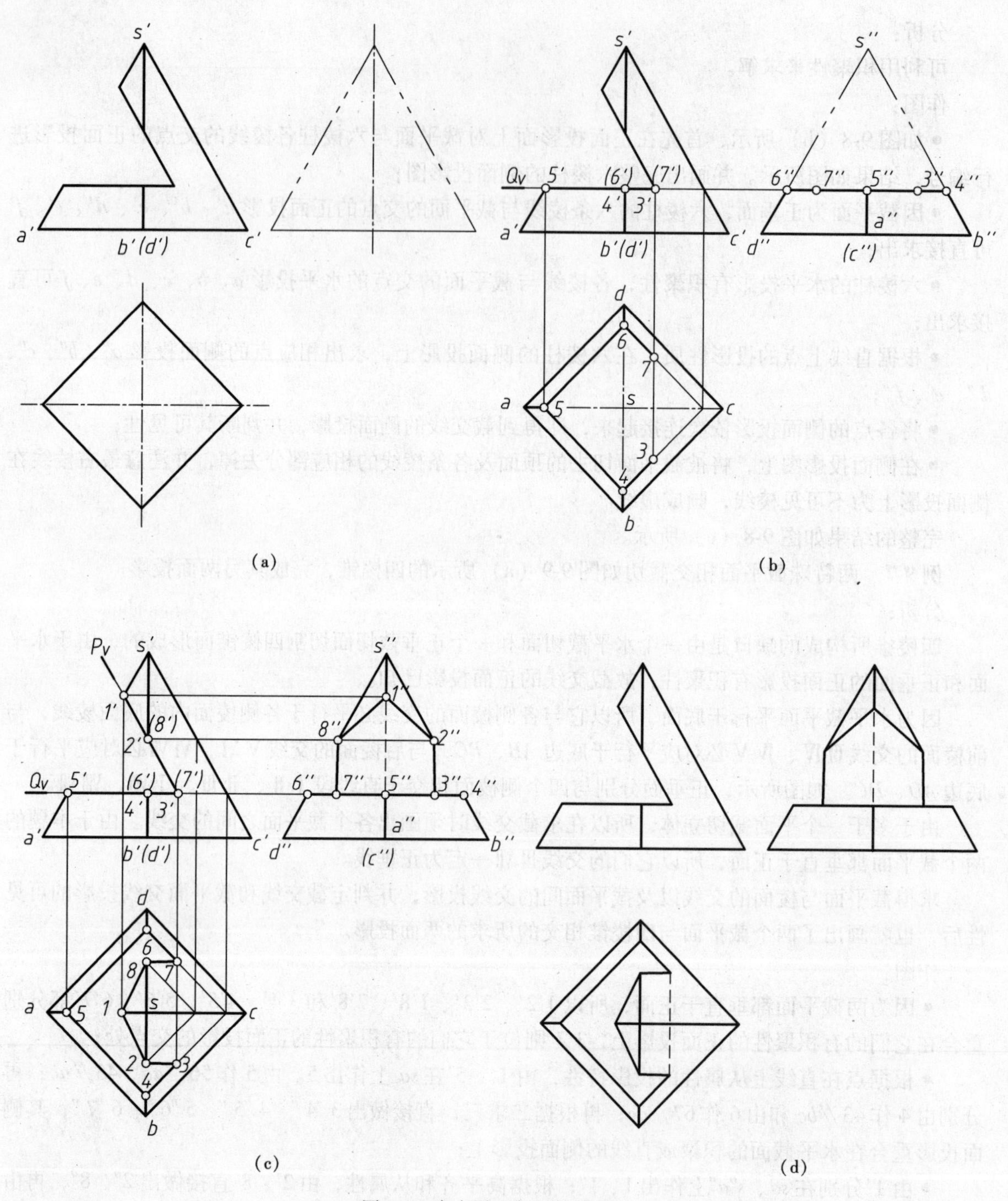

图 9-9　多个平面与四棱锥相交

9.4　平面与曲面立体相交

9.4.1　基本概念

1. 截平面

平面与曲面立体相交，可以认为是曲面立体被平面截切，因此该平面通常被称为截平面。

2. 截交线

截交线是截平面与曲面立体表面的交线，它既在截平面上，又在曲面立体的表面上，是截平面和曲面立体表面的共有线，截交线上的任何一点都是共有点。所以求截交线的问题，可归结为求共有点的问题。

3. 断面

由截交线围成的封闭的平面曲线图形，称为断面。

9.4.2　截交线的性质

截交线是截平面与曲面立体表面的交线，它既在截平面上，又在曲面立体的表面上，是截平面和曲面立体表面的共有线，截交线上的任何一点都是共有点。所以求截交线的问题，可归结为求共有点的问题。

截交线既在截平面上，又在曲面立体表面上，因此，截交线是截平面与曲面立体表面的共有线。截交线上的点是截平面与曲面立体表面的共有点。

由于曲面立体表面是封闭的，因此截交线必定是封闭的平面曲线，断面是封闭的平面曲线图形。

该平面图形为封闭平面曲线，其形状取决于曲面立体的形状及截平面在曲面立体上的截切位置所决定。

9.4.3　作图方法

1. 截交线的形状

曲面立体的截交线形状是直线、平面曲线、直线和平面曲线的组合。其形状取决于：

(1) 一个是曲面立体表面的性质即何种曲面体；

(2) 另一个为截平面与曲面立体的相对位置，即截平面在曲面立体的什么具体位置来截切。

所以在做投影图时应根据回转体的几何形状和性质，以及截平面与回转体轴线的相对位置，判断截交线及其投影的几何形状，以便确定具体的作图方法和步骤。

2. 求截交线的方法

求做截交线的方法中，确定截交线上具体的某一点的位置时一般有以下两种：

(1) 表面取点法

这种情况主要根据截平面的特殊情况和其投影的积聚性来解决。

(2) 辅助平面法

主要针对截交线的形状为平面曲线的情况。利用三面共点的原理，其详细做法见后面具体的例题。

3. 求截交线的步骤

在求平面与曲面立体进行相交时，需对截交线上的一些能确定截交线的形状和范围的特殊点，包括回转体转向轮廓线上的点、截交线在对称轴上的顶点以及最高、最低、最左、最右、最前、最后点等。通常先作出特殊点，然后根据需要再作出一些一般点，最后连成截交线的投影，并表明可见性。所以求回转体截交线的一般作图步骤如下：

• 空间及投影分析：分析被截立体的性质、截平面的性质及截平面与回转体轴线的相对位置，根据给出截平面和回转体的特点分析截交线的形状，确定解题的方法。

• 体表面取点：

•• 取特殊点——特殊点则包括回转体转向轮廓线上的点、截交线在对称轴上的顶点以及最高、最低、最左、最右、最前、最后点等。通常先根据特殊点位置的特殊性做出特殊点。

•• 取一般点——根据需要取截交线上一定数量的一般点的各面投影，其中一般点则利用辅助平面法依据特殊点的疏密程度做出几个。

• 连线：依次连接上面所求的特殊点和一般点，并判定截交线在各投影中的可见性，可见截交线画成粗实线，不可见画成虚线。

• 补全轮廓：完整回转体被截后的转向轮廓线在相应投影面中的投影。

9.4.4　平面与圆柱相交

根据截平面与圆柱体相对位置的不同，平面截切圆柱所得截交线可能是矩形、圆或椭圆三种情况，见表 9-1 所示。

平面与圆柱的截交线　　表 9-1

截平面位置	截平面平行于轴线	截平面垂直于轴线	截平面倾斜于轴线
截交线性质	矩　形	圆	椭　圆
立体图	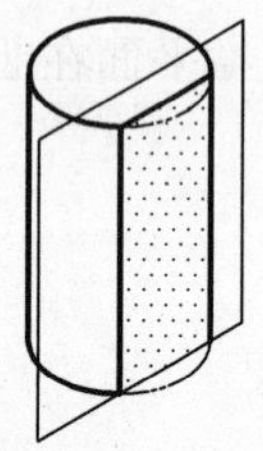	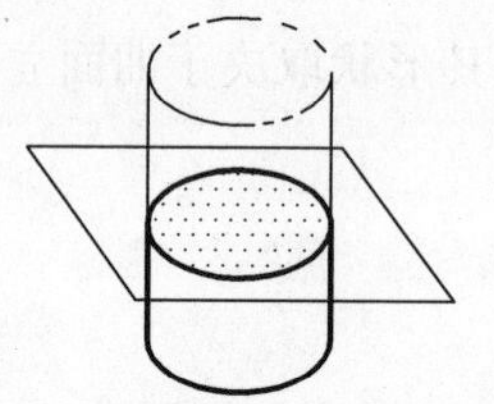	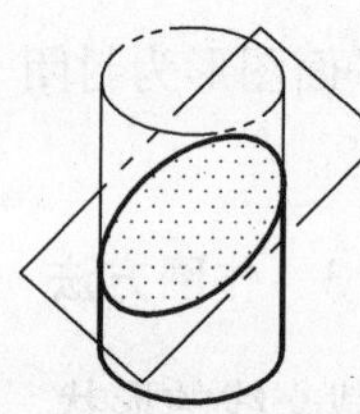
投影图	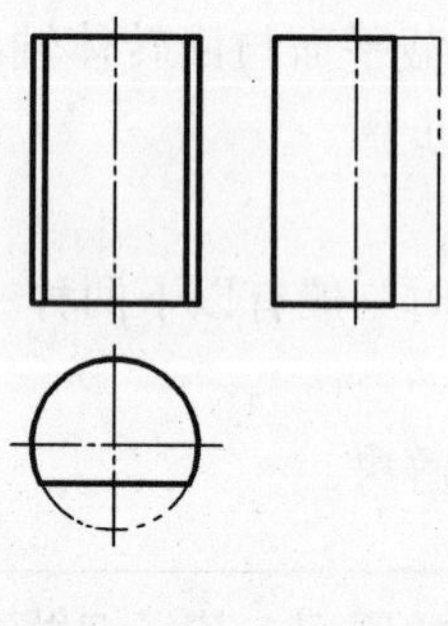	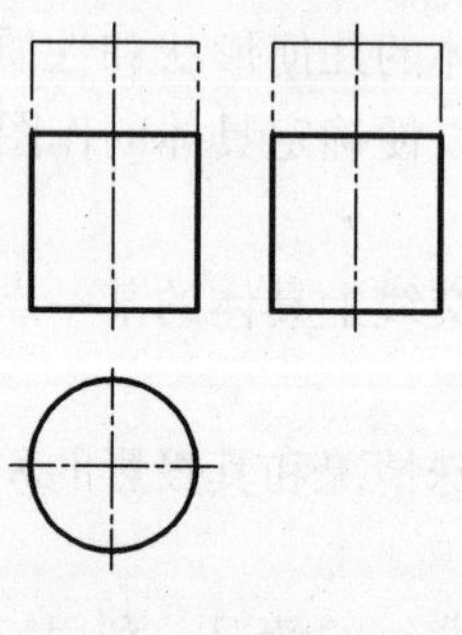	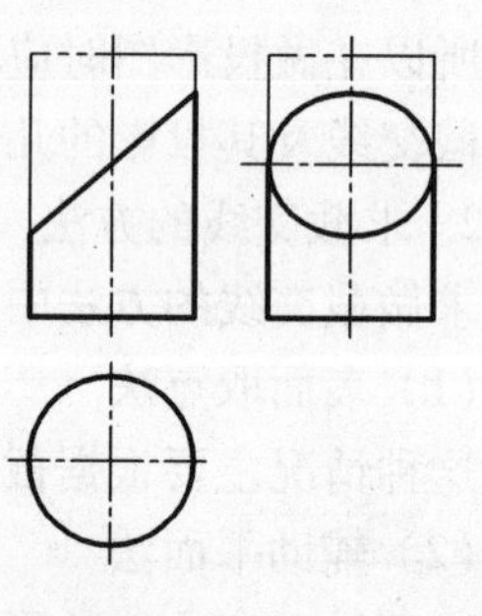

例 9-8　如图 9-10 所示为圆柱面被倾斜于轴线的正垂平面所截切，求其侧面投影。

分析：

如图 9-10（a）为一轴线垂直于水平投影面的圆柱面被倾斜于轴线的正垂的平面截切，其截交线为椭圆。该椭圆的正面投影重影为一条直线，与截平面的正面投影重合；水平投影与圆柱面的积聚性投影相重合，为一圆。

由于平面截切曲面立体时，一般情况下为平面曲线，所以在求其侧面投影时，通过确定特殊点和一般点，再将所有点按顺序相连。

此时可应用体表面取点的方法进行求解侧面投影。因为从上面分析，截交线的两面投影都已知。而此题的侧面投影，其投影为椭圆（注意：当截平面与圆柱轴线夹角为45°时，其侧面投影为圆），但不反映实形。作图时，可按在圆柱面上取点的方法，先找出椭圆长、短轴的端点（Ⅰ、Ⅷ、Ⅲ、Ⅵ），然后再作一些中间点（如点Ⅱ、Ⅴ），并把它们光滑地连接起来即可。作图过程见图 9-10。

作图：

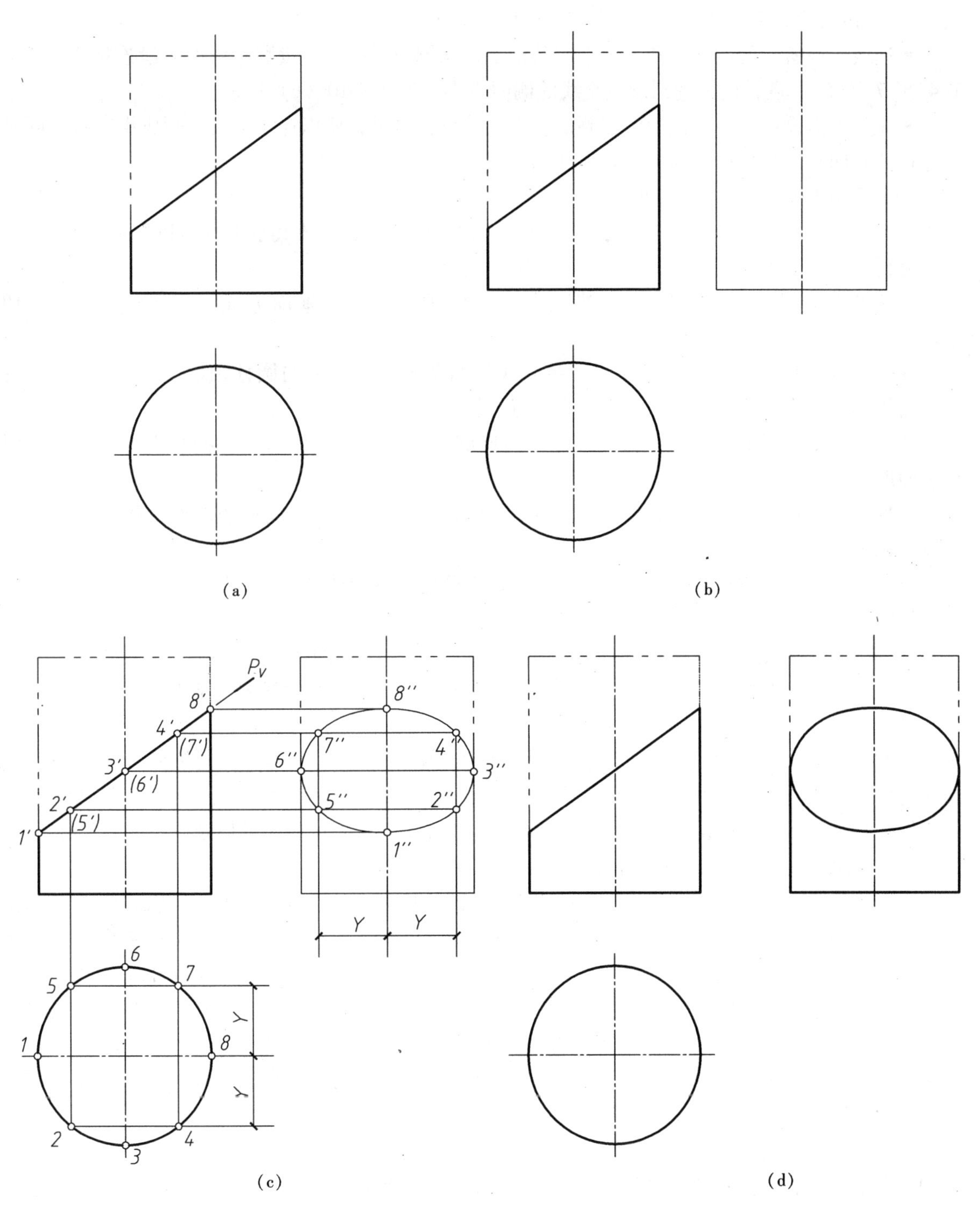

图 9-10　平面与圆柱相交

● 首先做出未被截切前圆柱的侧面投影，如图 9-10（b）所示；

● 求特殊点：根据特殊点从属于特殊素线上的特点，可直接由正面投影 1′、3′、6′、8′直接确定对应点在侧面投影中的投影 1″、3″、6″、8″。其中，8、1 两点分别是截交线上的最高、最低点。3、6 两点分别是截交线上的最前、最后点；

• 求一般点：同样利用表面取点法，在相邻的两特殊点中间，各求一个一般点。如图 9-10（c）中的 2、4、5、7 点。可先在正面投影中取点 2′、4′、5′、7′，然后求出它们的水平投影 2、4、5、7，最后确定 2″、4″、5″、7″，如图 9-10（c）所示；

• 连线：在所求的特殊点和一般点的基础上，在侧面投影上，按顺序依次光滑连接点，1″ 2″ 3″ 4″ 8″ 7″ 6″ 5″ 1″点，即为椭圆形截交线的侧面投影，如图 9-10（c）所示；

• 完整侧面投影：因为此椭圆在侧面投影上的投影可见，所以连线可见，画成粗实线。同时对存在的转向轮廓线也进行加深，如图 9-10（c）所示；

• 最后结果如图 9-10（d）所示。

例 9-9 如图 9-11（a）所示为圆柱面被三个截平面截切，完成其水平投影和侧面投影。

分析：

从所给正面投影可知，圆柱是被一个水平面 *P*、一个正垂面 *Q* 和一个侧平面 *R* 所切割。

其中，截平面 *P* 与圆柱轴线平行，截交线是两条平行直线并与圆柱顶面交线组成一矩形；其侧面投影积聚为一条直线，水平投影为平行与轴线的两条直线。

截平面 *Q* 与圆柱轴线倾斜，截交线是一段椭圆弧；其侧面投影和水平投影都为椭圆，采用体表面取点法完成。

截平面 *R* 与圆柱轴线垂直，截交线是一段圆弧；其侧面投影与圆柱积聚性的投影重合，水平投影积聚为一段直线。

由于有多个平面截切，还须画出截平面与截平面之间的交线。

作图：

• 截平面 *P* 截交线：截平面 *P* 与圆柱轴线平行，截交线是两条平行直线并与圆柱顶面交线组成一矩形。其侧面投影积聚为一条直线 1″3″；水平投影为平行与轴线的两条直线 12、34，如图 9-11（b）所示；

• 截平面 *R* 截交线：截平面 *R* 与圆柱轴线垂直，截交线是一段圆弧，其侧面投影与圆柱积聚性的投影重合。由正面投影，根据高、平、齐，直接求出圆弧的两个端点 5″、6″，得到圆弧 5″6″。在水平投影面上，其圆弧积聚为一条直线，利用在水平投影的积聚性以及“二求三”的作图方法，求出水平投影即直线 56，如图 9-11（c）所示；

• 截平面 *Q* 截交线：截平面 *Q* 与圆柱轴线倾斜，截交线是一段椭圆弧。所以其侧面投影和水平投影采用体表面取点的方法。如图 9-11（d）所示，2、4、5、6 点为椭圆弧的 4 个端点，其位置已确定。在取特殊点 7、8，其位于圆柱的最前和最后素线上，可利用其特殊性，直接求出其侧面和水平投影。再取一般点 9、10，如图 9-11（d）所示，由正面投影入手，在截交线的有积聚性的正面投影位置，取点 9 和 10，再利用侧面投影的积聚性和高、平、齐，确定两一般点侧面投影 9″、10″，根据“二求三”，求出其水平投影 9、10，对特殊点和一般点进行连线，结果如图 9-11（d）所示；

• 截平面间交线：由于有多个平面截切，还须画出截面与截平面之间的交线。如截平面 *P* 和截平面 *Q*、截平面 *Q* 和截平面 *R* 间的交线 24 和 56，结果如图 9-11（e）所示；

• 判定可见性：由于在水平和侧面投影面上，其截交线都可见，所以都加深为粗实线，包括截平面间的交线，如图 9-11（e）所示；

• 补全轮廓：最后补全圆柱被截切后侧面投影河水平投影的外形轮廓线。注意：在各个投影面上，圆柱体的转向轮廓线被截掉的部分，在其投影面上其投影不应画出。

完整的作图结果如图 9-11（f）所示。

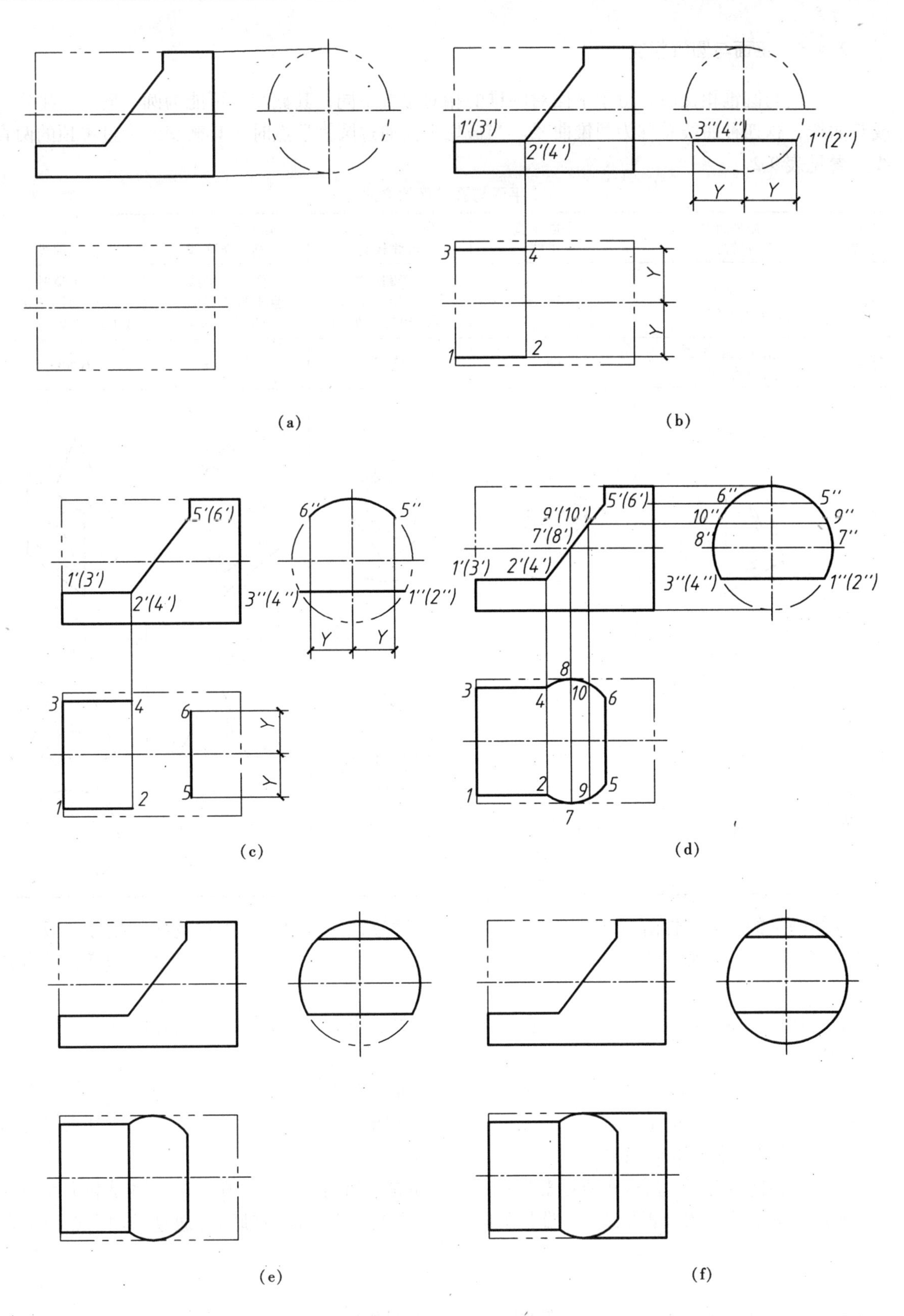

图 9-11　多个平面截切圆柱

9.4.5 平面与圆锥相交

当平面与圆锥相交时，由于平面对圆锥的相对位置不同，其截交线可能为圆、椭圆、抛物线或双曲线，这四种曲线总称为圆锥曲线。当截切平面通过圆锥顶点时，其截交线为过锥顶的两直线，参见表9-2。

平面与圆锥面的交线　　表9-2

截平面位置	截平面通过锥顶	截平面垂直于轴线	截平面与所有素线相交	截平面平行于某一条素线	截平面平行于轴线
角度关系	过锥顶且 $0<\theta<a$	$\theta=90$ 度	倾斜于圆锥轴线且与锥面上所有素线相交即 $\theta>a$	倾斜于轴线且平行于锥面上一条素线 $\theta=a$	截平面倾斜于轴线，且 $\theta<a$，或平行轴线（$\theta=0$）
截交线	相交于锥顶的两条直线	圆	椭圆	抛物线	双曲线
立体图	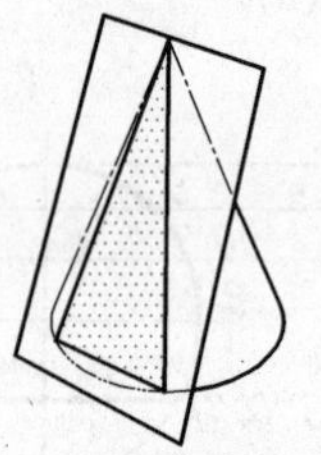	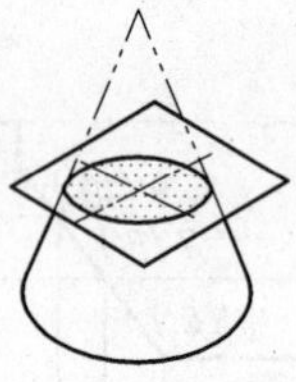	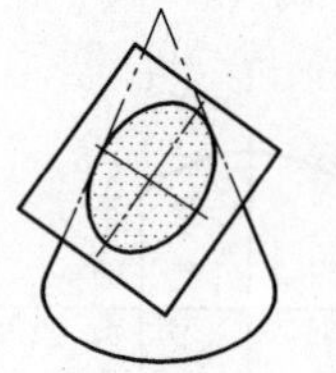	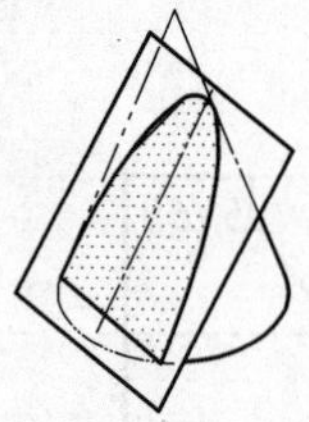	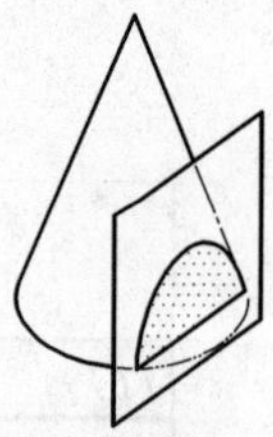
投影图	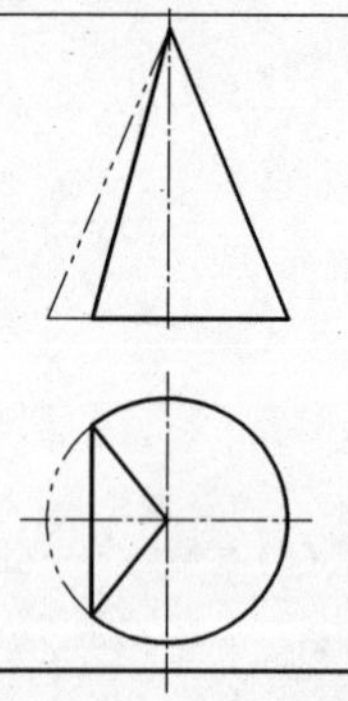	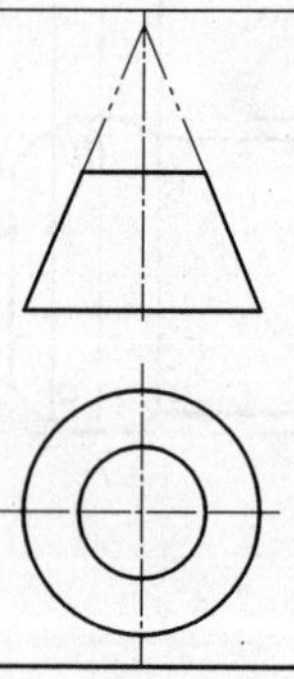	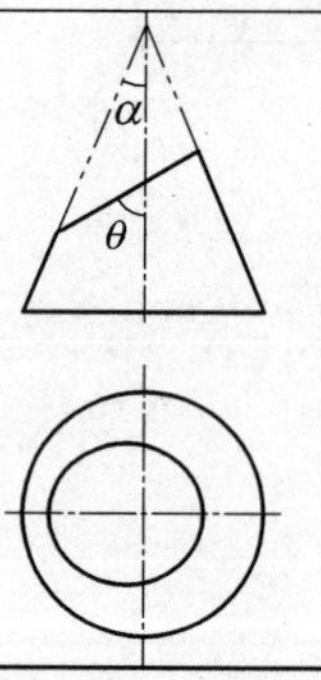	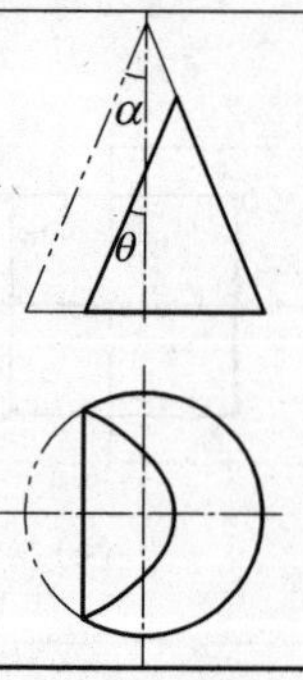	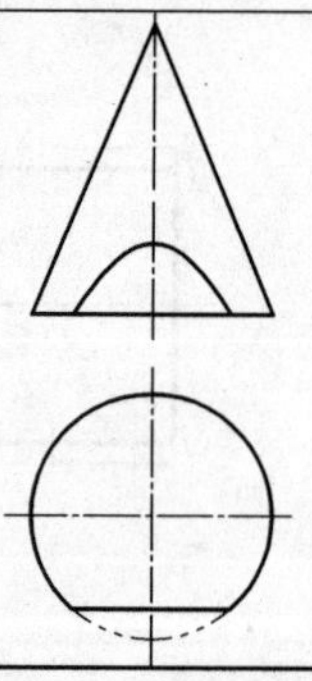

圆和椭圆的投影特性前面已经讲过，仍为椭圆（特殊情况为圆），而抛物线的投影一般仍为抛物线，双曲线的投影一般仍为双曲线。其具体的做法同样用求取离散点的方法，包括特殊点和一般点。

例9-10　如图9-12（a）所示，圆锥被正垂面截切，求截切后的水平和侧面投影。

分析：

由图9-12（a）可知，截平面为正垂面，且截平面与圆锥的轴线倾斜，并与圆锥的所有素线相交，所以截交线为一椭圆。其正面重合在截平面的积聚性投影上面，为一条直线。其水平投影和侧面投影仍为椭圆，但不反映实形。

由于圆锥前后对称，所以正垂面截得的截交线也是前后对称，断面椭圆的长轴是截平面与圆锥的前后对称面的交线（正平线），端点在最左、最右素线上；而短轴则是通过长轴中点的正垂线。

作图：

- 首先补出未被截切的完整圆锥的侧面投影，如图9-12（a）所示；
- 求特殊点：椭圆的长短轴互相垂直平分，长轴ⅠⅧ平行于 V 面，短轴ⅣⅤ垂直 V 面。

在截平面和最左和最右素线的正面投影的交点处，同时也在圆锥的正面投影的外形轮廓线

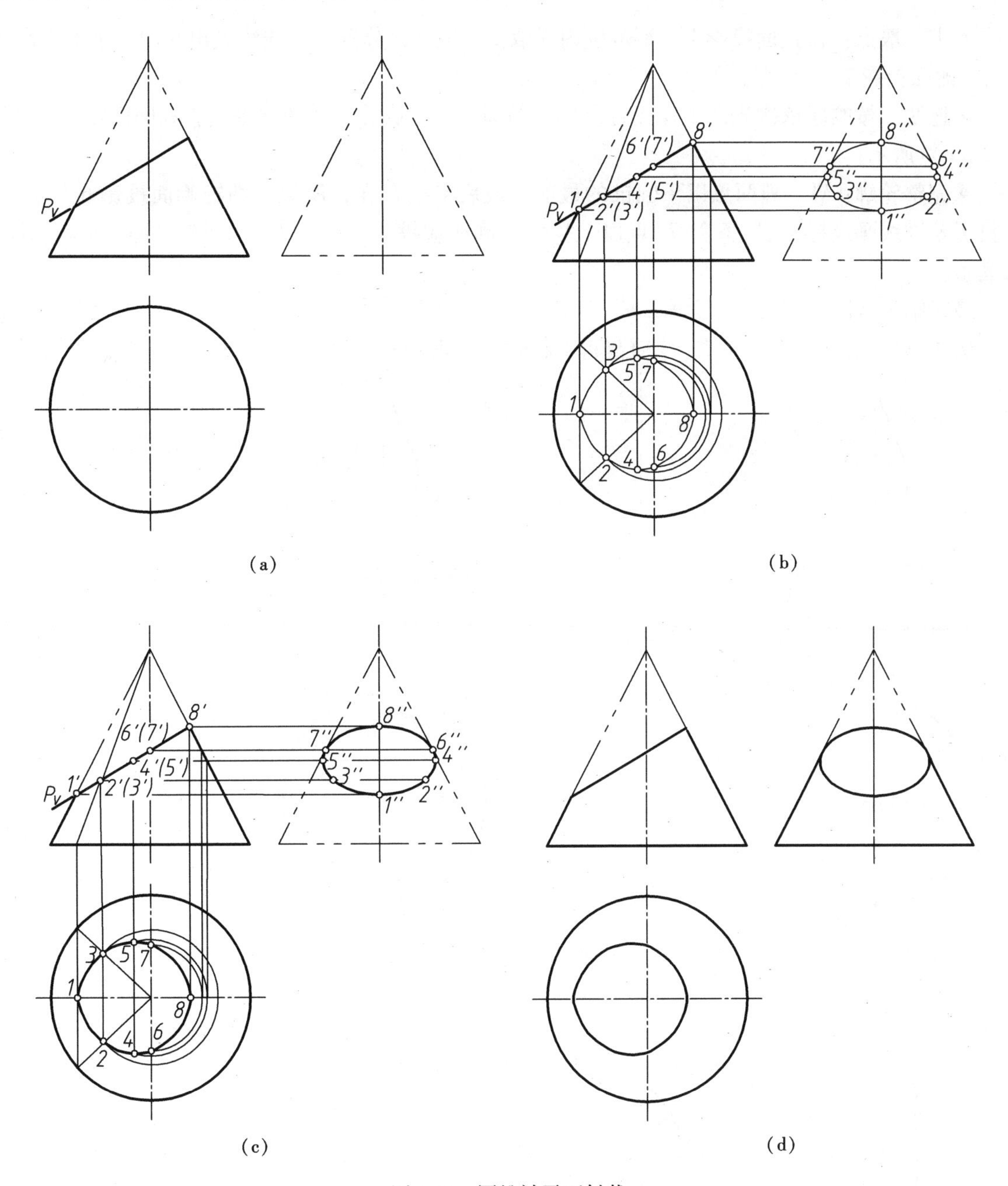

图 9-12　圆锥被平面斜截

上，做出Ⅰ Ⅷ点的正面投影 1′、8′，分别过 1′、8′点向水平投影和侧面投影作投影线，可求出水平投影 1、8 和侧面投影 1″、8″，即为椭圆长轴Ⅰ Ⅷ点的投影。同时也是截交线上的最低和最高点，如图 9-12（b）所示。

Ⅳ、Ⅴ为椭圆的短轴端点。两点的正面投影 4′、5′位于 1′、8′的中点处，并为重影点。过Ⅳ、Ⅴ作一个水平圆，然后再画出这个圆的其余两个投影，便可求出Ⅳ、Ⅴ两点的水平投影 4、5 和侧面投影 4″、5″。同时此两点也是截交线上的最前和最后点，如图 9-12（b）所示。

为了能较准确地做出截交线的侧面投影，还须做出截交线在圆锥的最前和最后素线上的特殊点。设截平面与圆锥最前、最后素线的交点为Ⅵ、Ⅶ。则正面投影中，截平面与轴线的交点即为 6′、7′，过 6′、7′点向侧面投影作投影线，可得 6″、7″点，进而可求得水平投影 6、7。6″、7″点是圆锥侧面投影外形轮廓线与截交线侧面投影椭圆的切点，如图 9-12（b）所示。

●求一般点：在正面投影1′、8′范围内任取2′、3′点，分别用素线法做出它们的水平投影2、3点和侧面投影2″、3″点，如图9-12（b）所示；

●连线：按顺序依次光滑地连接各点成为椭圆，即完成截交线的水平投影和侧面投影，如图9-12（c）所示；

●完整轮廓：Ⅵ、Ⅶ两点以下圆锥的最前、最后素线存在，所以，圆锥侧面投影6″、7″以下投影轮廓线画成粗实线，6″、7″点以上投影轮廓线应擦去或画成双点划线，并对其余轮廓进行完整。

最终结果如图9-12（d）所示。

例9-11　如图9-13（a）所示，已知圆锥被水平和侧平截切面截切后的正面投影，试完成其

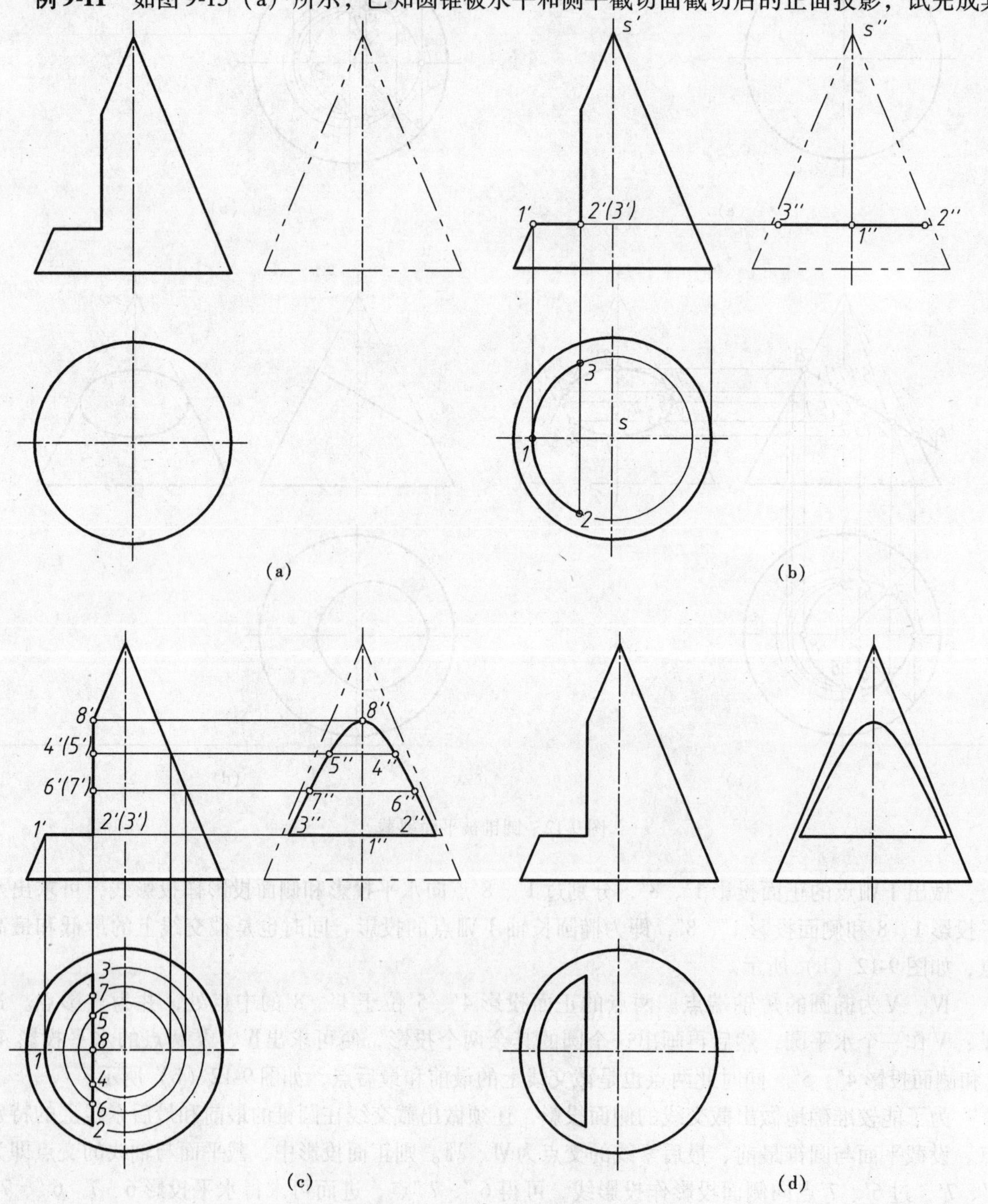

图9-13　两平面与圆锥相交

水平投影和侧面投影。

分析：

由图可知，水平面截平面垂直于圆锥轴线，产生的截交线是水平圆弧，水平投影反映实形，侧面投影积聚为一条直线；侧平截平面与圆锥产生的截交线为双曲线，而双曲线的水平投影积聚为一条直线，其侧面投影则采用确定离散点的方法求取一些特殊点和一般点来定位。

作图：

- 首先补画出未被截切的完整圆锥的侧面投影，如图9-13（a）所示；
- 水平面截平面的截交线：水平截平面的正面投影积聚为一条直线，此直线与圆锥最左素线的交点为Ⅰ，利用特殊性可求出点的三面投影1、1′、1″。水平截平面切圆锥产生水平圆弧的侧面投影也是一条直线，根据水平面截平面切圆锥所产生圆弧的半径，在水平投影上以*s*为圆心，以*s*1为半径画圆，与过Ⅱ、Ⅲ两点的正面投影2′、3′向水平投影作的投影线交于2、3点；由2、3点和2′、3′点求得2″、3″点，如图9-13（b）所示；
- 侧平截平面的截交线：因为侧平截平面的截交线的水平投影积聚为直线，其范围在Ⅱ、Ⅲ点之间，如图9-13（c）所示；

而其侧面投影则要用求取离散点的方法确定，如图9-13（c）所示；

定位特殊点：根据特殊点从属于特殊素线上的特点，可由正面投影点8′从属圆柱最左素线，直接确定对应点在侧面投影中的投影8″。其中，Ⅷ点是截交线上的最高点。Ⅱ、Ⅲ两点分别是截交线上的最前、最后点；

定位一般点：同样利用表面取点法，再取几个一般点，如图9-13（c）中的Ⅳ、Ⅴ、Ⅵ、Ⅶ点。可先在正面投影中取点4′、5′、6′、7′，然后求出它们的水平投影4、5、6、7，最后确定4″、5″、6″、7″，如图9-13（c）所示；

连线：对所求取的各点按顺序依次进行连线，求得截交线的侧面投影，并判定其可见性，判定结果为可见，如图9-13（c）所示；

- 截平面间交线：虽然两截平面的交线的水平和侧面投影与截平面的各面积聚性投影相重合，但也需注意它的存在。即水平截平面和正垂截平面交线ⅡⅢ的水平投影2′3′和侧面投影2″、3″，如图9-13（c）所示；
- 完整轮廓：对完整圆锥的侧面投影的外围轮廓线和圆锥底圆的水平投影进行加深，画成粗实线，如图9-13（d）所示。

最终作图结果如图9-13（d）所示。

例9-12 已知圆锥被水平面和正垂面切割后的正面投影，完成水平投影，并补出侧面投影。

分析：

由图可知，水平面垂直于圆锥轴线. 产生的截交线是水平圆弧，水平投影反映实形，侧面投影积聚为一条直线；正垂面过锥顶，产生的截交线是交于锥顶的相交两直线，其和水平截面的交线构成一个三角形。

作图：

- 首先补画出未被截切的完整圆锥的侧面投影，如图9-14（a）所示。
- 水平面截平面的截交线：水平截平面的正面投影积聚为一条直线，此直线与圆锥最左素线的交点为Ⅰ。水平截平面切圆锥产生水平圆弧的侧面投影是一条直线，根据水平面截平面切圆锥所产生圆弧的半径，在水平投影上以*s*为圆心、以*s*1为半径画圆，与过Ⅱ、Ⅲ两点的正面投影2′、3′向水平投影作的投影线交于2、3点；由2、3点和2′、3′点求得2″、3″点，如图9-14（b）所示；
- 正垂截平面的截交线：因只有两截平面，他们的交线端点为Ⅱ、Ⅲ点，分别连接*s*2、*s*3

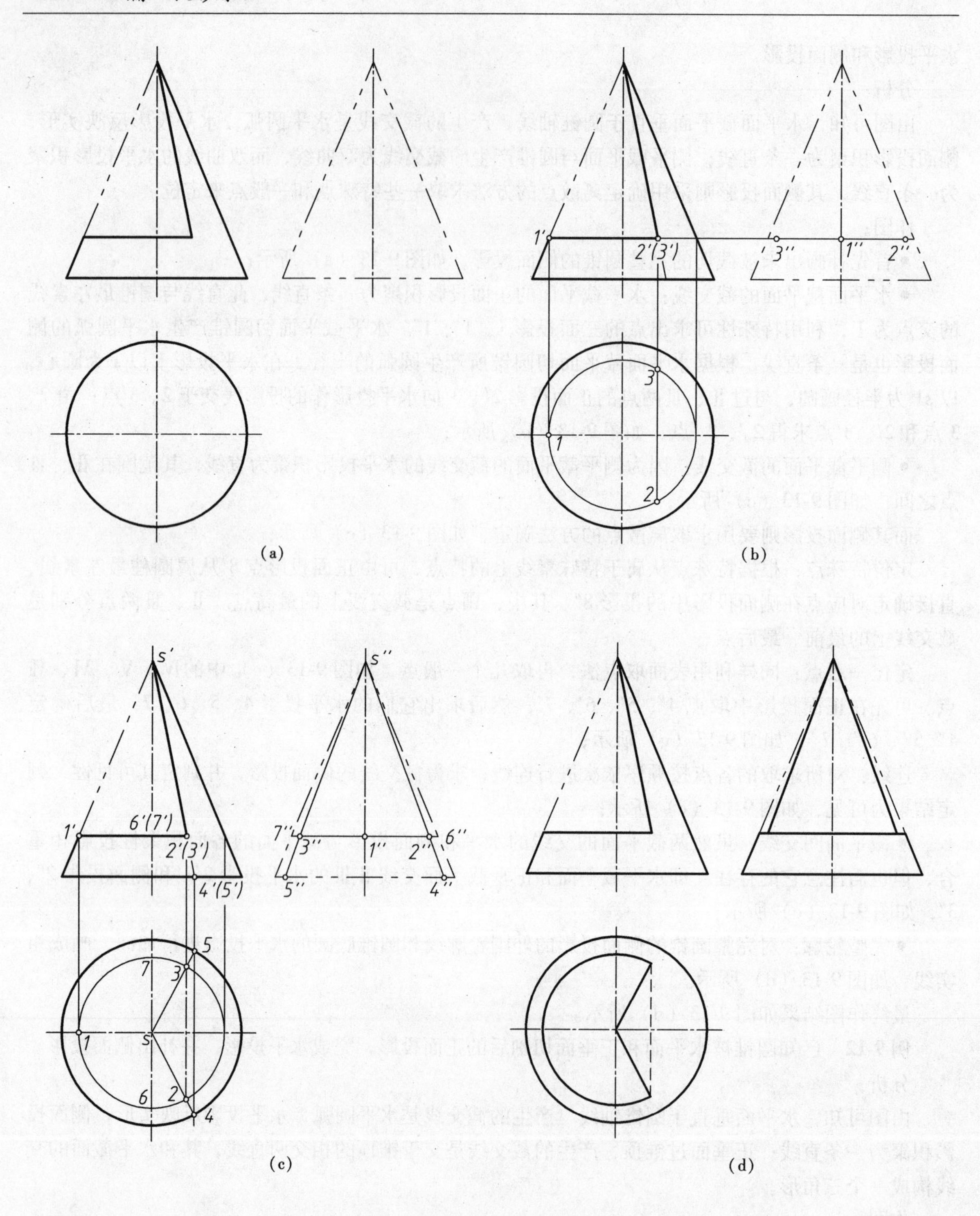

图 9-14　两平面与圆锥相交

和 s″2″、s″3″，即完成正垂截平面切割圆锥所产生的三角形截交线的水平投影和侧面投影，如图 9-14（c）所示；

• 截平面间交线：由于水平截平面和正垂截平面交线ⅡⅢ的水平投影是不可见的，所以ⅡⅢ的水平投影 2′3′画成虚线，如图 9-14（c）所示；

• 完整轮廓：由于水平面截平面并没有将圆锥完全切断，所以水平投影 2、3 连线以右的圆弧应擦去。从图中可以看出，水平截平面以下，圆锥的最前、最后素线存在，所以在侧面投影上水平截平面投影以下圆锥的投影轮廓线应画成粗实线，同时补全圆锥底圆的水平投影。

最终作图结果如图 9-14（d）所示。

9.4.6　圆球体的截交线

平面与圆球相交，不论平面与圆球的相对位置如何，其截交线都是圆。但由于截切平面对投影面的相对位置不同，所得截交线（圆）的投影不同。但其投影则根据截平面对投影面的相对位置不同，可能是直线段、椭圆或圆。

例 9-13　半圆球被两个平面切割，其正面投影如图 9-15（a）所示，求其另外两面水平和侧面投影。

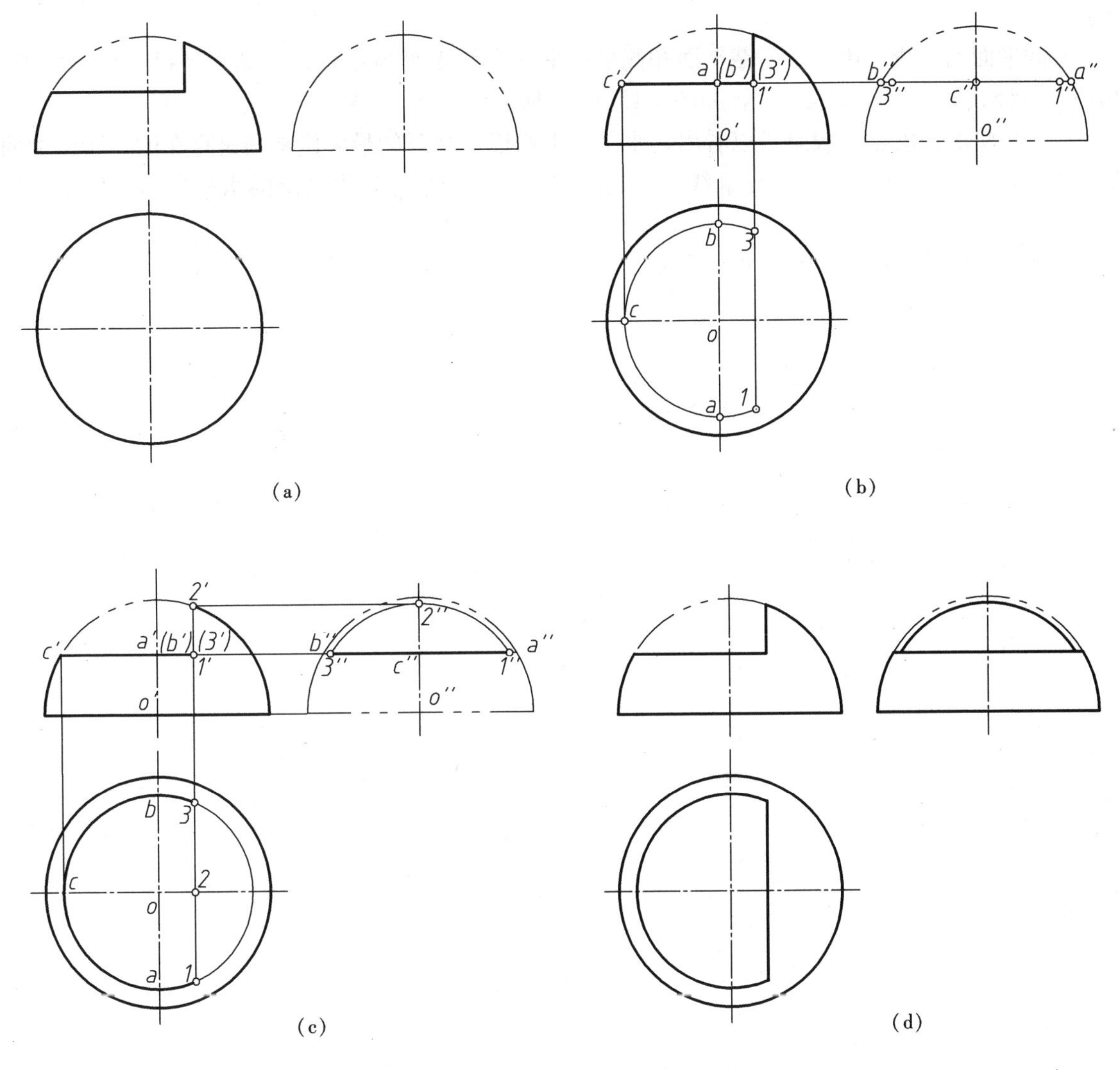

图 9-15　圆球被平面截切

分析：

从已知的投影图中可知，水平面截平面切半球产生的截交线是一段水平圆弧，并反映实形；侧平面截平面切半球产生的截交线是一段侧平圆弧，其侧面投影反映实形；两截平面的交线为正垂线 Ⅰ Ⅲ，在正面投影上积聚为一点。

作图：

• 首先补出未被截切的完整半球的侧面投影，如图 9-15（a）所示；

• 水平截平面的截交线：水平截平面与球正面投影的转向轮廓线圆的交点为 c'，过 c' 点向水平投影作投影线，求得 c 点。以球心的水平投影 o 为圆心，以 oc 为半径作圆，与过 $1'$、$3'$ 向水平投影作投影线交于 1、3 点，得圆弧 $1c3$，即为水平截平面切半球产生截交线的水平投影。截交线的侧面投影是与水平截平面的侧面投影重合的一条直线段，如图 9-15（b）所示；

• 侧平截平面的截交线：侧平截平面与球正面投影外形轮廓线圆的交点为 $2'$，过 $2'$ 点向侧面投影作投影线，根据Ⅱ点的从属性，求得 $2''$ 点。以球心的侧面投影 o'' 为圆心，以 $o''2''$ 为半径作半圆，与过 $1'$、$3'$ 向侧面投影作的投影线交于 $1''3''$，得圆弧 $1''2''3''$，即为侧平截平面切半球产生截交线的侧面投影。截交线的水平投影积聚为一条直线，为 1、3 两点的连线，如图 9-15（c）所示。

• 截平面间交线：由于水平截平面和侧平截平面交线ⅠⅢ为正垂线，其水平投影反映实长，为 13；侧面投影也反映实长 $1''3''$，如图 9-15（c）所示；

• 补全轮廓：由正面投影可以看出，水平截平面以下半球的最大侧平圆是存在的，所以侧面投影上，a''、b'' 点以下半球外形轮廓线应画成粗实线。补全半球最大底圆的水平投影，如图 9-15（d）所示。

最终得到的结果如图 9-15（d）所示。

第10章

立体相贯

基本几何体通过各种形式可组合成具有不同表现力的组合体，而相交则是完成这种组合的方式之一。研究相交问题，主要是求作基本立体之间的相贯线，基本立体的形状、大小及相互位置不同，相贯线的形状也就不同。本章将分别讨论平面立体与平面立体相贯；平面立体与曲面立体相贯；曲面立体与曲面立体相贯的相贯线的作图方法。

在工程中单一几何形体的应用是很少见的，大多数的工程物体都是两个或两个以上的基本立体相交组成的。立体相交也称之为立体相贯，参与相交的立体称为相贯体，其表面的交线称为相贯线。相贯线是两相贯体表面的共有线，也是两立体表面的分界线。

相贯体表面形状不同，其相贯线也就各不相同，按其几何性质可分为三类，两平面立体相贯称平平相贯；平面立体与曲面立体相贯称平曲相贯；两曲面立体相贯称曲曲相贯。图 10-1（a）、图 10-1（b）均为平平相贯，其相贯线为封闭的空间折线。图 10-1（c）为平曲相贯，其相贯线为空间封闭线。图 10-1（d）为曲曲相贯，其相贯线为封闭的空间曲线。

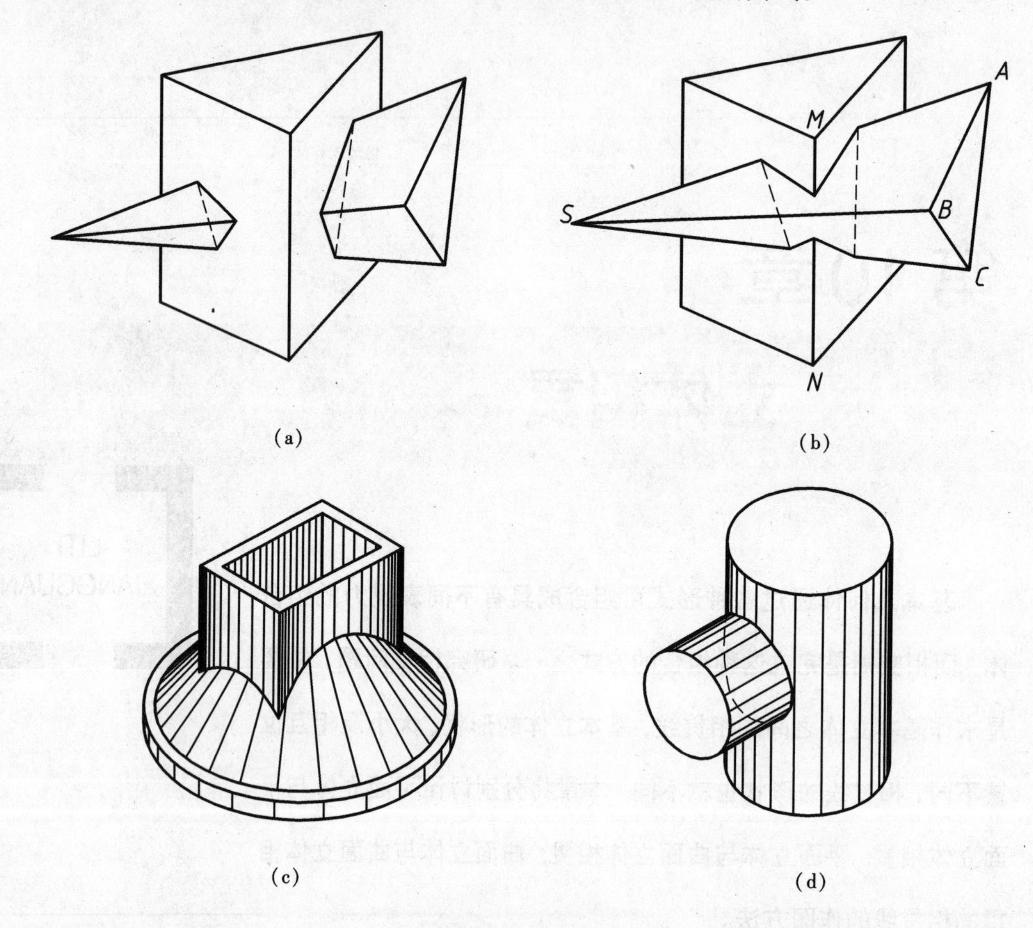

图 10-1　两立体相交

相贯体的表面形状不同，其相贯线的组成有很大的差异，但所有相贯线都有下列两个基本性质：

（1）相贯线是两相交立体表面的共有线，其投影必在两立体投影轮廓重叠范围以内。

（2）由于立体有一定的范围，所以相贯线一般都是封闭的。

两相贯体相对位置不同，相贯线也就各不相同，当一个立体的棱线（或素线）全部贯穿另一个立体时，产生两组封闭的相贯线称全贯，如图 10-1（a）所示。当两个立体都有部分棱线（或素线）参与相贯时，产生一组封闭的相贯性称为互贯，如图 10-1（b）所示。

总之，相贯线的形状取决于相贯体的几何性质，也取决于相贯体的大小及相对位置。也就是说，体表面形状不同，相对位置不同，产生的相贯线也不同，所以相贯线的作图方法也就不同，下面分别阐述三种类型的相贯线的作图方法。

10.1 平面立体相贯

10.1.1 相贯线的特性及作图方法

平面立体是由平面围成，两平面立体相贯的实质是棱面与棱面相交，其交线是直线，所以平平相贯的相贯线，是由若干段直线围成的封闭的空间折线（或平面多边形），其中的每段折线，是参与相交的两平面立体的棱面与棱面的交线，折线的端点是平面立体的棱线与另一平面立体表面的交点（贯穿点），所以求平平相贯的相贯线有两种方法：

（1）分别作出两平面立体参与相交的棱线的贯穿点，并按空间关系依次连接各贯穿点。

（2）直接作出两平面立体参与相交的棱面的交线。

上述两种方法常常联合使用，当参与相交的立体表面有积聚性时，则可以利用其积聚投影求作相贯线。

求相贯线的一般步骤：

分析：

• 形体分析：读懂参与相交的基本立体的形状及特点。

• 相贯情况：判断参与相贯的棱线与棱面，有多少个应求的贯穿点；属于全贯还是互贯，有几组相贯线，尽量去想像相贯线的形状。

作图：

• 求参与相交的棱线的贯穿点，或直接求参与相交的两棱面的交线。

方法：辅助平面法，或利用积聚投影直接求贯穿点。

• 连点：将求得的贯穿点连成封闭的相贯线

连点原则：只有位于同一立体的同一棱面内，同时也位于另一立体的同一棱面内的两个点，才能相连。

• 判断可见性：只有同时位于两立体的可见棱面上的相贯线才为可见，否则相贯线不可见。

• 完成投影图：即整理参与相交的棱线，将其画至贯穿点位置，并判断可见性。

10.1.2 平面立体相贯举例

例10-1 已知直立三棱柱 *ABC* 与倾斜三棱柱 *DEF* 相交，完成该相贯体的投影（图10-2a）

分析：

由图10-2（a）可知，直立三棱柱 *ABC* 各棱面垂直 *H* 面，其水平投影有积聚性，所以相贯线的水平投影均重影在三棱柱 *ABC* 的水平投影上，只需求 *V* 面投影的相贯线。

从水平投影中相贯线的积聚投影可见，直立三棱柱的棱线 *A* 和 *C* 在三棱柱 *DEF* 的外形轮廓线之外，故不参与相交，只有棱线 *B* 参与相交。而斜三棱柱 *DEF* 中，棱线 *D* 也在三棱柱 *ABC* 外形轮廓线之外，故不参与相交，只有棱线 *E* 和 *F* 参与相交。总之，两相贯体共有三条棱参与相交，应求出六个贯穿点。

通过对上述相贯情况的分析，得知三棱柱 *ABC* 和 *DEF*，均有棱线参与相交，形成两立体相互贯穿，其相贯线为一组封闭的空间折线。

作图：

• 求贯穿点

求棱线 *F*、*E* 与棱面 *AB*、*BC* 的贯穿点：

从积聚投影入手，可直接找到棱线 *F*、*E* 与棱面 *AB*、*CD* 的贯穿点，Ⅰ、Ⅱ、Ⅲ、Ⅳ的水平投影 1、2、3、4。线上定点求得贯穿点Ⅰ、Ⅱ、Ⅲ、Ⅳ的正面投影 1′、2′、3′、4′，如图 10-2（c）所示。

求棱线 B 与棱面 DE、DF 的贯穿点：

图 10-2（b）、（d）所示，可包含棱线 B 作铅垂面 P（P 平行棱柱 DEF 的棱线），即过 B 棱的积聚投影 b 作直线平行棱线 d，得铅垂面 P 的水平迹线 P_H；P_H 与棱面 df 相交于 m，P_H 与棱面 de 相交于 n，求得 m' 和 n'；分别过 m' 和 n' 作直线平行棱线 d'，得 P 平面与三棱柱 DEF 的矩形截交线 $m'k'l'n'$；截交线 $m'k'n'l'$ 与棱线 b' 相交于 5′、6′，即为棱线 B 与棱面 DE、DF 的贯穿点Ⅵ的正面投影。其水平投影 5、6 与棱线 b 重合。

● 连点

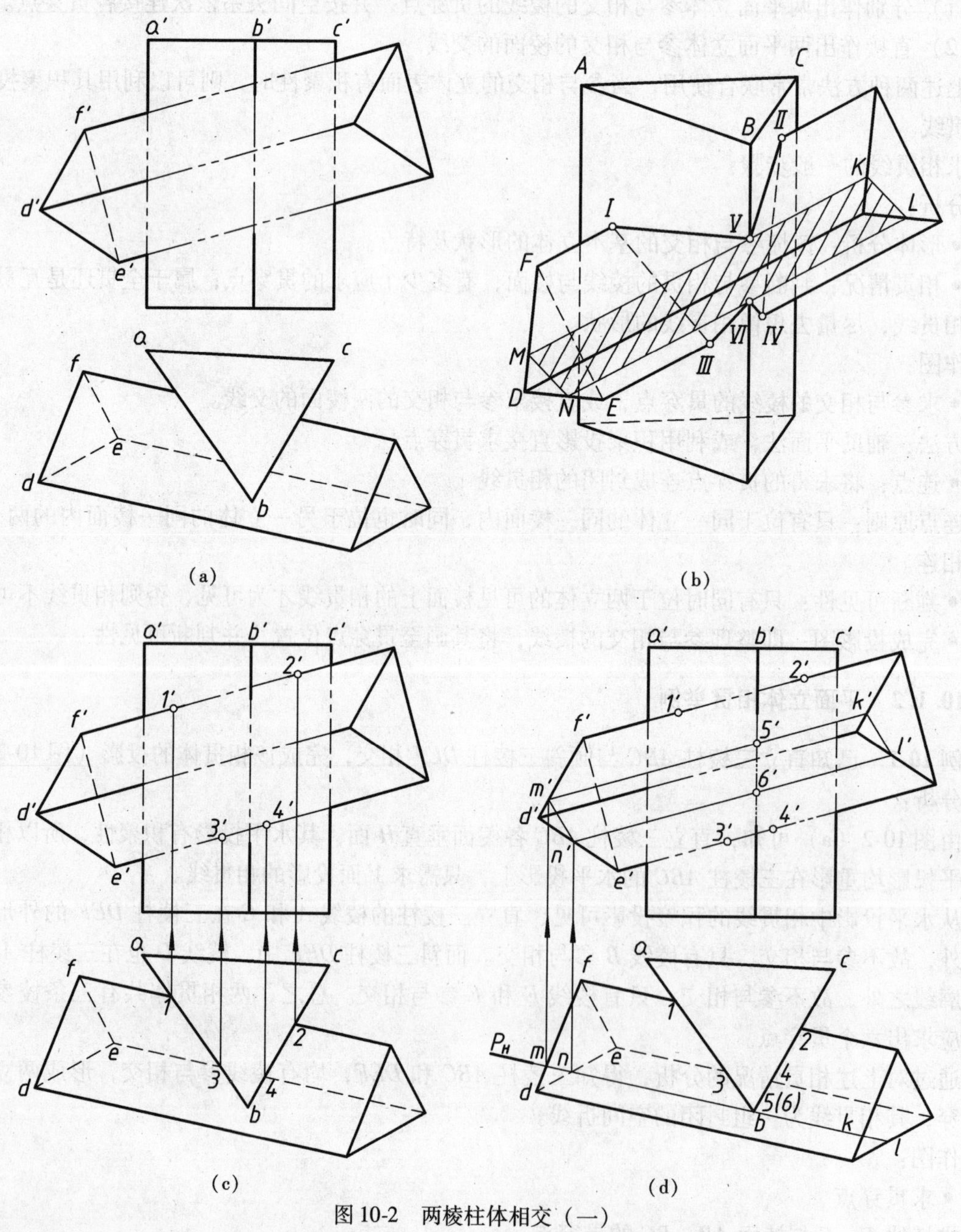

图 10-2 两棱柱体相交（一）

（a）已知；（b）轴测图；（c）求棱线 E、F 的贯穿点；（d）用辅助平面法求棱线 B 的贯穿点；

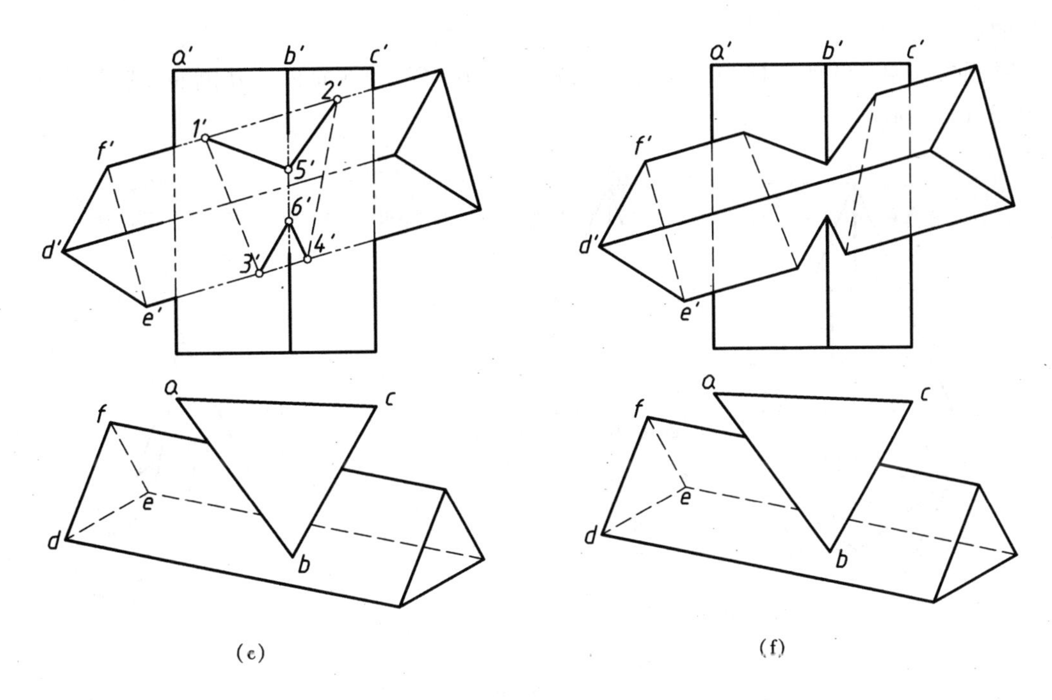

图 10-2　两棱柱体相交（二）
(e) 连点并判别可见性；(f) 完成投影图

依连点原则，将各贯穿点用直线顺次连接成封闭折线，如点Ⅰ和Ⅴ同时位于棱面 *AB* 内，又同时位于棱面 *DF* 内，故可连线。而点Ⅲ和Ⅴ，虽然同时位于棱面 *AB* 内，但Ⅴ是在 *DF* 内而Ⅲ是在 *E* 棱上，故Ⅲ和Ⅴ不能相连。其他各点用同样方法确定，按Ⅰ-Ⅴ-Ⅱ-Ⅳ-Ⅵ-Ⅲ-Ⅰ的顺序连成封闭折线，如图 10-2（e）所示。

• 判别可见性

相贯线的可见性取决于所在棱面的可见性，连线ⅠⅢ和ⅡⅣ即在棱面 *AB* 上，也在棱面 *EF* 上，棱面 *AB* 的正面投影 $a'b'$可见，而棱面 *EF* 的正面投影 $e'f'$不可见，因此 1′3′和 2′4′不可见，应画成虚线；ⅠⅤ、ⅡⅤ、ⅢⅥ、ⅣⅥ均处于两立体的可见棱面上，因此 1′5′、2′5′、3′6′、4′6′均为可见，应画成实线，如图 10-2（e）所示。

• 完成投影图

画相贯体的投影，主要作图是求贯穿点，完成相贯线；但求得相贯线后，还须整理棱线，将参与相贯的棱线画至贯穿点的位置。如棱线 f'应从两端向中间延伸至 1′和 2′位置；棱线 e'应从两端向中间延伸至 3′和 4′位置；棱线 b'应从两端向中间延伸至 5′和 6′位置。

补全不参与相交的棱线 a'、c'、d'的投影，因棱线 *D* 在前，故 d'为实线；棱线 *A*、*C* 中间一部分被三棱柱 *DEF* 遮挡，故 a'和 c'中间一部分画成虚线，如图 10-2（f）所示。

例 10-2　已知三棱锥与四棱柱相交，完成该相贯体的投影。

分析：

由图 10-3（a）可知，四棱柱正面投影有积聚性，即相贯线的 *V* 投影已知，只需求相贯线的 *H*、*W* 投影。且由 *V*、*H* 投影可知，三棱锥的 *SE*、*SG* 棱不参与相交，四棱柱全部贯通三棱锥，属全贯体，形成两组相贯线。前一组相贯线是四棱柱的四个棱面与三棱锥的前两个棱面 *SEF*、*SGF* 相交，其交线是一组封闭的空间折线；后一组相贯线是四棱柱的四个棱面与三棱锥的 *SEG* 棱面相交，其交线是一个平面矩形，如图 10-3（b）所示。总之，四棱柱的四条棱均参与相交，三棱锥的 *SF* 棱参与相交，应求出十个贯穿点。

作图：

• 补画参与相交的四棱柱与三棱柱 *W* 投影，其中 *SGE* 为侧垂面，其侧面投影积聚为直线，如图 10-3（a）所示。

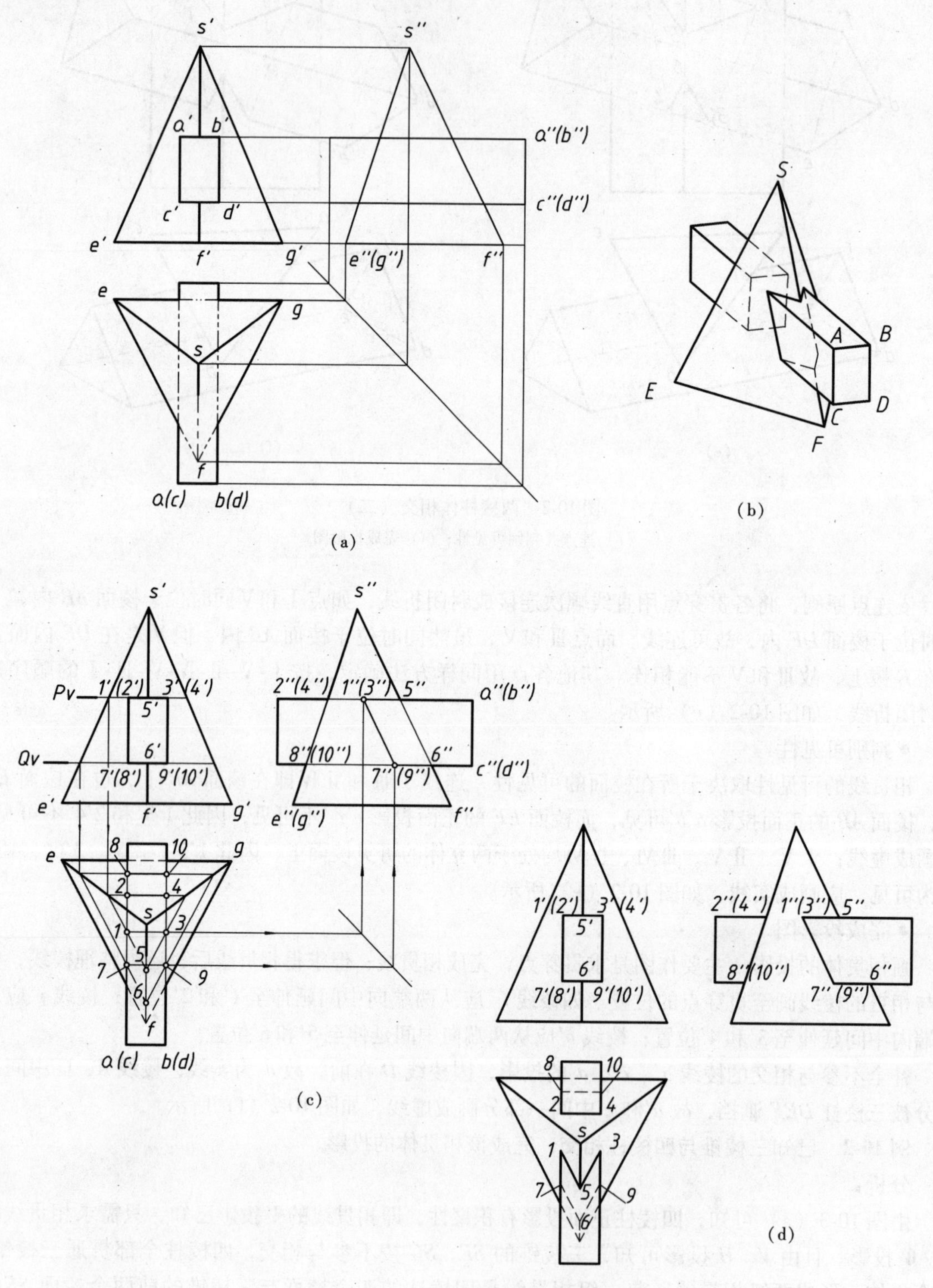

(a)

(b)

(c)

(d)

图 10-3　三棱锥与四棱柱相交

• 此题采用辅助平面法，直接求棱面与棱面的交线。

•• 求棱面 *AB* 与三棱锥的交线：

包含棱线 A、B 作水平辅助平面 P（可假想将棱面 AB 扩大），P 面与三棱锥相交的截交线的水平投影，是一个与三棱锥底面相似的三角形。该三角形与棱面 ab 相交的交线 15、53、24 即为相贯线的部分投影，其中 15 是棱面 AB 与棱面 SEF 交线的水平投影，53 是棱面 AB 与 SGF 交线的水平投影，24 是棱面 AB 与棱面 SEG 交线的水平投影。交线的正面投影 $1'5'$、$5'3'$、$2'4'$ 均与 $a'b'$ 重合，同时并完成交线的侧面投影 $1''5''$、$5''3''$、$2''4''$，如图 10-3（c）所示。

●● 求棱面 CD 与三棱锥的交线：

同理包含棱线 C、D 作水平面 Q，可求得相贯线ⅦⅥ、ⅥⅨ、ⅧⅩ的各个投影，如图 10-3（c）所示。

●● 分别求棱面 AC 和 BD 与三棱锥交线：

从以上作图过程可知，参与相贯的五条棱线的贯穿点均已求完，则棱面 AC 和 BD 与三棱锥的交线通过连点的方式即可完成，点Ⅰ和Ⅶ同时属于棱面 AC 和 SEF，所以，Ⅰ和Ⅶ可以连线，即ⅠⅦ为棱面 AC 与棱面 SEF 的交线。同理，ⅢⅨ为棱面 BD 与棱面 SFG 的交线，ⅡⅧ为棱面 AC 与棱面 SEG 的交线。ⅣⅩ为棱面 BD 与棱面 SEG 的交线。连线Ⅰ—Ⅴ—Ⅲ—Ⅸ—Ⅵ—Ⅶ—Ⅰ为封闭的空间折线，是前一组相贯线；连线Ⅱ—Ⅳ—Ⅹ—Ⅷ—Ⅱ为封闭的平面图形，是后一组相贯线。

● 判别可见性

由于三棱锥面的水平投影均可见，所以相贯线水平投影的可见性取决于四棱柱水平投影的可见性问题，四棱柱的棱面 CD 的水平投影不可见，所以棱面 CD 上的相贯线Ⅶ—Ⅵ—Ⅸ—Ⅲ和ⅧⅩ均不可见。其他的水平投影的相贯线均可见。由于棱面 SEG 是侧垂面，所以在该棱面上的相贯线Ⅱ—Ⅳ—Ⅹ—Ⅷ—Ⅱ也重影在 $d''e''$（g''）上，如图 10-3（d）所示。

● 完成投影图

将参与相贯的棱均画至贯穿点位置，并判别棱线的可见性。参与相贯的四棱柱其两端伸出将三棱锥底部遮挡，所以表示三棱锥底的三角形，其中有一部分应为虚线（即将假想线改为虚线），如图 10-3（d）所示。

例 10-3　图 10-4（a）所示为建筑上常见的屋面附设物（如：塔楼、烟囱、天窗等），求其与屋面本身的相贯线。

分析：

屋面为同坡屋面，其中左边的一个坡为正垂面。塔楼为正四棱锥 S—$ABCD$，其棱线斜度相同，因此四棱锥中 SA、SB、SD 棱与坡面相交的交点一样高。

作图：

● 求 SA、SB、SC、SD 与坡面的交点：

棱线 SC 与屋面平脊相交，其交点的正面投影 $1'$ 已知，由此确定其水平投影 1。

棱线 SA 与正垂坡面相交的交点 $2'$ 已知，由此确定其水平投影 2。

棱线 SB 与 SD 与坡面的交点的正面投影 $3'$ 和 $4'$ 根据 $2'$ 确定，其水平投影 3 和 4 根据 2 确定。

● 求屋面斜脊与棱面 SAB 和 SAD 的贯穿点：

包含斜脊作铅垂面，确定点 V，点Ⅵ与点 V 等高。

● 连点并完成投影图：

依连点原则，按Ⅰ-Ⅲ-Ⅴ-Ⅱ-Ⅵ-Ⅳ-Ⅰ的顺序连线，由于坡面的水平投影与锥面的水平投影均可见，其相贯线的水平投影均可见。相贯线的正面投影也可见。相贯线前后对称。将参与相贯的棱线、屋脊线画至贯穿点位置，如图 10-4（d）所示。

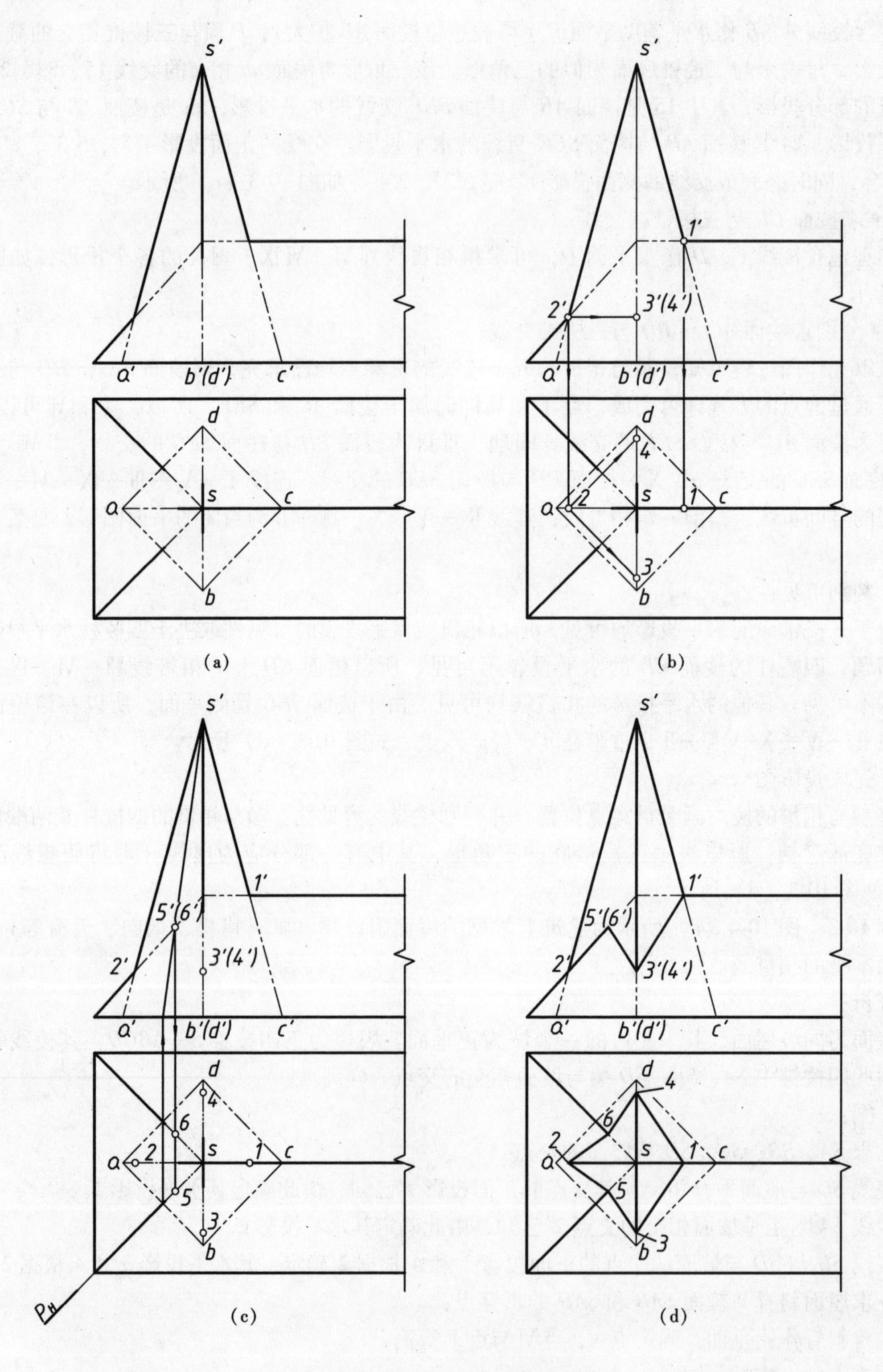

图 10-4　求四棱锥与坡屋面的交线

(a) 已知；(b) 求各棱线与坡面的交点；(c) 求斜脊与锥面的贯穿点；(d) 连线及完成投影图

10.2 屋 面 交 线

10.2.1 同坡屋面

屋面有多种形式，如两坡屋面、四坡屋面、歇山屋面等，最常见的是屋檐等高的同坡屋面，即屋檐高度相等，各屋面与 H 面倾角相等的屋面。同坡屋面上各种交线的名称如图 10-5 所示：两个相邻屋檐相交成阳角（凸墙角）；坡面交线为斜脊；两相邻屋檐相交成阴角（凹墙角）；屋面交线为斜沟（天沟）；平行两个屋檐的屋面交线为平脊（屋脊）。

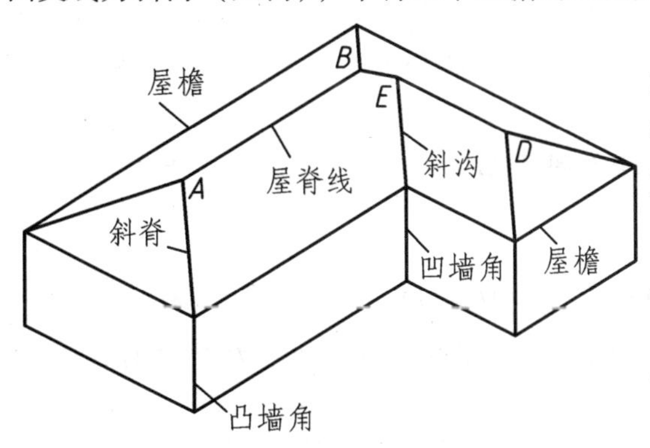

图 10-5　同坡屋面

同坡屋面各坡面的交线，实质是平面与平面相交的问题，当同坡屋面屋檐高度相等时，可遵循下述三点规则，在给定的屋面周界（水平投影）上求脊棱，进行屋面坡面的划分。

（1）斜脊（包括天沟）的 H 投影是两个相邻屋檐交线的角平分线。

（2）平脊的 H 投影必为两相对屋檐等距离的平行线。

（3）屋面上，若两条脊棱已相交一点，则过该点必然还有第三条脊线，即两个斜脊相交于一点，必有第三条平脊通过该点，或一个斜脊与平脊相交，必有第三个斜脊通过该点。该交点就是三个相邻屋面的公共点，如图 10-5 中的 A、B、C、D 均为公共点。

例 10-4　图 10-6（a）给出一同坡屋面的周界，试用上述规则作出屋顶的各个脊棱的投影，并完成屋面的 V、W 投影，屋面坡角 $\alpha = 30°$。

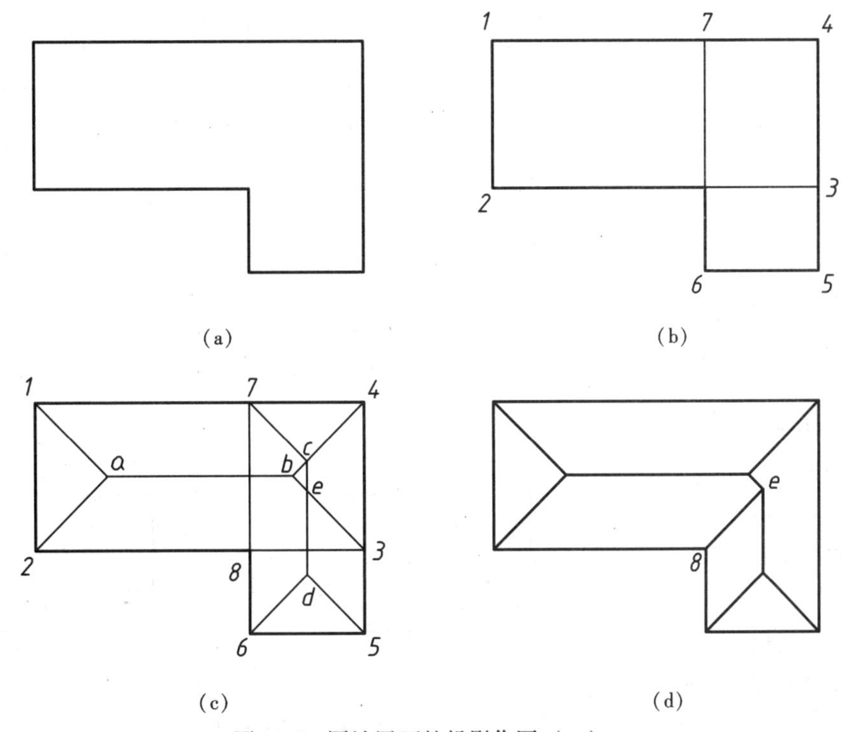

图 10-6　同坡屋面的投影作图（一）

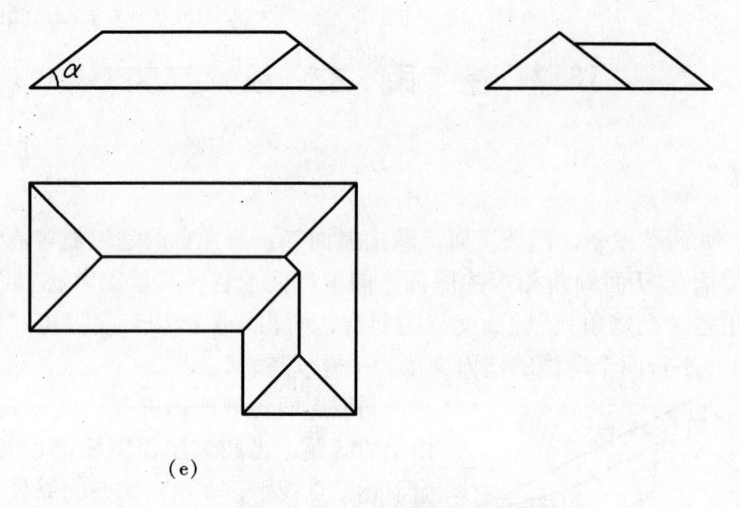

(e)

图 10-6　同坡屋面的投影作图（二）

作图：

• 先将屋面给定周界划分为两个矩形 1234 和 4567，如图 10-6（b）所示；

• 作斜脊与平脊的投影：即作各矩形的分角线，两分角线交点的连线 ab、de 为平脊，如图 10-6（c）所示；

• 擦去无用的斜脊线和平脊线：斜脊只是在凸墙角处存在，平墙位置不产生斜脊，即过点 7 处的斜脊不存在，因此，过点 3 处的斜脊 $3e$ 不存在，平脊 ec 段也不存在，斜脊 be 仍存在，该段斜脊是从大跨度的平脊 ab 向小跨度的平脊 ed 过渡的斜脊（屋面同坡，屋面跨度不同，必然平脊高度不同）；

• 作斜沟的投影：连线 $8e$，即完成斜沟的水平投影，此时 C 点处三线共点，如图 10-6（d）所示；

• 作屋面的 V、W 投影：

因为同坡屋面的屋檐等高，周界上斜脊的起点均在水平线上，依 $\alpha=30°$，作斜脊的投影，再作斜脊线上公共点的投影，方可确定平脊的正面投影和侧面投影。图 10-6 所示为屋面的 V 和 W 投影。

例 10-5　图 10-7（a）所示给定同坡屋面的周界，完成屋面的划分。

给定周界的划分是作好较复杂坡面交线的关键。给定周界的划分，要使得

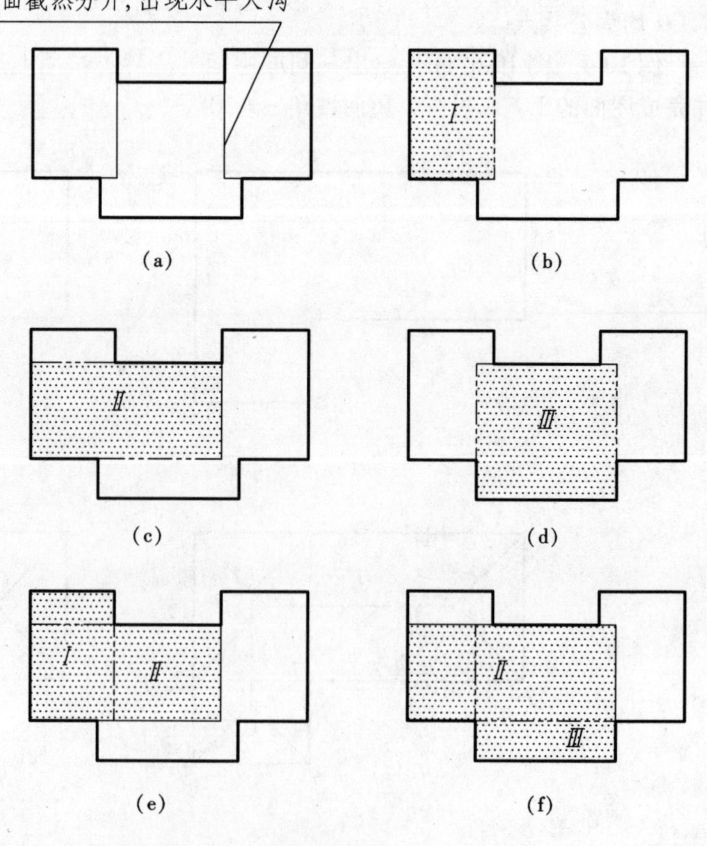

图 10-7　给定周界的划分

相邻两矩形（矩形代表坡面）有相互重叠的部分，故相邻两矩形不能截然分开，这样会形成水平天沟，是屋面分割中必须避免的现象。如图10-7（a）为错误的划分。正确的划分方法，该坡面应分为四个矩形，其中左右两侧对称，均为坡面Ⅰ，如图10-7（b）所示。其他两坡面分为Ⅱ和Ⅲ，如图10-7（c）和（d）所示，坡面Ⅰ与坡面Ⅱ相邻应求交线，坡面Ⅱ与坡面Ⅲ相邻应求交线，最终组合成完整的坡面交线。

例10-6　图10-8（a）所示，给定周界可分为三个坡面（三个矩形），故一个纵向坡面，两个横向坡面。纵向坡面与左侧横向坡面的分割及所求坡面交线见图10-8（b）、（c）所示。纵向坡面与右侧横向坡面的分割及所求坡面交线见图10-8（d）、（e）所示。图10-8（f）为完成的坡面交线投影图。从图中可见天沟的端点与横向坡面的斜脊（大跨度斜脊）和纵向坡面的平脊（小跨度的平脊）共点于a（三线共点）。

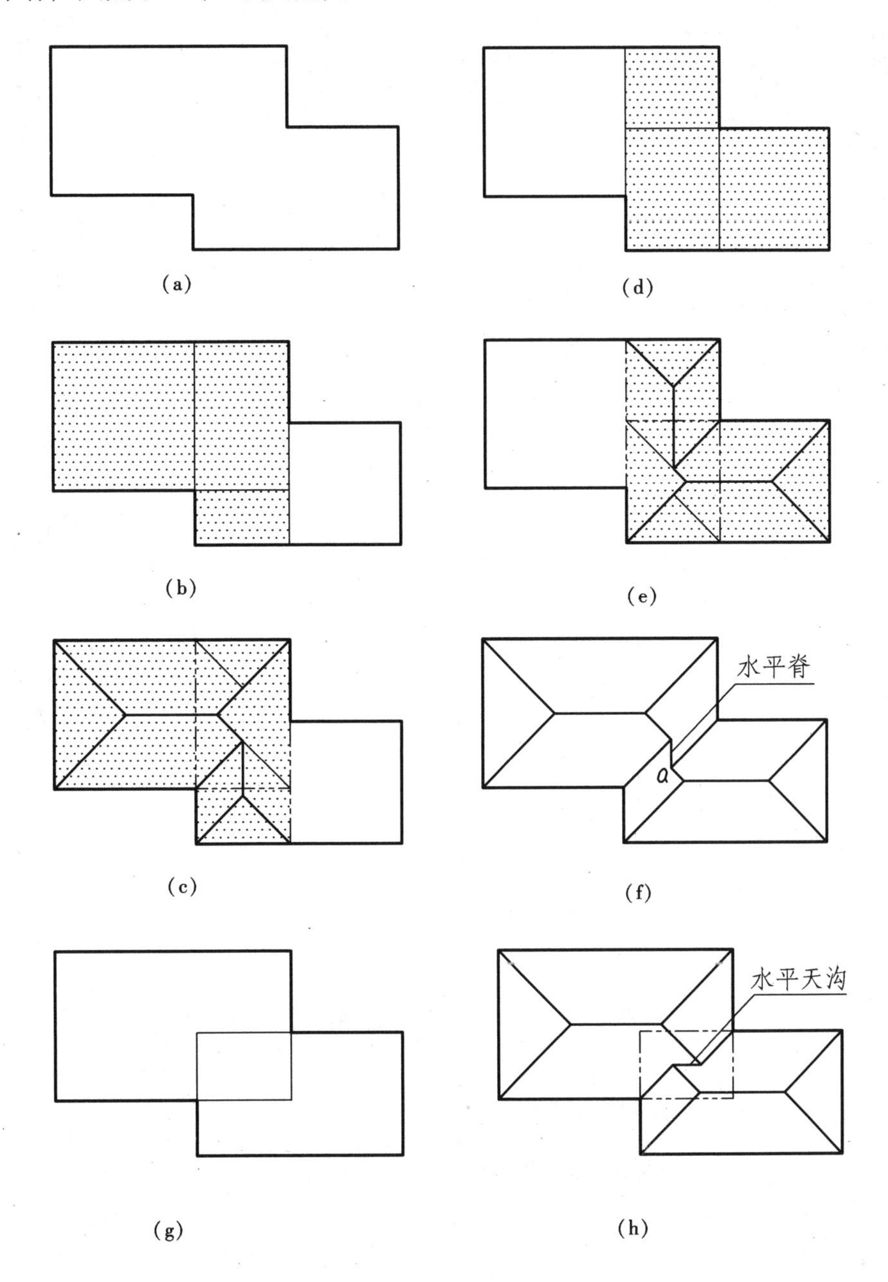

图10-8　给定周界的划分及坡面交线

图 10-8（g）、（h）为另一种坡面划分的方式及所求坡面交线。从图 1-8（*h*）中的坡面交线可见，出现了水平天沟，故图 10-8（g）、（h）的划分是不正确的。

10.2.2 非同坡屋面

在建筑设计中常有屋檐不等高，坡面不相同的组合建筑，称为非同坡屋面。作这类建筑的屋面交线，可运用直线与平面相交求交点的方法，作屋檐或屋脊与坡面的交点，然后连线，即完成非同坡屋面的交线。

例 10-7 完成图 10-9 所示非同坡屋面的交线。

作主体与附体坡面的交线是从求附体屋檐、屋脊与主体坡面的交点入手，即过附体屋檐的正面投影作水平面 P_1，求得附体屋檐与主体坡面的交点Ⅰ和Ⅱ。同理，通过水平面 P_2，求得附体屋脊与主体坡面的交点Ⅲ，连线ⅠⅢ和ⅡⅢ，即完成主体坡面与附体坡面的交线。连线ⅡⅣ和ⅠⅤ为附体墙面与主体坡面的交线。

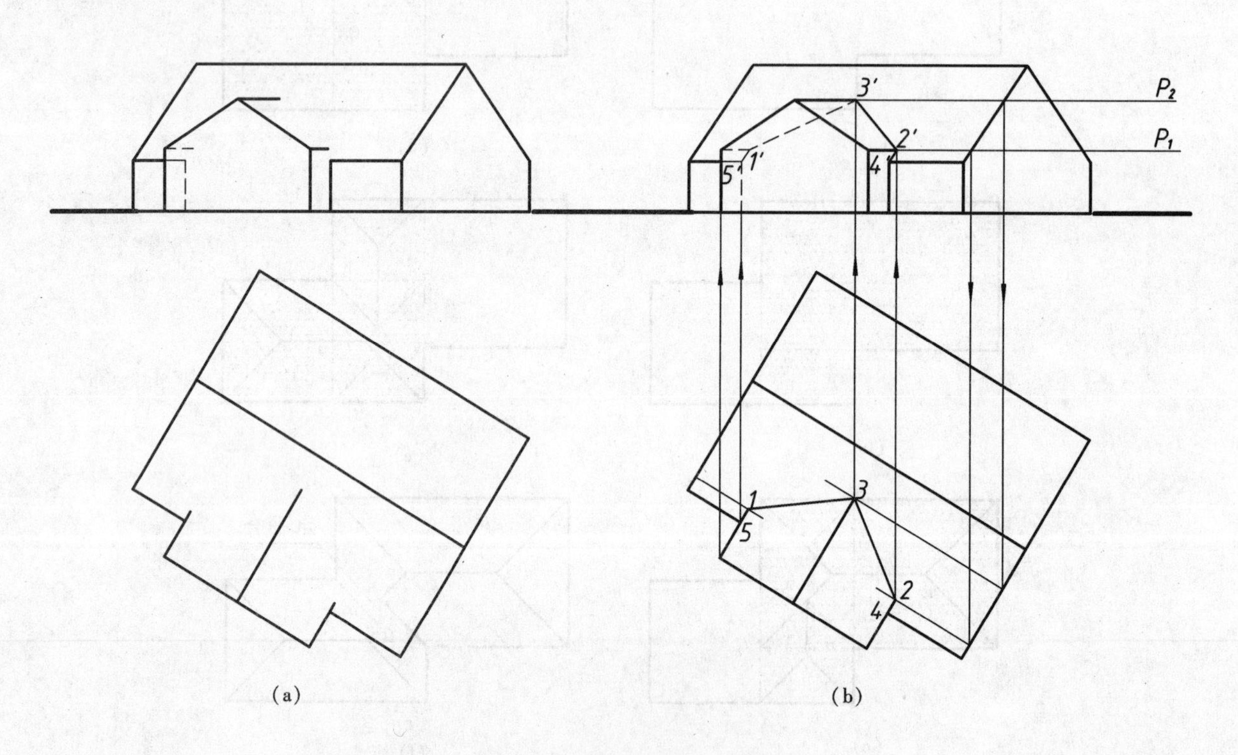

图 10-9 坡面角不同屋檐不等高的屋面交线画法

10.3 平面体与曲面体相贯

10.3.1 相贯线的特性及作图方法

平面体与曲面体相交，相贯线是由若干段平面曲线组成的空间封闭线。

如图 10-10 所示，其中的每段平面曲线是平面立体的棱面与曲面立体的截交线，相邻两段平面曲线的交点称结合点，结合点实质是平面立体的棱线与曲面立体的贯穿点。因此，求平曲相贯的相贯线的实质，是求曲面立体的截交线和贯穿点的问题。

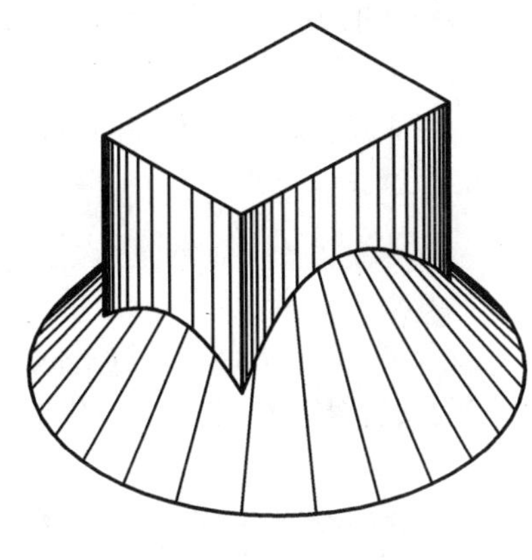

图 10-10　平曲相贯

求平曲相贯的相贯线的一般步骤：

（1）形体分析及相贯情况的分析；

（2）求相贯线上的结合点；

（3）逐条求截交线；

（4）连线；连点时应注意，相贯线在结合点处有突然的转折，结合点之间是光滑的平面曲线。对复杂的平曲相贯问题，应将参与相交的棱面，分别逐条求截交线，以避免大范围的连点；

（5）完成投影图。

10.3.2　平曲相贯举例

例 10-8　已知四棱柱与圆锥相交，完成该相贯体的投影（见图 10-11a）。

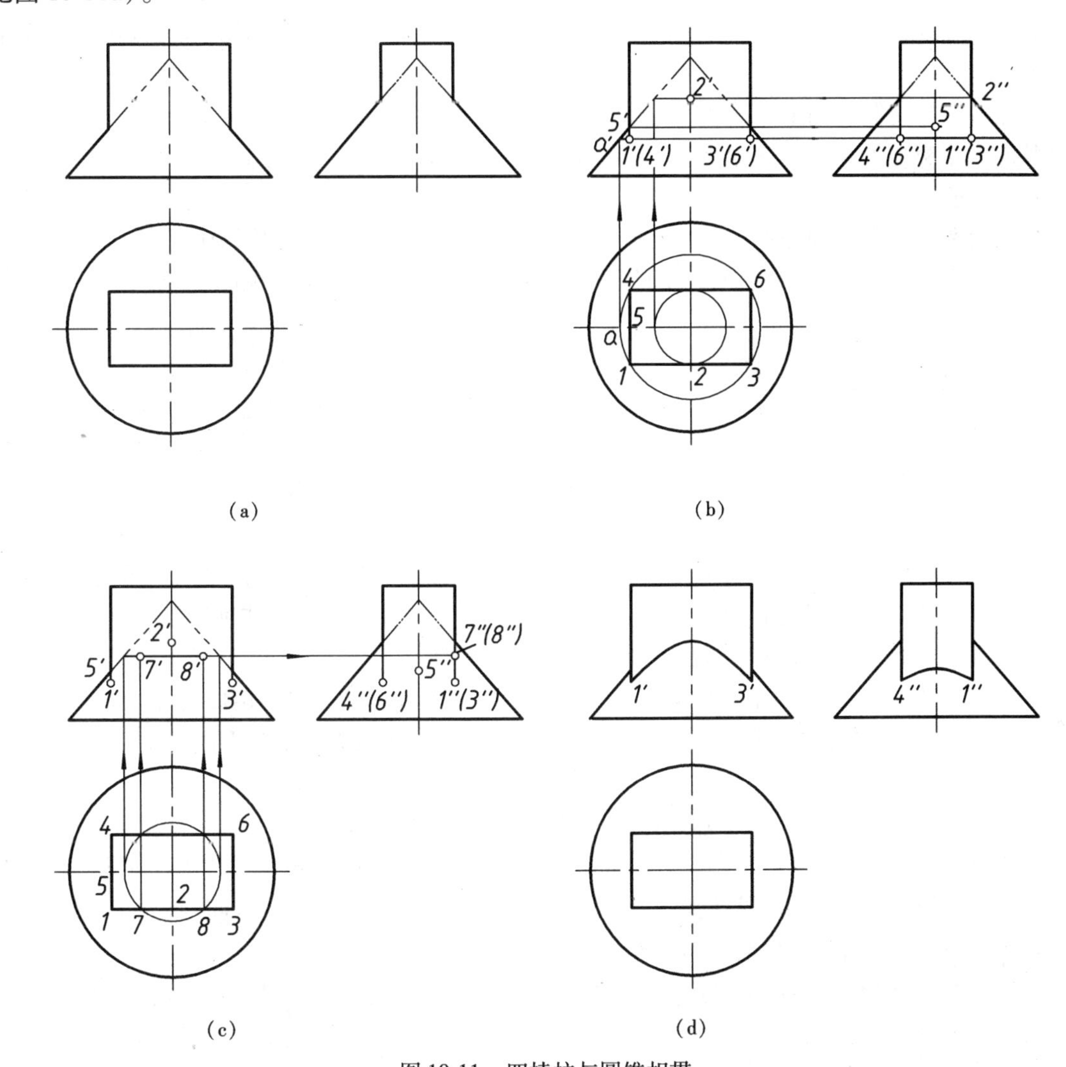

图 10-11　四棱柱与圆锥相贯

（a）已知；（b）求最高点和最低点；（c）求一般点；（d）完成投影图

分析：

由于四棱柱的四个棱面均平行圆锥轴线，故相贯线是由四段双曲线构成的空间封闭线。由于四棱柱与圆锥上部全贯（没有从底部穿通），故相贯线只有一组。四棱柱的 H 投影有积聚性，故相贯线的 H 面投影已知，只需求相贯线的 V 和 W 面投影。四棱柱前、后两棱面为正平面，相贯线的正面投影反映双曲线的实形，其侧面投影聚为直线。四棱柱左、右棱面为侧平面，相贯线的侧面投影反应双曲线实形，其正面投影聚为直线。

作图：

• 求四个结合点的投影：

四棱柱的四条棱对圆锥的贯穿点Ⅰ、Ⅲ、Ⅳ、Ⅵ为结合点，也是双曲线的最低点，过最低点的水平投影 1、3、4、6 作水平的纬圆，可确定最低点的正面投影 1′、3′、4′、6′和侧面投影 1″、3″、4″、6″，如图 10-11（b）所示。

• 求双曲线最高点的投影：

从 H 投影可见，四棱柱的前棱面上的双曲线的最高点水平投影为 2（因为 2 离锥顶最近），通过 2 作水平纬圆，即可求得最高点的正面投影 2′和侧面投影 2″如图 10-11（b）所示。

最高点Ⅱ处于圆锥的侧面外形线上，也处于前棱面（正平面）上，由于正平面的侧面投影有积聚性，因此可以在 W 投影中直接找到最高Ⅱ的侧面投影 2″，高平齐确定 2′，如图 10-11（b）所示。

同理四棱柱左侧棱面上双曲线的最高点的正面投影 5′，是处于圆锥正面外形线与左侧棱面的积聚投影相交之处，高平齐确定 5″，如图 10-11（b）所示。

• 求一般点：

在最高和最低点之间任作一水平纬圆，确定ⅦⅧ两点，作图过程如图 10-11（c）所示。

• 用光滑的曲线将各点正面投影 1′—7′—2′—8′—3′相连；将各点侧面投影 4″—5″—1″相连。

• 判别可见性：因为是对称图形，故相贯线的正面和侧面投影都可见。

• 完成投影图：将正面投影中棱线画至贯点 1′和 3′位置，将侧面投影中棱线画至 1″和 4″位置，见图 10-11（d）。

例 10-9 已知圆锥与斜三棱柱相交，完成该相贯体的投影（图 10-12a）。

分析：

斜三棱柱的 BCC_1B_1 面为正垂面，与圆锥相交的截交线为椭圆曲线的一部分，而其他两个棱面 ABB_1A_1 和 ACC_1A_1 为倾斜面，参与相交的情况必须通过作图方可作出准确判断，斜三棱柱的三条棱与圆锥相交的情况也必须通过作图方可作出正确判断。

各棱线与圆锥相交的作图应用过锥顶的辅助平面求贯穿点，如图 10-12（b）所示。包含 B 棱的过锥顶的辅助平面的水平迹线与底圆不相交，故 B 棱不参与相交；同样方法也可以确定 A 棱和 C 棱也不参与相交。

三棱柱各棱面与圆锥参与相交的情况，如图 10-12（c）所示。作一水平辅助平面 T（T_V），T 面与圆锥的交线为一纬圆，与斜三棱柱的交线为一三角形 DEF（def），其中纬圆与 df 和 ef 均相交。但与 de 不相交，而 de 是棱面 acc_1a 内的交线，因此得出 ACC_1A_1 棱面与圆锥不参与相交，而棱面 ABB_1A_1 和 BCC_1B_1 与棱面参与相交。

ABB_1A_1 与圆锥相交的截交线为椭圆，椭圆的长轴端点在该平面内过锥顶点的最大斜度线上，长轴端点也为最高点和最低点。

作图：

• 求棱面 ABB_1A_1 与圆锥的截交线——椭圆：

•• 确定棱面 ABB_1A_1 内过锥顶的最大斜度线。包含最大斜度线作铅垂面 P_H，求长轴的端点Ⅱ和Ⅰ点，见图 10-12（d）；

●● 椭圆短轴的端点Ⅲ和Ⅳ在长轴中点的水平线上，通过中点 O 确定 P_1 位置，见图 10-12（e）。

●● 通过过锥顶的正平面 R_H，确定圆锥外形线上的点Ⅴ和Ⅵ点，见图 10-12（d）。

●● 通过水平辅助面 P_2、P_3、P_4、P_5 求椭圆曲线上的一般点Ⅹ、Ⅺ、Ⅻ、ⅩⅢ……，见图 10-12（e）。

●● 光滑连接所求椭圆曲线各点，连线 1—10—4—12—6—2—13—3—5—11—1 为椭圆曲线

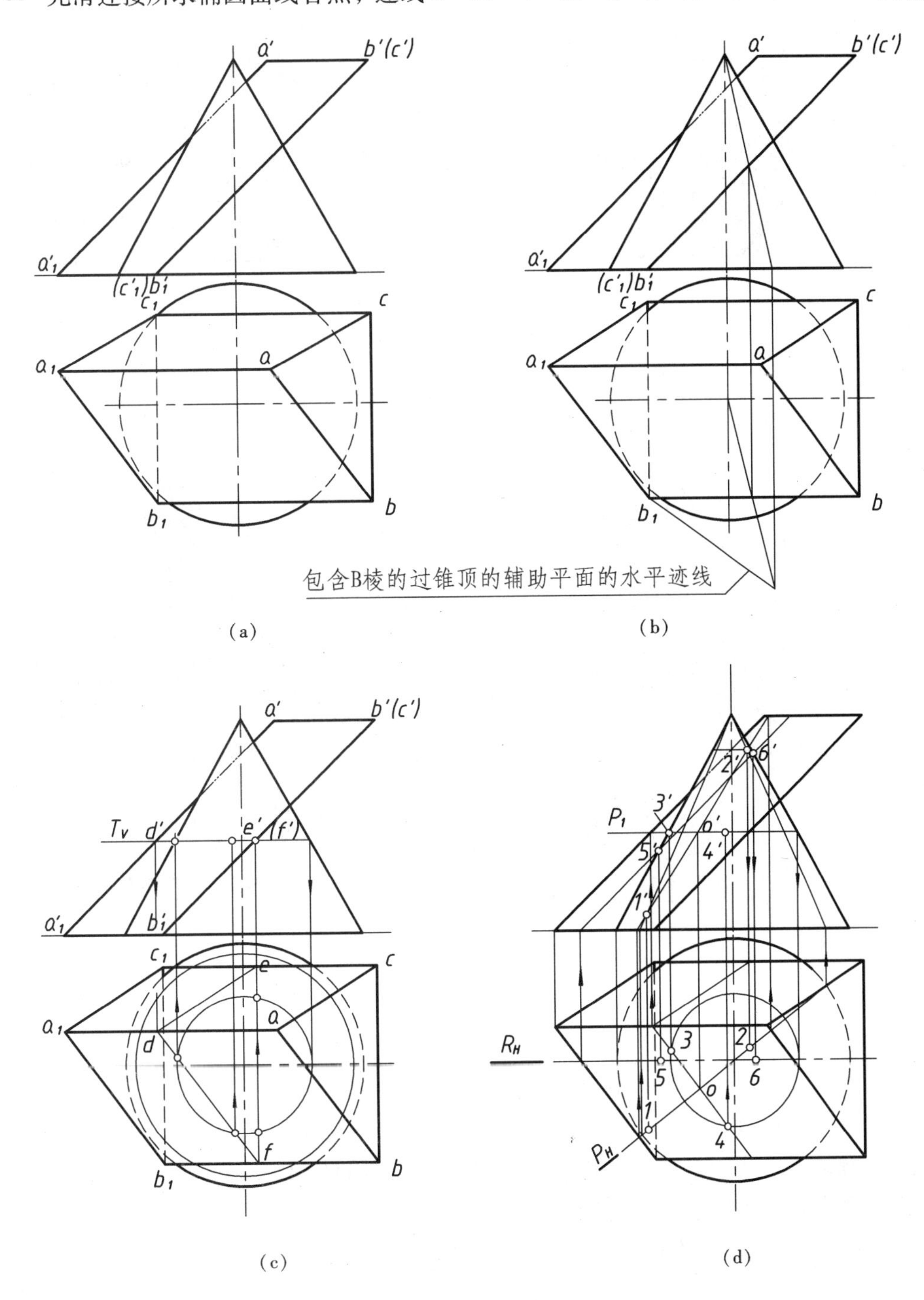

(a)　(b)　(c)　(d)

图 10-12　斜三棱柱与圆锥相贯（一）

（a）已知；（b）判别 B 棱是否参与相交；（c）判别各棱面是否参与相交；

（d）求椭圆交线长短轴上的点和圆锥外形素线上的点

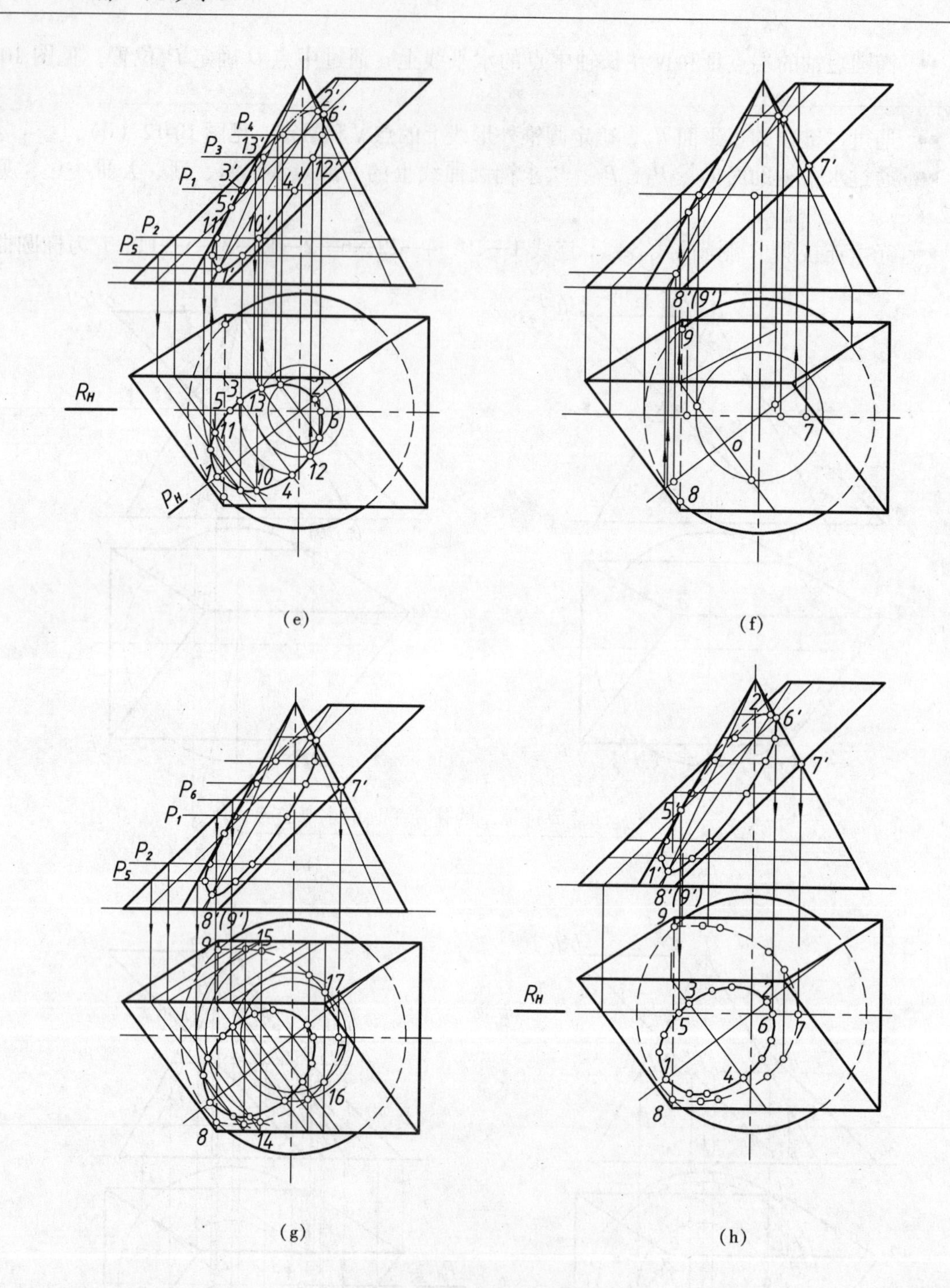

图 10-12　斜三棱柱与圆锥相贯（二）

（e）求一般点；（f）求最高点和最低点；（g）求一般点；（h）完成投影图

的水平投影，连线 1′—10′—4′—12′—6′—2′—13′—3′—5′—11′—1′为椭圆的正面投影。其中连线 5′—3′—13′—2′—6′在圆锥的后半个面上，应为虚线。

- 求棱面 BCC_1B_1 与圆锥的截交线——部分椭圆曲线：
- •• 圆锥外形线上的点为最高点Ⅶ，最低点Ⅷ和Ⅸ，也为最前最后点，见图 10-12（f）。
- •• 通过 P_2、P_6、P_5 确定椭圆曲线的一般点ⅩⅣ、ⅩⅤ、ⅩⅥ、ⅩⅦ……点。
- •• 光滑连线所求各点 8、14、16、7、17、15、9，即完成椭圆曲线的水平投影。其正面投影聚为一直线。

● 整理外形轮廓线和棱线：

●● 圆锥正面外形轮廓线画至 5′和 6′位置。

●● *A* 棱线的正面投影被圆锥遮挡应为虚线。

10.4　两曲面立体相贯

10.4.1　相贯线的特性及作图方法

1. 相贯线的特性

同平面立体与平面立体相交和平面立体与曲面立体相交一样，两曲面立体的相贯线也是两立体表面的交线，因而相贯线的形状及投影特征将受到两立体的形状、大小及空间相对位置的影响。但所有相贯线有其共同之处，其特性是：

（1）相贯线是两立体表面的共有线，且为两立体表面的分界线。相贯线上的点是两立体表面共有点的集合。

（2）两曲面立体的相贯线一般为封闭的空间曲线，特殊情况下为平面曲线或直线，如图 10-13 所示。

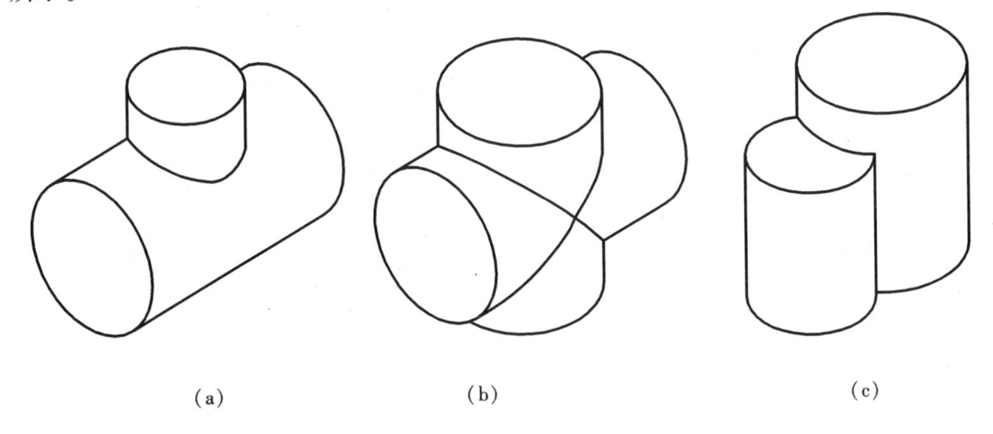

图 10-13　两曲面立体相贯线的特征

（a）相贯线为空间曲线；（b）相贯线为平面曲线（椭圆）；（c）相贯线为直线

特性（2）是两曲面立体相贯线的形状特征。

2. 作图方法

求作两曲面立体的相贯线时，应先作出相贯线上一些能够确定相贯线形状和范围的特殊点，如曲面立体投影转向轮廓线上的终止点、可见与不可见分界点、对称相贯线在其对称平面上的点，以及最高、最低，最左、最右，最前、最后点等，为了比较准确地求出相贯线的投影，再按需要求作相贯线上一些其它的一般点，然后用光滑曲线按顺序连接诸点，并表明可见性。连线时注意一段相贯线同时位于两个立体的可见表面上时，这段相贯线的投影才是可见的，否则就不可见。

求两曲面立体相贯线上的点的常用方法有表面取点法和辅助面法。

当两个立体中有一个立体表面的投影有积聚性时，可用在曲面立体表面上取点的方法作出两立体表面上的这些共有点；而在一般情况下，则可用辅助面求作这些共有点，也就是求出辅助面与这两个立体表面的三面共点，即为相贯线上的点。辅助面常用平面、球面等。

（1）表面取点法

两曲面立体相交，如果其中有一个是轴线垂直于投影面的圆柱，则相贯线在该投影面上的投影就积聚在圆柱面的有积聚性的投影上，即相贯线的这个投影已知，于是，求圆柱和另一曲面体相贯线的投影，可以看作是已知另一曲面体表面上的线的一个投影而求作其它投影的问题。这样，就可以在相贯线上取一些点，按已知曲面体表面上的点的一个投影求其它投影的方法，即表面取点法，由此作出两曲面立体相贯线的投影。

（2）辅助平面法

作两曲面立体的相贯线时，可以用与两个曲面立体都相交（或相切）的辅助平面切割这两个立体，则两组截交线（或切线）的交点，是辅助平面和两曲面立体表面的三面共点，即为相贯线上的点。用这种方法求作相贯线，称为辅助平面法。

用表面取点法求作相贯线的作图，也都可以用辅助平面法求解。

如图 10-14（a）所示，两圆柱轴线垂直相交，若作平行于两圆柱轴线的辅助平面 P，分别与这两个圆柱面交得一对素线，小圆柱面两条素线与大圆柱面上边一条素线的交点Ⅰ、Ⅱ就是相贯线上的点；用几个这样的平面作出相贯线上的若干点，就能连成相贯线。如果辅助平面平行于一个圆柱的轴线且垂直于另一个圆柱的轴线，这时辅助平面分别与这两个圆柱面交得一对素线和一个圆，它们的交点就是相贯线上的点。

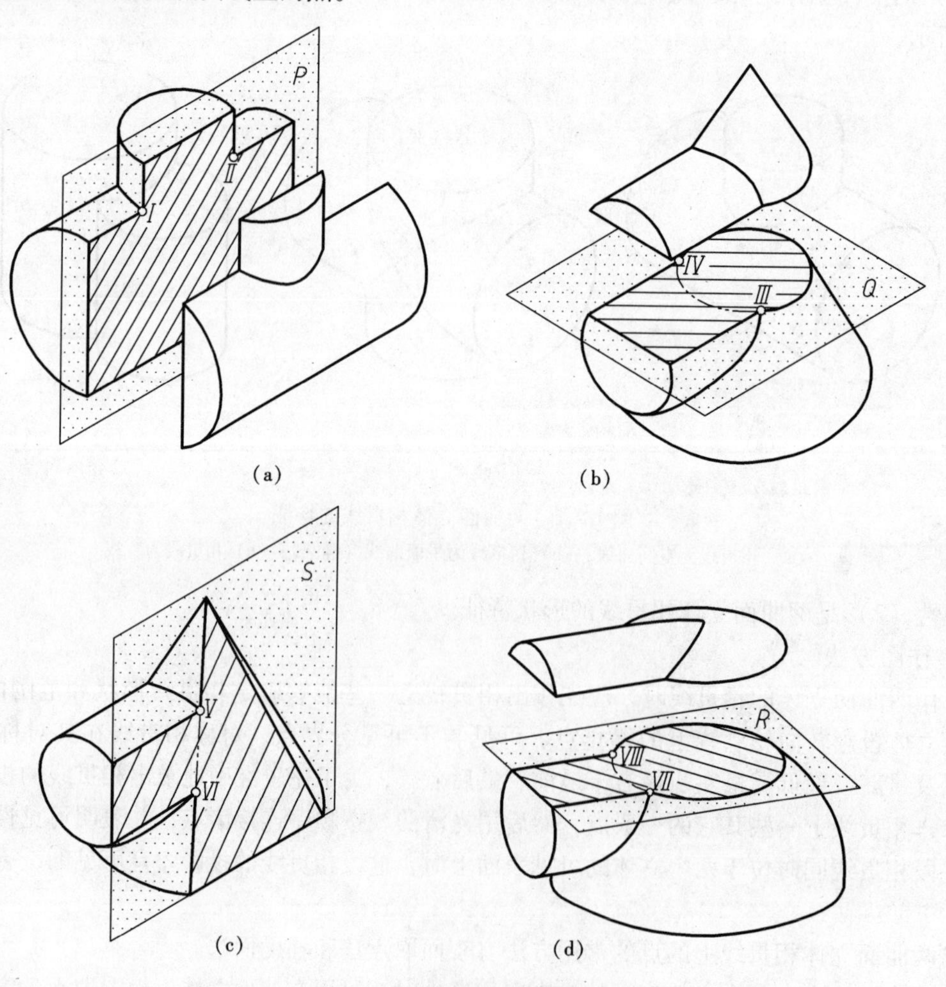

图 10-14　辅助平面的选择

（a）辅助平面平行于两圆柱的轴线；（b）辅助平面平行于圆柱的轴线且垂直于圆锥的轴线；
（c）辅助平面通过圆锥的锥顶；（d）辅助平面平行于圆柱的轴线且垂直于圆球的轴线

应该指出：为了能方便地作出相贯线上的点，最好选用特殊位置平面作为辅助平面，并使辅助平面与两曲面立体的截交线的投影为最简单，如截交线为直线或平行于投影面的圆。

如图 10-14（b）、（c）所示，圆柱和圆锥轴线垂直相交，为了使辅助平面能与圆柱面，圆锥面相交于素线或平行于投影面的圆，对圆柱而言，辅助平面应平行或垂直于柱轴；对圆锥而言，辅助平面应垂直于球轴或通过锥顶。综合上述情况，只能选择如图 10-14（b）、（c）所示的两种辅助平面。如图 10-14（b）所示，当辅助平面 *Q* 平行于柱轴且垂直于锥轴时，*Q* 与圆柱面相交于两条平行素线，*Q* 与圆锥面相交于一个水平纬圆，它们的交点Ⅲ、Ⅳ就是相贯线上的点；也可以过锥顶作与圆柱面和圆锥面相交的辅助平面 *S*（图 10-14c），*S* 与圆柱面相交于两条平行素线，*S* 与圆锥面也相交于两条相交素线，圆柱面两条素线与圆锥面左边一条素线的交点Ⅴ、Ⅵ就是相贯线上的点（图 10-14c）。

图 10-14（d）所示，当辅助平面 *R* 平行于柱轴且垂直于球轴时，*R* 与圆柱面相交于两条平行素线，*R* 与圆球面相交于一个水平纬圆，它们的交点Ⅶ、Ⅷ就是相贯线上的点。

由图 10-14 可以看出，利用辅助平面求两立体表面共有点的作图步骤如下：

（1）根据形体分析选择合适的辅助平面。

（2）分别求出辅助平面与两立体截交线的投影。

（3）两截交线的交点，即为相贯线上的点。

圆柱与圆柱、圆柱与圆锥、圆柱与球体相交是工程上常见的两曲面立体的相贯形式，下面用表面取点法和辅助平面法阐述这些常见曲面立体相贯线的画法。

10.4.2　圆柱与圆柱相贯

1. 两圆柱轴线垂直相交相贯的三种形式

两圆柱轴线垂直相交（正交）是工程上最常见的曲面立体相贯的形式。这时，两立体相贯可能是它们的外表面，也可能是内表面，存在着虚、实圆柱的情形。它们的相贯线一般有图 10-15 所示的三种情况：

（1）图 10-15（a）表示小的实心圆柱全部贯穿大的实心圆柱，相贯线是上下对称的两条封

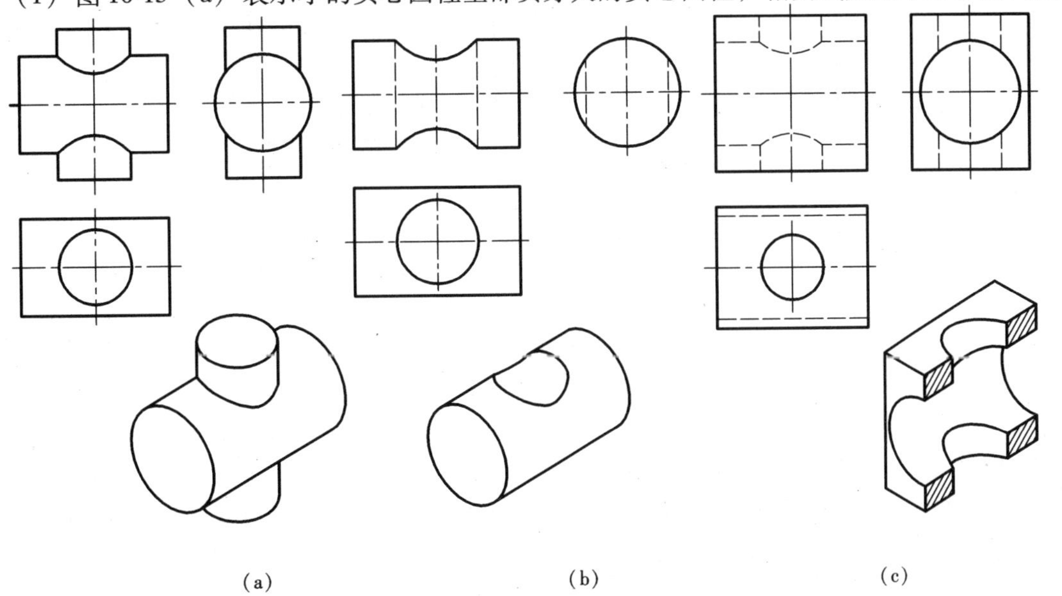

图 10-15　两圆柱正交相贯的三种情况

（a）两外表面相交；（b）外表面与内表面相交；（c）两内表面相交

闭的空间曲线。

（2）图 10-15（b）表示圆柱孔全部贯穿实心圆柱，相贯线也是上下对称的两条封闭的空间曲线，即圆柱孔壁的上、下孔口曲线。

（3）图 10-15（c）所示的相贯线是长方体内部两个圆柱孔的孔壁的交线，同样是上下对称的两条封闭的空间曲线。

实际上，在这三个投影图中所示的相贯线，它们虽有内、外表面的不同，但由于两圆柱面的直径大小和轴线相对位置不变，圆柱的虚实变化并不影响相贯线的形状，具有同样的形状，而且求这些相贯线投影的作图方法也是相同的（图 10-16），只是可见性不同。

例 10-10　已知两圆柱正交，完成该相贯体的投影（图 10-16a）。

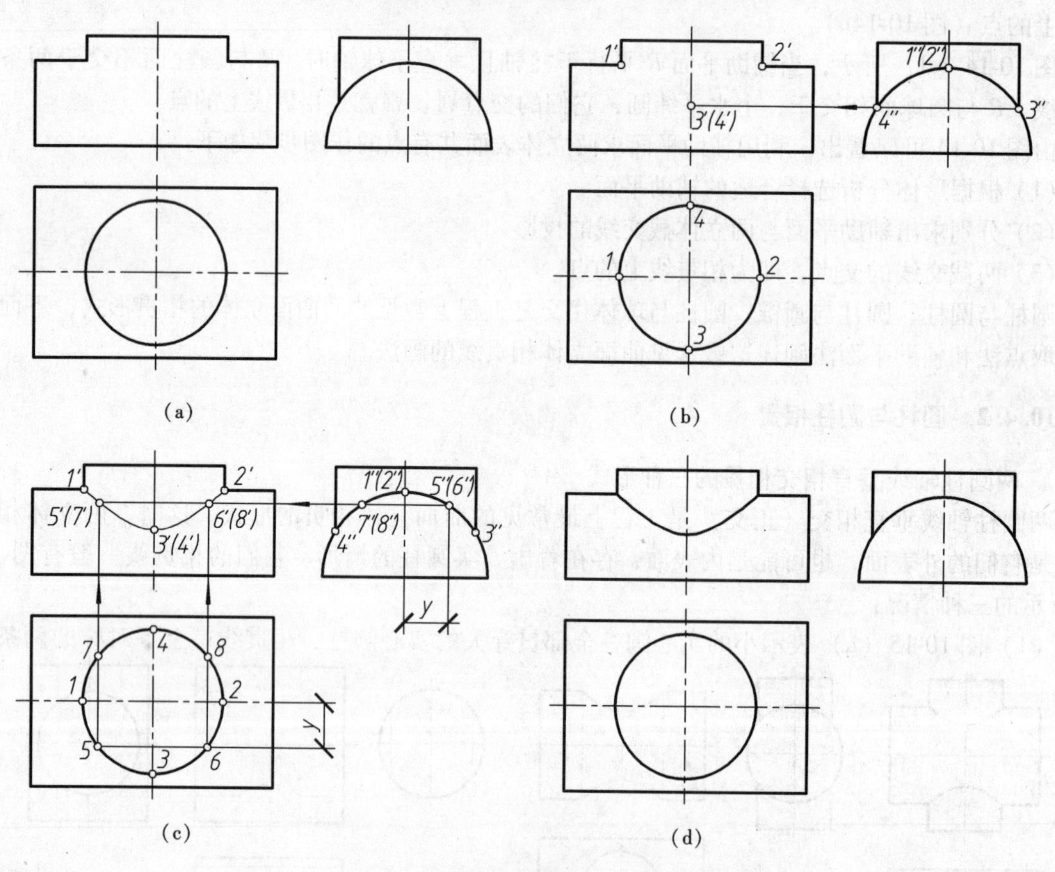

图 10-16　两圆柱轴线垂直相交

分析　从图 10-16（a）已知条件可知：铅垂圆柱与水平半圆柱的轴线垂直相交，相贯体有共同的前后和左右对称面，铅垂小圆柱全贯于水平大圆柱。因此，相贯线是一条封闭的前后左右对称的空间曲线。小圆柱面的水平投影积聚为圆，相贯线的水平投影与其重合；同理，大圆柱面的侧面投影积聚为半圆，相贯线的侧面投影也就重合在小圆柱穿进处的一段圆弧上，且左半和右半相贯线的侧面投影互相重合。已知相贯线的水平投影和侧面投影，即可采用表面取点法或辅助平面法求出其正面投影。由于两圆柱轴线相交且其公共对称面平行 V 面，因此相贯线的正面投影为双曲线。

作图：

• 求特殊点：两圆柱正面投影转向轮廓线的交点Ⅰ（1，1′，1″）、Ⅱ（2，2′，2″）为相贯线的最左、最右点，同时也是最高点。点Ⅲ（3，3′，3″）、Ⅳ（4，4′，4″）分别是相贯线上的最前点和最后点，同时也是最低点。可先在相贯线的水平投影上定出 1、2、3、4，再在相贯线的侧面投影上相应地作出 1″、2″、3″、4″。由 1、2、3、4 和 1″、2″、3″、4″可直接作出 1′、2′、3′、4′（图 10-16b）；

• 求一般点：在相贯线的水平投影上（或侧面投影上）定出左右、前后对称的四个点Ⅴ、Ⅵ、Ⅶ、Ⅷ的投影 5、6、7、8，由此可在相贯线的侧面投影上作出 5″、6″、7″、8″。由 5、6、7、8 和 5″、6″、7″、8″即可作出 5′、6′、7′、8′（图 10-16c）；

• 连线，判别可见性。按相贯线水平投影所显示的诸点的顺序，依次光滑连接诸点的正面投影 1′—5′—3′—6′—2′，即得相贯线的正面投影；对相贯线的正面投影而言，前半相贯线在两个圆柱的可见表面上，所以其正面投影 1′—5′—3′—6′—2′为可见，后半相贯线的投影 1′—7′—4′—8′—2′为不可见，因相贯体前后对称，不可见部分与可见部分的投影重合（图 10-16c）；

• 整理并完成投影图（图 10-16d）。

2. 两圆柱相对大小的变化对相贯线的影响

当两圆柱的轴线垂直相交时，若相对位置不变，改变两圆柱的相对直径大小，则相贯线也会随之改变。图 10-17 中水平圆柱的直径不变，而直立圆柱的直径则自左至右逐个变大。相贯线形状和位置的变化如图 10-17 所示。

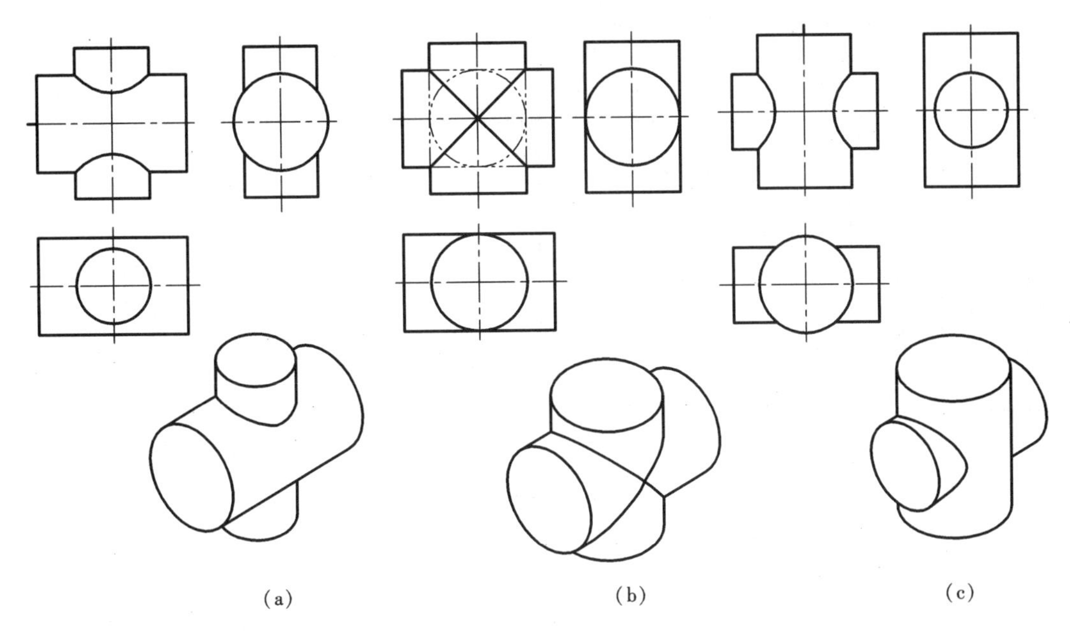

图 10-17　两圆柱相对大小的变化对相贯线的影响

（a）相贯线为上下对称的空间曲线；（b）相贯线为一对左右对称的椭圆；（c）相贯线为左右对称的空间曲线

两圆柱轴线相对位置的变化也影响相贯线形状，下面的例子是轴线交叉垂直时两圆柱相贯线的投影情况。

例 10-11　已知两圆柱轴线交叉垂直，完成该相贯体的投影（图 10-18a）。

分析：

从图 10-18（a）已知条件可知：铅垂圆柱与水平半圆柱的轴线交叉垂直，相贯体有共同的左右对称面，铅垂小圆柱全贯于水平大圆柱。因此，相贯线是一条封闭的左右对称的空间曲线。小圆柱面的水平投影积聚为半圆，相贯线的水平投影与其重合。同理，大圆柱面的侧面投影积聚为半圆，相贯线的侧面投影也就重合在小圆柱穿进处的一段圆弧上，且左半和右半相贯线的侧面投影互相重合。已知相贯线的水平投影和侧面投影，即可采用表面取点法或辅助平面法求出其正面投影。

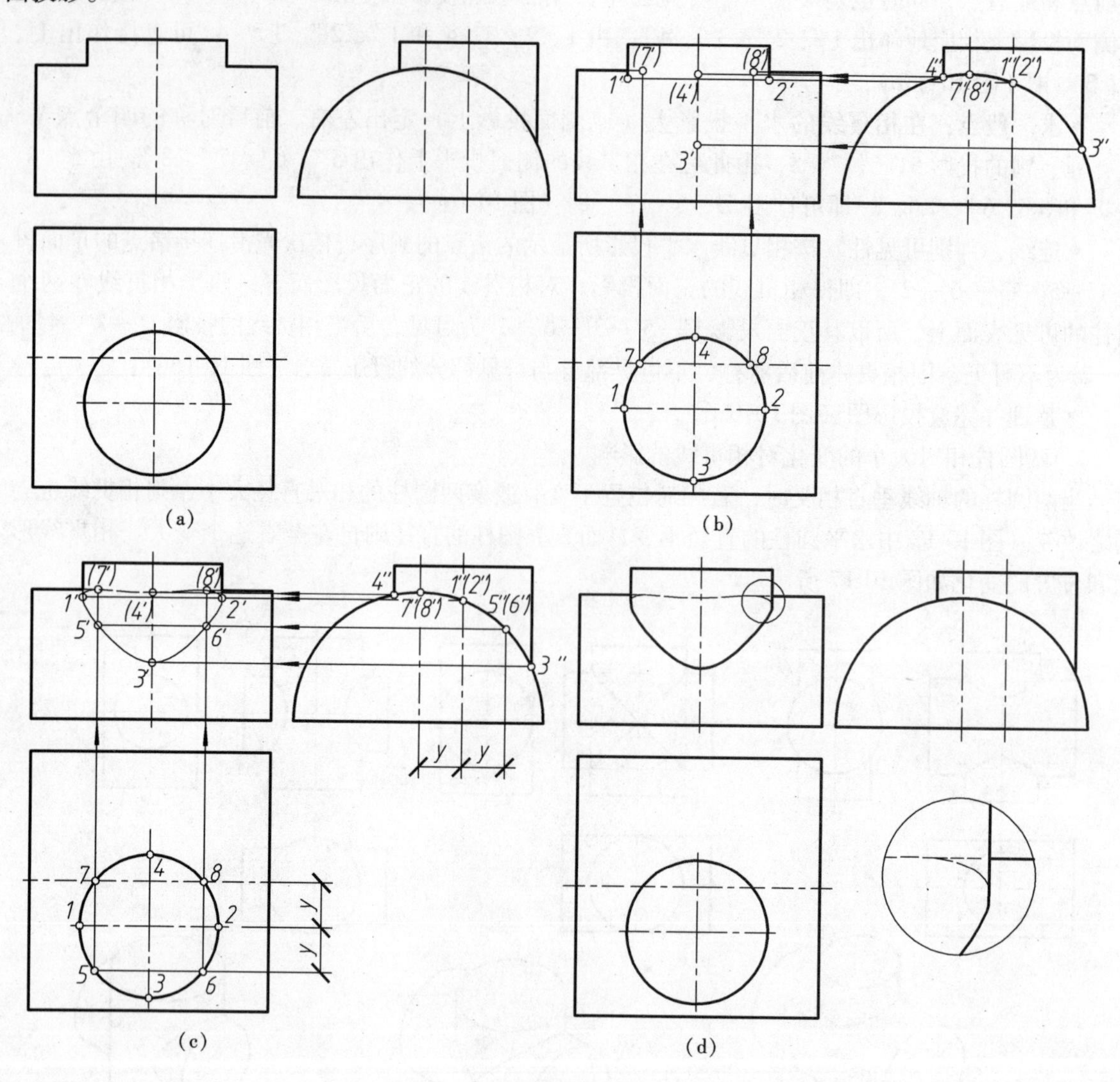

图 10-18　两圆柱轴线交叉垂直

作图：

• 求特殊点：小圆柱正面投影转向轮廓线上的点Ⅰ（1，1′，1″）、Ⅱ（2，2′，2″）为相贯线的最左、最右点。点Ⅲ（3，3′，3″）、Ⅳ（4，4′，4″）分别是相贯线上的最前点和最后点，Ⅲ（3，3′，3″）同时也是最低点。大半圆柱正面投影转向轮廓线上的点Ⅶ（7，7′，7″）、Ⅷ（8，8′，8″）为相贯线上的最高点。可先在相贯线的水平投影上定出 1、2、3、4、7、8，再在相贯线的侧面投影上相应地作出 1″、2″、3″、4″、7″、8″。由 1、2、3、4、7、8 和 1″、2″、3″、4″、7″、8″可对应作出 1′、2′、3′、4′、7′、8′（图 10-18b）；

• 求一般点：在相贯线的水平投影上（或侧面投影上）定出与Ⅶ、Ⅷ左右、前后对称的二个点Ⅴ、Ⅵ的投影 5、6，由此可在相贯线的侧面投影上作出 5″、6″。由 5、6 和 5″、6″即可作出 5′、6′（图 10-18c）；

• 连线，判别可见性。按相贯线水平投影所显示的诸点的顺序，依次光滑连接诸点的正面投影 1′—5′—3′—6′—2′—8′—4′—7′—1′，即得相贯线的正面投影。对相贯线的正面投影而言，前半相贯线在小圆柱的可见表面上，1′、2′为相贯线正面投影可见与不可见的分界点，所以其正面投影 1′—5′—3′—6′—2′为可见，后半相贯线的投影 1′—7′—4′—8′—2′为不可见。不可见部分应画成虚线（图 10-18c）；

● 整理并完成投影图（图 10-18d）。注意画出两圆柱参与相贯的转向轮廓线的投影，并区分可见性。

10.4.3　圆柱与圆锥相贯

下面举例介绍圆柱与圆锥相贯线的投影情况。

例 10-12　已知圆柱与圆锥轴线垂直相交，完成该相贯体的投影（图 10-19a）。

分析：

从图 10-19（a）已知条件可知：圆柱与圆锥两轴线垂直相交，圆柱的轴线垂直 W 面，圆锥

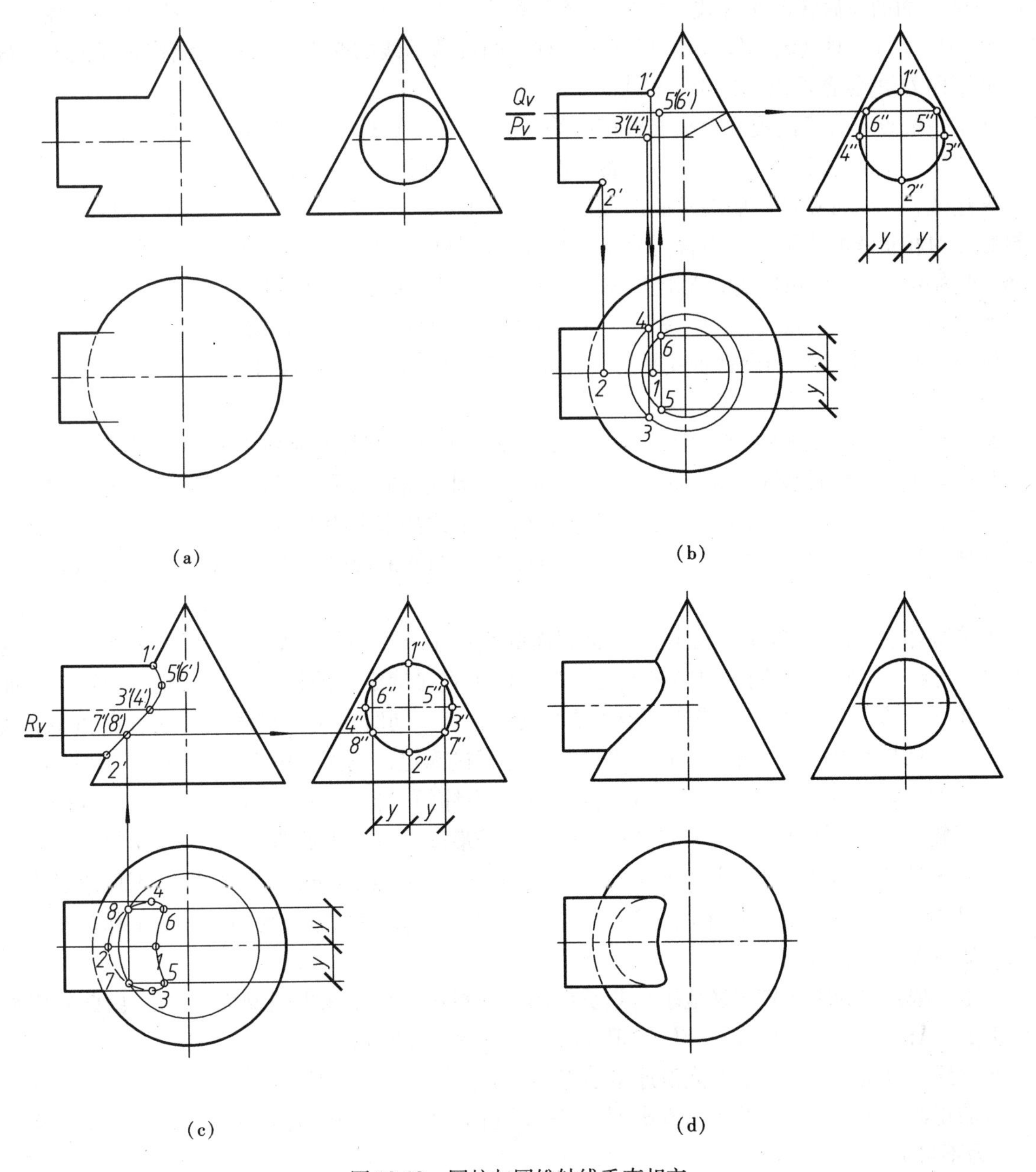

图 10-19　圆柱与圆锥轴线垂直相交

的轴线垂直 H 面，水平圆柱全贯于圆锥，相贯体有共同的前后对称面。因此，相贯线是一条封闭的前后对称的空间曲线。圆柱面的侧面投影积聚为圆，相贯线的侧面投影与其重合。已知相贯线的侧面投影，可采用辅助平面法求出其水平投影和正面投影。辅助平面选择垂直圆锥轴线的水平面，它们与两曲面的交线及其投影为圆或直线。

作图：

• 求特殊点：圆柱与圆锥正面投影转向轮廓线的交点Ⅱ（2，2′，2″）、Ⅱ（2，2′，2″）分别为相贯线上的最高、最低点，交点Ⅱ（2，2′，2″）同时也是最左点，Ⅰ（1，1′，1″）、Ⅱ（2，2′，2″）可直接作出。点Ⅲ（3，3′，3″）、Ⅳ（4，4′，4″）分别是相贯线上的最前点和最后点，同时也是相贯线水平投影可见与不可见的分界点，也是圆柱水平投影转向轮廓线的终止点，可通过圆柱轴线作水平辅助面 P_V，P_V与圆锥面相交于一个水平纬圆，P_V与圆柱面的交线就是圆柱对 H 面的前后转向轮廓线，它们的交点就是Ⅲ（3，3′，3″）、Ⅳ（4，4′，4″）。最右点Ⅴ（5，5′，5″）、Ⅵ（6，6′，6″）可通过圆柱与圆锥两轴线的交点向圆锥素线作垂线的方法确定辅助平面 Q_V的位置求出（图 10-19b）；

• 求一般点：为了比较准确地求出相贯线的投影，可在 3′、2′之间作水平辅助面 R_V，由此可确定相贯线上的点Ⅶ（7，7′，7″）、Ⅷ（8，8′，8″）（图 10-19c）；

• 连线，判别可见性。依次光滑连接诸点的正面投影 1′—5′—3′—7′—2′，即得相贯线的正面投影。对相贯线的水平投影而言，上半相贯线在圆柱的可见表面上，所以其水平投影 3—5—1—6—4 为可见，下半相贯线的投影 4—8—2—7—3 为不可见（图 10-19c）；

• 整理并完成投影图（图 10-19d）。注意画出圆柱参与相贯转向轮廓线的投影。

例 10-13　已知圆柱与圆台轴线平行，完成该相贯体的投影（图 10-20a）。

分析：

从图 10-20（a）已知条件可知：圆柱与圆台轴线平行，圆柱与圆锥的轴线均垂直 H 面，相贯体互贯。因此，相贯线是一条不封闭的空间曲线。圆柱面的水平投影积聚为圆，相贯线的水平投影与其重合。已知相贯线的水平投影，可采用辅助平面法求出相贯线的正面投影。辅助平面选择过锥顶的铅垂面，也可选择垂直轴线的水平面，它们与两曲面的交线及其投影为圆或直线。

作图：

• 求特殊点（图 10-20b）：圆柱与圆锥底面的交点Ⅰ（1，1′）、Ⅴ（5，5′）为相贯线上的最低点，交点Ⅴ（5，5′）同时也是最左点，1′、5′ 可直接确定。圆柱面的最右素线与圆锥表面的交点Ⅱ（2，2′）是圆柱正面投影转向轮廓线的终止点，同时也是相贯线上的最右点和相贯线正面投影可见与不可见的分界点。其水平投影 2 可直接确定，正面投影 2′可通过作辅助平面 Q_V 求出，Q_V的位置对应于以 o_1为圆心，$2o_1$为半径的水平纬圆。当水平辅助面与圆锥截切到的圆和与圆柱面截切到的圆相切时，这时辅助平面的高度是最高位置，因此Ⅲ（3，3′）是最高点。其水平投影 3 是圆柱与圆台水平投影连心线 o_1 o_2与圆柱水平投影的交点。正面投影 3′可通过作辅助平面 P_V求出，P_V的位置对应于以 o_1为圆心，$3o_1$为半径的水平纬圆。用同样方法可作出相贯线上的最后点Ⅳ（4，4′）；

• 求一般点：为了比较准确地求出相贯线的正面投影，可作水平辅助面 R_V等，由此确定相贯线上的点Ⅵ（6，6′）、Ⅶ（7，7′）、Ⅷ（8，8′）（图 10-20c）；

• 连线，判别可见性：依次光滑连接诸点的正面投影 1′—7′—2′—8′—3′—4′—6′—5′，即得相贯线的正面投影；相贯线的正面投影 1′—7′—2′在圆柱的可见表面上为可见，2′—8′—3′—4′—6′—5′为不可见（图 10-20c）；

• 整理并完成投影图（图 10-20d）。注意画出圆柱参与相贯转向轮廓线的投影。

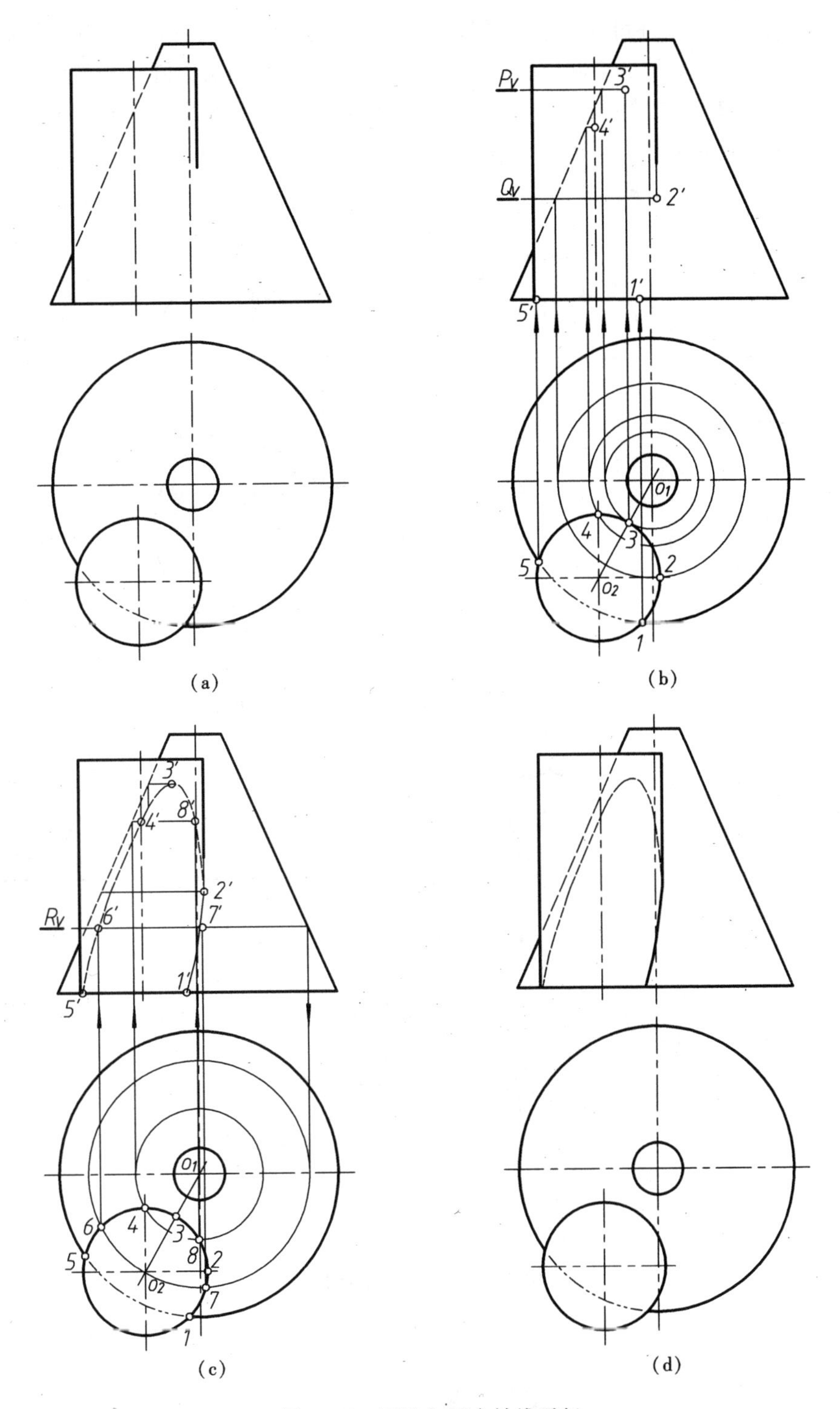

图 10-20　圆柱与圆台轴线平行

10.4.4　圆柱与球相贯

下面举例介绍圆柱与球相贯线的投影情况。

例 10-14　已知水平圆柱与半球相交，完成该相贯体的投影（图 10-21a）。

分析：

从图10-21（a）已知条件可知：水平圆柱全贯于半球，相贯体有共同的前后对称面。因此，相贯线是一条封闭的前后对称的空间曲线。水平圆柱的侧面投影积聚为圆，相贯线的侧面投影与其重合。已知相贯线的侧面投影，可采用辅助平面法求出相贯线的水平投影和正面投影。辅助平面选择与圆柱轴线平行的水平面，也可选择与圆柱轴线平行的正平面，它们与两曲面的交线及其投影均为圆或直线。

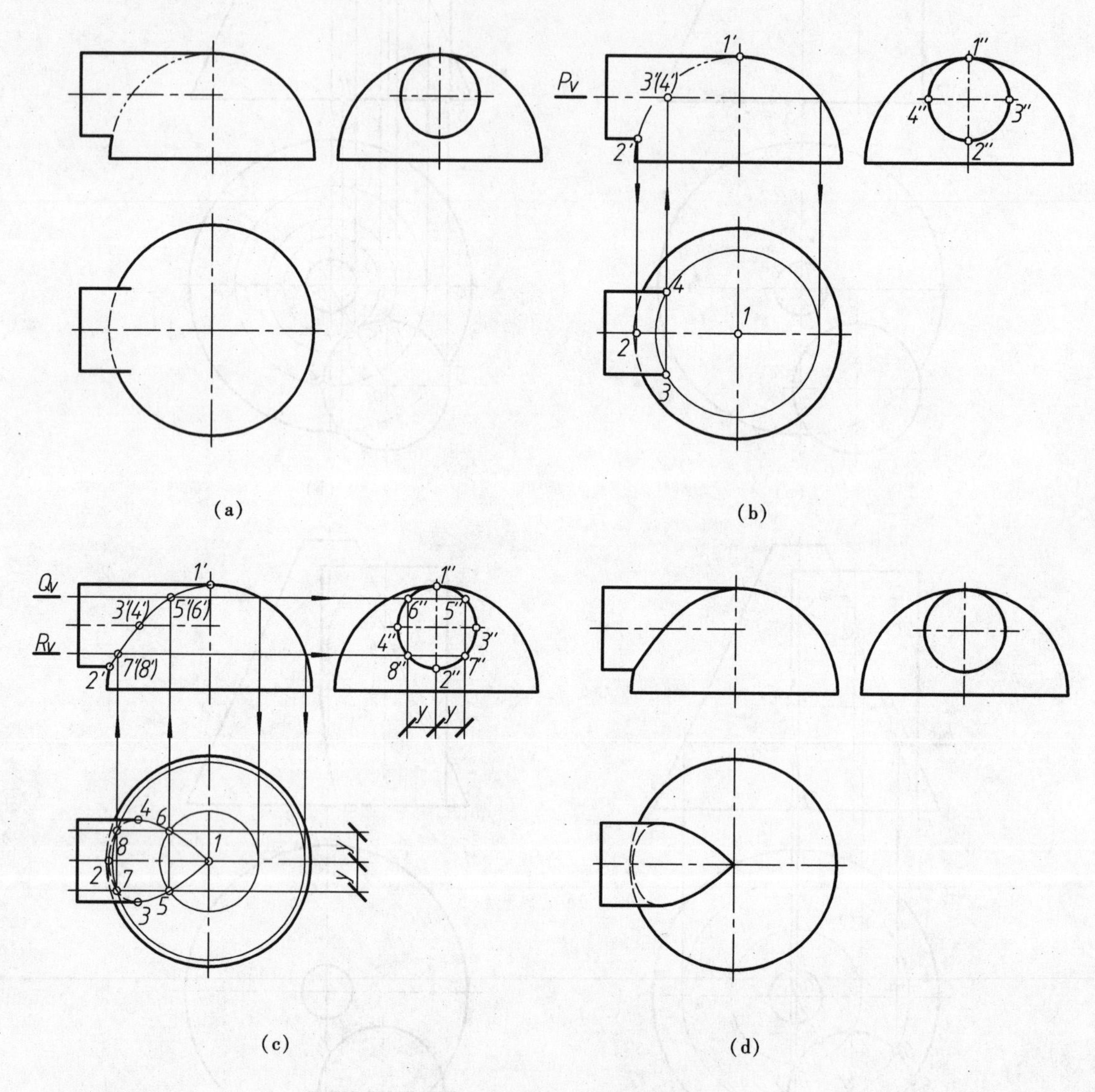

图10-21　圆柱与半球相贯

作图：

●求特殊点：圆柱与半球正面投影转向轮廓线的切点Ⅰ（1，1′，1″）、交点Ⅱ（2，2′，2″）分别为相贯线上的最高、最低点，同时分别也是最右点和最左点，可以直接求出。点Ⅲ（3，3′，3″）、Ⅳ（4，4′，4″）分别是相贯线上的最前点和最后点，同时也是相贯线水平投影可见与不可见的分界点，也是圆柱水平投影转向轮廓线的终止点，可通过圆柱轴线作水平辅助面P_V，P_V与圆锥面相交于一个水平纬圆，P_V与圆柱面的交线就是圆柱对H面的前后转向轮廓线。它们的交点就是Ⅲ（3，3″，3″）、Ⅳ（4，4′，4″）（图10-21b）；

●求一般点：为了比较准确地求出相贯线的正面投影，可作水平辅助面R_V、Q_V，由此确定相贯线上的点Ⅴ（5，5′，5″）、Ⅵ（6，6′，6″）、Ⅶ（7，7′，7″）、Ⅷ（8，8′，8″）（图10-

21c)；

• 连线，判别可见性：依次光滑连接诸点的正面投影 1′—5′—3′—7′—2′，即得相贯线的正面投影。相贯线的水平投影 3—5—1—6—4 在圆柱的可见表面上，所以为可见；相贯线水平投影 4—8—2—7—3 在圆柱的不可见表面上，所以为不可见（图 10-21c）；

• 整理并完成投影图（图 10-21d）。注意画出圆柱参与相贯转向轮廓线的投影。

10.4.5　相贯线的特殊情况

在一般情况下，两回转体的相贯线是空间曲线，但是，在某些特殊情况下，也可能是平面曲线或直线，下面简单地介绍相贯线为平面曲线的两种比较常见的特殊情况。

1. 切于同一个球面的圆柱、圆锥的相贯线是椭圆

轴线相交且平行于同一投影面的圆柱与圆柱、圆柱与圆锥、圆锥与圆锥相交，若它们能公切一个球，则它们的相贯线是垂直于这个投影面的椭圆。

图 10-22（a）、(b)、(c)、(d) 中的圆柱与圆柱、圆柱与圆锥轴线都分别相交，并且都平行于正面，还公切于同一球面，因此，它们的相贯线都是垂直于正面的两个椭圆，只要连接它们正面投影的转向轮廓线的交点，得两条相交直线，即相贯线（两个椭圆）的正面投影。图 10-22（e）、(f) 为应用实例。

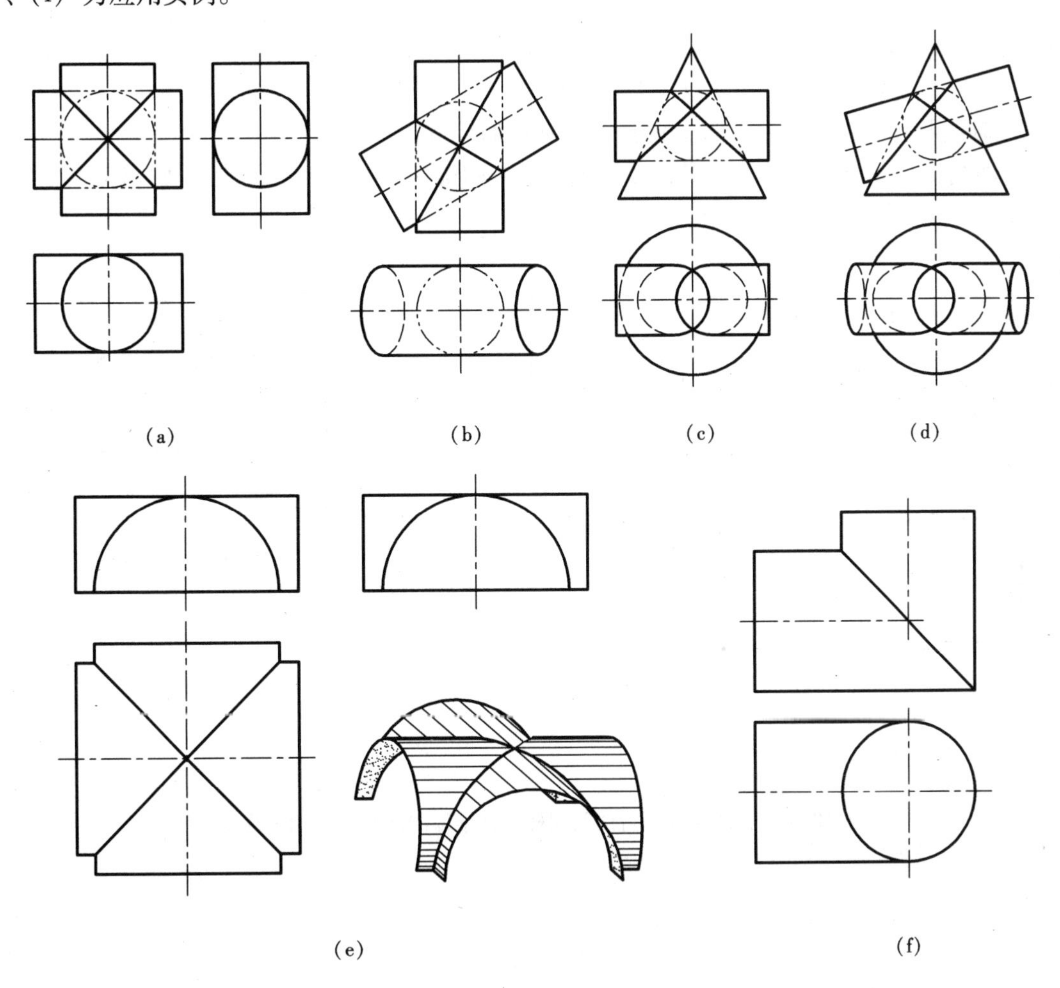

图 10-22　切于同一个球面的圆柱、圆锥的相贯线是椭圆

(a) 两圆柱等径正交；(b) 两圆柱等径斜交；(c) 圆柱与圆锥正交；(d) 圆柱与圆锥斜交；(e) 十字拱；(f) 直角管接头

2. 两个同轴回转体的相贯线是圆

两个同轴回转体（轴线在同一直线上的两个回转体）的相贯线是垂直于轴线的圆。图 10-23（a）所示的组合回转体，它的主体是一个球。左右与通过球心轴线的圆柱轴线相交，相贯线是处于侧平面位置的圆，它的正面投影为直线；侧面投影为圆。图 10-23（b）所示的手柄也是一个组合回转体，轴线通过主体球的球心轴线，所以相贯线是处于正垂面位置的圆，它的正面投影为直线；水平投影是椭圆。

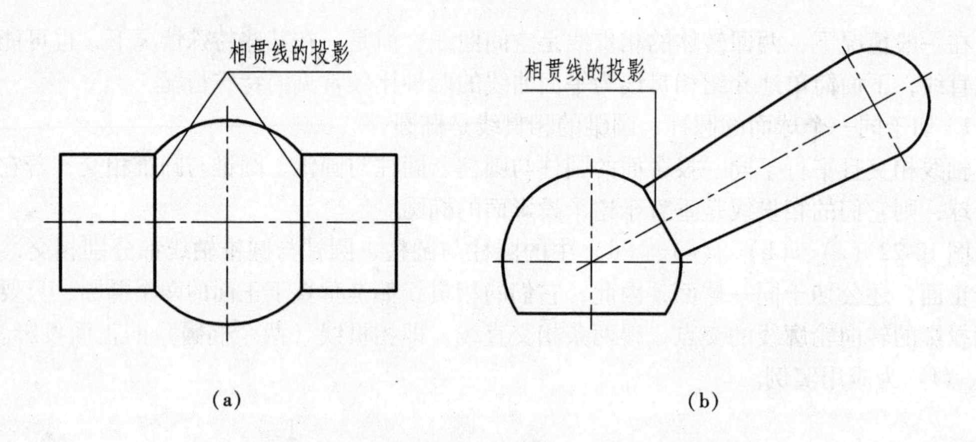

图 10-23 两个同轴回转体的相贯线是圆

3. 轴线相互平行的两圆柱或共锥顶的两圆锥的相贯线是直线

当轴线相互平行的两圆柱相贯，或共锥顶的两圆锥相贯时，相贯线为直线（图 10-24）。

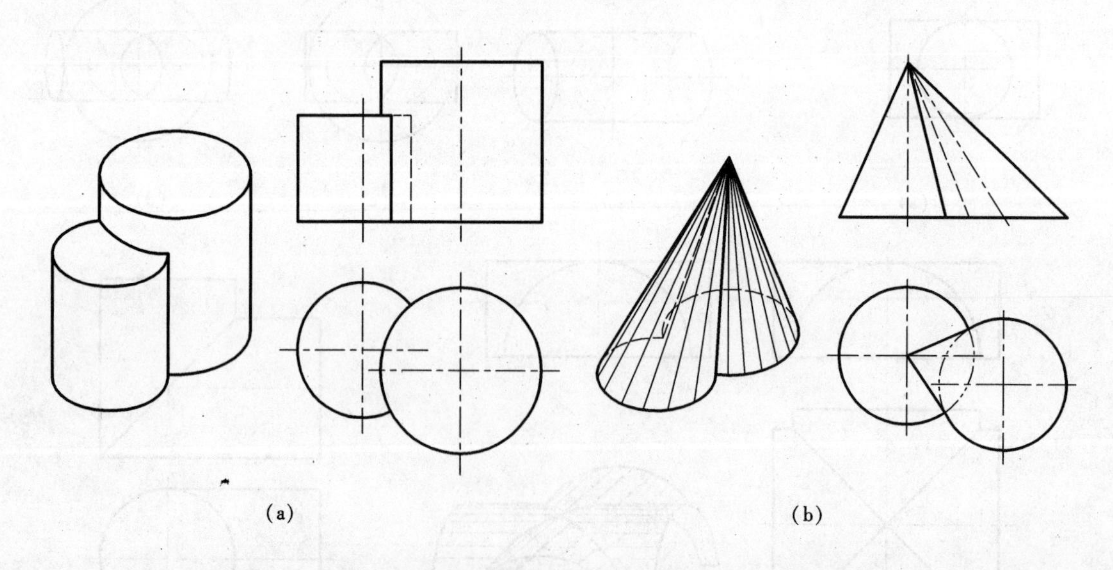

图 10-24 轴线相互平行的两圆柱或共锥顶的两圆锥的相贯线是直线

第11章 轴测投影

ZHOUCE TOUYING

轴测图具有较强的立体感，直观性好。掌握轴测图的绘制方法，可以帮助初学者提高理解形体及空间想像的能力，并为读懂正投影图提供形体分析及空间想像的思路及方法，弥补多面正投影图之不足。

本章介绍轴测图的形成、画法及应用，并着重介绍正等轴测图和斜二轴测图的画法。

11.1　概述

前面各章表示空间形体形状的方法都是用两个或两个以上的多面正投影图，它是工程上常用的图样。这种图样的优点是能够完整、确切地表示出形体的形状，而且作图方便。但是在多面正投影图的一个投影中（图 11-1a）只能反映出形体长、宽、高三个方向尺度中的两个，所以缺乏立体感，看图时需运用正投影原理，对照几个投影，才能想象出形体的形状，必须有一定读图能力的人才能看懂。为了帮助看图，工程上还采用轴测投影图（图 11-1b），它能在一个投影面上同时反映出形体长、宽、高三个方向尺度，因此富有立体感。

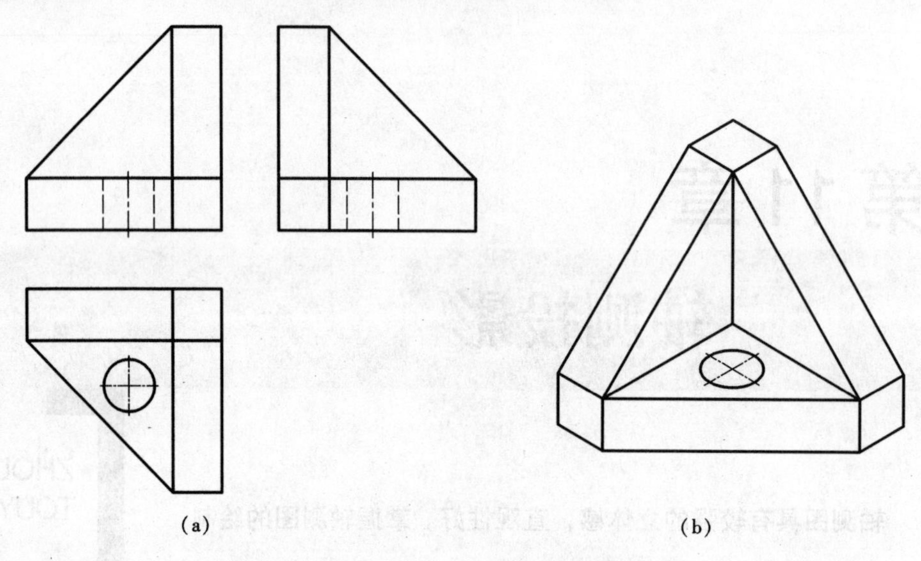

图 11-1　多面正投影图与轴测投影图

轴测投影图虽然直观性较强，但也存在缺点。例如，在多面正投影中，一个平行于投影面的矩形平面，其投影仍是矩形，但在轴测投影中却变成了平行四边形，圆也变成了椭圆，因此不能确切地表达形体原来的形状与大小，而且作图较为复杂。其次，为了使画出的图形更符合于直观的感觉，通常在轴测投影中不画不可见的轮廓线，这就造成了轴测投影图对形体表达不全面，特别是形体的后面部分，由于被前面的表面挡住，很难表示清楚。因而轴测投影图在应用上有一定的局限性。轴测图可用于产品的初步方案设计、工作原理表达、外观表达、空间管线布置等。轴测图的缺点是绘制较繁琐，且一般不能反映各面的真实形状，因此，轴测图通常仅作为辅助工程图样。

11.2　轴测投影的基本知识

11.2.1　轴测投影的形成

图 11-2 表明了一个正方体的正投影图和轴测投影的形成方法。为了便于分析，假想将形体放在一个空间的直角坐标系中，其坐标轴 X、Y、Z 和形体上三条互相垂直的棱线重合，O 为原点，在正投影图中，正面投影只能反映正方体的长和高，而水平投影只能反映长和宽，都缺乏立体感。

为了获得富有立体感的轴测投影图，必须使投影方向 S 不平行形体上任一坐标面，这种将形体和确定形体空间位置的直角坐标系，用平行投影的方法按投影方向 S 投影到某一选定的轴测投影面 P 上得到的投影图称为轴测投影图，简称轴测图。

轴测图通常有以下两种基本形成方法：

(1) 将形体放斜，投影方向 S 与轴测投影面 P 垂直，使形体上的三个坐标面和 P 面都斜交，这样得到的投影图为正轴测投影图。

(2) 将形体放正，投影方向 S 与轴测投影面 P 倾斜，为了便于作图，通常取 P 面平行于 XOZ 坐标面或 XOY 坐标面，这样得到的投影图称为斜轴测投影图。

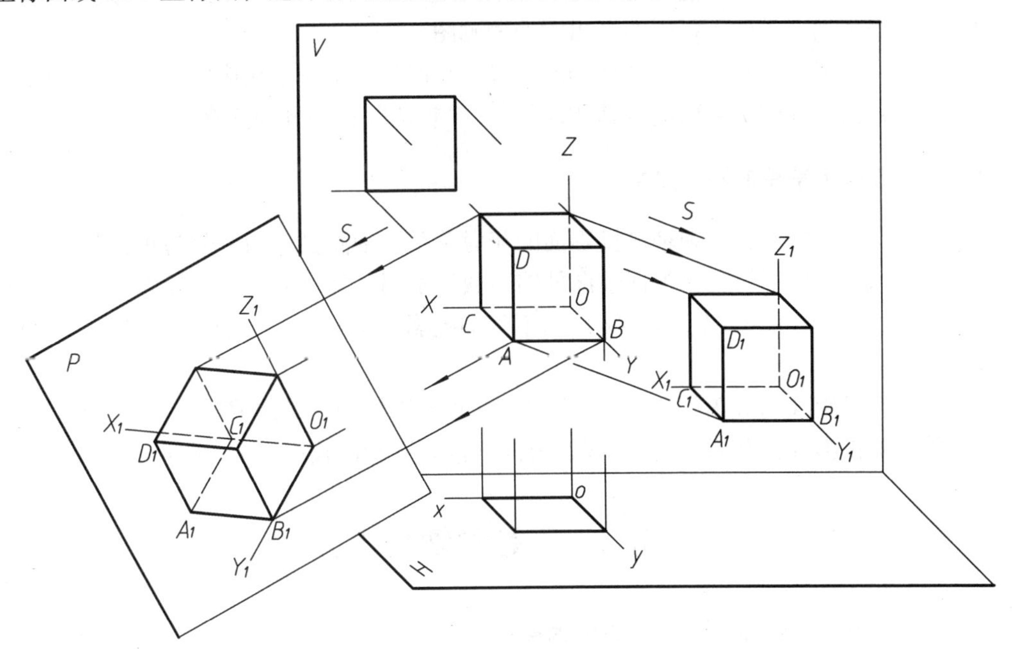

图 11-2　轴测投影的形成

11.2.2　轴间角及轴向伸缩系数

如图 11-2 所示，空间直角坐标轴 OX、OY、OZ 在轴测投影面上的投影 O_1X_1、O_1Y_1、O_1Z_1 称为轴测投影轴，简称轴测轴；轴测轴之间的夹角（$\angle X_1O_1Y_1$、$\angle X_1O_1Z_1$、$\angle Y_1O_1Z_1$）称为轴间角。

设在空间三坐标轴上各取相等的单位长度 u，投影到轴测投影面上，在 O_1X_1、O_1Y_1、O_1Z_1 轴上相应的投影长度分别为 i、j、k，它们与原来单位长度 u 之比称为轴向伸缩系数，分别用 p、q、r 表示，即：

$$X\text{ 轴的轴向伸缩系数 } p=\frac{i}{u};$$

$$Y\text{ 轴的轴向伸缩系数 } q=\frac{j}{u};$$

$$Z\text{ 轴的轴向伸缩系数 } r=\frac{k}{u}。$$

11.2.3　轴测图的投影特性

由于轴测图是用平行投影法得到的，因此它必然具有平行投影的一切特性，主要是：

1. 平行性

空间互相平行的直线，它们的轴测投影仍互相平行。因此，形体上平行于三个坐标轴的线段，在轴测图上，仍平行于相应的轴测轴。如图 11-2 所示，因 $AB /\!/ OX$，则 $A_1B_1 /\!/ O_1X_1$；同理，$A_1C_1 /\!/ O_1Y_1$，$A_1D_1 /\!/ O_1Z_1$。

2. 定比性

形体上平行于坐标轴的线段的轴测投影与原线段长度之比，等于相应的轴向伸缩系数。如图 11-2 所示，$A_1B_1 = p \cdot AB$，$A_1C_1 = q \cdot AC$，$A_1D_1 = r \cdot AD$。因此，在画轴测图之前，必须先确定轴间角和轴向伸缩系数，然后才能确定和量出形体上平行于坐标轴的线段在轴测图上的方向和长度，这样就可以根据形体的正投影图画出它的轴测图。

画轴测图时，形体上平行于各坐标轴的线段，只能沿着平行于相应轴测轴的方向画出，并按各坐标轴所确定的轴向伸缩系数测量其相应尺寸，"轴测"即由此而得名。

11.2.4　工程上常用的轴测投影

如前所述，根据投影方向和轴测投影面的相对关系，轴测投影图可分为正轴测投影和斜轴测投影两大类。这两类轴测投影，根据轴向伸缩系数的不同，又可分为等测投影（$p = q = r$）、二等测投影（$p = q \neq r$ 或 $p \neq q = r$ 或 $p = r \neq q$）和不等测投影（$p \neq r \neq q$）三种。其中工程上常用下列两种轴测投影：

正等测轴测投影（简称正等测），投影方向 S 垂直于轴测投影面 P，且 $p = q = r$。

斜二等轴测投影（简称斜二测），投影方向 S 倾斜于轴测投影面 P，且 $p = r = 2q$。

11.3　正等测轴测投影

11.3.1　正等测的轴间角和轴向伸缩系数

当空间直角坐标轴 OX、OY、OZ 与轴测投影面倾斜的角度相等时，用正投影法得到的单面投影图称为正等测。因此，正等测的轴间角 $\angle X_1O_1Y_1 = \angle X_1O_1Z_1 = \angle Y_1O_1Z_1 = 120°$，轴向伸缩系数 $p = q = r \approx 0.82$（图 11-3a）。

画正等测时，轴测轴 O_1Z_1 通常画成竖直位置，因而轴测轴 O_1X_1 和 O_1Y_1 与水平线构成 30°，可利用 30°三角板和丁字尺方便地作出（图 11-3b）。

图 11-3（c）所示长方体的长、宽、高分别为 a、b、h，按上述轴间角和轴向伸缩系数作出的正等测如图 11-3（d）所示。这样画出的正等测图保持了与空间形体大小一致的投影关系，但按上述轴向伸缩系数计算尺寸却相当麻烦。由于绘制轴测图的主要目的是为了表达形体的直观形状，为作图方便，通常把轴向伸缩系数 p、q、r 都取 1，称为简化伸缩系数。采用简化伸缩系数作图时，就可以将正投影图上的尺寸 a、b 和 h 直接度量到相应的 X_1、Y_1 和 Z_1 轴上，这样作出长方体的正等测如图 11-3（e）所示。它与图 11-3（d）相比较，图形相似，立体感未变，仅是图形按一定比例放大，图上沿三个轴向的尺寸都放大了 $1/0.82 \approx 1.22$ 倍。

11.3.2　画法举例

画轴测图时，首先应对所给形体（或正投影图）进行分析。为了把形体充分表示清楚，应确定形体在坐标系中的方位，即取合适的观看角度，然后画出轴测轴，并按轴测轴方向及轴向伸缩系数确定形体各顶点及主要轮廓线的位置，最后完成形体的轴测图。

作图时应特别注意，平行于坐标轴的线段，在轴测图中应与对应的轴测轴平行，才能按轴向的简化伸缩系数从形体或正投影图上直接量取。而与坐标轴不平行的线段，其长度的改变程度与

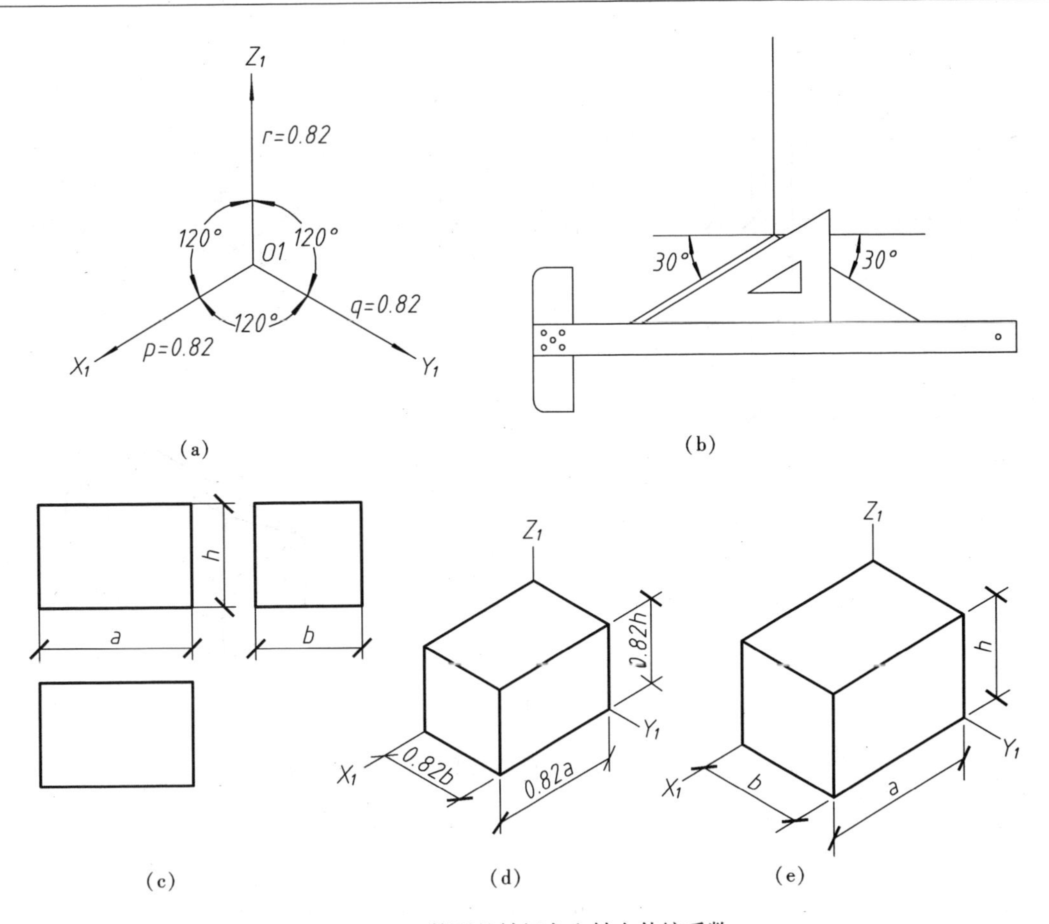

图 11-3　正等测的轴间角和轴向伸缩系数

轴向伸缩系数没有对应关系。另外，为了使作图清晰，应该先确定形体在轴测图中一些可见面（如顶面、前端面、左端面等）上的顶点和线段，这样可以减少一些不必要的作图线。如果作图时没有必要，轴测图中一些不可见的顶点、线段则不必画出。

画轴测图的基本方法是坐标法，但在实际作图时，还应根据形体的形状特点不同而灵活采用其他作图方法，其他方法也是以坐标法为基础。下面举例说明不同形状特点的平面立体轴测图的几种具体作法。如果不作特别说明，举例中各轴测图均采用轴向的简化伸缩系数。

1. 坐标法

坐标法是根据形体表面上各顶点的空间坐标，画出它们的轴测投影，然后依次连接成形体表面的轮廓线，即得该形体的轴测图。

例 11-1　作出四坡顶房屋（图 11-4a）的正等测图。

分析：

四坡顶房屋可分为具有倾斜表面的屋顶和四棱柱（墙体）上下两部分。

作图：

- 在正投影图上选择确定坐标系（图 11-4a）；
- 画正等测轴测轴（图 11-4b）；
- 根据 x_1、y_1 先求出 a_1（a_1 称为 A 点的次投影），过 a_1 作 O_1Z_1 轴的平行线并向上量取高度 z_1，则得屋脊线上右顶点 A 的轴测投影 A_1；过 A_1 作 O_1X_1 的平行线，从 A_1 开始在此线上向左量取 $A_1B_1=x_3$，则得屋脊线的左顶点 B_1（图 11-4b）；

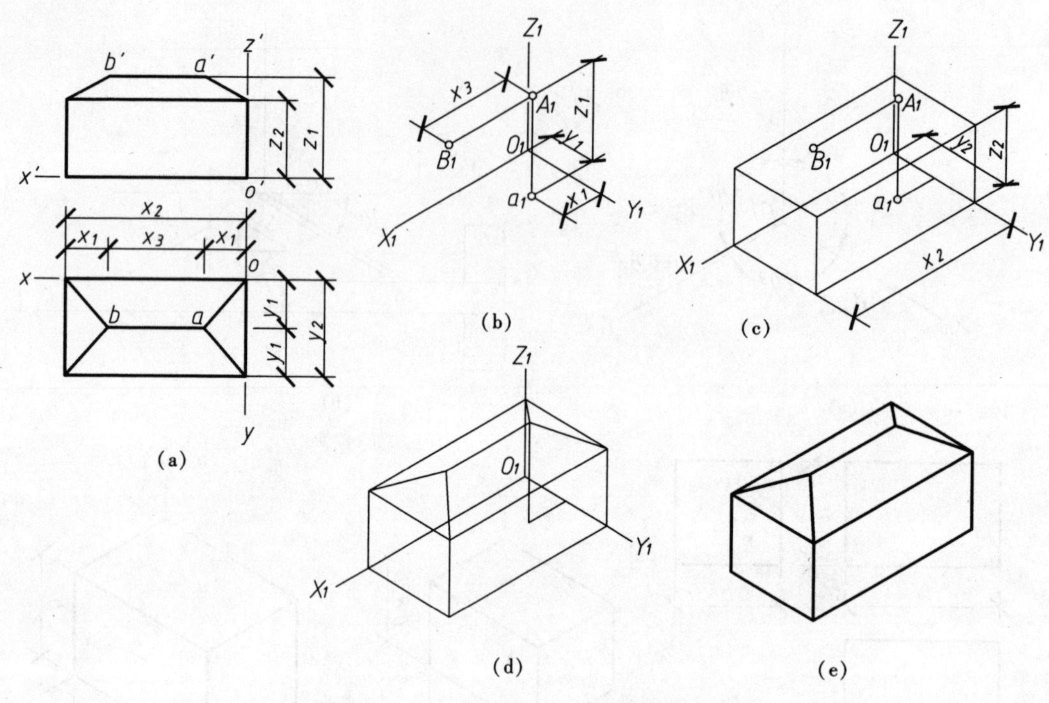

图 11-4　用坐标法画四坡顶房屋的正等测图

- 根据 x_2、y_2、z_2 作出四棱柱的轴测图（图 11-4c）；
- 由 A_1、B_1 和四棱柱顶面 4 个顶点，作出 4 条斜脊线（图 11-4d）；
- 擦去多余的作图线，加深可见图线即完成四坡顶房屋的正等测图（图 11-4e）。

2. 叠加法

叠加法是将叠加式（或其它方式组合）的组合体，通过形体分析，分解成几个基本形体，再依次按其相对位置逐个地画出各个基本形体，最后完成组合体的轴测图。

例 11-2　作出柱基础（图 11-5a）的正等测图。

分析：

柱基础由 3 个四棱柱上下叠加而成，画轴测图时，可以由下而上（或由上而下），也可以取两个基本形体的结合面作为坐标面，逐个画出每一个四棱柱。

作图：

- 在正投影图上选择确定坐标系（图 11-5a）；
- 画正等轴测轴。根据 x_1、y_1、z_1 作出底部四棱柱的轴测图（图 11-5b）；
- 将坐标原点移至底部四棱柱上表面的中心位置，根据 x_2、y_2 作出中间四棱柱底面的四个顶点（图 11-5c），并根据 z_2 向上作出中间四棱柱的轴测图（图 11-5d）；
- 取中间四棱柱上表面的中心位置为原点，根据 x_3、y_3 作出上部四棱柱底面的 4 个顶点（图 11-5c），并根据 z_3 向上作出上部四棱柱的轴测图（图 11-5d）；
- 擦去多余的作图线，加深可见图线即完成柱基础的正等测（图 11-5e）。

3. 切割法

切割法适合于画由基本形体切割得到的形体。它是以坐标法为基础，先画出基本形体的轴测投影，然后把应该去掉的部分切去。从而得到所需的轴测图。

例 11-3　作出木榫头（图 11-6a）的正等测。

分析：

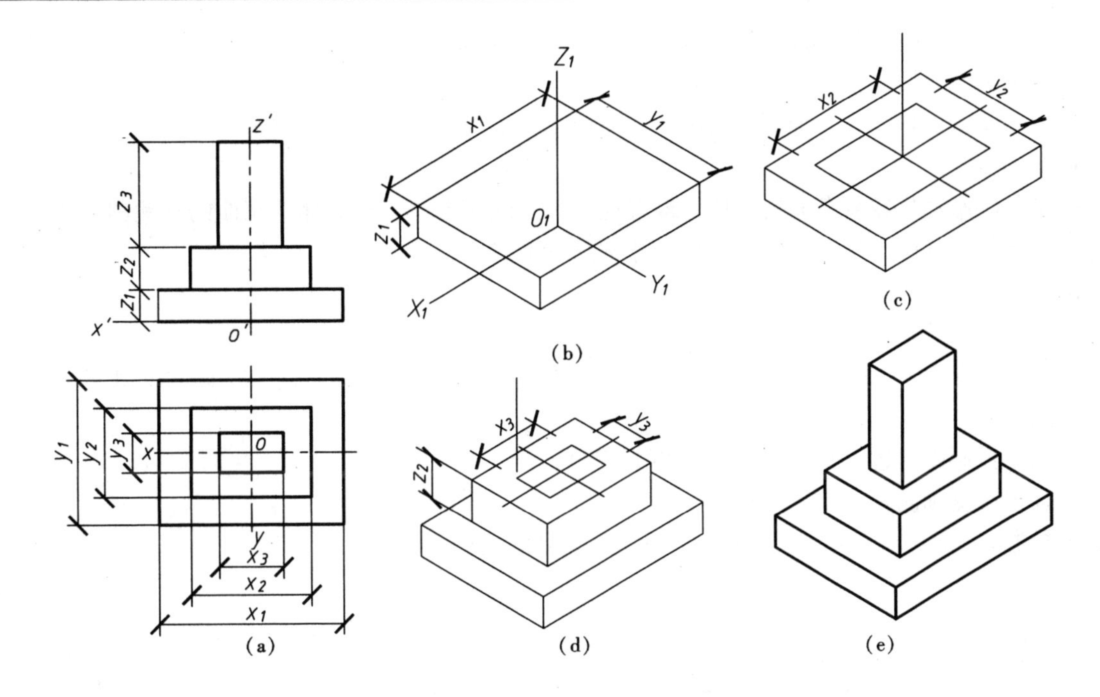

图 11-5　用叠加法画柱基础的正等测

可以把木榫头看成一个长方体，先在左上方切掉一小长方块，然后再切去左前的一小角而形成的形体。

作图：

- 在正投影图上选择确定坐标系（图 11-6a）；
- 画正等轴测轴（图 11-6b）；
- 根据 x_1、y_1、z_1 画出长方体（图 11-6b）；

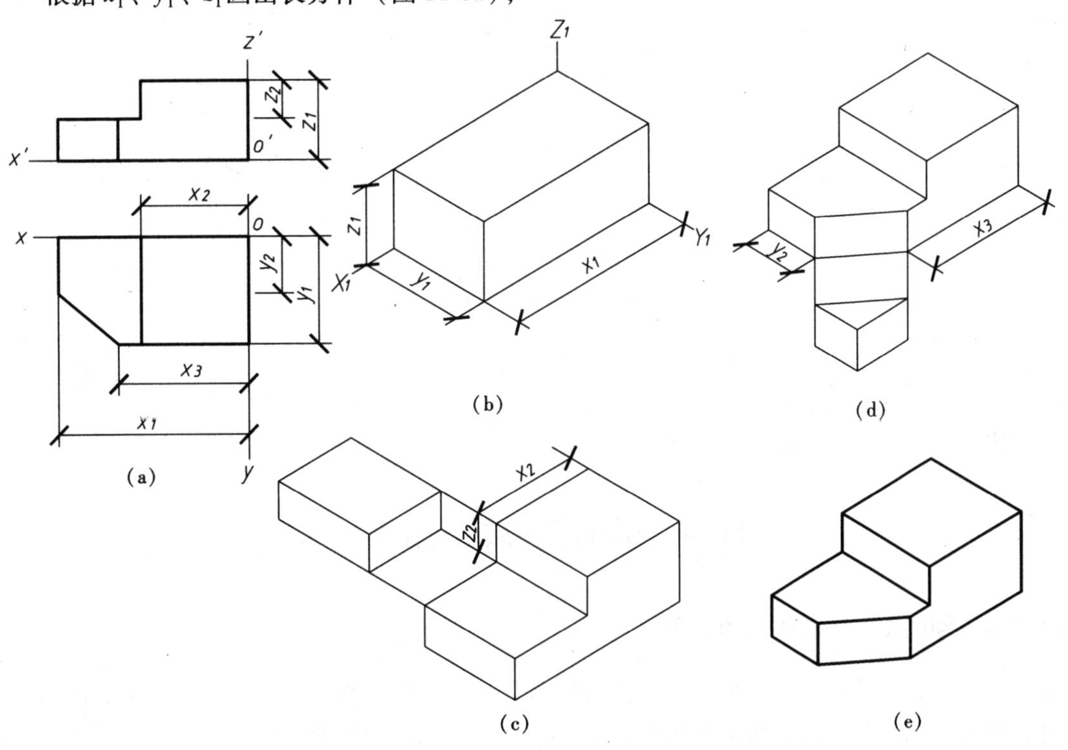

图 11-6　用切割法画榫头的正等测

- 根据 x_2、z_2 在长方体的左上方切去一小长方块（图 11-6c）；
- 根据 x_3、y_2 切去左前方的一小角（图 11-6d）；
- 擦去多余的作图线，加深可见图线即完成木榫头的正等测（图 11-6e）。

4. 端面法

凡是某一端面比较复杂的棱柱体，最好先画出反映该形体特征的那个端面的轴测图，然后根据另一方向的尺寸画出整个形体，这种方法称为端面法。

例 11-4　作出 T 形梁（图 11-7a）的正等测。

分析：

T 形梁为棱柱体，侧面投影明显地反映出 T 形梁的形状，所以先画这个端面的轴测图。

作图：

- 在正投影图上选择确定坐标系（图 11-7a）；
- 画正等测轴测轴（图 11-7b）；
- 根据 z_1、z_2、z_3 和 y_1、y_2 画出左端面的正等测图（图 11-7b）；

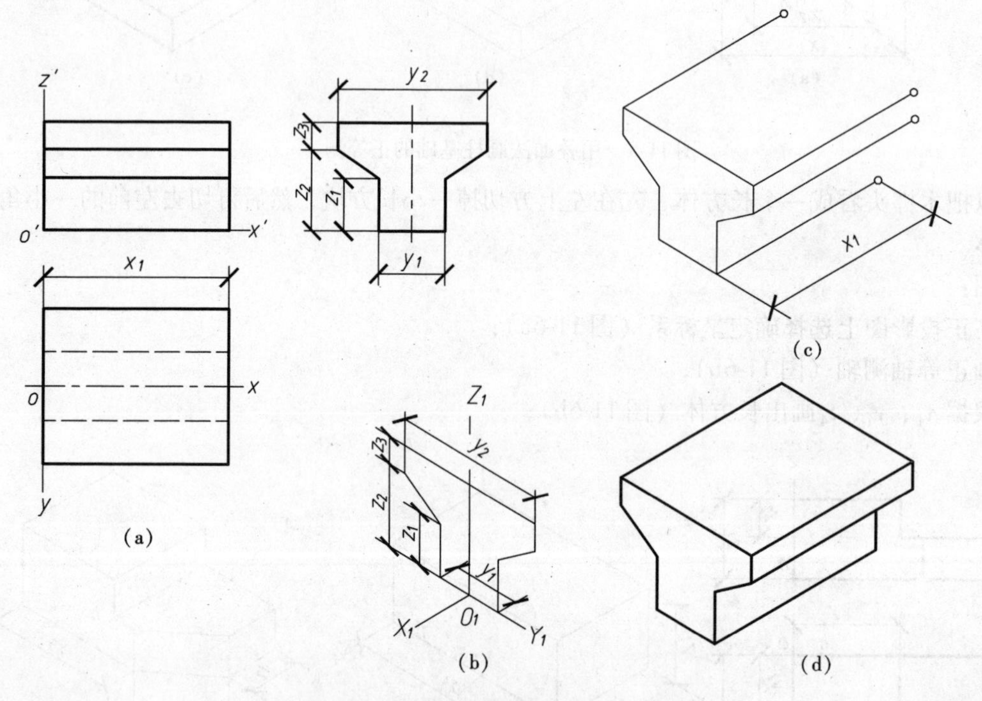

图 11-7　用端面法画 T 形梁的正等测

- 过左端面各顶点作 O_1X_1 轴的平行线，并从左端面各顶点起在这些平行线上向右量取 T 形梁的长度 x_1，得右端面各顶点（图 11-7c），由此可画出右端面；
- 擦去多余的作图线并加深，得 T 形梁的正等测（图 11-7d）；

11.4　圆的正等轴测投影

11.4.1　圆的正等轴测投影的性质

在正投影中，当圆所在的平面平行于投影面时，其投影仍是圆。而当圆所在的平面倾斜于投影面时，其投影为椭圆。在正轴测投影中，三个坐标面都倾斜于轴测投影面，因此平行于坐标面的圆的轴测投影为椭圆。

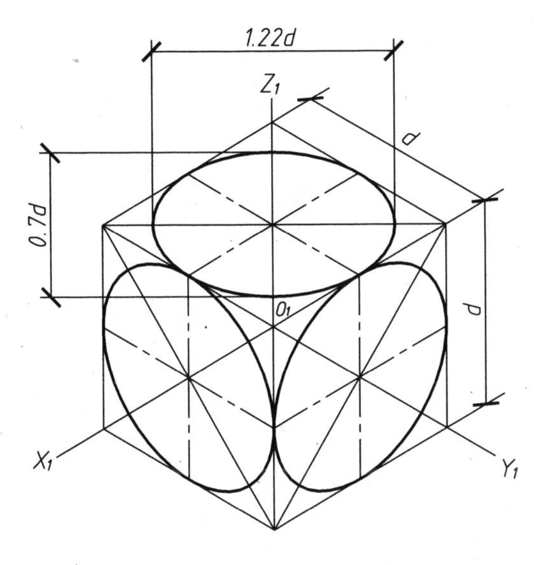

图 11-8 平行于坐标面的圆的正等轴测投影

平行于坐标面的圆的正等测是三个大小相同的椭圆（图 11-8）。

在正等测中，由于三个坐标面与轴测投影面的倾角相等，因此三个坐标面上直径相等的圆，其轴测投影为三个大小相同的椭圆。椭圆的长轴方向垂直于不属于此坐标面的第三根轴的轴测投影，长度等于圆的直径 d；短轴方向平行于不属于此坐标面的第三根轴的轴测投影，长度等于 0.58d。

当按简化伸缩系数作图时，椭圆的长短轴均放大了 1.22 倍，即长轴长度等于 1.22d，短轴长度等于 0.7d（图 11-8）。

图 11-8 所示是按简化伸缩系数在一个正方体表面上三个内切圆的正等测图。

11.4.2 圆的正轴测投影的画法

圆的正轴测投影除了根据长、短轴的方向和长度进行绘制外，还可按下述方法进行作图：

1. 平行弦法

在一般情况下，圆的正轴测投影为椭圆，对于一般位置平面上或平行于坐标面上的圆，都可以用坐标法作出圆周上一系列点的轴测投影。为作图方便，这些点就选在平行于坐标轴的若干条平行弦上，然后用光滑曲线连成椭圆，因此这种画法称为平行弦法。图 11-9（a）所示为一水平面上的圆，用平行弦法作该正等测图的步骤如下：

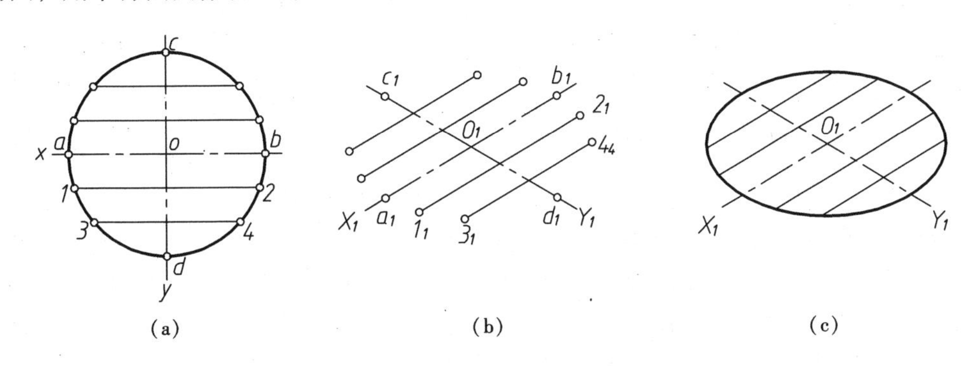

图 11-9 用平行弦法作椭圆

（1）画出轴测轴 X_1、Y_1，并在其上按圆的半径定出 a_1、b_1、c_1、d_1 四点（图 11-9b）；

（2）作出椭圆上不在轴测轴上足够多的其余各点。如图 11-9（a）所示，作一系列平行于 ox 轴的平行弦，然后按其坐标相应地作出这些平行弦的轴测投影，如由 12、34 确定 1_1、2_1、3_1、4_1（图 11-9b）等；

（3）光滑地连接各点，即得椭圆（图 11-9c）。

平行弦法适用于任何类型的轴测投影。

2. 近似画法

为了简化作图，通常采用四段圆弧连成的扁圆近似作为所求椭圆。所谓“近似”，是因为这种椭圆长短轴的长度与理论长度较为接近。如在正等测中，采用简化伸缩系数时，近似椭圆的长轴长度约等于 1.15d，短轴长度约等于 0.73d。

要画四段圆弧，必须先确定四个圆心，因此这种椭圆也称为四心椭圆。

图 11-10 所示是 $X_1O_1Y_1$坐标面上正等测椭圆的近似画法，作图步骤如下：

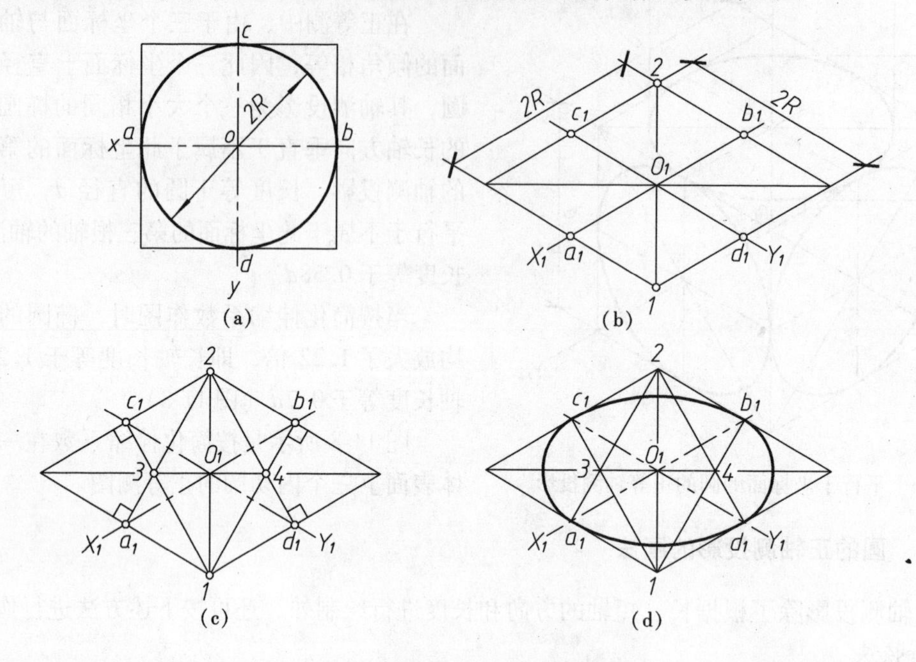

图 11-10　正等测中椭圆的近似画法

（1）画轴测轴 X_1、Y_1，并采用简化伸缩系数在其上按圆的半径大小定出 a_1、b_1、c_1、d_1四点，然后过这四点作圆外切正四边形的正等测——菱形，其中 1、2 为菱形短对角线的端点，1、2 就是画两段大圆弧的两个圆心（图 11-10b）；

（2）连 $1c_1$、$1b_1$、$2a_1$、$2d_1$，它们分别垂直于菱形的相应边，并与菱形的长对角线交于 3、4。3、4 就是画另外两段小圆弧的圆心（图 11-10c）；

（3）分别以 1、2 为圆心，$1c_1$为半径画圆弧$\overset{\frown}{c_1b_1}$和$\overset{\frown}{a_1d_1}$（图 11-10d）；

（4）分别以 3、4 为圆心，$3c_1$为半径画圆弧$\overset{\frown}{a_1c_1}$和$\overset{\frown}{b_1d_1}$，即得近似椭圆（图 11-10d）。

$X_1O_1Z_1$和 $Y_1O_1Z_1$坐标面上的椭圆，也按这些步骤作图，只是长短轴的位置不同。

从图 11-10（d）还可看出，椭圆的长、短轴正好与菱形的长、短对角线重合，且$\triangle O_1a_11$为正三角形，即 $O_1a_1=O_11=R$，因此，椭圆的作图可进一步简化为图 11-11 所示的形式：

（1）作轴测轴 O_1X_1、O_1Y、O_1Z_1，在各轴上取圆的真实半径 R，得 a_1、1、d_1、b_1、2、c_1六点，这六点在以 O_1为圆心，R 为半径圆周上（图 11-11a）；

（2）若圆平行于 H 面，则 12 为椭圆短轴方向，即 1、2 为两大圆弧的圆心。将 1、2 分别与 c_1、b_1和 a_1、d_1相连，所得到的交点 3、4，即为两小圆弧的圆心（图 11-11b）；

（3）分别以 1、2、3、4 为圆心，对应画出四段圆弧，即完成椭圆作图（图 11-11c）。

同理，平行于 V 面的圆的正等轴测图如图 11-11（d）所示，平行于 W 面的圆的正等轴测图如图 11-11（e）所示。由此可见，平行于 3 个投影面的圆的正等轴测图（椭圆）的形状和大小是一样的，只是长、短轴的方向各不相同，即各椭圆的短轴方向与垂直于该椭圆所在平面的轴测轴方向重合。

3. 圆角的正等轴测图的画法

从图 11-10 所示椭圆的近似画法中可以看出，菱形的钝角与椭圆的大圆弧相对应，菱形的锐角与椭圆的小圆弧相对应，菱形相邻两边中垂线的交点就是圆心，由此可以直接画出平板上圆角

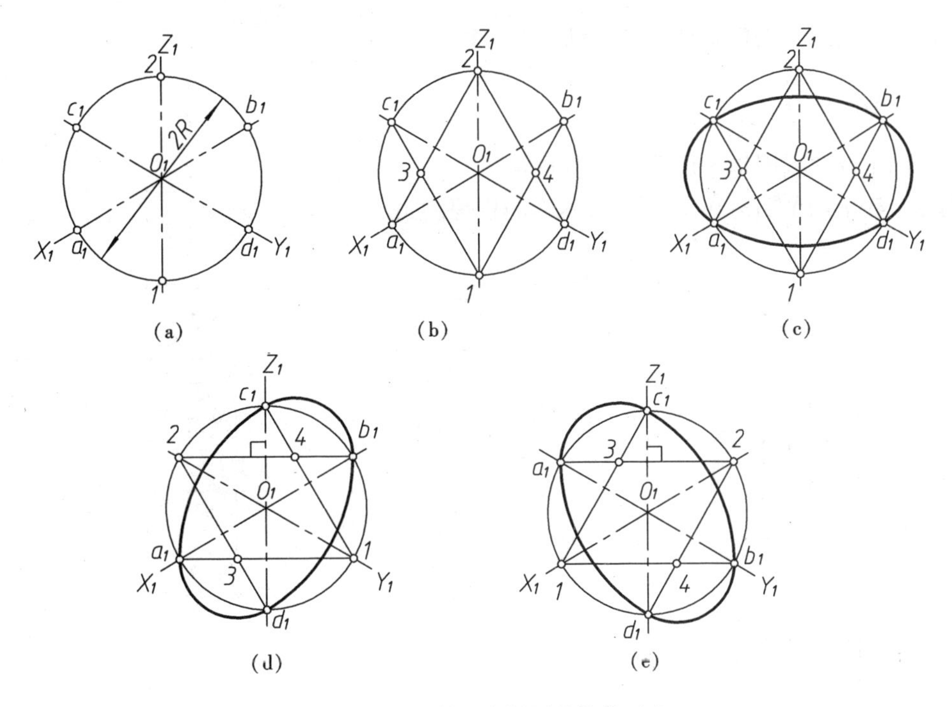

图 11-11　正等测中椭圆的简化画法

的正等轴测图（图 11-12）。其正等轴测图的作图步骤如下：

（1）作平板的正等轴测图（图 11-12b）；

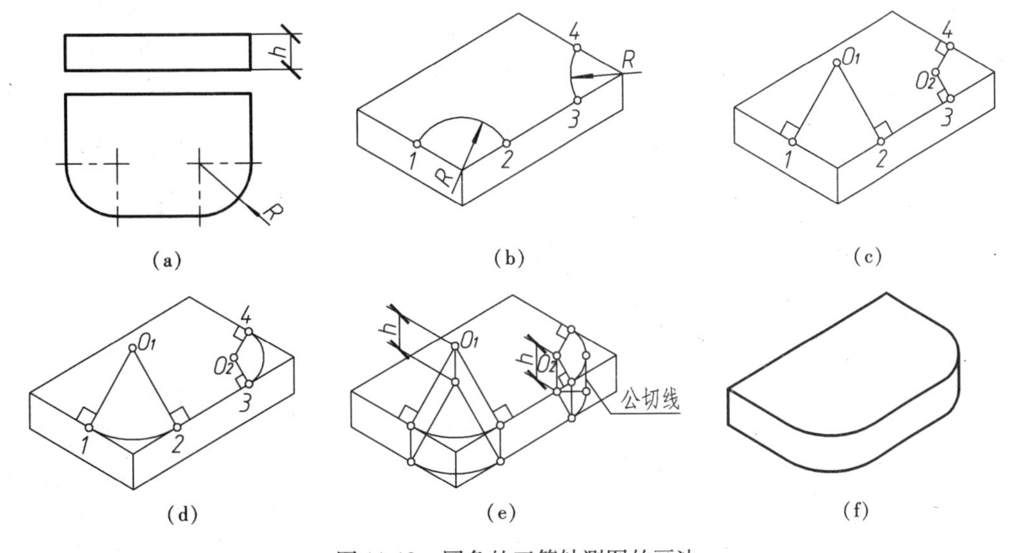

图 11-12　圆角的正等轴测图的画法

（2）由钝角和锐角的角顶沿两边分别量取半径 R，得到 4 个切点 1、2、3、4（图 11-12b）；

（3）过切点分别作直线垂直于圆角的两边，两垂线的交点 O_1、O_2 即为圆弧的圆心（图 11-12c）；

（4）分别以 O_1、O_2 为圆心，$1O_1$、$3O_2$ 为半径画圆弧 $\overset{\frown}{12}$、$\overset{\frown}{34}$，即得平板顶面半径为 R 的圆角的轴测图。由图 11-12（d）可以看出，轴测图上锐角处与钝角处的作图方法完全相同，只是半径不一样；

（5）用移心法画出平板底面的圆弧。在小圆弧处作两圆弧的公切线（图 11-12e）；

(6) 整理、加深，即得圆角的正等轴测图（图 11-12f）。

11.4.3　画法举例

以下举例中各轴测图均采用简化伸缩系数。

例 11-5　作出图 11-13（a）所示圆木榫的正等测图。

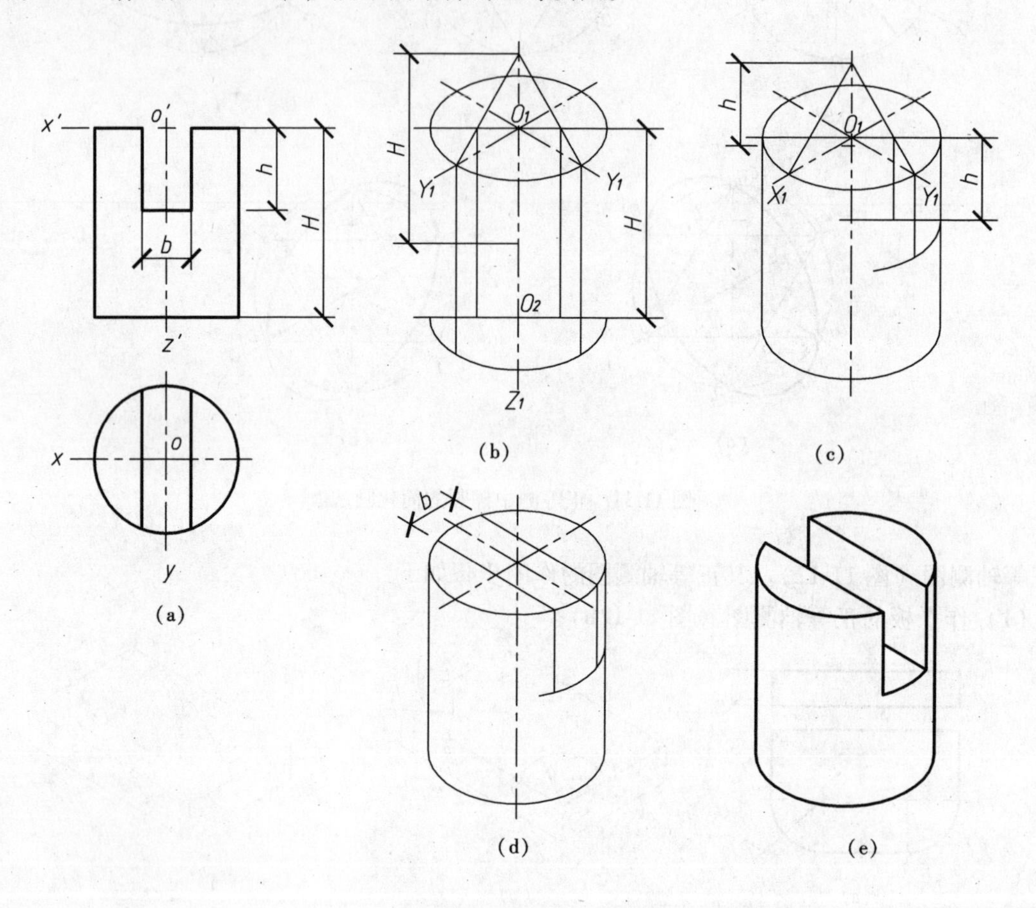

图 11-13　画圆木榫的正等测

分析：

该形体由圆柱体切割而成。可先画出切割前圆柱的轴测投影，然后根据切口的宽度 b 和深度 h 画出槽口的轴测投影。为作图方便和尽可能减少作图线，作图时选顶圆的圆心为坐标原点，连同槽口底面在内该形体共有三个位置的水平圆，在画轴测图时要注意定出它们的正确位置。

作图：

- 在正投影图上确定坐标系（图 11-13a）。
- 画轴测轴，用近似画法画出顶面椭圆，根据圆柱的高度尺寸 H 定出底面椭圆的圆心位置 O_2。用移心法将各连接圆弧的圆心下移 H，圆弧与圆弧的切点也随之下移，然后作出底面近似椭圆的可见部分（图 11-13b）；
- 作与上述两椭圆相切的圆柱面轴测投影的外形线，再由 h 定出槽口底面的中心，并按上述的移心方法画出槽口椭圆的可见部分（图 11-13c）。作图时注意这一段椭圆由两段圆弧组成；
- 根据宽度 b 画出槽口（图 11-13d）。切割后的槽口如图 11-13（e）所示；
- 整理加深，即完成圆木榫的正等测图（图 11-13e）。

例 11-6　作出图 11-14 所示组合体的正等测图。

分析：

该形体由带圆角及安装孔的底板，上圆下方有通孔的支承板及左右对称的两三棱柱肋板组成，为左右对称的叠加式组合体。其底板上表面为各部分的结合面，故选定底板上表面的后中点为坐标原点，如图 11-14 所示。

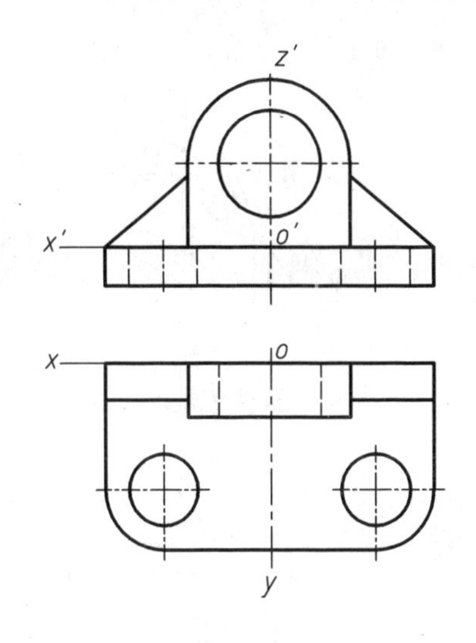

图 11-14　组合体的视图

作图：

- 画轴测轴，并画出长方形底板的轴测图（图 11-15a）；
- 画出支承板整体长方形的轴测图（图 11-15b）；
- 画出支承板半圆柱面的轴测图（图 11-15c）；
- 画出三棱柱肋板及底板圆角的轴测图（图11-15 d）；
- 画出三个圆孔的轴测图（图 11-15e）；
- 整理加深，即完成组合体的正等测图（图 11-15f）。

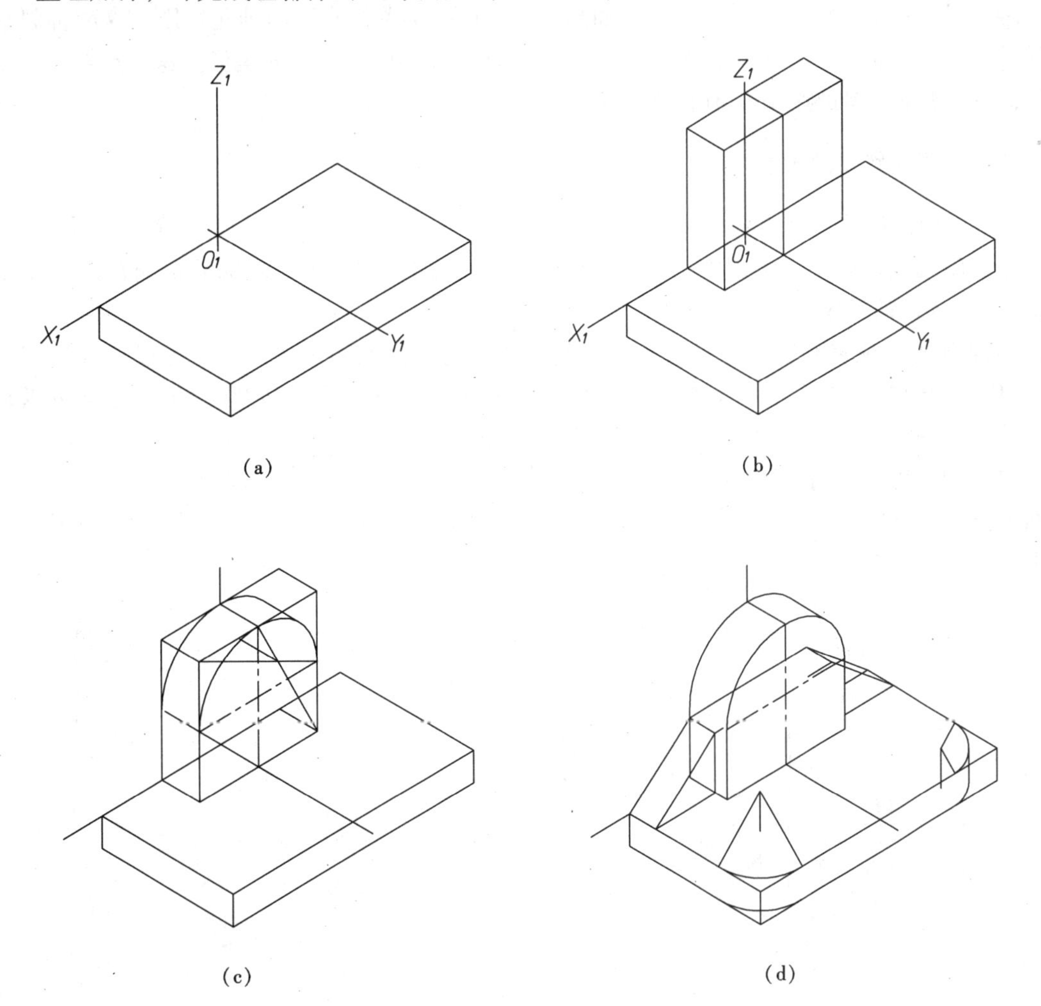

图 11-15　组合体正等轴测图的画法（一）

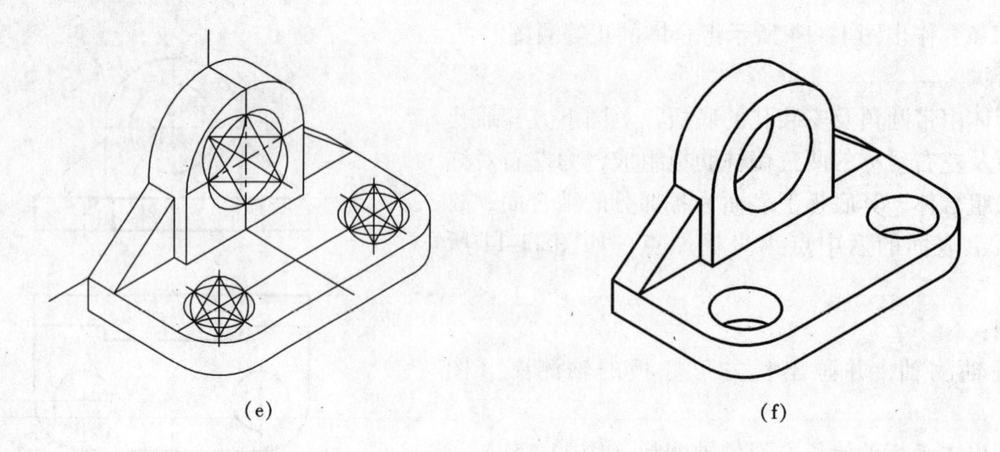

图 11-15　组合体正等轴测图的画法（二）

11.5　斜轴测投影

如前所述，为作图方便，在斜轴测投影中通常将形体放正，即使 XOZ 坐标面或 XOY 坐标面平行于轴测投影面 P。前一种称为正面斜轴测投影，后一种称为水平斜轴测投影。这两种斜轴测投影的特点是：轴测投影中能够反映形体上平行于轴测投影面的平面的实形。这一点在某些情况下对于画一些形体的轴测投影，作图尤为方便。

11.5.1　正面斜轴测投影

1. 轴间角和轴向伸缩系数

在正面斜轴测投影中，不论轴测投影方向 s 的位置如何，OX 和 OZ 轴的轴测投影不发生伸缩，即 $p=r=1$，轴间角 $\angle X_1O_1Z_1=90°$。

轴测轴 O_1Y_1 的位置和轴向伸缩系数 q 是各自独立的，没有固定的关系，可以任意选定。通常取 $q=0.5$；轴测轴 O_1Y_1 与 O_1X_1 轴（或水平线）的夹角一般取 30°、45°或 60°，这样可以直接利用三角板作图。

其中以 45°角画图时，即如图 11-16（a）所示的轴间角 $\angle X_1O_1Y_1=135°$，或图 11-16（b）所示的 $\angle X_1O_1Y_1=45°$，这样画出的轴测图较为美观，是常用的一种斜轴测投影，称为正面斜二测投影，简称斜二测。

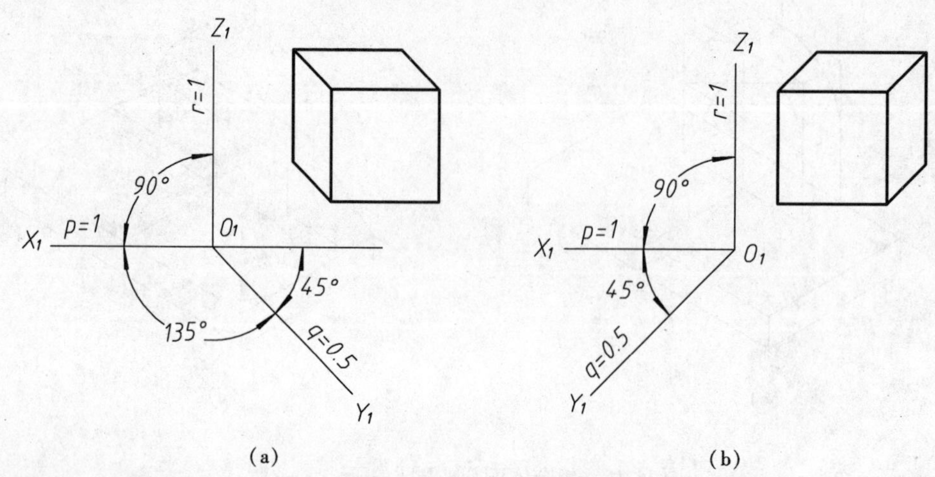

图 11-16　正面斜二测的轴间角和轴向伸缩系数

由于正面斜二测中 OX 和 OZ 轴不发生变形，故常利用这个特点，将形体轮廓比较复杂或具有特征的那个面置于与轴测投影面平行的位置，这样作图比较方便。

例 11-7　作出图 11-17（a）所示台阶的斜二测。

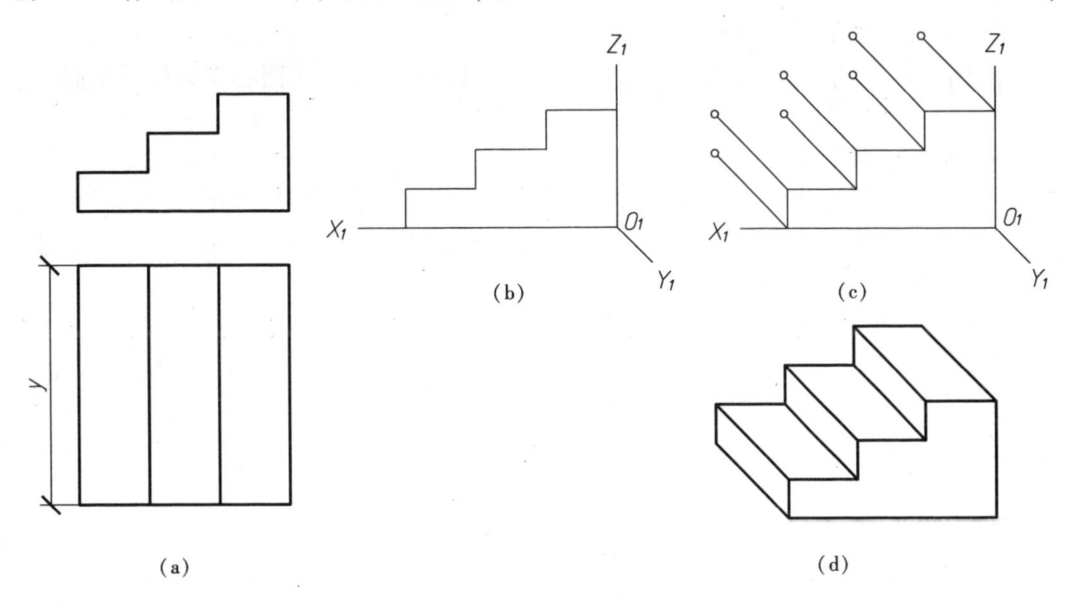

图 11-17　画台阶的斜二测

分析：

台阶的正面投影比较复杂且能反映该形体的特征，因此可利用正面投影作出它的斜二测图。如果选用轴间角 $\angle X_1O_1Y_1=45°$，这时踏面被踢面遮住而表示不清，所以选用 $\angle X_1O_1Y_1=135°$。

作图：

- 画轴测轴，并按台阶正投影图中的正面投影，作出台阶前端面的轴测投影（图 11-17b）；
- 过台阶前端面的各顶点，作 45°斜线（图 11-17c）；
- 从前端面各顶点开始在 45°斜线上量取 $y/2$（图 11-17c），由此可确定台阶的后端面（图 11-17d）；
- 整理加深，即得台阶的斜二测（图 11-17d）。

2. 平行于坐标面的圆的斜二测

图 11-18 所示，画出了正方体表面上三个内切圆的斜二测图：即平行于 XOZ 坐标面的圆的斜二测，仍是大小与实形相同的圆；当 $\angle X_1O_1Y_1=\angle Y_1O_1Z_1=135°$ 时，平行于 XOY 和 YOZ 坐标面的圆的斜二测是两个大小相同的椭圆。

作平行于 XOY 和 YOZ 坐标面的圆的斜二测时，一般采用平行弦法（图 11-9）或采用八点法。

例 11-8　作出图 11-19（a）所示截头圆柱的斜二测。

分析：

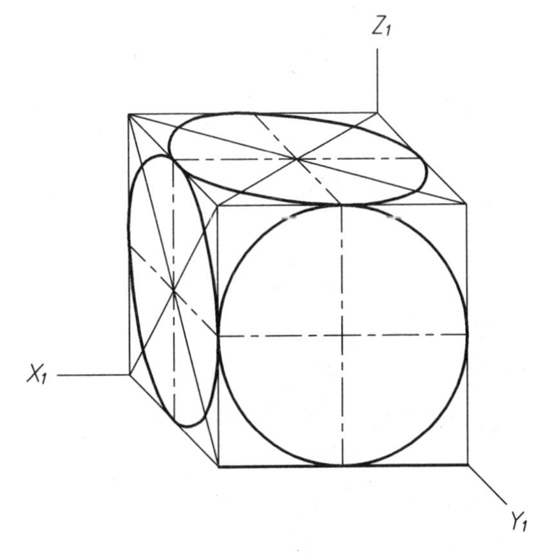

图 11-18　平行于坐标面的圆的斜二测

作图时，可先画出未截之前的圆柱的斜二测，然后再画斜截面。为作图方便，可选圆柱的前后端面平行于 XOZ 坐标面，其轴测投影仍为圆。

作图：

- 画轴测轴，然后以 O_1 为圆心画出圆柱的前端面（图 11-19b）；
- 从 O_1 开始沿 O_1Y_1 轴向后量取圆柱长度的 1/2 得 O_2，以 O_2 为圆心作圆柱后端面的可见部分，然后引平行于 O_1Y_1 轴方向的素线与两端面圆相切，得圆柱的斜二测（图 11-19b）；
- 用坐标法作截面上的特殊点。先作最低点 1、2，再作最高点 9 和最左、最右点 4、3（图 11-19c）。作图时先在正投影图上选定这些点，并在前端面的轴测图上确定这些点的相应位置，并由此引平行于 O_1Y_1 轴的素线，根据截面上各点对应的 Y 坐标，就可在相应的素线上确定这些点的轴测投影；
- 用同样方法作出截面上中间点 5、6、7、8（图 11-19d）；
- 用直线连接 1、2，用光滑曲线依次连接 2、3、5、7、9、8、6、4、1 各点，得截面的轴测图（图 11-19d）；
- 整理加深，即得截头圆柱的斜二测（图 11-19e）。

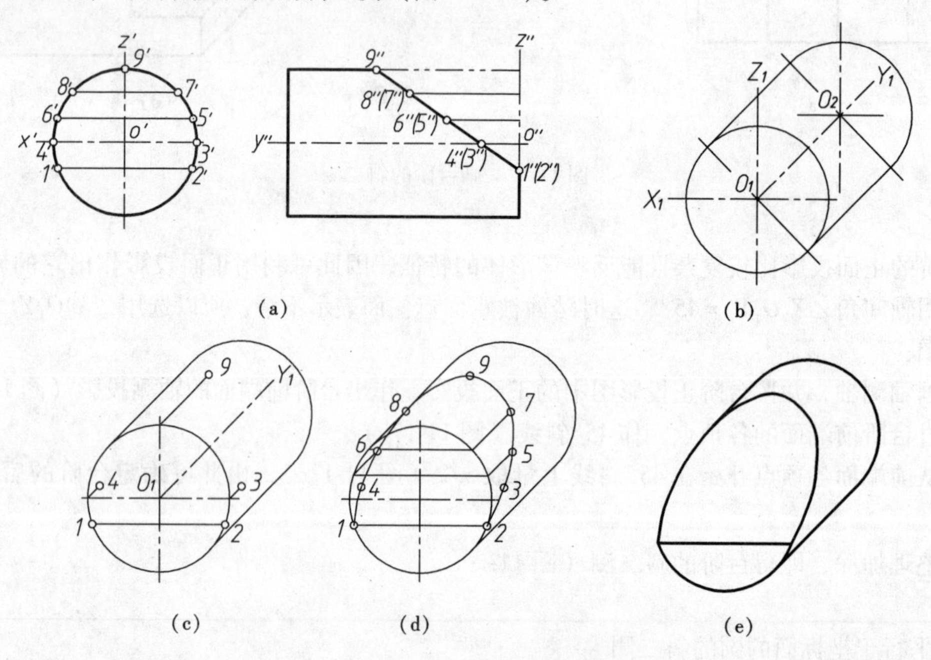

图 11-19　画截头圆柱的斜二测

11.5.2　水平斜轴测投影

如果形体仍放正，而按倾斜于 H 面的轴测投影方向 S，向平行于 H 面的轴测投影面 P 进行投影（图 11-20a），则所得斜轴测图称为水平斜轴测图。

显然，在水平斜轴测投影中，空间形体的坐标轴 OX 和 OY 平行于水平的轴测投影面，所以伸缩系数 $p=q=1$，轴间角 $\angle X_1O_1Y_1=90°$。至于 O_1Z_1 轴与 O_1X_1 轴之间轴间角以及伸缩系数 r，同样可以单独任意选择。但习惯上取 $\angle X_1O_1Z_1=120°$，$r=1$。坐标轴 OZ 与轴测投影面垂直，由于投影方向 S 是倾斜的，所以 O_1Z_1 则成了一条斜线（图 11-20b）。

画图时，习惯将 OZ 轴画成竖直位置，这样 O_1X_1 和 O_1Y_1 轴应相应偏转一角度，通常使 O_1X_1 和 O_1Y_1 轴分别对水平线成 30°和 60°（图 11-20c）。这种水平斜轴测图，常用于绘制一个区域的总平面图或一幢房屋的水平剖面图，它能够反映出一个区域中各建筑物、道路、设施等平面

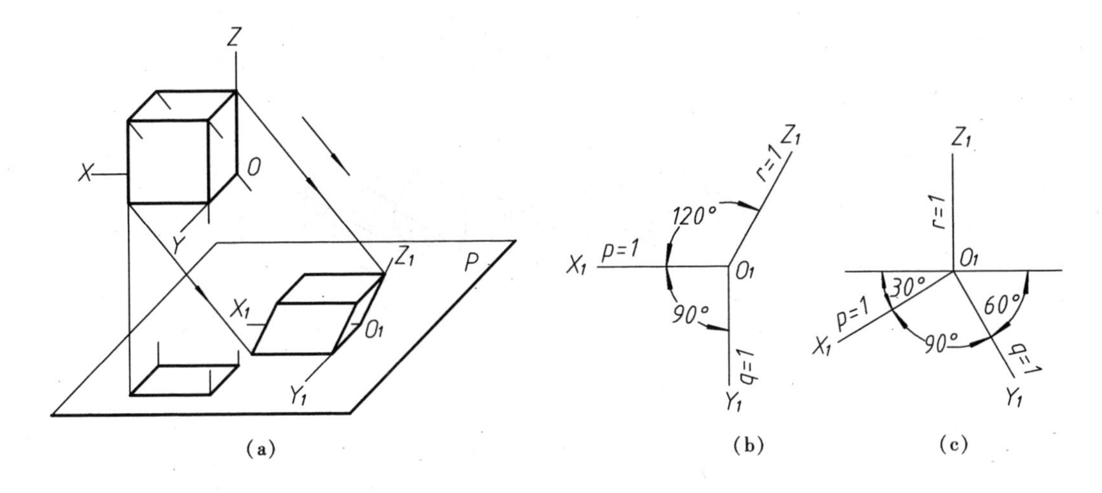

图 11-20　水平斜轴测图的形成和轴测轴的画法

位置及相互关系，或房屋的内部布置。作图时，只需将平面图（水平投影图）旋转 30°（图 11-21b），然后在各建筑物的平面图转角处向上（或向下）画竖直线，即可画出其水平斜轴测图，如图 11-21（c）。

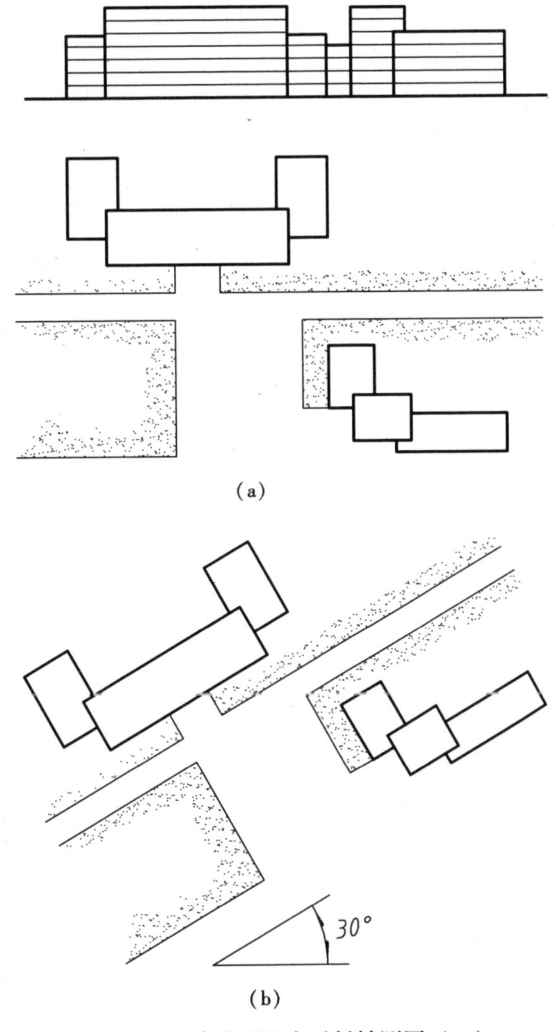

图 11-21　画建筑群的水平斜轴测图（一）

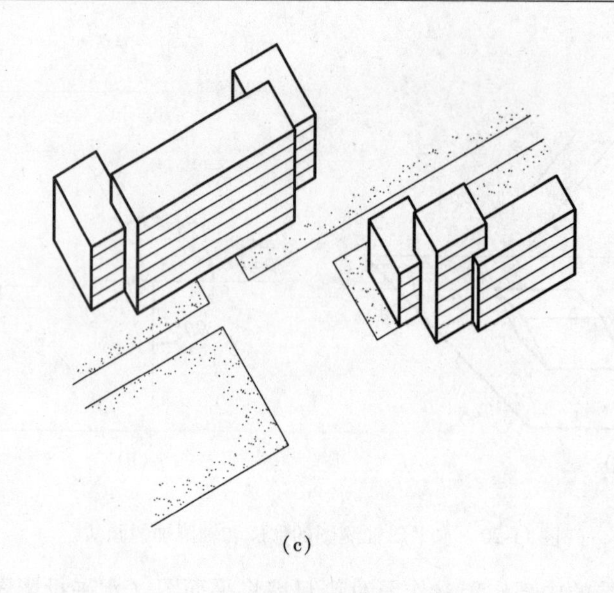

(c)

图 11-21　画建筑群的水平斜轴测图（二）

11.6　轴测图的选择

绘制形体轴测图的主要目的是使绘制的图形能反映形体的主要形状，富于立体感，而轴测图类型的选择直接影响到轴测图的效果。在作某一形体的轴测图时，究竟采用哪一种轴测图好，可根据以下几点来考虑。

1. 不同特征的形体选取不同的轴测图

选择轴测图的类型要根据形体的具体形状来决定。首先应该考虑要把形体的形状表达清楚，其次再考虑所得图形是否自然和谐和作图的简便性。

正等测可以直接利用三角板作图，对形体上两个或三个主要面有圆形的，可用同一种近似画法作椭圆，方法简便，作图时应优先考虑用正等测。

对于形体只在一个主要面上具有曲线或复杂图线时，宜采用斜轴测。因为斜轴测有一个面的轴测投影不发生变形。

2. 图形尽可能全面表现出形体的形状

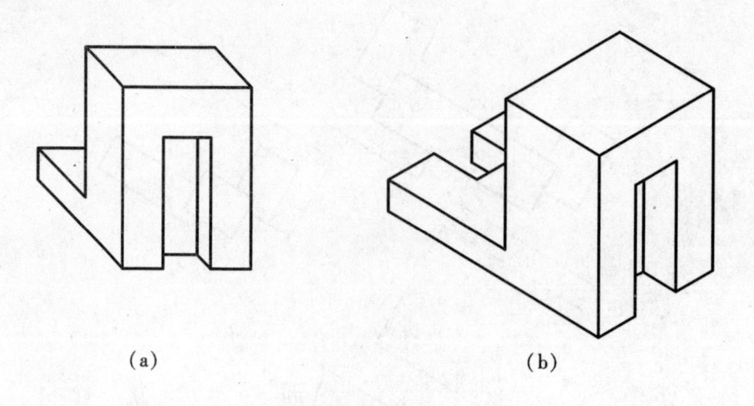

(a)　　　　(b)

图 11-22　轴测图选择（一）

(a) 斜二测；(b) 正等测

由于轴测图只是从一个方向投影得到的图形，而且不画虚线，所以不可能把形体各个方面的形状都表现出来。但应充分显示该形体的主要部分和主要特征，尽可能将隐藏部分表达清楚。例如，图 11-22（a）所示的斜二测，该形体后端底板上是否有槽孔，轴测图没有表示清楚。若改画成正等测（图 11-22b），后端底板上的缺口和前端的凹槽都能比较清楚地显示出来。

此外还应对形体的观看方向加以考虑，以便充分表达形体，获得较满意的图形。如图 11-23（a）所示的柱基础，观看方向应自上而下，而图 11-23（b）所示的柱冠，观看方向应自下而上。

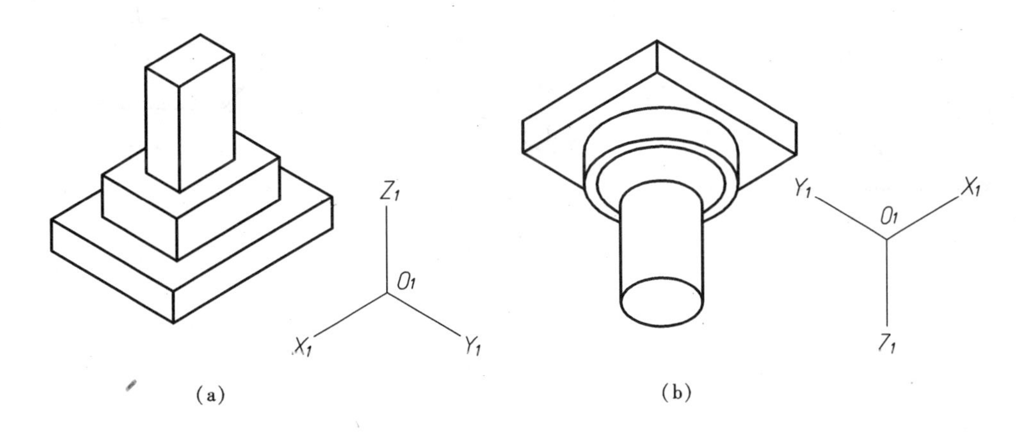

图 11-23　轴测图选择（二）

3. 图形尽可能富有立体感

轴测图的特点，就是图形的直观性强，因此，要避免形体转角处的图线上下贯通成一直线和形体上有的表面投影积聚成一直线。

例如，图 11-24（b）所示杯口基础的正等测中间转角处的交线形成了一条上下贯通的直线，图形左右对称，显得呆板，立体感差，不如图 11-24（c）所示的斜二测直观，立体感较强。

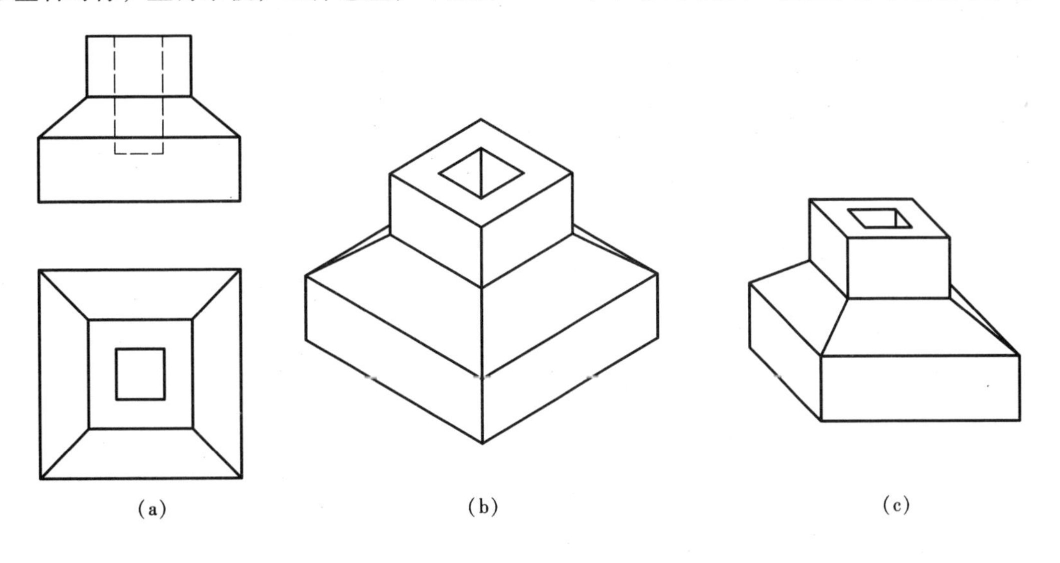

图 11-24　轴测图选择（三）

图 11-25（b）所示形体的正等测，显然是由于上方正四棱柱的两个表面正好与正等测的投影方向平行，所以它们的正等测投影积聚成一直线，缺乏立体感，而该形体的斜二测就没有这个

缺点（图 11-25c）。

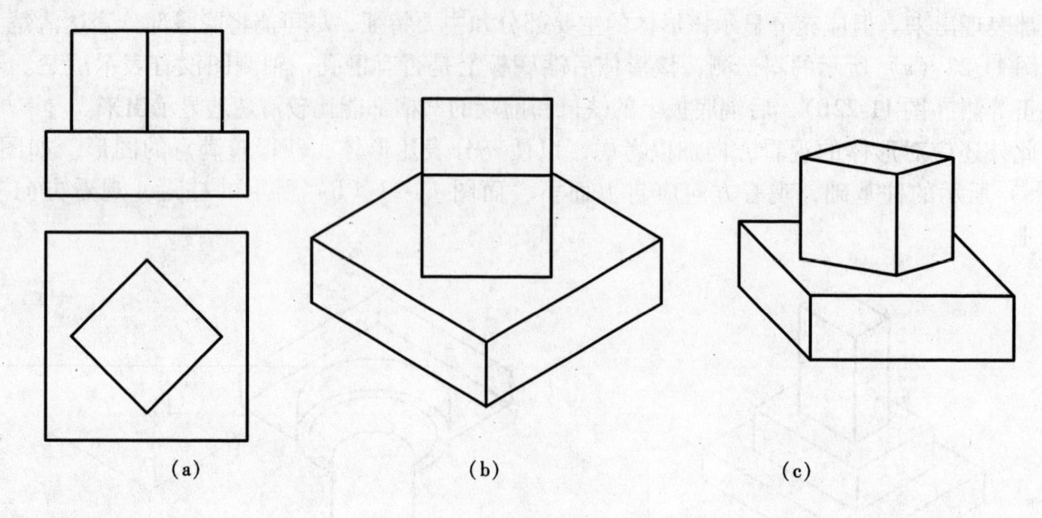

图 11-25　轴测图选择（四）

第12章

立体表面的展开

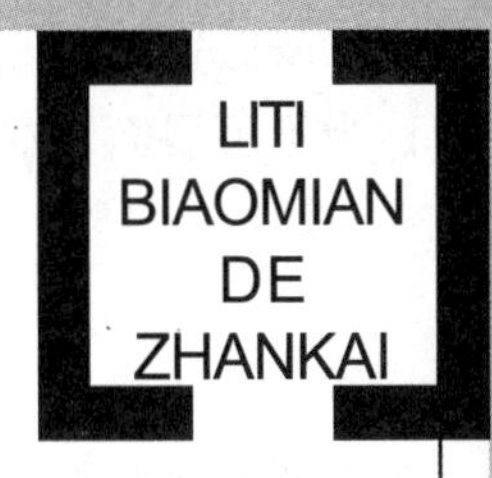

立体表面展开是板金工排料的依据，在工业生产及日常生活中有许多产品都是以薄板为材料，按展开图裁切加工，焊接后成形。在建筑设计中某些模型的制作，也同样需要立体表面的展开来完成。

本章主要介绍基本立体的展开和各种管接头的展开。

将立体的表面，沿适当位置裁开，并依次无皱地摊平到一个平面上的过程，称为立体表面的展开，展开后的图形称为展开图。图 12-1 中，我们把圆柱面沿一条素线裁开，并把它摊平到平面上，就可得到该圆柱面的展开图。

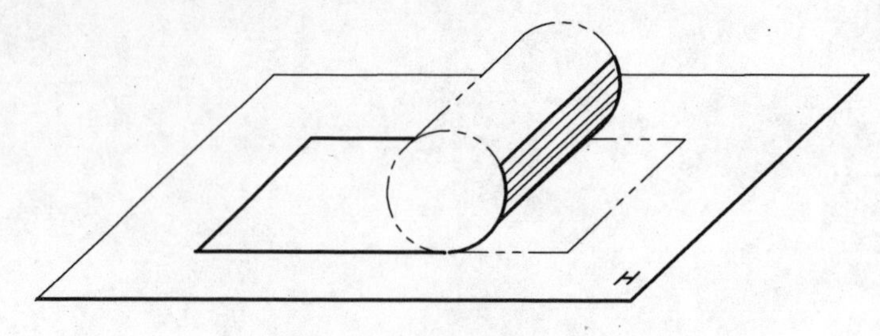

图 12-1 圆柱面展开

画立体表面展开图，实质是用图解法求立体表面实形的问题，最终归结为求直线实长。直角三角形法和旋转法是常用的求直线实长的两种方法。

棱柱和棱锥为平面立体，因其棱面是平面多边形，可以无折皱地摊平在一平面上，所以平面立体是可展的。

柱面和锥面，由于它们的相邻素线是互相平行或相交的共面两直线，所以锥面和柱面是可展的。

有些直线曲面，如双曲抛物面、单叶双曲面、锥状面和柱状面等，它们相邻两素线是交叉两直线，所以这类直线面不可展。有些曲线面，如球面、环面等，只能近似地摊平在一个平面上，则称为不可展面，本章主要介绍可展柱面和锥面的展开图画法。

12.1 平面立体表面展开

平面立体的表面是由若干多边形组成的。要画出平面立体表面的展开图，只要作出属于立体表面的所有多边形的实形，并依次把它们画在一个平面上，即完成平面立体的展开。

12.1.1 棱锥表面的展开

例 12-1 完成如图 12-2（a）所示的截头三棱锥的展开图。

分析：

三棱锥的底面 ABC 为水平面，其水平投影 abc 反映实形，三棱锥的三个棱面均为倾斜面，需要求实形。而求棱面实形的问题，归结为求棱线实长的问题，三棱锥的 SA、SB、SC 棱均为倾斜线，只要求出其实长，即可完成展开图。

作图：

- 用旋转法求 SA、SB、SC 的实长 $s'a_1'$、$s'b_1'$、$s'c_1'$，并确定被截棱线的实长；分别过 $1'$、$2'$、$3'$引水平线交 $s'a_1'$、$s'b_1'$、$s'c_1'$于 $1_1'$、$2_1'$、$3_1'$，则 $s'1_1'$、$s'2_1'$、$s'3_1'$为截掉的棱线的实长，如图 12-2（a）所示；
- 画展开图时，首先画锥底面实形，再画被截前的棱锥各棱面的实形，最后完成截切后棱面的实形。根据已知取 $\triangle ABC = \triangle abc$，完成锥底的展开，再分别以 B 和 C 为圆心，以 $s'c_1'$和 $s'b_1'$为半径作弧交于 S 点，连 SB 和 SC 即完成棱面 $\triangle SBC$ 的实形。同理分别作出另外两棱面的实形 $\triangle SAB$ 和 $\triangle SAC$。最后在各棱线上分别截出Ⅰ、Ⅱ、Ⅲ点，使 SⅠ $= s'1_1'$、SⅡ $= s'2_1'$、SⅢ $= s'3_1'$，并把各点连成折线，即完成所求的展开图，如图 12-2（b）所示。

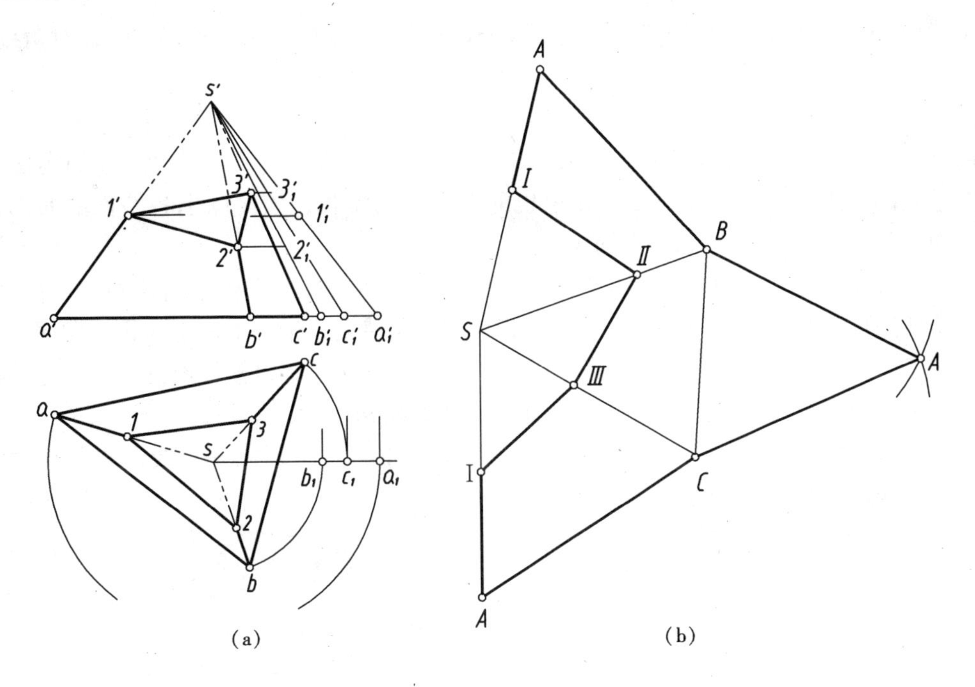

(a) (b)

图 12-2 三棱锥表面的展开

（a）投影及求实长；（b）展开图

12.1.2 棱柱面的展开

棱柱除了底面是多边形外，各棱面一般由平行四边形或矩形组成。而任何四边形都可以看成由两个三角形所组成，因此，只要求出这些三角形各边的实长后，即可作出棱柱的表面展开图。所以棱面的展开必须引对角线作辅助线，求得这些对角线的实长。

将平面立体各表面分解为三角形，从而作出表面展开图的方法称三角形法，它是作展开图的基本方法。

例 12-2 完成图 12-3（a）所示斜三棱柱的展开图。

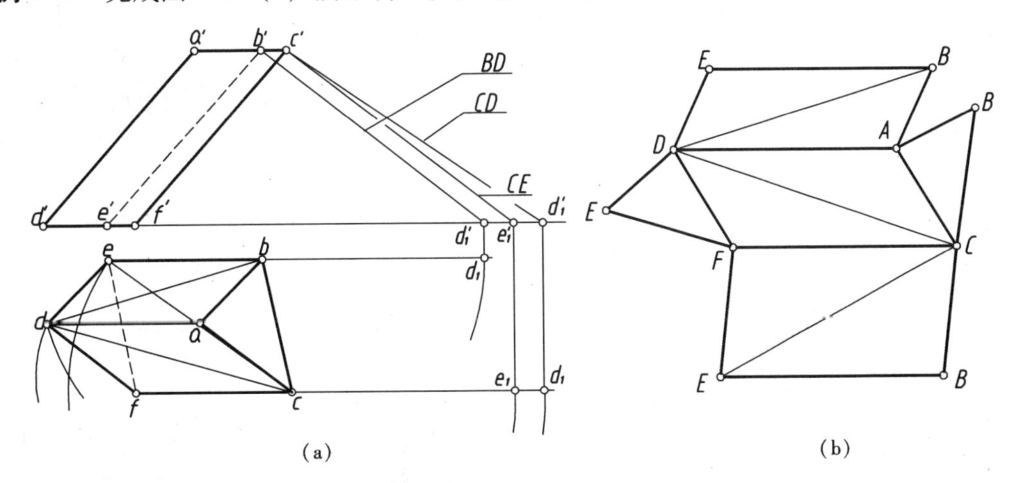

(a) (b)

图 12-3 斜三棱柱表面展开图

（a）投影图及求实长；（b）展开图

分析：

从图 12-3（a）可见，斜三棱柱的上顶面和下底面均平行 H 面，所以其 H 投影反应实形，即 $ABC = abc$，$DEF = def$。斜三棱柱的每条棱线又平行于正面，所以各棱线的正面投影反应其实长。

还要求出棱面 $ABED$ 对角线 BD 的实长，棱面 $ADFC$ 对角线 CD 的实长，棱面 $BCFE$ 对角线 CE 的实长。

作图：

• 用旋转法求出对角线 BD 的实长 $b'd_1'$，对角线 CD 的实长 $c'd_1'$，对角线 CE 的实长 $c'e_1'$；

• 按已知的底边实长、棱线的实长和求出的对角线的实长，依次画出各棱面的实形、上顶面、下底面的实形，如图 12-3（b）所示。

棱柱的展开还有另外一种方法，由于棱柱的棱面均为四边形，只要求出这些四边形的实形，可直接展开四边形，其作图常用滚翻法。首先将棱柱的某棱面置于一平面上，再按顺序绕各棱线向同一侧滚翻，每滚翻一次，就在该平面上得出一个棱面的实形，将棱柱滚翻一周，连续得出各个棱面的实形，即完成棱柱表面的展开图。图 12-4 为滚翻法的示意图。

从图中可见，棱柱翻转一周后，其法截面Ⅰ、Ⅱ、Ⅲ、Ⅳ展开成一直线，并垂直棱线。因此，用滚翻法作展开图时必须先确定棱柱的法截面。

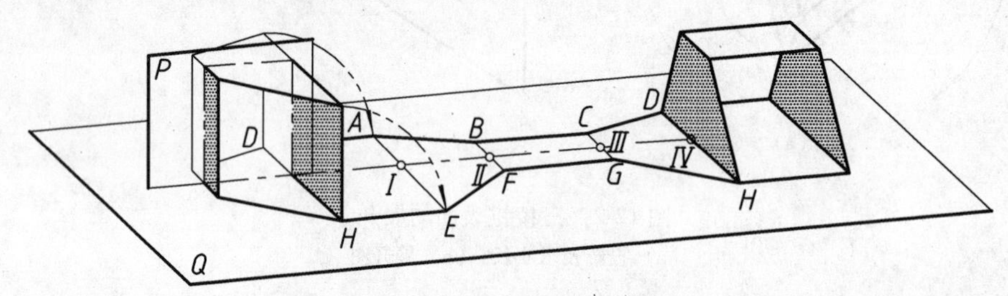

图 12-4 滚翻法示意图

例 12-3 作出图 12-5（a）所示的两节雨水管的展开图。

分析：

从投影图可知，立管和斜管都是四棱柱，其法截面（与柱棱垂直的面）的形状、大小相等，立管的棱线为铅垂线，其正面投影反应实长，在 V 面用滚翻法展开。

作图：

• 方法一：

立管表面的展开，如图 12-5（b）所示。

•• 立管的上端口为矩形（其边长 $m \times n$）并垂直于立管的棱，所以上端口为立管的法截面，与其正面投影平齐展开为一水平线，其上各点为 A、B、C、D、A；

•• 过 A、B、C、D、A 各点画垂直线，即为立管展开后的各棱线，高平齐通过其正面投影量得立管各棱实长，同时也确定了立管与斜管交线各点 A_1、B_1、C_1、D_1、A_1 的展开位置；

•• 顺次连接 A_1、B_1、C_1、D_1、A_1，即完成立管的展开图。

斜管表面的展开，如图 12-5（c）所示：

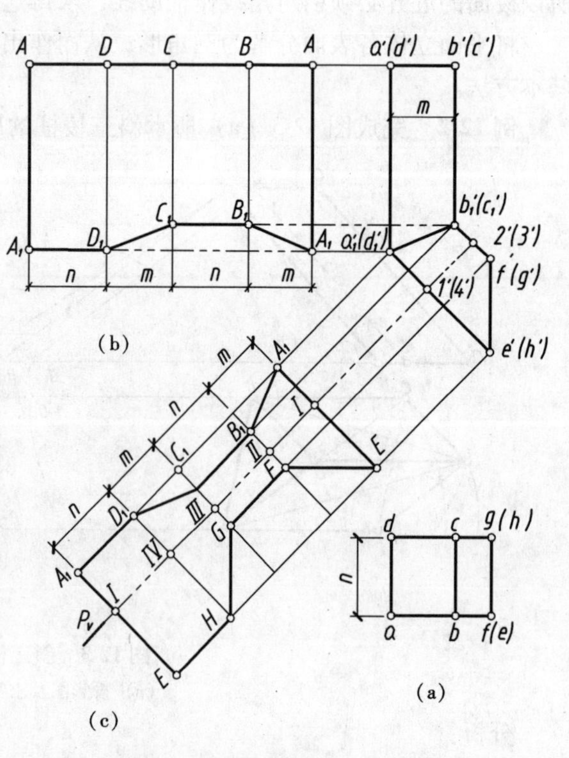

图 12-5 雨水管的展开（方法一）

（a）投影图；（b）立管的展开；（c）斜管的展开

●● 在斜管中间的任意位置作辅助截面 P 得法截面Ⅰ、Ⅱ、Ⅲ、Ⅳ，用滚翻法将法截面就此方向展开为一直线，得Ⅰ、Ⅱ、Ⅲ、Ⅳ、Ⅰ各点；

●● 过Ⅰ、Ⅱ...... 各点作线垂直于法截面的展开线；

●● 与斜管的正面投影平齐（沿法截面展开线方向），在各棱线上截取相应的实长。从而确定与立管交线各点 A_1、B_1、C_1、D_1、A_1 和下端口各点 E、F、G、H、E 的展开位置；

●● 依次连接 A_1、B_1、C_1、D_1、A_1 各点和 E、F、G、H、E 各点，完成斜管的展开图。

上述方法需分别作出两管的展开图，图形布置零乱，下料时板材耗费较大，考虑到经济合理的使用板材，通常按下述方法展开两水管。

● 方法二：

●● 图 12-6 中介绍了雨水管的第二种展开方法。先将斜管扳成铅垂位置，然后使它绕管轴转 180°，便可与立管接成一根直管，如图 12-6（b）所示。由于两管正截面相等，从图 12-6（a）可知转身前 $\angle\alpha+\angle\gamma=180°$，而 $\angle\alpha=\angle\beta$。转身后 $\angle\beta+\angle\gamma=180°$，所以斜管转身后必然可以与立管连成一根直管，这种方法称之为转身法。转身法的适用条件是：立管与斜管的法断面要相等，而且法截面必须是中心对称图形；

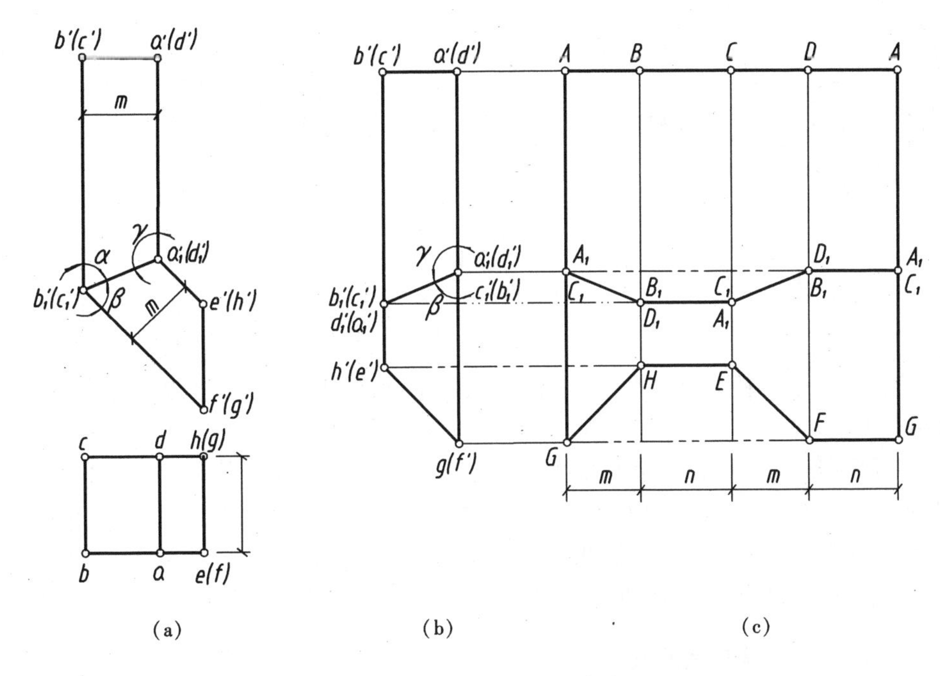

(a) (b) (c)

图 12-6 雨水管的展开（方法二）

（a）投影图；（b）用转身法接成直管；（c）展开图

●● 立管与斜管接成一直管后，可用滚翻法将其表面及两管表面交线一次展开，如图 12-6（c）所示。此种方法作图简单，排料合理。

12.2 曲面立体表面展开

12.2.1 圆柱表面的展开

例 12-4 作出 12-7（a）所示的截头正圆柱的展开图。

分析：

正圆柱表面的展开图是矩形。矩形其中的一边长为圆柱高 H，另一边长为圆周长 $2\pi R$（R 为圆柱半径）。当圆柱被正垂面 P 斜截，应在其展开图中定出截交线各点的位置。圆柱的素线均为铅垂线，其正面投影反映实长，即展开图直接在 V 面作图，其步骤如下：

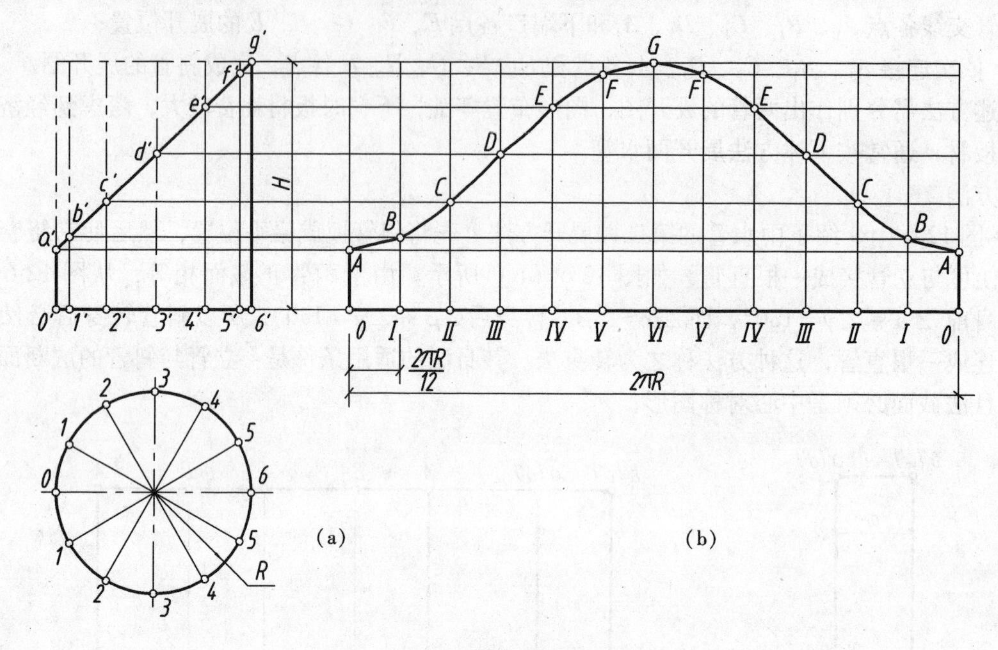

图 12-7　截头正圆柱的展开

（a）投影图；（b）展开图

作图：

• 在 H 面投影上，分柱底圆周为若干等分（例如 12 等分），并过等分点作素线的 V 投影，与 Pv 分别相交于 a'、b'、c'……各点，a'、b'、c'……为截交线上的点；

• 将柱底圆周展开为一直线，其长度为 $2\pi R$，在其上截取各等分点 O、Ⅰ、Ⅱ、Ⅲ……；

• 过各等分点，作垂直线（柱面素线），截取各相应素线的实长，为此，过 a'、b'、c'、……各点引水平线与展开图上相应素线相交，得 A、B、C……各点；

• 用光滑曲线连接各点后，所得图形即为所求展开图，如图 12-7（b）所示。

12.2.2　等径圆柱弯管表面的展开

例 12-5　作出图 12-8（a）所示“虾米弯”展开图。

等径圆柱弯管又称“虾米弯”。常用于通风管道和热力管道中。它是由几节等径圆柱管连接而成。图 12-8（a）所示“虾米弯”由四节等径圆柱管组成，用来连接与之等径的两正交管道。该“虾米弯”各节圆柱管斜口与该圆柱法截面的倾角相同，可以用前述的转身法，将Ⅱ、Ⅳ两节圆柱管旋转 180°，与Ⅰ、Ⅲ两节圆柱管接成一正圆柱管，如图 12-8（b）所示。按截头正圆柱面展开的方法，将该直立正圆柱管展开，并作出连接各节的交线，即得该“虾米弯”的展开图，如图 12-8（c）所示。实际应用中，虾米弯的展开可按六节圆柱考虑，只需展开第Ⅰ节，做成模板，依次翻转五次模板即可完成虾米弯的展开图。这种展开方法作图简单，排料合理，下料方便经济实用。

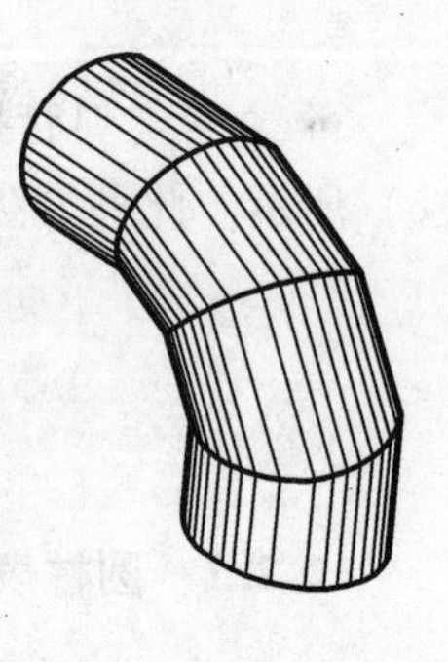

立体图

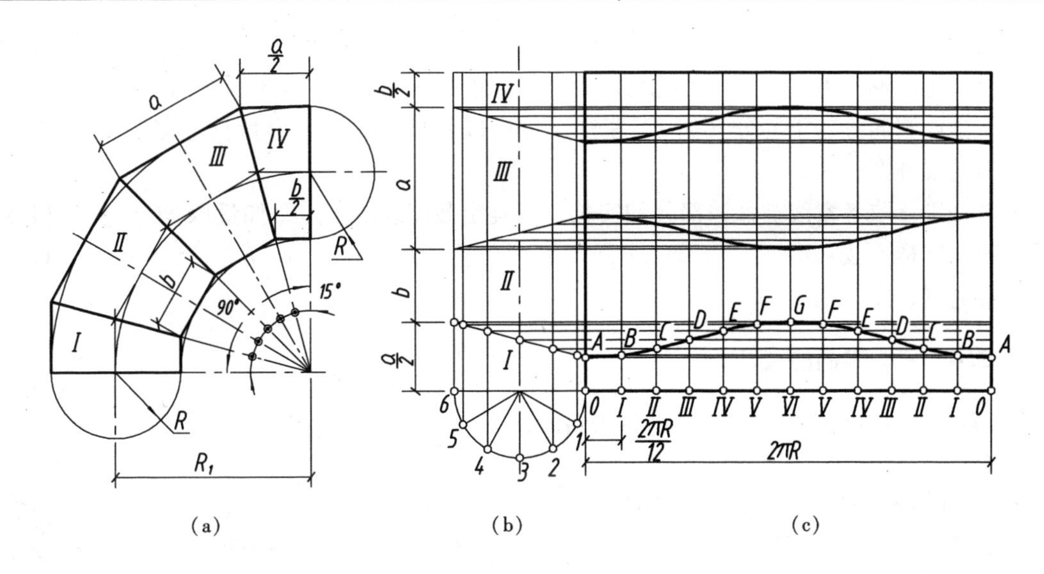

图 12-8　弯管展开

(a) 投影图；(b) 用转身法接成正圆柱；(c) 展开图

12.2.3　正圆锥面的展开

例 12-6　作出图 12-9 (a) 截头正圆锥的展开图。

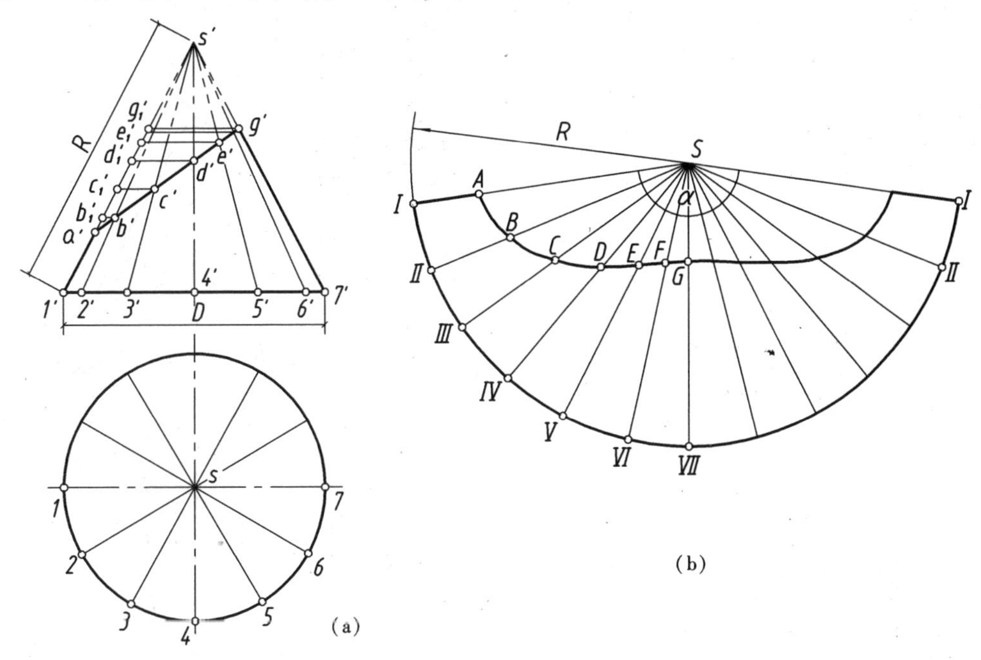

图 12-9　截头圆锥表面的展开

(a) 投影图；(b) 展开图

分析：

正圆锥表面的展开图是以圆锥素线的实长为半径，锥顶 S 为圆心，锥底圆周长为弧长的一个扇形。图 12-9 (a) 所示正圆锥被正垂面 P 斜截，应在其展开图中定出截交线的位置。圆锥的正面外形线 $s'1'$ 是圆锥素线的实长。应过截交线上若干点引水平线至 $s'1'$，即可确定被截各素线的实长，如求 SD 实长，应过 d' 作水平线交 $s'1'$ 于 d_1'，$s'd_1'$ 即为实长 SD。

作图：

• 为画出扇形，首先以点 S（任取）为圆心，以素线实长 $s'1'$ 为半径画弧；

• 将锥底圆周分若干等分（如 12 等分）然后以弦代弧，在扇形弧长上截取 12 等分，可得正圆锥面的展开图；

• 再分别量取各素线被截去部分的实长，以确定截交线的各点，如量取 $SD = s'd_1'$ 得点 D 的展开位置；同样方法求出 A、B、C……各点展开位置；最后连接 A、B、C……各点，即完成截头正圆锥的展开图，如图 12-9（b）所示。

12.2.4　斜圆锥面的展开

例 12-7　作出图 12-10（a）所示截头斜圆锥的展开图。

分析：

图 12-10（a）是一个斜圆台变形接头，用来连接管轴不在同一直线上，且管径不等的上下圆管。作斜圆台表面的展开图，实际上是从展开的大斜圆锥面截去一个展开的小斜圆锥面。斜圆锥表面可以看成由若干个相邻而不相等的三角形围成，依次画出三角形的实形，便可得出该锥面的展开图，但在展开前必须求出三角形各边的实长。

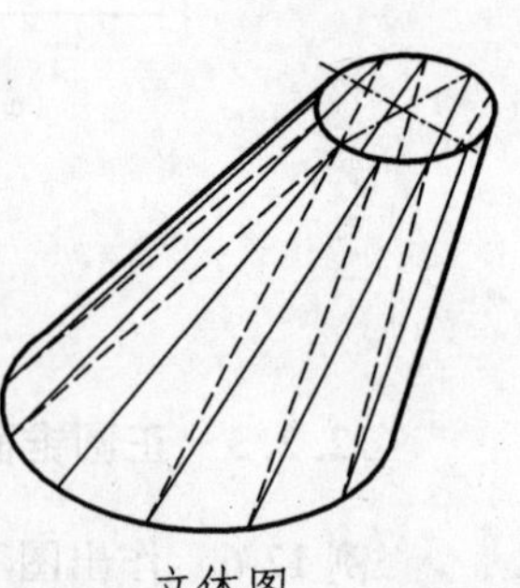

立体图

作图：

• 将锥底圆分若干等分（如 12 等分），过各等分点的素线，将斜圆锥面分为 12 个三角形。斜圆锥面前后对称，图 12-10（b）中锥底面圆的 H 投影只画一半；

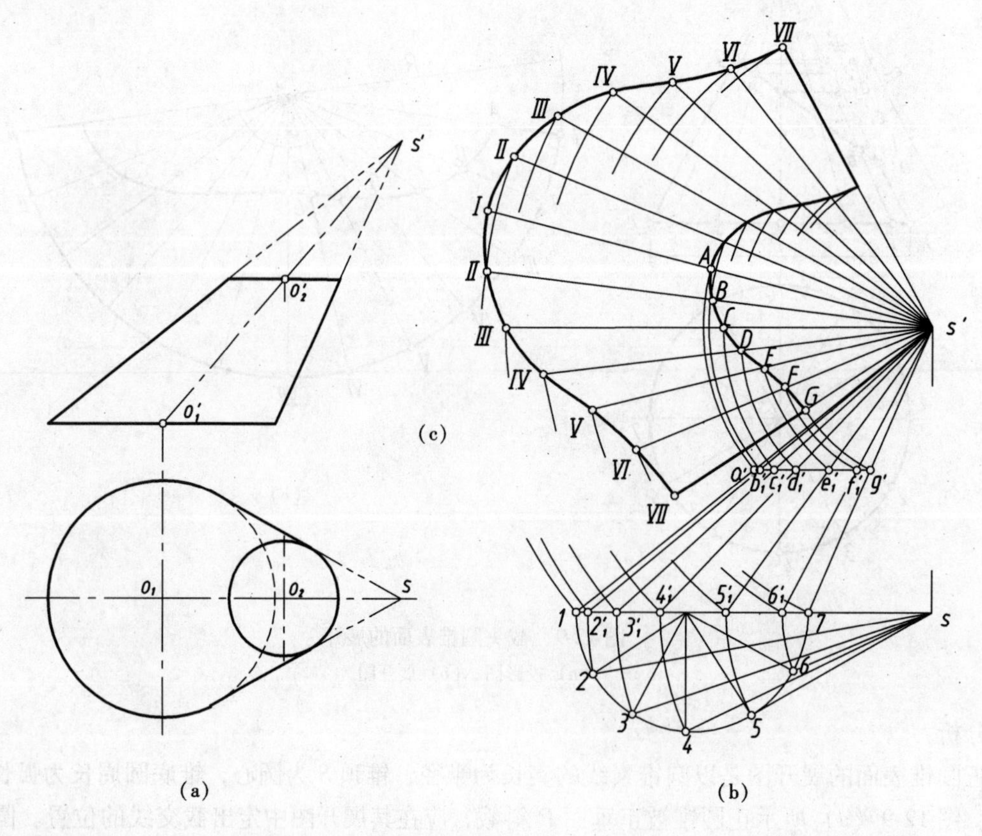

图 12-10　截头斜圆锥的展开

（a）投影图；（b）旋转法求实长；（c）展开图

• 用旋转法求出大小斜圆锥各素线的实长，图 12-10（b）所示。$s'3_1'$是大圆锥面素线 SⅢ 的实长，$s'c_1'$是小斜圆锥面相应素线 SC 的实长，$s'1'$和 $s'7'$为其素线的已知实长；

• 展开大圆锥表面，以 s'作为锥面展开圆的锥顶，可先作素线 SⅠ，取 SⅠ = $s'1_1'$，然后取 SⅡ = $s'2_1'$和底圆弦长 1 2 来确定Ⅱ点，作出一个三角形 s'ⅠⅡ。同理作大斜圆锥面展开图的Ⅲ，Ⅳ，Ⅴ…各点，并同时完成各对称点的展开。最后用光滑曲线顺次连接所求各点，即完成锥管下口的展开线；

• 求小斜圆锥面底圆各点在展开图中的位置，以 s'为圆心，分别以 $s'a_1'$，$s'b_1'$…为半径作圆弧，在展开图上对应素线 SⅠ、SⅡ，…相交于 A、B、…各点，用光滑曲线顺次连接所求各点，即完成锥管上口的展开线。图 12-10（b）为斜圆锥管的展开图。

12.3　变形接头的展开

变形接头是一种常用的接头，它有天圆地方和天方地圆两种形式。图 12-11（a）所示为天圆地方形式的变形接头，它上接圆柱管或圆锥管，下连矩形管。它的表面是由 4 个等腰三角形平面和 4 个相等的倒斜圆锥面所组成。每个锥面的底边是变形接头上口圆周的 1/4，顶点在下口矩形的顶点上。该变形接头的展开便是将上述 4 个等腰三角形平面和 4 个相等的 1/4 倒斜圆锥面的展开，依次相连，其作图步骤如下：

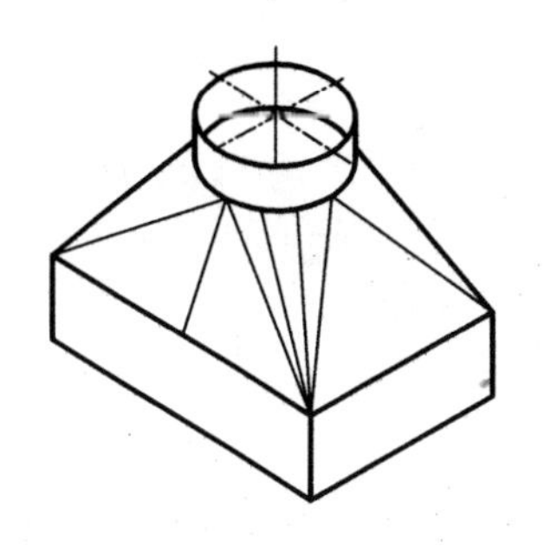

立体图

（1）将图 12-11（a）水平投影中的 1/4 圆 3 等分。作出斜圆锥的素线，并用直角三角形法求各素线的实长，如图 12-11（b）所示。

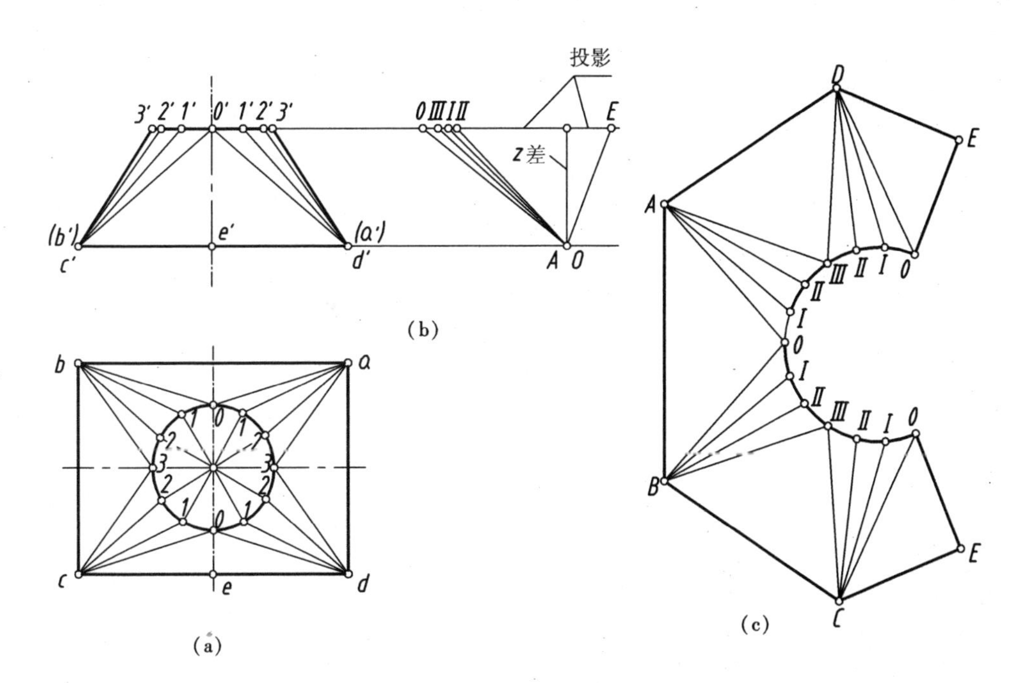

图 12-11　天圆地方变形接头的展开
（a）投影图；（b）直角三角形求实长；（c）展开图

（2）用直角三角形法求等腰三角形高 *OE* 的实长，如图 12-11（b）所示。*OE* 为接口线。

（3）根据所得各边的实长，先作出△*AOB* 的实形，然后依次在△*AOB* 两侧作出斜锥面和等腰三角形的展开图，即得到完整的变形接头的展开图，如图 12-11（c）所示。

下篇 投影制图

第 1 章

制图的基本知识

ZHITU DE
JIBEN
ZHISHI

工程图样是现代物件设计、建造、生产过程中重要的技术文件之一，是工程界的技术语言。设计师通过图样设计新物件，建筑师、工艺师依据工程图样建造、制造新物件。此外，工程图样还广泛应用于各行业的技术交流。

各个行业部门，为了科学地进行生产和管理，对工程图样的各个方面，如图幅的安排、尺寸注法、图纸大小、图线粗细等，都需要有统一的规定，这些规定称为制图标准。

1.1　制图国家标准简介

1.1.1　标准概述

我国现有的标准可分为国家、行业、地方、企业标准四个层次。对需要在全国范围内统一的技术要求制订国家标准；对没有国家标准而又需要在全国某个行业范围统一的技术要求制订行业标准；由于类似的原因产生了地方标准；对没有国家标准和行业标准的企业产品制订企业标准。

“国家标准”简称“国标”。国家标准和行业标准又分为强制性标准和推荐性标准。强制性国家标准的代号形式为GB xxxx—xxxx，GB分别是“国标”二字汉语拼音的第一个字母，其后的xxxx代表标准的顺序编号，而后面的xxxx代表标准颁布的年号。推荐性标准的代号形式为GB/T xxxx—xxxx。

如“GB/T 14689—1993”是国家标准《技术制图 图纸幅面及格式》的代号，“GB/T”表示推荐性国家标准，是GUOJIA BIAOZHUN（国家标准）和TUIJIAN（推荐）的缩写。“14689”是该标准的编号，“1993”表示该标准是1993年发布的。

强制性标准是必须执行的，而推荐性标准是国家鼓励企业自愿采用的。但由于标准化工作的需要，这些标准实际上都被认真执行着。

标准是随着科学技术的发展和经济建设的需要而发展变化的。我国的国家标准在实施后，标准主管部门每5年对标准复审一次，以确定是否继续执行、修改或废止。在工作中应采用经过审订的最新标准。

下面介绍绘制图样时常用的国家标准。

1.1.2　图纸幅面及格式（GB/T 14689—1993）

1. 图纸幅面

绘制各种工程技术图样时，应优先选用表1-1所规定的基本幅面，使用时优先选用基本幅面A0、A1、A2、A3、A4，必要时，也允许选用国家标准所规定的加长幅面。这些幅面的尺寸由基本幅面的短边成整数倍增加后得出。

图纸基本幅面代号和尺寸（mm）　　表1-1

幅面代号	A0	A1	A2	A3	A4
$B \times L$	841×1189	594×841	420×594	297×420	210×297
a	25				
c	10			5	
e	20		10		

2. 图框格式

在每张图样上，均需用粗实线绘制图框。

其格式分为不留装订边和留有装订边。要装订的图样，应留装订边，其图框格式如图1-1所示。不需要装订的图样其图框格式如图1-2所示。但同一物件的图样只能采用同一种格式，图样必须画在图框之内。

3. 标题栏

每张技术图样中均应画出标题栏。标题栏的格式和尺寸按GB 10609.1—1989的规定。本教

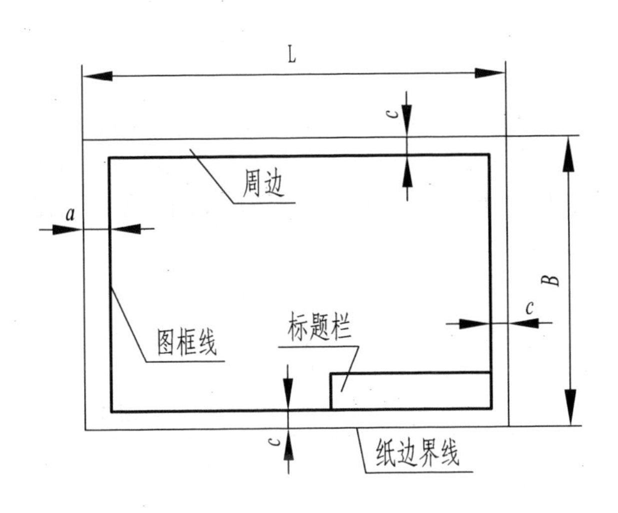

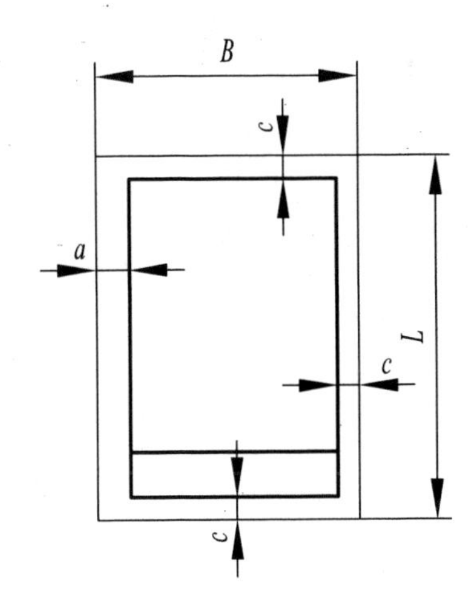

图 1-1　需要装订图样的图框格式

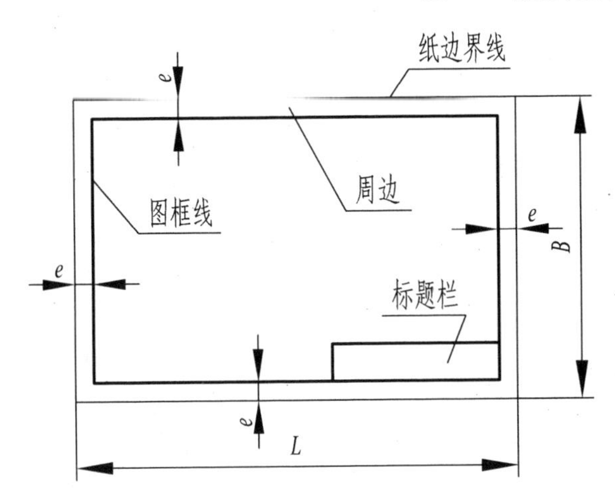

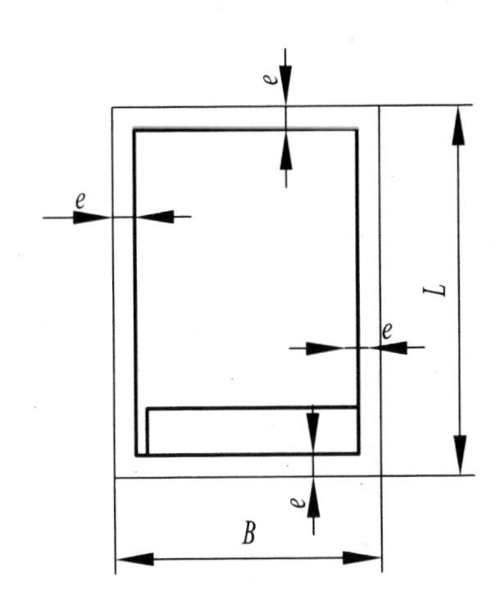

图 1-2　不需要装订图样的图框格式

材将标题栏作了简化如图 1-3 所示。

标题栏一般应位于图纸的右下角，如图 1-1 和图 1-2 所示。一般情况下，看图的方向与看标题栏的方向一致，即标题栏中的文字方向为看图方向。

此外，标题栏的线型、字体（签字除外）和年、月、日的填写格式均应符合相应国家标准的规定。

130；5×8=40

12	28		12	23	26	
(图样名称)			比例		图号	
			数量			
绘图		(日期)	重量		材料	
描图		(日期)	(学校名称)			
审核	(签名)	(日期)				

图 1-3　简化标题栏

1.1.3　比例（*GB/T* 14690—1993）

绘制图样时所采用的比例，是图样中图形要素的线性尺寸与实际表达对象相应要素的线性尺寸之比。简单地说，图样上所画图形与其实物相应要素的线性尺寸之比称作比例。比值为 1 的比例，即1：1，称为原值比例；比值大于 1 的比例，如2：1 等，称为放大比例；比值小于 1 的比例，如1：2 等，称为缩小比例。

绘制图样时，应尽可能按需表达对象的实际大小画出，以方便看图，如果物体太大或太小，则可用表 1-2 中所推荐选取的适当比例，必要时也允许选取表 1-3 推荐的比例。

在建筑工程图样中，绘制各种视图所采用的比例，可从表 1-4 中选取。

比　例　　表 1-2

种　类	推荐选取的比例
原值比例	1：1
放大比例	2：1，5：1，1×10^n：1，2×10^n：1，5×10^n：1
缩小比例	1：2，1：5，1：1×10^n，1：2×10^n，1：5×10^n

比　例　　表 1-3

种　类	允许选取的比例
放大比例	2.5：1，4：1，2.5×10^n：1，4×10^n：1
缩小比例	1：1.5，1：2.5，1：3，1：4，1：6， 1：1.5×10^n，1：2.5×10^n，1：3×10^n， 1：4×10^n，1：6×10^n

建筑工程图样常用比例　　表 1-4

图　名	常用比例	图　名	常用比例
总平面图	1：500 1：1000 1：2000 1：5000	平面图、立面图、剖面图等	1：50 1：100 1：20
		结构详图	1：1 1：2 1：5 1：10 1：20 1：25 1：50

绘制同一表达对象的各个视图时应尽量采用相同的比例，其比例一般应标注在标题栏中的比例栏内。必要时，当某个视图需要采用不同比例时，必须另行标注，可在视图名称的下方或右侧标注比例，如下所示：

$$\frac{I}{2:1}\quad\frac{A}{1:100}\quad\frac{B-B}{2.5:1}\quad\frac{\text{墙板位置图}}{1:200}\quad\text{平面图}1:100$$

1.1.4　字体（*GB/T* 14691—1993）

国家标准 GB/T 14691—1993《技术制图　字体》中，规定了汉字、字母和数字的各种书写形式。

一般书写字体的基本要求如下：

（1）图样中书写的汉字、数字、字母必须做到：字体工整、笔画清楚、间隔均匀、排列整齐。

（2）字体的大小以号数表示，字体的号数就是字体的高度（单位为 mm），字体高度（用 h 表示）的公称尺寸系列为：1.8mm、2.5mm、3.5mm、5mm、7mm、10mm、14mm、20mm。

如需要书写更大的字，其字体高度应按 $\sqrt{2}$ 的比率递增。用作指数、分数、注脚和尺寸偏差数值，一般采用小一号字体。

（3）汉字应写成长仿宋体字，并应采用国家正式推行的《汉字简化方案》中规定的简化字。长仿宋体字的书写要领是：横平竖直、注意起落、结构均匀、填满方格。汉字的高度 h 不应小于 3.5mm，其字宽一般为 $h/\sqrt{2}$。

（4）字母和数字分为 A 型和 B 型。字体的笔画宽度用 d 表示。A 型字体的笔画宽度 $d=h/14$，B 型字体的笔画宽度（d）为字高（h）的 1/10。字母和数字可写成斜体或直体。

（5）斜体字字头向右倾斜，与水平基准线成75°。绘图时，一般用*B*型斜体字。在同一图样上，只允许选用一种字体。

如图1-4、图1-5、图1-6所示的是图样中常见字体（汉字、数字、字母）的书写示例。

10号字

字体端正 笔划清楚

排列整齐 间隔均匀

7号字

横平竖直 结构均匀 注意起落 填满方格

5号字

技术制图 建筑工程 施工引水通风 平面图 立面图

3.5号字

技术制图 建筑工程 施工引水通风 平面图 立面图

图1-4 长仿宋字书写示例

数字

0123456789

I II III IV V VI VII VIII IX X

图1-5 数字书写示例

A 型斜体拉丁字母示例:

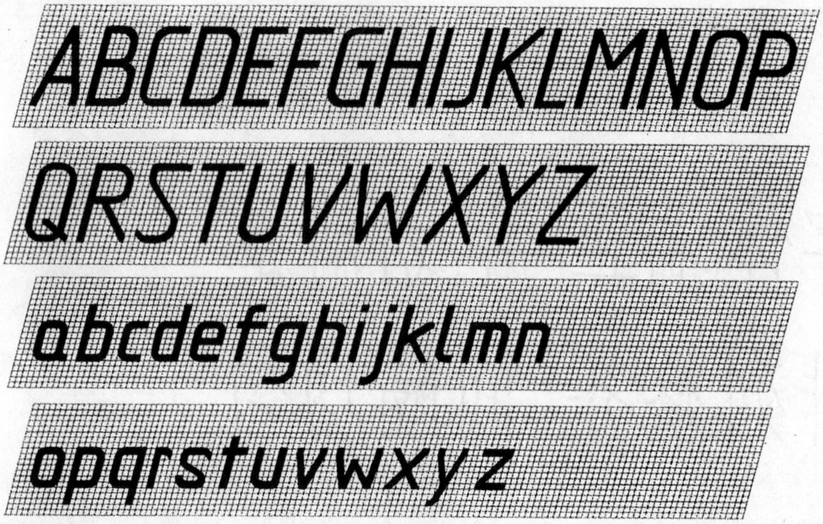

ABCDEFGHIJKLMNOP

QRSTUVWXYZ

abcdefghijklmn

opqrstuvwxyz

A 型斜体字母示例:

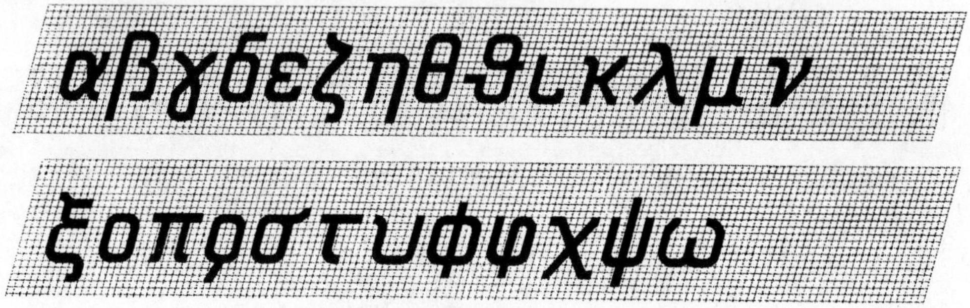

αβγδεζηθϑικλμν

ξοπρστυϕφχψω

图 1-6　字母书写示例

1.1.5　图线（GB/T 17450—1998）

在国家标准《技术制图　图线》（GB/T 17450—1998）中作如下的定义：起点和终点间以任意方式连接的一种几何图形，图形可以是直线或曲线、连续线或不连续线。

并规定了各种图线的代码、线型和名称。在绘制各种技术图样时，应遵循国标《技术制图图线》的规定，在此仅介绍部分基本内容。

1. 基本线型

国标规定图线的基本线型共有 15 种，基本线型参见表 1-5。基本线型也可以变形，基本线型的变形有 4 种，如直线变形为折线及波浪线。

基本图线型式　　　　**表 1-5**

图线代号	图　线　型　式	图线名称
01	————————————	实线
02	– – – – – – – – – – – –	虚线
03	—— —— —— —— —— ——	间隔画线

续表

图线代号	图 线 型 式	图线名称
04	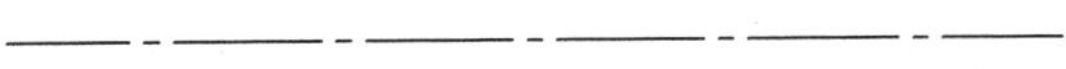 ———-———-———-———-———-———	点画线
05	 ——--——--——--——--——--——	双点画线
06	 ———---———---———---———	三点线
07	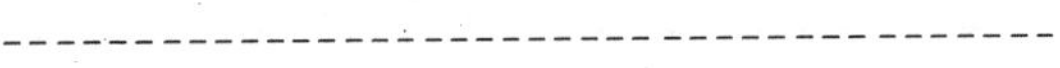 --	点线
08	 ———— — ————— — ————— — ———	长画短画线
09	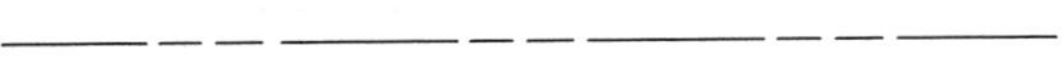 ———— — — ———— — — ———— — — ———	长画双短画线
10	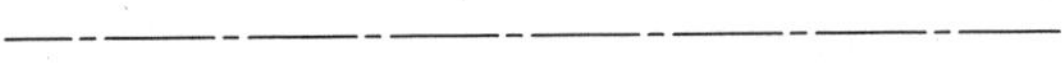 ——-————-————-————-———	画点线
11	 ——-——————-——————-———	双画单点线
12	 ——--————--————--———	画双点线
13	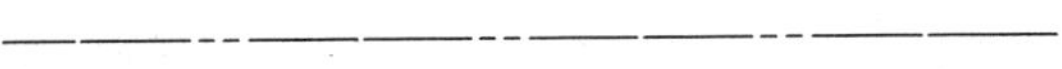 ———--——————--———————	双画双点线
14	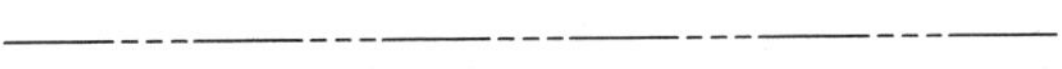 ———---————---————---———	画三点线
15	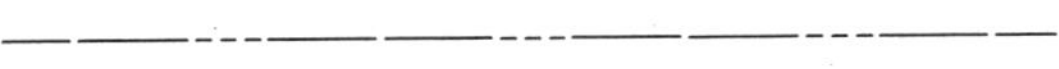 ———————---———————————	双画三点线

2. 图线的尺寸

(1) 图线宽度

图线宽度即图线的粗细。标准中规定了9种图线宽度。所有线型的图线宽度（d）应按图样的类型和尺寸大小在下列系数中选择：0.13mm，0.18mm，0.25mm，0.35mm，0.5mm，0.7mm，1mm，1.4mm，2mm。

图样中可出现三种不同宽度的图线，称为粗线、中粗线和细线，其中，粗线、中粗线和细线的宽度比率为4:2:1。在同一图样中，同类图线的宽度应一致。

其中，建筑工程图样中常采用三种线宽，称为粗线、中粗线和细线，其宽度比例关系为4:2:1。

机械工程图样中常采用两种线宽，称为粗线和细线，其宽度比例关系为2:1。

(2) 线素的长度

图形中的线条称“图线”。图线是由线素构成的，线素是不连续线的独立部分，如点、长度不同的画和间隔。

由一个或一个以上不同线素组成一段连续的或不连续的图线称为线段。

在进行手工绘图时，各种线型中具体线素的长度应符合表1-6的规定。

线素的具体结构组成 **表1-6**

线 素	图线代号	长 度	线 素	图线代号	长 度
点	04~07，10~15	≤0.5d	画	02，03，10~15	12d
短间隔	02，04~15	3d	长画	04~06，08，09	24d
短画	08，09	6d	间隔	03	18d

(3) 图线应用

基本图线适用于各种技术图样。图样中的图线型式及应用规定说明见表 1-7（d 优先选用 0.7mm）。

图 1-7 所示为常用图线应用举例。

图线的应用　　　　表 1-7

图线名称	图线型式	图线宽度	应用举例
粗实线	————————	d	可见轮廓线，可见过渡线
细实线	————————	$0.5d$	尺寸线，尺寸界线，剖面线引出线
波浪线	～～～～	$0.5d$	断裂处的边界线，视图和剖视的分界线
双折线	——-—\\/—-—\\/—-—	$0.5d$	断裂处的边界线
虚　线	— — — — — —	$0.5d$	不可见轮廓线，不可见过渡线
细点画线	——·——·——·——	$0.5d$	轴线，对称中心线
粗点画线	——·——·——·——	d	有特殊要求的线或表面的表示线
双点画线	——··——··——··——	$0.5d$	相邻辅助零件的轮廓线，假想投影轮廓线，中断线

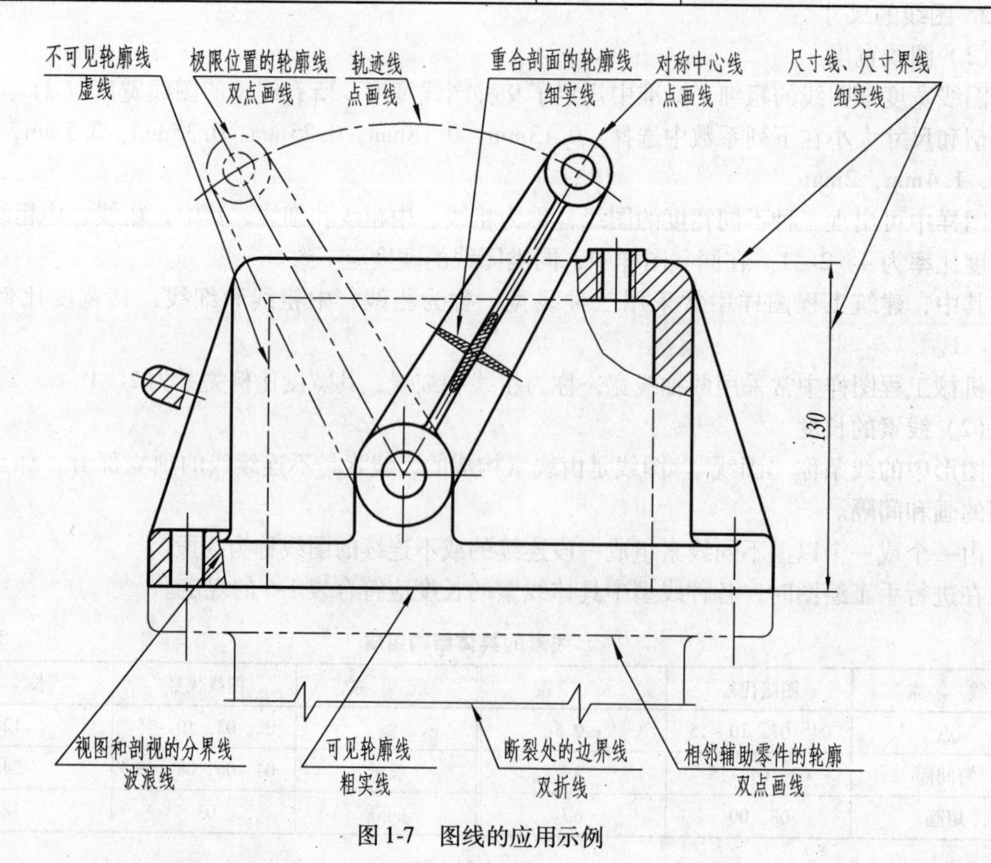

图 1-7　图线的应用示例

（4）绘制图样时注意事项

1）同一图样中，同种图线的宽度应基本一致。虚线、点画线及双点画线的线段长短间隔应各自大致相等。

2）两条平行线之间的距离应不小于粗实线的两倍宽度，其最小距离不得小于 0.7mm。

3）虚线及点画线与其他图线相交时，都应以线段相交，不应在空隙或短画处相交；当虚线是粗实线的延长线时，粗实线应画到分界点，而虚线应留有空隙；当虚线圆弧和虚线直线相切时，虚线圆弧的线段应画到切点，而虚线直线需留有空隙，如图 1-8（a）所示。

4）绘制圆的对称中心线（细点画线）时，圆心应为线段的交点。点画线和双点画线的首末两端应是线段而不是短画，同时其两端应超出图形的轮廓线 2 ~ 3mm。在较小的图形上绘制点画线或双点画线有困难时，可用细实线代替，如图 1-8（b）所示。

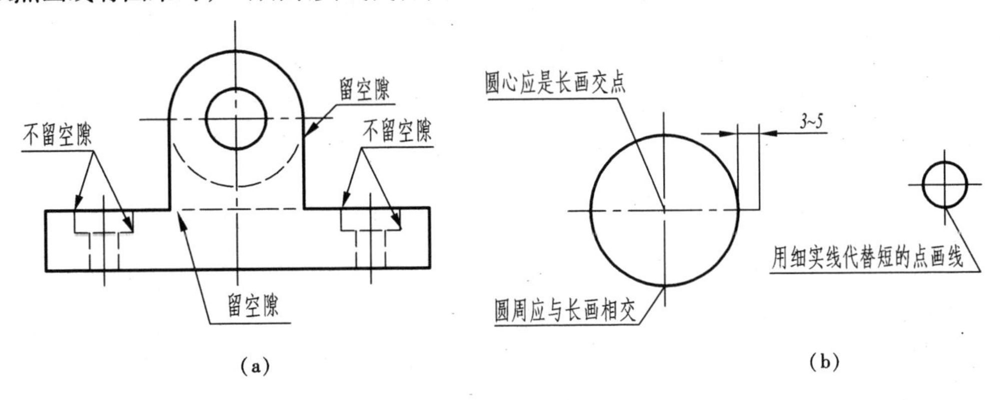

图 1-8　图线注意事项

1.1.6　尺寸注法（GB/T4458.4—1984）

图样中的视图图形只能表达物体的形状，而物件的真实大小则由标注的尺寸确定。国标中对尺寸标注的基本方法作了一系列规定，必须严格遵守，以保证尺寸标注的正确性。

本节只是对国标中基本、主要内容的说明，详细的、全面的内容可参考具体国标。

尺寸注法的基本规则，参见表 1-8。

尺寸标注的基本规定　　**表 1-8**

项目	说明	图示示例
尺寸组成	一个完整的尺寸由以下四个内容要素组成： 尺寸界线 尺寸线 尺寸数字 尺寸线终端	30　Ø18　32　20　10　4　18　46 尺寸界线超过尺寸线2mm 尺寸线与尺寸线　尺寸线与轮廓线　相距7~10mm 尺寸界线　尺寸线终端　尺寸数字　尺寸线

续表

项目	说　明	图 示 示 例
基本规则	1. 物体的真实大小应以图样上所注的尺寸数值为依据，与图形的大小及绘图的准确度无关 2. 图样中所注尺寸是该图样所示物体最后完工时的尺寸，否则应另加说明 3. 物体的每一尺寸，一般只标注一次，并应标注在反映该结构最清晰的图形上	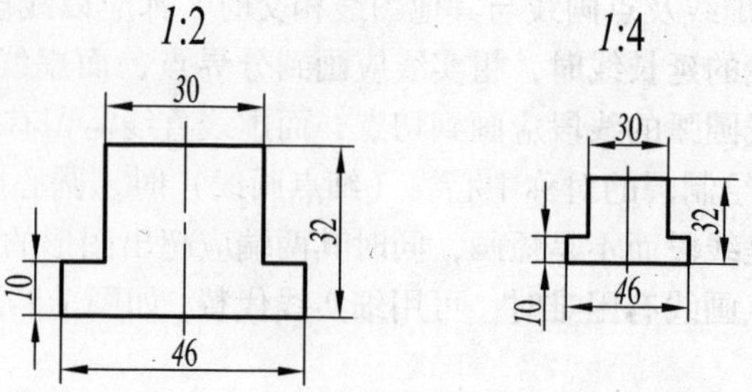 1:2　30　32　10　46 1:4　30　32　10　46
	4. 图样中的尺寸，以毫米为单位时，不需标注计量单位的代号或名称，如采用其他单位，则必须注明	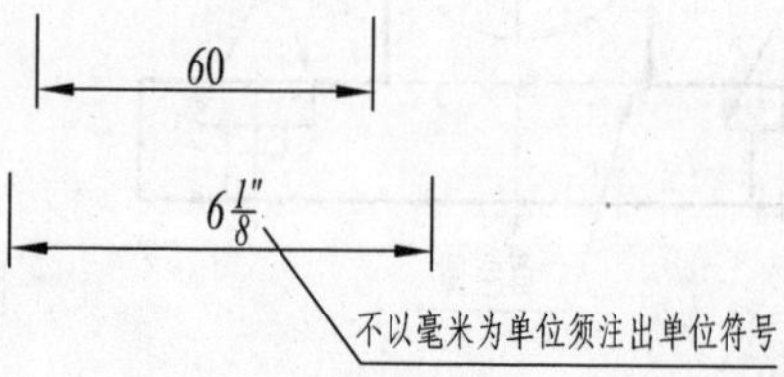 60 $6\frac{1}{8}''$ 不以毫米为单位须注出单位符号
尺寸数字	1. 线性尺寸的数字一般应注写在尺寸线的上方，也允许注写在尺寸线的中断处，位置不够时可注写在尺寸线的一侧引线上 标注参考尺寸时，应将尺寸数字加上圆括弧	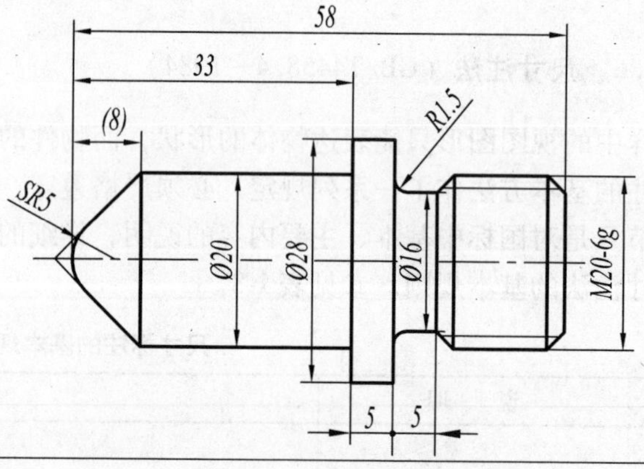 58　33　(8)　R1.5　SR5　Ø20　Ø28　Ø16　M20-6g　5　5
	2. 线性尺寸数字的方向应按图（a）所示，图示30°范围内的尺寸应按图（b）、（c）、（d）的形式标注	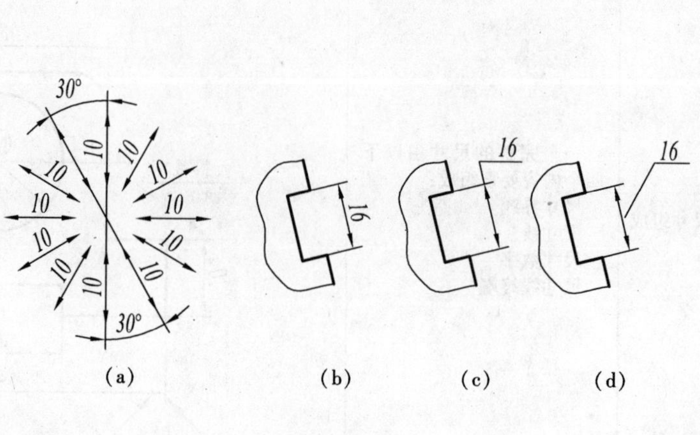 30°　10　30° 16　16　16 (a)　(b)　(c)　(d)

续表

项目	说明	图示示例
尺寸数字	3. 在不致引起误解时，允许将非水平方向尺寸的数字水平注写在尺寸线中断处，如图（a）、（b）所示。但在同一张图样中，应尽可能采用同一种形式注写	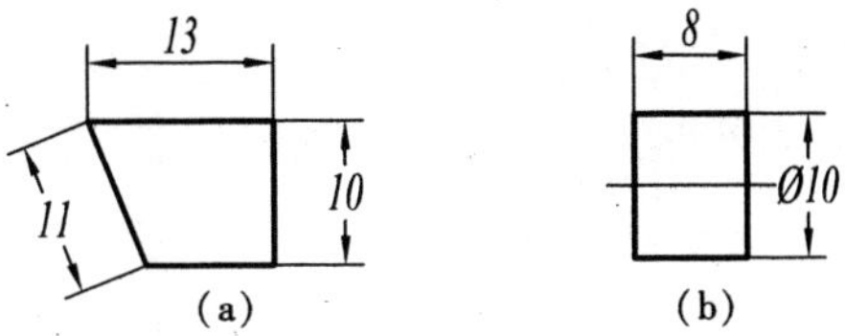 13　11　10　（a）　8　Ø10　（b）
	4. 尺寸数字不允许被任何图线穿过，不可避免时必须将图线断开以保证数字清晰	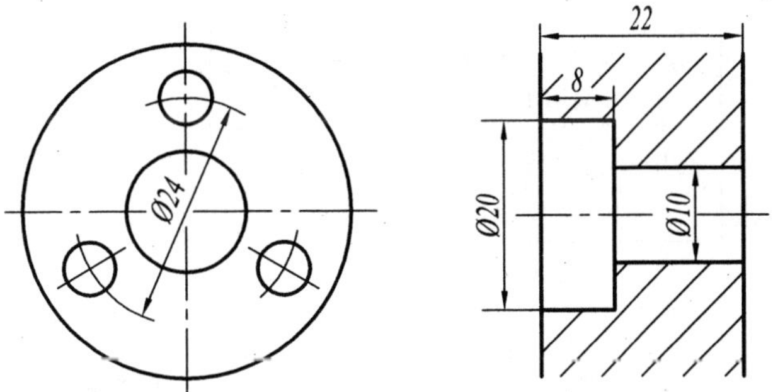 Ø24　（a）　22　8　Ø20　Ø10　（b）
尺寸线	1. 尺寸线应由细实线单独绘制，不能用其他图线代替，一般也不得与其他图线重合或画在其延长线上 2. 标注线性尺寸时，尺寸线必须与所标注线段平行 3. 互相平行的尺寸线，小尺寸在里，大尺寸在外	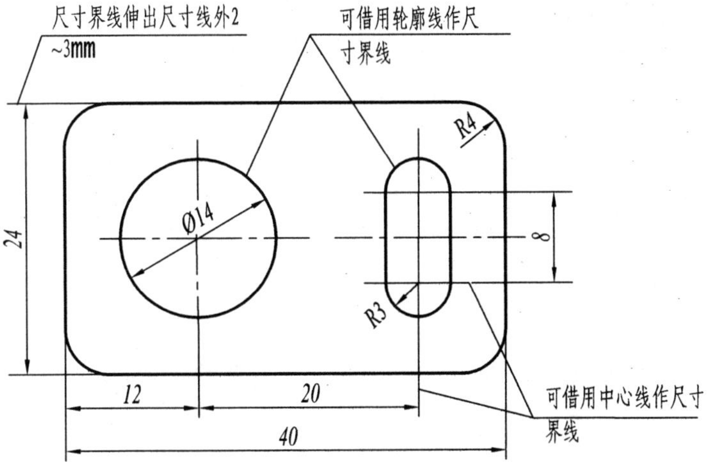 尺寸界线伸出尺寸线外2～3mm　可借用轮廓线作尺寸界线　R4　Ø14　24　8　R3　12　20　40　可借用中心线作尺寸界线
	4. 圆的直径和圆弧半径的尺寸线的终端应画成箭头，并按图示的方法标注	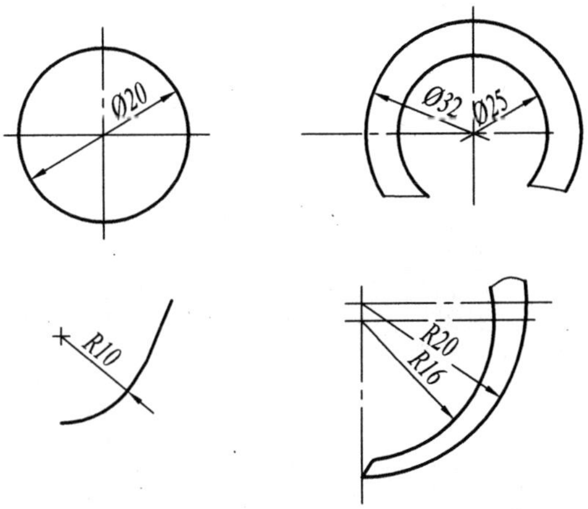 Ø20　Ø32　Ø25　R10　R20　R16

续表

项目	说　明	图示示例
尺寸界线	1. 尺寸界线由细实线绘制，并应由图形的轮廓线、轴线或对称中心线处引出。必要时也可利用轮廓线、轴线或对称中心线作尺寸界线 2. 尺寸界线一般应与尺寸线垂直，并超过尺寸线约2～3mm，必要时允许倾斜 3. 在光滑过渡处标注尺寸时，必须用细实线将轮廓线延长，从它们的交点处引出尺寸界线	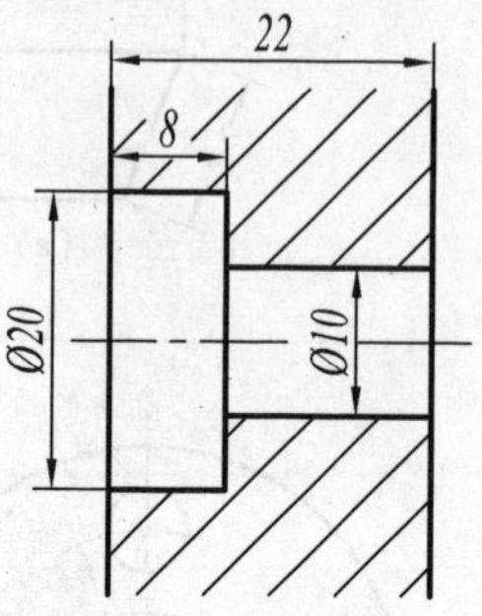 (a) 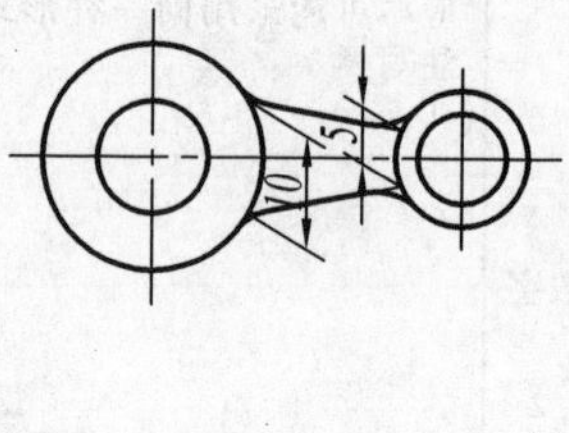　(b)
尺寸终端	1. 尺寸线终端两种形式： (1) 箭头：如图(a)所示。机械图样中一般采用这种形式 (2) 斜线：用中粗线绘制，如图(b)所示。采用这种形式时，尺寸线与尺寸界线必须互相垂直 2. 标注连续的小尺寸时，中间的箭头可用小黑点或斜线代替，如图(c)、(d)所示 3. 当尺寸线太短没有足够位置画箭头时，可将其画在尺寸线延长线上	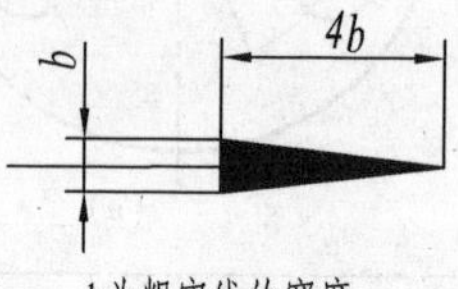 b为粗实线的宽度 (a) 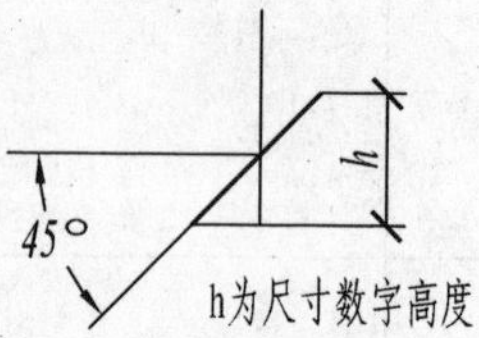 h为尺寸数字高度 (b) 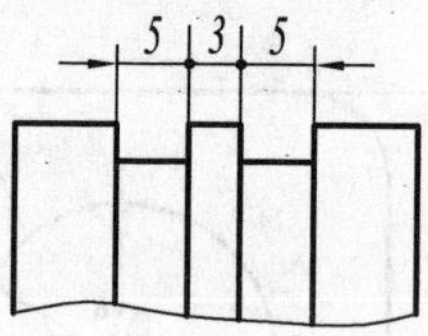 (c) 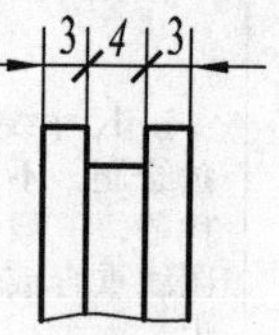　(d)
直径尺寸	标注圆或大于半圆的圆弧时，尺寸线通过圆心，以圆周为尺寸界线，尺寸数字前加注直径符号“ϕ”	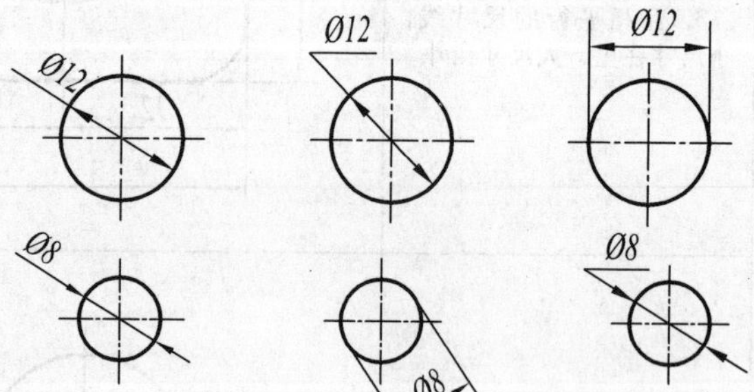
半径尺寸	标注小于或等于半圆的圆弧时，尺寸线自圆心引向圆弧，只画一个箭头，尺寸数字前加注半径符号“R”	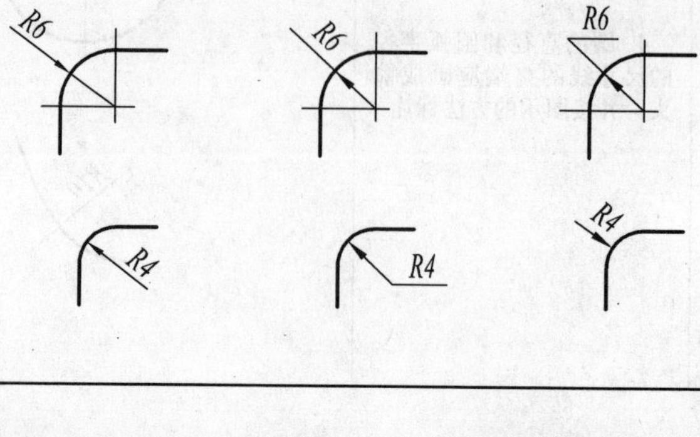

续表

项目	说明	图示示例
大圆弧	当圆弧的半径过大或在图纸范围内无法标注其圆心位置时，可采用折线形式，若圆心位置不需注明，则尺寸线可只画靠近箭头的一段。见图（a）、（b）	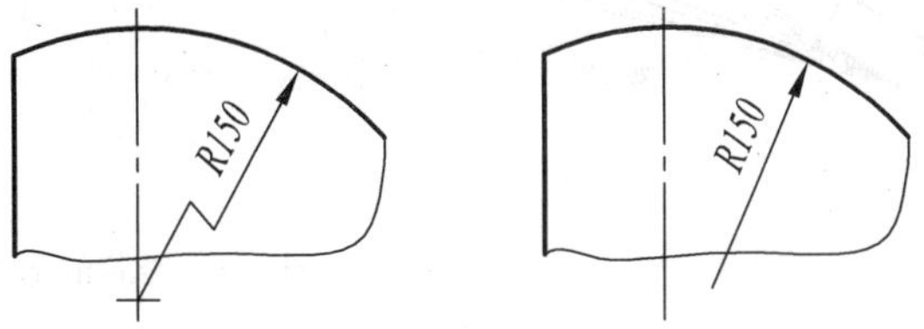 R150 R150 (a) (b)
狭小部位尺寸标注	对于在没有足够的位置画箭头或注写数字时，箭头可画在外面，或用小圆点代替两个箭头；尺寸数字也可采用旁注或引出标注	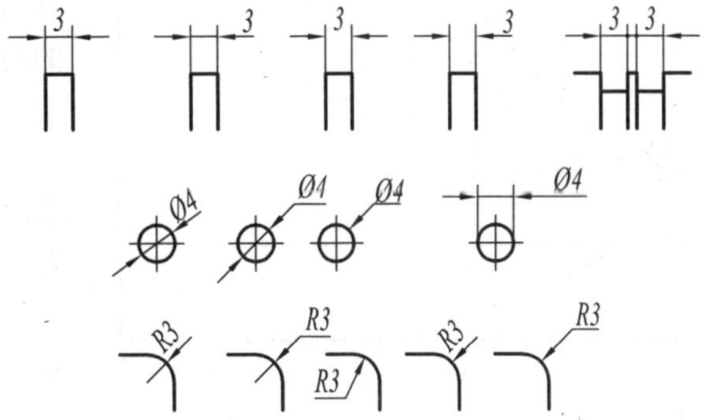 3 3 3 3 3 3 Ø4 Ø4 Ø4 Ø4 R3 R3 R3 R3 R3
球面	标注球面的直径或半径时，应在尺寸数字前分别加注符号“$S\phi$”或“SR”	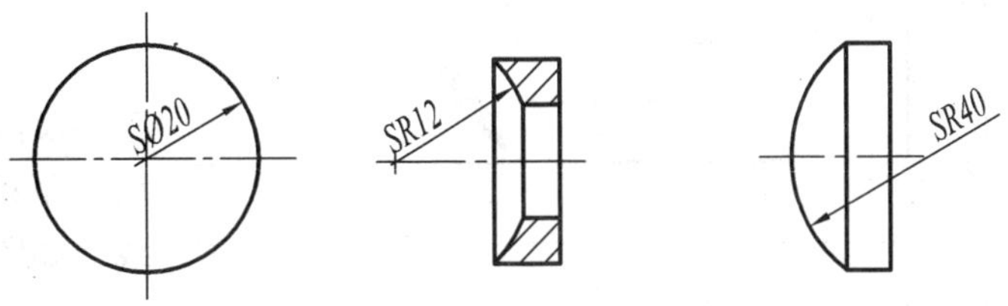 SØ20 SR12 SR40

1.2 绘图工具及使用方法

正确使用绘图工具和仪器，是保证绘图质量和提高绘图效率的一个重要方面。常用的绘图工具有铅笔、图板、丁字尺、绘图仪器、三角板、比例尺等。为此，将手工绘图工具及其使用方法简单介绍如下：

1.2.1 绘图铅笔

绘图用铅笔的铅芯按其软硬程度，分别用B和H表示。绘图时根据不同使用要求，应准备以下几种硬度不同的铅笔。

一般用标号为B或HB的铅笔画粗实线用；用标号为HB或H的铅笔画箭头和写字；用标号为H或2H的铅笔画各种细线和画底稿。其中用于画粗实线的铅笔磨成矩形，其余的磨成圆锥形，铅笔的磨削及使用如图1-9所示。

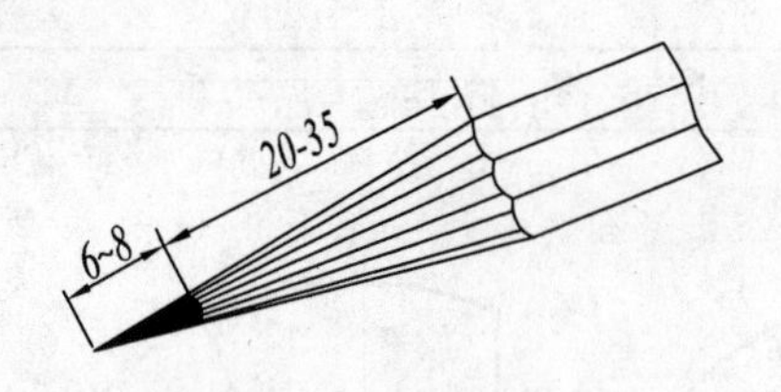

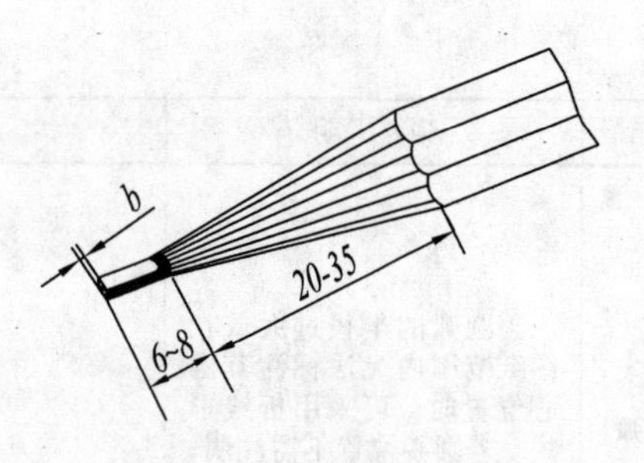

图 1-9　铅芯的形状图

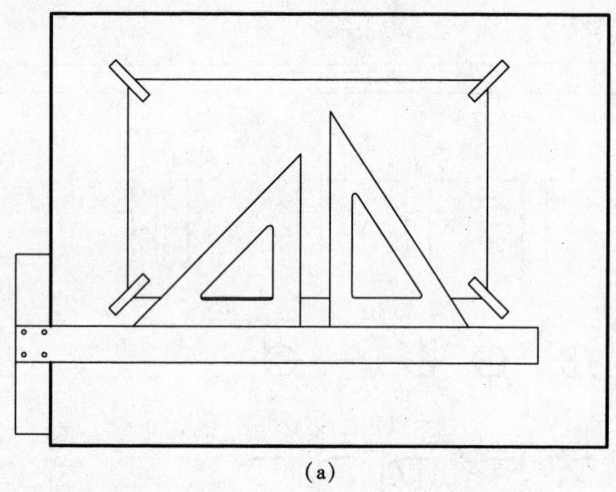

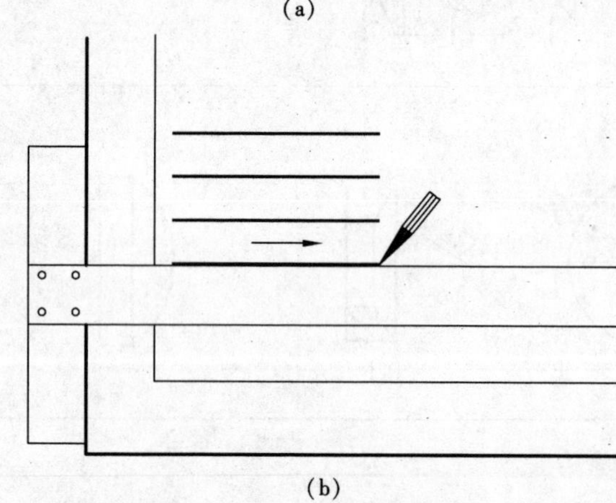

图 1-10　丁字尺的使用方法

1.2.2　图板、丁字尺

绘图时用图板作为垫板，图板是铺贴图纸用的，要求板面平滑光洁、平坦；又因它的左侧边为丁字尺的导边，所以必须平直光滑。

图纸用胶带纸固定在图板上。当图纸较小时，应将图纸铺贴在图板靠近左上方的位置，如图 1-10（a）所示。

丁字尺与图板配合使用，它主要用于画水平线和作三角板移动时的导边。如图 1-10（b）所示。

1.2.3　三角板

三角板分 45°和 30°、60°两块，可配合丁字尺画垂直线及 15°倍角的斜线；或用两块三角板配合画任意角度的平行线或垂直线，如图 1-11。

1.2.4　圆规和分规

圆规用来画圆和圆弧。画图时应尽量使钢针和铅芯都垂直于纸面，钢针的台阶与铅

图 1-11　用三角板配合丁字尺画垂直线和各种倾斜线

芯尖应平齐，使用方法如图 1-12 所示。

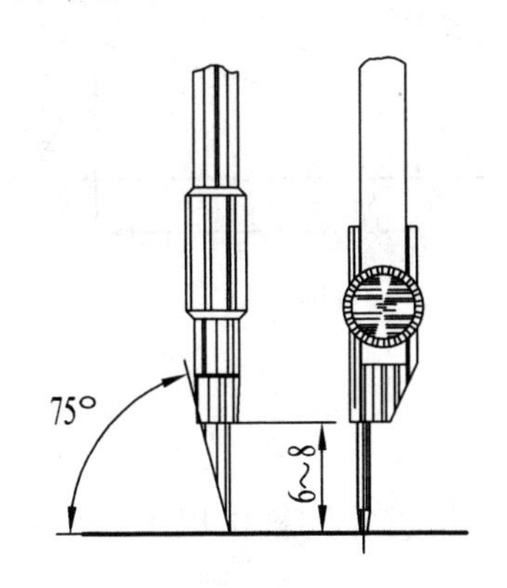

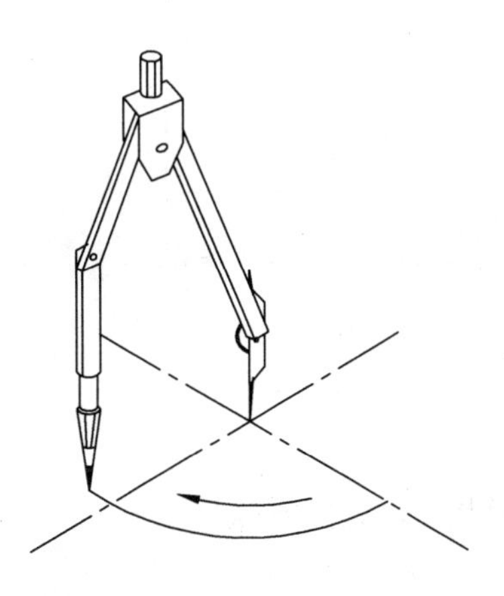

图 1-12　圆规的用法

分规主要用来量取线段长度或等分已知线段。分规的两个针尖应调整平齐。从比例尺上量取长度时，针尖不要正对尺面，应使针尖与尺面保持倾斜。用分规等分线段时，通常要用试分法。分规的用法如图 1-13 所示。

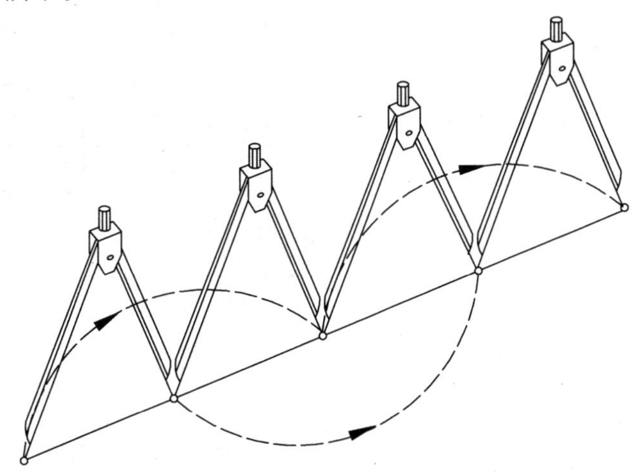

图 1-13　分规的用法

1.3 几　何　作　图

1.3.1　斜度和锥度

1. 斜度

斜度是指一直线（或平面）相对另一直线（或平面）的倾斜程度。工程上用直角三角形对边与邻边的比值来表示，并固定把比例前项化为 1 而写成 1: n 的形式，如图 1-14（a）所示。

$$斜度 = \tan\alpha = H : L = 1 : (L/H)$$

如图 1-14（b）所示，为作 1: 5 斜度的作法。

由点 A 在水平线上取 5 个单位长度得点 B，作 $BC \perp AB$，并取 BC 为 1 个单位长度，连接 AC 即得斜度 1: 5 的直线。

在图中标注斜度时，用斜度图形符号表示斜度。图形符号画法见图 1-16（a）。标注时，符号斜边的斜度方向与斜度方向一致，如图 1-14（b）所示。

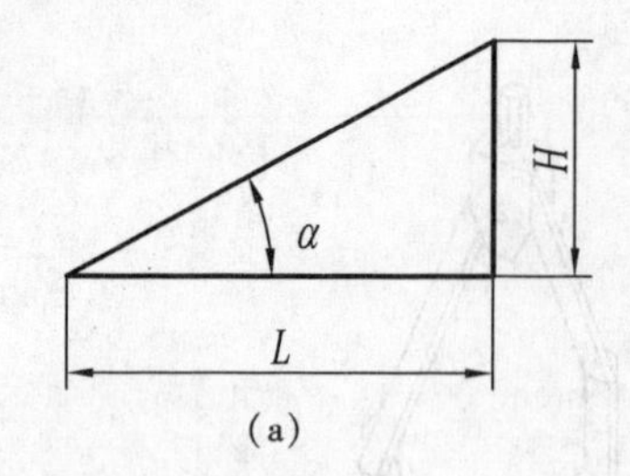

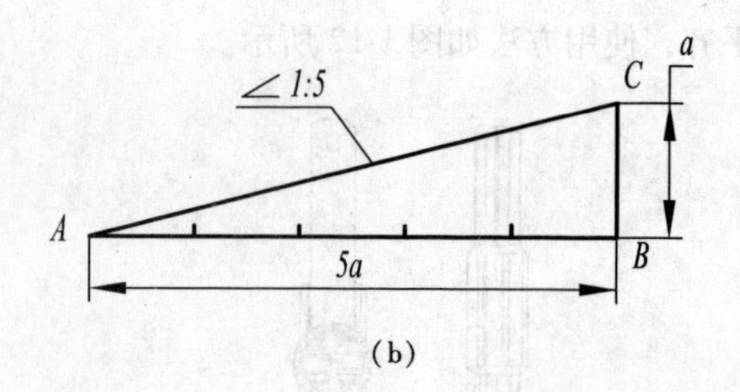

图 1-14　斜度

2. 锥度

锥度是指正圆锥的底圆直径 D 与其高度 L 之比。通常，锥度在图样中以 1: n 的形式标注，如图 1-15（a）所示。

$$\text{锥度} = D : L = (D - d) : l = 2\tan\alpha$$

如图 1-15（b）所示，为作锥度为 1: 2. 5 的作法：

由点 A 在水平线上取 5 个单位长度得点 B，作 $AB \perp BC$，并取 BC: CC_1 = 1: 2 个单位长度，分别连接 AC、AC_1 即得锥度 1: 2. 5 的直线。图 1-16 为斜度和锥度图形符号的画法。

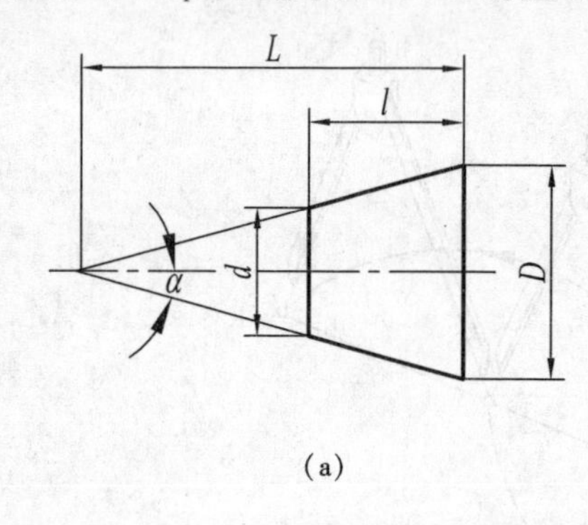

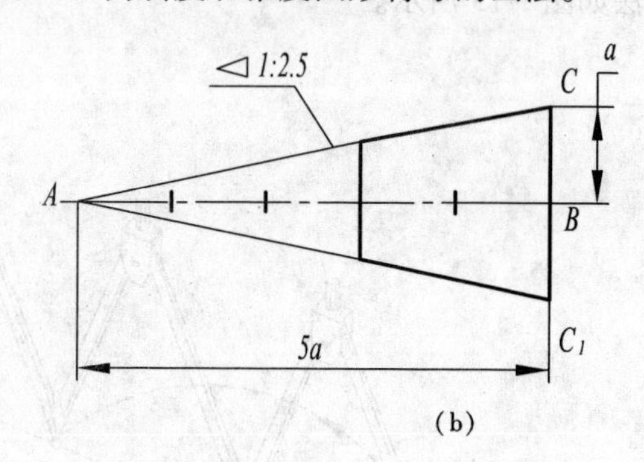

图 1-15　锥度

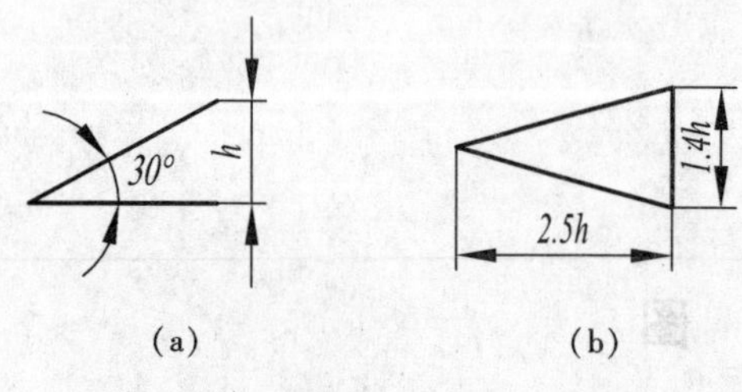

图 1-16　斜度和锥度图形符号的画法

（a）斜度符号；（b）锥度符号

1. 3. 2　几何作图

1. 正六边形的画法

正六边形的绘制，根据正六边形的图形特征，一般利用正六边形的边长等于外接圆半径的原理，根据外接圆的性质，用圆规来完成绘制。

利用圆规绘制方法的具体绘制步骤如图 1-17 所示。

（1）画一半径等于正六边形边长的圆，如图 1-17

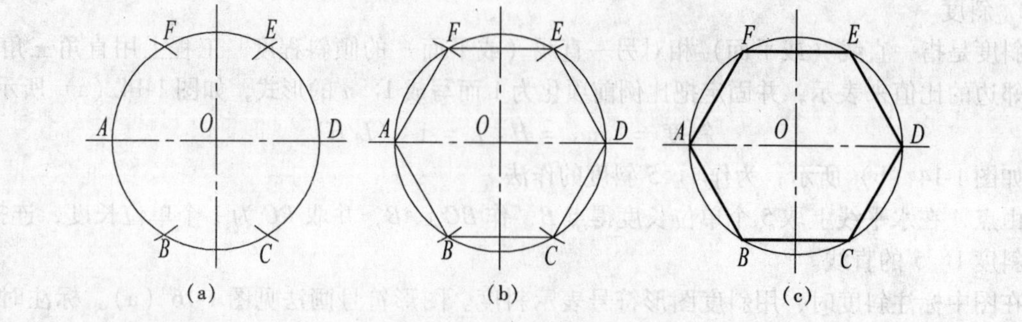

图 1-17　正六边形画法

(a) 所示;

(2) 分别以 A、D 为圆心、OA 为半径画弧，与外接圆交于 B、C、E、F，如图1-17 (b) 所示;

(3) 按顺序连接各点，得到正六边形，如图1-17 (c) 所示;

(4) 对正六边形进行加深，完成作图，如图1-17 (c) 所示。

2. 正五边形画法

已知外接圆直径，具体绘制正五边形步骤如图1-18所示。

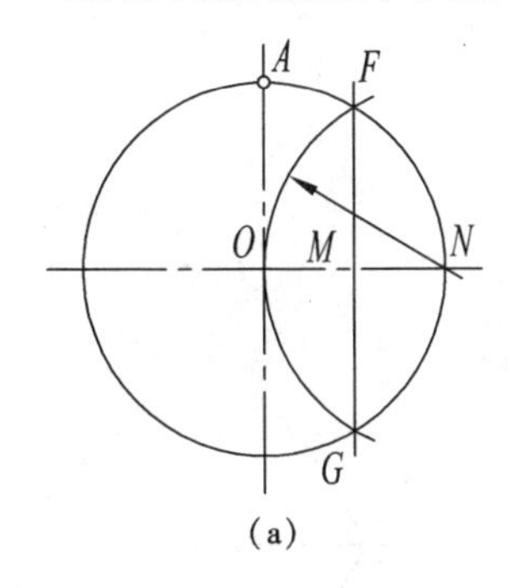

(a)

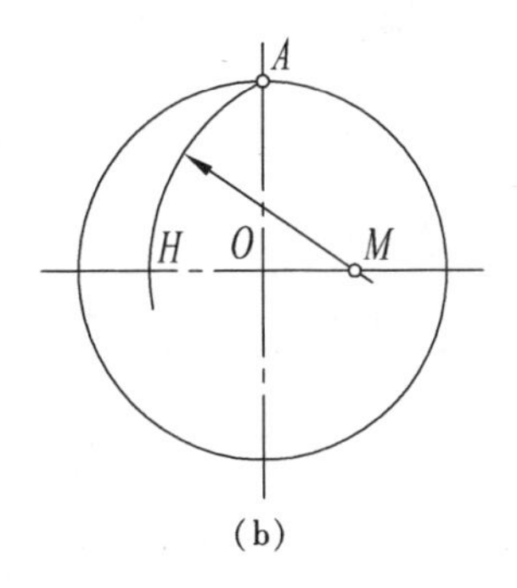

(b)

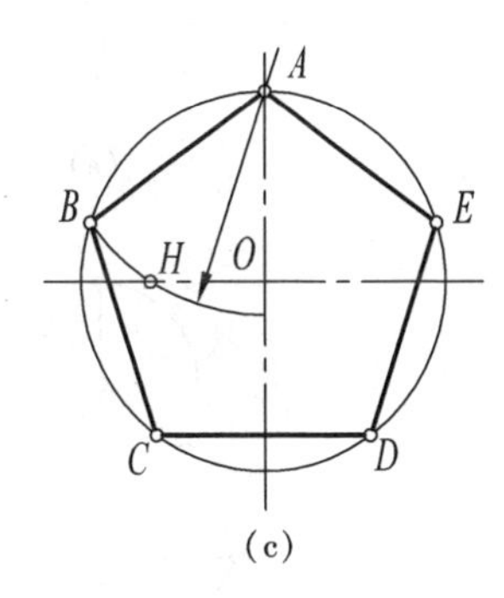

(c)

图1-18 画正五边形

(1) 画一定长度半径的圆，如图1-18 (a) 所示;

(2) 如图所示，得到 ON 半径的中点 M，如图1-18 (a) 所示;

(3) 以 M 点为圆心，MA 为半径画圆弧交 NO 的延长线于点 H，如图1-18 (b) 所示;

(4) 以 A 为圆心，以 AH 为半径画弧，交圆于点 B，AB 即为所求正五边形的边长，如图1-18 (c) 所示;

(5) 以 AB 为边长在圆周上截得等分圆周的五个顶点，即为所求正五边形的五个顶点，如图1-18 (c) 所示;

(6) 对正五边形进行加深，完成作图，如图1-18 (c) 所示。

3. 椭圆的近似画法

常用的椭圆近似画法为四圆弧法，即用四段圆弧连接起来的图形近似代替椭圆。如果已知椭圆的长、短轴 AB、CD，则其近似画法的步骤:

(1) 以 O 为圆心，OA 为半径画弧交 CD 延长线于 E，如图1-19 (a) 所示;

(2) 连 AC，再以 C 为圆心，CE 为半径画弧交 AC 于 F，如图1-19 (b) 所示;

(3) 作 AF 线段的中垂线分别交长、短轴于 O_1、O_2，如图1-19 (c) 所示;

(4) 作 O_1、O_2 的对称点 O_3、O_4，即求出四段圆弧的圆心如图1-19 (d) 所示;

(5) 分别以 O_1、O_2、O_3、O_4 为圆心，以 O_1A、O_2C、O_3B、O_4D 为半径作弧，做出4段圆弧，其中各段圆弧的光滑连接点 K、L、M、N 分别在圆心连线的延长线上，如图1-19 (e) 所示;

(6) 对椭圆进行加深，完成作图，如图1-19 (f) 所示。

4. 渐开线的近似画法

直线在圆周上作无滑动的滚动，该直线上一点的轨迹即为此圆（称作基圆）的渐开线，如图1-20 (a) 所示。

其作图步骤:

(1) 画基圆并将其圆周 n 等分，如图1-20 (a) 中，$n=12$;

(2) 将基圆周的展开长度 πD 也分成相同等分;

(3) 过基圆上各等分点按同一方向作基圆的切线;

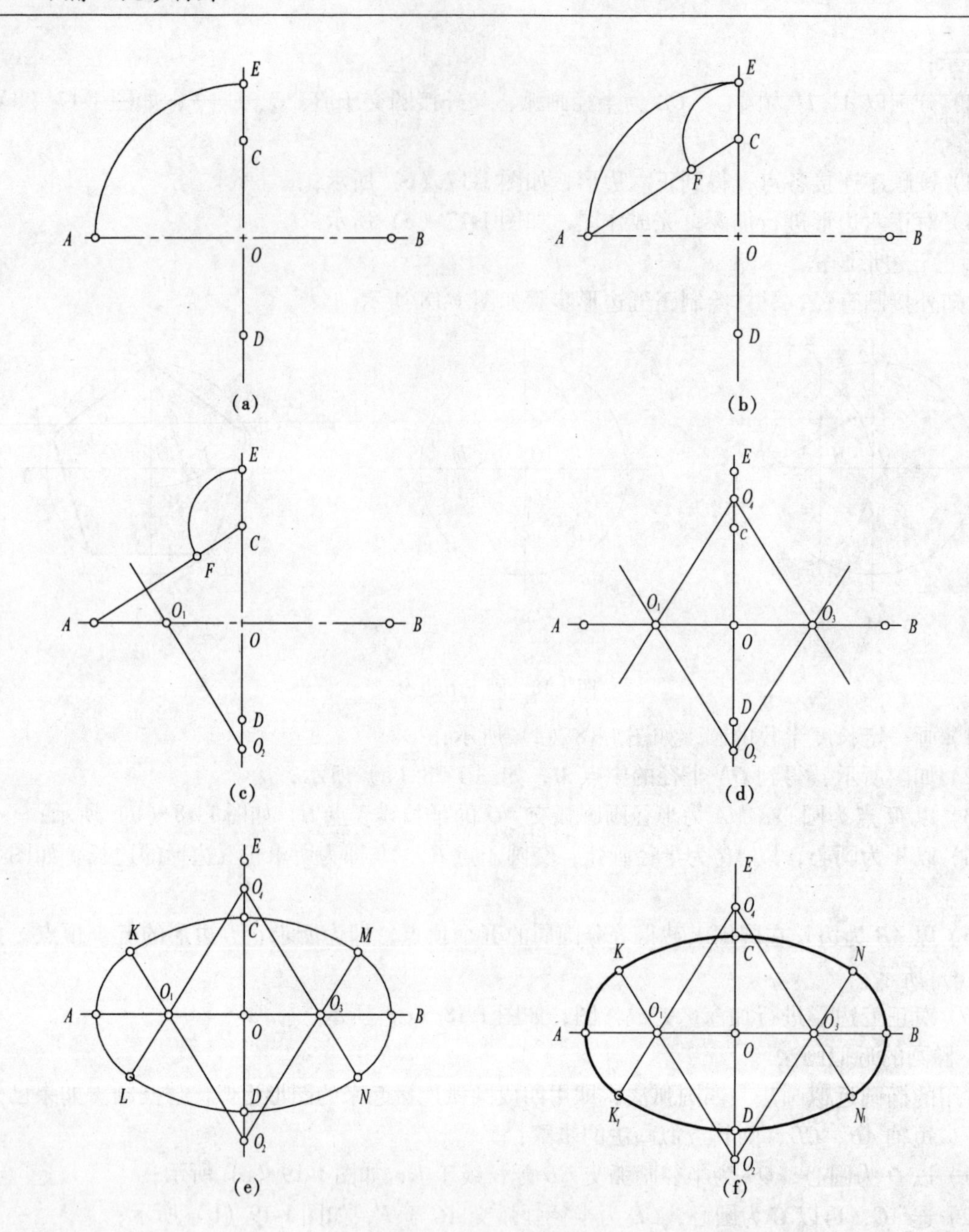

图 1-19　椭圆的近似画法

(4) 依次在各切线上量取 $1/n\pi D$、$2/n\pi D\cdots$、πD，得到基圆的渐开线，如图 1-20（b）所示。

1.3.3　圆的切线

(1) 过圆外一点作圆的切线

作图步骤如下：

- 已知圆 O 和圆外一点 K，如图 1-21（a）；
- 作点 K 与圆心 O 的连线，如图 1-21（b）；
- 以 OK 为直径作弧，与已知圆相交于点 C_1、C_2，如图 1-21（c）；
- 分别连接点 K、C_1 和点 K、C_2，KC_1 和 KC_2 即为所求切线，如图 1-21（d）所示。

(2) 作两圆外公切线

作图步骤如下（图 1-22）：

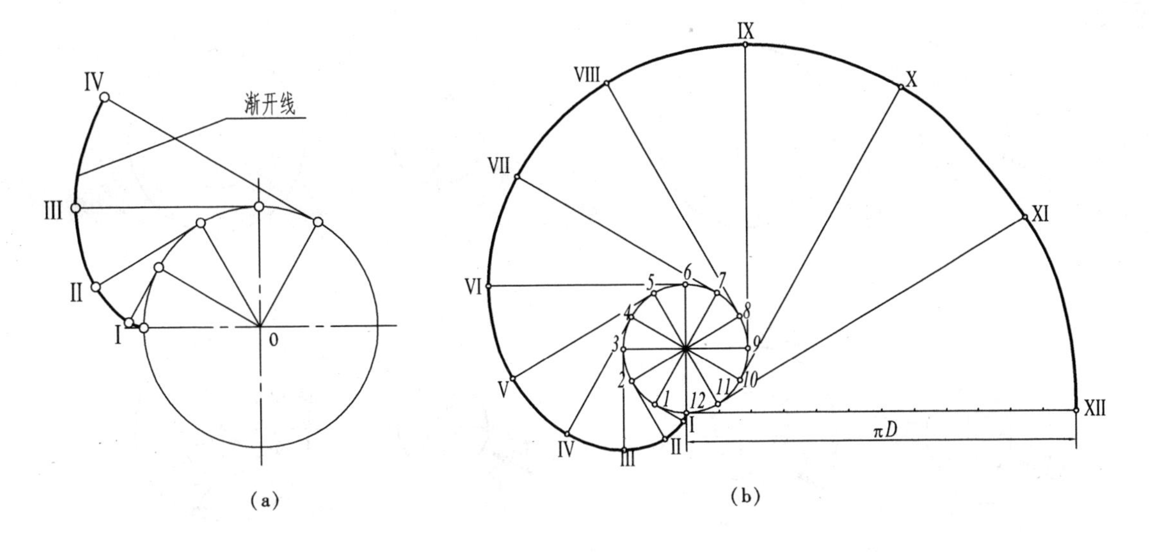

图 1-20　圆的渐开线

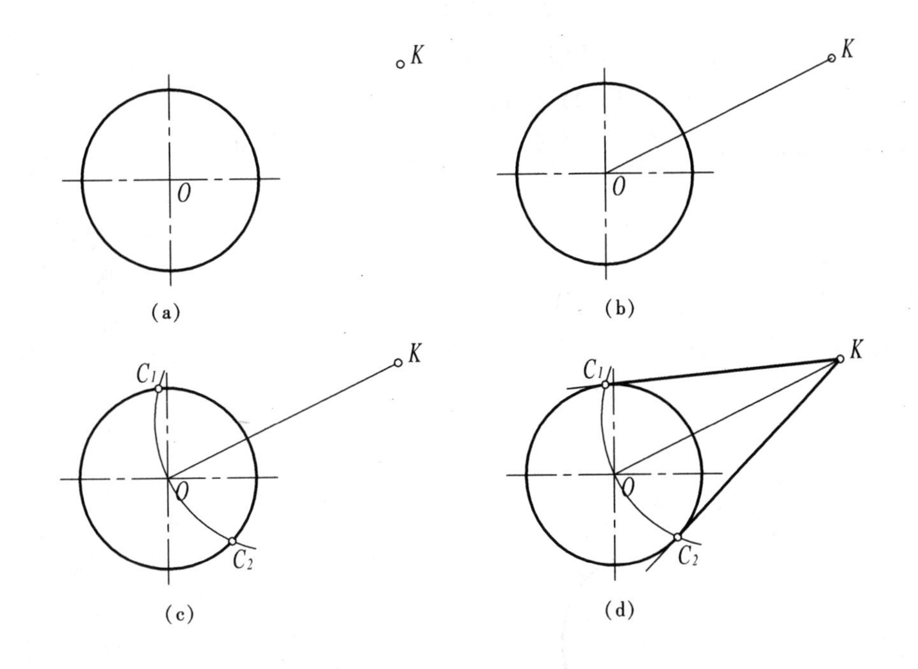

图 1-21　过圆外一点作圆的切线

- 已知圆 O_1、O_2，如图 1-22（a）；
- 以 O_2 为圆心 O，（$R_2 - R_1$）为半径作辅助圆，如图 1-22（b）；
- 过 O_1 作辅助圆的切线 O_1C，如图 1-22（c）；
- 连接 O_2C 并延长，使与 O_2 圆交于 C_2 点，如图 1-22（d）；
- 作 $O_1C_1 // O_2C_2$，连线 C_1C_2 即为所求的公切线，如图 1-22（d）。

（3）作两圆的内公切线

作图步骤如下（图 1-23）：

- 已知圆 O_1、O_2，如图 1-22（a）；
- 以 O_1O_2 为直径作辅助圆，如图 1-23（b）；

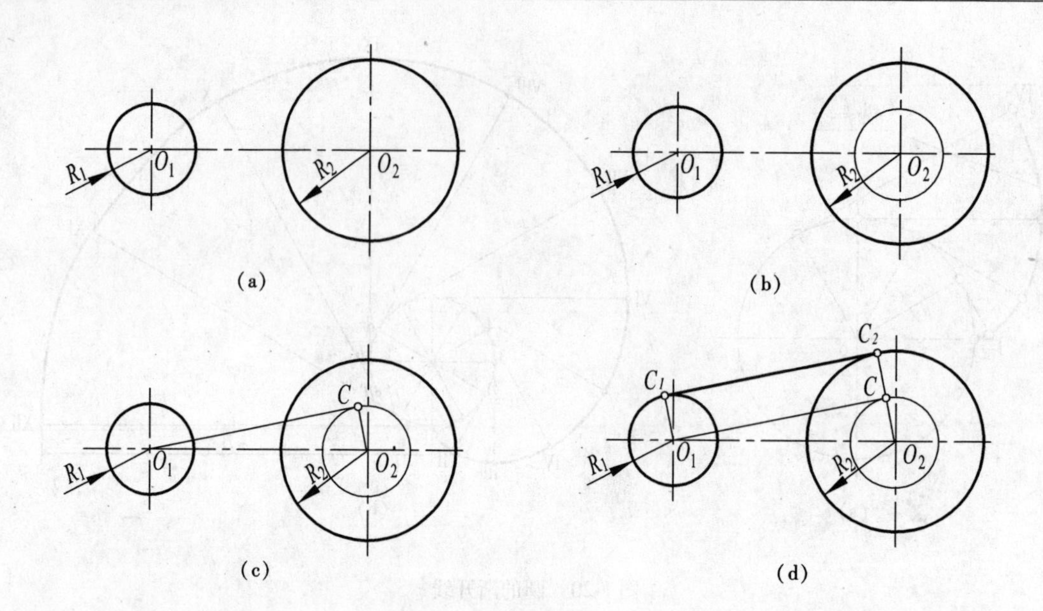

图 1-22　作两圆外公切线

- 以 O_2 圆心，(R_1+R_2) 为半径作弧，与辅助圆交于点 K，如图 1-23（b）；
- 连 O_2K 与 O_2 圆交于 C_2，如图 1-23（c）；
- 作 $O_1C_1 /\!/ O_2C_2$，连线 C_1C_2 即为所求的公切线，如图 1-23（d）。

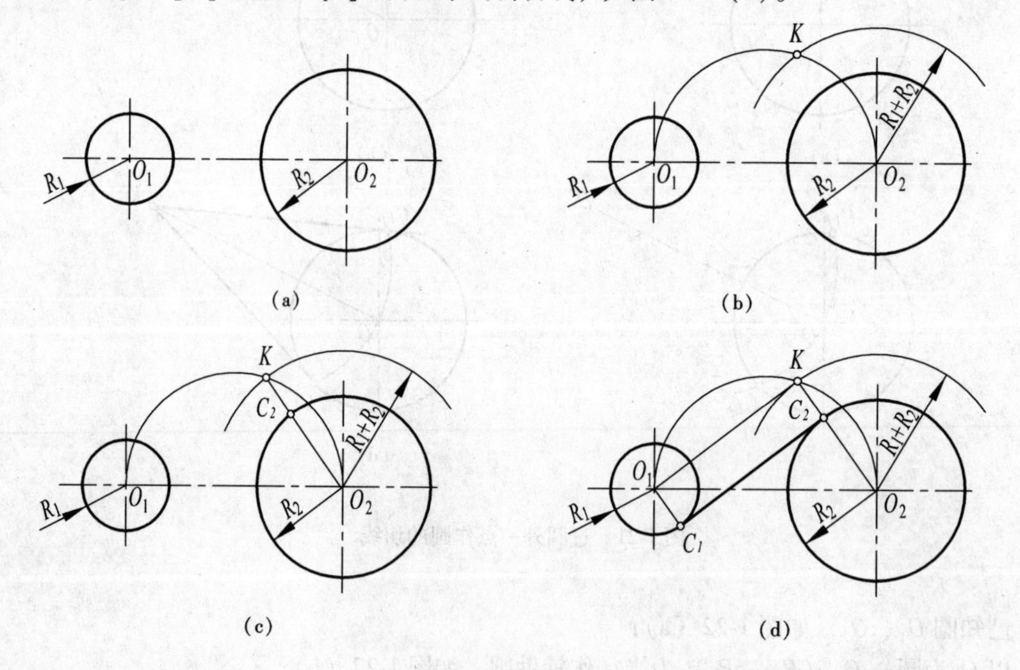

图 1-23　作两圆的内公切线

1.3.4　圆弧连接

1. 圆弧连接的三种情况

（1）用已知半径的圆弧连接两条已知的直线；

（2）用已知半径的圆弧连接一已知圆弧和一已知直线；

（3）用已知半径的圆弧连接两个已知圆弧；

2. 连接圆弧的圆心轨迹和切点位置的确定

（1）当一个圆与一条已知直线相切时：

圆心轨迹：圆心的轨迹是与已知直线所平行的直线，且相距为 R。

切点确定：切点是过连接圆弧圆心向已知直线作垂线所得到的垂足。

如图 1-24 所示。

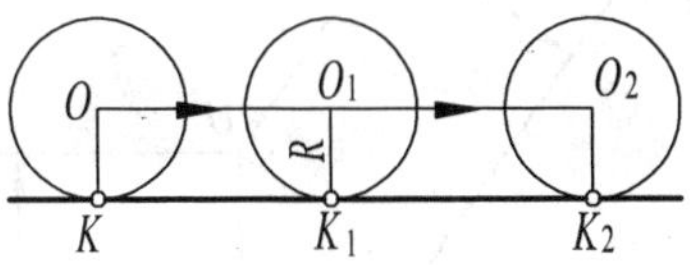

图 1-24　圆与直线相切

（2）当一个圆与一个已知圆相内切时：

圆心轨迹：连接圆弧的圆心轨迹为已知弧的同心圆、其半径 R_2 为连接圆弧半径 R 与已知圆弧半径 R_1 之差。

切点确定：切点为连接圆弧圆心和已知圆弧圆心连线与已知圆弧的交点。

如图 1-25 所示。

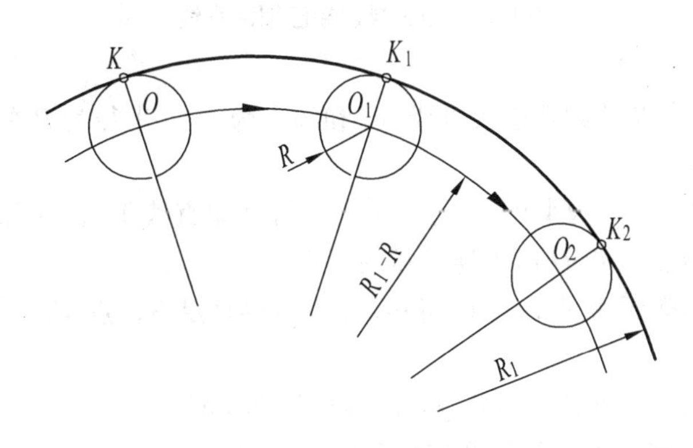

图 1-25　圆与圆内切

（3）当一个圆与一个已知圆相外切时：

圆心轨迹：连接圆弧的圆心轨迹为已知弧的同心圆、其半径 R_2 为连接圆弧半径 R 与已知圆弧半径 R_1 之和。

切点确定：切点为连接圆弧圆心和已知圆弧圆心连线与已知圆弧的交点。

如图 1-26 所示。

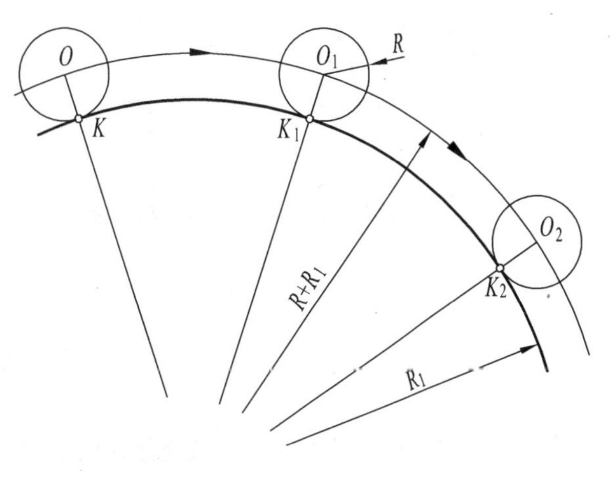

图 1-26　圆与圆外切

3. 作图举例

绘制平面图形时，需要用圆弧光滑连接已知的直线或圆弧，光滑连接也就是相切连接。圆弧与圆弧的光滑连接，关键在于正确找出连接圆弧的圆心以及切点的位置，此项知识可参考前面所学内容。

例 1-1　用已知半径为 R 的圆弧连接两相交直线段 AC 和 BC（图 1-27）。

作图：

- 根据前面所学原理，分别作出与两已知直线距离为连接弧半径 R 的平行线，两平行线交于点 O，即为连接弧的圆心；
- 从点 O 分别向两已知直线作垂线，其垂足 M、N 即为切点；
- 以 O 为圆心、R 为半径作出连接圆弧 MN。

在图 1-27 中，分别为用圆弧连接的钝角、锐角和直角示意图。

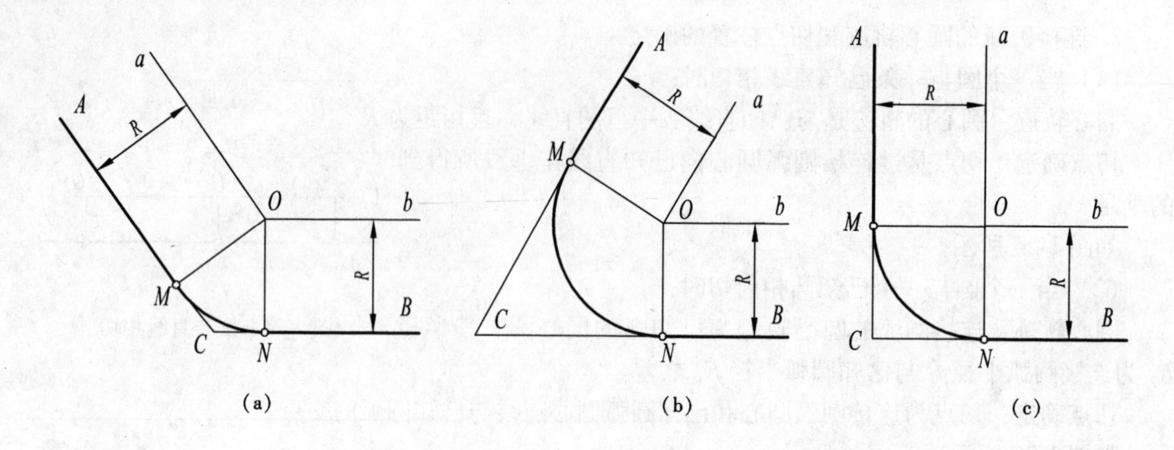

图 1-27　用圆弧连接已知两直线

例 1-2　用已知半径为 R 的圆弧连接直线 BC 和圆心为 O_1、半径为 R_1 的圆弧 AM（图 1-28）。

作图：

● 以 O_1 为圆心，(R_1+R) 为半径作圆弧 Oa、作与已知直线平行、距离为 R 的直线 Ob，该平行线与所作圆弧交于 O 点，点 O 即为连接弧的圆心；

● 连接 OO_1，交已知弧于 M 点，自 O 向 BC 作垂线得垂足 N，点 M、N 即为切点，如图 1-28（a）；

● 以 O 为圆心，R 为半径作出连接弧 MN，如图 1-28（a）。

图 1-28（b），为连接圆弧与已知圆弧内切时的示意图。

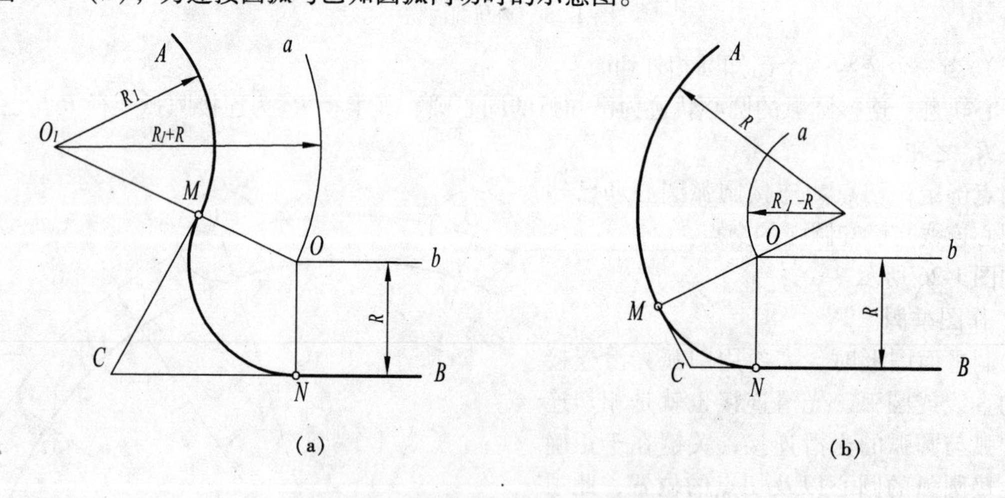

图 1-28　用圆弧连接已知直线及圆弧

例 1-3　用已知半径为 R 的圆弧连接两已知圆弧（图 1-29a）。

所作的外切、内切结果如图 1-29（b）所示。现以外切为例，说明其作图步骤：

● 以 O_1 为圆心，R_1+R 为半径作圆弧，再以 O_2 为圆心，$R+R_2$ 为半径作圆弧，所作两弧的交点 O 即为连接弧的圆心，如图 1-29（c）；

● 连接 OO_1、OO_2，分别与两已知圆弧相交，其交点 K_1、K_2 即为切点，如图 1-29（d）；

● 以 O 为圆心，R 为半径作出连接弧 K_1K_2，如图 1-29（d）。

至于内切情况，可同理作出结果，如图 1-29（e）、（f）所示。

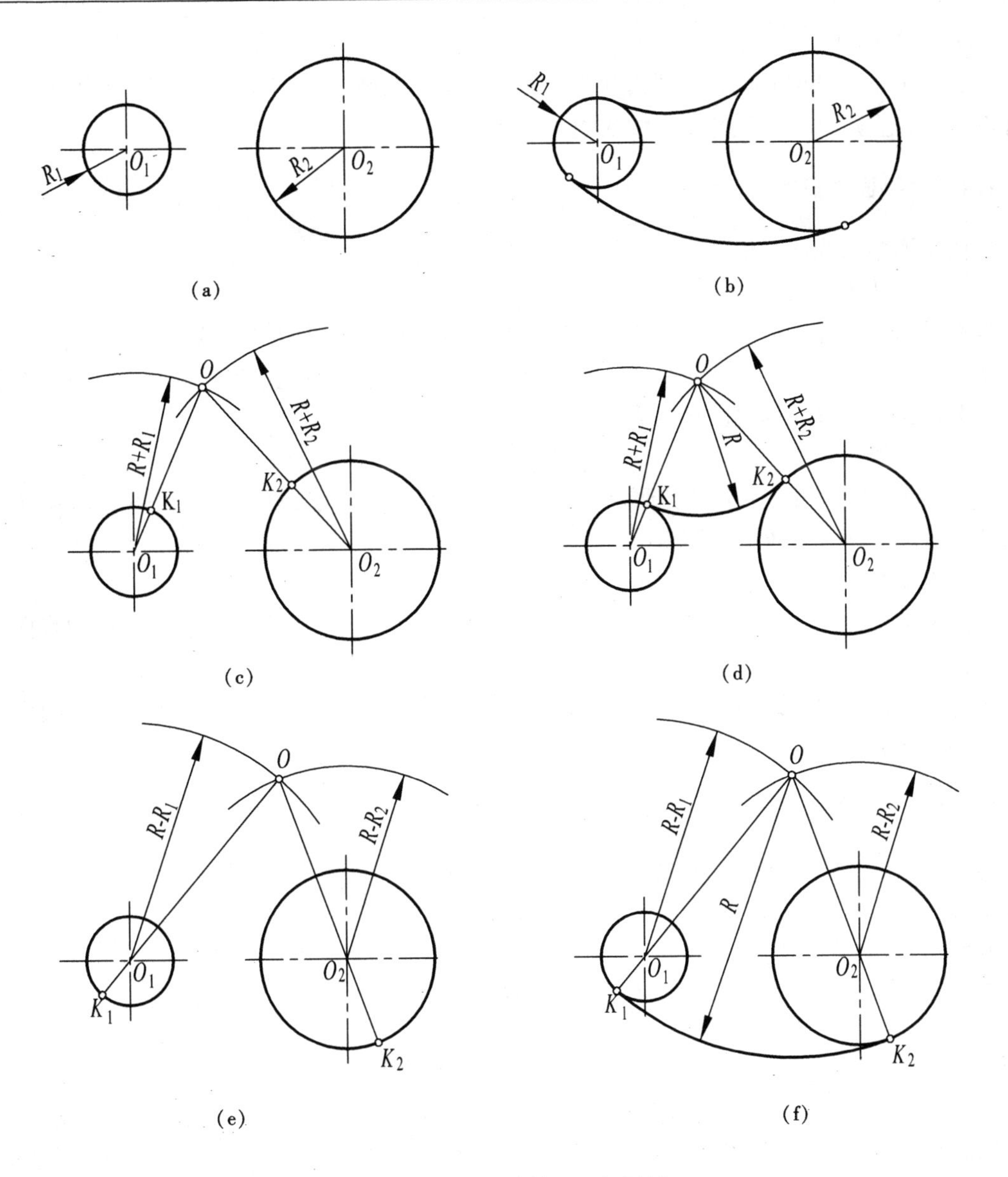

图 1-29　用圆弧连接两已知圆弧

1.4　平面图形分析与作图步骤

任何平面图形总是由若干线段（包括直线段、圆弧、曲线）连接而成的，每条线段又由相应的尺寸来决定其长短（或大小）和位置。

能否正确绘制出来，要看图中所给的尺寸是否齐全和正确。因此，绘制平面图形时应先进行尺寸分析和线段分析，以明确作图步骤。

1.4.1　平面图形的尺寸分析

平面图形中的尺寸可以分为两大类：

(1) 定形尺寸

确定平面图形中封闭线框或线段形状和大小的尺寸称为定形尺寸。如直线段的长度、圆和圆弧的直径或半径、多边形的边长和顶角大小等都是定形尺寸。

（2）定位尺寸

确定图形中各基本几何元素图素（点、直线、圆、圆弧等）相对位置的尺寸称为定位尺寸，例如圆心的位置尺寸、直线与中心线的距离尺寸等。

1.4.2　平面图形的线段分析

平面图形中的线段，依其尺寸是否齐全可分为三类：

（1）已知线段

具有足够的、齐全的定形尺寸和定位尺寸的、可以直接画出的图线线段为已知线段，作图时可以根据已知尺寸直接绘出。如直线已知两个点、圆弧已知圆心坐标和半径（直径）、矩形已知长、宽及定位坐标等，均属已知线段。

（2）中间线段

缺少一个定位尺寸，只给出定形尺寸和一个定位尺寸的线段，其另一个定位尺寸可依靠与相邻已知线段的几何关系求出，称为中间线段。

（3）连接线段

缺少两个定位尺寸，只给出线段的定形尺寸，定位尺寸可依靠其两端相邻的已知线段求出的线段，称为连接线段。

由上可知，绘制平面图形时，应首先画出已知线段，其次画出中间线段，最后再画出连接线段。

1.4.3　平面图形的作图步骤

例 1-4　画出如图 1-30（a）所示的扶手平面图形。

分析：

• 尺寸分析

该扶手图形的水平对称中心线是高度方向的尺寸基准，底面是高度方向的尺寸基准，相关部位已给出定形尺寸，如图 1-30（a）所示。

• 线段分析

由图 1-30 所示可以看出，该图形由一个封闭线框组成。其中尺寸 100、80、76、50、6、*R*98、最下 *R*16 等均为已知线段；上面的注有 *R*16 的圆弧为中间线段；中间注有 *R*16 的圆弧为连接线段。

在确定了基准线和主要的定位线后，依照先画已知线段，再画中间线段，最后画连接线段的顺序完成该二维图形的绘制，如图 1-30 所示。当所有线段都画完后，还需认真检查所画图形有无错误，擦掉多余作图线，然后加粗，标注尺寸，完成结果如图 1-30（f）所示的平面图形。

作图：

具体绘制图 1-30（a）所示扶手的平面图形的作图步骤如下：

• 确定图形的基准线

首先画已知线段，即具有齐全的定形尺寸和定位尺寸，作图时，可以根据这些尺寸先行画出，如图 1-30（b）所示。

• 画中间线段

只给出定形尺寸和一个定位尺寸，需待与其一端相邻的已知线段作出后，才能由作图确定其位置。上面圆弧 *R*16 是中间圆弧，圆心位置尺寸只有一个高度方向是已知的，水平方向位置需根据 *R*98 圆弧与上面 *R*16 圆弧内切的关系画出，如图 1-30（c）所示。

• 画连接线段

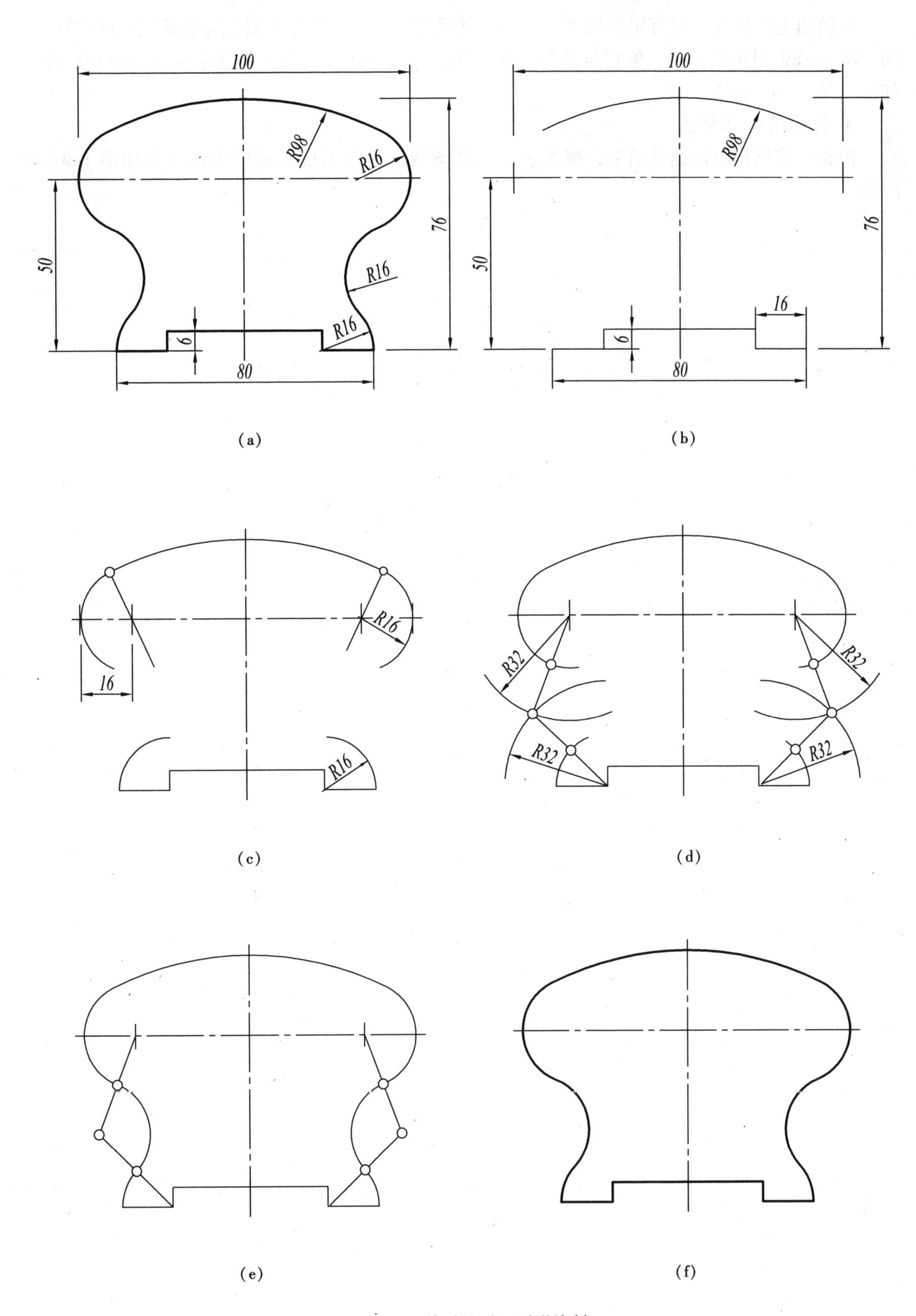

图1-30　扶手的平面图形绘制

只给出定形尺寸，没有定位尺寸，需待与其两端相邻的线段作出后，才能确定它的位置。中间 *R*16 的圆弧只给出半径，但它与另两个 *R*16 圆弧分别外切，所以它是连接线段，应最后画出，如图 1-30（d）、（e）所示。

- 作图结果的确定

检查并校核作图过程及结果，擦去多余的作图线，描深图形。最后作图结果如图 1-30（f）所示。

第2章

投影制图

前述各章我们着重讨论了正投影的原理和投影规律，它是绘制建筑工程图的理论基础。在此基础上直接表达工程物体尚有一个过程，为此特编写了投影制图这一章，以使初学者能顺利完成从投影图向工程图的过渡。本章将实际的工程物体，抽象成几何形体，即以复杂形体为研究对象，就其表达、画法及尺寸标注等问题进行讨论。

2.1　各种视图的名称、配置及选择

2.1.1　各种视图的名称及配置

在工程制图中，国家标准规定了一系列的视图表达方法。所谓视图，即设想观察者在形体正前方，且距离投影面无限远处（投影中心为人的眼睛，投射线为人的视线），这时通过形体上各顶点的视线互相平行且垂直投影面，视线与投影面相交所得图形称之为视图。视图的产生过程如同投影图的形成过程，因此有关投影图的作图方法和投影规律均适用于视图的绘制。用视图表达工程物体，形体表达有侧重，图形表现更清晰。

根据国家标准规定，视图分为基本视图，向视图，局部视图和斜视图，以及镜像视图。

1. 基本视图

在画法几何中表达一个形体，常假想将其放在三面投影体系中，从三个不同方向进行投影，得到三个视图。然而，表达一个复杂形体，可有六个基本投影方向，分别垂直六个基本投影面。物体在基本投影面上的投影称为基本视图，如图 2-1 所示，其中：

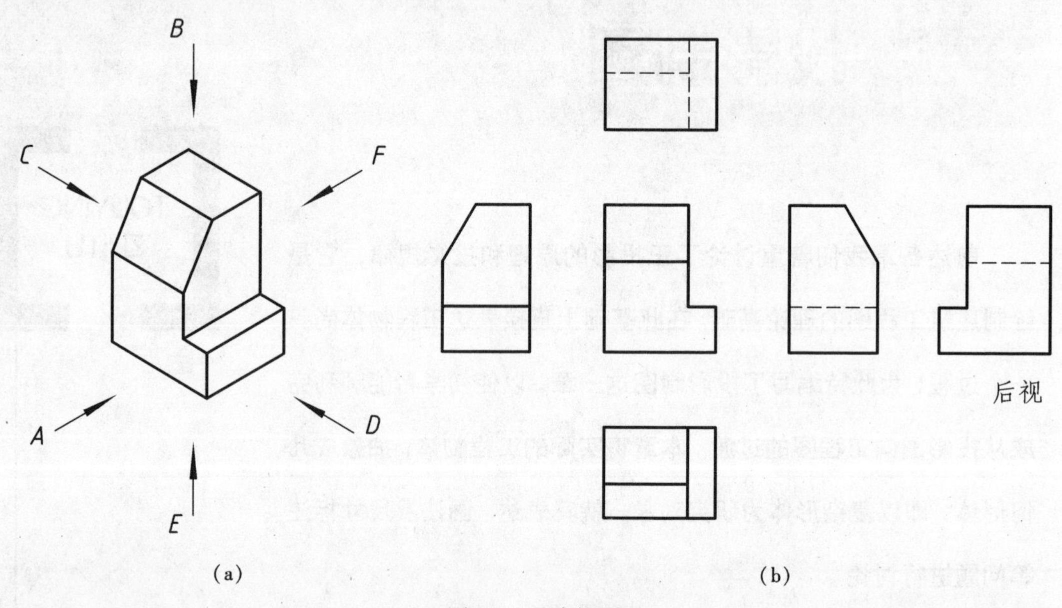

图 2-1　基本视图

沿 *A* 向观察（即从前向后投影）所得视图称主视图（正立面图）；
沿 *B* 向观察（即从上向下投影）所得视图称俯视图（平面图）；
沿 *C* 向观察（即从左向右投影）所得视图称左视图（左侧立面图）；
沿 *D* 向观察（即从右向左投影）所得视图称右视图（右侧立面图）；
沿 *E* 向观察（即从下向上投影）所得视图称后视图（底面图）；
沿 *F* 向观察（即从后向前投影）所得视图称后视图（背立面图）。

基本视图的排放应以主视图为准，按投影关系向周围展开，俯视图在主视图的下方，左视图在主视图的右方，右视图在主视图的左方，仰视图在主视图的上方，后视图在左视图的右方。后视图需要标注“后视”二字，如图 2-1（b）所示。

2. 向视图

向视图是可以自由配置的视图，向视图的实质仍然是上述的基本视图，只是排列方式比较灵活。根据专业需要，国家标准规定了以下两种表达方式。

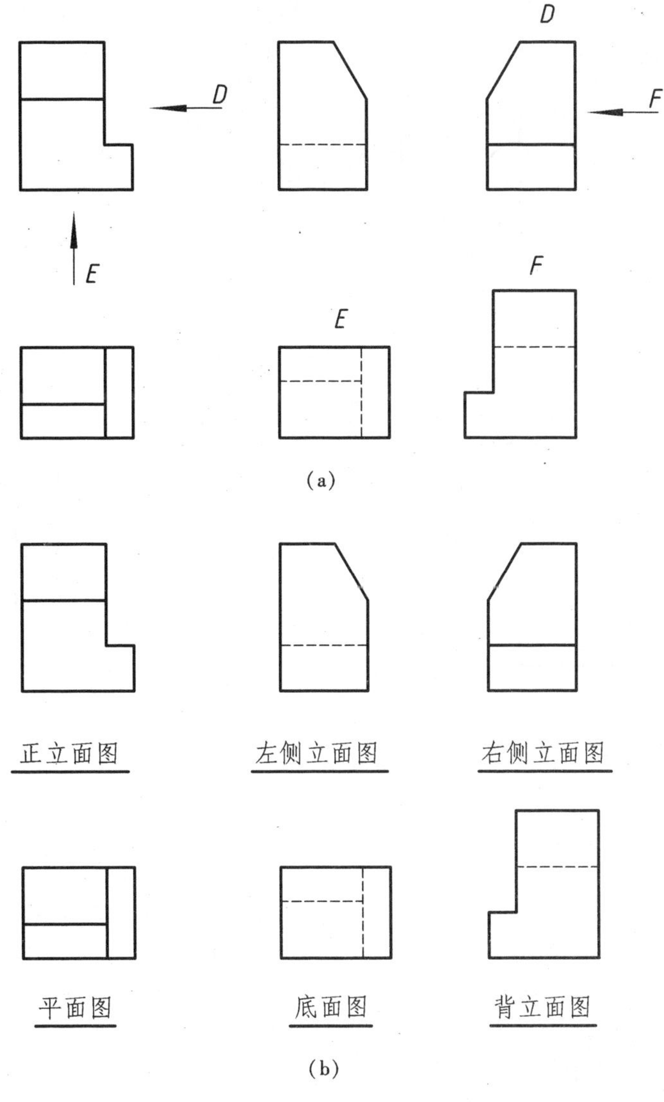

(a)

(b)

图2-2 向视图

向视图的标注也随向视图的表达方式不同有所区别。

第一种表达方式的标注，如图2-2（a）所示，在向视图的上方标注“*A*”字样，“*A*”为大写拉丁字母，可根据向视图的多少，依次使用*A*、*B*、*C*、*D*……且在相应的向视图附近用箭头指明所标注的向视图的投射方向，并在箭头尾部标注同样字母与所标注的向视图对应。

第二种表达方式的标注如图2-2（b）所示，直接在向视图的下方标注图名，各视图的位置应根据需要和可能按相应规则布置。

向视图的第二种表达方法是建筑工程图常用的一种表达方法。

3. 斜视图

斜视图：形体在倾斜于基本投影面的辅助面上的视图，称为斜视图。

如图2-3所示，形体的左部分表面倾斜于基本投影面，为了得到其实形的视图，可应用画法几何中的换面法。即设置一个平行该倾斜部分的辅助投影面，在辅助投影面上的投影反映了该部分表面的实形。如图2-3视图“*A*”即为斜视图。

斜视图通常按向视图的配置形式配置和标注。为画图方便，允许将斜视图旋转配置，但必须在斜视图图名前加旋转符号⌒，如⌒ A，则表示 A 向视图的旋转方向。旋转符号由一个半径与字高相等的半圆及箭头所构成⌒ A，表示该视图名称的大写拉丁字母应靠近旋转符号的箭头一端，也允许将旋转角度标注在字母之后，如⌒ A30°。

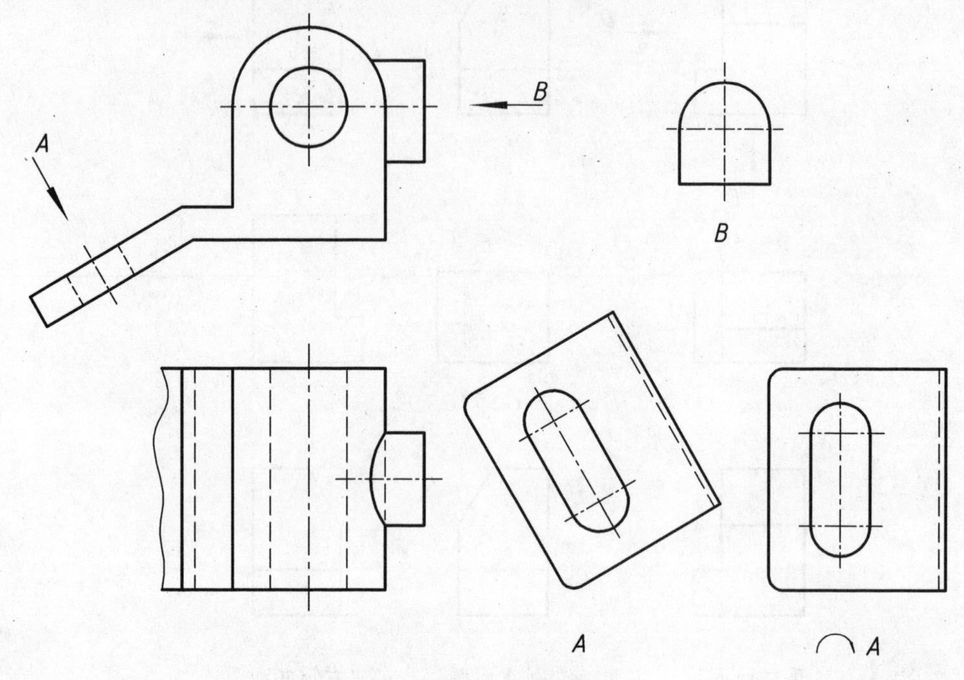

图 2-3 斜视图与局部视图

4. 局部视图

局部视图：将形体的某一部分向基本投影面投射所得视图，称为局部视图。

当形体的局部形状没有表达清楚，而又没有必要画出完整的基本视图时，可采用局部视图。图 2-3 所示形体，其左边倾斜部分，用斜视图已经表达清楚，所以只画出该形体右边部分的俯视图，如图 2-3 中 B 向视图也是局部视图，它是右视图的局部。由此可见，用局部视图表达形体，其图样简洁、清晰，重点突出，可以减少一定的工作量。

局部视图的配置应参照基本视图的排列方式配置，如图 2-3 中的俯视图所示。也可参照向视图的配置形式及标注，如图 2-3 中 B 向视图所示。

局部视图与斜视图都是表达一个完整形体的其中某一部分形体的视图，只需表示局部形状，其余部分用波浪线断去。波浪线不应该超越断裂表面的轮廓线，如图 2-3 局部视图所示。当表达的局部形体外形轮廓完整且又成封闭图形时，也可以轮廓为界，如图 2-3B 向局部视图所示。

图 2-4（a）所示的房屋图，其中的正立面图可认为是向视图与斜视图的组合立面图。右侧立面图也是斜视图。

图 2-4（b）所示的钟塔正立面，可以看作是两个斜视图组合的立面图。

5. 镜像视图

在建筑施工图中，有些工程构造，如板、梁、柱，因为板在上面，梁、柱在下面，在平面图中，梁、柱均为虚线，给读图带来不便，假想把投影面当成镜面，在镜面中就能得到梁、板、柱的垂直映像，这样的投影即为镜像投影。用镜像投影法形成的工程图，应在图名后注写“镜像”二字，如图 2-5 所示，则是 H 面作镜面的镜像投影。

2.1.2 视图选择的原则

一个形体需要选用哪些视图来表达，称为视图选择。由于画图和读图时一般从主视图入手，

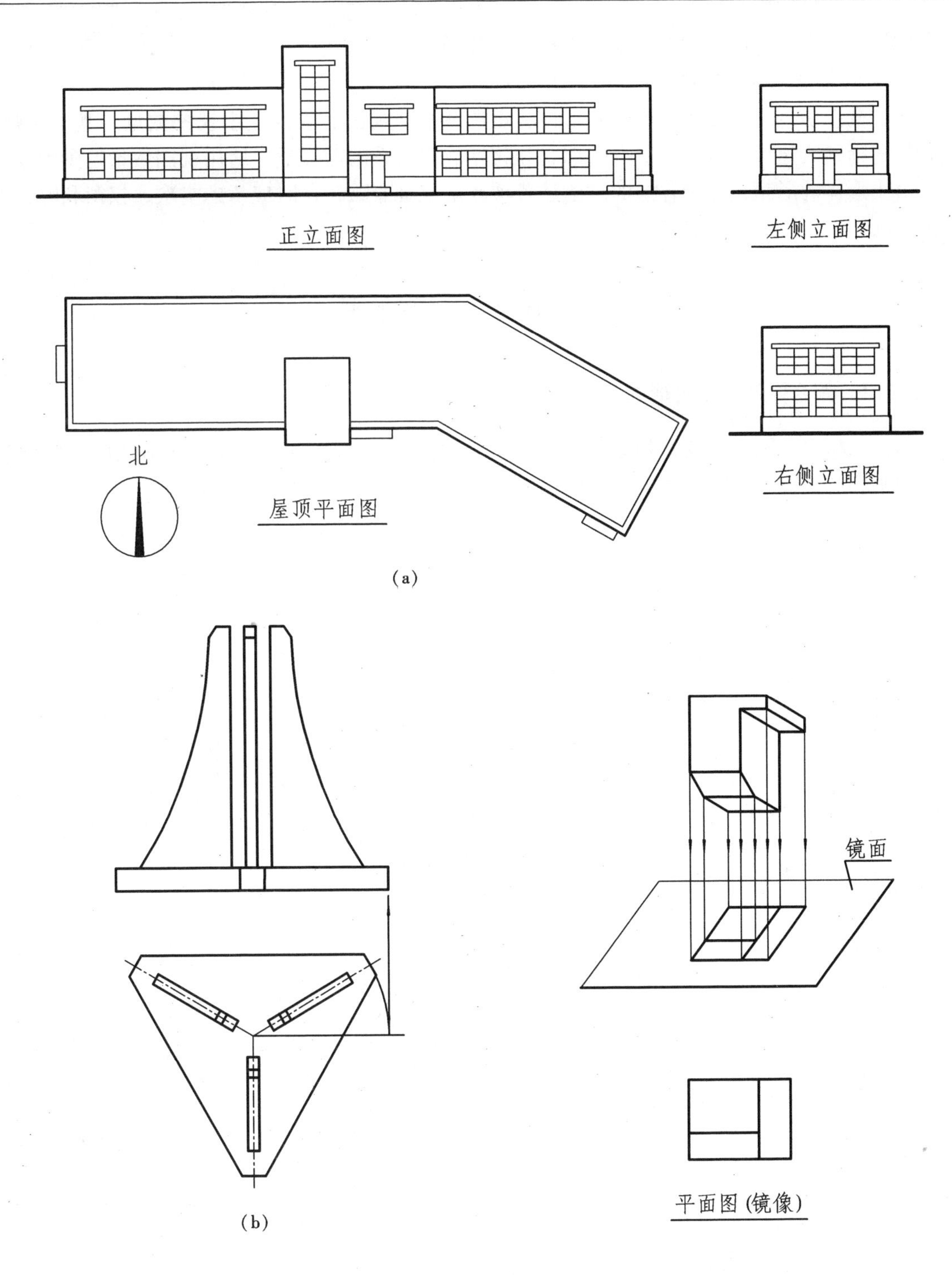

图 2-4 各种视图的应用实例

图 2-5 镜像投影法

因此主视图在一组视图中处于重要地位，所以在作图时应首先考虑主视图选择的是否恰当，再兼顾其他因素。

1. 主视图的选择原则

主视图选择的原则主要有以下几点：

(1) 使形体位于正常放置位置或工作位置；

(2) 使形体的主要表达部分平行基本投影面，把最能反映形体特征的面作为主视图；

(3) 尽量减少其他视图的虚线；

(4) 适当考虑图面布置的紧凑，匀称且节约图纸。

2. 视图数量的选择原则

在主视图确定之后，还需要根据形体特点选择其他视图。确定一组视图数量的基本原则是：在完整清晰地表达形体各组成部分的形状和相互位置关系的前提下，所用视图数量越少越好。

由于形体的形状是各种各样的，上述各项要求很难兼顾，这时应考虑主次，权衡利弊，根据具体情况取舍，以获得较好的表达方案。

2.2　组合体视图的画法

2.2.1　组合体及其组合形式

棱柱、棱锥、圆柱、圆锥和球，均为基本几何形体，工程物体一般由基本几何形体通过叠加、切割和相交等方式组合而成，因此称之为组合体。

1. 叠加

图2-6所示的L形棱柱，可以认为是由两个四棱柱叠加而形成。由于两个四棱柱的长度一致，叠加后其端面靠齐成为一个平面（即共面），因此在进行形体表达时，共面的线（叠砌的界线）不画，如图2-6左视图所示。

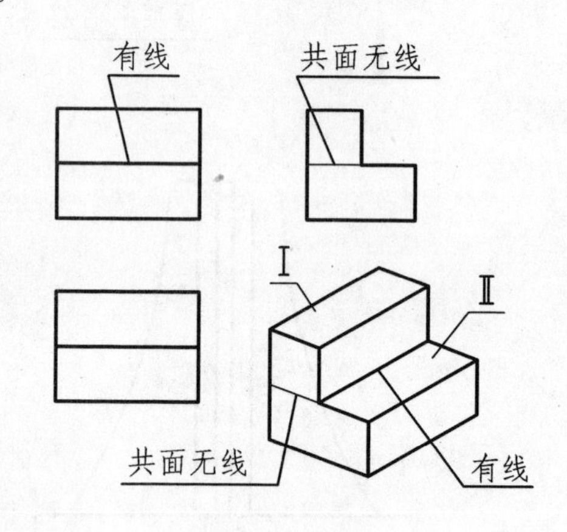

图2-6　叠加

2. 相切

当两个基本立体的表面相切时（平面与曲面或曲面与曲面），因为在相切处两基本立体的表面光滑过渡，不存在分界线，所以相切处不画切线。如图2-7 (a) 是平面与曲面相切；图2-7 (b) 是曲面与曲面相切。

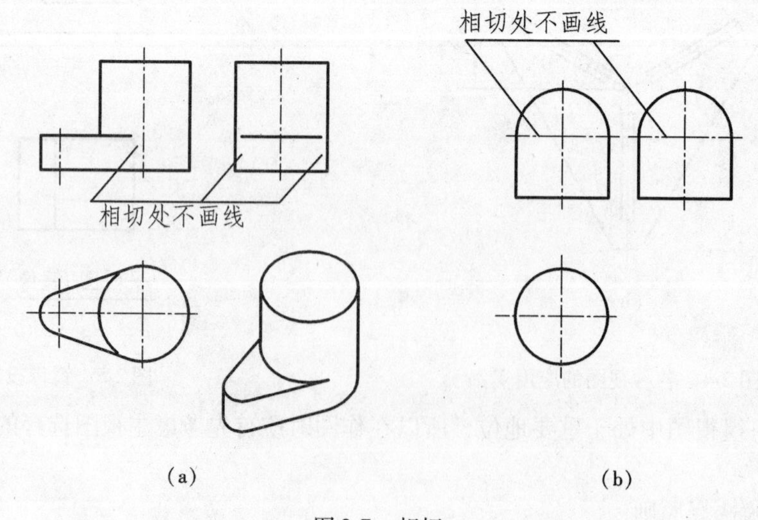

图2-7　相切

3. 相交

当两个基本立体的表面相交时，在相交处产生交线，交线是两基本立体表面的分界线，在形体表达时必须正确画出交线的投影，如图2-8所示。

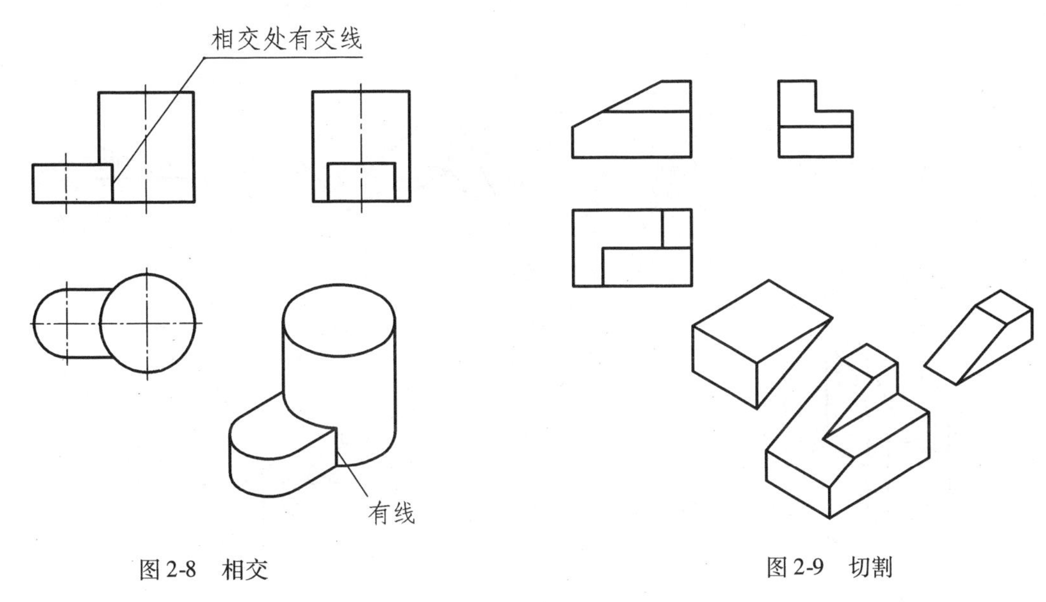

图 2-8　相交　　　　图 2-9　切割

4. 切割

图 2-9 所示形体，可看作由四棱柱被切割为两部分而形成，在形体表达时，应先画切割前的整体形状，然后再考虑切掉的两部分的投影。

应当指出，有些组合体的形成既可按叠加方式分析，也可按切割的方式分析。如图 2-6 所示的 L 形棱柱，也可认为是切割四棱柱而形成。因此分析组合体的组合形式时，应从便于理解和作图的角度进行考虑。

2.2.2　组合体视图的画法

画组合体视图，一般应按下列步骤进行：(1) 形体分析；(2) 选择视图；(3) 绘制视图。

1. 形体分析

画组合体视图之前，一般应先对所绘组合体形状进行分析。分析它是由哪些基本几何体组成，各基本几何体之间相互位置关系怎样，这一分析过程称为形体分析。如图 2-10 (a) 所示门斗，用形体分析的方法，应将其分解为六个基本几何体组成，如图 2-10 (b) 所示。

首先门斗的组成应先由三大部分叠加而形成，而其中的每一部分又分别挖切一个基本几何体。第Ⅰ部分，由平放的四棱柱挖切一个小四棱柱，组成带有踏步的底板；第Ⅱ部分由直立的四棱柱又挖切一个小四棱柱，构成门斗的主体；第Ⅲ部分，由横放的三棱柱又挖切半个圆柱构成门斗的顶。

根据以上的分析结果，按各基本形体的相对位置关系，逐一画出各基本形体的各视图，最终完成门斗的视图。

运用形体分析的方法，将一个复杂的组合体分解为若干个基本几何体，从而使其复杂问题变得简单，容易理解与绘制。

2. 选择视图

根据视图选择的原则，讨论门斗的表达方案。如图 2-11 所示，是门斗在正常状态下存在的位置，即工作位置。令其主体平行 *V* 面放置，按图 2-11 所示的 *A*、*B*、*C*、*D* 四个方向投射，即可得四种表达方案。其中方案 *B* 向和 *C* 向，各视图的虚线太多，故不可取；方案 *A* 向产生的主视图最能反映门斗的形状特征及各基本形体的相对位置关系，且图面布置紧凑，节约图纸，其他视图的虚线较少；方案 *D* 向产生的主视图不能充分反映门斗的形状特征，且布图也不够紧凑。

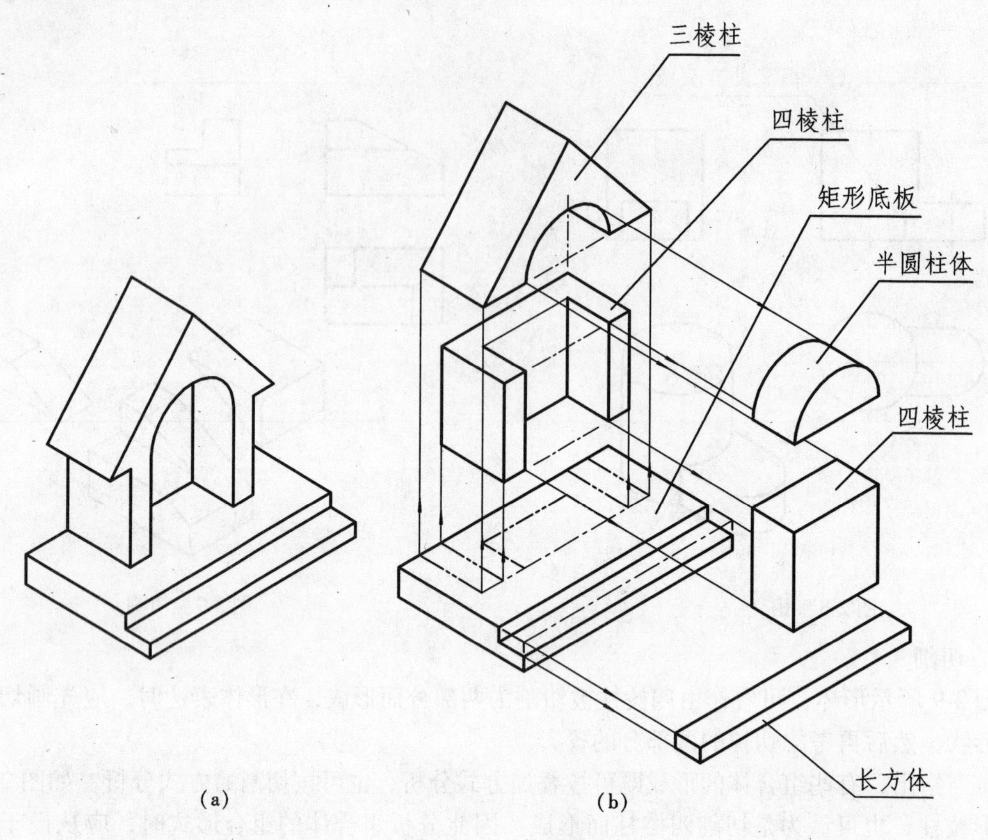

图 2-10　形体分析

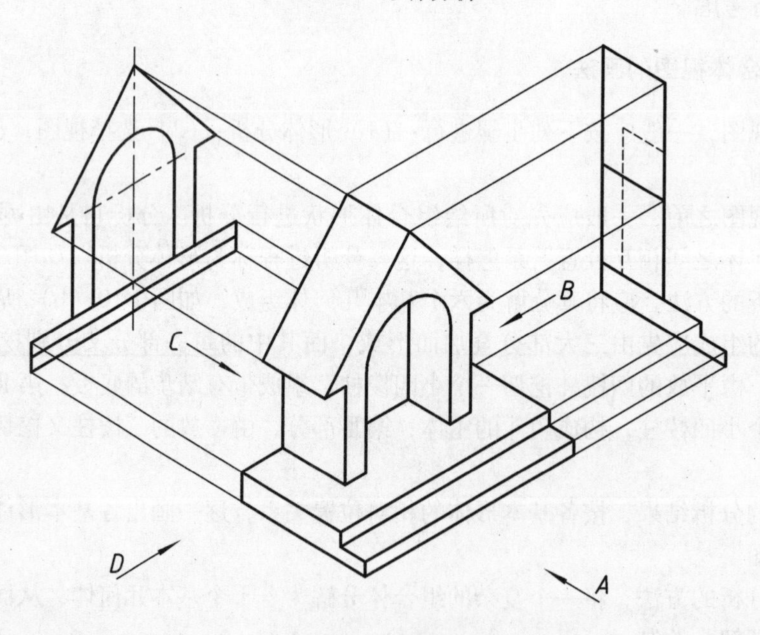

图 2-11　视图选择

综合以上分析，选择方案 *A* 向表达门斗更为合理。

3. 绘制视图

（1）确定比例、图幅：在表达方案确定之后，根据形体大小和注写尺寸所占的位置，选择适宜的图幅和比例。

（2）视图布置：先画出图框线和标题栏，明确图纸上可以画图的范围，然后大致安排三个视图的位置，使每个视图在注完尺寸后，与图框的距离大致相等。

（3）画各视图的底稿：首先画出各视图的对称线、基准线、回转体轴线，如图 2-12（a）所示。按形体分析的结果，顺次画出踏步、主体及顶的三视图，如图 2-12（b）、2-12（c）、2-12（d）、2-12（e）所示。画每一部分基本形体时，从最能反映其形体特征的那个视图入手。

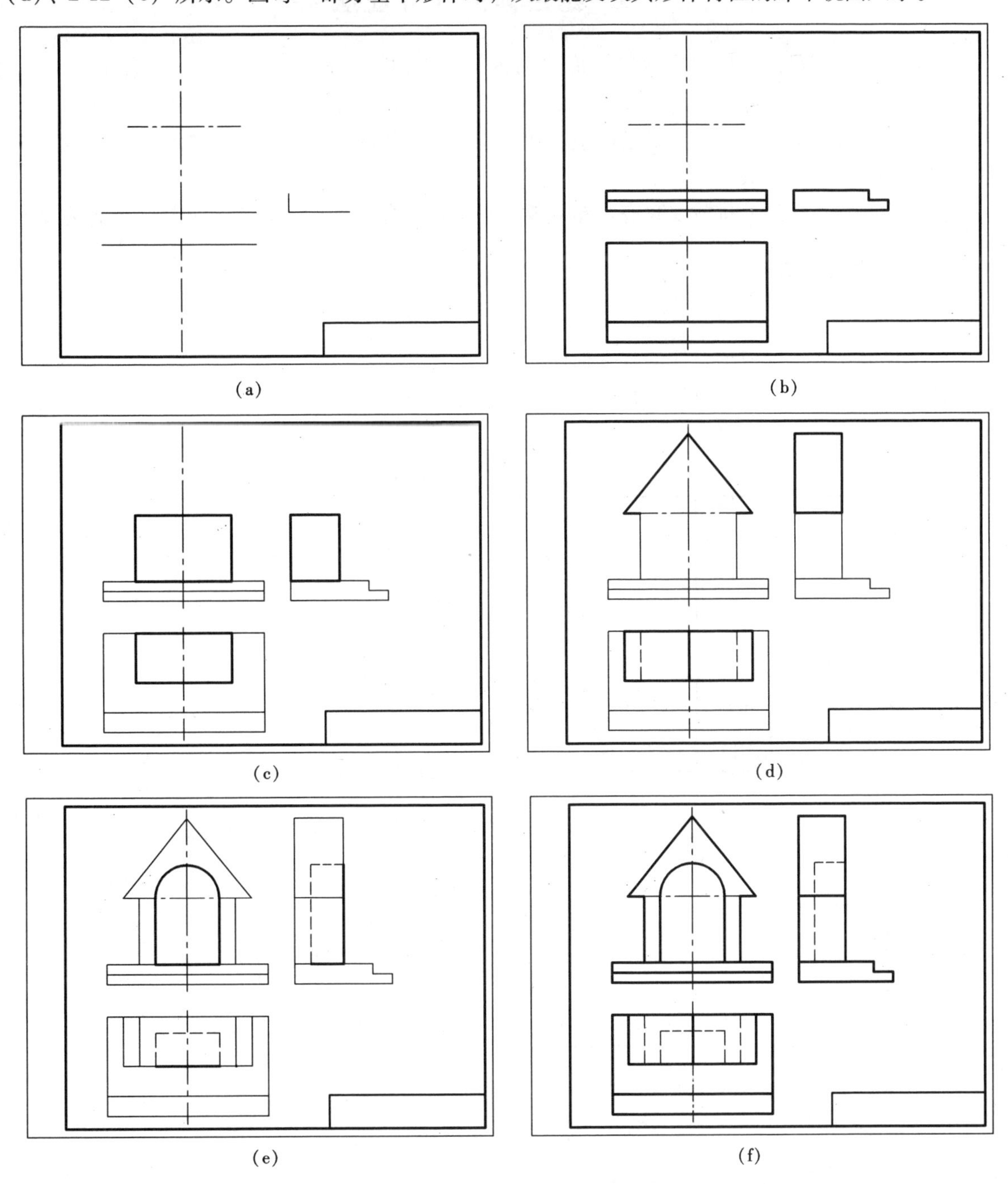

图 2-12　画三视图步骤

（a）画各视图的基准线、对称线、轴线；（b）画四棱柱底板；

（c）画四棱柱主体；（d）画三棱柱；（e）画半圆柱与四棱柱；（f）检查、加深

（4）检查：底稿完成之后，按形体分析的过程，逐个检查组合体的基本几何体的各视图是否正确，并着重检查相互位置关系，看是否有遗漏的截交线、相贯线的投影；看叠加的界线、相切的切线的表达是否正确。

（5）加深图线：经检查无误后，按各类线型要求加深图线，可见轮廓线画粗实线 *b*；不可见轮廓线画虚线 *b*/4；点划线、尺寸线、尺寸界线均画 *b*/4，如图 2-12（f）所示。

2.3　组合体的尺寸注法

组合体各视图虽已清楚地表达了其形状和各部分的相互位置关系，但还必须注上足够的尺寸，方能明确形体的实际大小。标注尺寸的基本要求是：尺寸完整、准确；清晰、合理。

完整、准确：即在形体分析的基础上，使标注的尺寸能准确反映组合体的形状和大小，以及各部分之间的相互位置关系。

清晰、合理：即尺寸排放要整齐，布置要合理，且符合“国标”关于尺寸标注的有关规定。

2.3.1　尺寸分类

1. 定形尺寸

定形尺寸是确定构成组合体的基本形体大小的尺寸。

常见的基本形体及带切口基本形体的尺寸注法，如图 2-13、图 2-14 所示，可为今后标注定形尺寸时予以参考。

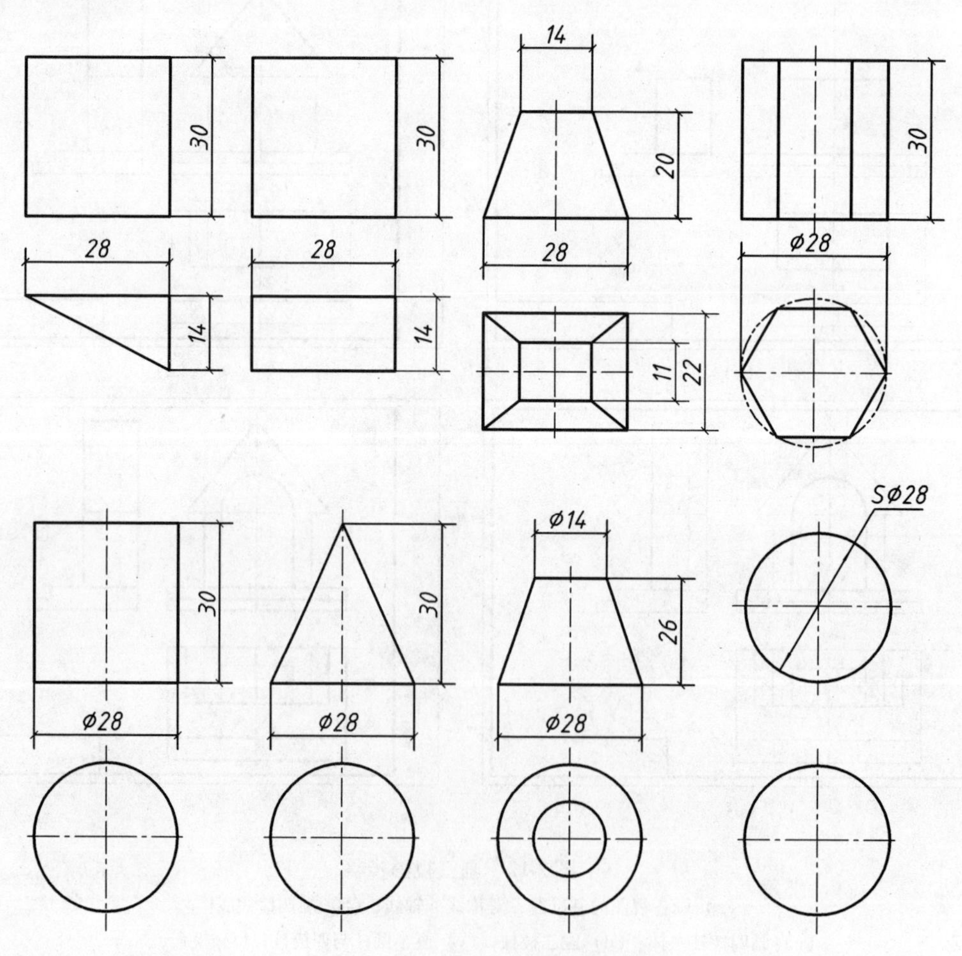

图 2-13　基本形体的尺寸注法

2. 定位尺寸

定位尺寸是确定各基本形体在组合体中相对位置的尺寸。

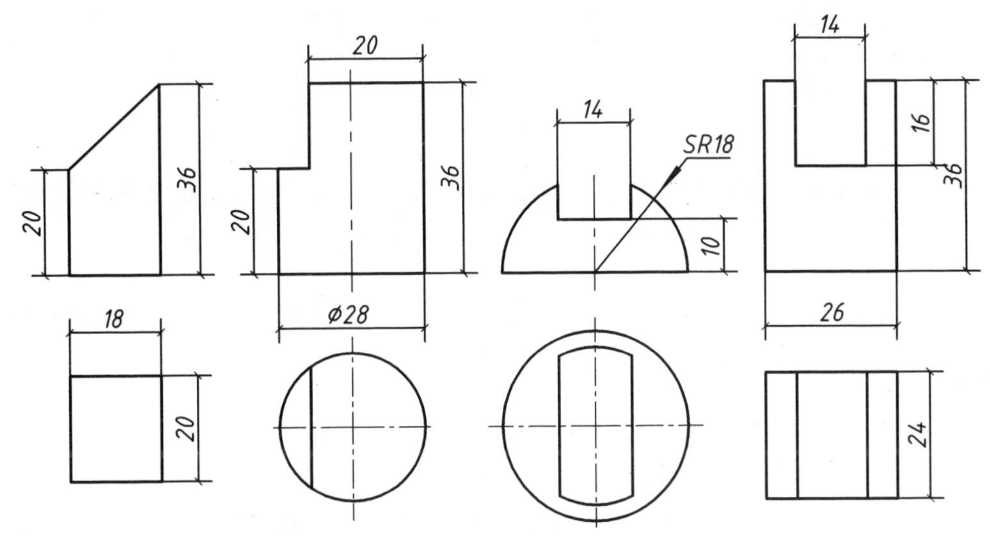

图2-14 被截切的基本形体的尺寸注法

标注定位尺寸要有尺寸基准，即尺寸标注的起点。组合体长、宽、高三个方向均应各有一个尺寸基准。尺寸基准一般选定在组合体的某一个主要表面或底面，对称形体选择对称线作为尺寸基准，回转体可选择回转轴作为尺寸基准。

图2-15所示的钢板上注有两个圆柱孔，其定形尺寸是$\phi 20$，高度10。左边圆孔的定位尺寸是以钢板左端面为长度方向定位的尺寸基准，其定位尺寸为50；以后端面为宽度方向的尺寸基准，其定位尺寸为40。右边圆孔长度方向的定位尺寸为75。其尺寸基准为左边圆孔的轴线，该轴线可视为长度方向的辅助基准。

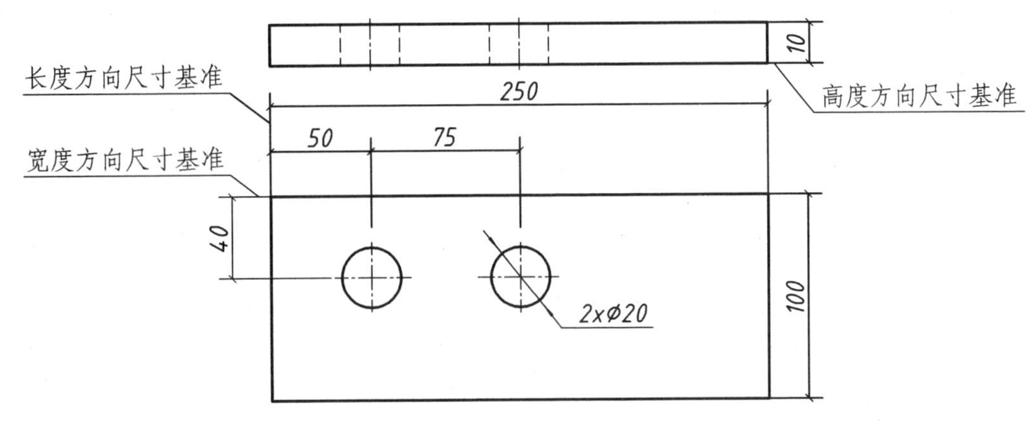

图2-15 定位尺寸

3. 总尺寸

总尺寸是确定组合体外形的总长、总宽、总高尺寸。

如图2-15所示钢板的定形尺寸：$250 \times 100 \times 10$，同时也是钢板的总尺寸。

以上所述三种尺寸，国际规定均以mm为单位。

2.3.2 尺寸配置

组合体确定了应标注哪些尺寸后，还应考虑尺寸如何配置，才能达到明显、清晰、合理等要求，因此，除了遵守《国标》有关规定外，还应注意以下几点：

1. 尺寸标注要明显

尽可能把定形尺寸标注在反映基本形体形状特征的视图旁，并靠近被标注的轮廓线。与两个视图有关的尺寸，应注在两视图之间的一个视图旁，避免在虚线上注尺寸。

2. 尺寸标注要集中

同一个基本形体的定形和定位尺寸尽量集中，标注在一个或两个视图上。

3. 尺寸排列要整齐

尺寸排列要整齐，小尺寸在内，大尺寸在外，平行的尺寸线之间的间隔应相等（7～10mm）；尺寸数字一般注写在尺寸线的上方，且居尺寸界线中间位置。

4. 保持视图清晰

尺寸一般应尽可能布置在视图轮廓线之外，仅某些细部尺寸允许标注在视图之内。任何图线不得穿过尺寸数字，当遇到图线穿过数字时，必须将图线断开。

5. 尺寸不得重复

在标注组合体尺寸时，无论是定形尺寸，还是定位尺寸，只能标注一次，均不允许重复。但在土建专业图中，因施工要求，可重复标注。

组合体的尺寸标注，应在形体分析的基础上，首先确定每个基本几何体的定形尺寸，其次确定各基本几何体的定位尺寸和总尺寸。

标注举例

完成图 2-10 所示门斗的尺寸标注。

（1）标注定形尺寸：

• 踏步板由四棱柱切去小四棱柱构成，其定形尺寸 50×30×6；50×6×3，其中长度 50 共用（只标注一次）。

• 主体由直立四棱柱切去一个小四棱柱构成，其定形尺寸为 30×15×20，中间挖切小四棱柱的尺寸，由半圆柱的相应尺寸确定，避免重复。

• 门斗顶由横放的三棱柱挖去一个半圆柱构成。三棱柱长 40，宽 15（与主体宽度尺寸共用），高 24。为避免高度方向尺寸封闭，故在此不注四棱柱高度尺寸。半圆柱定形尺寸为半径 *R*10，宽 10。

（2）标注定位尺寸：

因门斗左右对称，所以长度方向尺寸基准为对称线，其定位尺寸为零。主体与踏步板的后端靠齐，所以宽度方向以后端面为尺寸基准。俯视图中的 15 既是定形尺寸，也是宽度方向定位尺寸。高度方向以踏步板的顶面为尺寸基准，半圆柱体高度方向定位尺寸为 20。

（3）标注总尺寸：

门斗长 50，总宽 30，总高 50。

以上标注如图 2-16 所示。

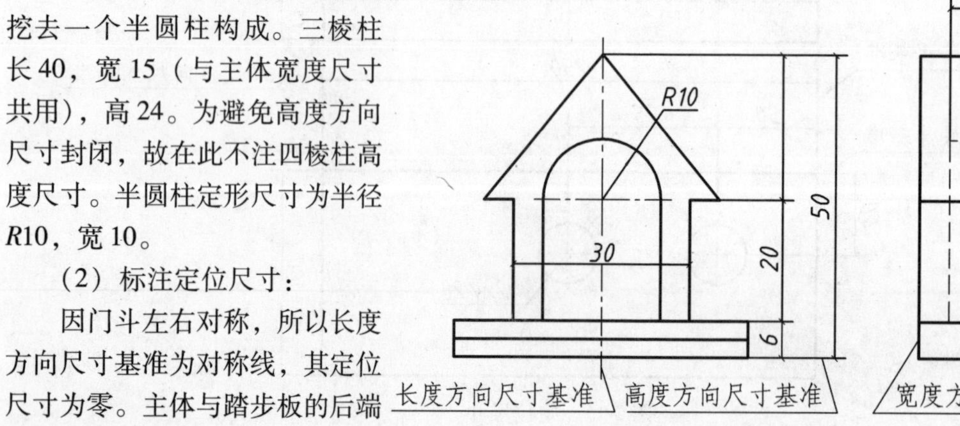

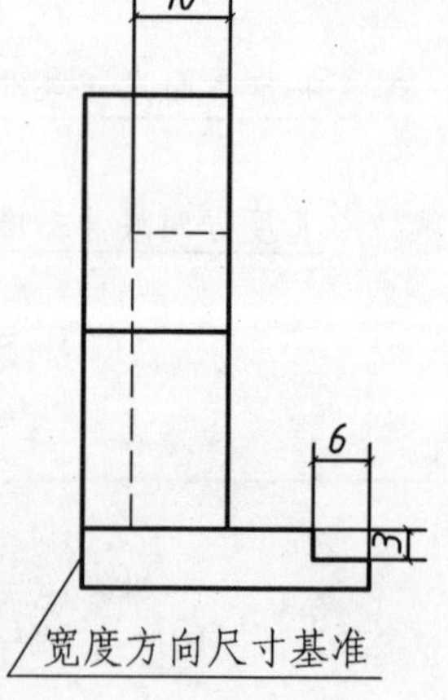

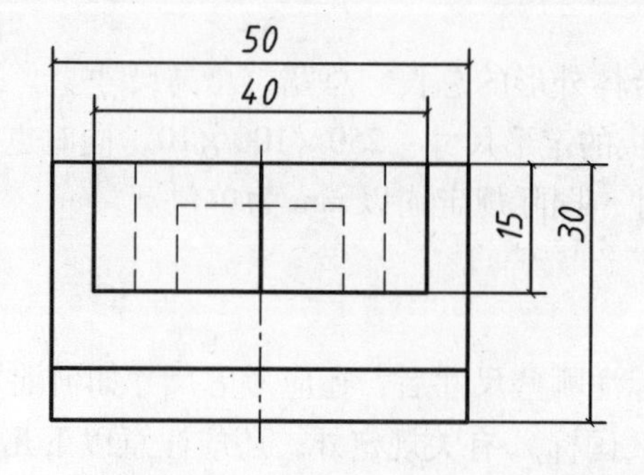

图 2-16　尺寸标注举例

2.4　读图

读图和画图是学习本课程的两个重要环节，画图是把空间形体用正投影的方法表达在图纸上。读图则是根据一组视图想象出空间形体的形状，即一个是由空间到平面；另一个则是由平面到空间的相反过程。

读图的理论基础为画法几何中学习的三等关系，各种线面的投影规律，以及基本立体的投影特征。读图的基本方法是我们下面将要介绍的形体分析法和线面分析法。

一般情况下，表达一个形体至少需要画两个或两个以上的视图，因此读图时，需要将已给的各视图联系起来阅读。图 2-17 表示了五种不同形状的形体，它们的主视图相同，如不对照俯视图阅读，就不能肯定其空间形状及相对位置。

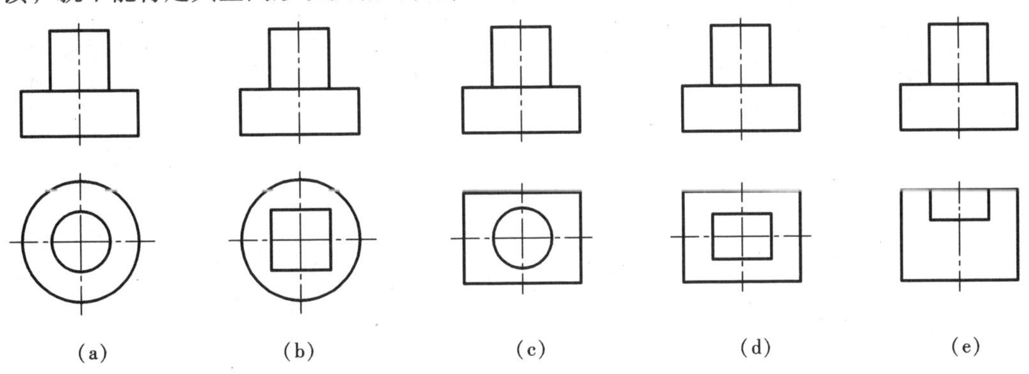

图 2-17　各视图联系起来阅读

读图的步骤：一般是先概略后细致，先形体分析后线面分析，先外部后内部，先整体后局部，再由局部回到整体，最后加以综合，以获得该形体的完整形象。

2.4.1　运用形体分析法读图

对于比较复杂的组合体，可运用形体分析读图。形体分析是以基本形体的投影特征为基础，根据视图上反映的投影特征，运用三等关系，对照其他视图，联想基本形体的投影特点，分析该组合体是由哪些基本形体组成，然后再按各基本形体的相互位置关系，想像组合体的整体形状。

例 2-1　根据图 2-18 所示三视图想像空间立体形状。

任何一个形体的投影轮廓均是封闭的平面图形，为便于讨论统称闭合线框，即一个闭合线框可以是基本形体的一个投影，也可以是形体上某个面的投影。读图时，首先粗读所给视图，从反映形体特征的主视图入手，分解闭合线框。图 2-18（a）所示的档土墙，主视图可分三个闭合线框Ⅰ、Ⅱ、Ⅲ。线框Ⅰ为档土墙的底板，其原始形状为四棱柱被截切后形成平放的“L”形棱柱，如图 2-18（b）所示；线框Ⅱ为四棱柱形状的竖板，如图 2-18（c）所示；线框Ⅲ为三棱柱形状的支撑板，如图 2-18（d）所示。这三部分以叠加的形式构成档土墙，如图 2-18（e）所示。

在学习读图过程中，通常根据组合体的两个视图想象组合体的空间形状，最终补出第三个视图，这个过程称二求三补投影。

例 2-2　根据图 2-19（a）所示主、左视图，想像组合体的空间形状，并完成俯视图。

粗略阅读主、左视图，可将形体分三个闭合线框Ⅰ、Ⅱ、Ⅲ，如图 2-19（a）左视图所示。依三等关系，可以看出，Ⅰ是长方形底板，如图 2-19（b）所示；Ⅱ是竖放的立板，其原始形状可以认为是四棱柱，在左上方用 1/4 圆柱面切去一角，并且又挖去一个圆柱孔，如图 2-19（c）

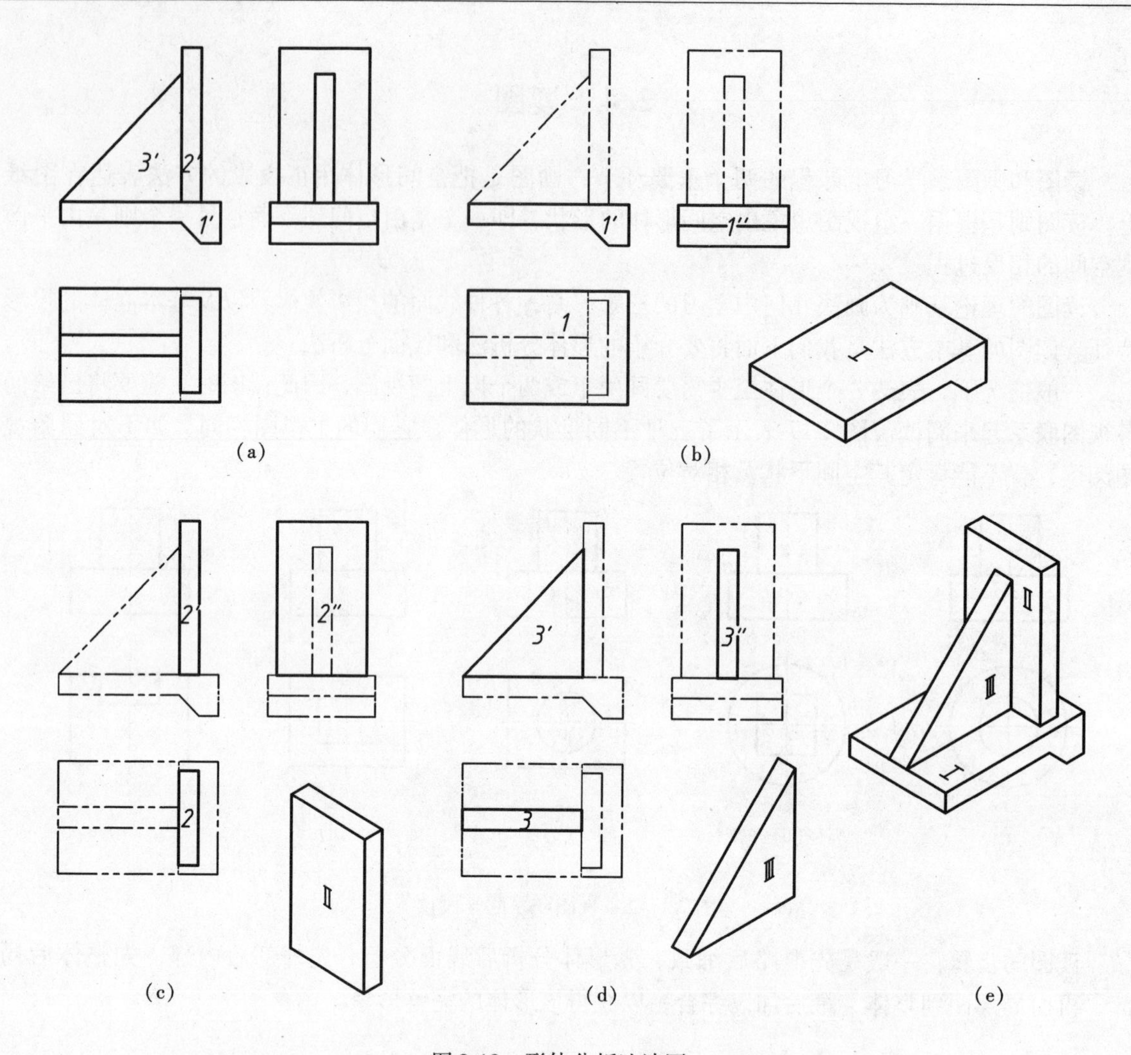

图2-18　形体分析法读图

所示；Ⅲ是“L”形棱柱，被正垂面截切形成如图2-19（d）所示的形体。

这三部分的相对位置如图2-19（a）所示，“L”形棱柱与竖板叠加在底板之上，其顶面平齐，补俯视图时不应画两部分的分界线。“L”形棱柱与底板在前端面共面，故主视图中没有叠砌的界线。这样边分析边想像，最后综合想像出该组合体的空间形状，如图2-19（e）所示。

补画俯视图应根据前面形体分析的结果，按其相对位置关系，依次画出底板、立板和“L”形棱柱的俯视图，并擦去共面的界线，最后加深图线，如图2-19（f）所示。

2.4.2　运用线面分析法读图

线面分析是以线面的投影特征为基础，阅读时应对视图中的每条线和每个线框进行分析，根据它们的投影特点，明确它们的空间形状和位置，综合起来就能想像出组合体的空间形状。

视图中的闭合线框都是形体上某一个面的投影。它可能代表平面，也可能代表曲面。它究竟代表什么形状的面，处于什么位置，还要根据投影规律，对照其它视图才能决定。

1. 视图中的闭合线框

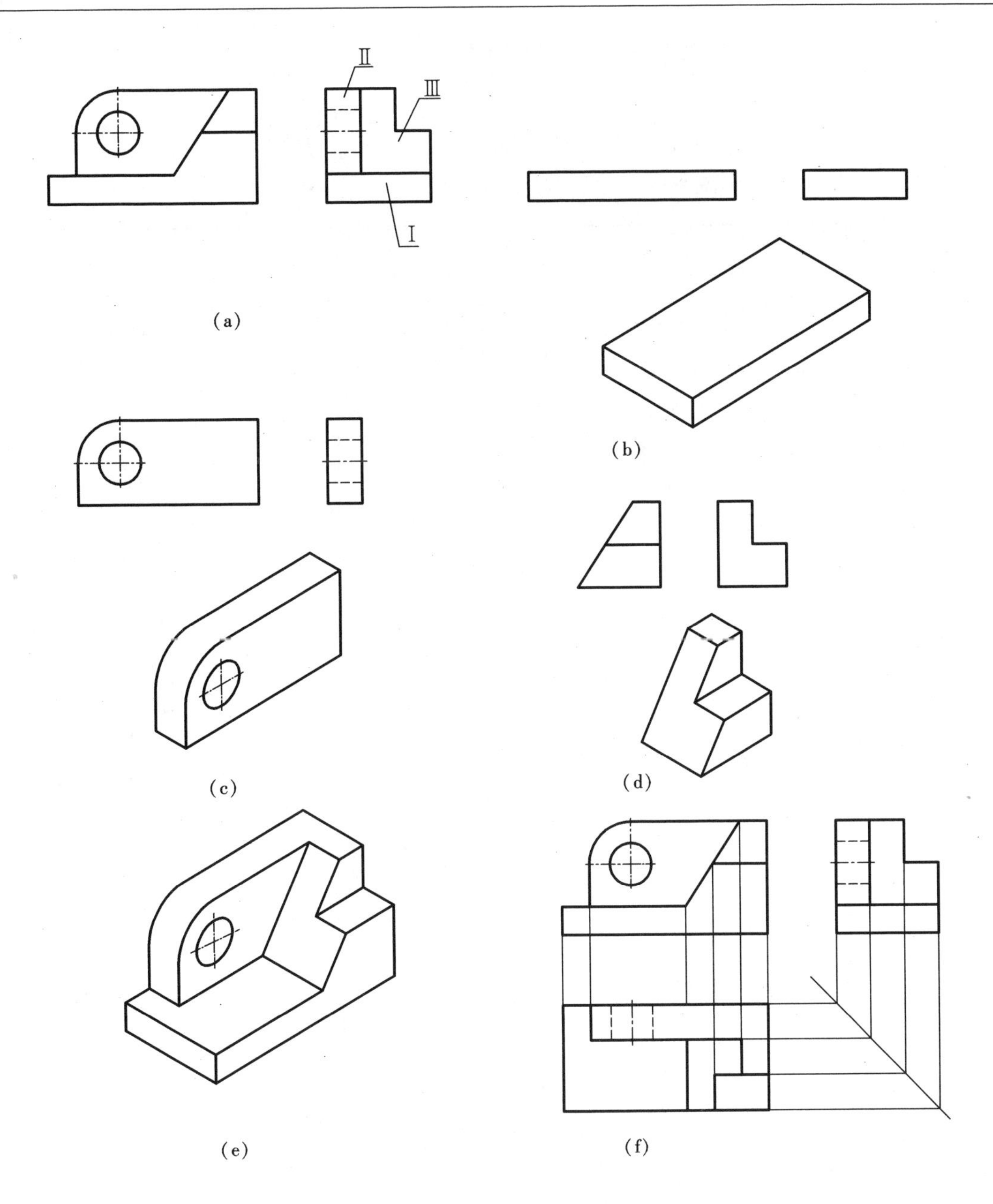

图 2-19　形体分析法读图

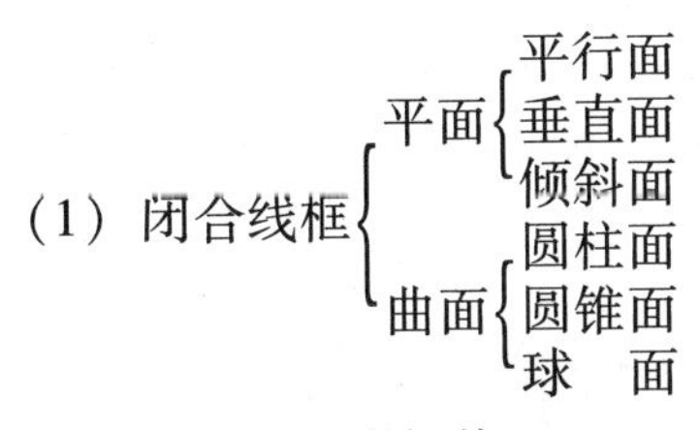

重温平面的投影规律：

在三个投影图均存在的情况下，平面的投影规律是：

两平线对一框——平行面
一斜线对两框——垂直面
三框类似形——倾斜面

在只有两个投影图的情况下，平面的投影规律是：

一平线对一框——平行面
一斜线对一框——垂直面
二框类似形——垂直面（平面上有垂直线）
二框类似形——倾斜面（平面上无垂直线）

下面以图 2-20（a）为例说明线面分析的用法。

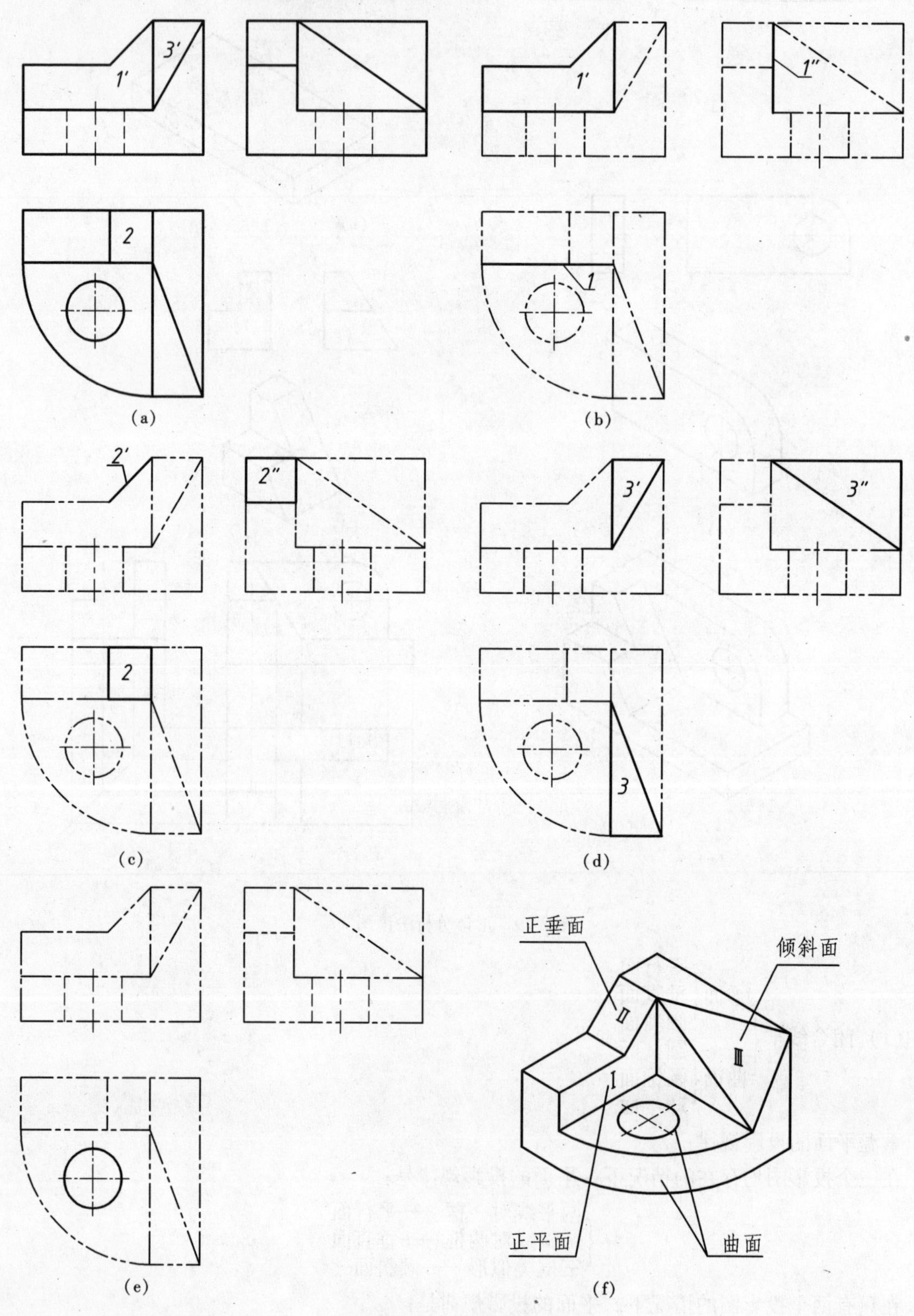

（a）（b）（c）（d）（e）（f）

图 2-20　线框的意义

图2-20（b）中的线框1′对应的另外两投影均为两条平行于轴的线，符合两平线对一框的投影规则，则线框1′为正平面，其相对位置，如图2-20（f）所示。

图2-20（c）中的线框2，其侧面投影为线框2的类似形2″，正面投影聚为线，符合一斜对两框的投影规律，则线框2为正垂面，其相对位置，如图2-20（f）所示。

图2-20（d）中的线框3′，其侧面投影为线框3″和水平投影3均为线框3′的类似形，符合三框类似形的投影规律，则线框3′为倾斜面，其相对位置如图2-20（f）所示。

图2-20（e）中主视图中的矩形虚线框，左视图也是矩形虚线框，俯视图中对应投影是圆，符合圆柱面的投影特征，则虚线矩形线框代表挖去的圆柱孔，如图2-20（f）所示。

（2）相邻线框 { 两平行平面；两相交平面 }

视图中的相邻两线框，不可能位于形体的同一平面上，如若相邻两线框处于形体同一平面，那么两线框之间就不存在分界线。如图2-21（a）所示，主视图中相邻两线框代表的是一前一后两个平行面的投影，而2-21（b）所示主视图中相邻两线框代表的是两相交平面的投影。相邻线框的相对位置关系，必须通过其他投影图来判别，所以读图时必须几个视图对照看。

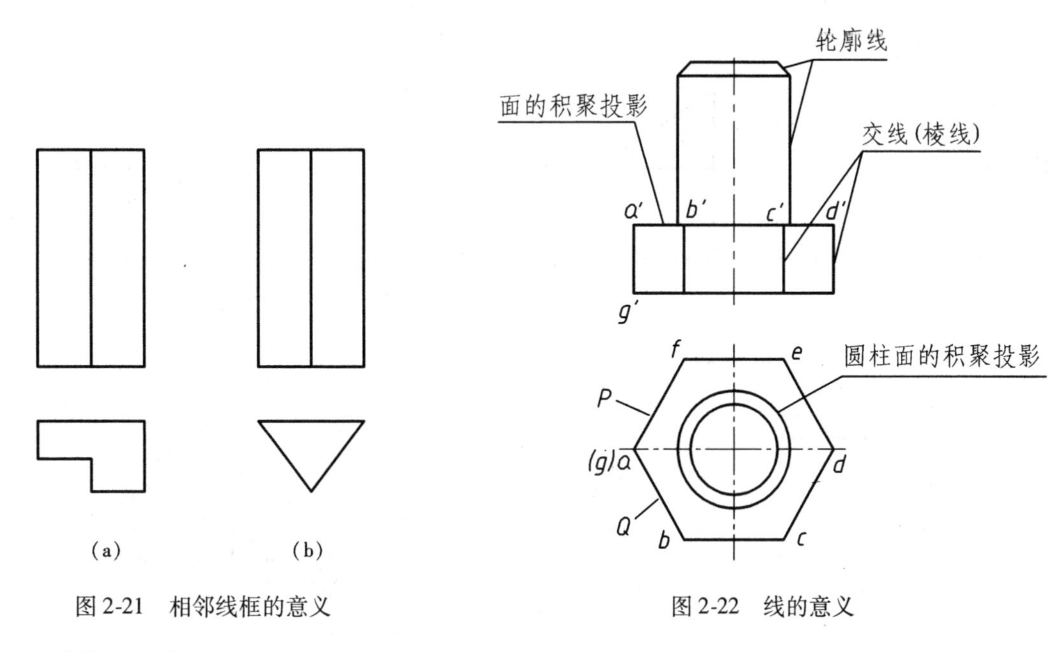

图2-21　相邻线框的意义　　　　图2-22　线的意义

2. 视图中的线

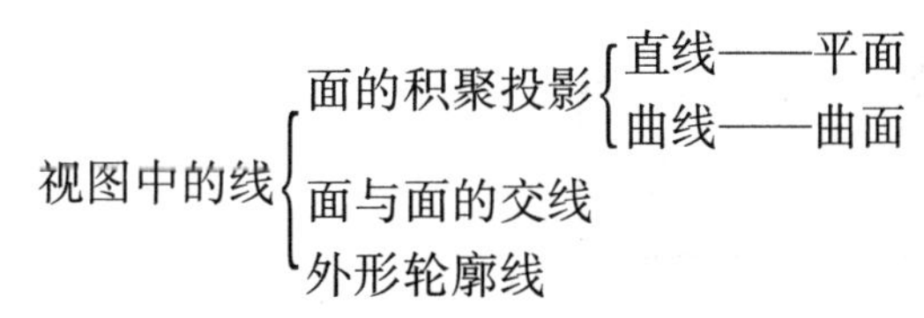
视图中的线
- 面的积聚投影
  - 直线——平面
  - 曲线——曲面
- 面与面的交线
- 外形轮廓线

视图中的某一条线，可能是面的积聚投影（直线代表平面的积聚投影，曲线代表曲面的积聚投影）；也可能是两平面交线的投影；还可能是曲面体轮廓的投影。

如图2-22中主视图中的一条线$a'b'c'd'$代表的是六边形水平面$ABCDEF$的积聚投影。

俯视图中的圆，代表的是圆柱面的积聚投影。

直线$a'g'$代表两个铅垂面P与Q交线的投影。

运用线面分析法读图，通常把所给视图的线框逐个取出，再找出与其对应的其他投影，从而确定形体表面的空间位置，最终得出组合体的空间形状，这种分析方法较适合于切割体。

例 2-3 如图 2-23 所示形体的主视图和左视图，补画俯视图。

将主视图分为五个闭合线框，逐个分析线框所代表的平面及相对位置关系。

根据先外形后内部，先整体后局部的原则，首先分析处于最外形的轮廓线，可得出该形体的

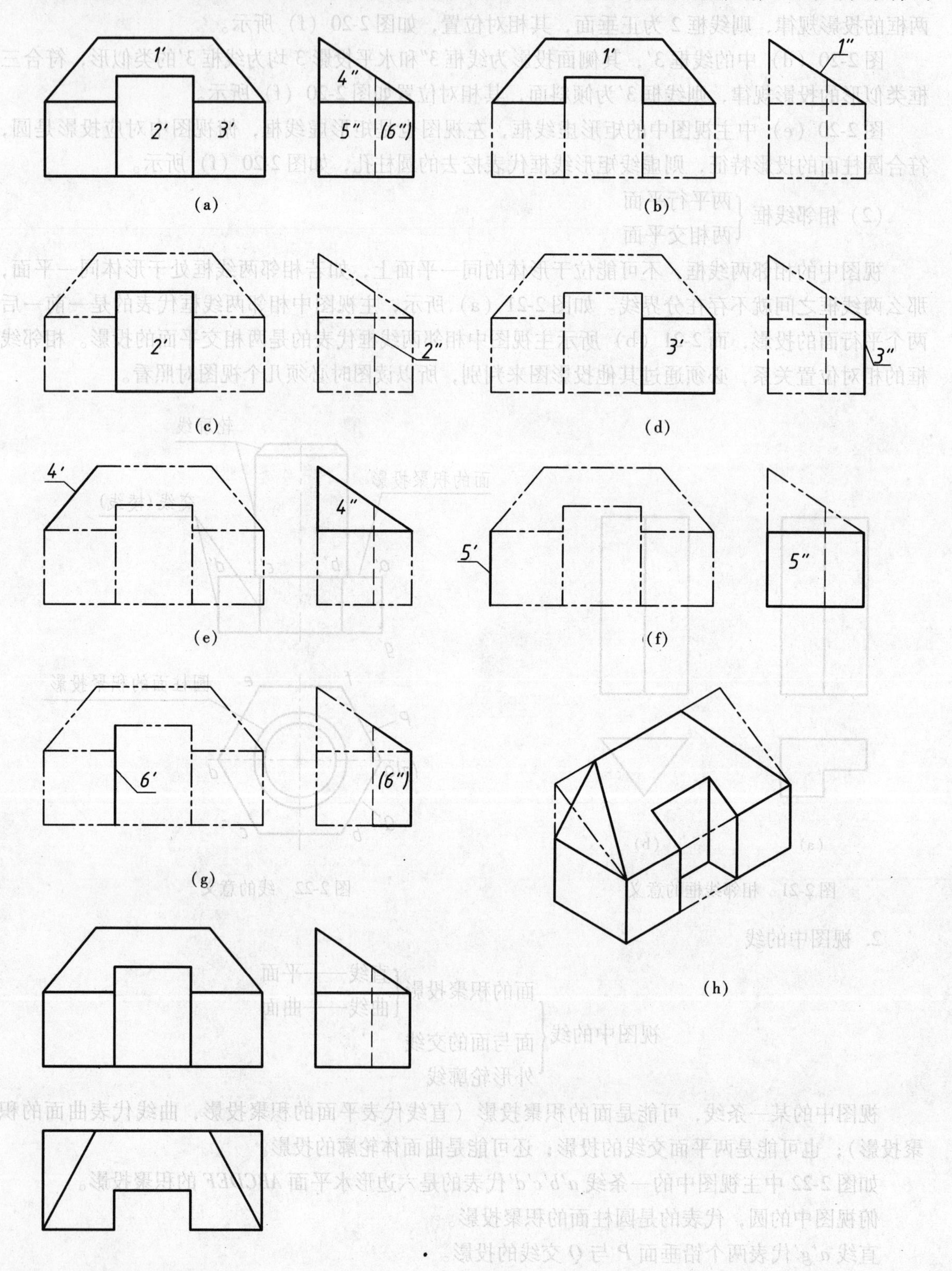

图 2-23 线面分析法读图

大致形状为单坡落水的小房子，如图2-23（h）（点划线）所示。

线框1′符合一斜线对一框的投影规律。线框1′为侧垂面，如图2-23（b）所示；

线框2′符合一平线对一框的投影规律，线框2′为正平面，如图2-23（c）所示；

线框3′也是正平面，如图2-23（d）所示。

再将左视图分三个闭合线框：

线框4″对应一斜线4′，并包含了一条正垂线，所以线框4″为正垂面，如图2-23（e）所示；

线框5″对应一平线5′，所以线框5″为侧平面，如图2-23（f）所示；

线框6″对应一平线6′，所以线框6″为侧平面，如图2-23（g）所示。

上述分析的若干平面围合起来，即构成三坡落水的小房子，如图2-23（h）所示。

补俯视图时，应运用线面的投影规律来作图。线框Ⅰ（侧垂面）在俯视图中的投影，一定要与主视图中的类似线框1′相对应。线框Ⅳ（三角形线框为正垂面）在俯视图中的投影一定要与左视图中的三角形线框4″相对应。线框Ⅱ、Ⅲ均为正平面，线框Ⅴ、Ⅵ均为侧平面，它们在俯视图中的投影有积聚性，均以直线相对应，如图2-23（i）所示。

例2-4　如图2-24（a）所示形体的主、俯视图、补绘左视图

粗读主、俯视图，从范围比较大的，单独存在的线框入手，分该形体为两大部分A和B，如图2-24（b）所示。其中B部分的基本形体为四棱柱，被铅垂面P和正垂面R截切后形成。A部

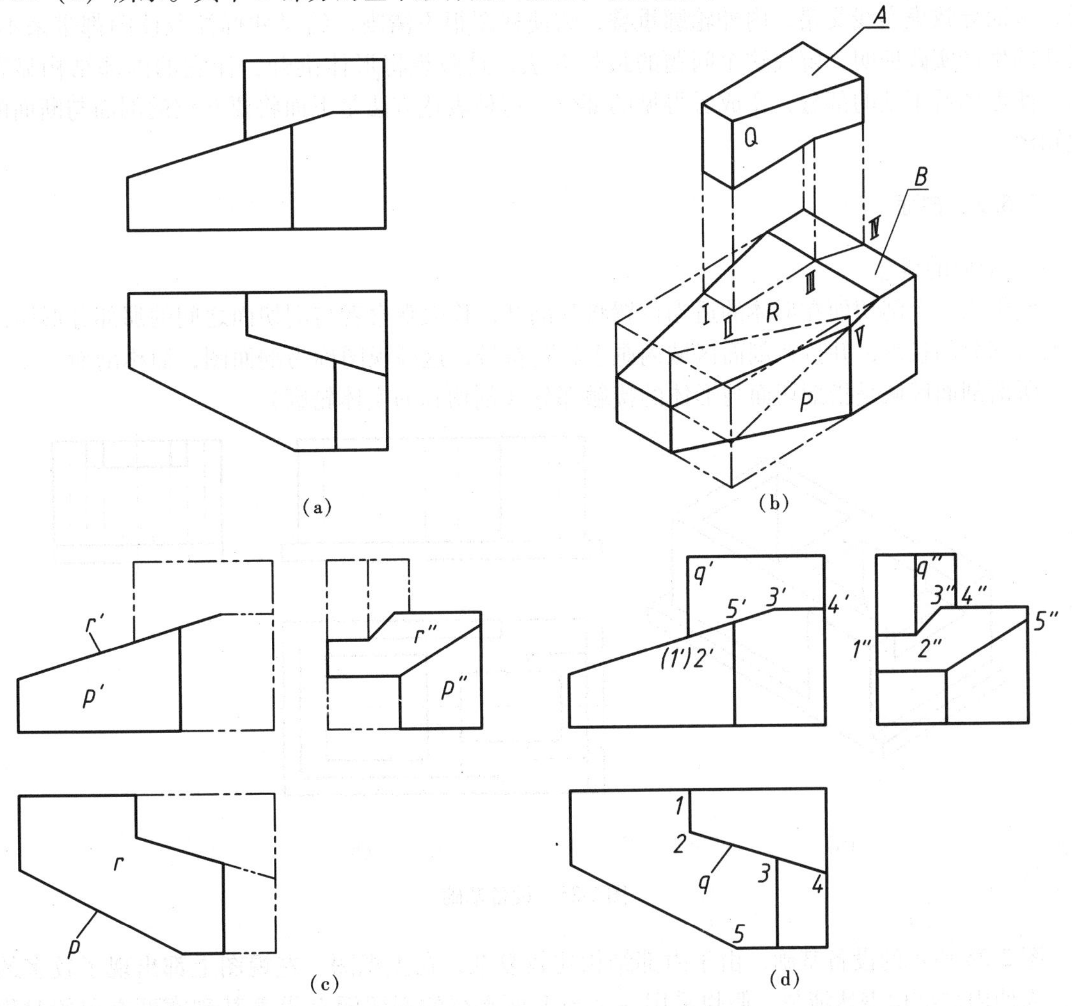

图2-24　二求三

分为直立的四边形棱柱，被水平面和正垂面 R 截切后形成。A 和 B 叠加后形成如图 2-24（b）所示的形体。

补左视图时应注意：B 部分中铅垂面 P 的左视图线框 P'' 应与主视图中对应线框 P' 成类似的形状。补正垂面 R 的左视图线框 r'' 应与俯视图中对应线框 r 成类似的形状，如图 2-24（c）所示。

A 部分中铅垂面的左视图线框 q'' 应与主视图对应线框 q' 成类似的形状（五边形），如图 2-20（d）所示。

特别指出的是，形体 A 和 B 叠加后产生的交线：Ⅰ Ⅱ为正垂线，Ⅱ Ⅲ为一般线，Ⅲ Ⅳ为水平线。应按线的投影规律完成作图，如图 2-24（d）所示。最后再应用线、面的投影规律检验补绘的视图是否正确。

2.5　剖面与断面

2.5.1　概述

许多工程物体不仅有复杂的外部形状，而且也常常伴随复杂的内部结构，按前述的表达方法，其内部轮廓在视图中需要用虚线表示。当形体的内部结构比较复杂时，就会出现较多的虚线，从而导致虚实线交错，内外轮廓重叠，致使视图很不清晰，给尺寸标注及读图都带来不便。长期的生产实践证明，解决这个问题的最好办法，是假想将形体剖开，让它的内部结构显露出来，使形体看不见的部分，变成看得见的部分，这种表达方法是下面将要介绍的剖面与断面的有关知识。

2.5.2　剖面

1. 剖面的概念

假想用一个剖切面在形体的适当位置将其剖开，移去观察者与剖切面之间的那部分形体，画出剩留部分的投影，并且在剖面区域内画上材料符号，这种视图称为剖面图，简称剖面。

所谓剖面区域是指剖切面与形体的接触部分（剖切到的实体轮廓）。

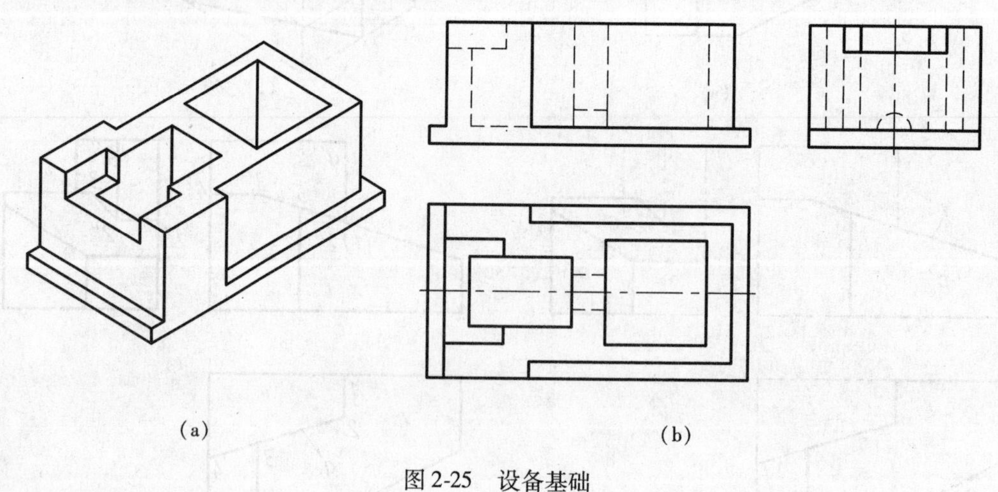

图 2-25　设备基础

图 2-25 所示的设备基础，由于内部结构比较复杂，在主视图、左视图上都出现了较多的虚线，为使内部结构表达清楚，假想采用一个与 V 面平行的剖切面 P 沿着基础宽度方向的对称面将其剖开，然后将剖切面 P 连同它前面的半个基础移去，再将剩余的半个基础投影到 V 面上，

就得到了图 2-26（a）所示的剖面图。

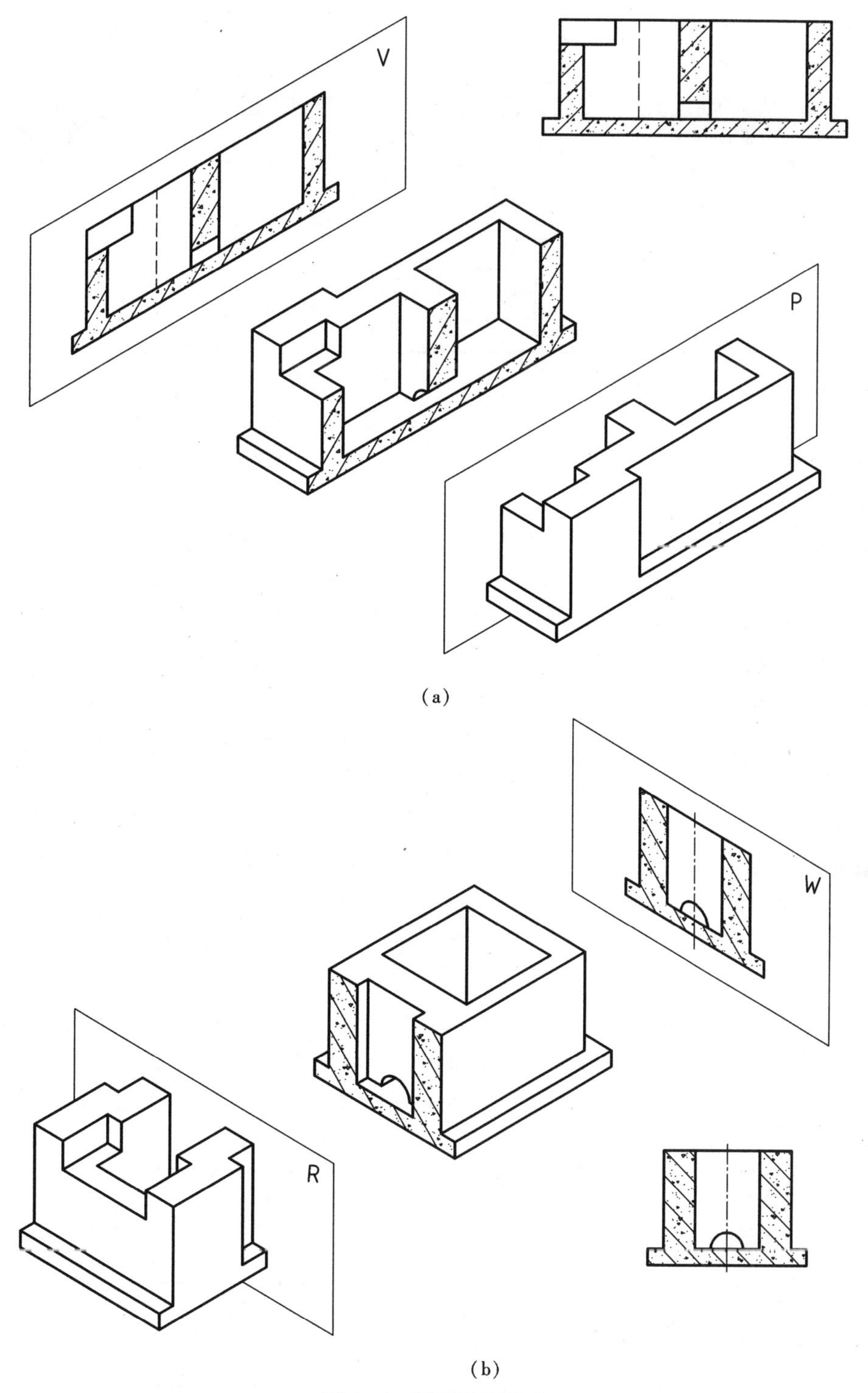

(a)

(b)

图 2-26　剖面图的形成

（a）平行 V 方向剖面图的产生；（b）平行 W 方向剖面图的产生

同样也采用一个侧平面 R，沿左侧凹槽剖切基础，移去剖切平面 R 及左边的部分基础，然后把右边一部分基础向 W 面投影，就得到了如图 2-26（b）所示的基础另一方向的剖面图。用这两个剖面图代替原来的主、左视图，与俯视图一起，可比较清楚地表达出设备基础的内外结构，如

图 2-27 所示。

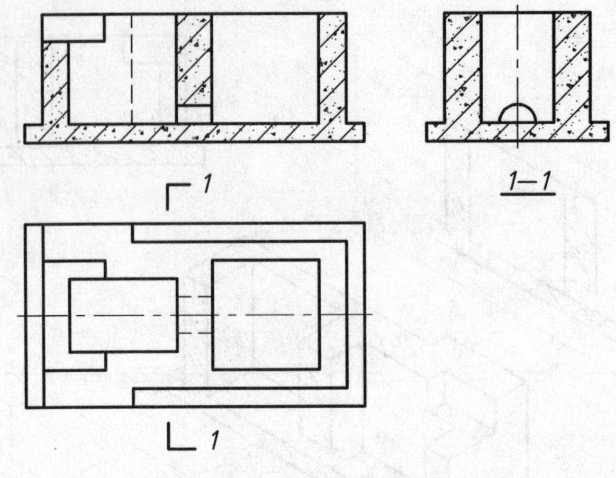

图 2-27　全剖面图

2. 剖面的画法

按剖面的定义，形体剖切后，应画出剩留部分的投影，剩留部分的投影应分两部分，一部分是剖面区域的投影，另一部分是剖面区域后可见部分的投影，而剖面区域后不可见部分的投影，若不影响读图，不必画出，故剖面图原则上尽量不画虚线。

同一个形体，选择不同的剖切平面及剖切位置，得到的剖面图也不同。

（1）剖切面的选择

根据需要剖切面可以选择平面，也可选择曲面，一般尽量选择平行面作剖切面，以便使剖切后的投影反映实形，特殊情况下，也可选择垂直面作剖切面。

（2）剖切面位置选择

剖切面最好通过形体的对称面或者形体上孔、洞、槽的中心线。对于土建专业图，剖切面尽量通过房屋结构（例如出入口，楼梯间等）变化比较大的位置。

（3）画法：（在给定的三视图基础上改作剖面）。

以图 2-25 主视图为例。

（1）擦去被切掉的可见轮廓线

形体被剖切后，剖切平面与观察者之间的前半个形体被移走，即原来视图上的外表面轮廓线就已不存在。当在原视图上改作剖面时，应首先擦去这部分被切掉的可见轮廓线，如图 2-28（a）所示。

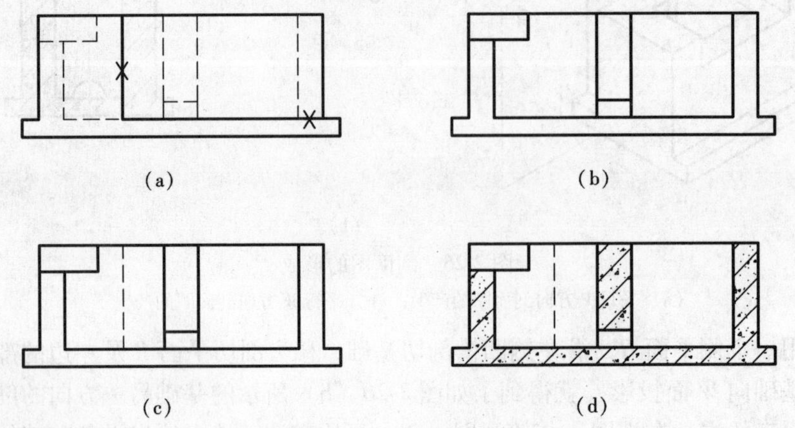

图 2-28　剖面的画法

（2）将内部的虚线改画实线

剖开后，形体内部结构完全显露出来，使原来视图内部的不可见线变为可见的线，所以内部虚线应变实线，如图2-28（b）所示。

（3）剩余虚线的处理（剖面区域后的轮廓线）

按剖面的定义，形体剖切后，应画出剩余部分的投影。剩余部分的投影应分两部分，一部分是剖面区域的投影，另一部分是剖面区域后可见轮廓线的投影。图2-29（a）所示剖面图，在剖面区域后的虚线不影响读图，不必画出。而图2-28（c）的剖面图却保留了表示外轮廓的虚线，为的是方便读图。

（4）画材料符号

为使图样层次分明，并表现形体的材质，在剖面区域内，应画"国标"规定的材料符号，以区分被剖切到的实体和剖切后看到的投影轮廓。在不指明材料时，可采用通用剖面线（等距离的45°方向细实线）代替材料符号，如图2-29剖面图所示。图2-28（d）所示剖面图，按设备基础的材料，在剖面区域内完成钢筋混凝土图例的填充。

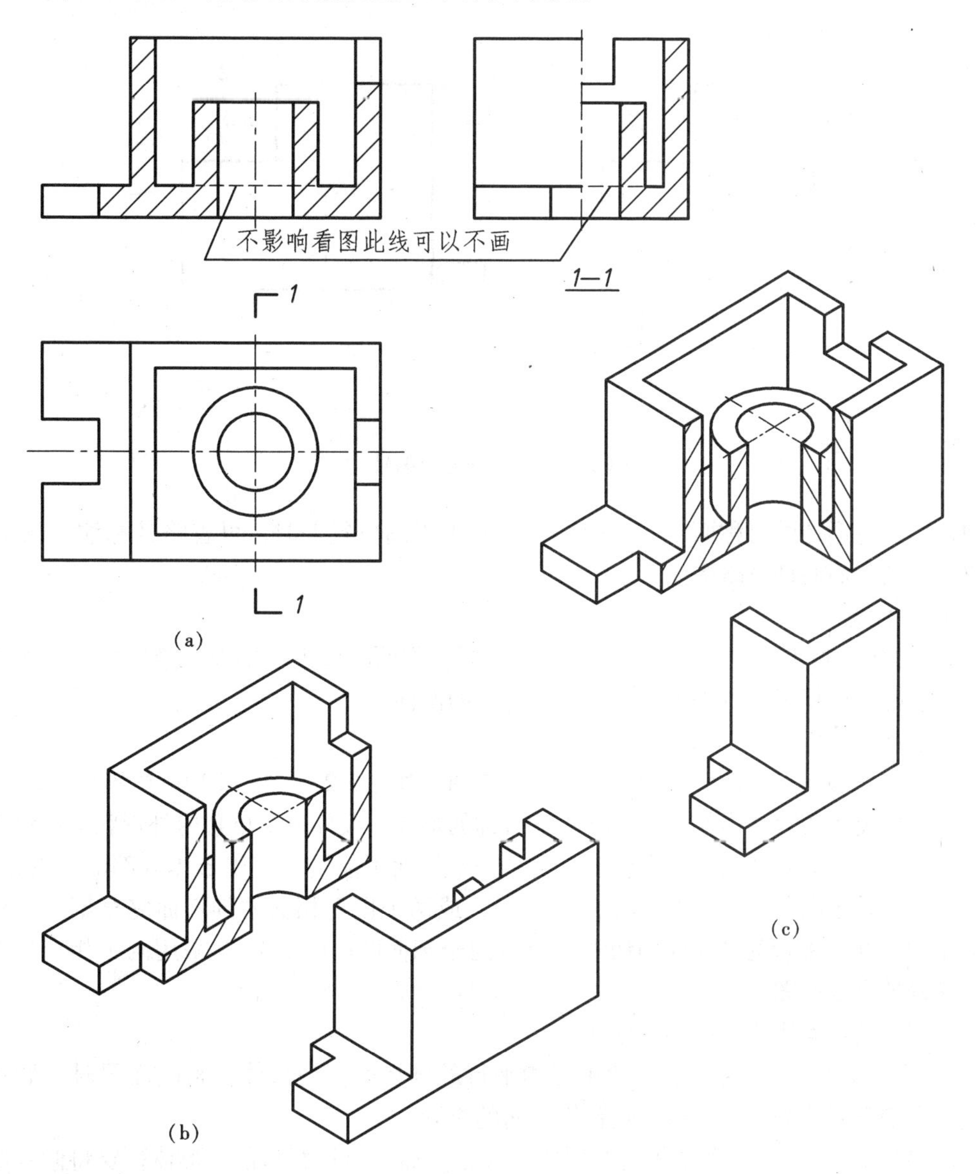

图2-29　剖面的画法

（5）保持形体的完整

由于剖切是假想的，一个视图采用剖面后，其他视图还必须按完整的形体画出。图 2-27 和图 2-29 中主视图均采用了全剖面，但俯视图仍然画出整个基础的投影，而不能只画后半个基础的投影。

3. 剖面的标注

为帮助读者辨别剖面图的剖切位置和剖切后的投影方向，“国标”规定必须标注剖切符号及剖面的名称。

剖面名称：在剖面图的下方用阿拉伯数字标出剖面的名称，如图 2-29 所示 1-1 剖面图。

剖切符号：表示剖切面的剖切位置及投射方向，均用粗实线（线宽约 1 ~ 1.5b）绘制，如图 2-29 所示。剖切位置线实质是剖切平面迹线的两端。投射方向垂直剖切位置，并画在剖切位置的端部。剖切位置应对应剖面的名称予以编号，注写在剖切符号的端部和转折处。剖切符号不能与视图上的轮廓线相交。若一张图线上有若干个剖面图，剖切符号的排列顺序应是自下而上，从左向右，其编号不能重复，如图 2-30 所示。

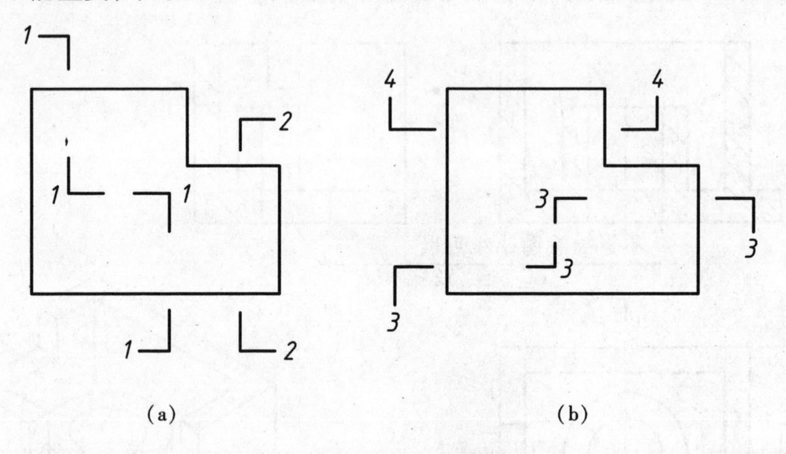

图 2-30　剖切符号及编号

当剖切面通过形体的对称面，且剖面图处在基本视图位置上时，可省略其标注。图 2-29 中主视图位置上的剖面图即省略标注。

4. 剖面的种类

“国标”规定：按形体被剖切的范围与方式不同，剖面可分为全剖面、半剖面、局部剖面三种形式。作图时应根据形体内外形状特征选择适当的剖面。

（1）全剖面图

用剖切面完全地剖开形体所得剖面图称全剖面图，如图 2-27、图 2-29 中主视图所示。

全剖面图主要用于表达内部形状复杂且不对称的形体，或外形简单且内外形状对称的形体。

当形体内部结构比较复杂，层次较多，用单一剖切面不能同时表现形体内部的所有结构时，全剖面图还可以采用两个以上互相平行的剖切面，或两个以上相交的剖切面完全剖开形体。图 2-31 为采用两个互相平行的剖切面剖切形体获得的全剖面图。图 2-32 为采用两个相交的剖切面剖切形体获得的全剖面图。

采用不同的剖切面应注意以下几点问题：

1）图 2-31（b）所示形体，采用两个互相平行的剖切面剖切形体，画剖面图时仍假想按单一剖切面完全剖开形体来对待，即不画转折平面的投影。

2）图 2-32 所示形体，用两个相交的剖切面（正平面，铅垂面）剖开形体，要将倾斜的右半部分旋转到与 V 面平行，再进行投射，使剖切到的形体内部结构反映实形。

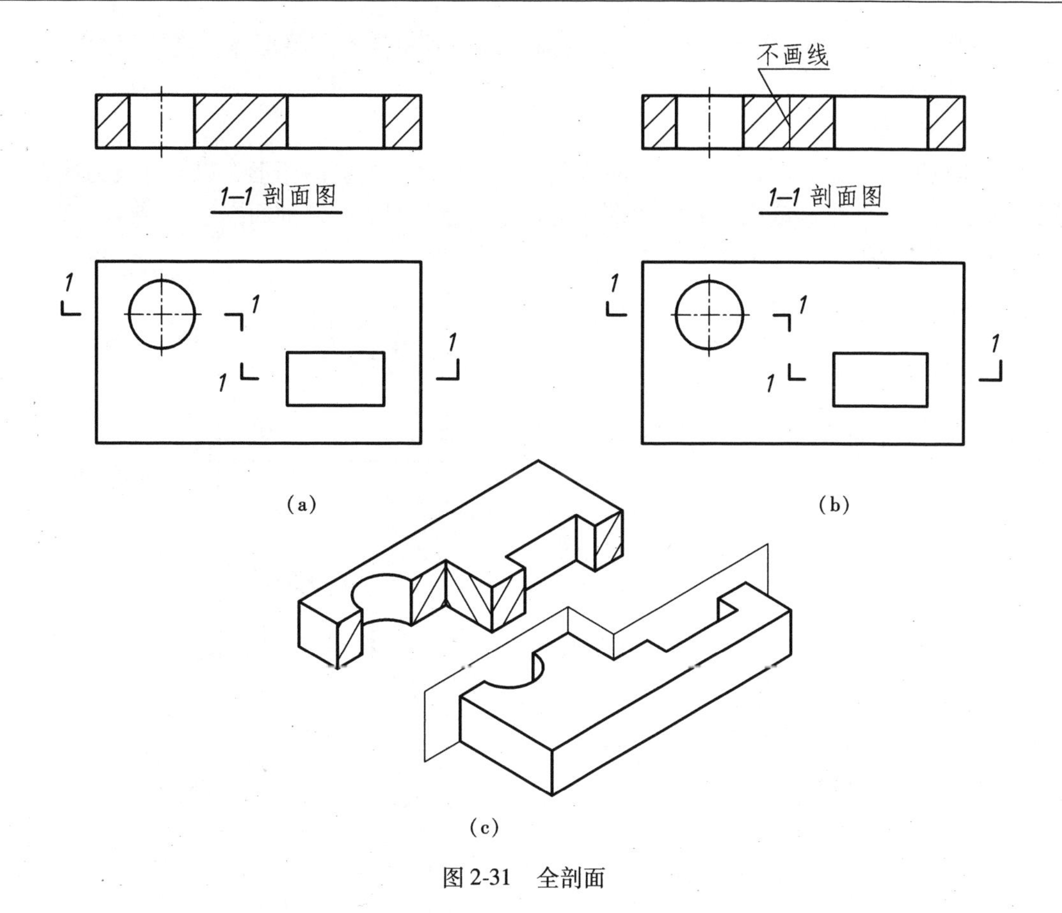

图 2-31 全剖面

3）采用两个以上剖切面时，要标注剖切面与转折面的位置，并标注与图名对应的编号。转折位置的编号标注在转角处，如图 2-30、图 2-31、图 2-32 所示。

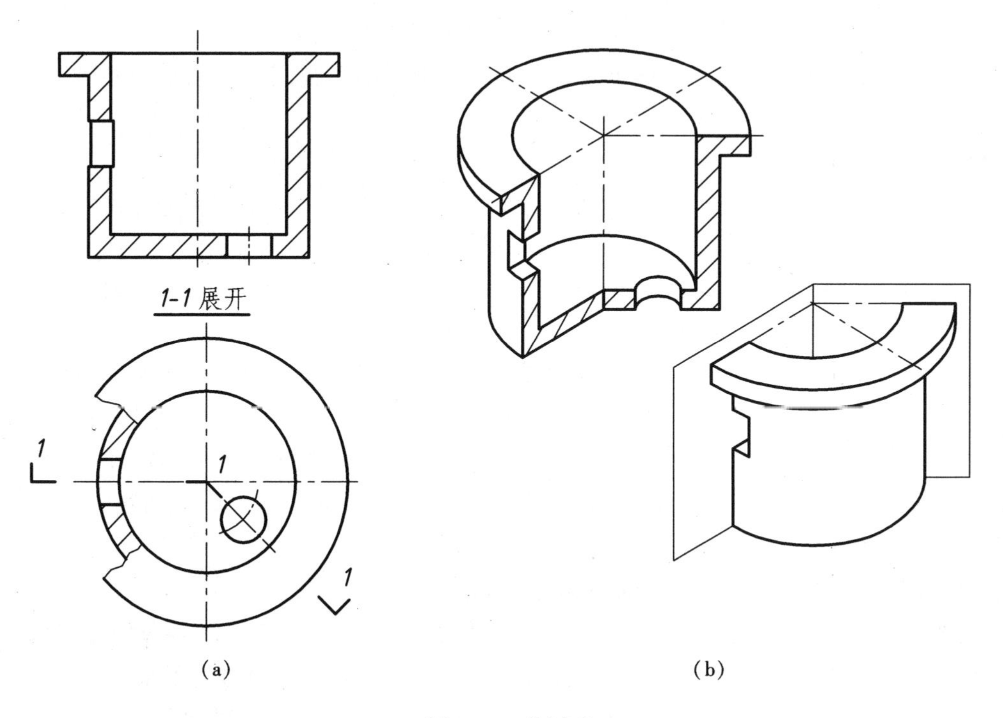

图 2-32 全剖面

4）采用两个以上剖切面剖切形体时，应避免剖切后出现不完整形体。剖切面的转折位置也应避免与轮廓线重合。

（2）半剖面图

当形体具有对称平面时，在垂直于对称平面的投影面上投射的图形，以对称线为界，一半画成视图表示外形，一半画成剖面表示内部结构，这种组合图形称半剖面图。

半剖面图主要用于内外形状均需表达的对称形体。

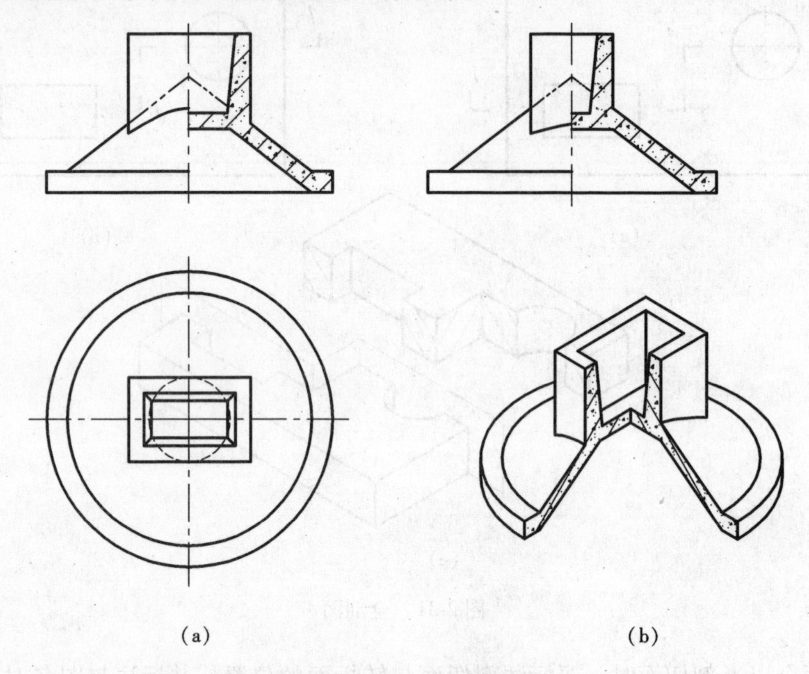

图2-33　半剖面

图2-33所示的正锥壳基础，左右对称，前后对称，内部结构也对称，并且其对称面垂直 *V* 和 *W* 面，因此在主视图和左视图上均可采用半剖面图。用半个视图来表示基础外形轮廓和相贯线，用半个剖面来表达基础内部结构。

画半剖面要注意以下几点：

1）"国标"规定半个剖面与半个视图的分界线应画点画线，如果作为分界线的点画线刚好与投形轮廓重合，则应避免采用半剖面，而采用局部剖面，如图2-35所示。

2）由于半剖面的图形对称，形体的内部结构在半个剖面上已经表达清楚，则表示外形的半个视图上不再画表示内部结构的虚线。

3）"国标"规定：半个视图可放在对称线以左，半个剖面放在对称线以右；如果形体的前后有对称面，俯视图采用半剖面，可将半个剖面放在对称线之前，半个视图放在对称线之后。

4）如果形体具有两个方向对称平面时，半剖面的标注可以省略，如图2-33所示。如果形体具有一个方向的对称面时，半剖面必须标注，标注方法同全剖面，如图2-29剖面图1-1所示。

（3）局部剖面图

用剖切面剖开形体的局部所得的剖面称为局部剖面图。

局部剖面图适用于内外形状均需要表达的不对称形体，如图2-34（b）中的主视图；也适用于表达形体上某些小局部的内部结构，如图2-32（a）俯视图中表示圆柱孔的剖面。

画局部剖面除了假想一个剖切面之外，还假想一个断裂面，使切掉的局部与主体分开，并在局部剖面与表示外形的视图之间以波浪线（断裂面的积聚投影）为界，且波浪线不应与轮廓线

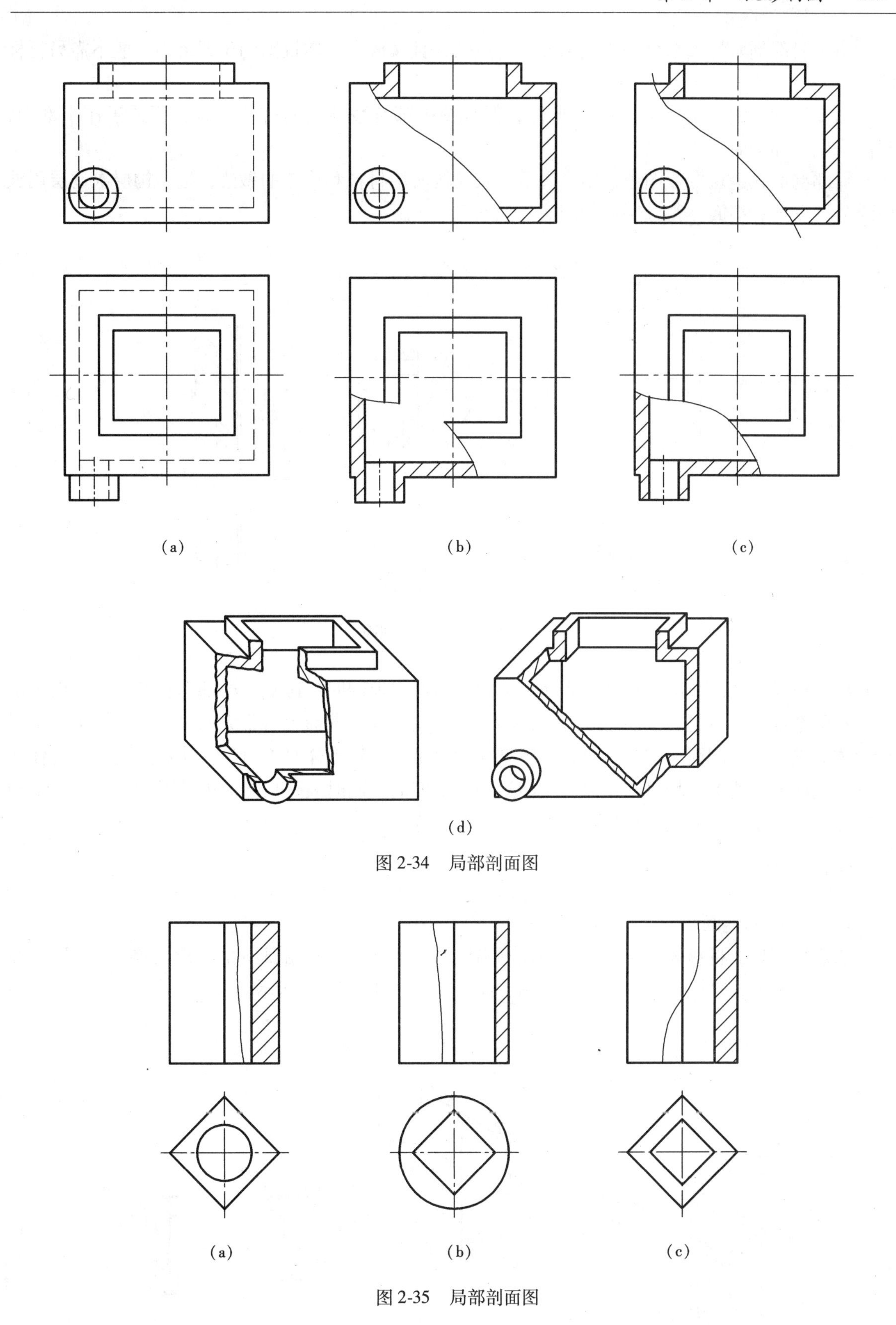

图 2-34　局部剖面图

图 2-35　局部剖面图

重合，也不应超出图形的轮廓线之外。波浪线只画在形体的实体部分，如果遇孔、槽，波浪线应终止在孔、槽的轮廓线处，不能穿孔而过。图 2-34（c）所示为局部剖面的错误画法。

由于局部剖面的大部分仍为表示外形的视图，且又放在基本视图的位置上，一般不需另行标注。

图 2-35 所示穿孔体虽均为对称形体，但视图中都有棱线与对称线重合，不适于作半剖面，只能采用局部剖面。

局部剖面在建筑专业图中常用来表示多层结构所用材料和构造的做法，按结构层次逐层用波浪线分开，这种剖面称为分层局部剖面，如图 2-36 所示。

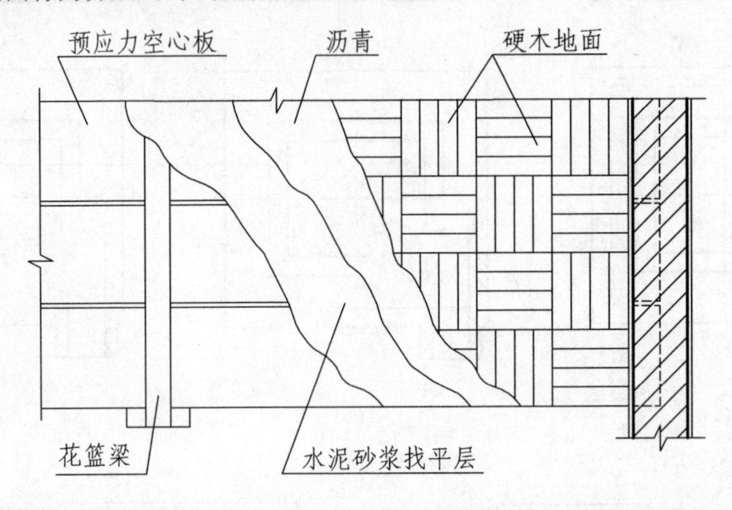

图 2-36　分层局部剖面

综上所述：全剖面图能清楚地表达形体内部结构，但同时却影响了外部形状的表达；而半剖面弥补了全剖面的不足，能同时表达形体的内外形状。但半剖面也有很大的局限性，必须用于对称形体。然而局部剖面又进一步改善了半剖面的不足，无论形体是否对称，无论剖切面通过什么位置、剖切多大范围，均可根据需要灵活运用局部剖面，同时表达形体的内外形状。总之，正确使用剖面，将使形体的表达更清晰、合理，并方便读图。

2.5.3　断面图

1. 断面的基本概念

假想用剖切面将形体的某处切断，仅画出该剖切面与形体接触部分的图形（剖面区域），并在其内画上材料符号，这种图形称断面图，简称断面，如图 2-37 所示。

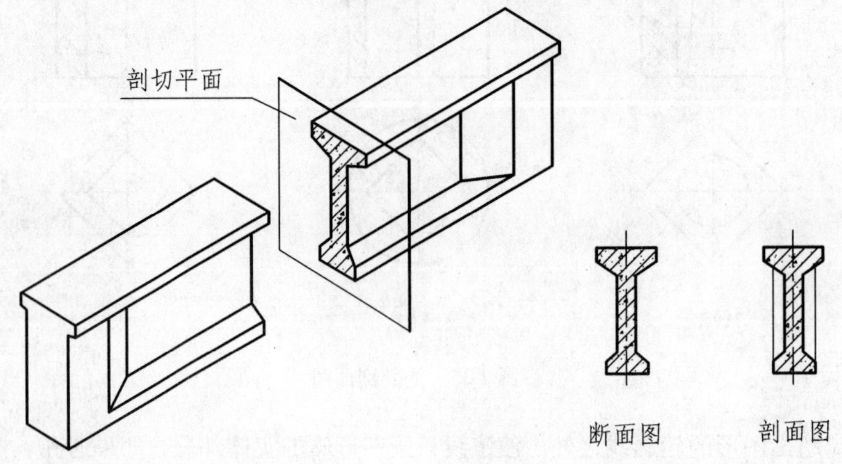

图 2-37　断面的形成

与剖面一样，断面图也是表示形体内部形状及材质的图样。但断面图与剖面图有哪些区别？比较图2-37所示钢筋混凝土梁的剖面图与断面图，不难看出它们的区别：

（1）断面图只画出了剖面区域的形状，而剖面图，除了画出剖面区域的形状之外，还画出剖面区域后形体的投影轮廓，因此，可以说断面图包含在剖面图之中。

（2）剖切符号不同，断面图的投影方向由编号注写位置决定，剖面图的投影方向是用剖视方向线表示。

2. 断面的分类及表示方法

断面根据其布置位置的不同，可分为移出断面、重合断面、中断断面三种形式。

（1）移出断面：位于基本视图之外的断面图，称为移出断面。

梁、柱等构件比较长，断面形状比较复杂，常采用移出断面。一个形体需要同时画几个断面图表达时，可将断面图整齐地排列在视图的周围，并可用较大比例画出。

如图2-38所示“T”形断面梁，用移出断面Ⅰ—Ⅰ和Ⅱ—Ⅱ清楚地表明了梁的跨中部与梁端部断面形状。

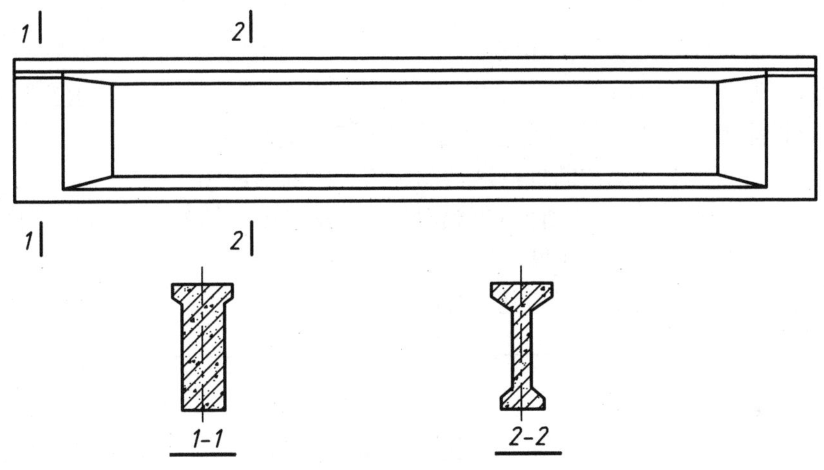

图2-38　移出断面图

移出断面需要标注，其剖切位置用粗短线表示，剖切后的投射方向由编号注写的位置决定，如图2-38断面图所示。

（2）重合断面：重叠在基本视图轮廓之内的断面图，称为重合断面图，如图2-39、2-40、2-41所示。

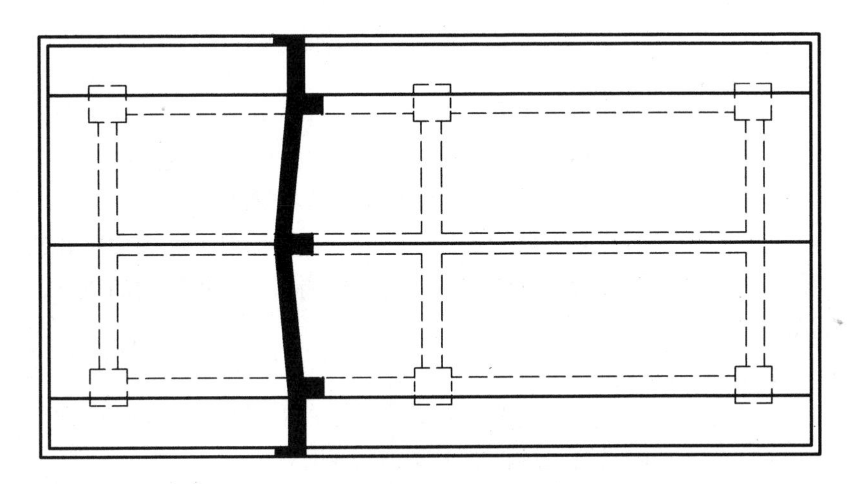

图2-39　重合断面图

图2-39的重合断面表达了屋顶的横截面形状；图2-40的重合断面表达了角钢的断面形状；图2-41的重合断面，表达了墙面装修的效果。

断面形状比较简单，可采用重合断面。重合断面比例要与基本视图一致。在土建图中表示断面的轮廓线应画粗一些，如图2-41所示；机械图中表示断面的轮廓线应画细一些，如图2-40所示；以区别于基本视图的轮廓线。

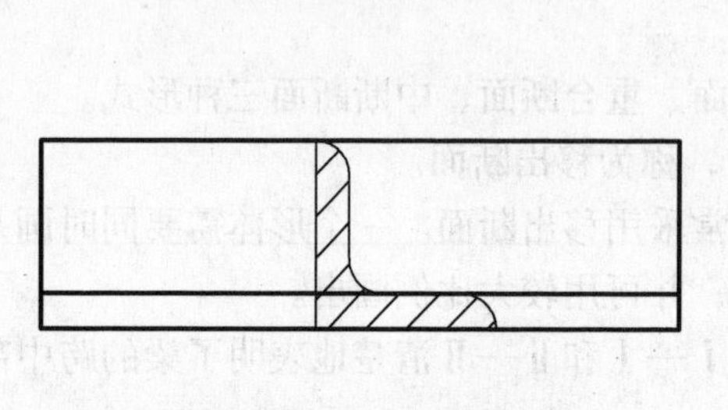

图2-40　重合断面图

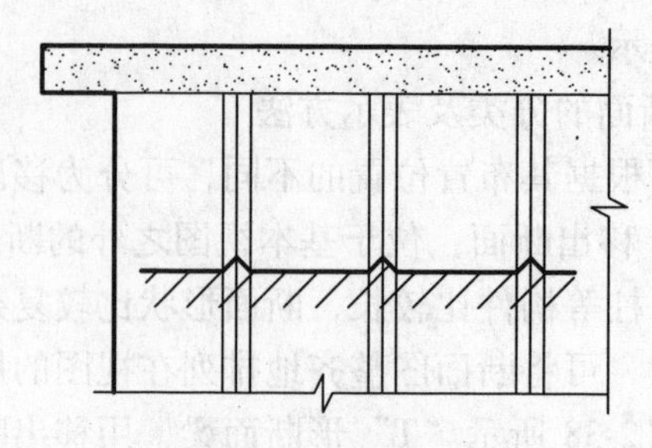

图2-41　重合断面图

重合断面的断面轮廓有闭合的，如图2-39所示；也有不闭合的，如图2-41所示；但均应在断面轮廓内侧加画通用剖面线（45°方向的斜线），如图2-41所示。也有些重合断面的尺寸比较小，其轮廓内可以涂黑，如图2-39所示，重合断面不需要标注。

（3）中断断面：布置在视图中断处的断面图，称为中断断面图。

如图2-42所示的较长杆件，其断面形状相同，可假想在杆件的基本视图中间截去一段后，再把断面布置在视图的中断处，这种断面适用于较长杆件的表达。

中断断面也不需标注，且比例应与基本视图一致。

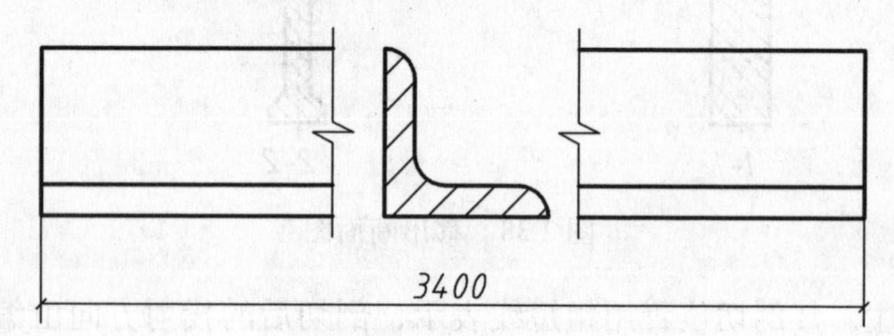

图2-42　中断断面图

2.6　轴测剖面图

图2-43（a）中所表现的形体，是由圆柱体以轴线为对称中间挖切长三棱台，水平方向挖切四棱柱面构成，因此称为穿孔体（或双穿孔）。穿孔体的内表面和外表面均产生截交线，该截交线又相当于图2-43（b）所示的三棱台与四棱柱表面相交的相贯线。

表达穿孔体的正投影图，为使内表面的截交线更清楚，一般要采用剖面图和断面图。表达穿孔体的轴测图为使其内部截交线形状更清晰，也需要在轴测图上采用剖面的概念，故完成的轴测图称为轴测剖面图。

轴测剖面图的规定画法：

为了在轴测剖面图上能同时表达形体的内外形状，通常采用互相垂直的平面剖切形体，剖切平面应平行轴测的坐标面，又同时通过形体的主要轴线或对称面。

在轴测剖面图中剖切平面剖切到形体的实体部分（截面部分）应画上剖面线。剖面线的方

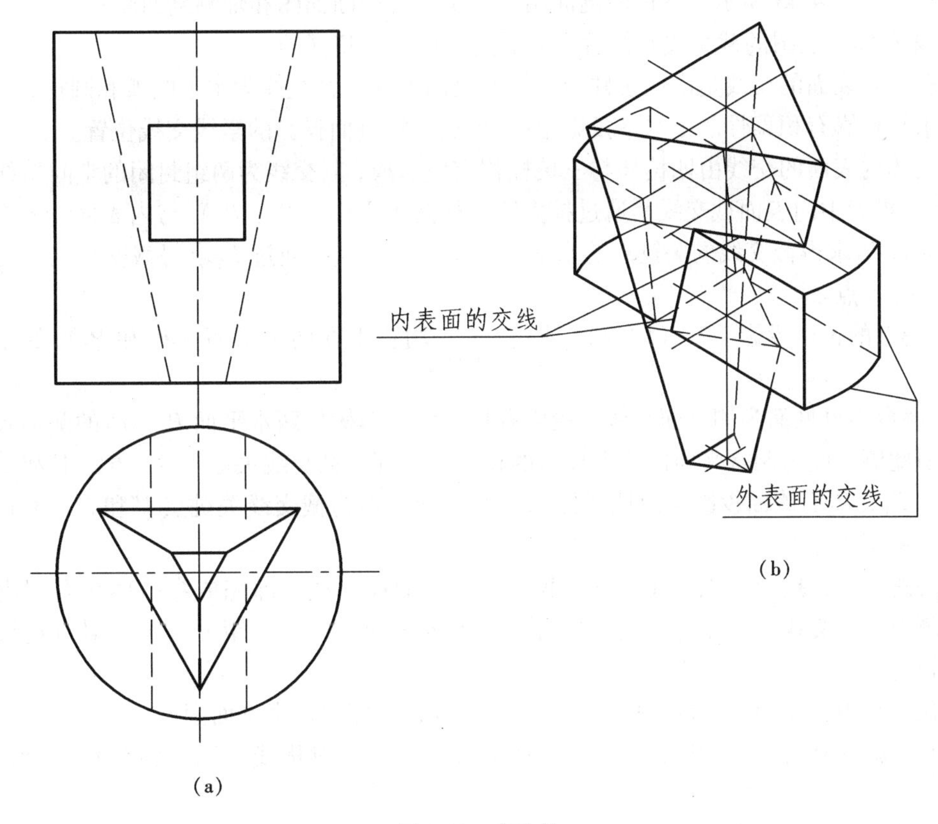

图 2-43　穿孔体

向与轴测类型、截面所在坐标面有关，如图 2-44 所示。

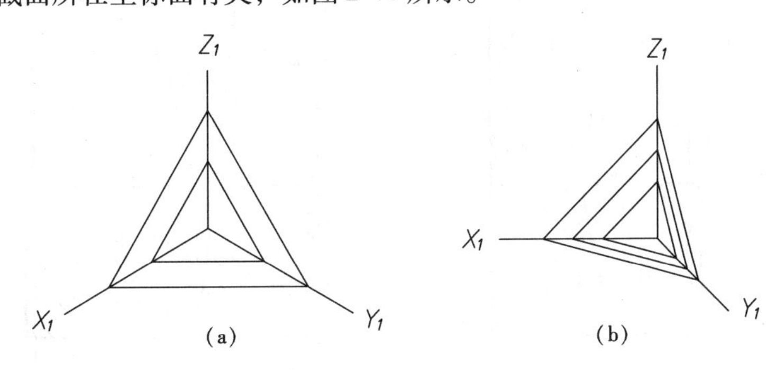

图 2-44　剖面线方向
（a）正等测；（b）正面斜二测

绘制轴测剖面图的步骤及方法。

（1）画形体外形的轴测图；

（2）定剖切平面的位置；

（3）画垂直孔的轴测投影；

（4）画水平孔的轴测投影；

（5）画水平孔与穿孔体外表面的截交线；

（6）画水平孔与穿孔体内表面的截交线；

（7）画剖面线。

例 2-5　完成 14-43 所示穿孔体的剖面图、指定位置的断面图和轴测剖面图。

1. 作穿孔体三视图的截交线并作适当的剖面，见图 2-45（a）。

• 穿孔体外表面的交线是由四棱柱与圆柱相交而形成，其交线为水平圆弧和圆柱素线，且素线交线的水平投影有积聚性。依水平投影中 7、8 点确定侧面投影的素线交线位置。

• 穿孔体内表面的交线由四棱柱与三棱柱相交而形成，其交线为两组封闭的空间折线段。

•• 水平投影中内表面截交线是通过扩大四棱柱两水平面（P_1、P_2）与内表面三棱台相交而求得的。通过 P_1 求得截交线的关键点的水平投影 1、3、5 点，通过 P_2 求得截交线的关键点的水平投影 2、4、6 点。

•• 关键点的正面投影 1′3′（5）′和 2′4′（6）′，均积聚在两水平面（P_1 和 P_2）的正面迹线上。

•• 三棱台不可见面为侧垂面，侧面投影有积聚性，四棱柱两水平面 P_1、P_2 的侧面投影均有积聚性，因此侧垂面与两水平面的积聚投影的相交之处即为截交线关键点 5″、6″。1″和 2″在前棱线上，因此 P_1、P_2 的侧面投影与前棱线侧面投影相交，即为截交线关键点 1″和 2″。3″和 4″由水平投影 3 和 4 宽相等确定。

• 将关键点的各投影分别按 Ⅰ—Ⅲ—Ⅳ—Ⅱ……顺序连线，即完成穿孔体前右侧内表面交线，前左侧内表面交线与右侧对称。三棱台不可见内表面交线为一矩形（Ⅴ、Ⅵ点连线即完成矩形各投影）。

• 穿孔体的内表面为三棱台，故宽度方向不对称，只能采用全剖面图。

• 正面投影内外表面虽对称，但三棱台的前棱线恰好与对称线（圆柱轴线）重合，故采用局部剖面。

2. 作断面的投影——投影变换求断面实形，见图 2-45（b）。

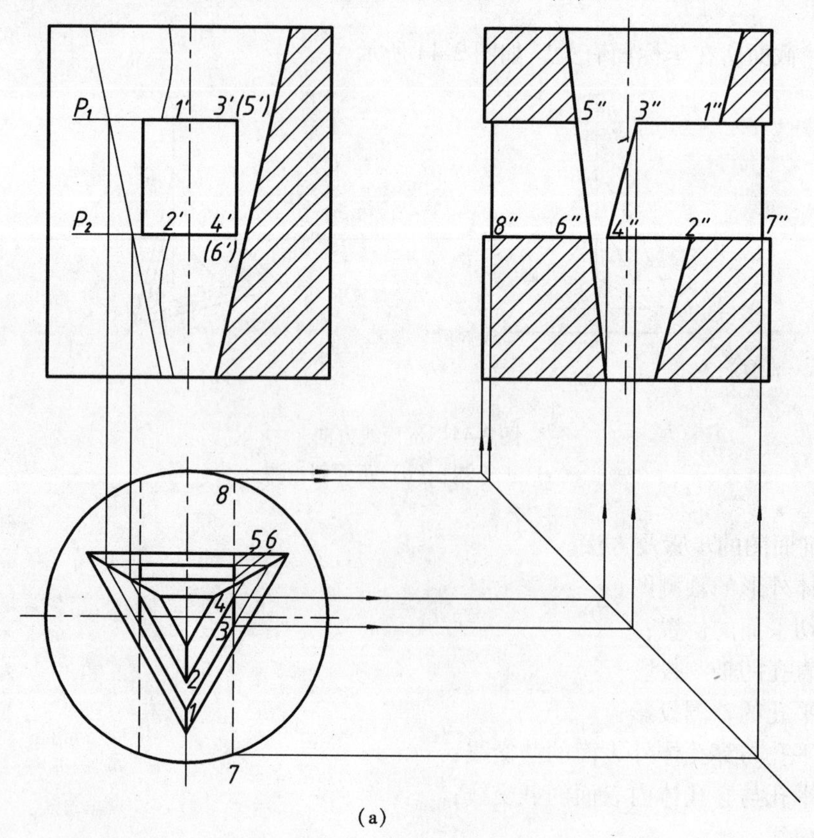

(a)

图 2-45　穿孔体的正投影图（一）

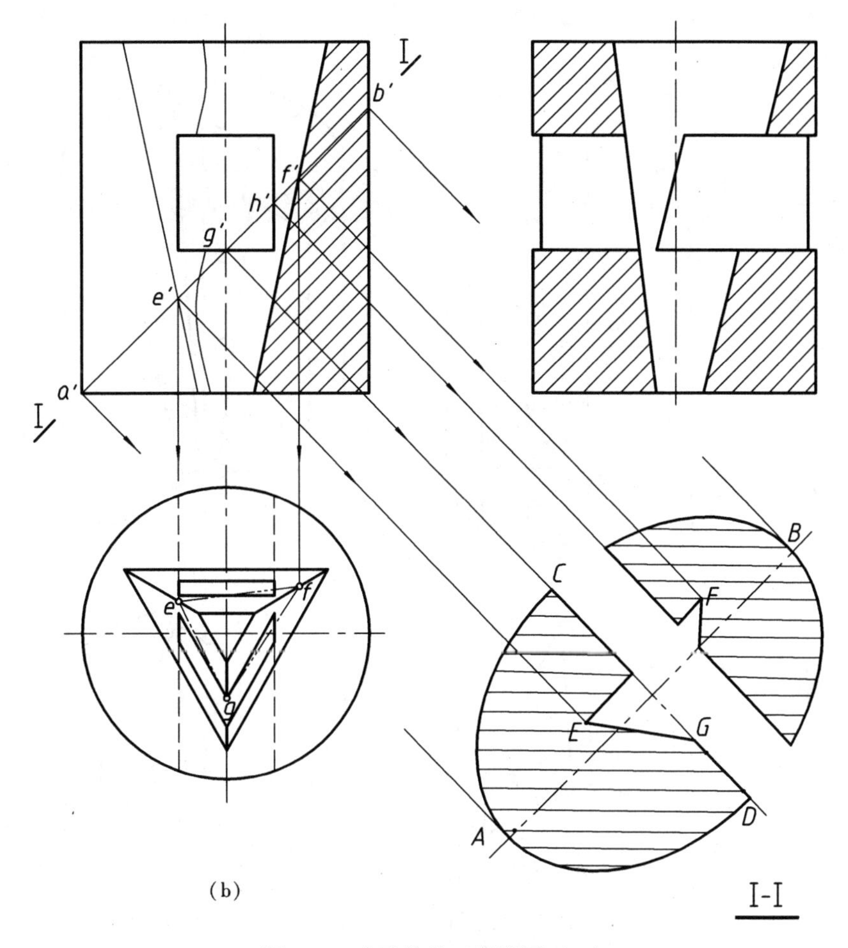

(b)

图2-45 穿孔体的正投影图（二）

• Ⅰ—Ⅰ位置的截平面为正垂面，截得圆柱为椭圆，长轴由剖切平面与圆柱轮廓线相交的交点 a'和 b'确定，短轴为圆柱的直径。用四圆心法完成断面椭圆。

• Ⅰ—Ⅰ截平面截得内表面三棱台的截交线为三角形 *EFG*，由其正面投影 $e'f'g'$点求得水平投影 *e*、*f*、*g* 点（旧投影），运用变换的原理再由 *e*、*f*、*g* 点确定 *E*、*F*、*G* 点（新投影），以椭圆的长轴作为变换的新轴。

• 断面中被矩形孔所截的宽度由 g'和 h'点直接确定。

3. 画轴测剖面图，见图2-46。

• 作形体外形——圆柱的轴测投影，并确定轴测图上剖切平面的位置，见图2-46（a）。

• 在轴测轴 *Z* 上确定水平矩形孔的高度位置，并画轴测轴 *x*、*y*，见图2-46（a）。

• 作垂直孔——三棱柱的轴测投影，见图2-46（b）。

• 作水平孔——四棱柱的轴测投影以及与圆柱外表面的交线，见图2-46（c）。

•• 在轴测轴上确定矩形孔断面的尺寸，并过矩形交点作轴测轴 *y* 方向直线（四棱柱的棱线）。

•• 作水平孔与圆柱外表面的交线，移心法确定水平面 P_1、P_2与圆柱面交线——圆弧的圆心 O_1和 O_2。

•• 交线圆弧与四棱柱棱线相交，即可确定水平孔与圆柱外表面的交线（素线）。

• 作穿孔体内表面的交线见图2-46（d）、（e）。

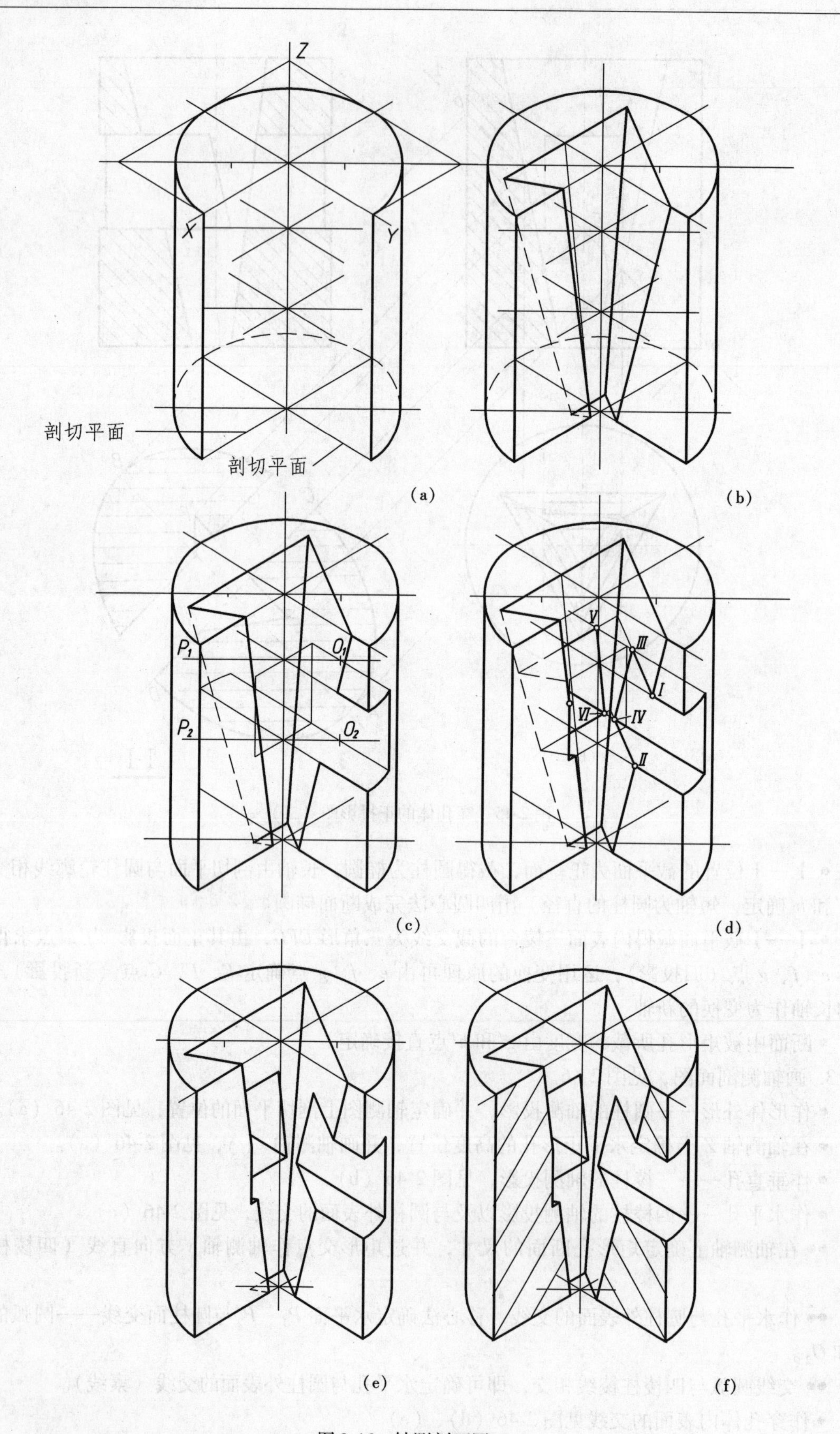

图 2-46　轴测剖面图

●● 水平面 P_1 截三棱台的截交线（大三角形）与矩形孔顶面相交于Ⅰ、Ⅲ、Ⅴ点。

●● 水平面 P_2 截三棱台的截交线（小三角形）与矩形孔底面相交于Ⅱ、Ⅳ、Ⅵ点。

●● 连线Ⅲ、Ⅳ和Ⅴ、Ⅵ即完成矩形孔与三棱台内表面的截交线。

● 矩形孔穿过左端的剖切平面，将三棱台孔的中下部扩大，也产生交线，见图 2-46（d）左侧。

● 剖切到的实体画剖面线见图 2-46（f）。

主要参考书目

1. 谢培青主编. 画法几何与阴影透视（上）. 北京：中国建筑工业出版社. 1998.
2. 许松照编著. 画法几何及阴影透视. 北京：中国建筑工业出版社. 1998.
3. 刘甦主编. 画法几何及建筑制图（上册）. 西安：陕西科学技术出版社. 1991.
4. 中国纺织大学工程图学教研室编. 画法几何及工程制图（第四版）. 上海：上海科学技术出版社. 1997.
5. 孙根正，王永平主编. 工程制图基础. 西安：西北工业大学出版社. 2001.
6. 李国生，黄水生编著. 建筑透视与阴影. 广州：华南理工大学出版社. 2001.
7. 王成刚，张佑林，赵奇平主编. 工程图学简明教程. 武汉：武汉理工大学出版社. 2002.
8. 石光源，周积义，彭福荫主编. 机械制图（第三版）. 北京：高等教育出版社. 1997.
9. 聂桂平编著. 设计图学. 北京：机械工业出版社. 2002.
10. 徐建成等编著. 工程制图. 北京：国防工业出版社. 2003.
11. 乐荷卿，陈美华主编. 建筑透视阴影（第三版）. 长沙：湖南大学出版社. 2002.

高等学校教材

工程图与表现图投影基础习题集（上册）

西安建筑科技大学　贾天科　主编

中国建筑工业出版社

前　言

本习题集与贾天科、成彬主编的《工程图与表现图投影基础(上册)》教材配套使用,其编排顺序与该教材章、节相互对应。

本习题集上篇第1、7、12 章由高燕编写,第 2、8、9 章由成彬编写,第3、4、5、6、11 章由贾天科编写,第10 章由高燕、贾天科编写。下篇第 1 章由成彬编写,第 2 章由高燕编写。贾天科任主编。

题目精选,难易适中,深入浅出,学以致用是本习题集选题的指导思想。本习题集上篇第 1 章至第 4 章的习题数量相对紧凑,一般要求每题必做,为学习后继内容打下基础;上篇第 5 章至第 12 章及下篇第 2 章的习题,其数量及深度、广度略有余裕,特别是综合提高题,可视实际情况选做,具体做法由教师指定。

本习题集在编写过程中,参考了国内众多画法几何、工程制图习题集及有关文献资料,得到许多同行的指导,提出了许多建设性修改意见,在此深表感谢!

由于编者水平有限,习题中难免存在不少缺点和错误,恳请广大同仁和读者批评指正。

编者

2006 年 3 月

目　录

上篇　投影原理

下篇　投影制图

1－1　将三视图表示的形体，按编号填入对应的立体图圆圈中。

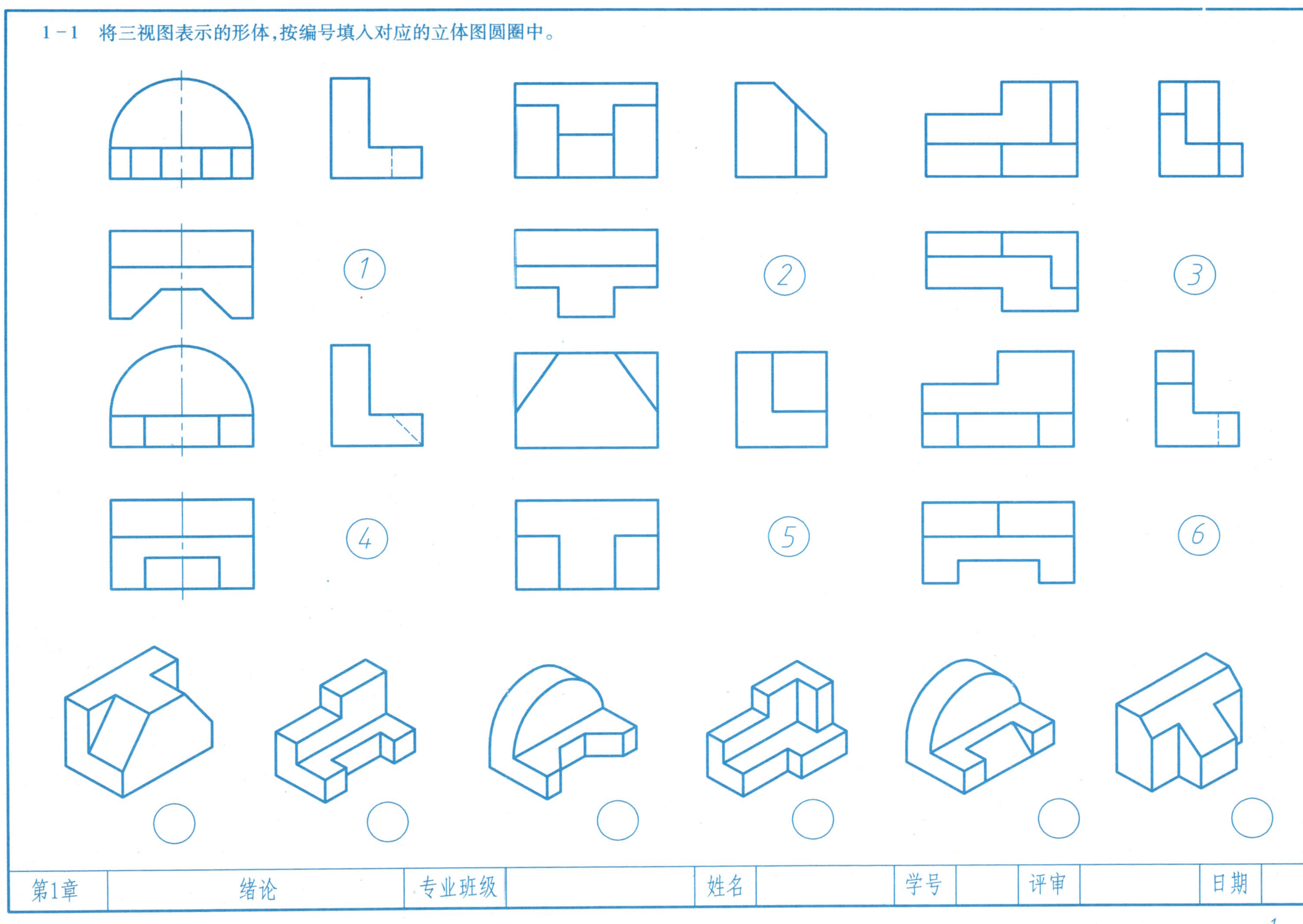

第1章	绪论	专业班级		姓名		学号		评审		日期	

1-2 根据立体图作出其三视图(尺寸大小从图中量取)。

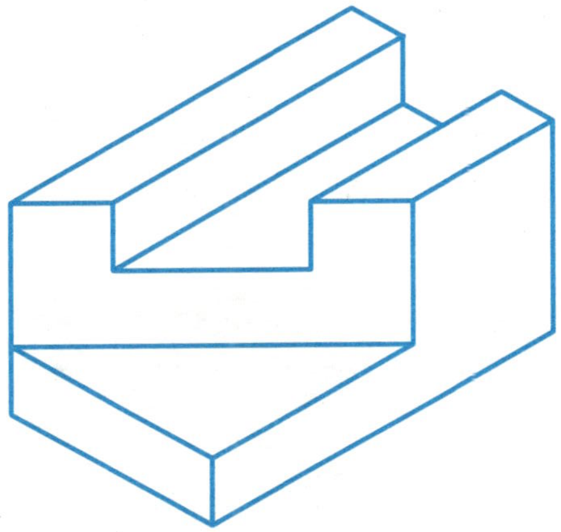

(1)

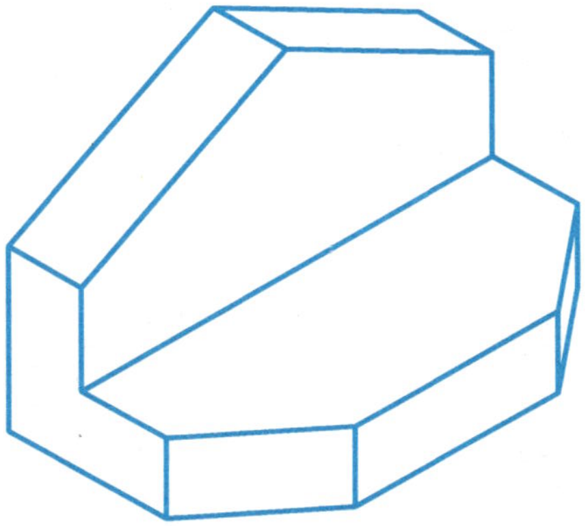

(2)

第1章	绪论	专业班级		姓名		学号		评审		日期	

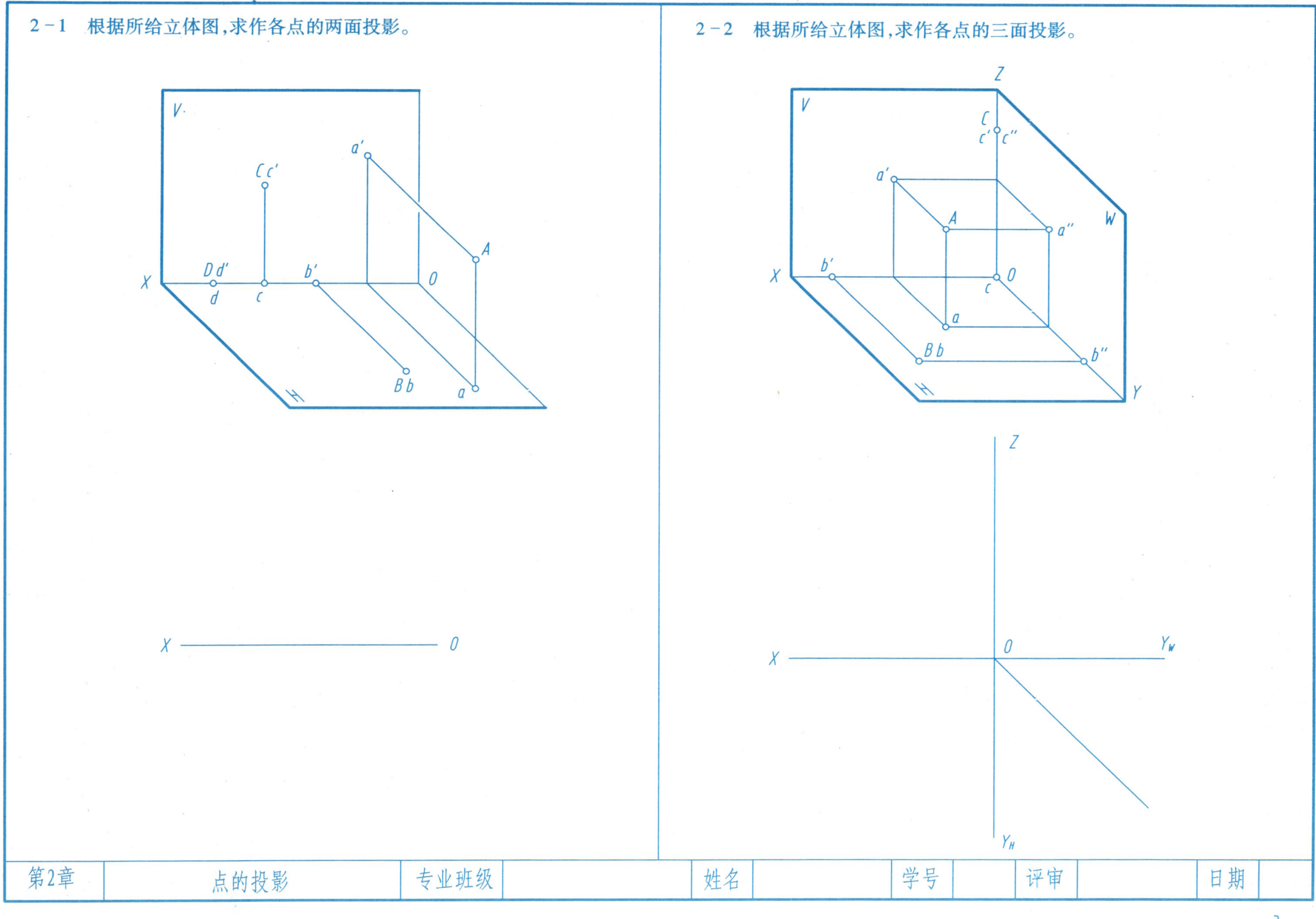
2－1　根据所给立体图，求作各点的两面投影。
V
a′
Cc′
A
X
Dd′
d
c
b′
O
Bb
a
H
X
O
2－2　根据所给立体图，求作各点的三面投影。
Z
V
C
c′
c″
a′
A
a″
W
X
b′
O
c
a
Bb
b″
H
Y
Z
X
O
Y_W
Y_H
第2章
点的投影
专业班级
姓名
学号
评审
日期

2－3 画出点 $A(30,15,20)$、$B(16,22,0)$、$C(0,0,16)$的三面投影图和立体图。

2－4 已知各点的两投影，作出它们的第三投影。

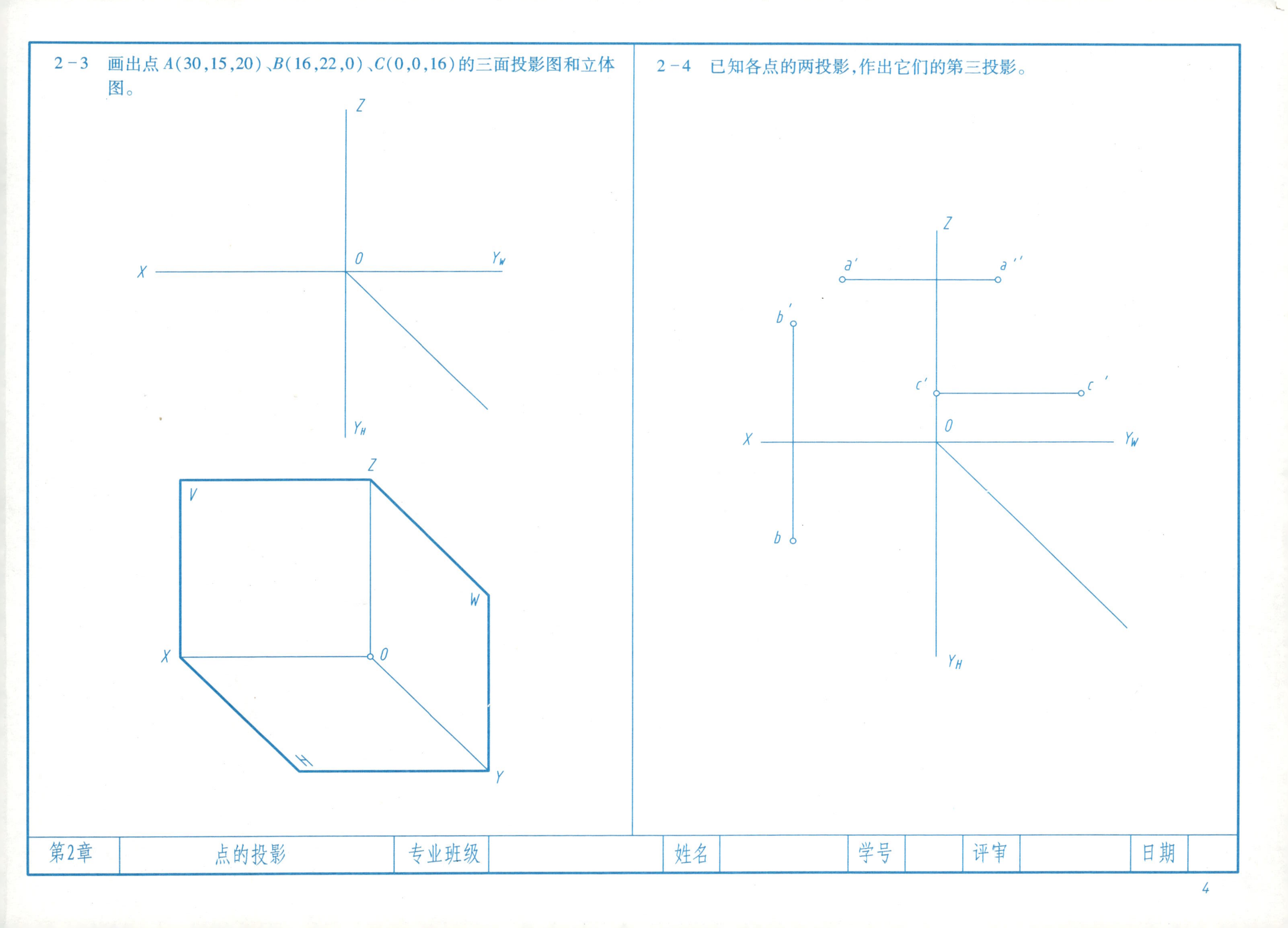

第2章	点的投影	专业班级		姓名		学号		评审		日期	

2－5　已知点 $A(20,25,30)$、$B(30,25,18)$、$C(20,25,18)$三点的坐标，作出各点的三面投影，并判别可见性。

2－6　已知点 B 距点 A 为26；点 C 与点 A 是对 V 面投影的重影点；点 D 在点 A 的正下方22。补全各点的三面投影，并表明可见性。

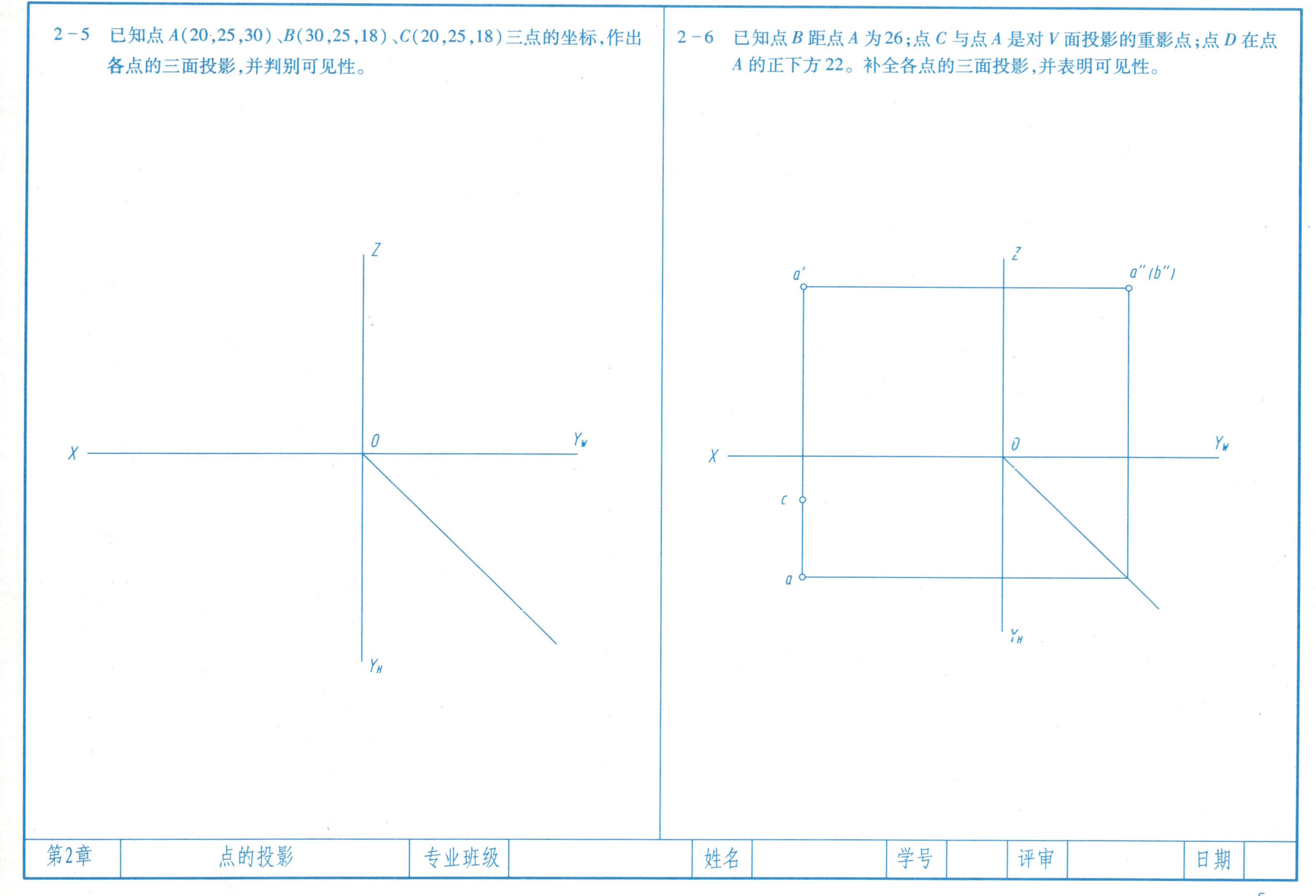

第2章	点的投影	专业班级		姓名		学号		评审		日期	

3－1 按下列各直线对投影面的相对位置，分别填出它们的名称。

(1)

AB是 ______ 线

(2)

CD是 ______ 线

(3)

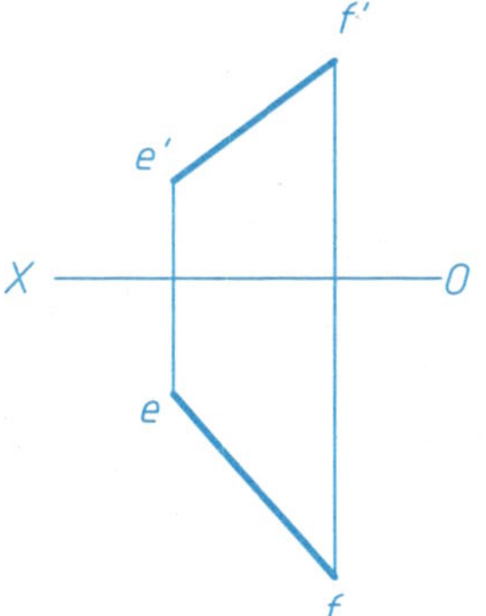

EF是 ______ 线

(4)

MN是 ______ 线

3－2 作出下列各直线的第三投影，并分别填出它们的名称及对投影面的倾角（按 0°、30°、45°、60°、90°填写）。

(1)

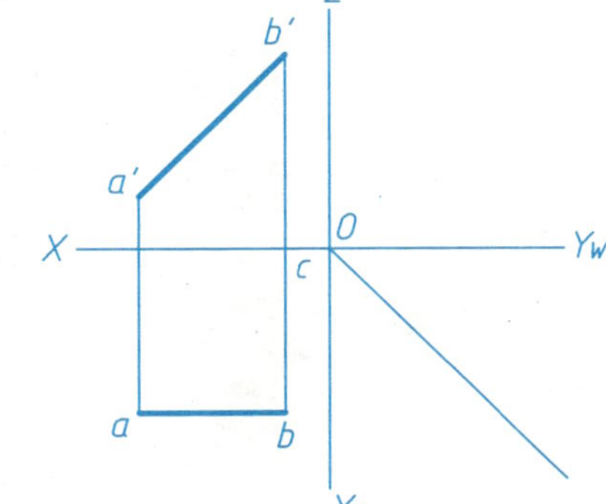

AB是 ______ 线

$\alpha=$ ，$\beta=$ ，$\gamma=$

(2)

CD是 ______ 线

$\alpha=$ ，$\beta=$ ，$\gamma=$

(3)

EF是 ______ 线

$\alpha=$ ，$\beta=$ ，$\gamma=$

第 3 章	直线的投影	专业班级		姓名		学号		评审		日期	

3－3　求直线 AB 的实长及对投影面的倾角 α,β,γ。

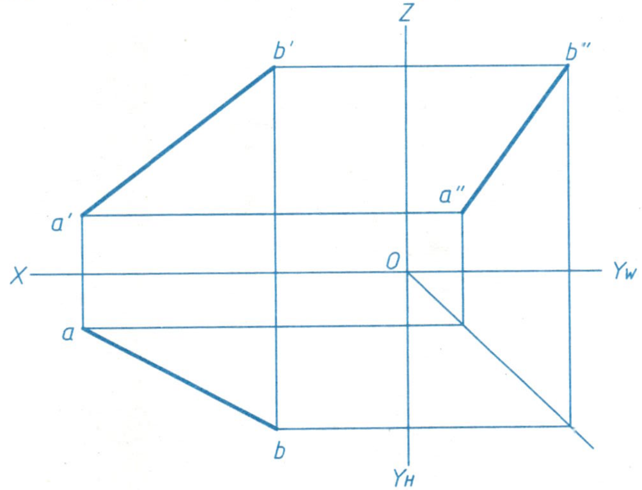

3－4　求直线 CD 的实长及对投影面的倾角 α,β。

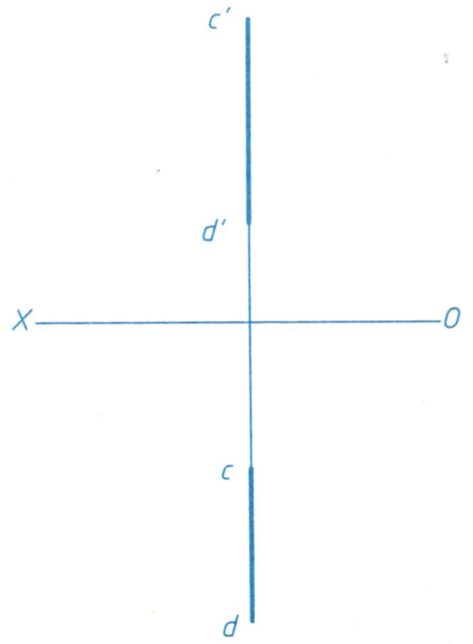

3－5　已知直线 CD 的投影 $c'd'$ 及 c，且 $CD=45\text{mm}$，点 D 在点 C 之后，完成 CD 的水平投影。

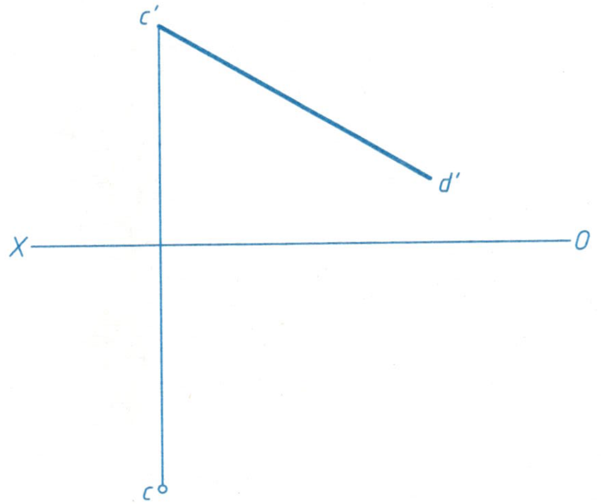

3－6　已知直线 EF 的投影 ef 及 e'，且 $\beta=30°$，点 F 在点 E 之下，完成 EF 的正面投影。

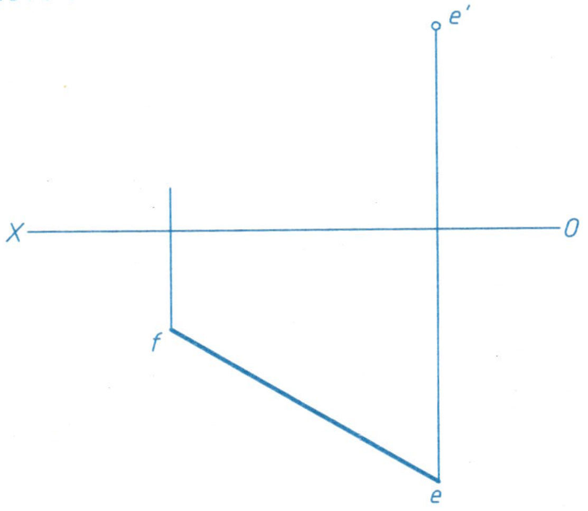

第 3 章	直线的投影	专业班级		姓名		学号		评审		日期	

3－7　在直线 AB 上确定一点 C，使 $AC=20$ mm。

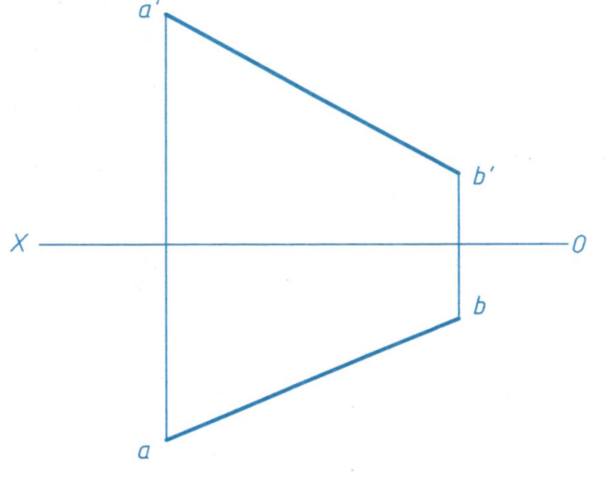

3－8　在直线 CD 上确定一点 K，使 $CK:KD=3:2$。

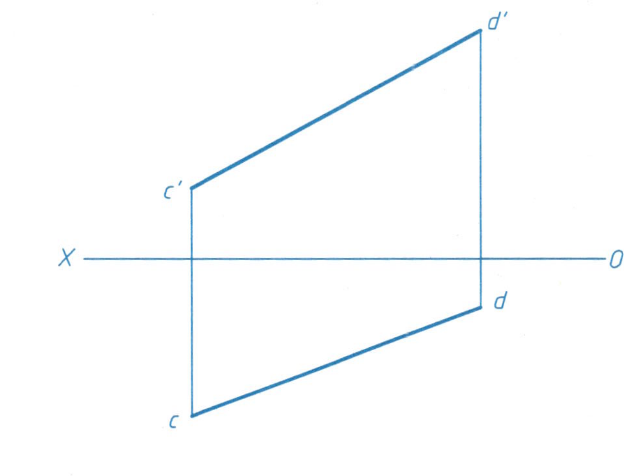

3－9　作图判断点 K 是否在直线 EF 上。

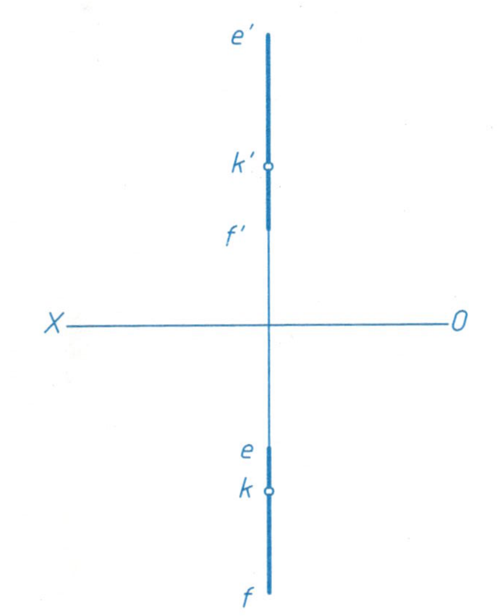

答：______

3－10　求直线 AB 的水平迹点和正面迹点。

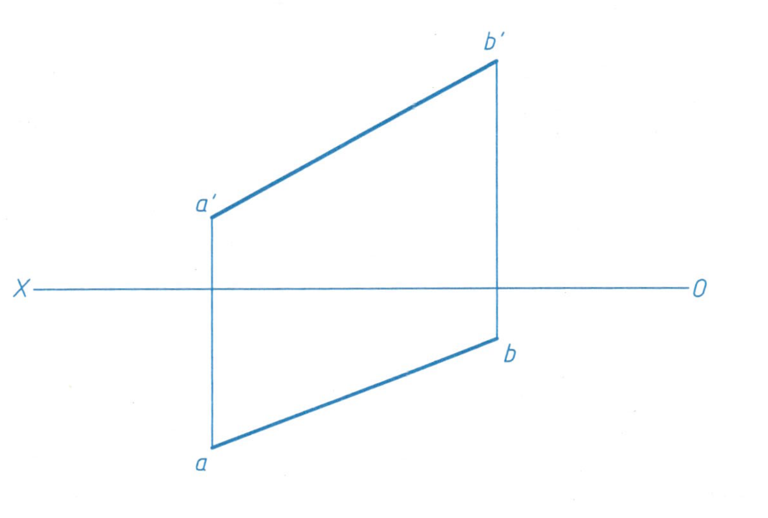

第 3 章	直线的投影	专业班级		姓名		学号		评审		日期	

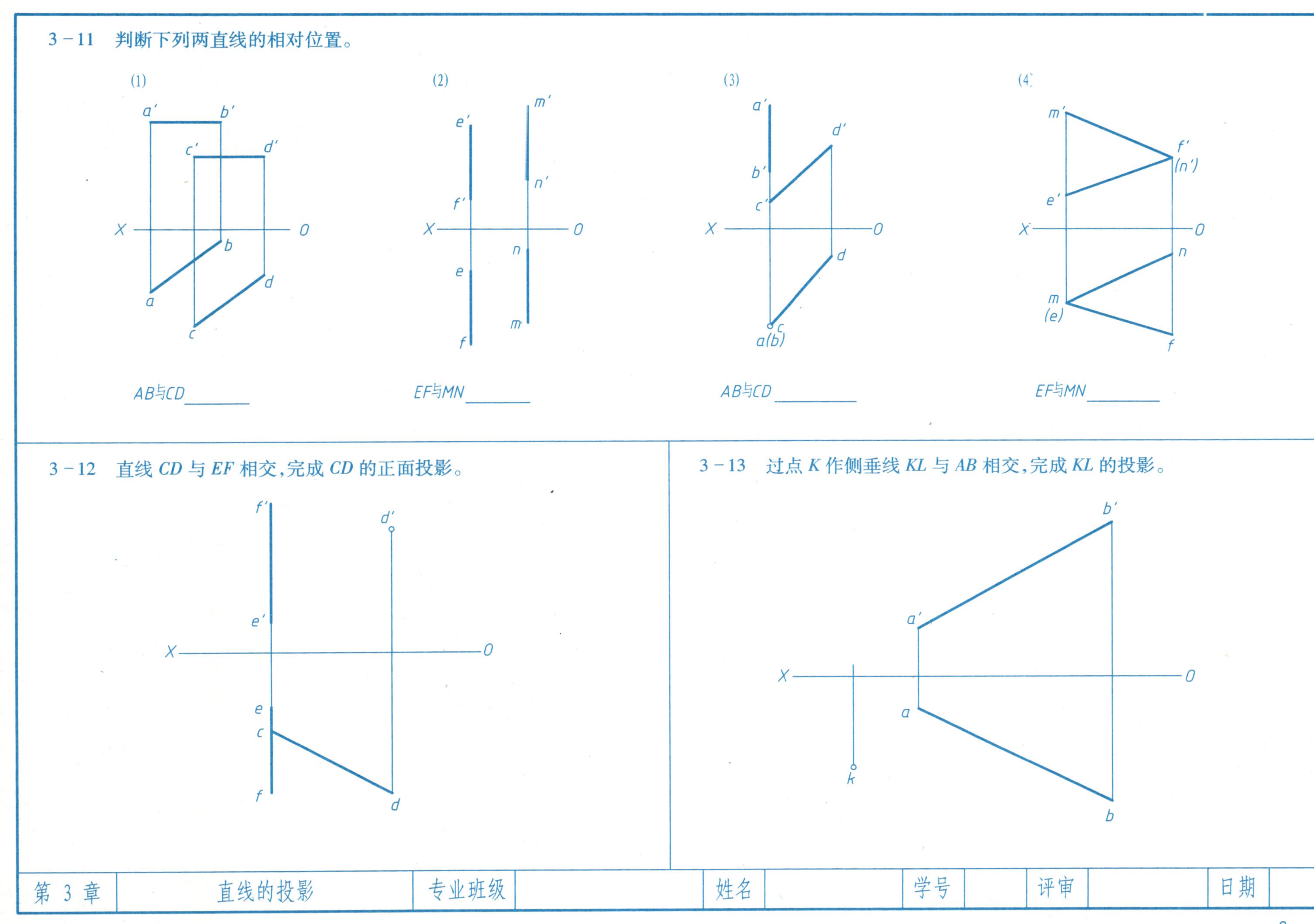
3－11 判断下列两直线的相对位置。

3－12 直线 *CD* 与 *EF* 相交，完成 *CD* 的正面投影。

3－13 过点 *K* 作侧垂线 *KL* 与 *AB* 相交，完成 *KL* 的投影。

第 3 章	直线的投影	专业班级		姓名		学号		评审		日期	

3－14　过点 E 作 $EF /\!/ AB$，且使点 F 在 H 面上。

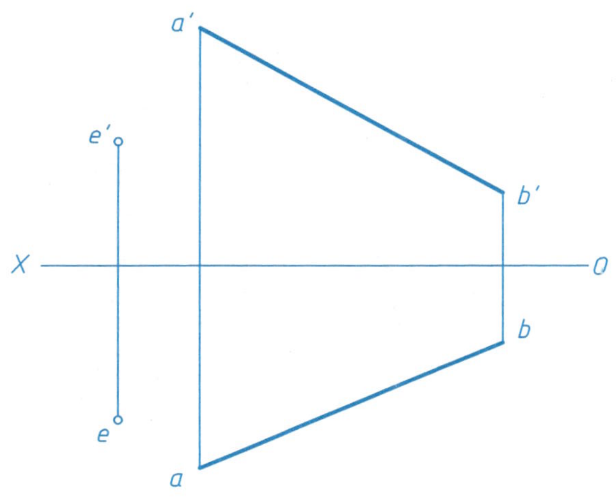

3－15　标注出重影点的正面投影和水平投影，并区别可见性。

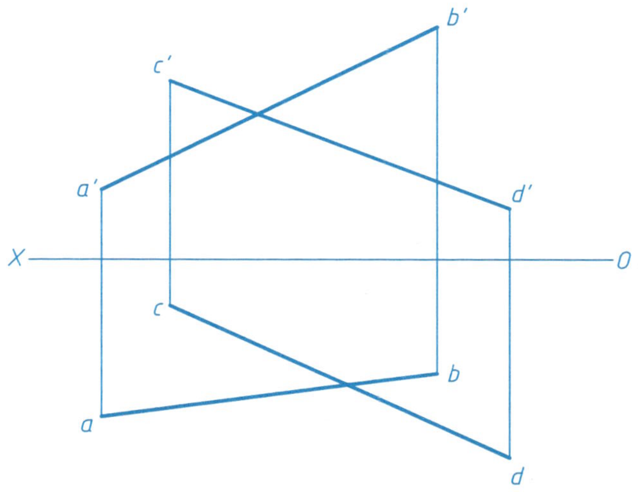

3－16　过点 K 作直线 KL 与 AB、CD 均相交。

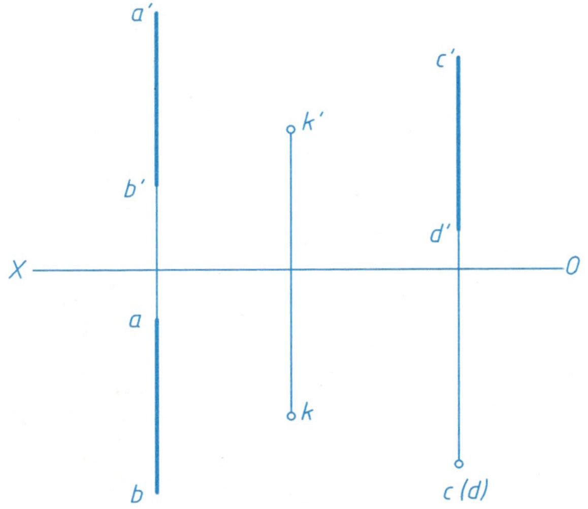

3－17　作直线 MN 与 AB 平行且与 CD、EF 相交。

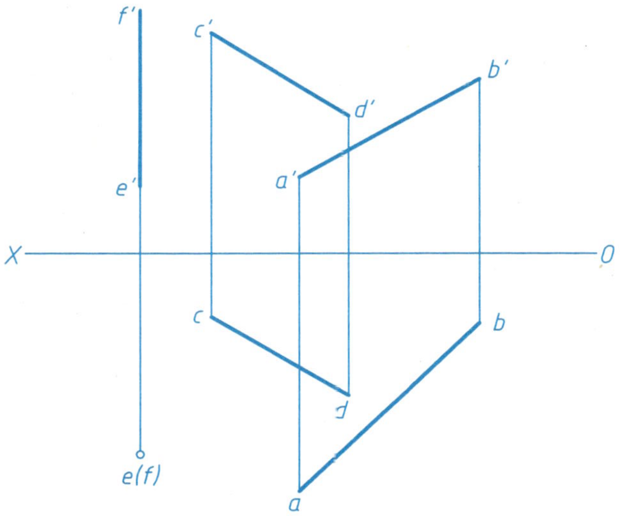

第 3 章	直线的投影	专业班级		姓名		学号		评审		日期	

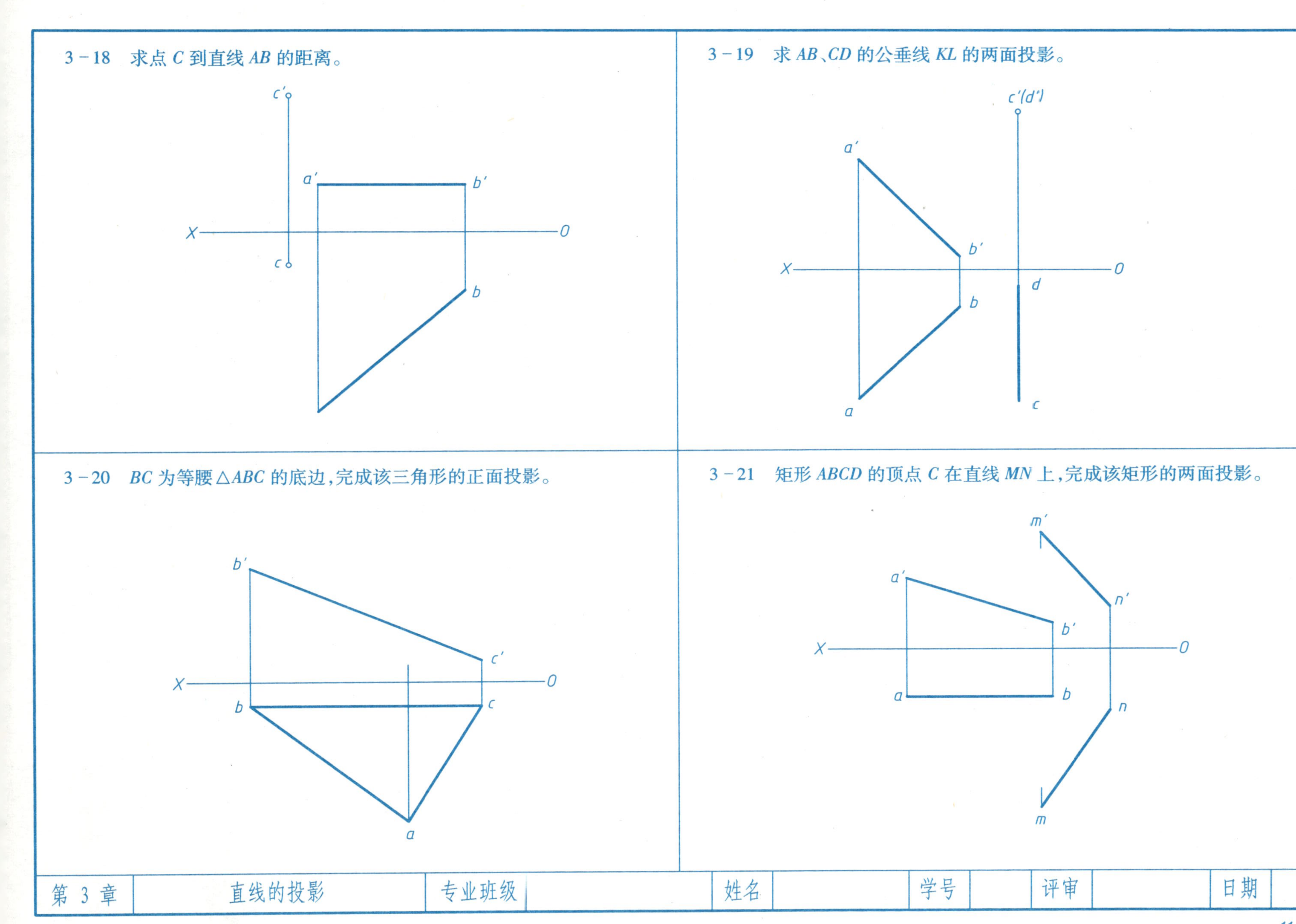
3－18　求点 C 到直线 AB 的距离。
c′
a′
b′
X
O
c
b
3－19　求 AB、CD 的公垂线 KL 的两面投影。
c′(d′)
a′
b′
X
O
d
b
c
a
3－20　BC 为等腰△ABC 的底边，完成该三角形的正面投影。
b′
c′
X
O
b
c
a
3－21　矩形 ABCD 的顶点 C 在直线 MN 上，完成该矩形的两面投影。
m′
a′
n′
b′
X
O
a
b
n
m
第 3 章
直线的投影
专业班级
姓名
学号
评审
日期

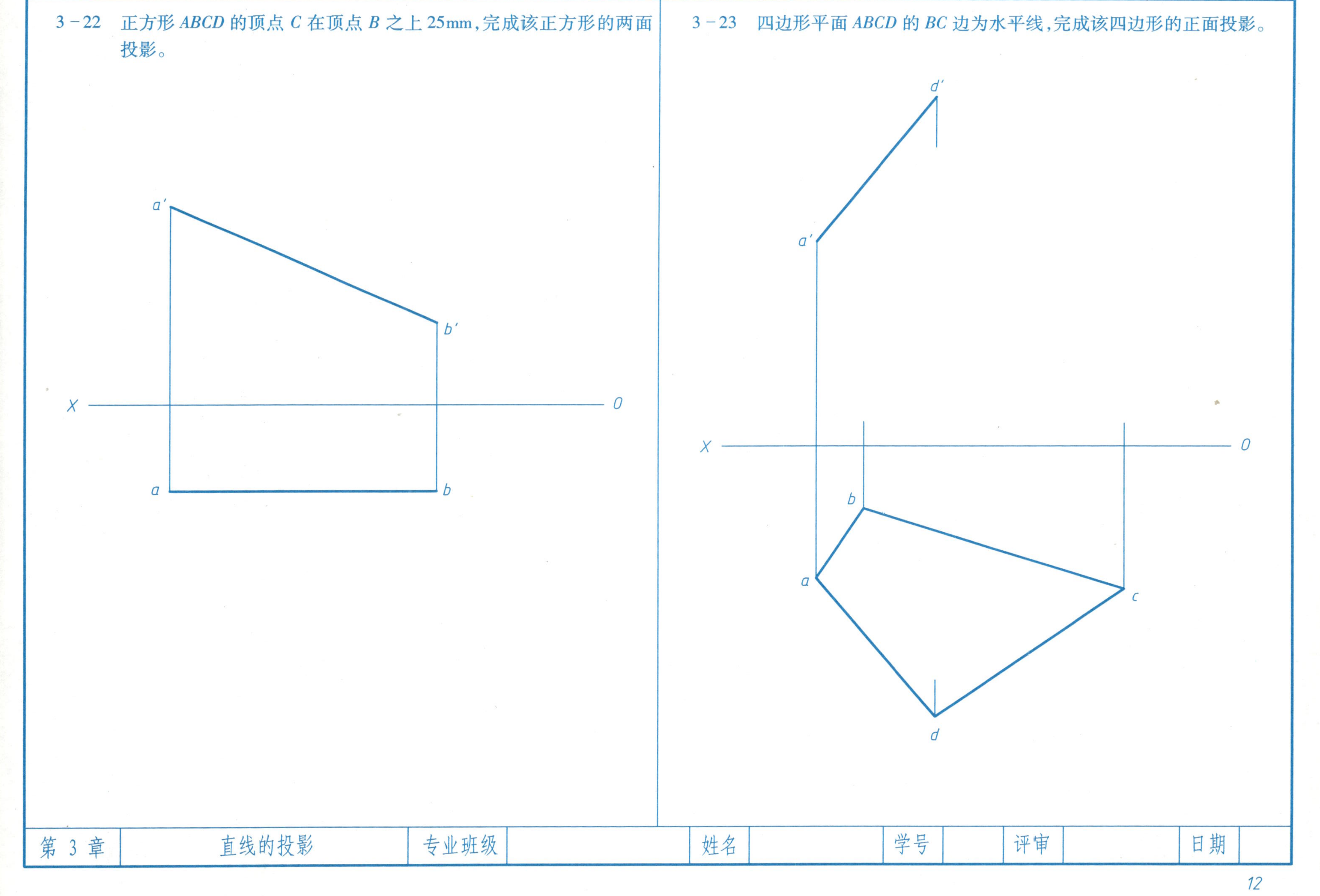

第 3 章	直线的投影	专业班级		姓名		学号		评审		日期	

4－1 按下列各平面图形对投影面的相对位置，分别填出它们的名称及对投影面的倾角（按0°、30°、45°、60°、90°填写）。

(1)

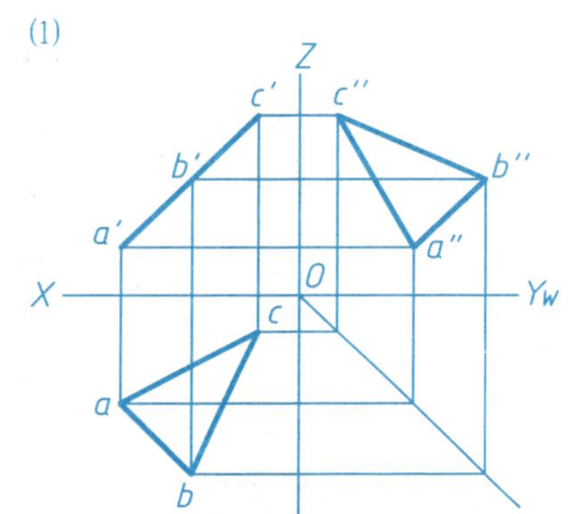

△ABC是＿＿＿面

$\alpha=$　　，$\beta=$　　，$\gamma=$

(2)

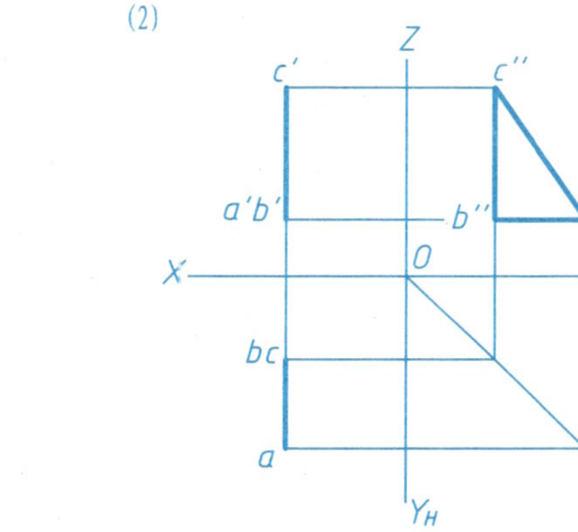

△ABC是＿＿＿面

$\alpha=$　　，$\beta=$　　，$\gamma=$

(3)

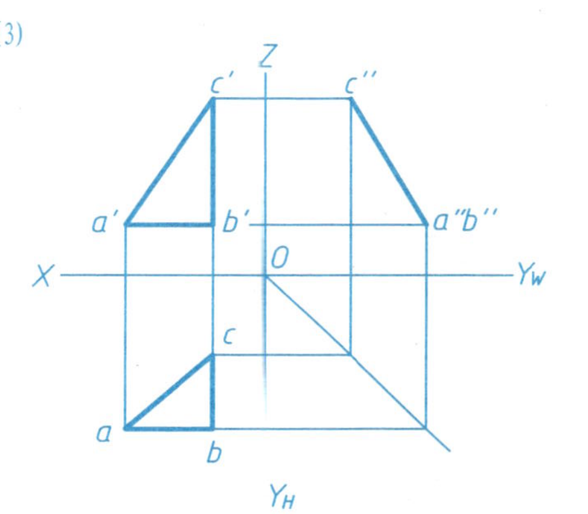

△ABC是＿＿＿面

$\alpha=$　　，$\beta=$　　，$\gamma=$

4－2 用有积聚性的迹线表示下列平面。

(1) 通过直线AB的铅垂面P

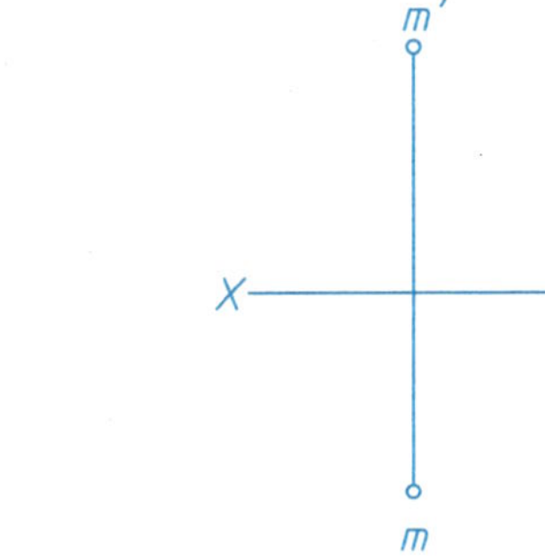

(2) 通过点M的正平面Q

m′

X O

m

(3) 通过直线CD的水平面R

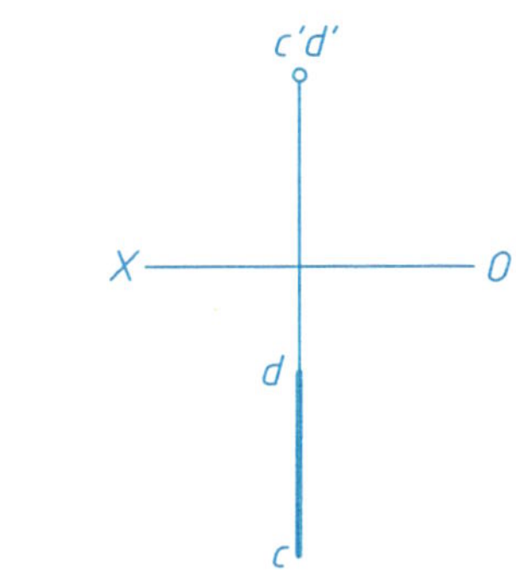

(4) 通过直线EF的正垂面S

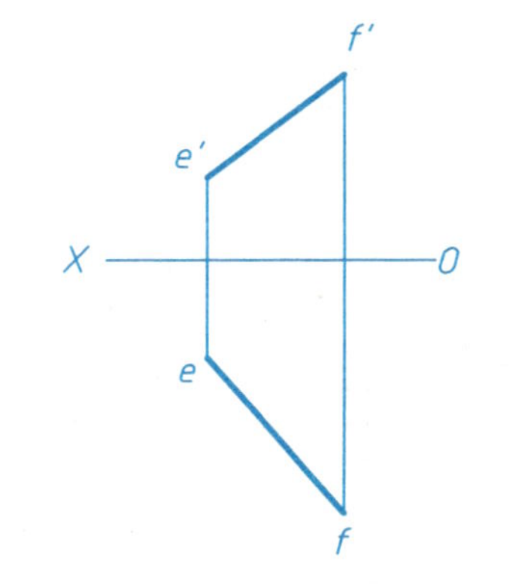

4－3　完成下列平面的另一投影。

(1) 铅垂面

(2) 侧垂面

4－4　判断点 M、N 是否在 $\triangle ABC$ 上；又设直线 EF 在 $\triangle ABC$ 上，求作 EF 的水平投影。

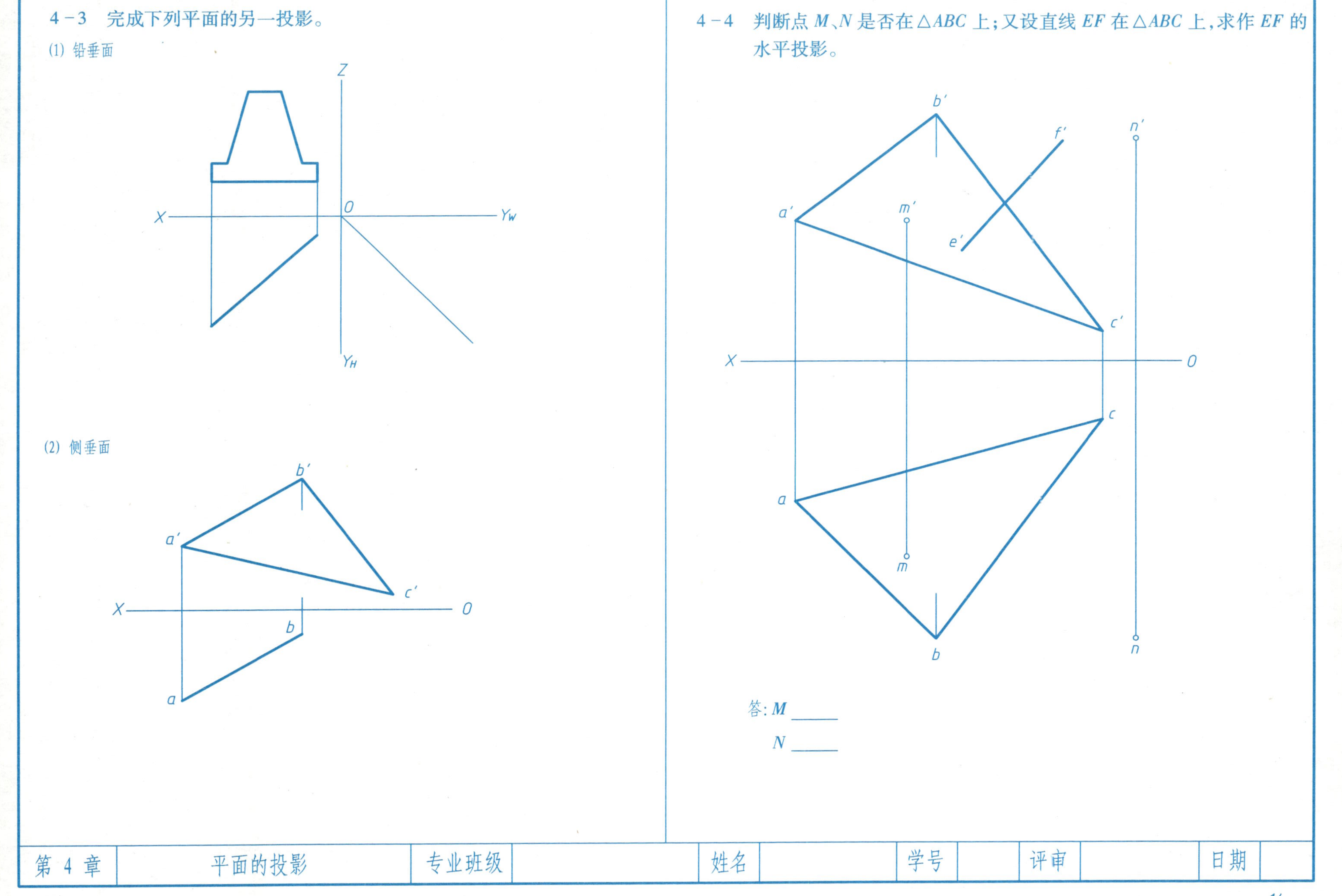

答：M ____

N ____

第 4 章	平面的投影	专业班级		姓名		学号		评审		日期	

4－5 在△*ABC* 平面上找一点 *K*，设点 *K* 比 *B* 低 20mm，在 *B* 之前 25mm。

4－6 完成五边形平面 *ABCDE* 的 *V*、*H* 投影。

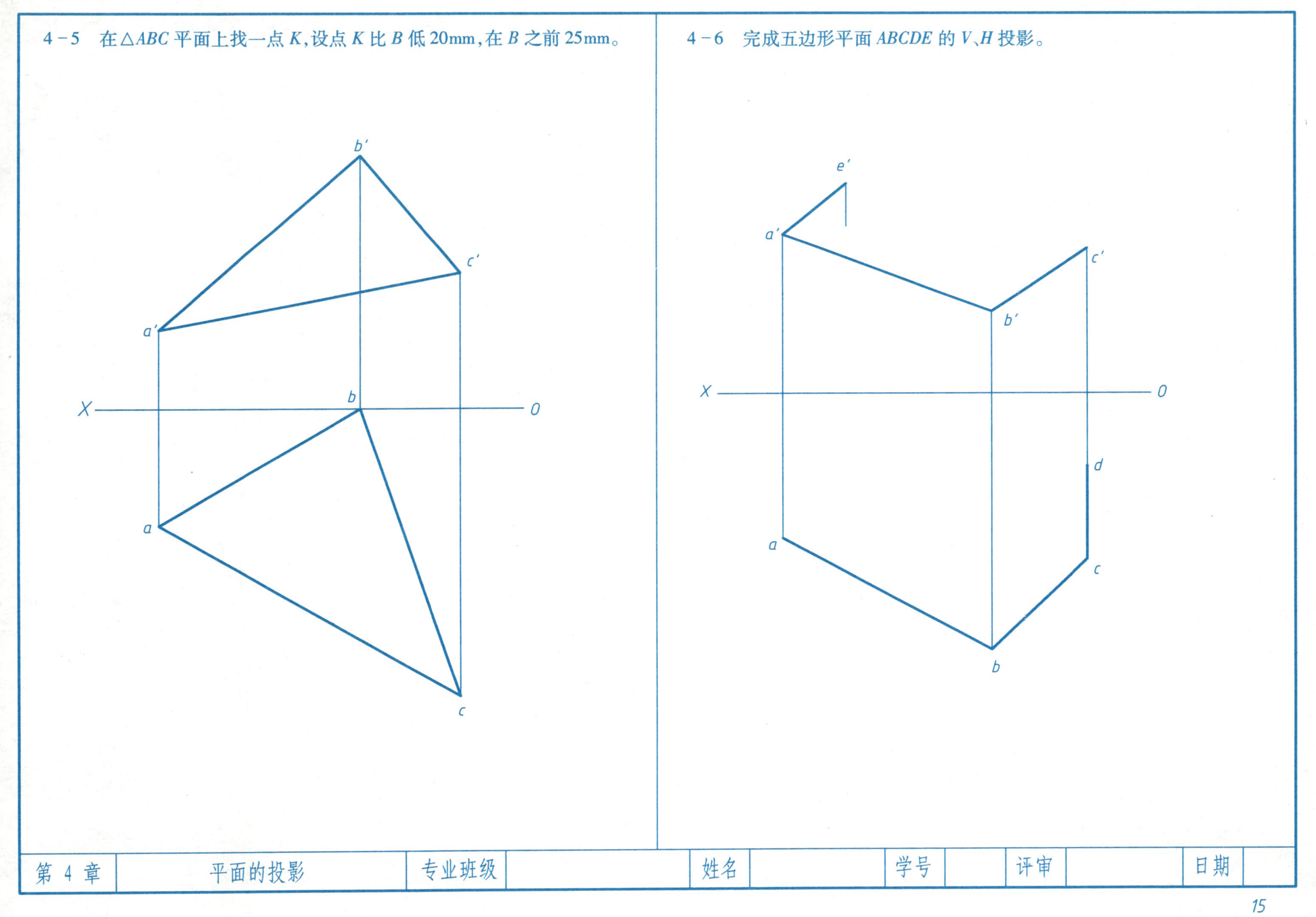

第 4 章	平面的投影	专业班级		姓名		学号		评审		日期	

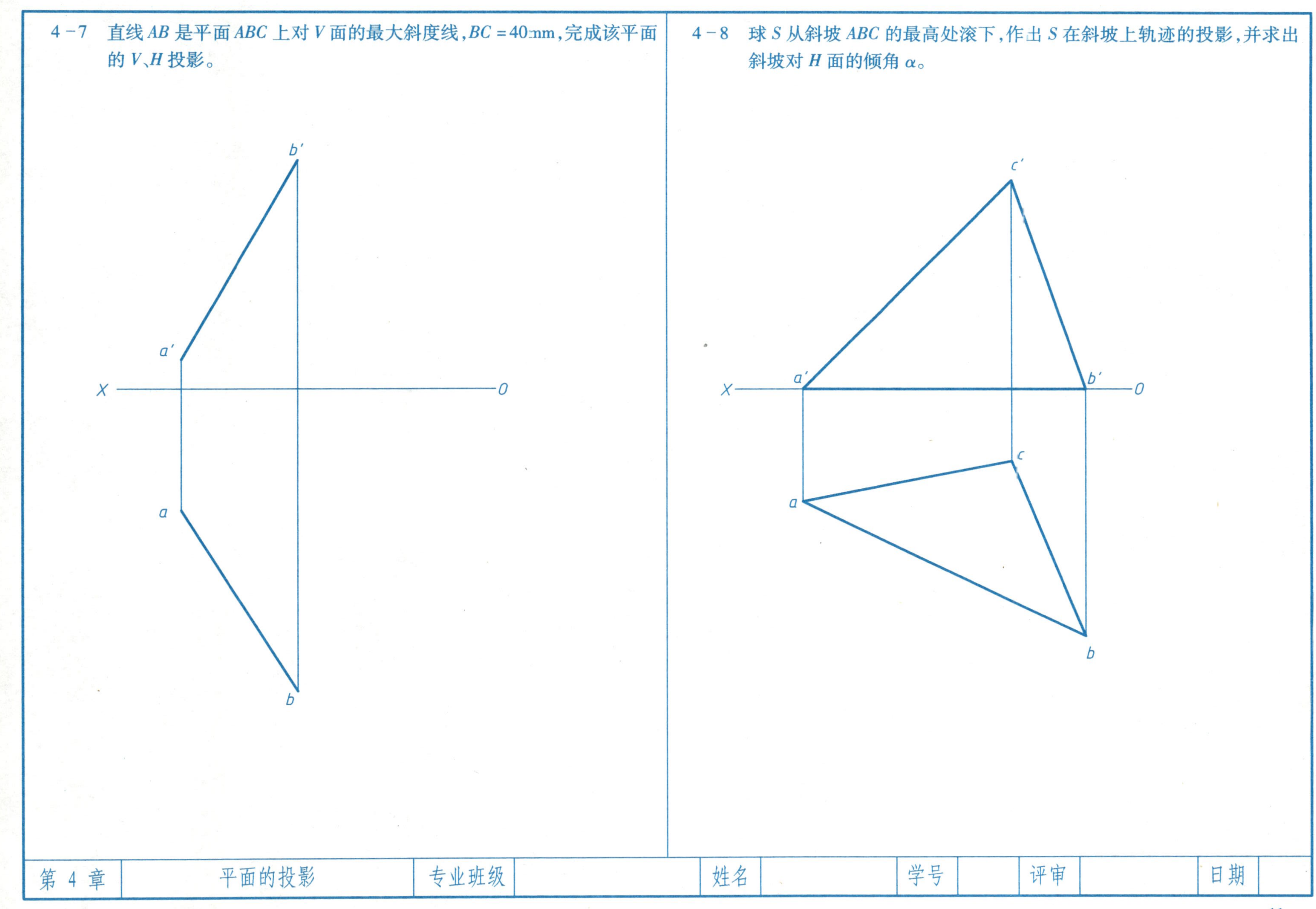
4－7　直线 AB 是平面 ABC 上对 V 面的最大斜度线，$BC=40$mm，完成该平面的 V、H 投影。
b′
a′
X
O
a
b
4－8　球 S 从斜坡 ABC 的最高处滚下，作出 S 在斜坡上轨迹的投影，并求出斜坡对 H 面的倾角 α。
c′
a′
b′
X
O
c
a
b
第 4 章
平面的投影
专业班级
姓名
学号
评审
日期

4-9　求△ABC平面对H面的倾角α。

4-10　求△ABC平面对V面的倾角β。

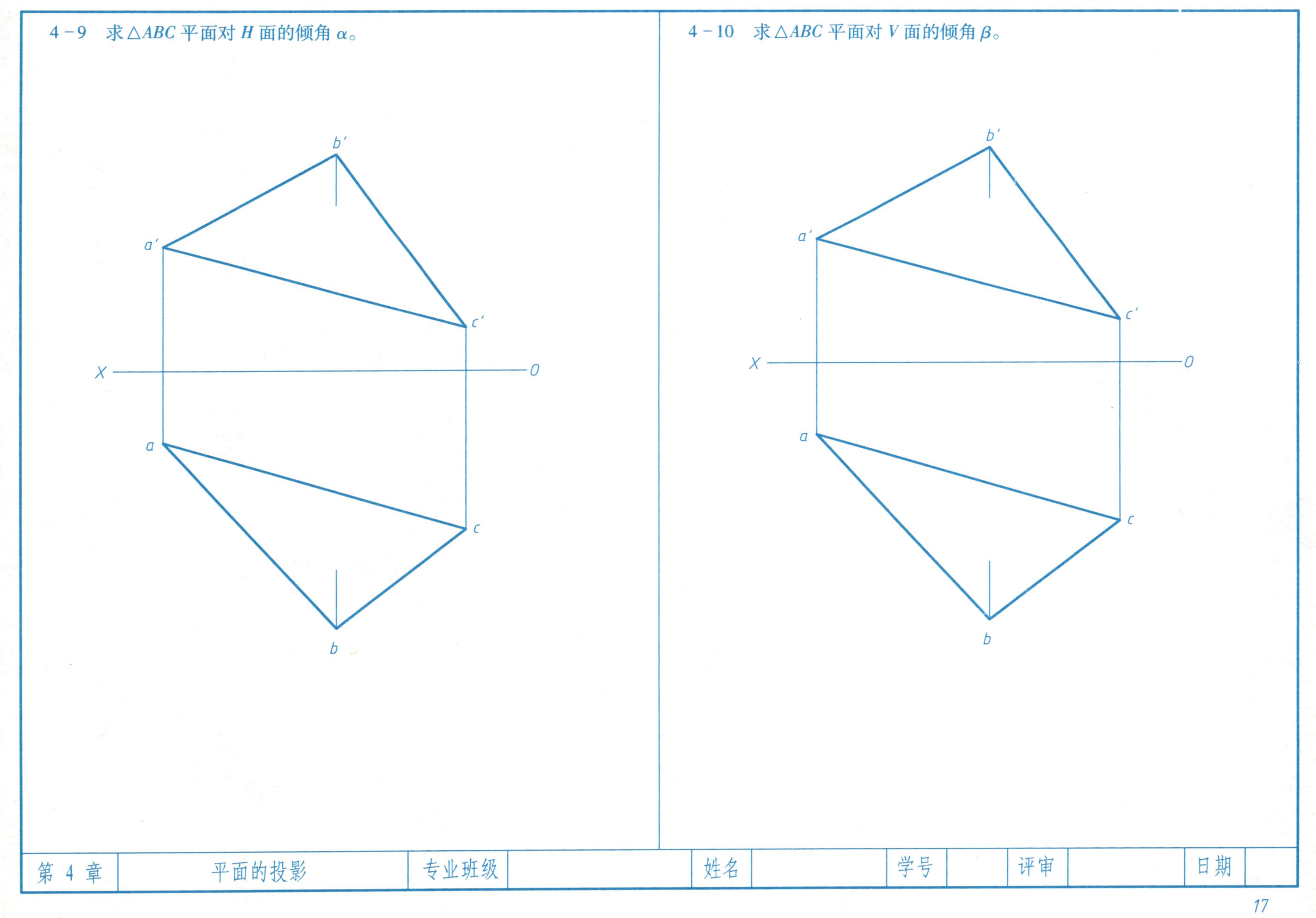

第 4 章	平面的投影	专业班级		姓名		学号		评审		日期	

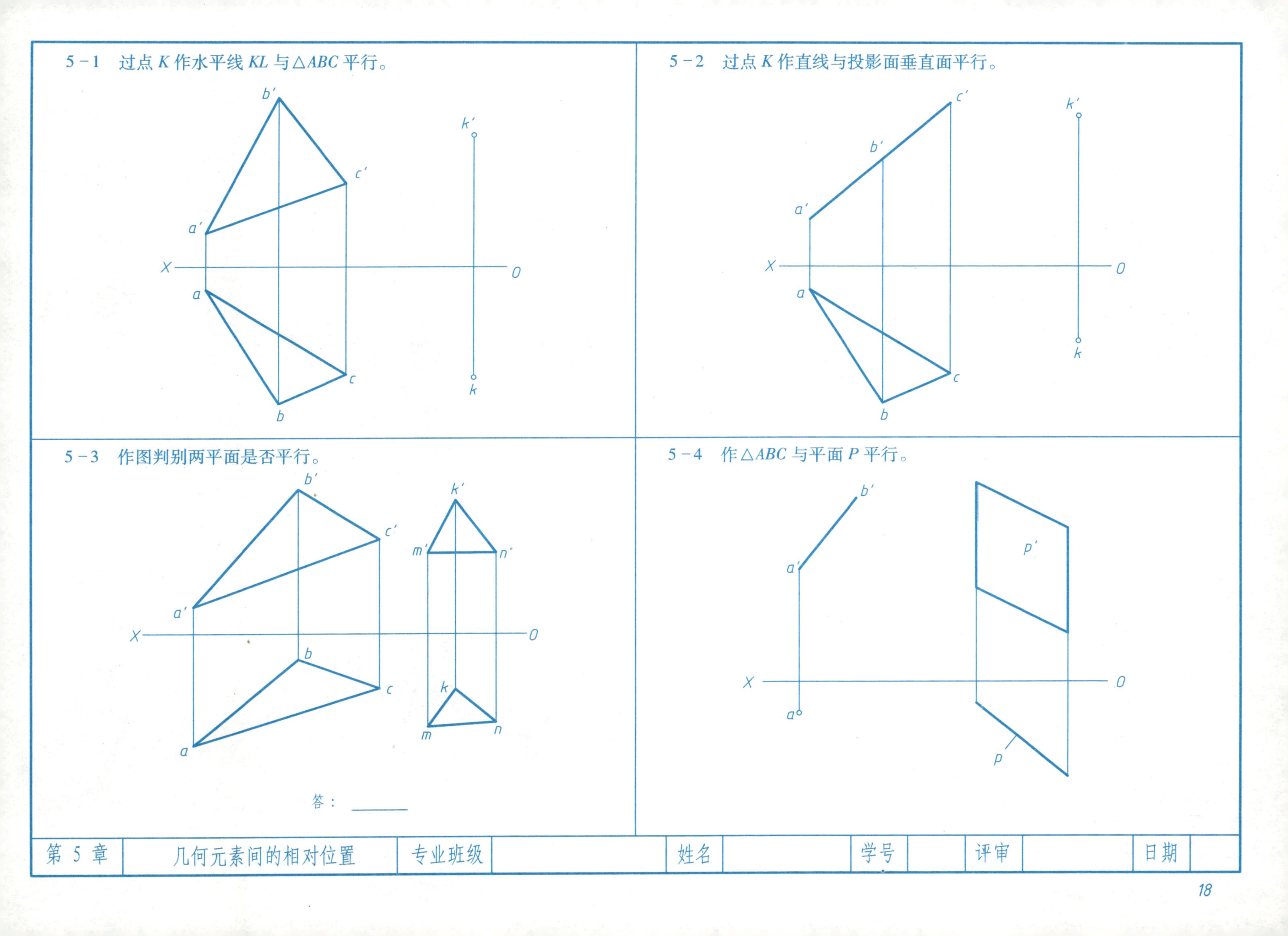
5-1 过点 K 作水平线 KL 与△ABC 平行。
b′
k′
c′
a′
X
O
a
c
k
b
5-2 过点 K 作直线与投影面垂直面平行。
c′
k′
b′
a′
X
O
a
k
c
b
5-3 作图判别两平面是否平行。
b′
k′
c′
m′
n′
a′
X
O
b
k
c
m
n
a
答：
5-4 作△ABC 与平面 P 平行。
b′
p′
a′
X
O
a
p
第 5 章
几何元素间的相对位置
专业班级
姓名
学号
评审
日期

5-5 求正垂线与一般位置平面的交点,并区分可见性。

5-6 求水平线与铅垂直的交点,并区分可见性。

5-7 求正垂面与一般位置平面的交线,并区分可见性。

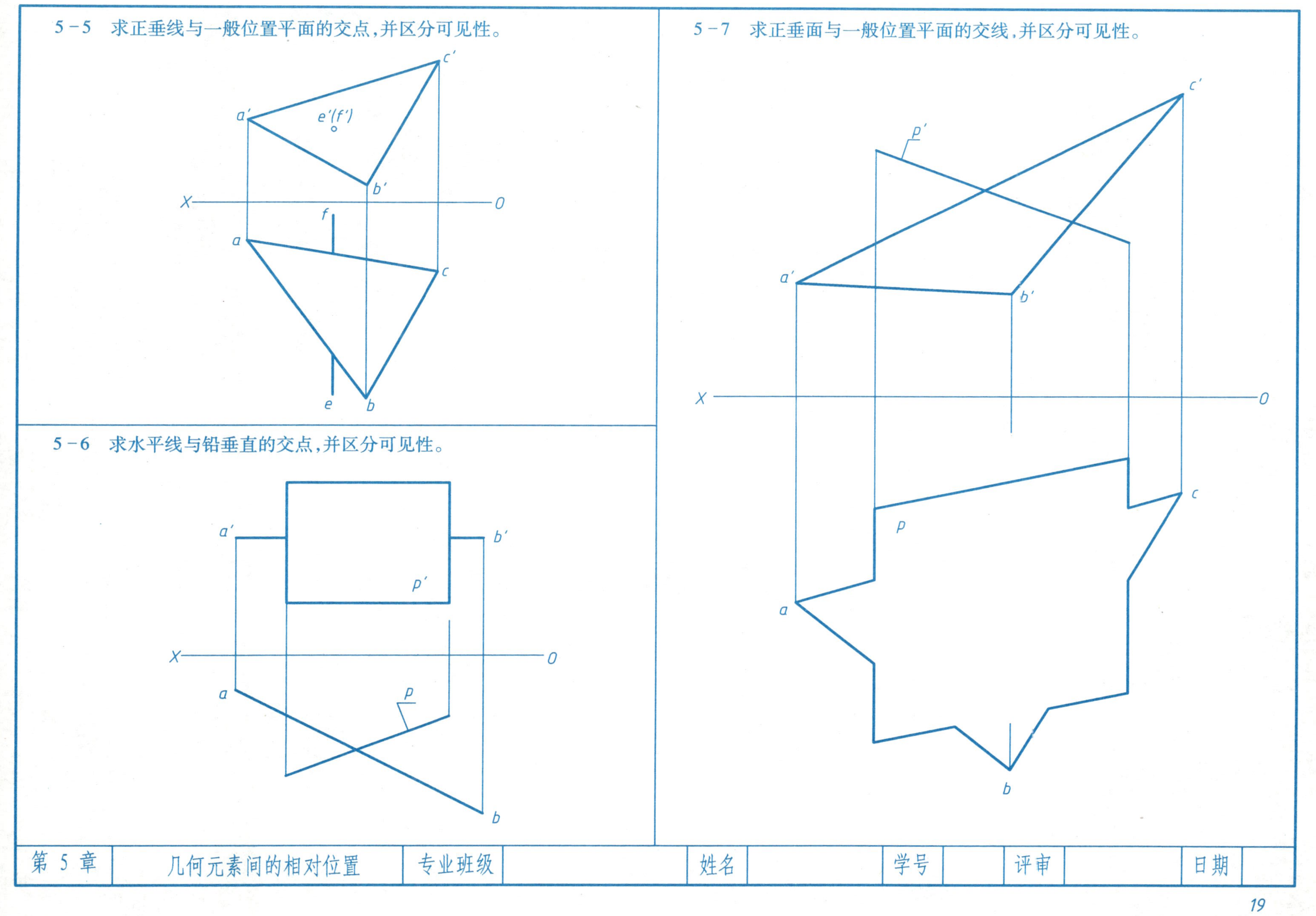

第 5 章	几何元素间的相对位置	专业班级		姓名		学号		评审		日期	

5－8 求直线与平面的交点，并区分可见性。

5－9 求两平面的交线，并区分可见性。

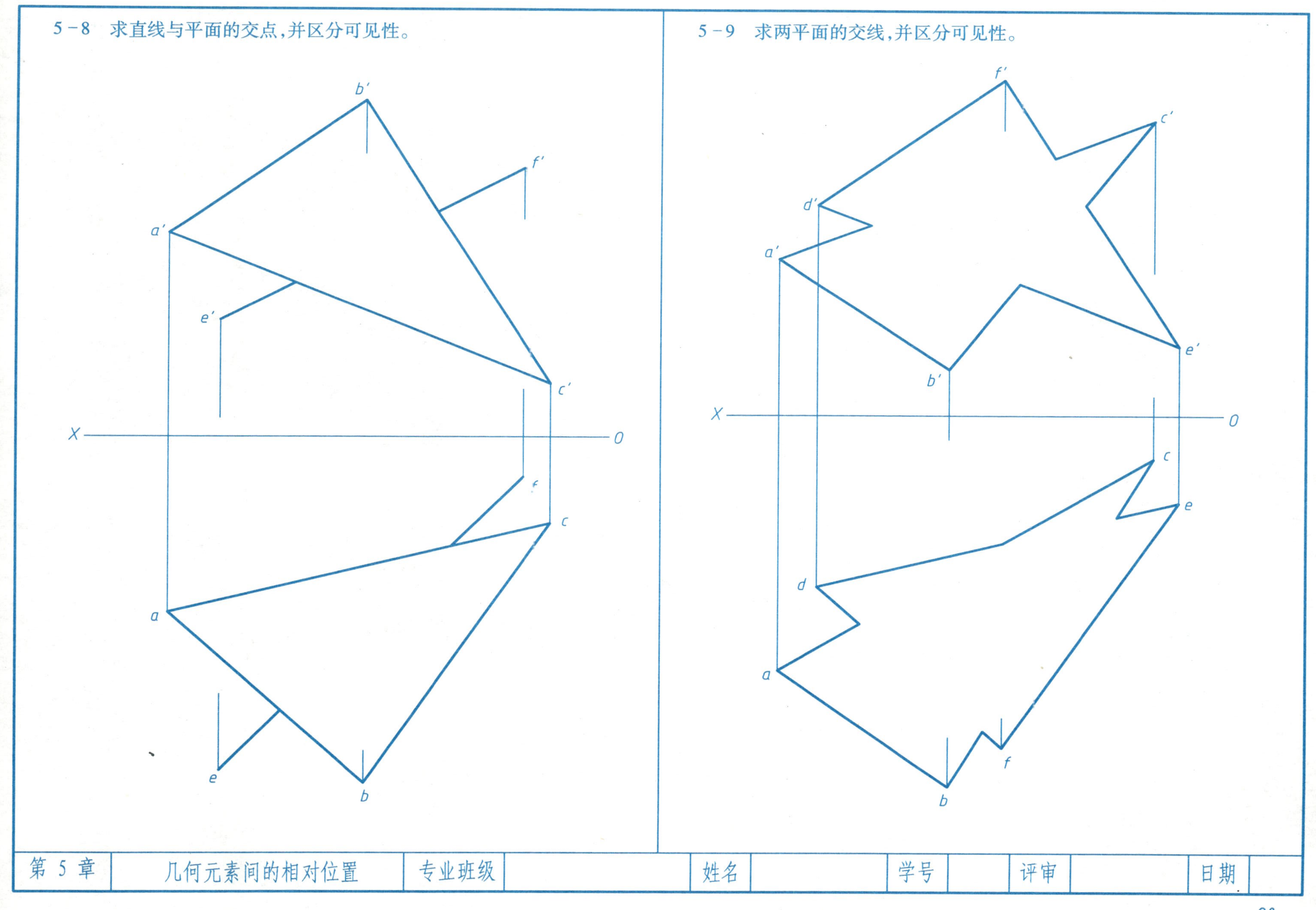

第 5 章	几何元素间的相对位置	专业班级		姓名		学号		评审		日期	

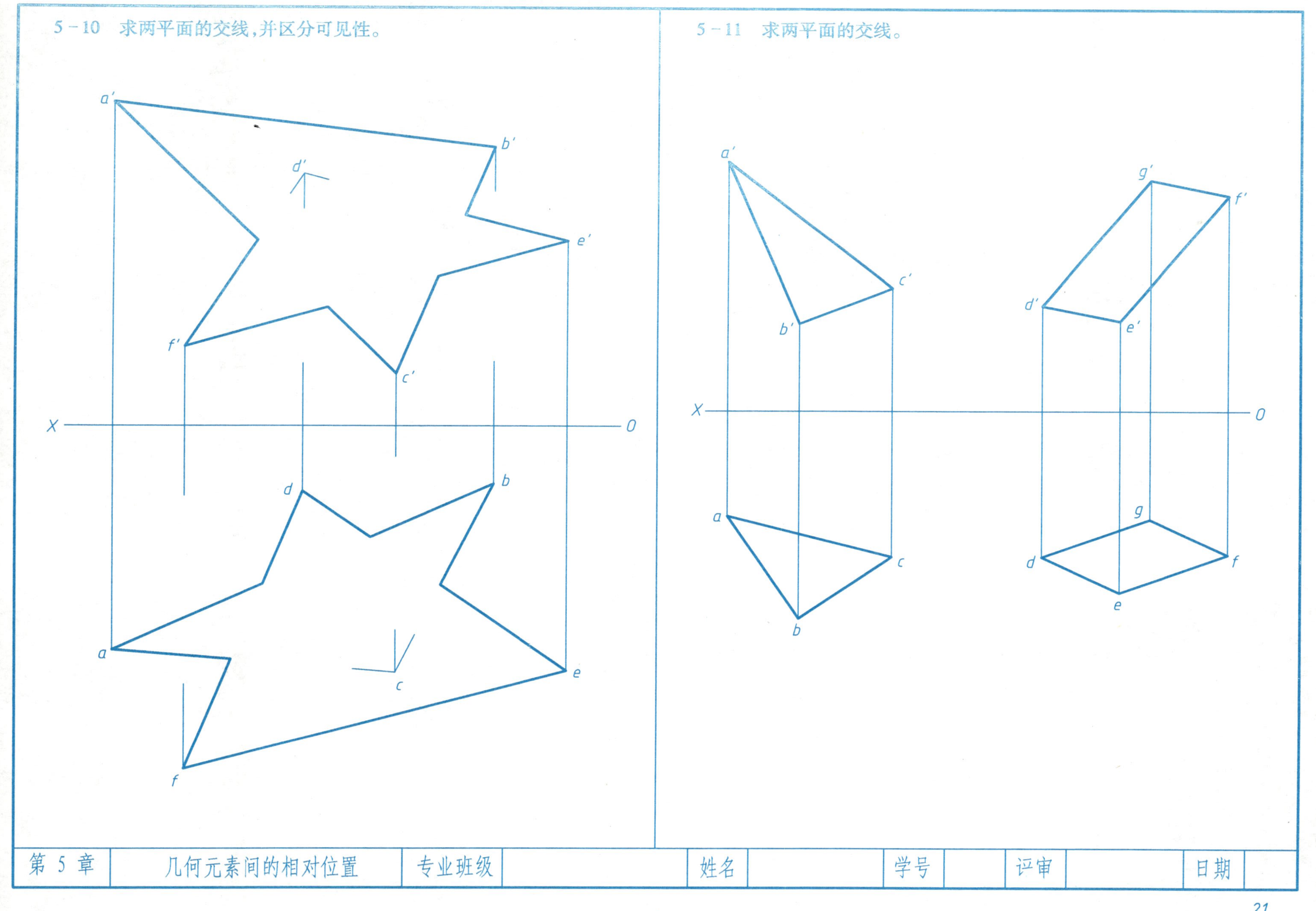

第 5 章	几何元素间的相对位置	专业班级		姓名		学号		评审		日期	

5－12 过点 K 作△ABC 的垂线 KL。

5－13 求点 A 到直线 BC 的距离。

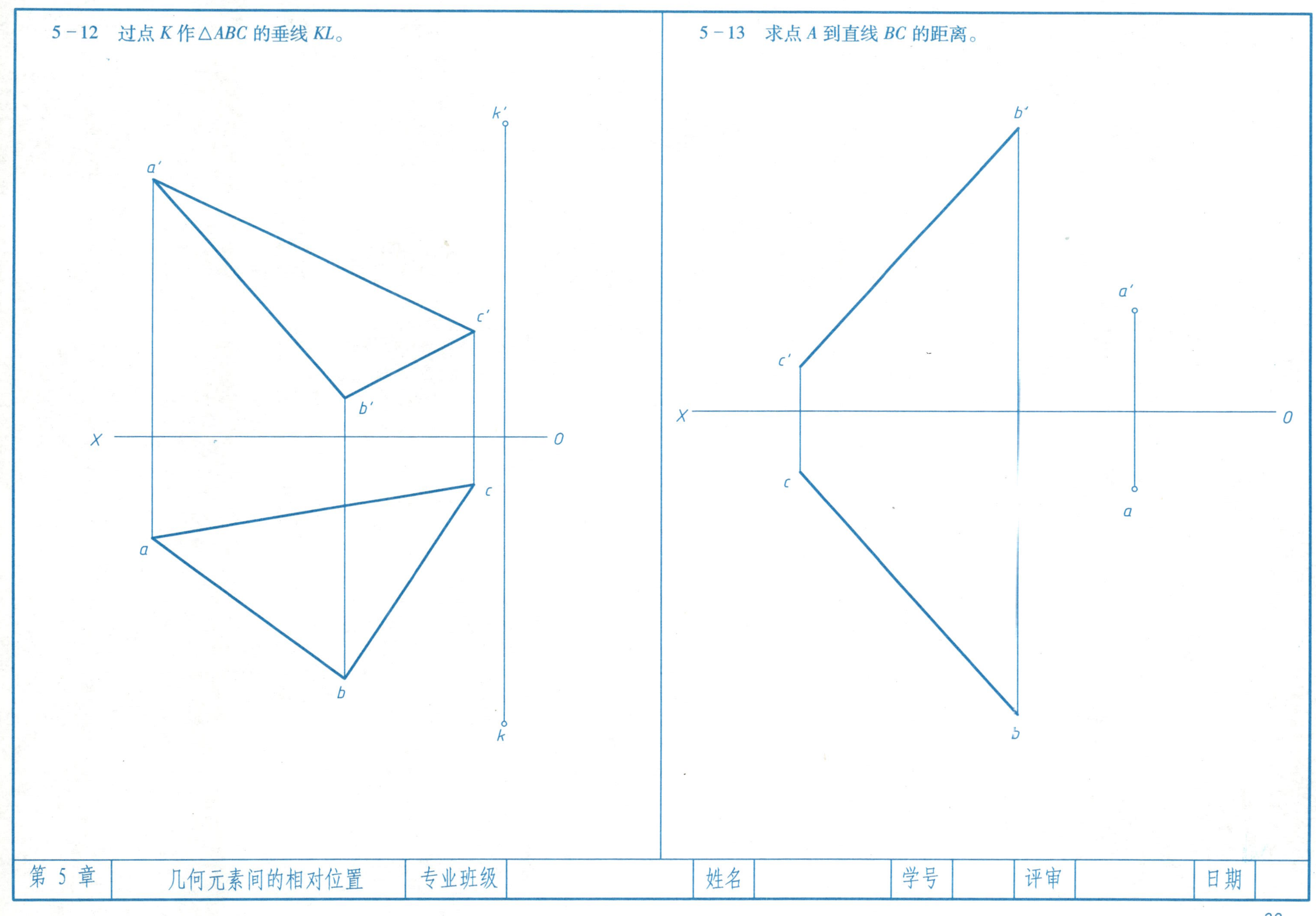

第 5 章	几何元素间的相对位置	专业班级		姓名		学号		评审		日期	

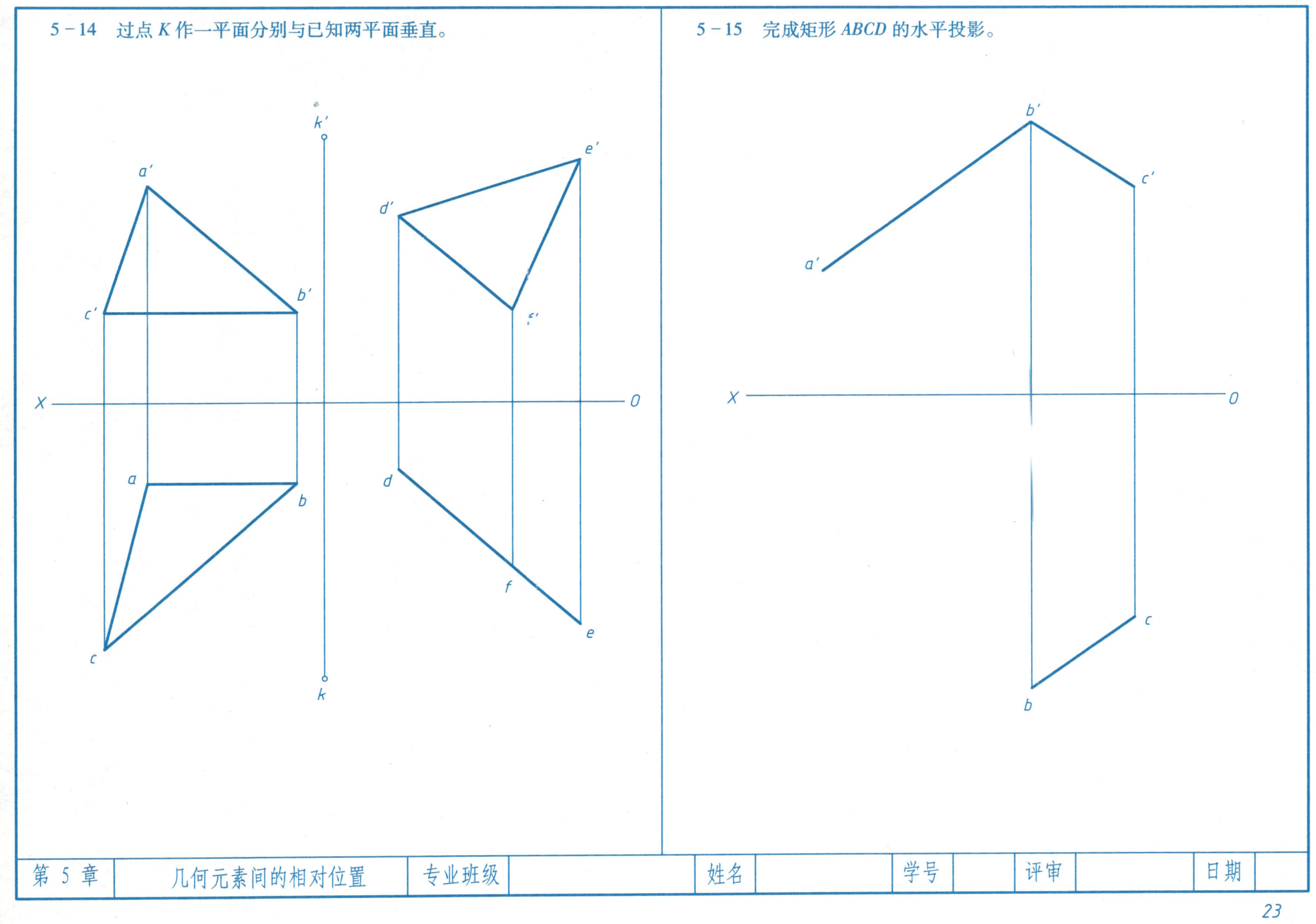
5－14 过点 *K* 作一平面分别与已知两平面垂直。

5－15 完成矩形 *ABCD* 的水平投影。

第 5 章	几何元素间的相对位置	专业班级		姓名		学号		评审		日期	

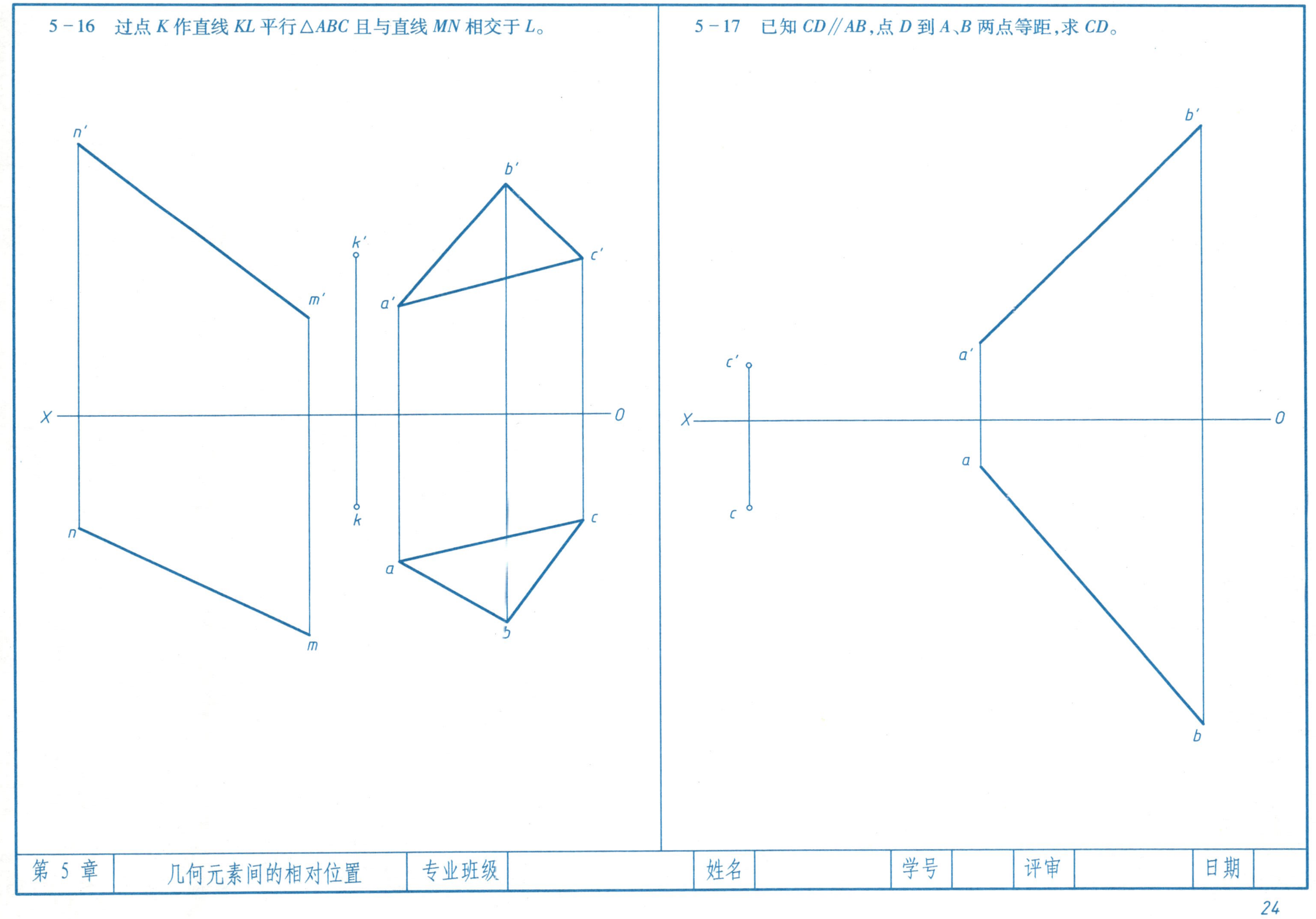
5－16　过点 K 作直线 KL 平行△ABC 且与直线 MN 相交于 L。
n′
m′
k′
b′
c′
a′
X
O
n
m
k
a
b
c
5－17　已知 CD∥AB，点 D 到 A、B 两点等距，求 CD。
b′
a′
c′
X
O
a
c
b
第 5 章
几何元素间的相对位置
专业班级
姓名
学号
评审
日期

5－18　已知等腰直角△ABC 中 $BC=AB$，BC 在 MN 上，完成该三角形的两面投影。

5－19　直线 MN 平行△ABC 且相距 25mm，求 mn。

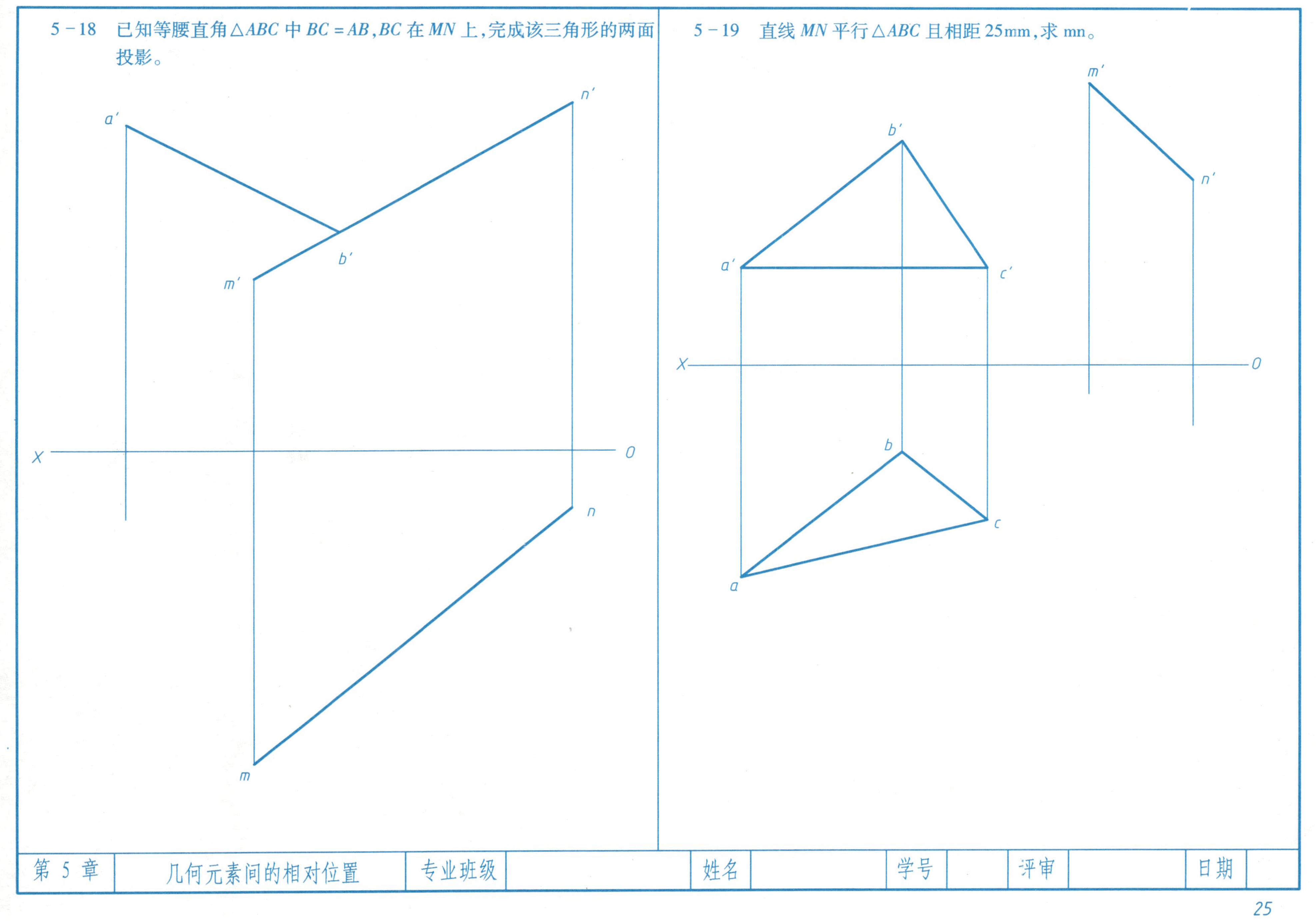

6－1　求直线 AB 的实长及其对 H 面和 V 面的倾角 α 和 β。

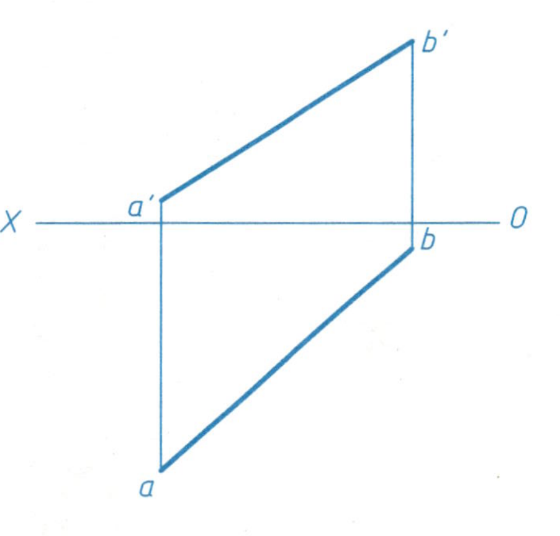

6－2　已知直线 AB 垂直 BC，求 bc。

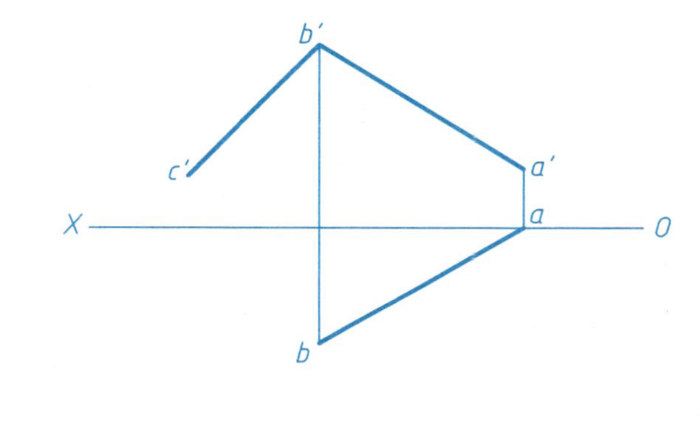

6－3　平行两直线 AB、CD 间的距离等于 15 mm，求 $c'd'$。

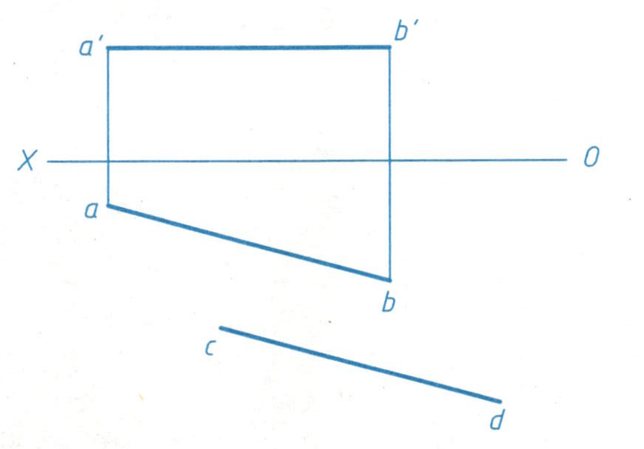

6－4　已知△ABC 的 $\alpha=30°$，完成其 V 面投影。

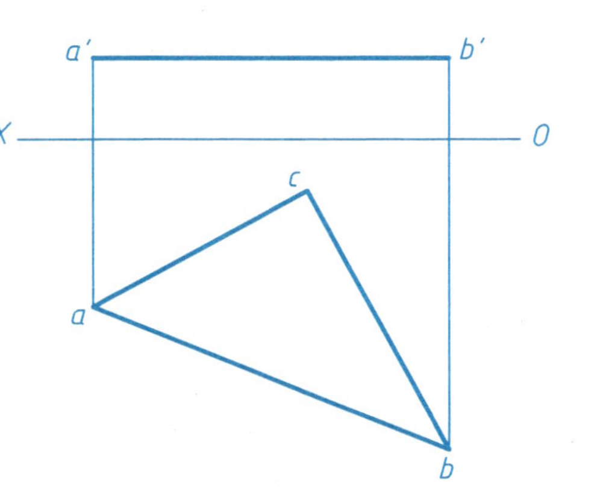

第 6 章	投影变换	专业班级		姓名		学号		评审		日期	

6-5 已知点 D 到△ABC 的距离 $DE=30$mm，求作 DE 的 V、H 投影。

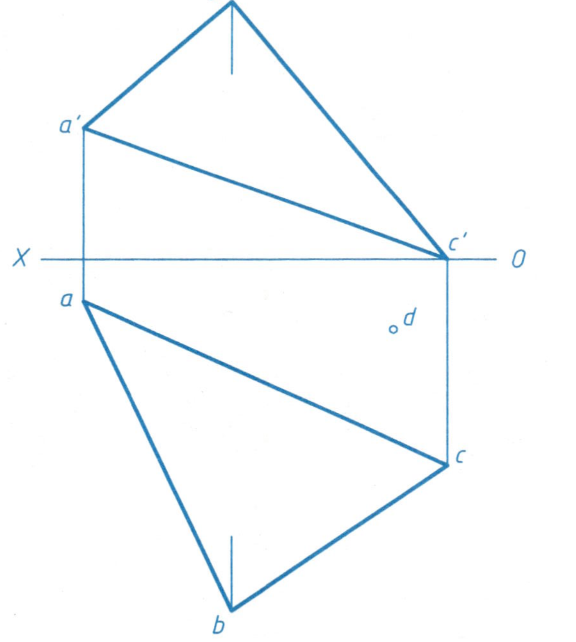

6-6 在直线 MN 上找一点 K，使 K 与△ABC 的距离为 20mm。

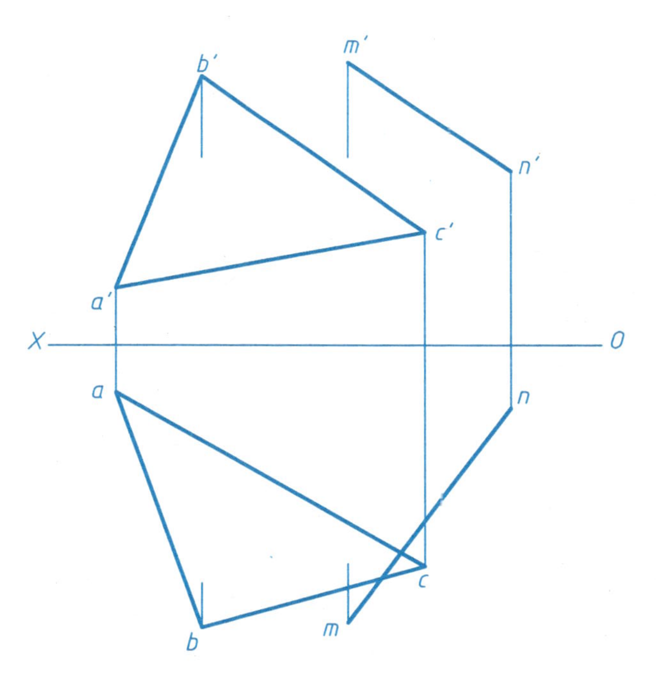

第 6 章	投影变换	专业班级		姓名		学号		评审		日期	

6－7　已知 CD 为△ABC 平面上的正平线，△ABC 对 V 面的倾角 $\beta = 30°$，完成△$a'b'c'$。

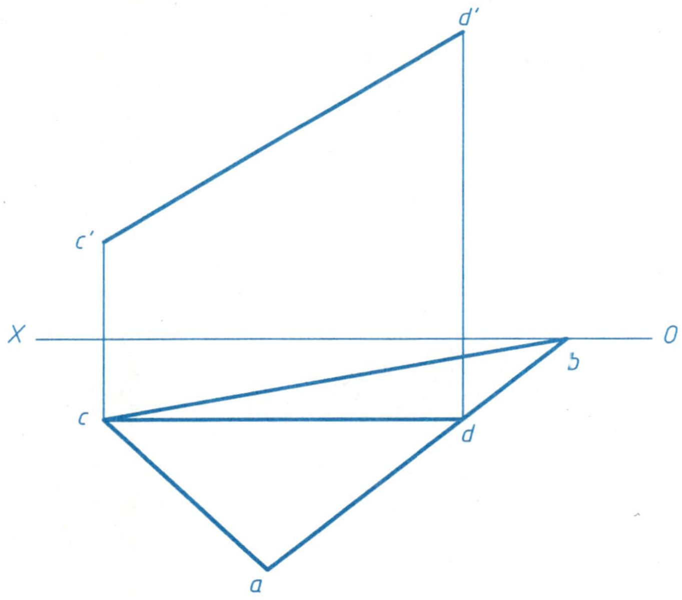

6－8　求△ABC 与△ABD 两平面的夹角 θ。

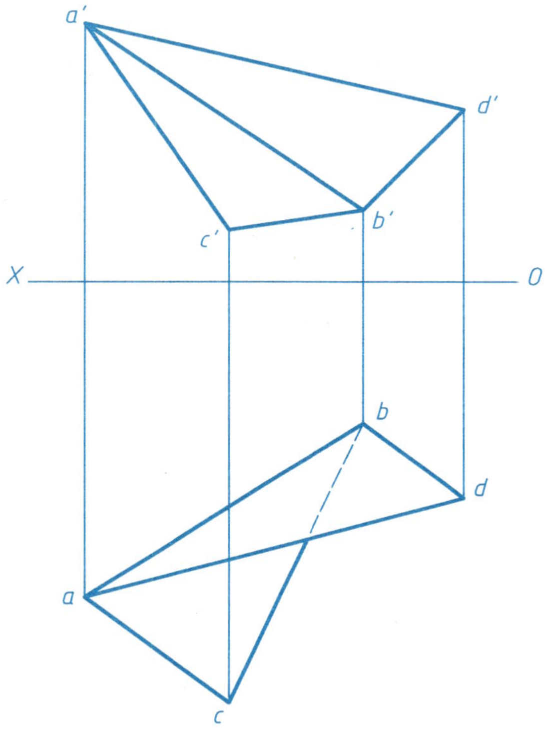

6－9　已知等边△ABC的底边BC在MN上，完成△ABC的V、H投影。

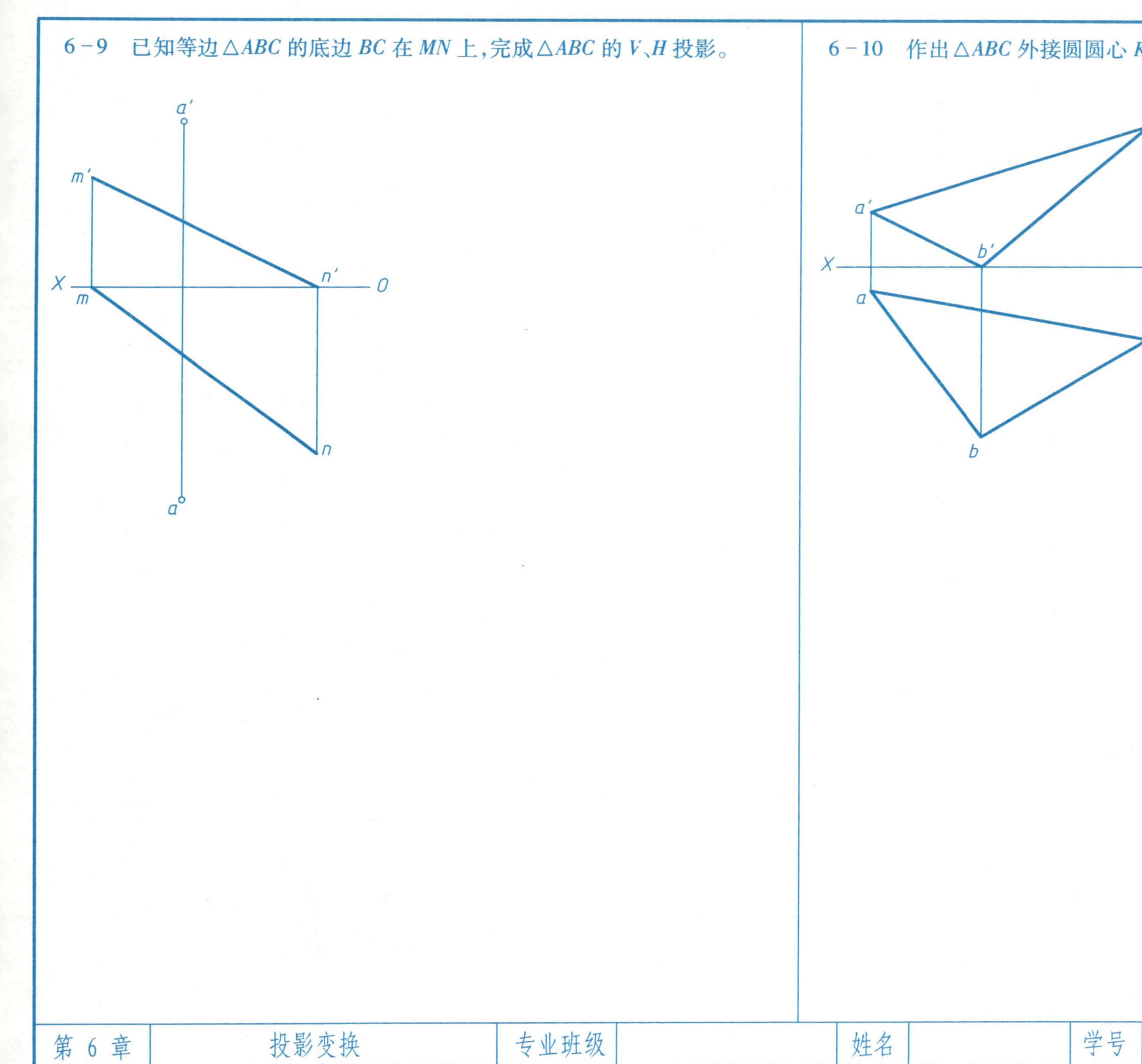

6－10　作出△ABC外接圆圆心K的V、H投影。

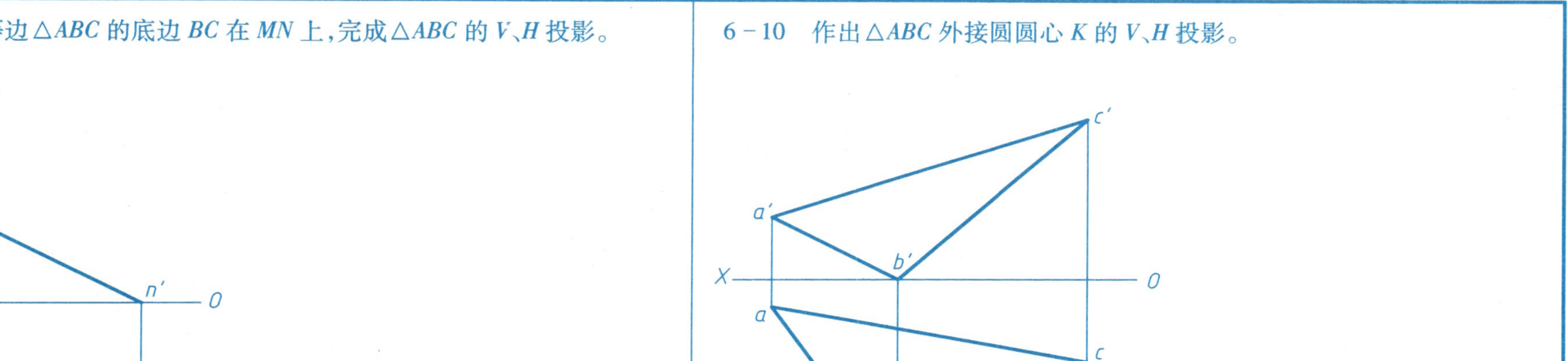

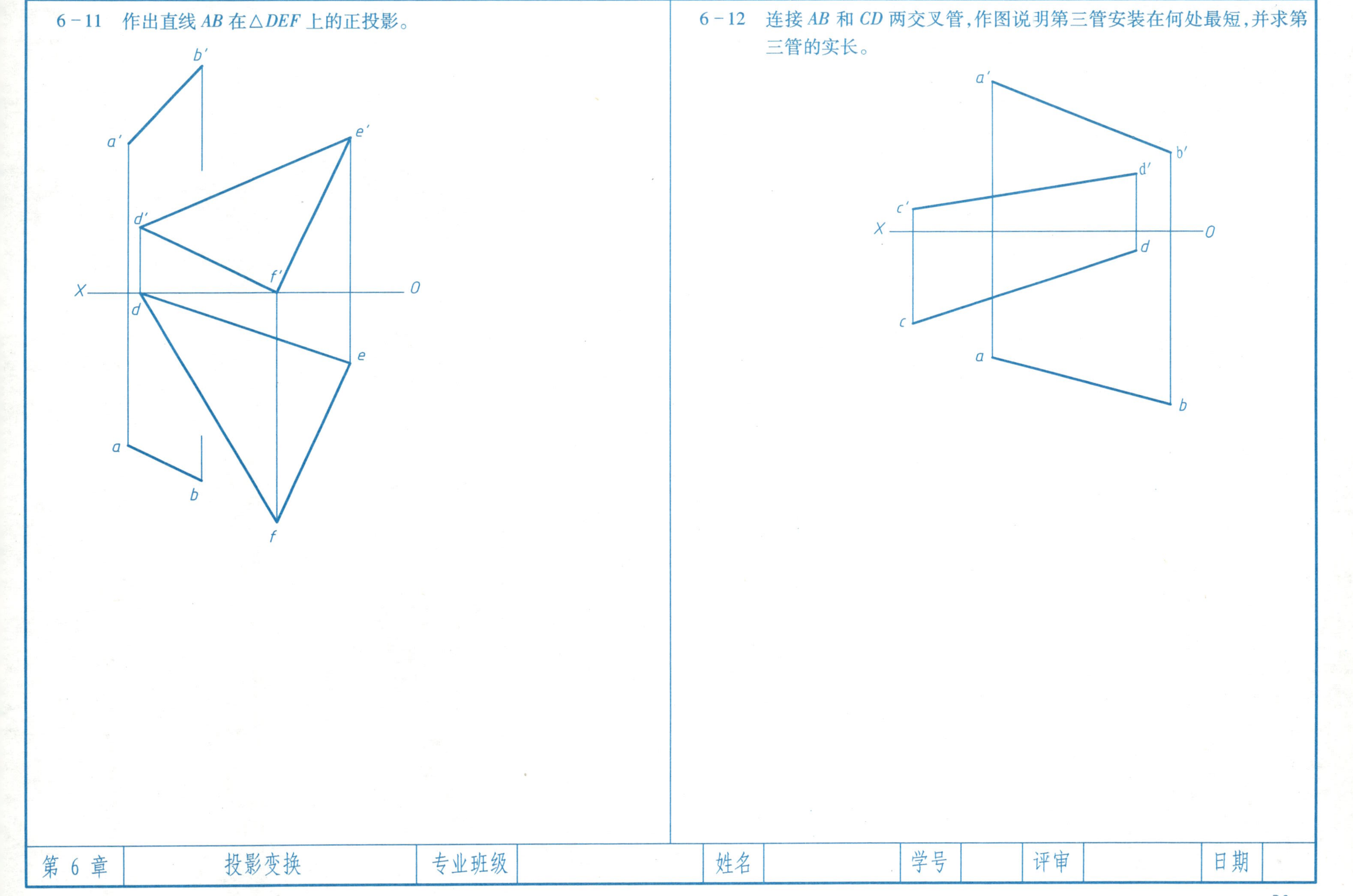
6-11 作出直线 AB 在△DEF 上的正投影。
b′
a′
e′
d′
f′
X
O
d
e
a
b
f
6-12 连接 AB 和 CD 两交叉管，作图说明第三管安装在何处最短，并求第三管的实长。
a′
b′
d′
c′
X
O
d
c
a
b
第 6 章
投影变换
专业班级
姓名
学号
评审
日期

6－13　用换面法求直线与平面的交点，并区分可见性。

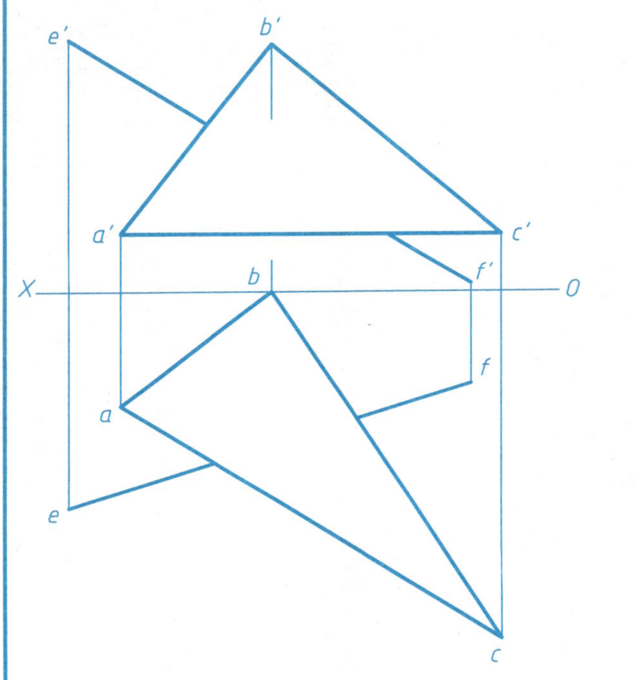

6－14　用换面法求两平面的交线，并区分可见性。

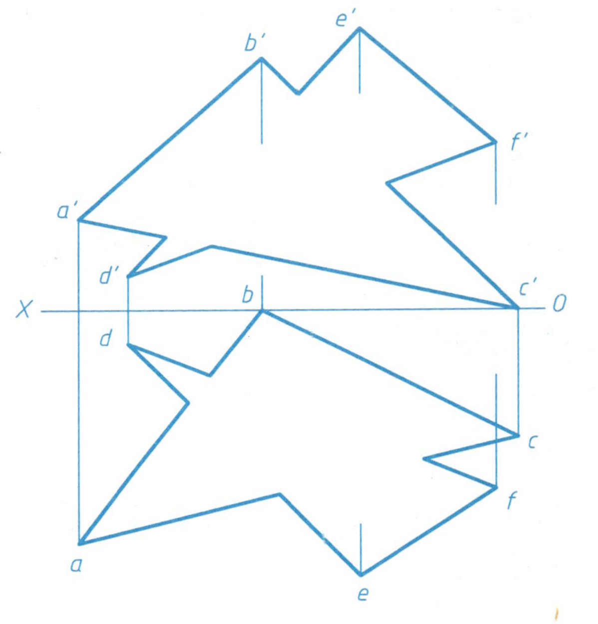

第 6 章	投影变换	专业班级		姓名		学号		评审		日期	

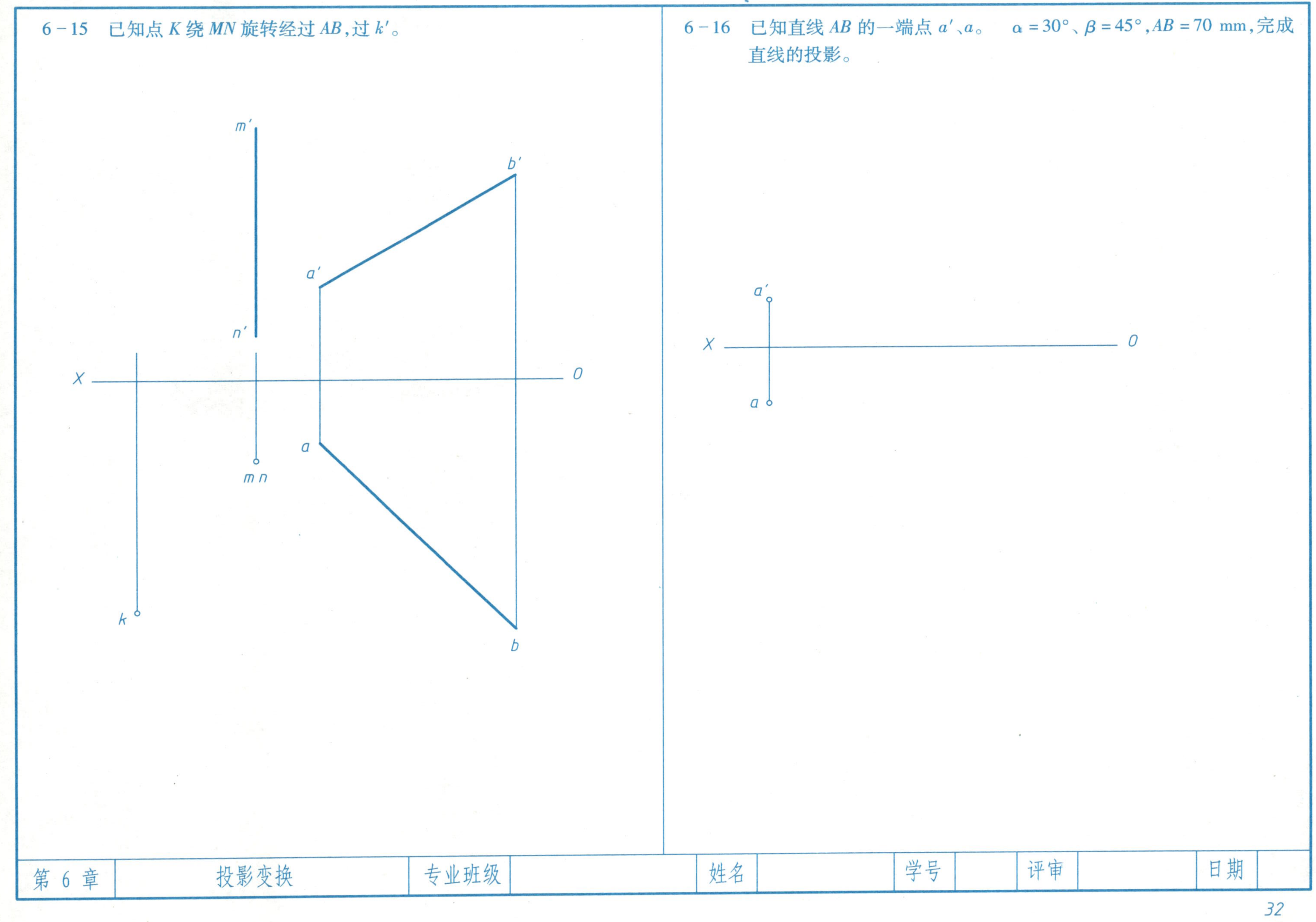
6－15　已知点 K 绕 MN 旋转经过 AB，过 k'。
m′
b′
a′
n′
X
O
a
m n
k
b
6－16　已知直线 AB 的一端点 a'、a。　$\alpha=30°$、$\beta=45°$，$AB=70$ mm，完成直线的投影。
a′
X
O
a
第 6 章
投影变换
专业班级
姓名
学号
评审
日期

6－17　求五边形平面 *ABCDE* 的实形。

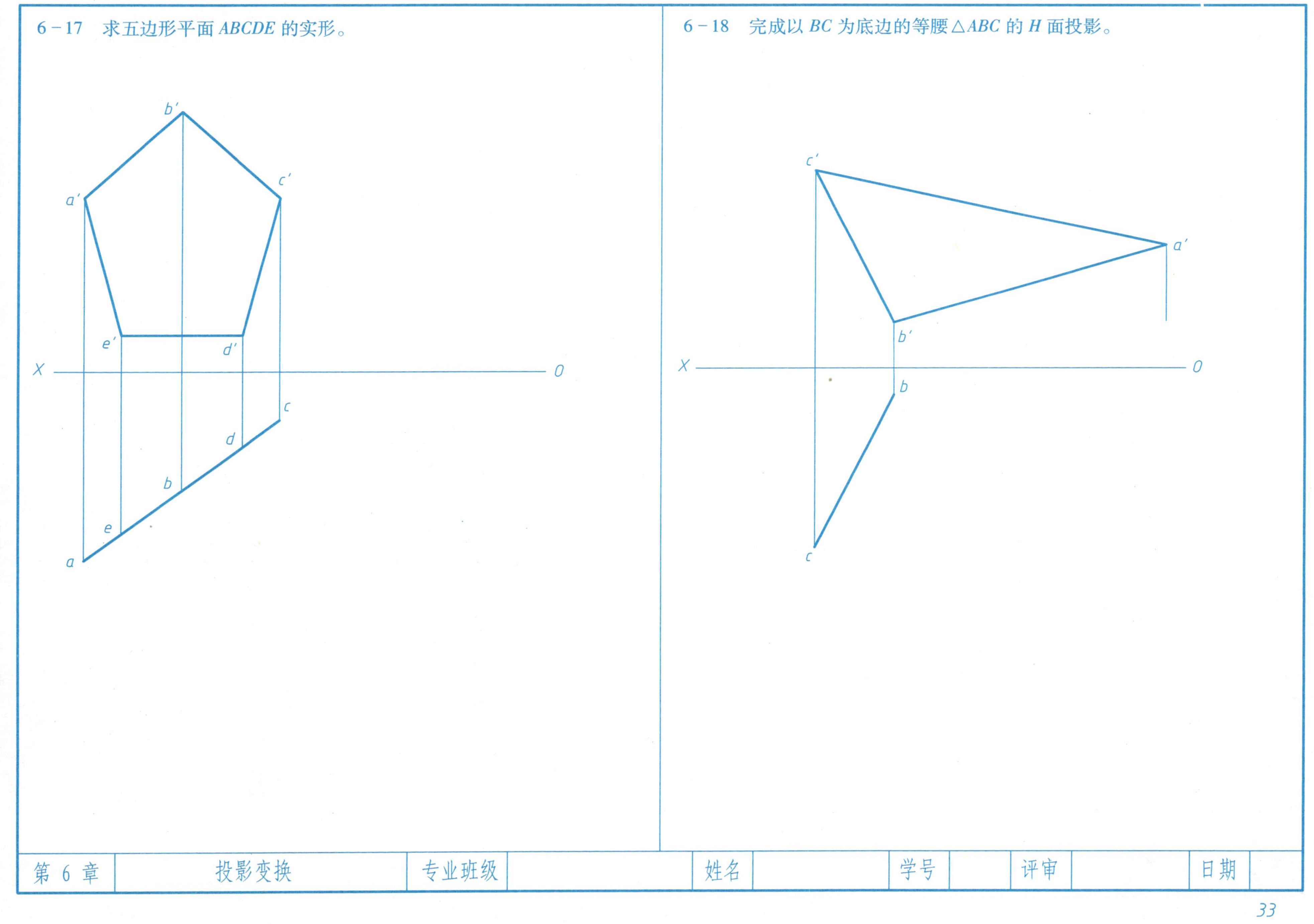

6－18　完成以 *BC* 为底边的等腰△*ABC* 的 *H* 面投影。

第 6 章	投影变换	专业班级		姓名		学号		评审		日期	

7－1 已知 P 平面上圆周的 H 投影，求其 V 投影。

7－2 在圆柱面上作左螺旋线的投影，并判别可见性，点 A 为螺旋线起点。

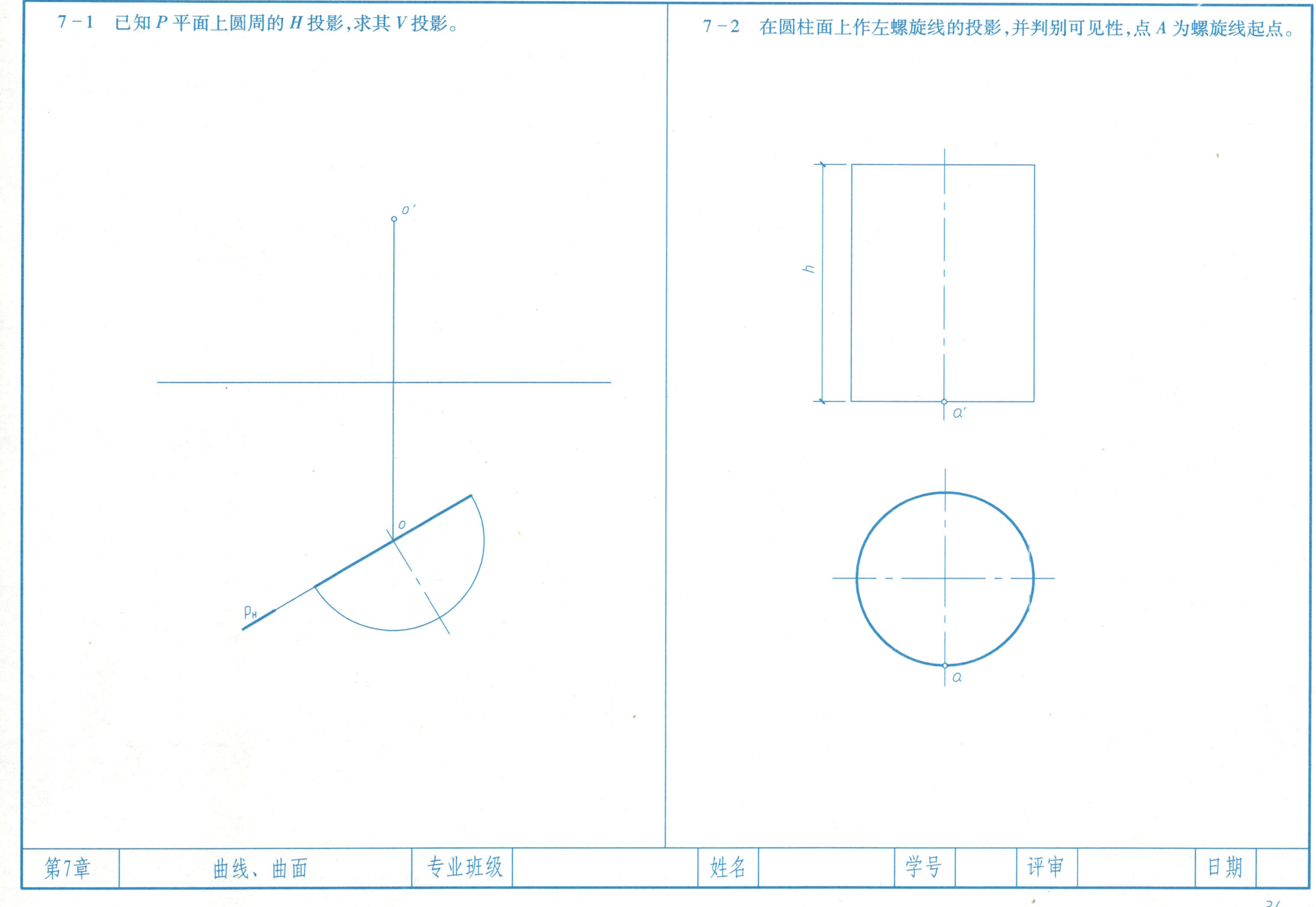

第7章	曲线、曲面	专业班级		姓名		学号		评审		日期	

7－3 完成曲面的水平投影，用字母标出曲面外形轮廓线在另外投影图中的位置，并完成点 K 的水平投影 k。

（1）斜圆柱面

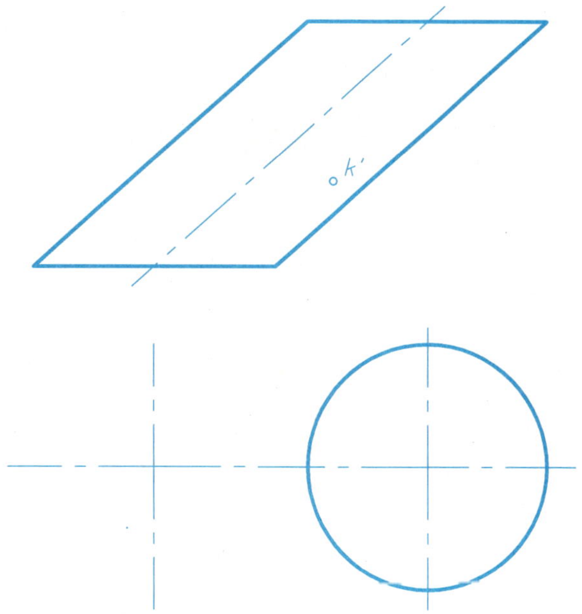

k'

（2）斜圆锥面

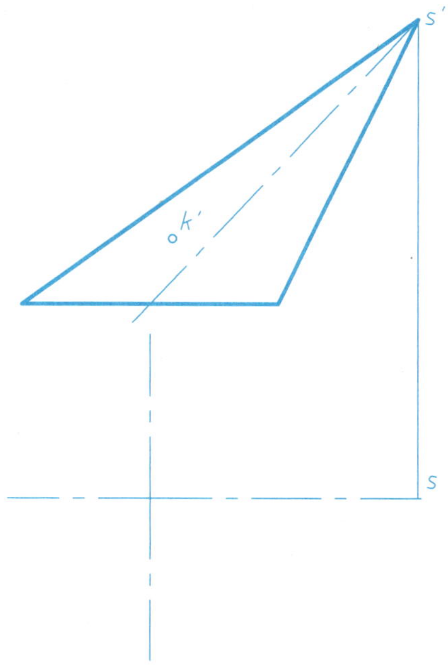

s'

k'

s

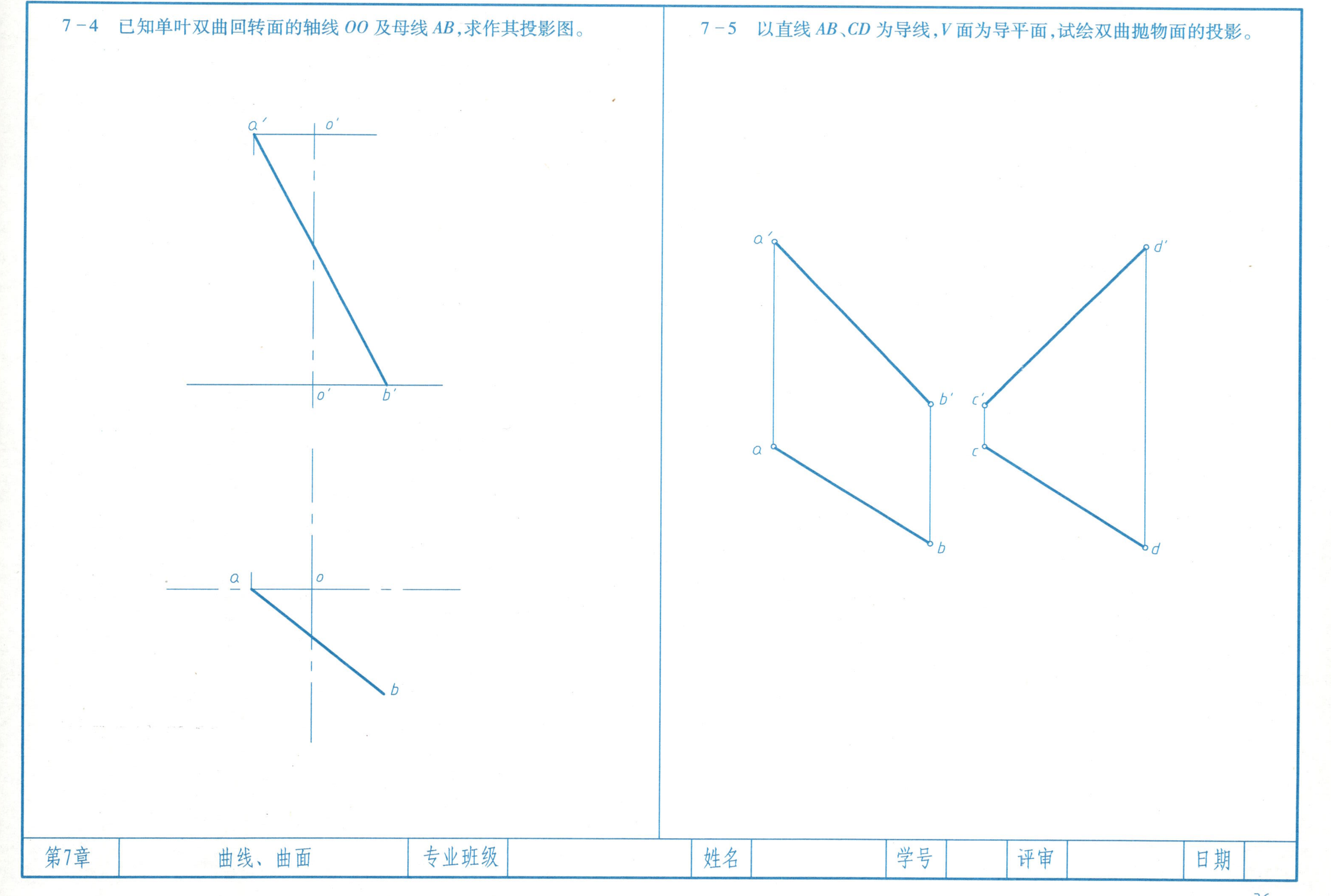
7－4　已知单叶双曲回转面的轴线 OO 及母线 AB，求作其投影图。
a′
o′
o′
b′
a
o
b
7－5　以直线 AB、CD 为导线，V 面为导平面，试绘双曲抛物面的投影。
a′
b′
a
b
c′
d′
c
d
第7章
曲线、曲面
专业班级
姓名
学号
评审
日期

7-6 作出柱状面管（管径是圆形）的水平投影，并指出其母线、导线和导面。

7-7 已知母线 AF、导线 $ABCD$ 和 EF、导面 H、求作锥状面。

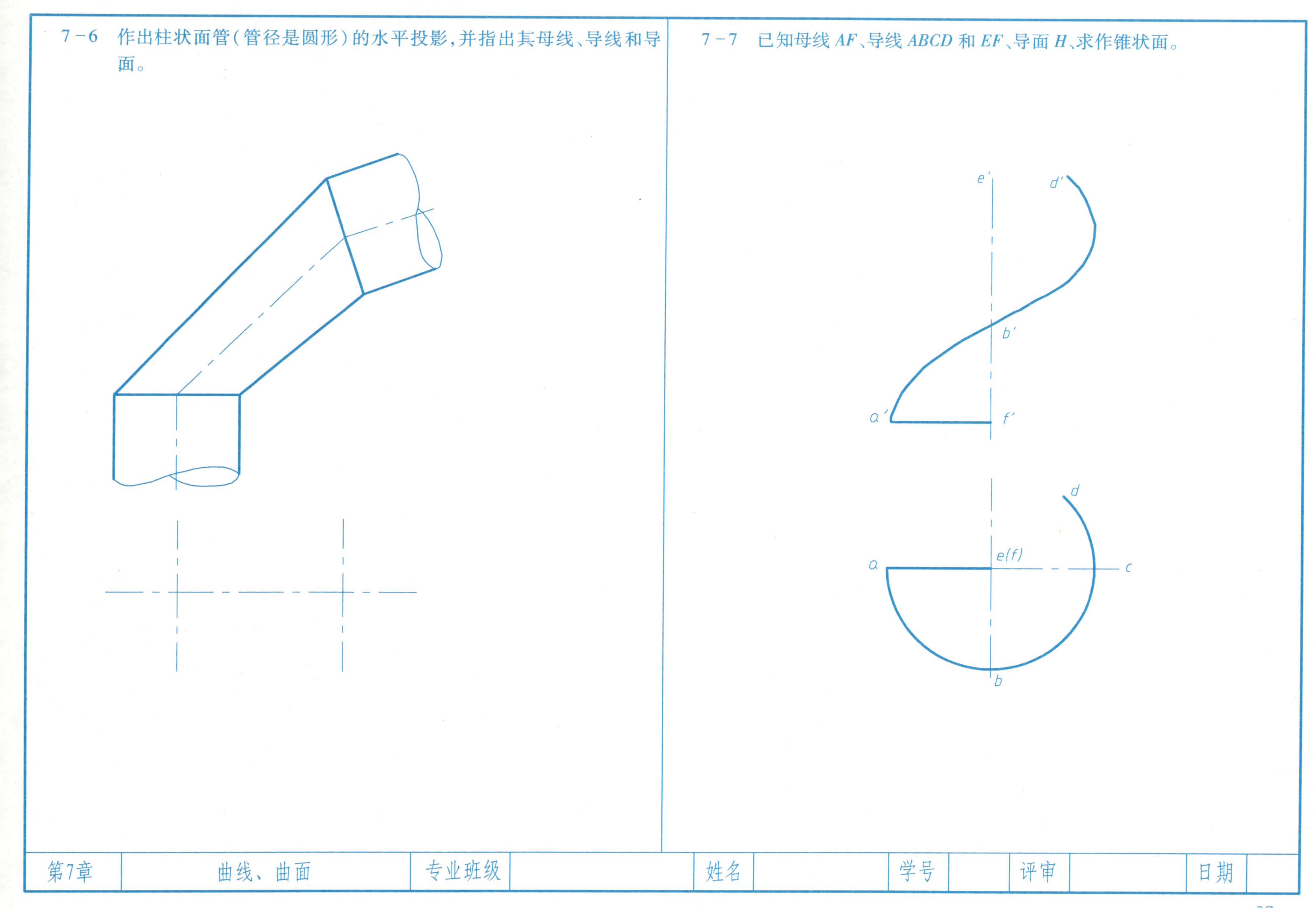

第7章	曲线、曲面	专业班级		姓名		学号		评审		日期	

7－8　指出下列曲面的名称及其导线、导平面、母线。

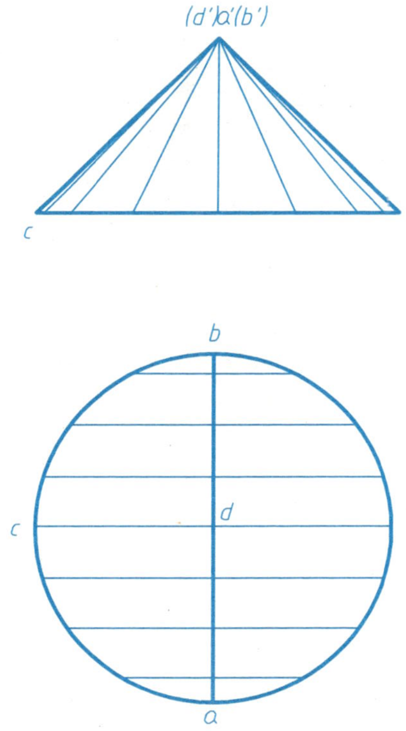

7－9　指出石拱门的曲面名称及其导线、导平面、母线。

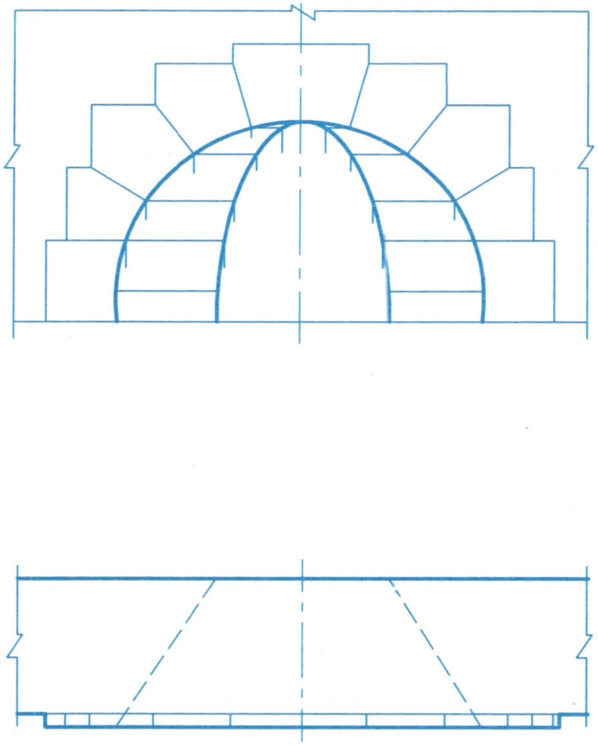

第7章	曲线、曲面	专业班级		姓名		学号		评审		日期	

7－10　完成平螺旋面形的楼梯扶手弯头的正面投影。

7－11　以直线 AB 和曲线 CD 为导线，V 面为导平面，试绘锥状面的投影图。

7－12　以曲线 AB、CD 为导线，V 面为导平面，试绘柱状面的投影图。

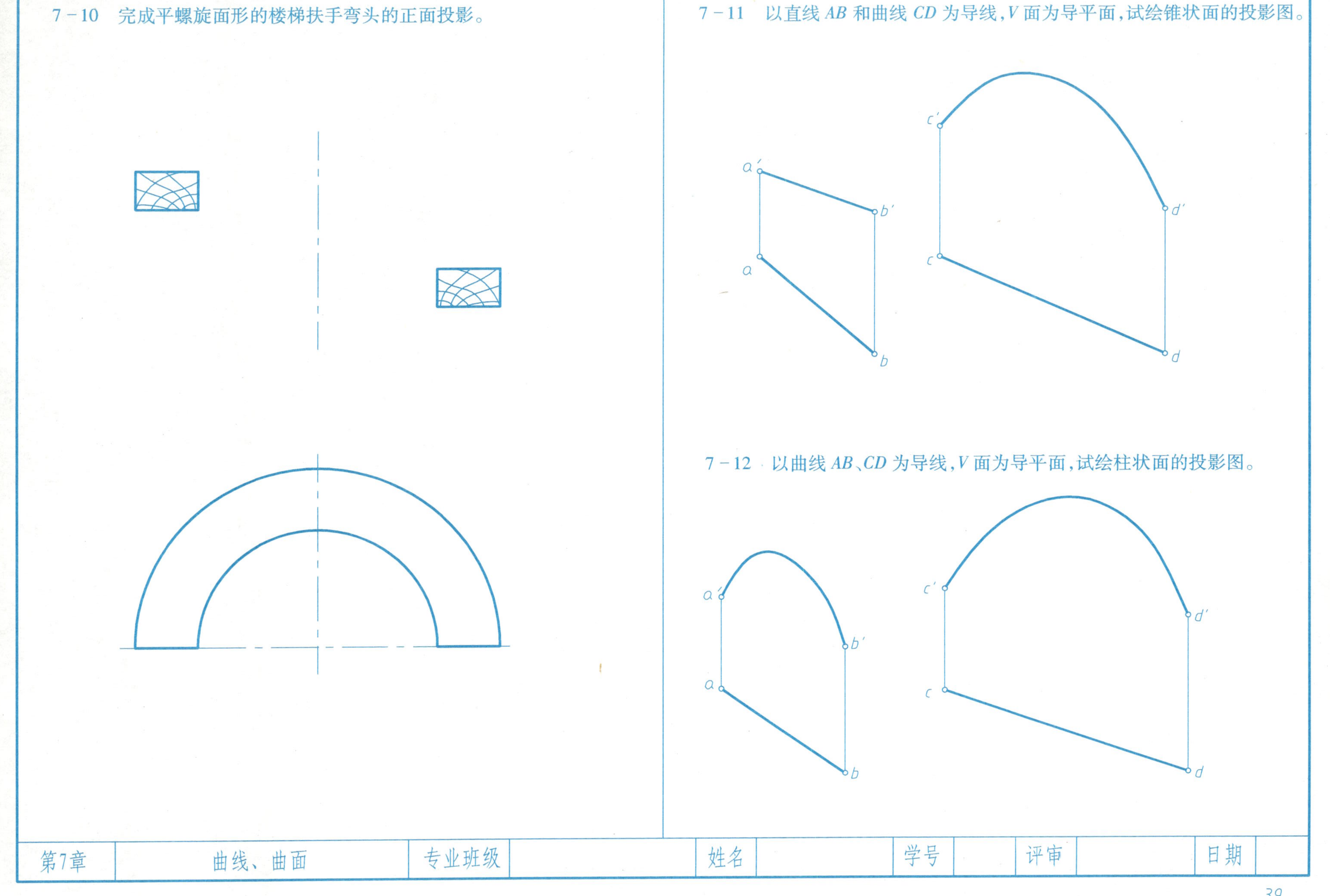

第7章	曲线、曲面	专业班级		姓名		学号		评审		日期	

7－13　求作螺旋楼梯的正面投影，设楼梯板厚与踏步高相同，踏步高 $=\frac{1}{12}h$（右旋，起点为 A）。

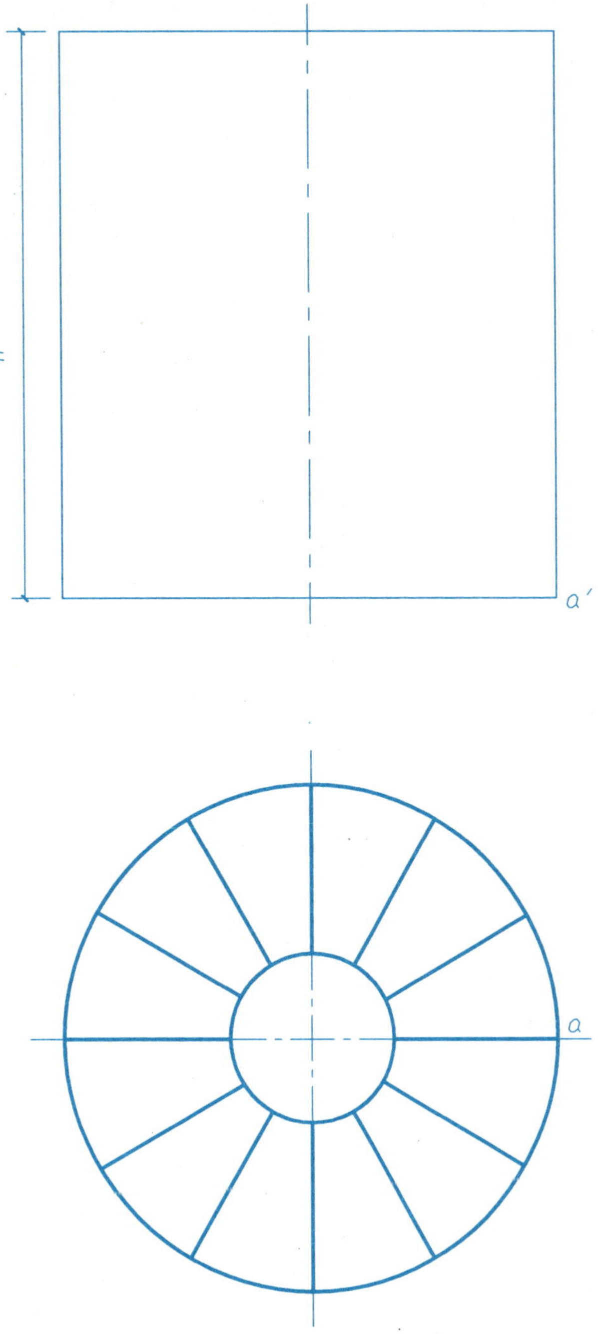

h

a′

a

专业班级　姓名　学号　评审　日期

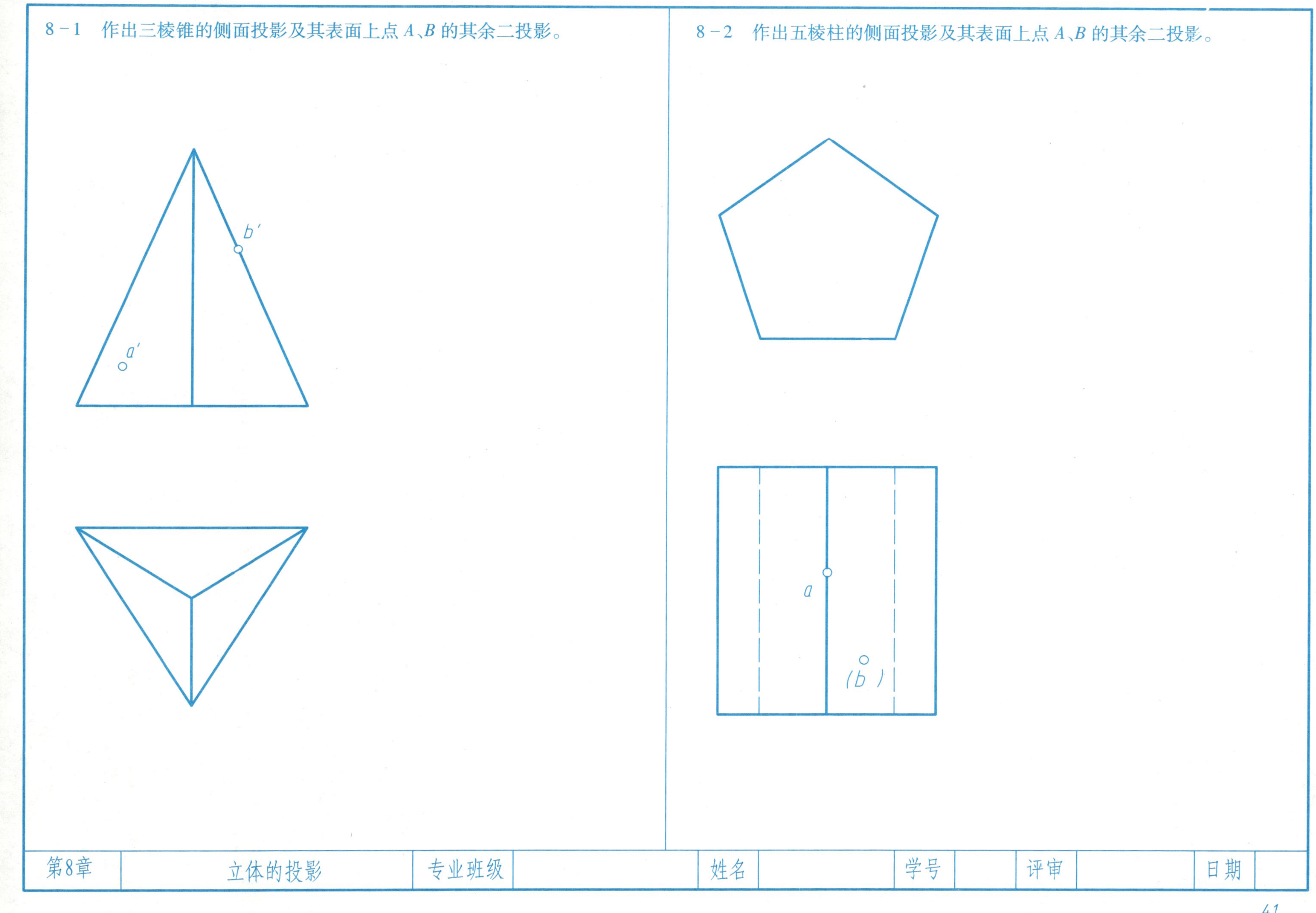
8－1　作出三棱锥的侧面投影及其表面上点 A、B 的其余二投影。
b′
a′
8－2　作出五棱柱的侧面投影及其表面上点 A、B 的其余二投影。
a
(b)
第8章
立体的投影
专业班级
姓名
学号
评审
日期

8－3　作出三棱柱的侧面投影及其表面上点 A、B 的其余二投影。

8－4　作出六棱台的侧面投影及其表面上点 A、B 的其余二投影。

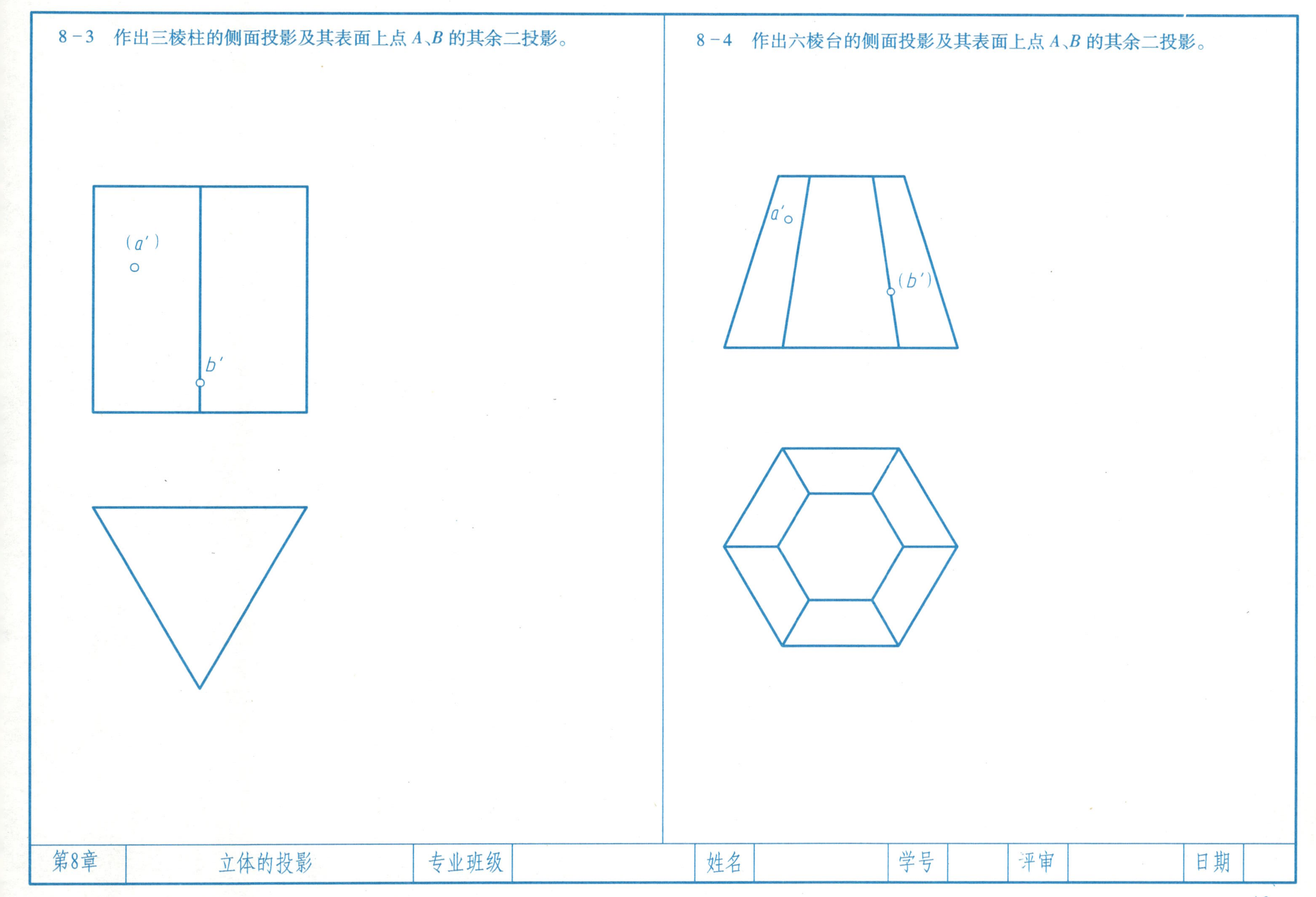

第8章	立体的投影	专业班级		姓名		学号		评审		日期	

8－5 作出圆柱体的侧面投影及其表面上点 A、B 两点的其余投影。

a'

(b')

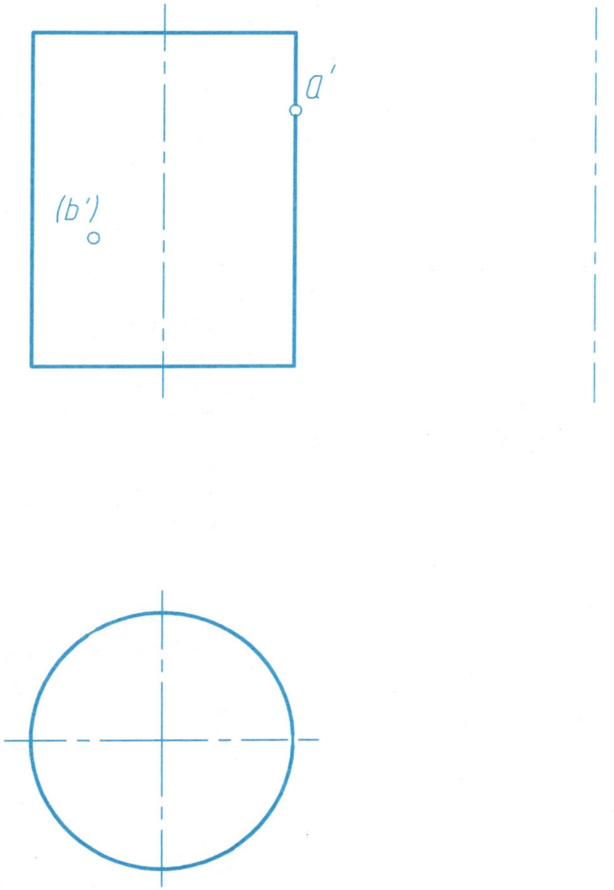

8－6 作出圆锥体的侧面投影及其表面上点 A、B 两点的其余投影。

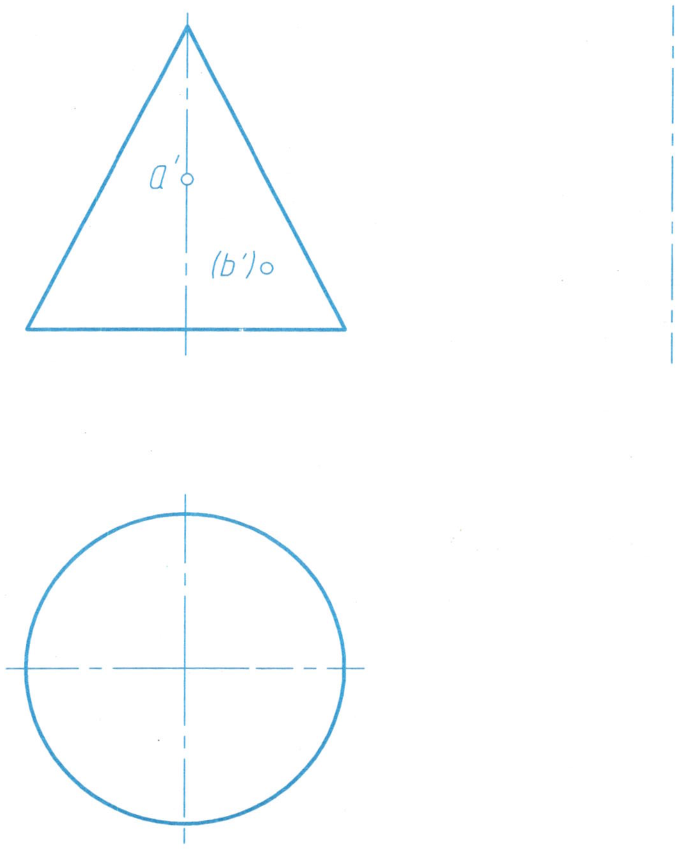

a'

(b')

8－7　作出圆球体表面上 A、B 两点的其余投影。

a′

(b′)

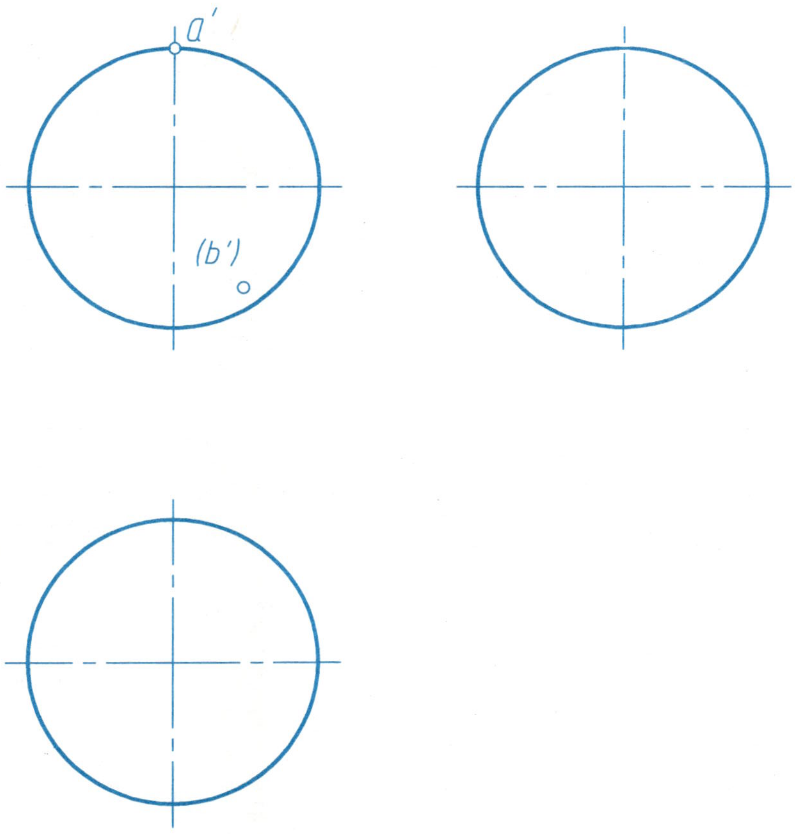

8－8　作出圆环体表面上 A、B 两点的其余投影。

a′

b′

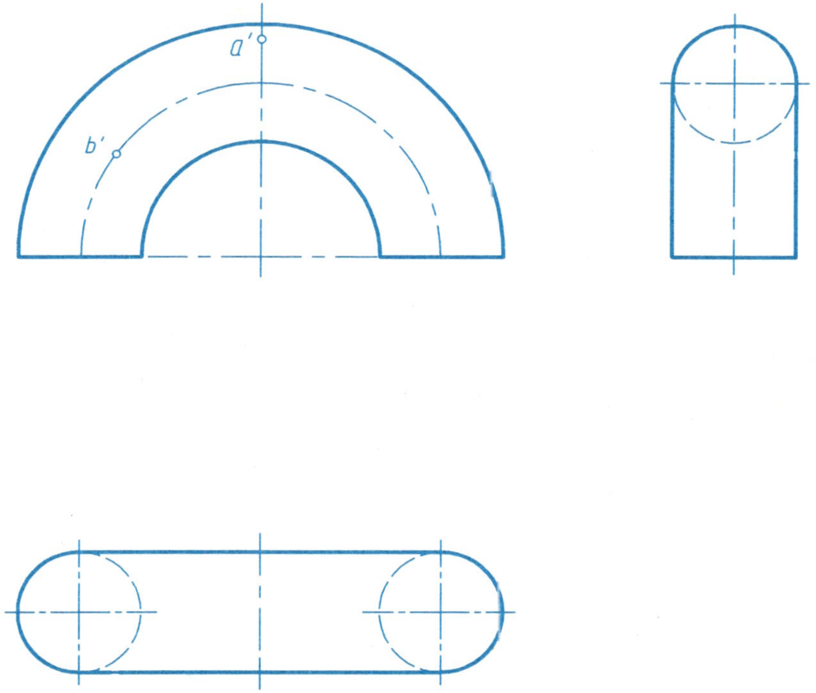

第8章	立体的投影	专业班级		姓名		学号		评审		日期	

8－9　已知三棱锥表面各线的投影，求作其余两面投影。

8－10　已知三棱柱表面各线的投影，求作其余两面投影。

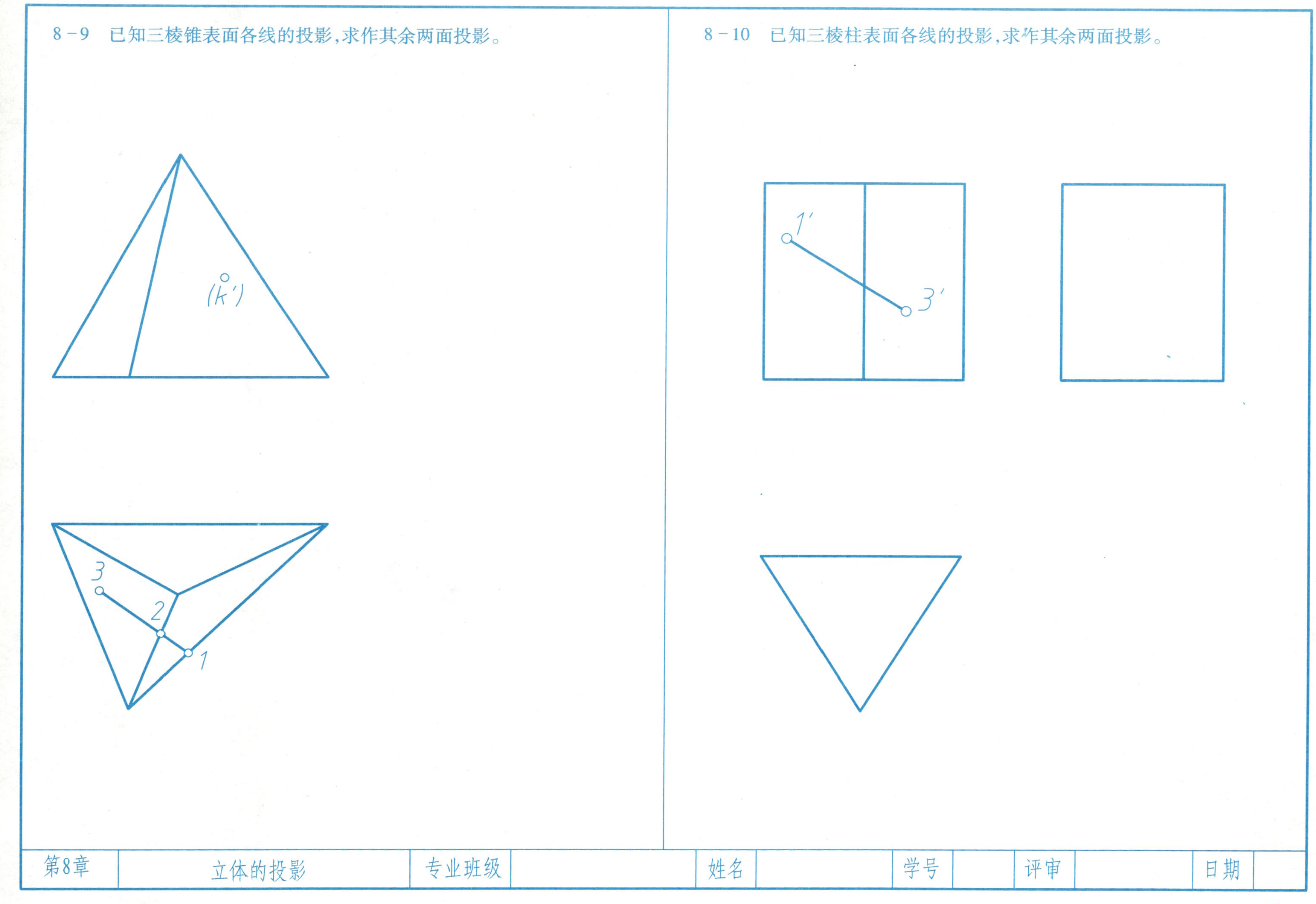

第8章	立体的投影	专业班级		姓名		学号		评审		日期	

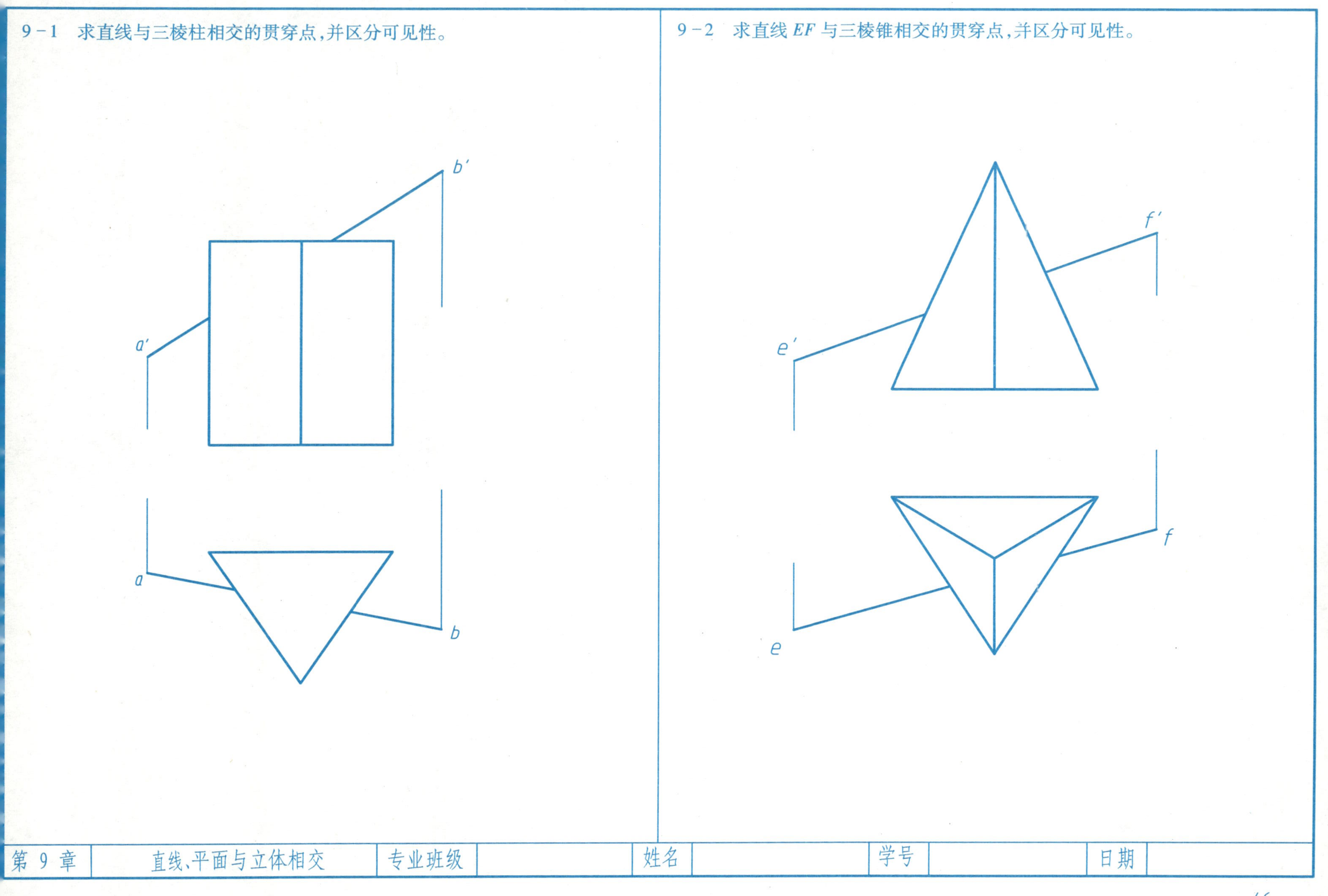
9-1 求直线与三棱柱相交的贯穿点，并区分可见性。
b′
a′
a
b
9-2 求直线 EF 与三棱锥相交的贯穿点，并区分可见性。
f′
e′
f
e
第 9 章
直线、平面与立体相交
专业班级
姓名
学号
日期

9－3　求作直线 *CD* 与圆柱相交的贯穿点，并区分可见性。

c′

d′

c

d

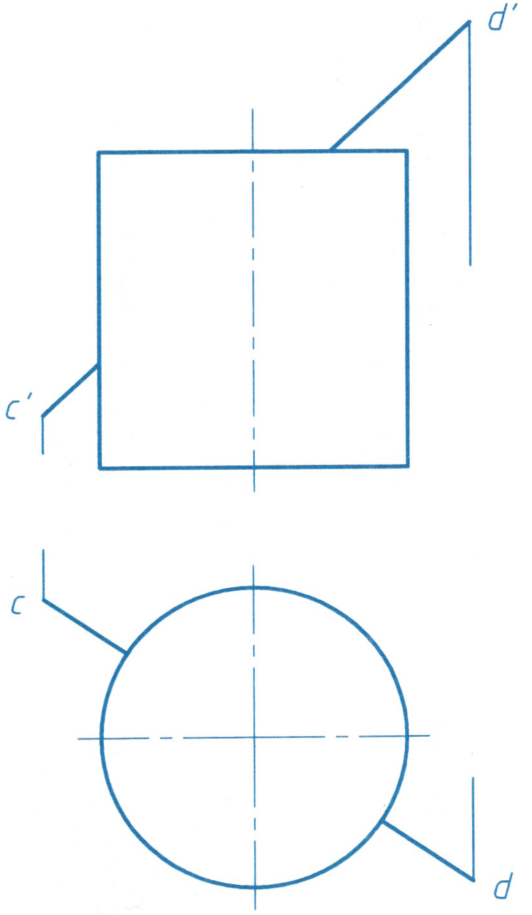

9－4　求作直线 *EF* 与圆锥相交的贯穿点，并区分可见性。

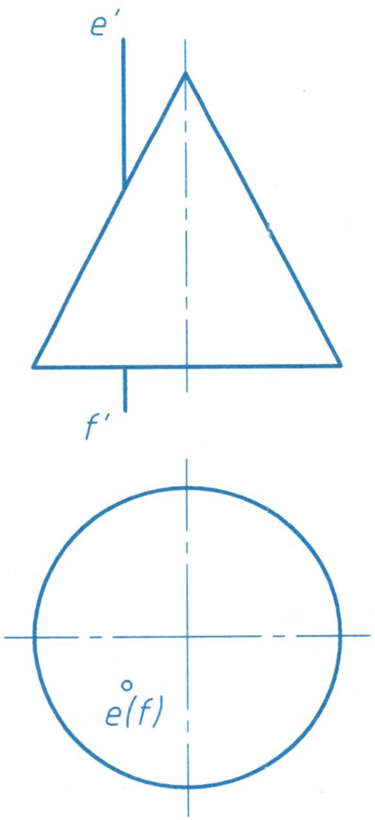

e′

f′

e(f)

9-5 求作直线 *EF* 与圆锥相交的贯穿点，并区分可见性。

e′
f′
e
f

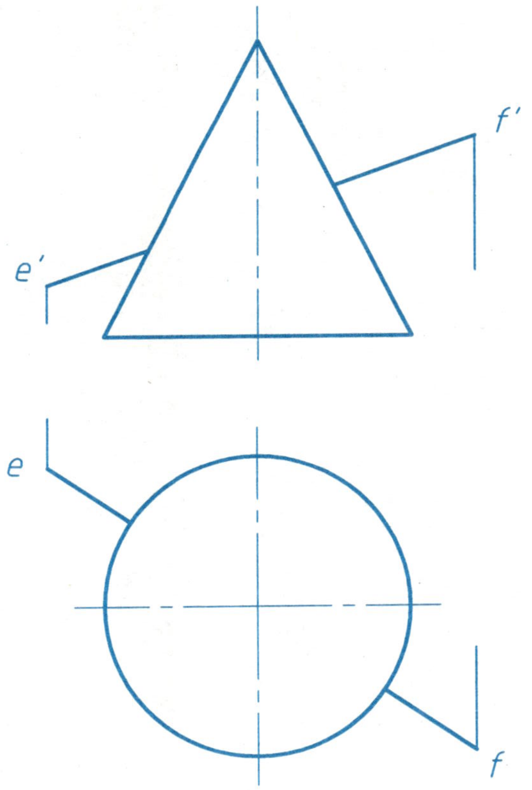

9-6 求作直线 *EF* 与球相交的贯穿点，并区分可见性。

e′
f′
e(f)

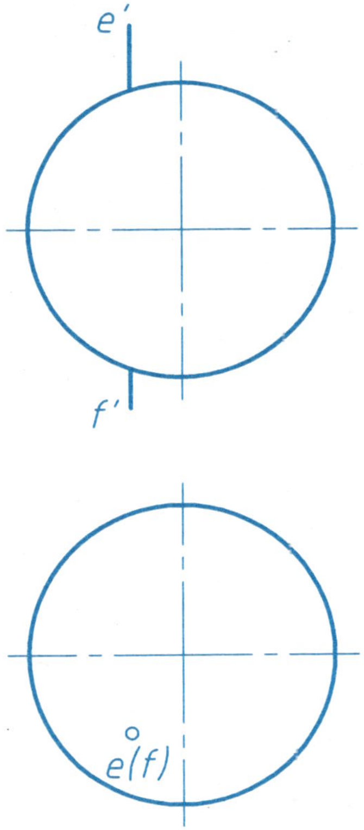

第 9 章	直线、平面与立体相交	专业班级		姓名		学号		日期	

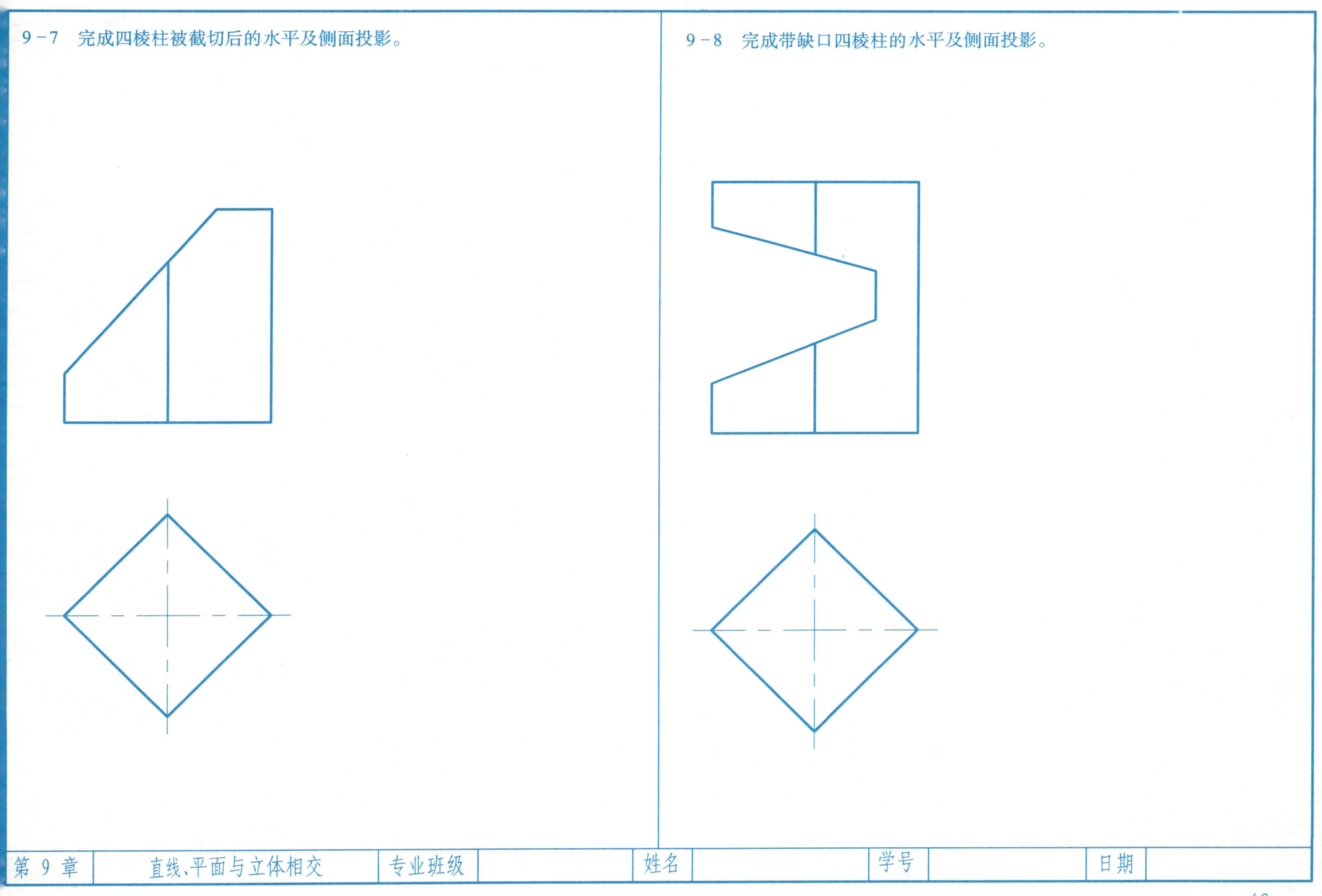
9－7　完成四棱柱被截切后的水平及侧面投影。
9－8　完成带缺口四棱柱的水平及侧面投影。

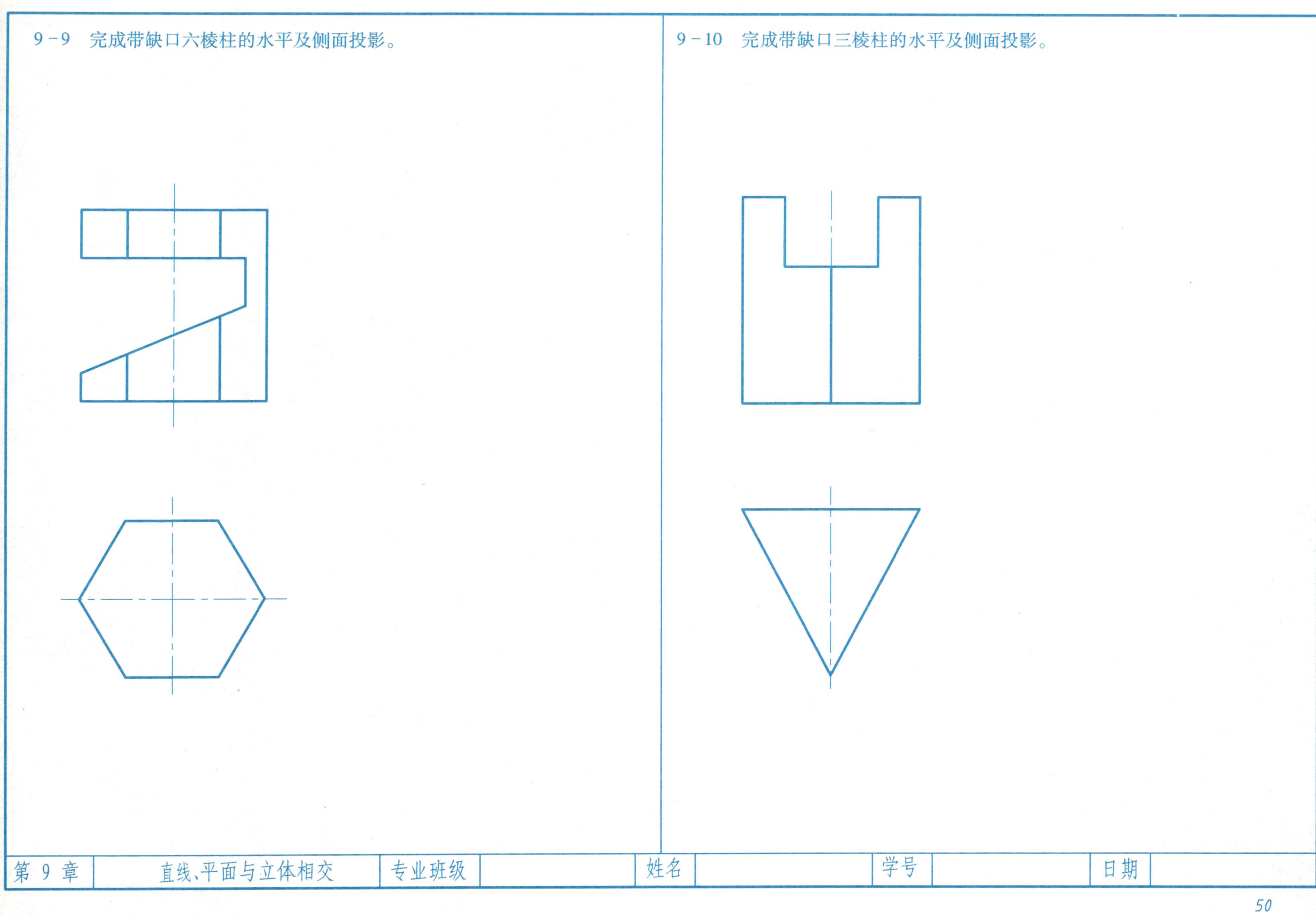

9－9　完成带缺口六棱柱的水平及侧面投影。

9－10　完成带缺口三棱柱的水平及侧面投影。

第 9 章	直线、平面与立体相交	专业班级		姓名		学号		日期	

9－11　完成三棱锥被截切后的水平及侧面投影。

9－12　完成带缺口四棱锥的水平及侧面投影。

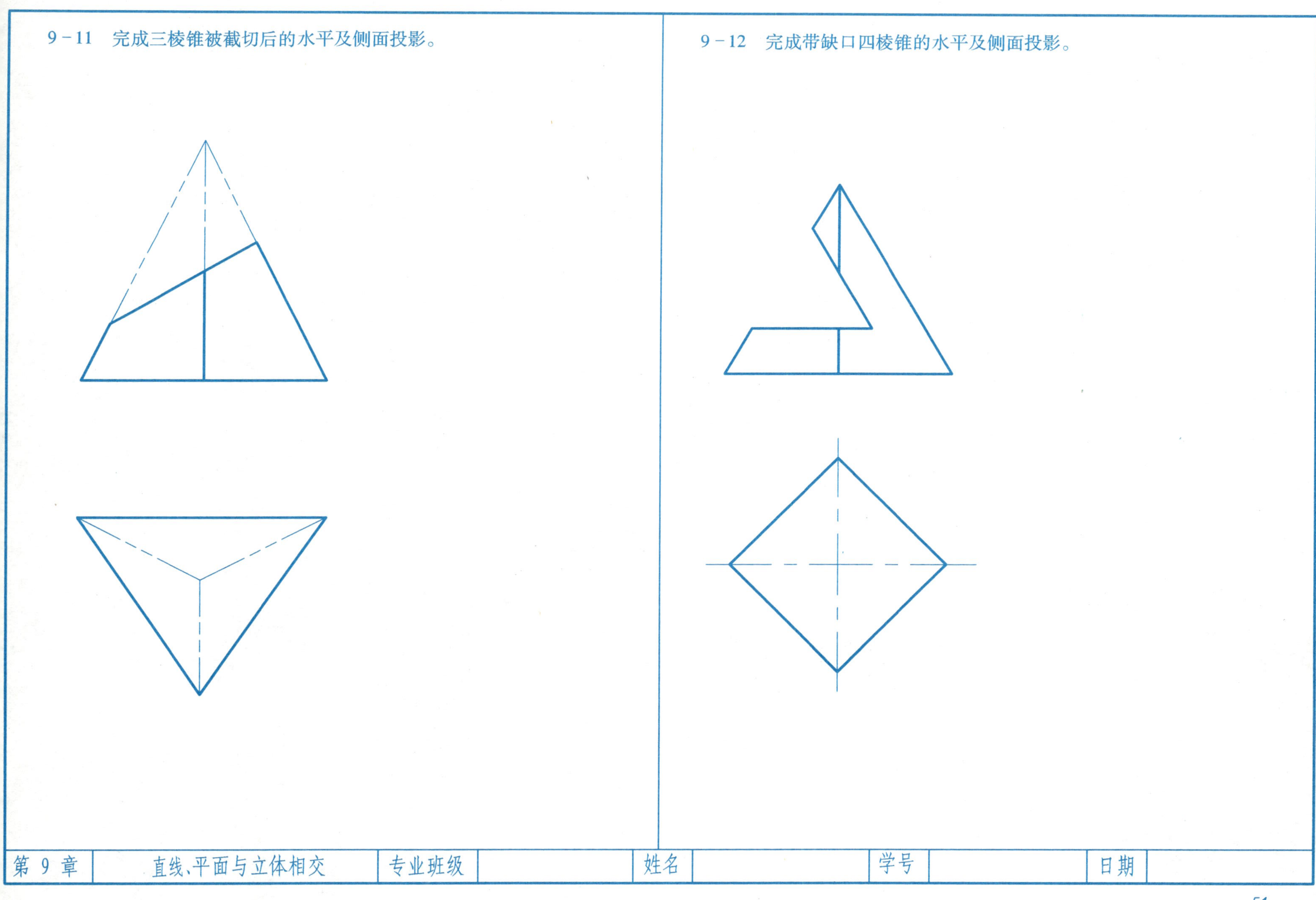

第 9 章	直线、平面与立体相交	专业班级		姓名		学号		日期	

9－13　完成带缺口圆柱的水平及侧面投影。

9－14　完成带缺口圆柱的水平及侧面投影。

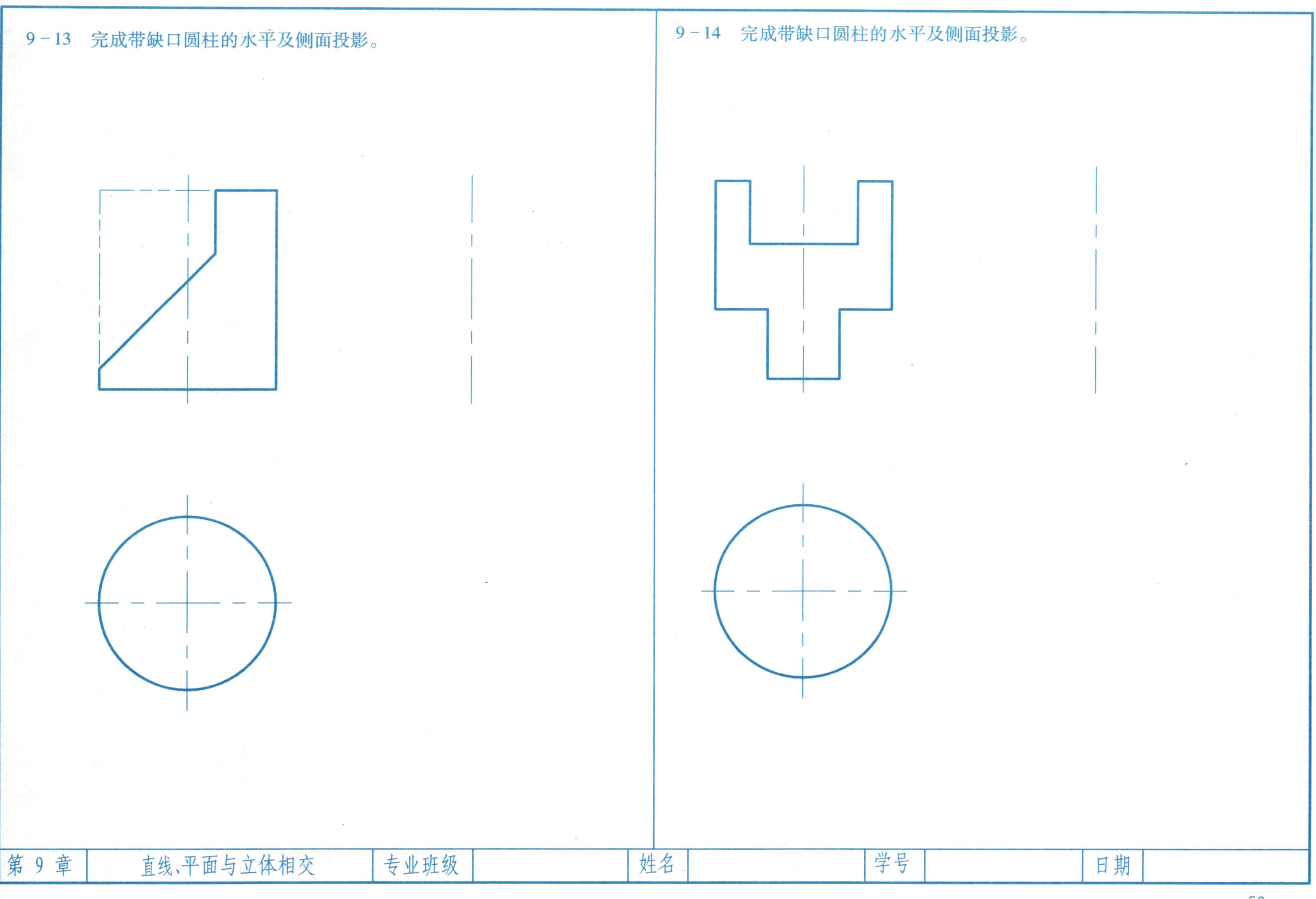

第 9 章	直线、平面与立体相交	专业班级		姓名		学号		日期	

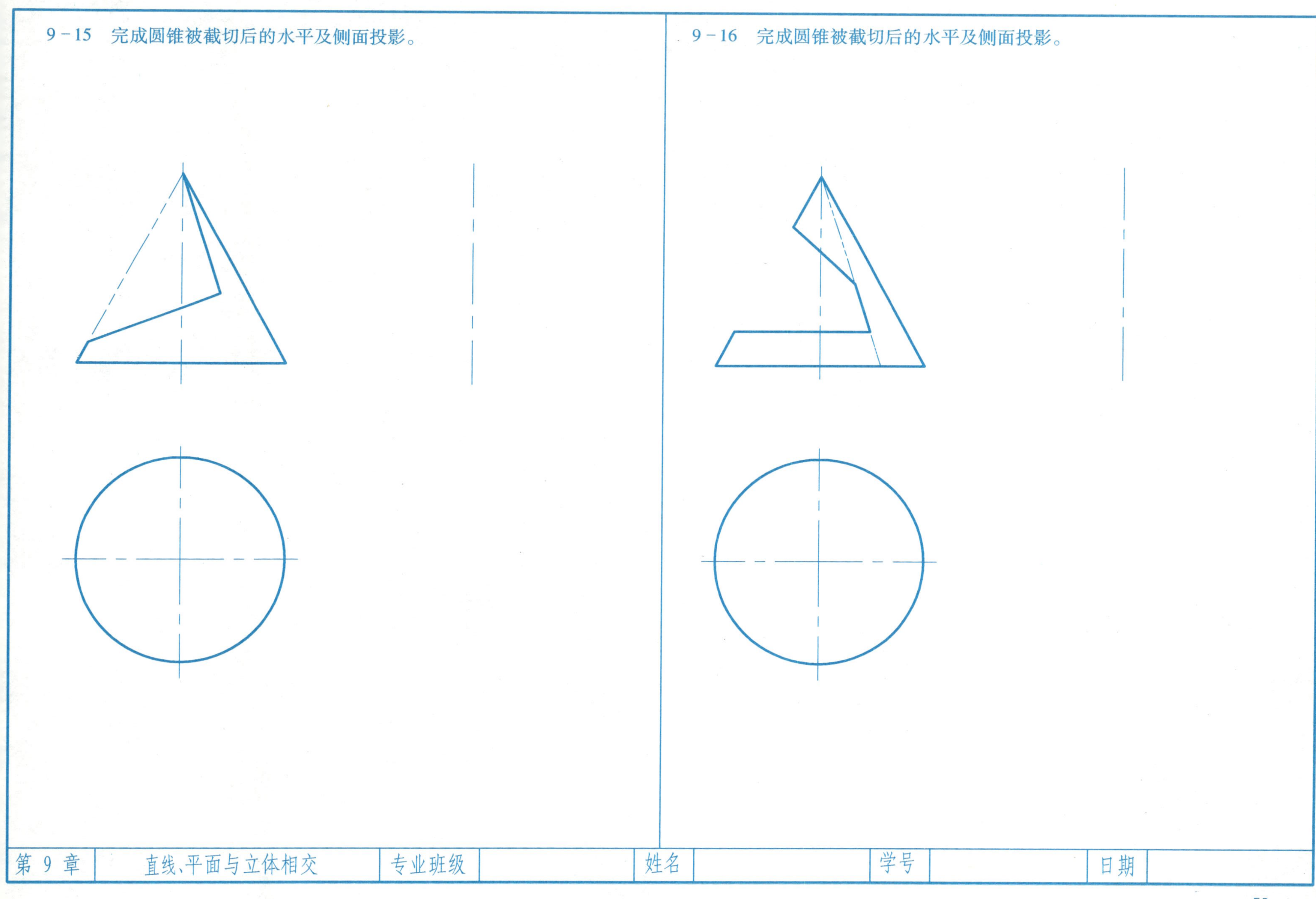
9－15　完成圆锥被截切后的水平及侧面投影。
9－16　完成圆锥被截切后的水平及侧面投影。
第 9 章
直线、平面与立体相交
专业班级
姓名
学号
日期

9－17　完成圆球被截切后的水平及侧面投影。

9－18　完成半圆球被截切后的水平及侧面投影。

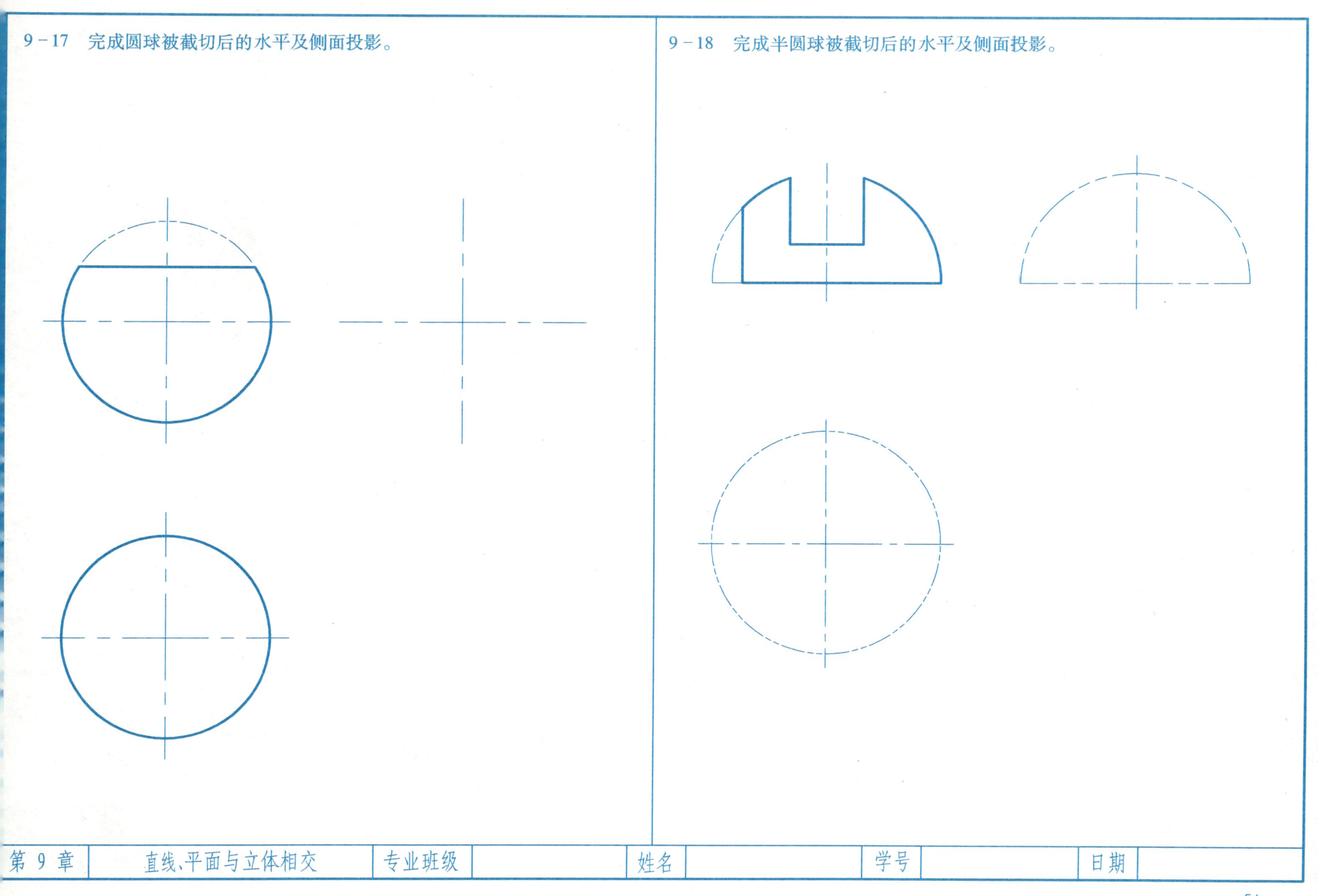

第 9 章	直线、平面与立体相交	专业班级		姓名		学号		日期	

10－1　完成四棱柱与三棱锥相贯体的投影。

10－2　完成三棱柱与斜三棱锥相贯体的投影。

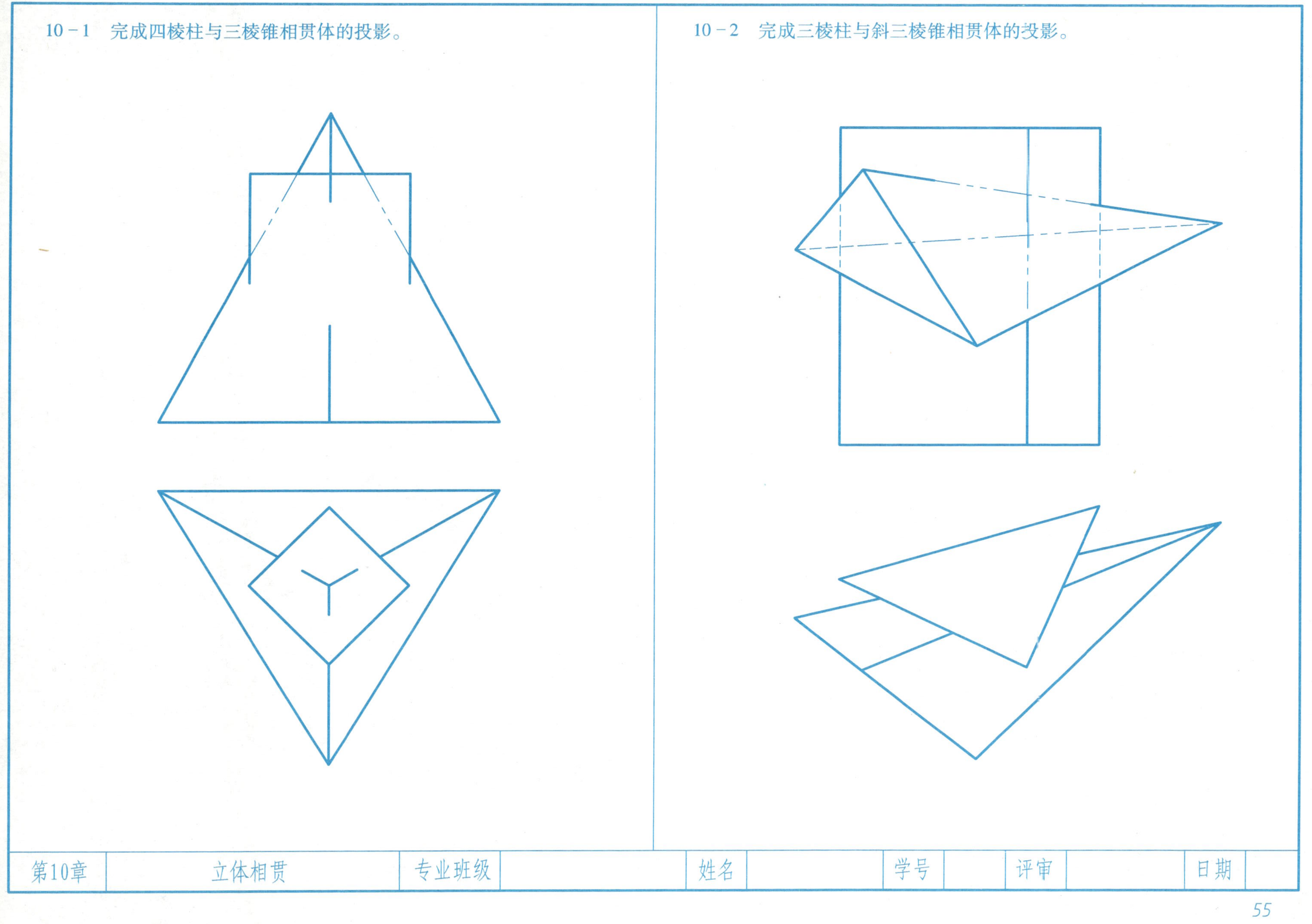

第10章	立体相贯	专业班级		姓名		学号		评审		日期	

10－3　完成直立六棱柱与斜三棱柱相贯体的投影。

10－4　完成直立四棱柱与斜四棱柱相贯体的投影。

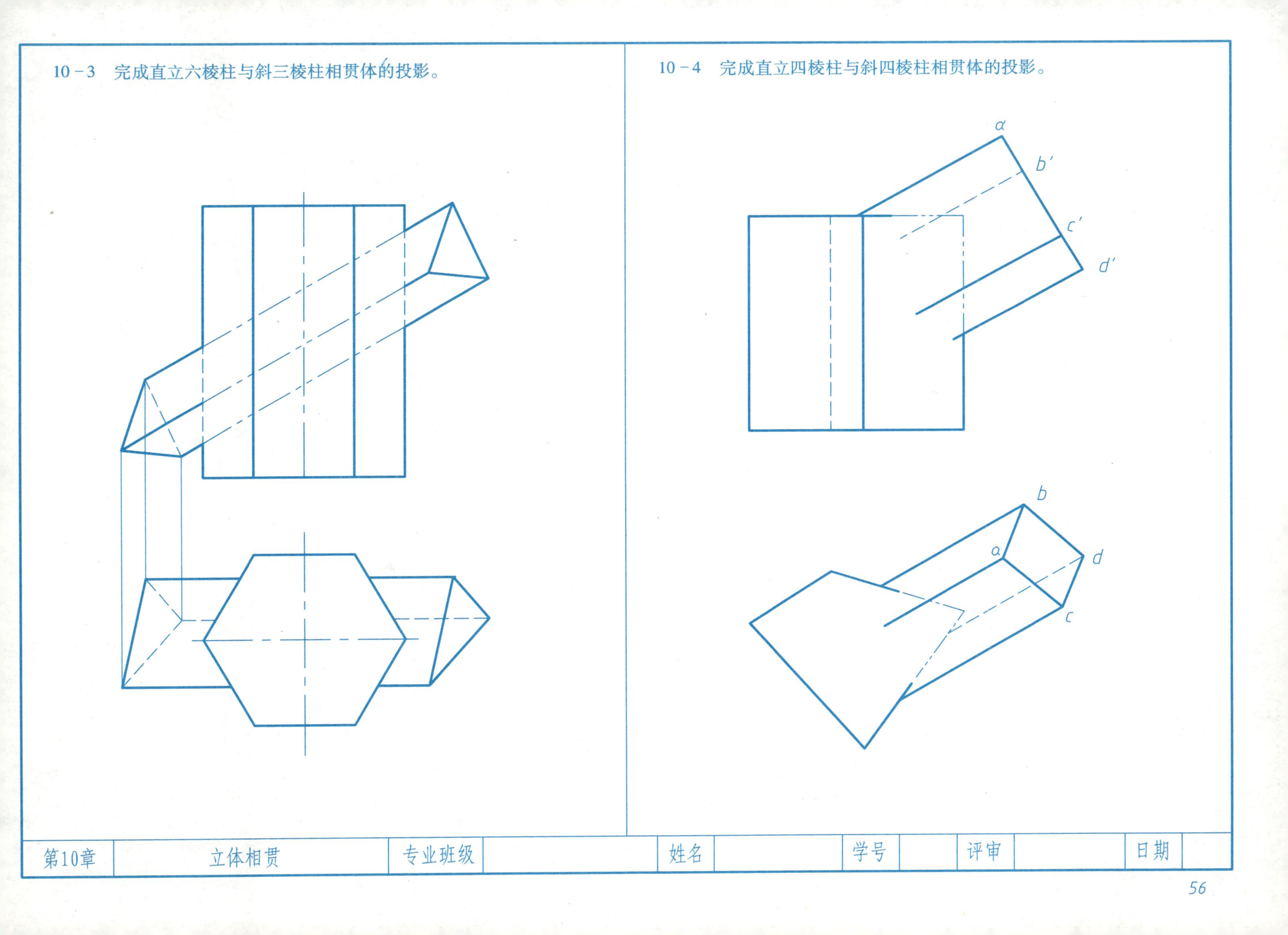

第10章	立体相贯	专业班级		姓名		学号		评审		日期	

10－5　完成六棱锥与三棱柱相贯体的投影。

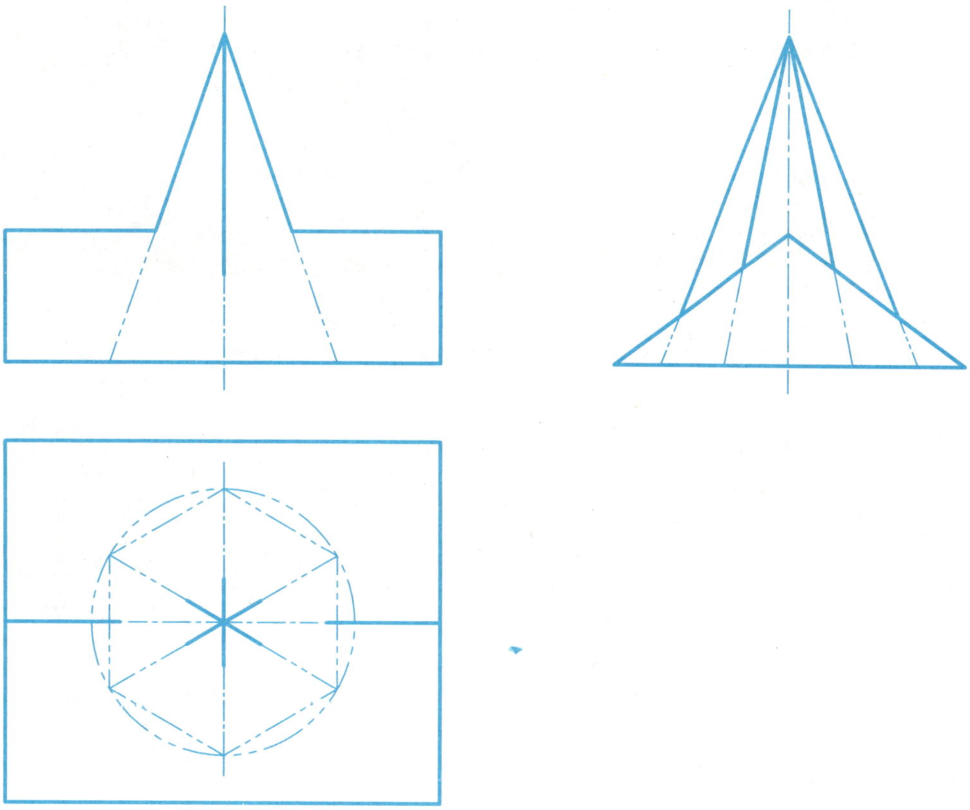

10－6　完成三棱柱和三棱锥相贯线体的投影。

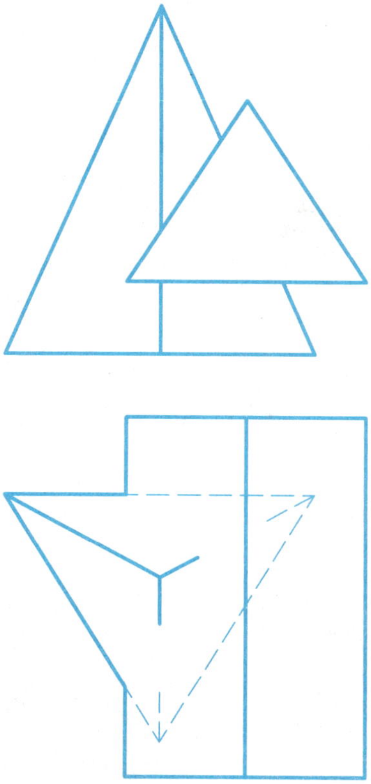

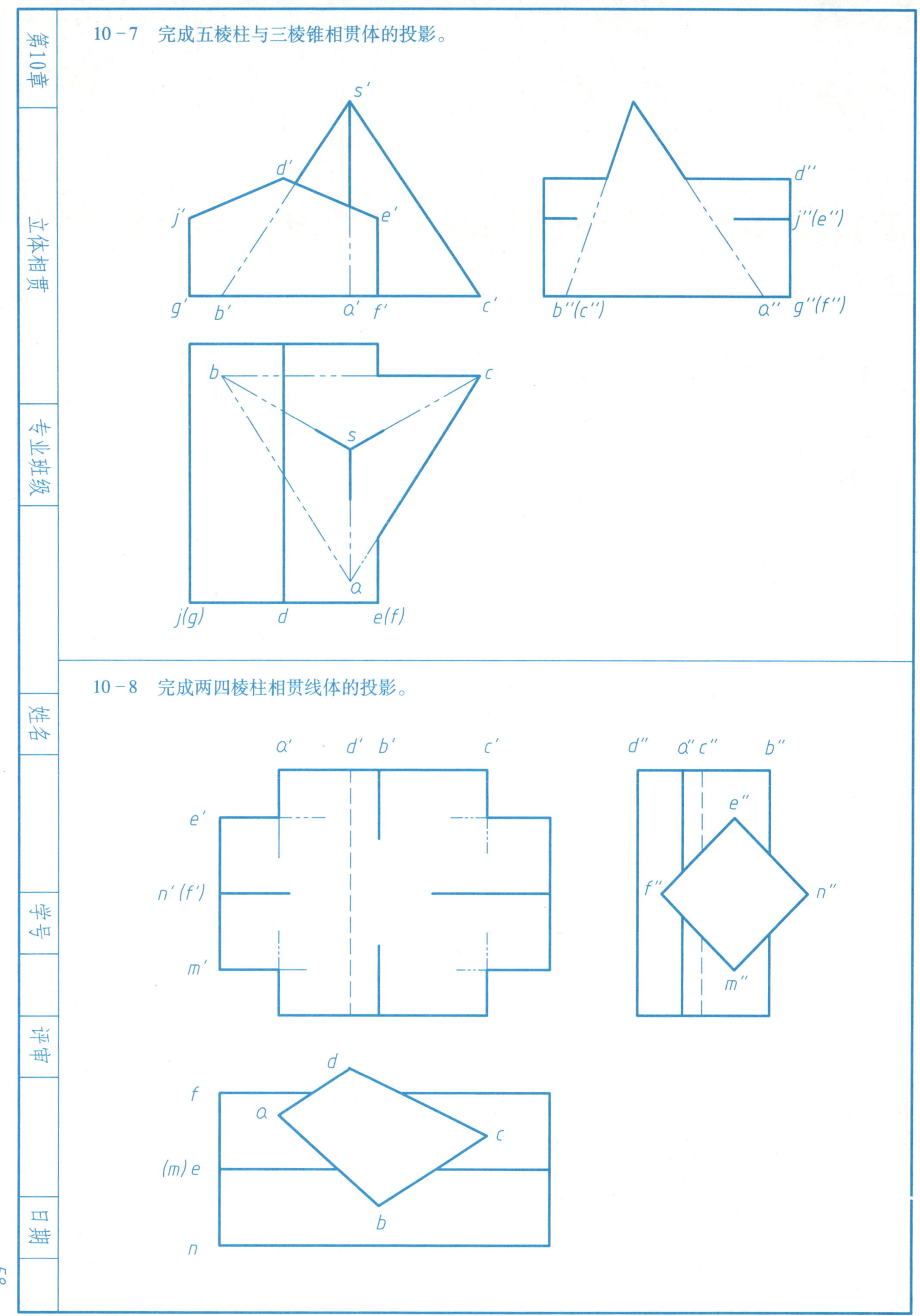

第10章
立体相贯
专业班级
姓名
学号
评审
日期
10－7　完成五棱柱与三棱锥相贯体的投影。
s′
d′
j′
e′
g′
b′
a′
f′
c′
d″
j″(e″)
b″(c″)
a″
g″(f″)
b
c
s
a
j(g)
d
e(f)
10－8　完成两四棱柱相贯线体的投影。
a′
d′
b′
c′
e′
n′(f′)
m′
d″
a″c″
b″
e″
f″
n″
m″
d
f
a
c
(m)e
b
n

10－9　完成同坡屋面的水平投影、正面投影及侧面投影（$\alpha=30°$）。

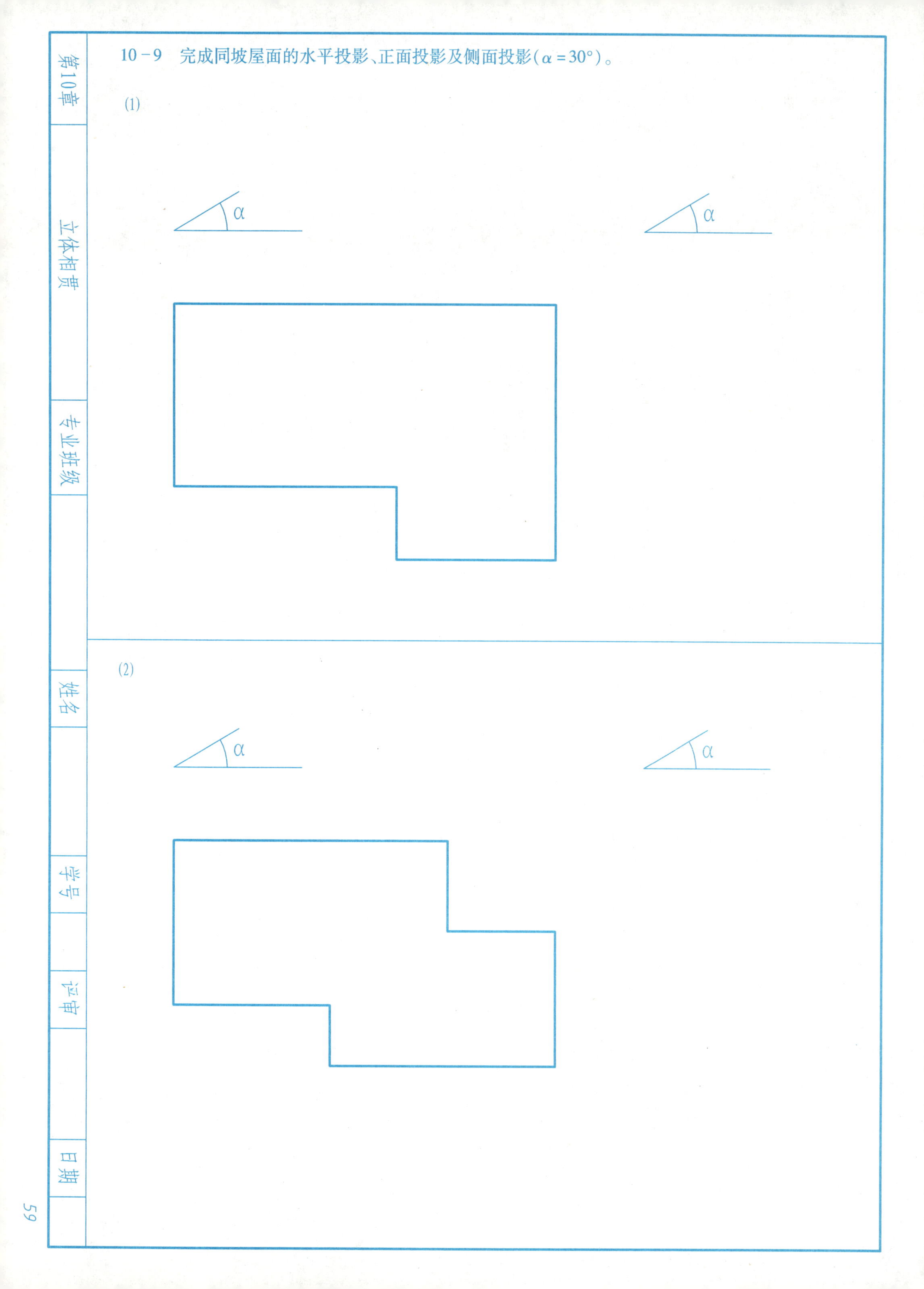

10－10 完成同坡屋面的水平投影、正面投影及侧面投影（$\alpha=30°$）。

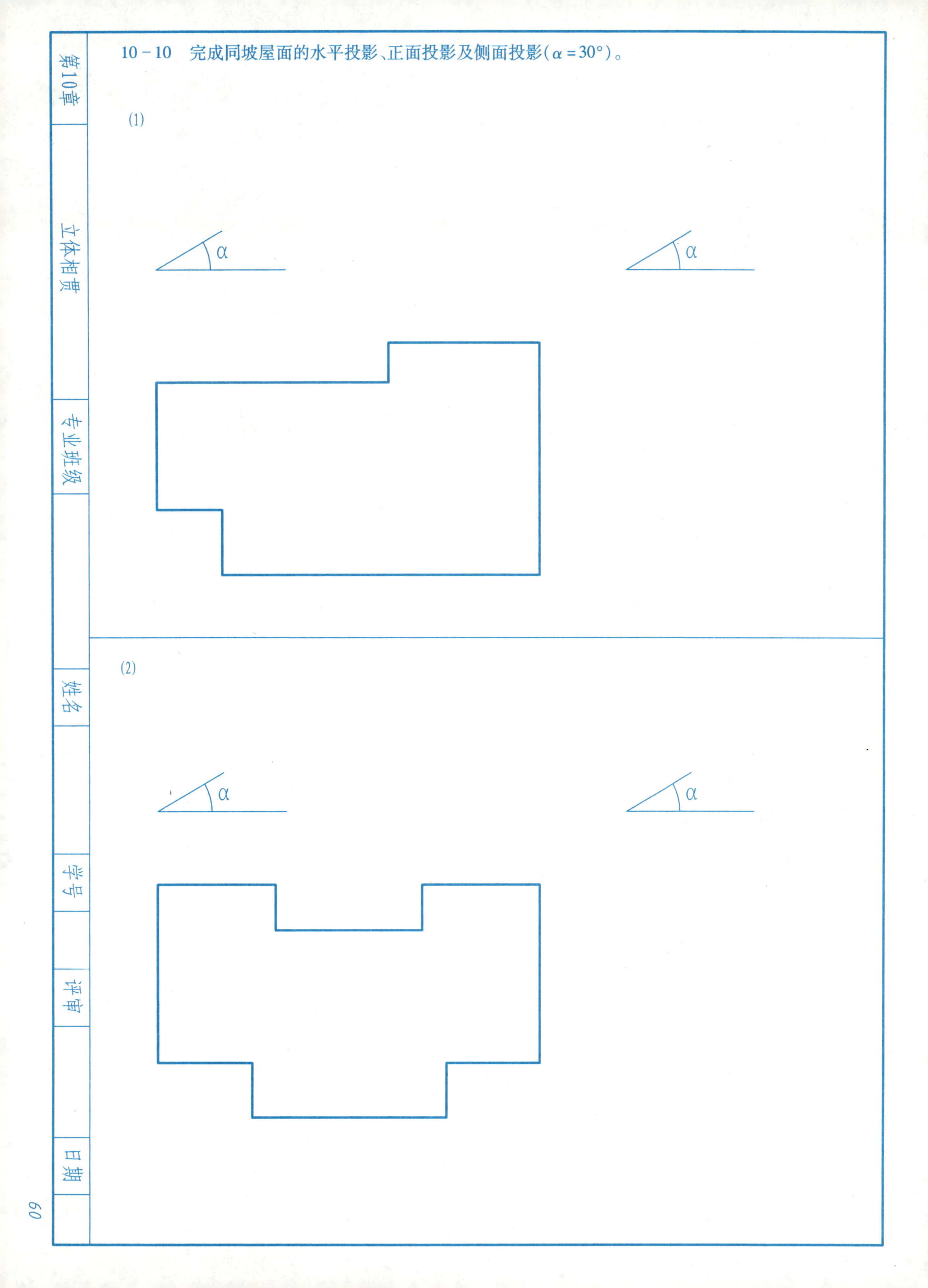

专业班级

姓名

学号

评审

日期

10－11　完成建筑形体的两面投影。

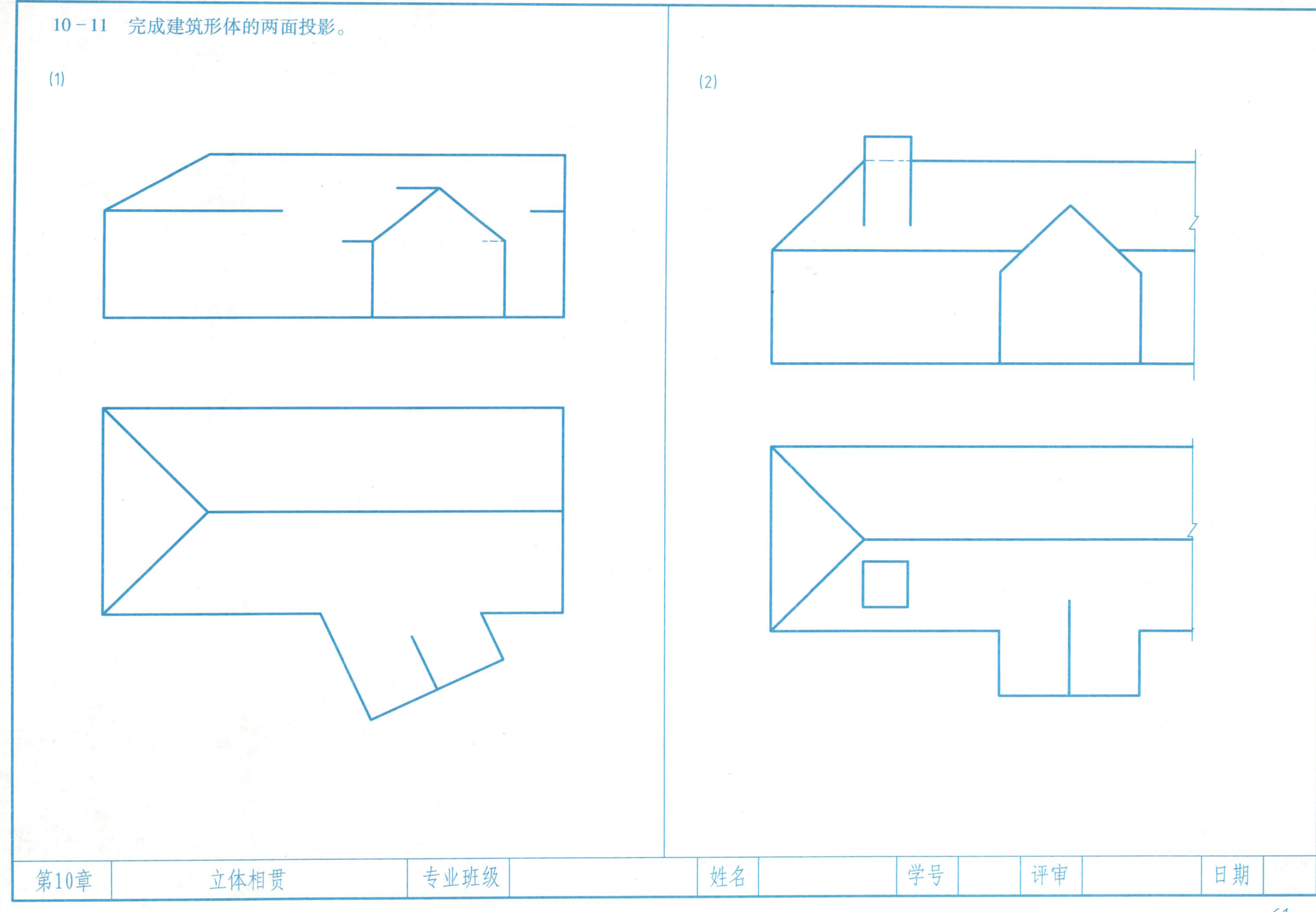

第10章	立体相贯	专业班级		姓名		学号		评审		日期	

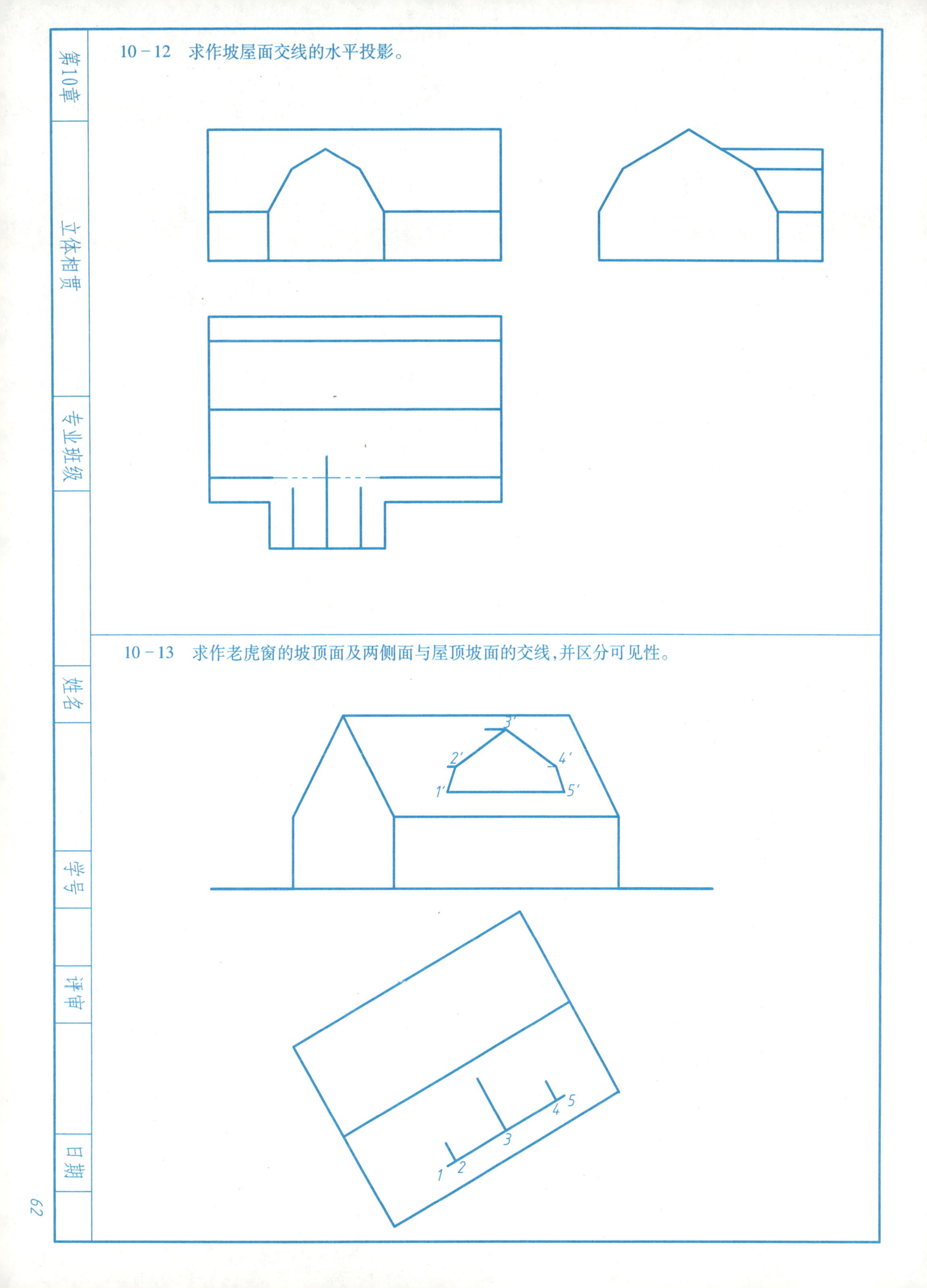
第10章
立体相贯
专业班级
姓名
学号
评审
日期
10－12　求作坡屋面交线的水平投影。
10－13　求作老虎窗的坡顶面及两侧面与屋顶坡面的交线，并区分可见性。
3′
2′
4′
1′
5′
5
4
3
1
2

10－14　完成圆柱与四棱锥相贯体的投影。

10－15　完成圆锥与四棱柱相贯体的投影。

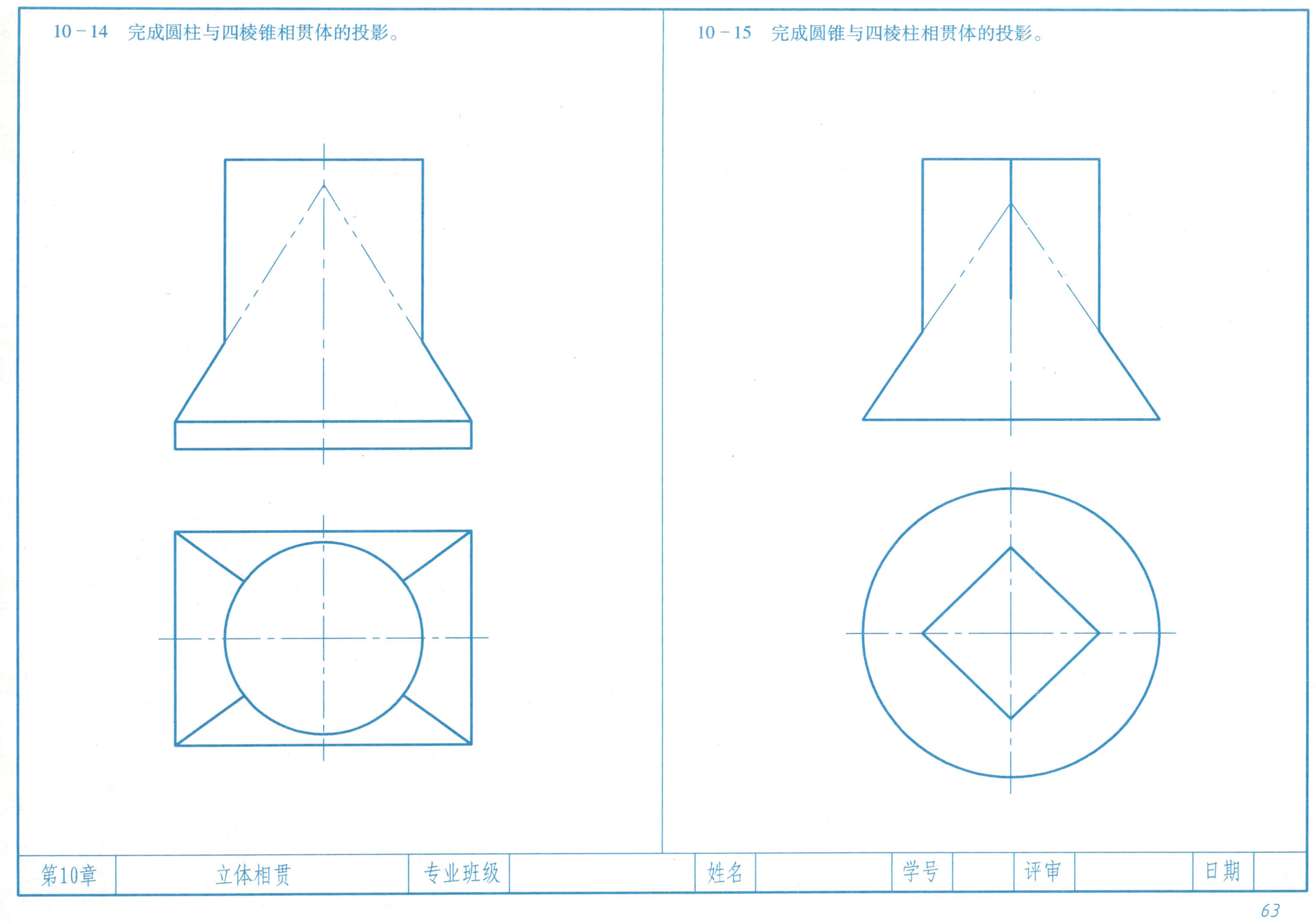

第10章	立体相贯	专业班级		姓名		学号		评审		日期	

10-16 完成三棱柱与圆柱相贯体的投影。

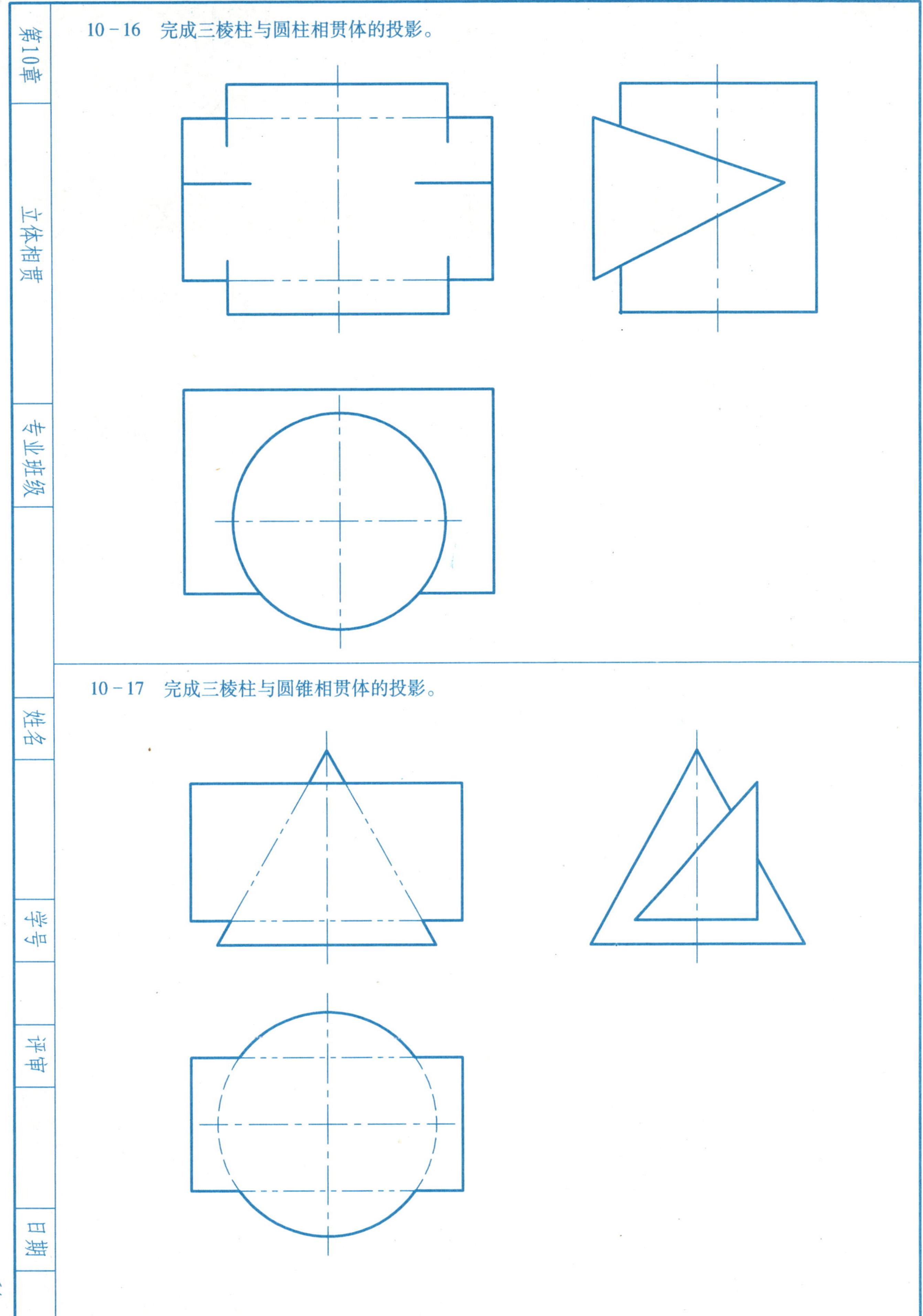

10-17 完成三棱柱与圆锥相贯体的投影。

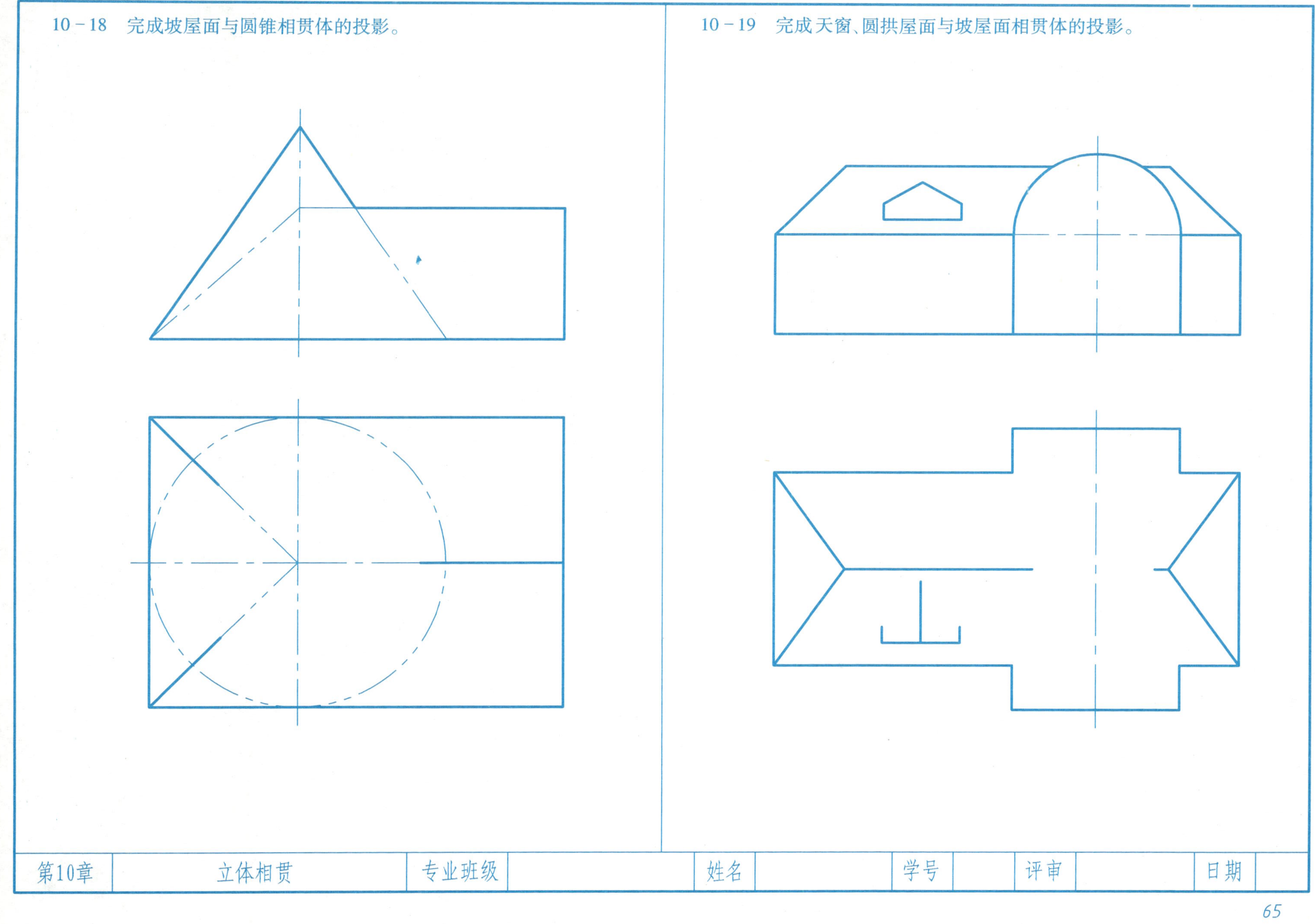
10－18　完成坡屋面与圆锥相贯体的投影。
10－19　完成天窗、圆拱屋面与坡屋面相贯体的投影。
第10章
立体相贯
专业班级
姓名
学号
评审
日期

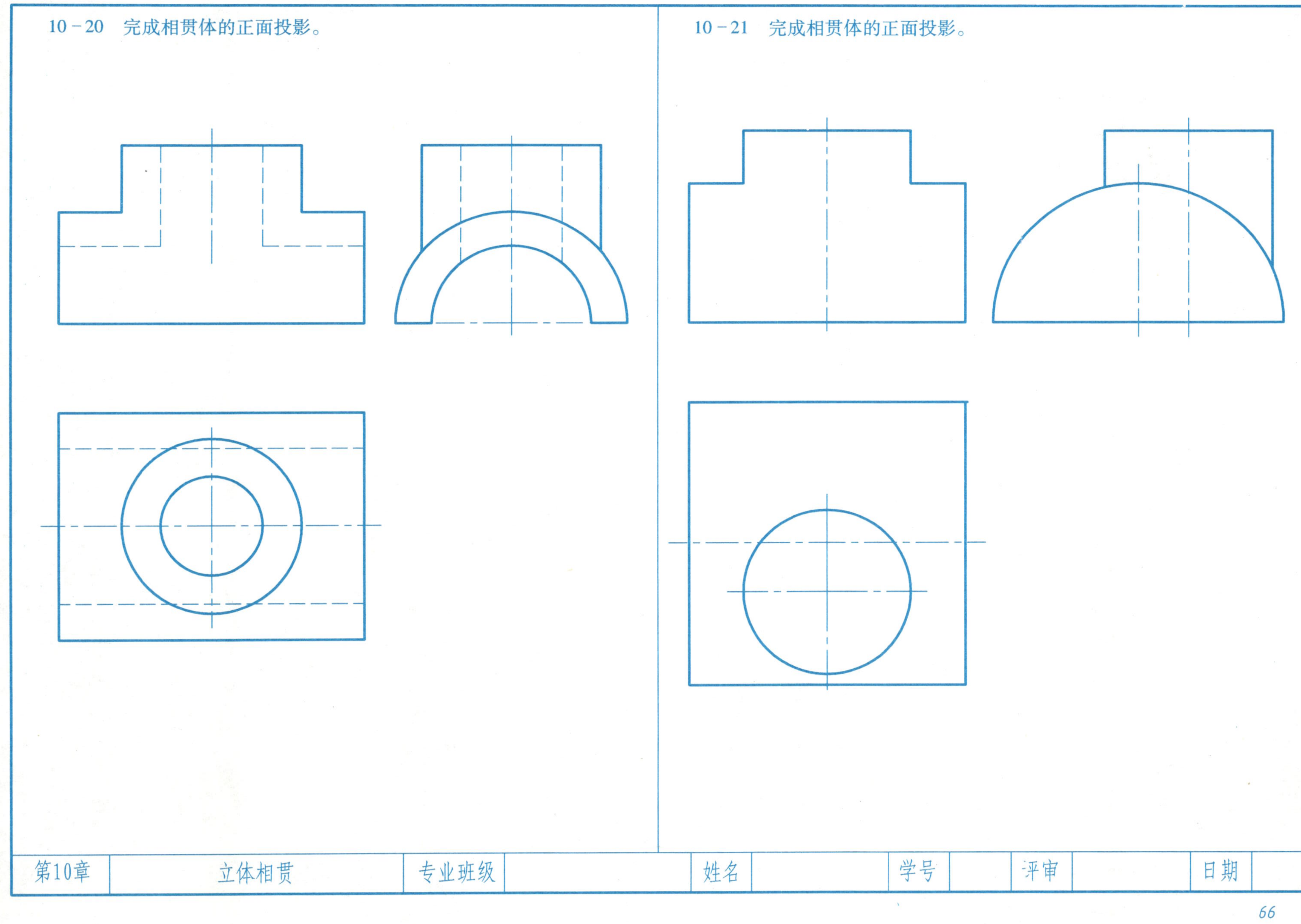
10－20　完成相贯体的正面投影。
10－21　完成相贯体的正面投影。
第10章
立体相贯
专业班级
姓名
学号
评审
日期

10－22　完成圆柱与圆锥相贯体的正面和水平投影。

10－23　完成圆柱与圆锥相贯体的正面投影。

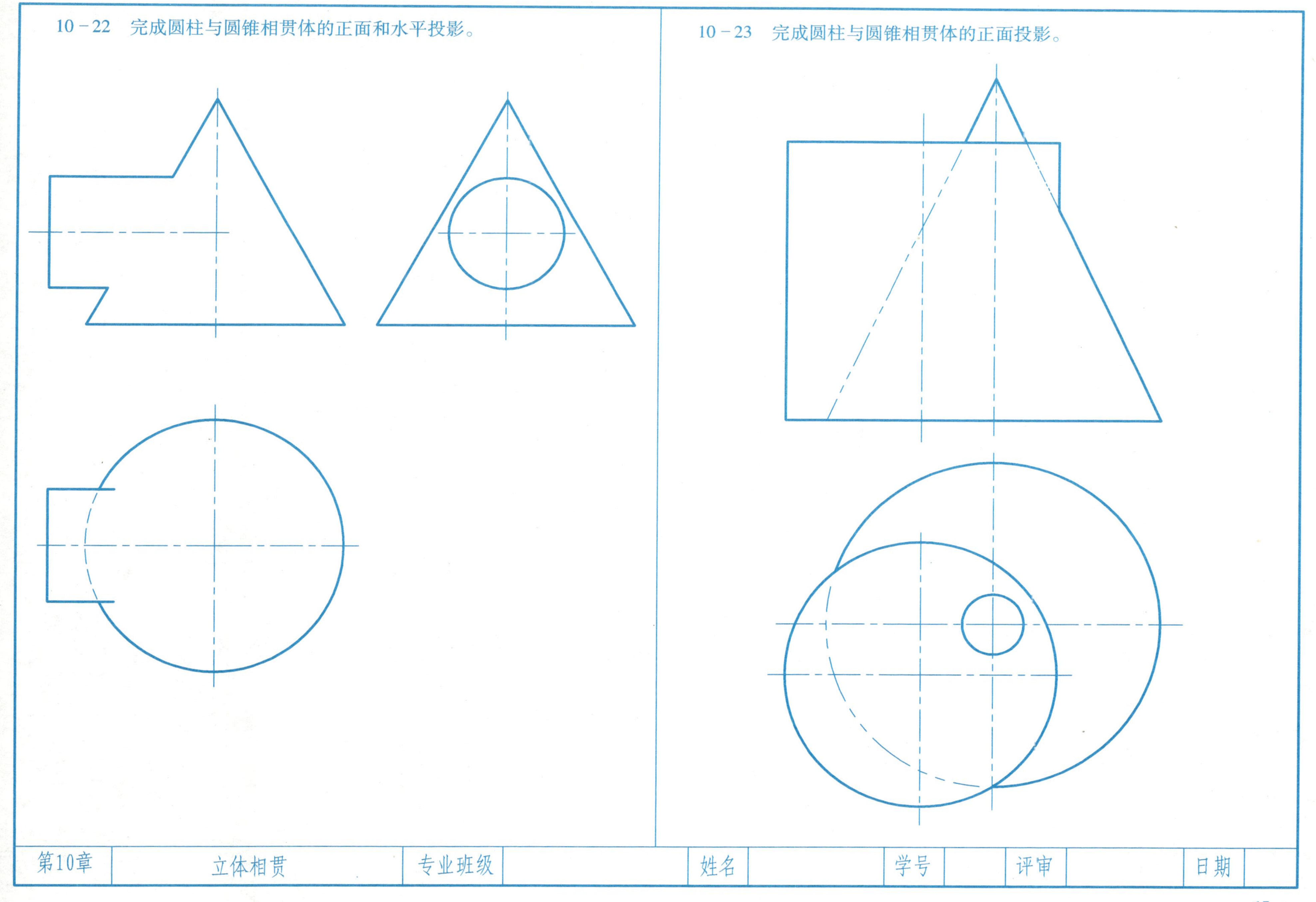

第10章	立体相贯	专业班级		姓名		学号		评审		日期	

10－24　完成圆柱与圆锥相贯体的水平投影。

10－25　完成圆柱与半球相贯体的正面投影。

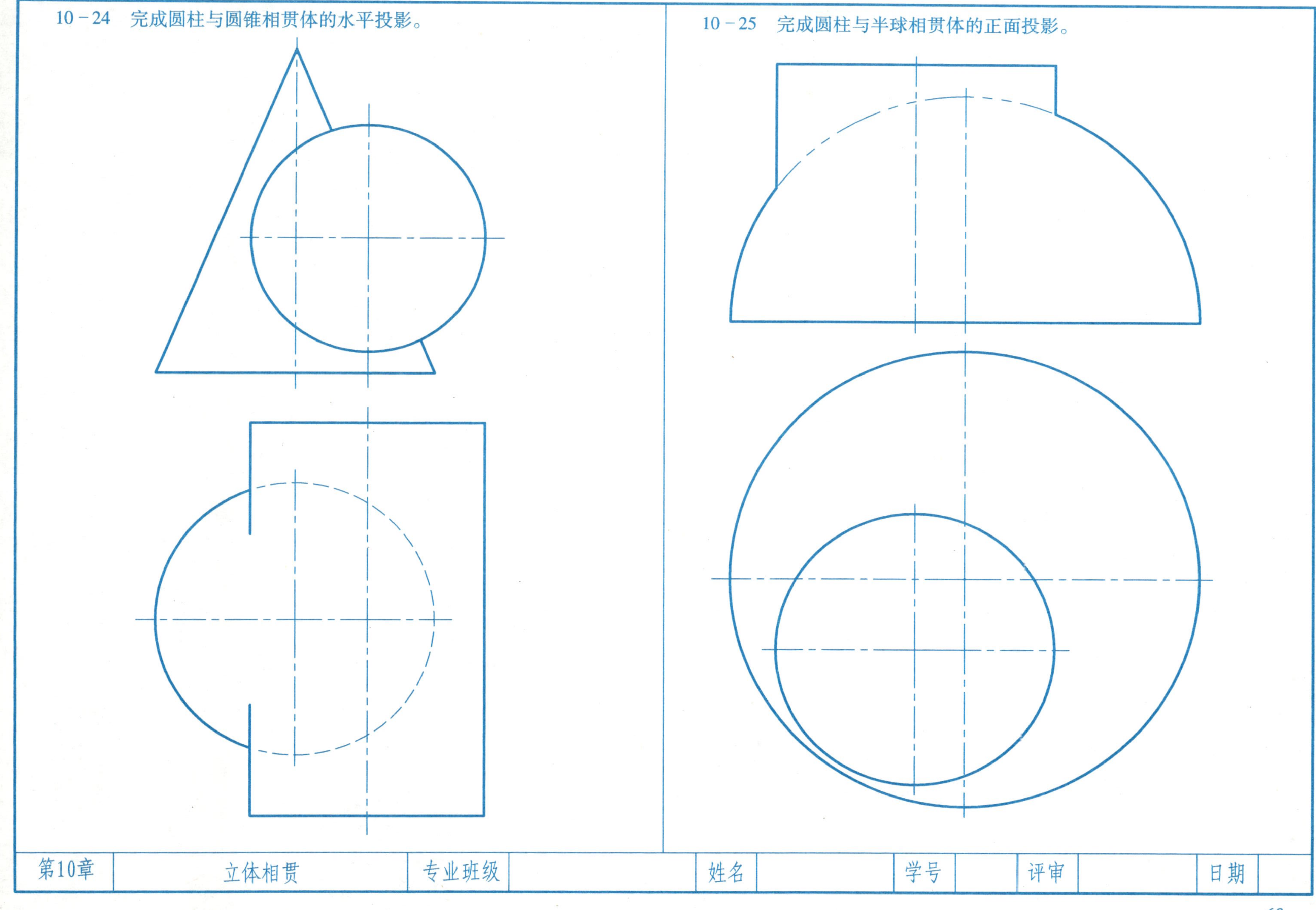

第10章	立体相贯	专业班级		姓名		学号		评审		日期	

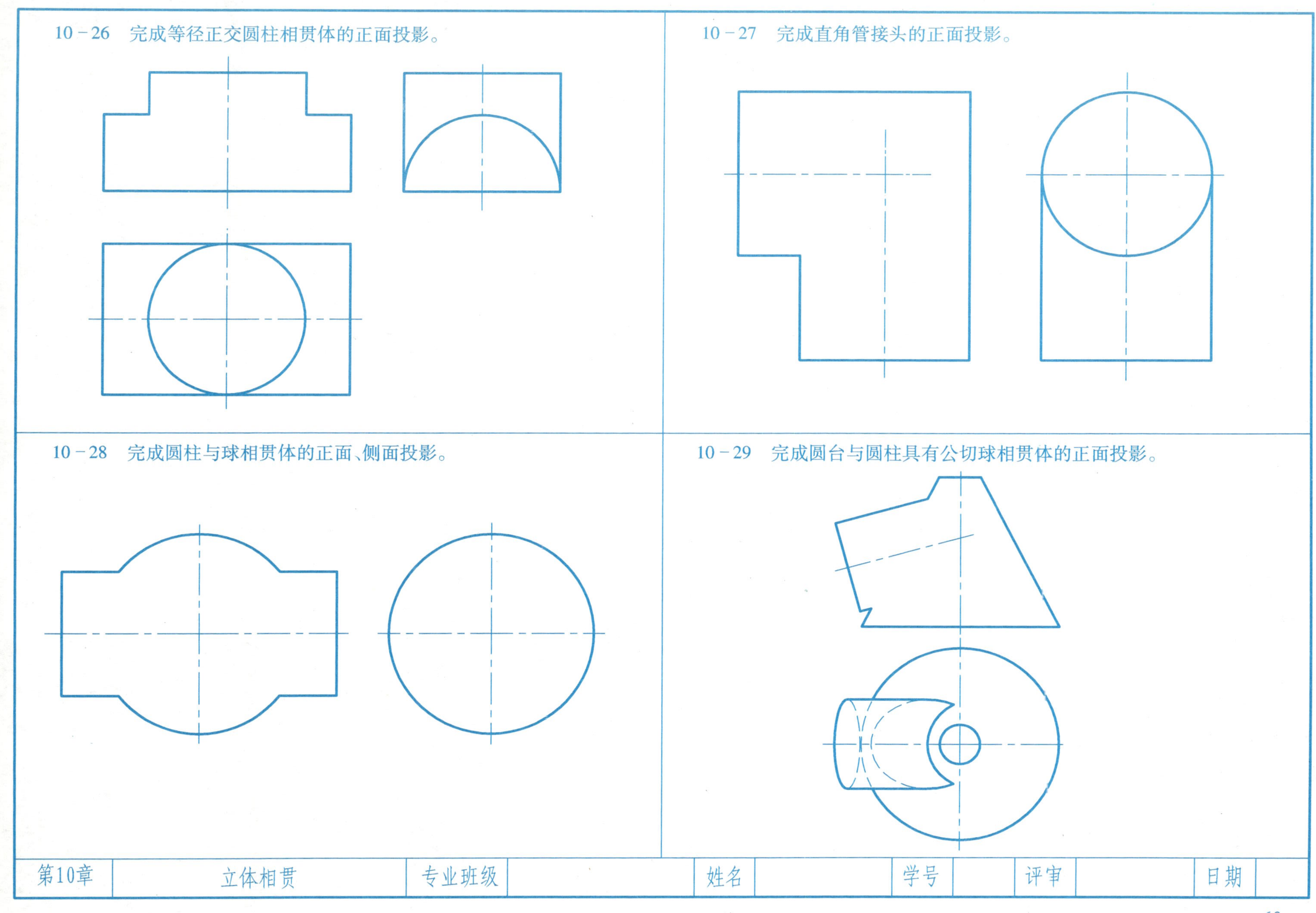

10－26　完成等径正交圆柱相贯体的正面投影。
10－27　完成直角管接头的正面投影。
10－28　完成圆柱与球相贯体的正面、侧面投影。
10－29　完成圆台与圆柱具有公切球相贯体的正面投影。
第10章
立体相贯
专业班级
姓名
学号
评审
日期

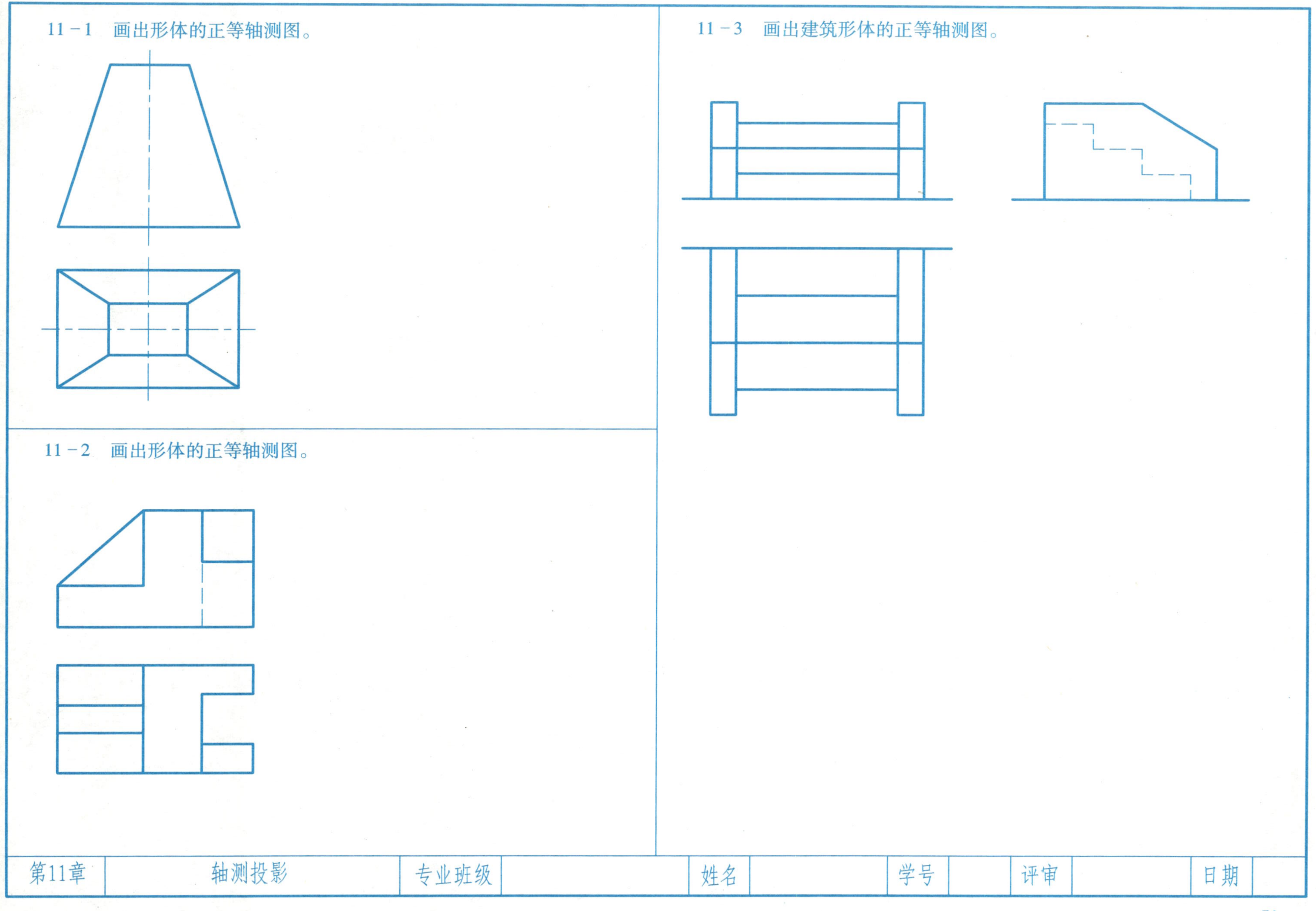

第11章	轴测投影	专业班级		姓名		学号		评审		日期	

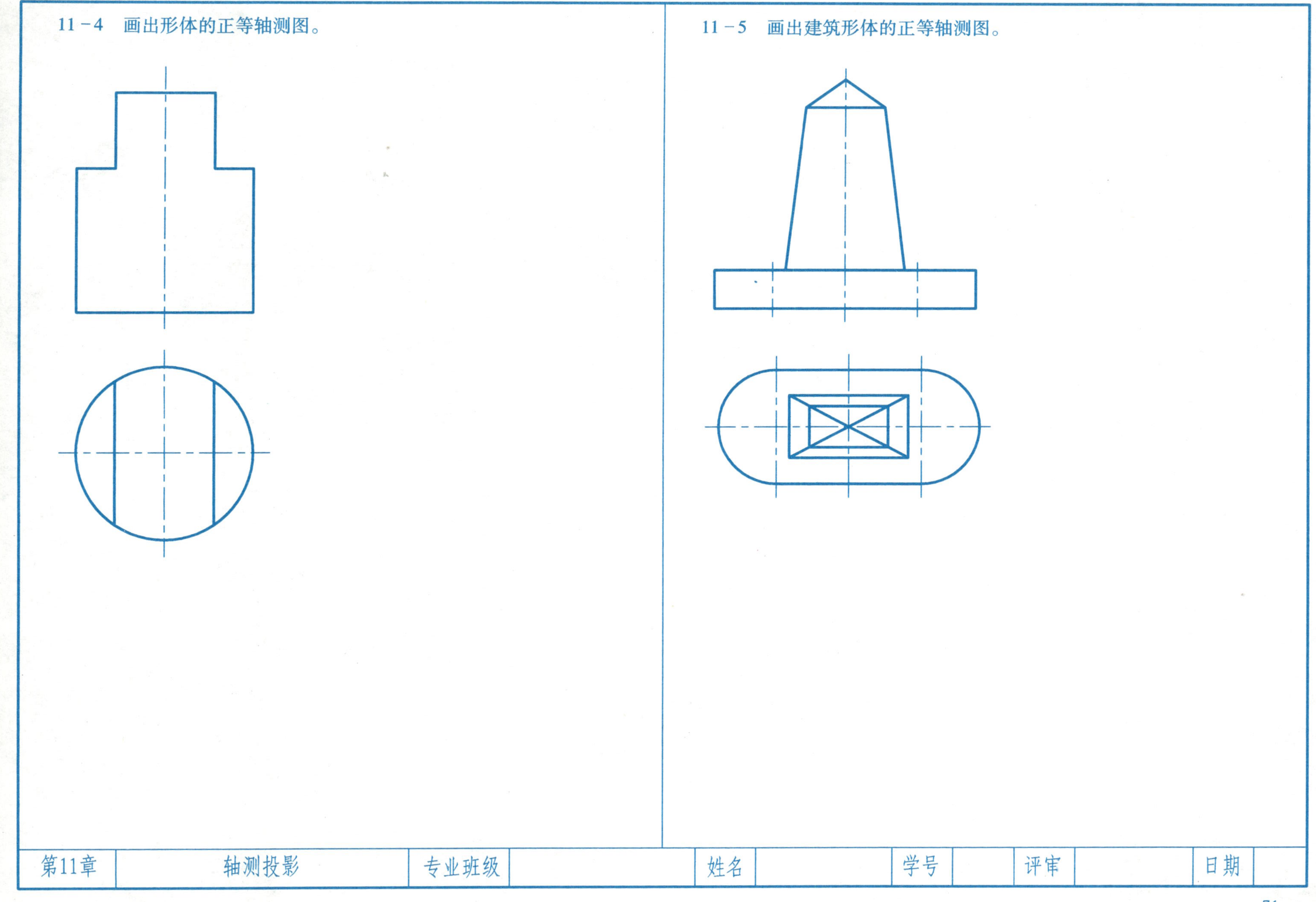

11－4　画出形体的正等轴测图。

11－5　画出建筑形体的正等轴测图。

第11章	轴测投影	专业班级		姓名		学号		评审		日期	

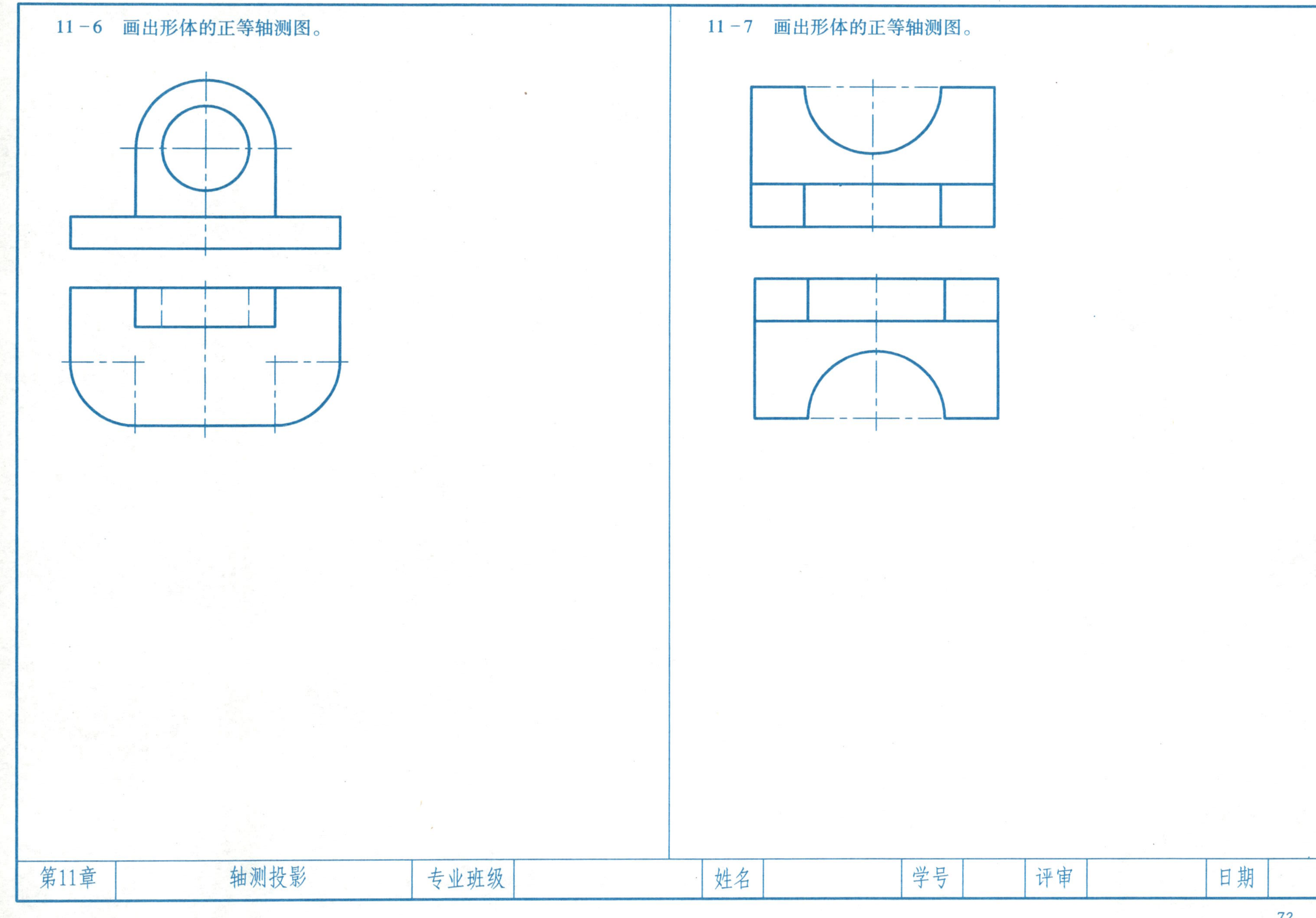

11－6　画出形体的正等轴测图。
11－7　画出形体的正等轴测图。
第11章
轴测投影
专业班级
姓名
学号
评审
日期

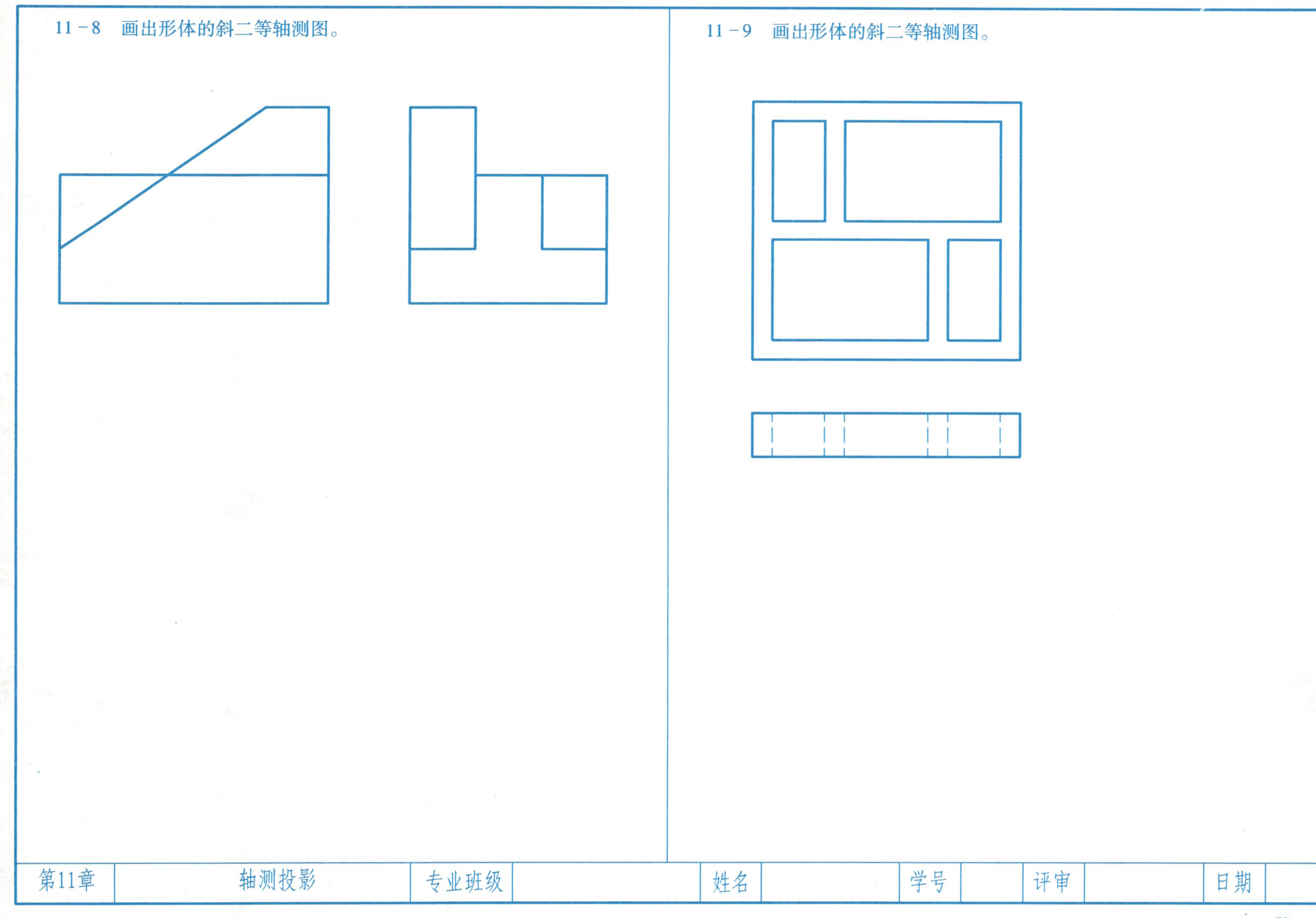

11－8　画出形体的斜二等轴测图。

11－9　画出形体的斜二等轴测图。

第11章	轴测投影	专业班级		姓名		学号		评审		日期	

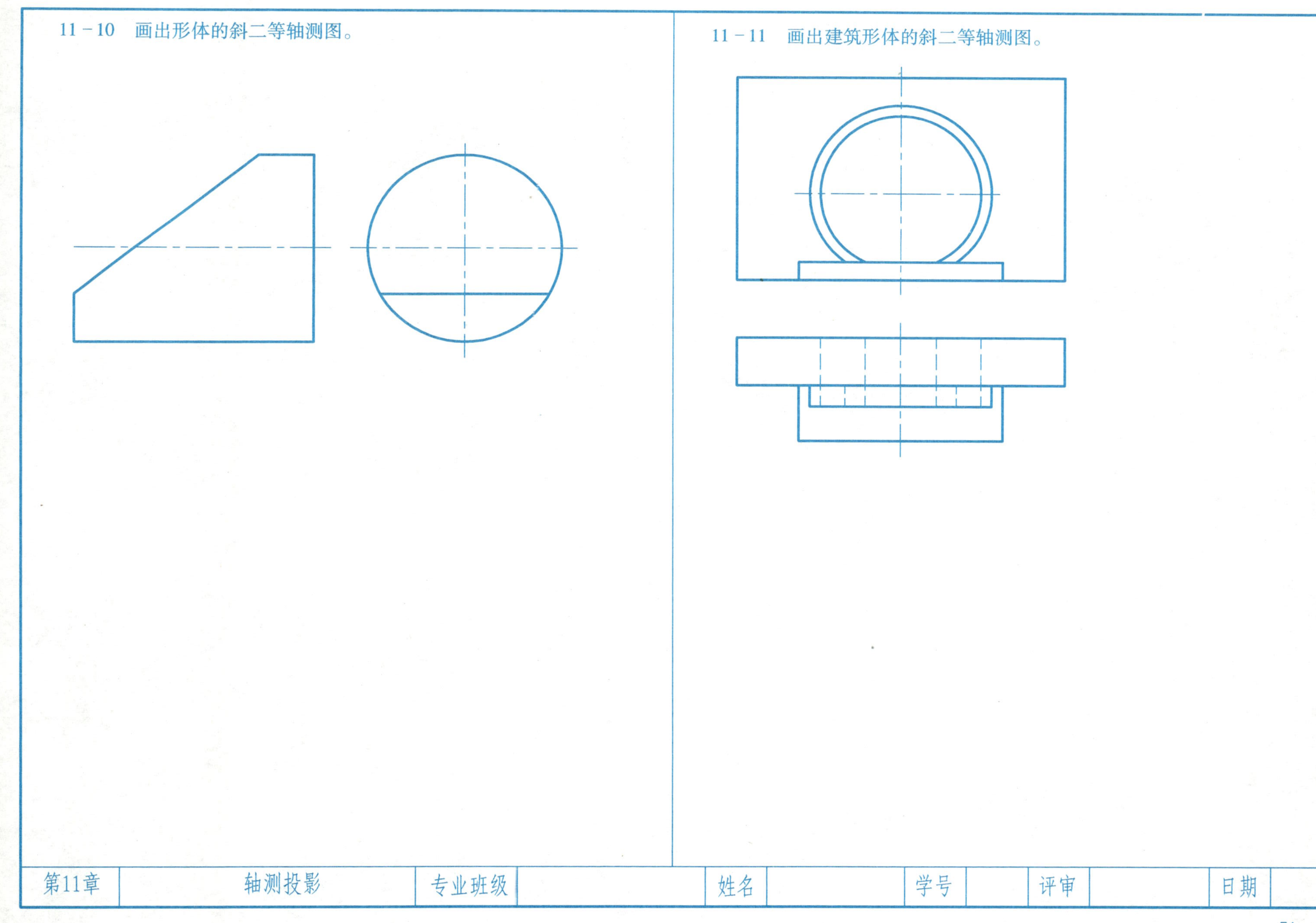

11－10　画出形体的斜二等轴测图。

11－11　画出建筑形体的斜二等轴测图。

第11章	轴测投影	专业班级		姓名		学号		评审		日期	

11－12　画出建筑群的水平斜轴测图。

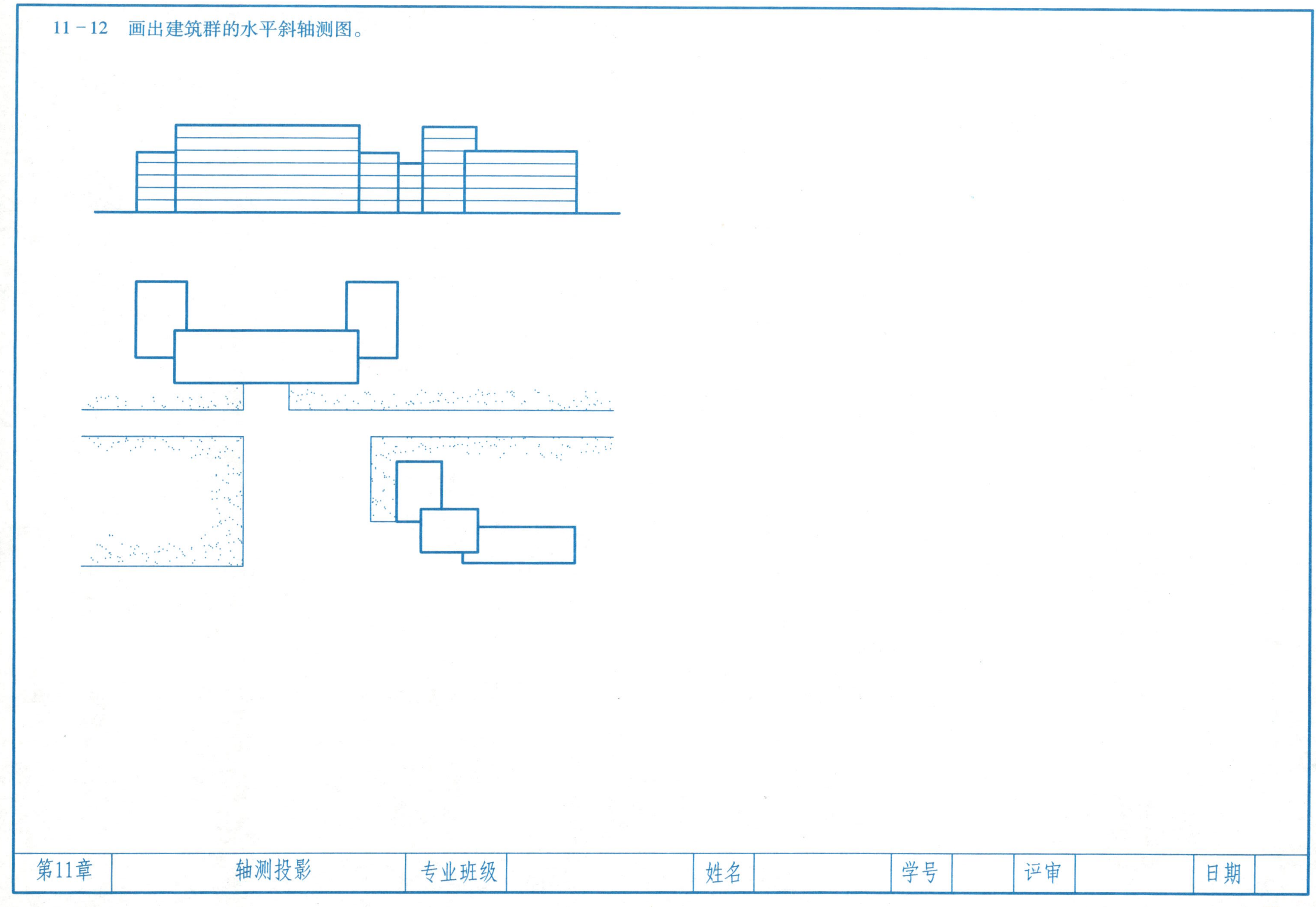

第11章	轴测投影	专业班级		姓名		学号		评审		日期	

11－13　画出建筑形体的正等轴测图。

11－14　画出建筑形体的正等轴测图。

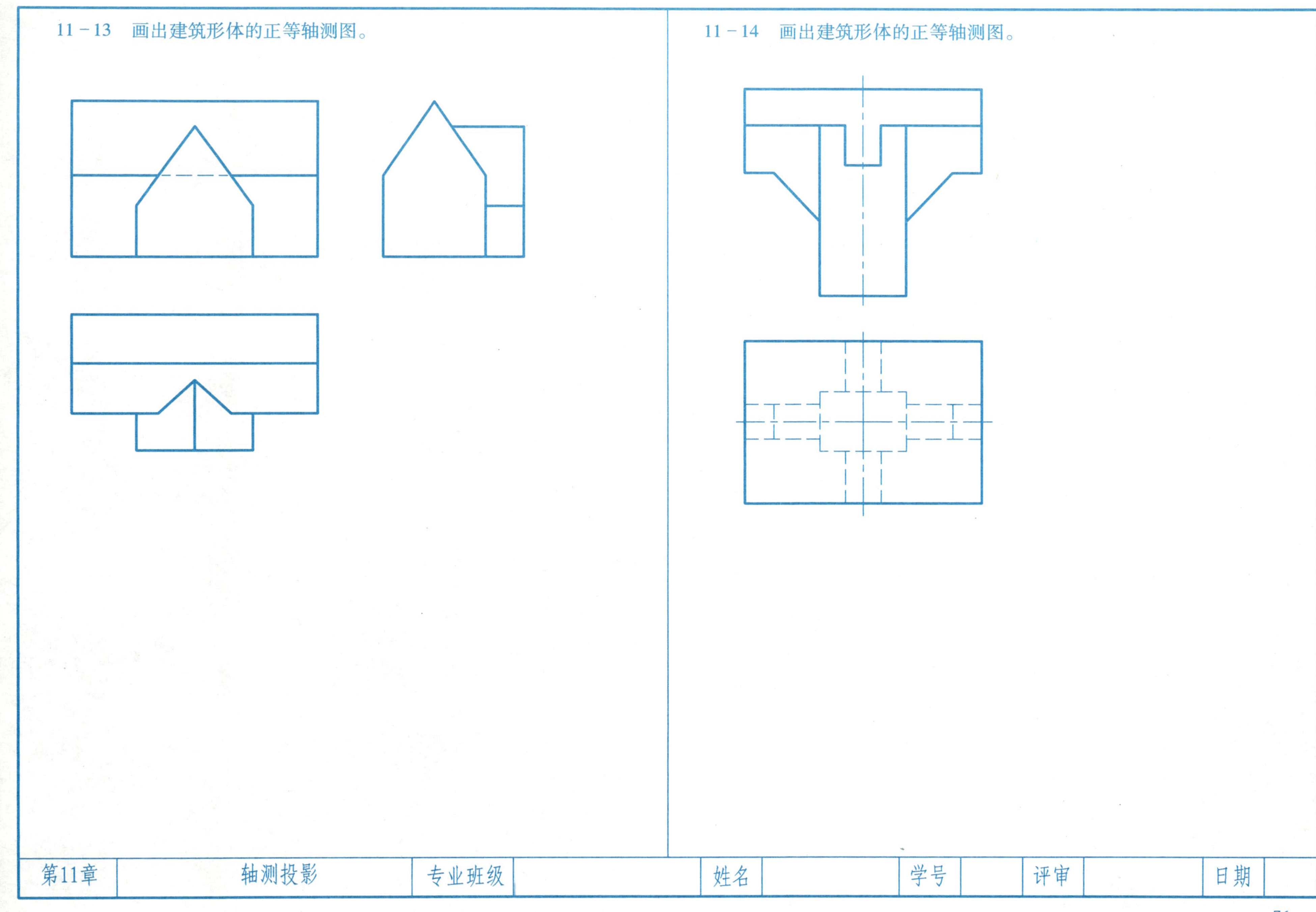

第11章	轴测投影	专业班级		姓名		学号		评审		日期	

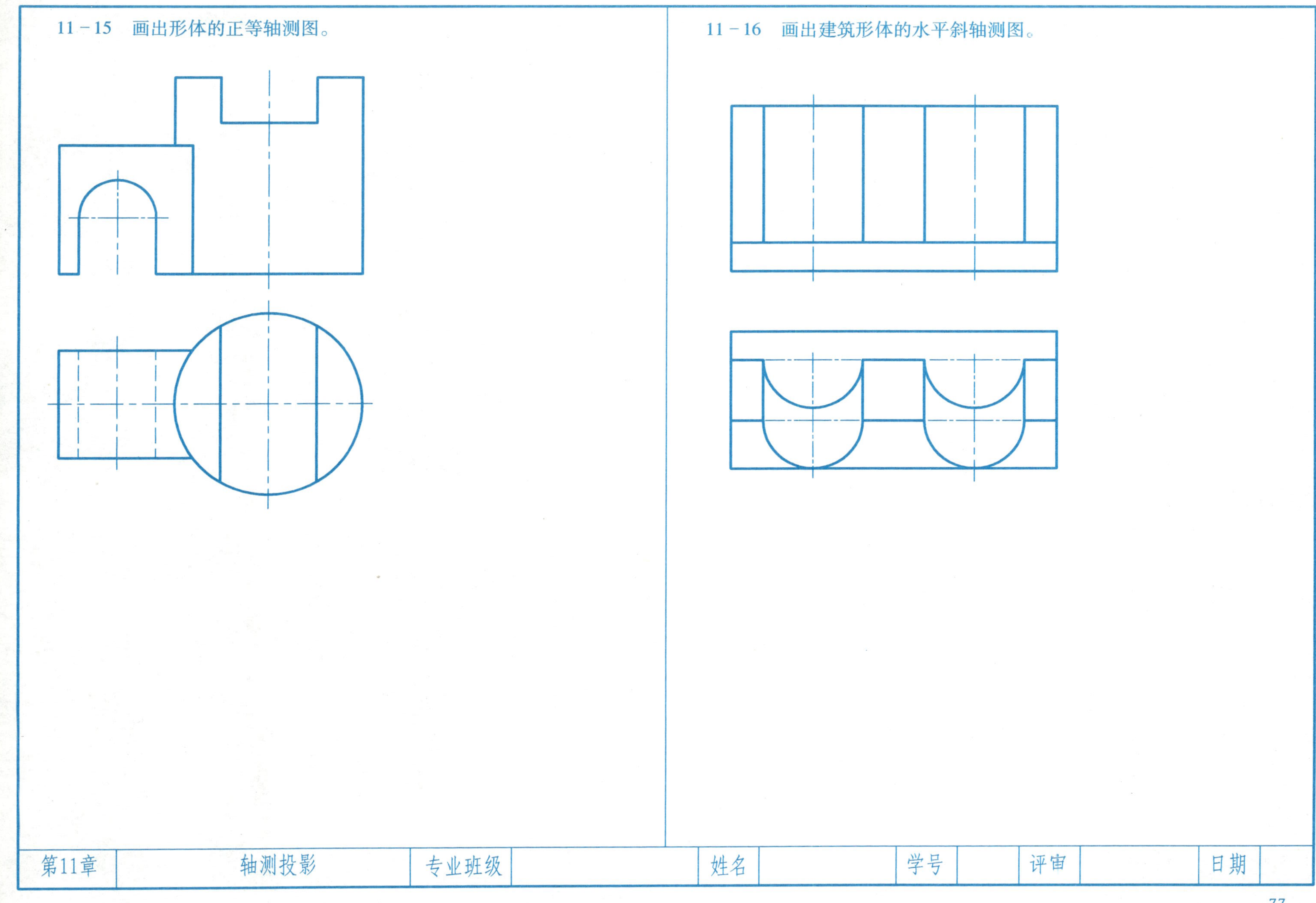

11－15　画出形体的正等轴测图。

11－16　画出建筑形体的水平斜轴测图。

第11章	轴测投影	专业班级		姓名		学号		评审		日期	

12－1 作出切口三棱锥的表面展开图。

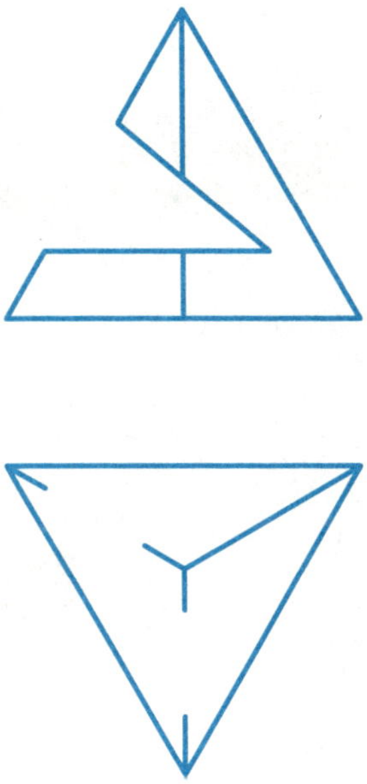

12－2 作出矩形接管的表面展开图。

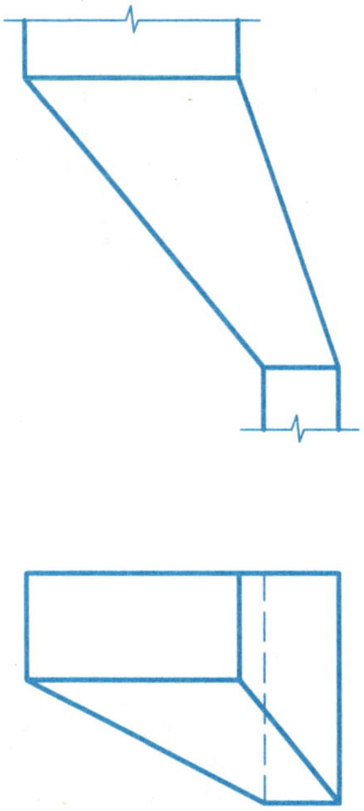

12－3　作出截头四棱锥的表面展开图。

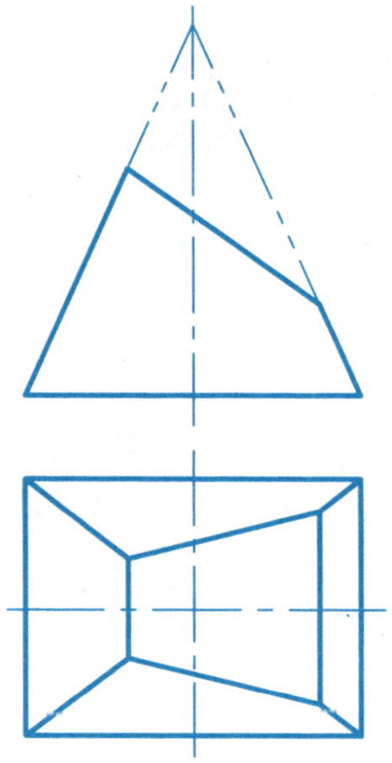

12－4　作出斜四棱柱的表面展开图。

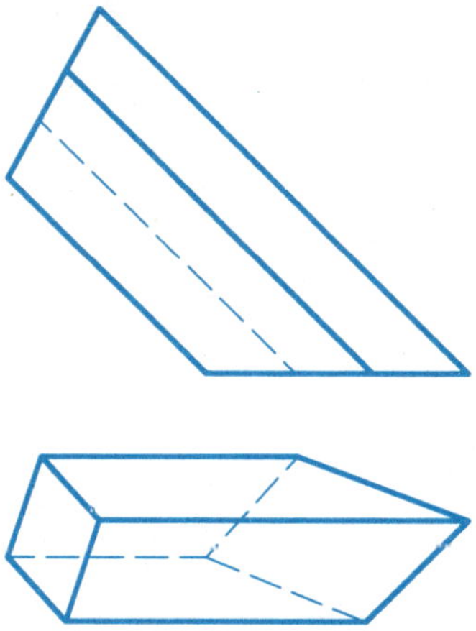

专业班级

姓名

学号

评审

日期

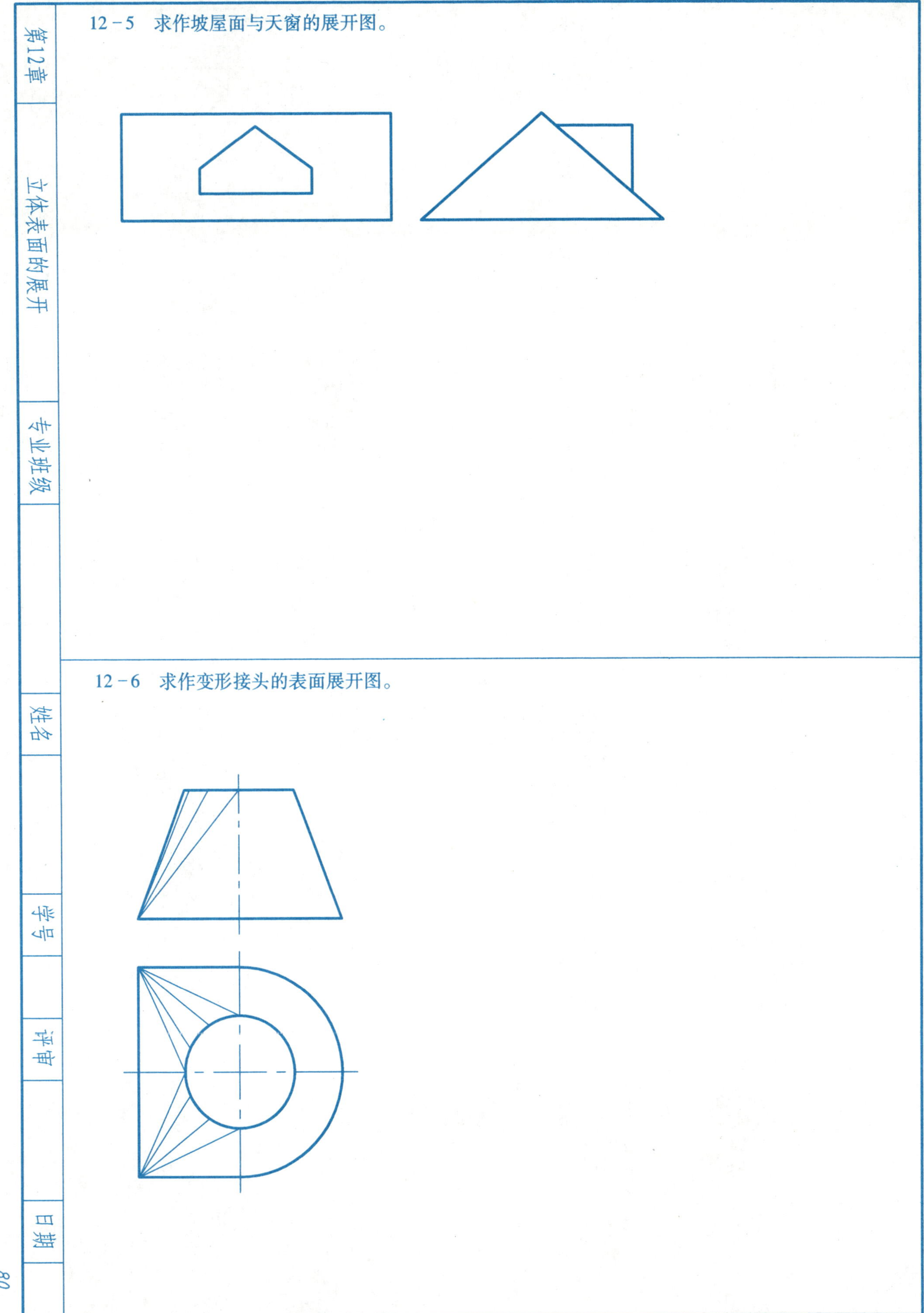
第12章
立体表面的展开
专业班级
姓名
学号
评审
日期
12－5　求作坡屋面与天窗的展开图。
12－6　求作变形接头的表面展开图。

12-7　作出斜圆锥的展开图。

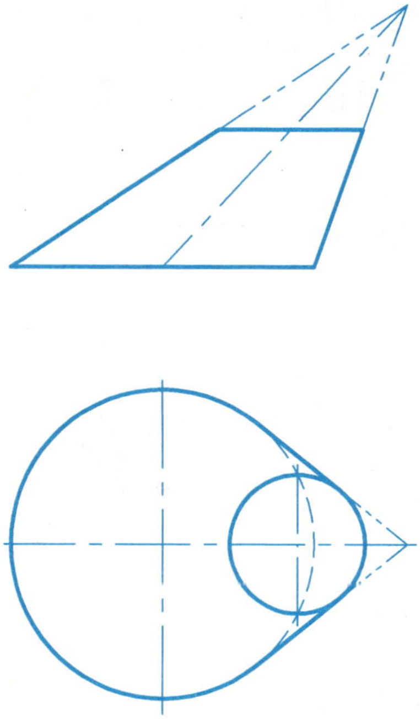

12-8　作出截头圆锥的展开图。

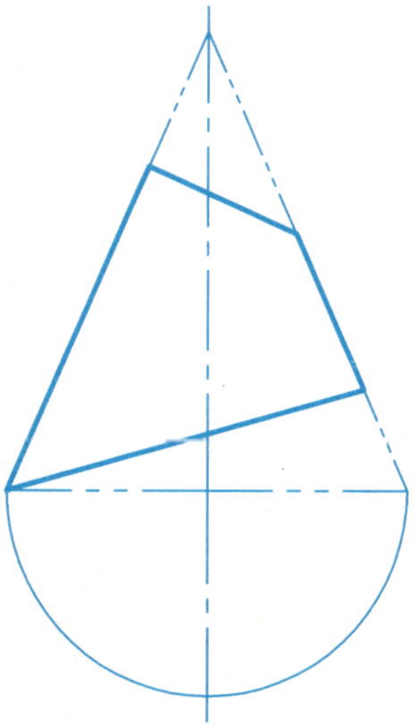

专业班级　姓名　学号　评审　日期

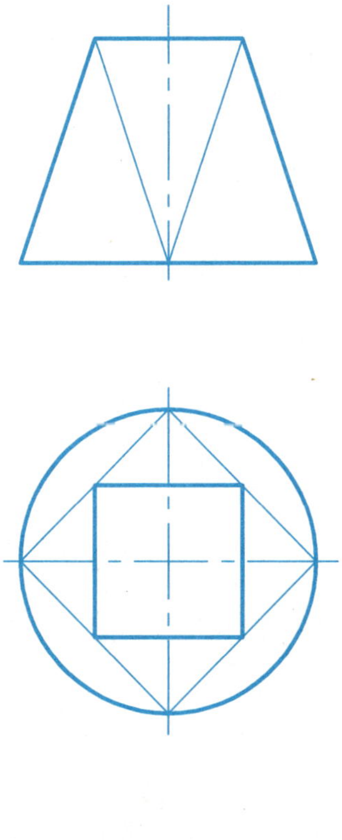

专业班级

姓名

学号

评审

日期

12－9　作出变形接头(天圆地方)的展开图。

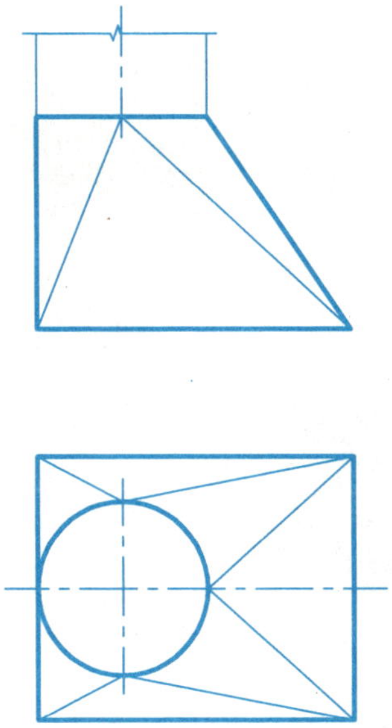

12－10　作出变形接头(天方地圆)的展开图。

12－11　作出虾米腰弯管的展开图。

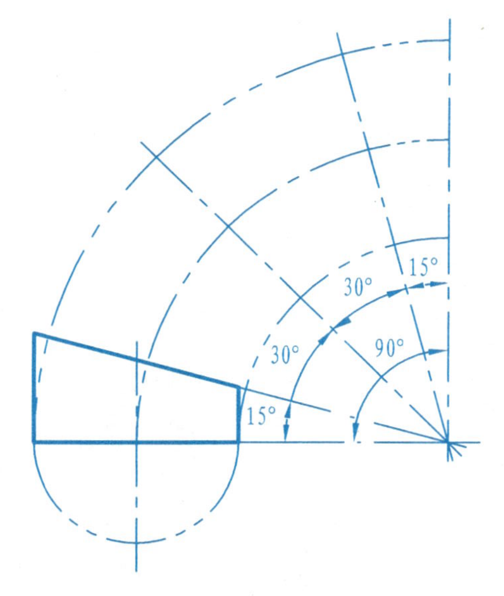

第12章	立体表面的展开	专业班级		姓名		学号		评审		日期	

12－12 求作相贯体表面的展开图。

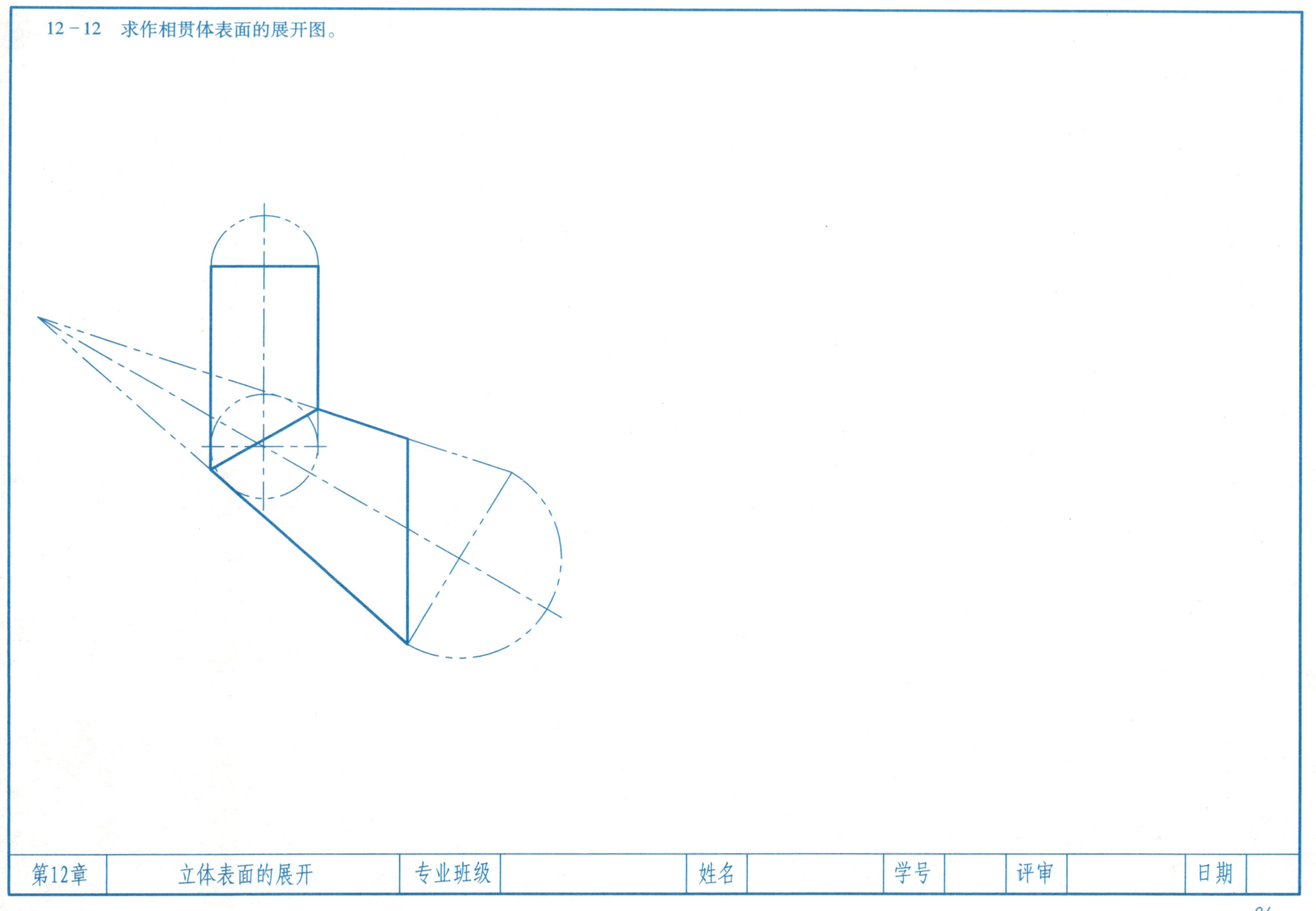

第12章	立体表面的展开	专业班级		姓名		学号		评审		日期	

1-1 字体练习(一)。

建筑制图工程图与表现图投影之基础

制图的基本知识及房屋楼梯梁柱结构

西安建筑科技大学建筑施工平面图立面图总平面图

透视形体形阴影效果轴测倒影与镜像计算机绘制工程图样表达方法

专业班级

姓名

学号

评审

日期

第1章 制图的基本知识

专业班级

姓名

学号

评审

日期

1-2 字体练习(二)。

1 2 3 4 5 6 7 8 9 0 0 1 2 3 4 5 6 7 8 9 0 7 8 9 0

A B C D E F G H I J K L M N O P R S T

U V W X Y Z X Y Z % I C A N S E E M Y

b c d e f g h i j k l m n o p q r s t

1－3　标注下列图形的尺寸(尺寸数字直接从图中量取)。

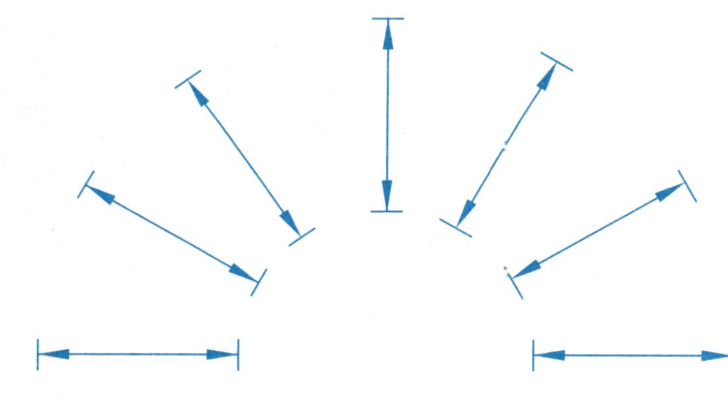

第1章	制图的基本知识	专业班级		姓名		学号		评审		日期	

1-4　标注下列图形的尺寸(尺寸数字直接从图中量取)。

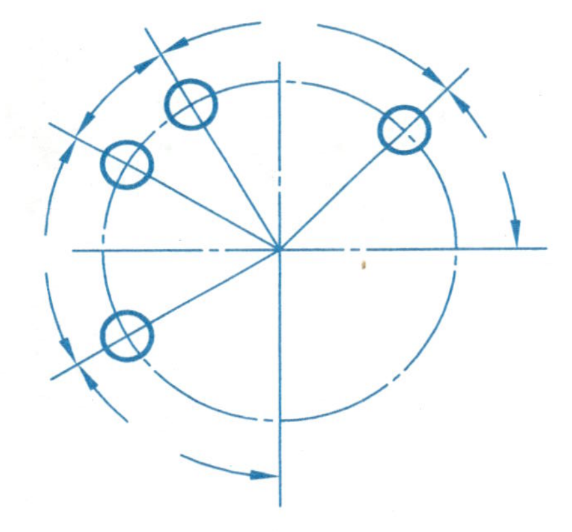

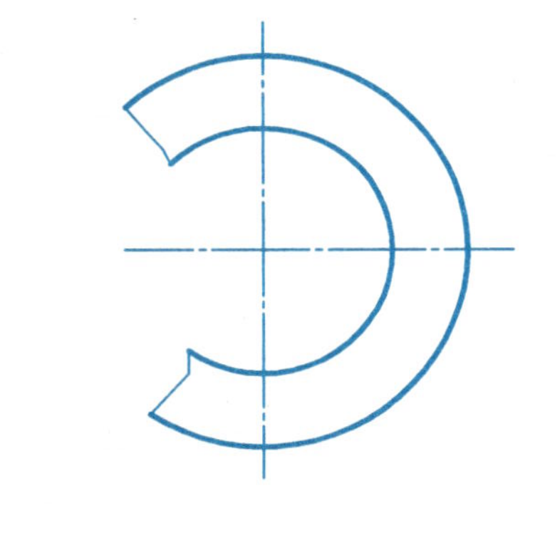

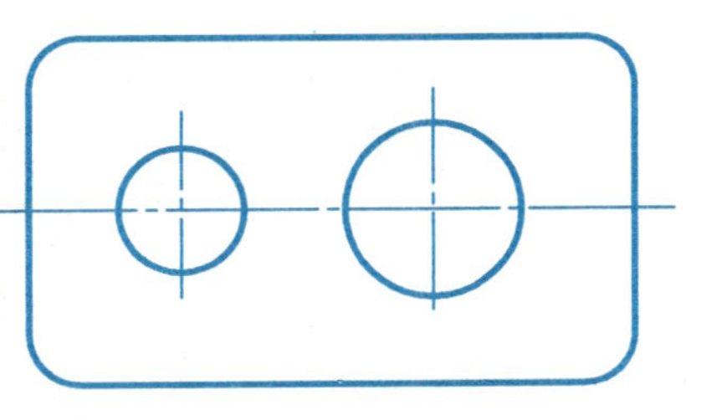

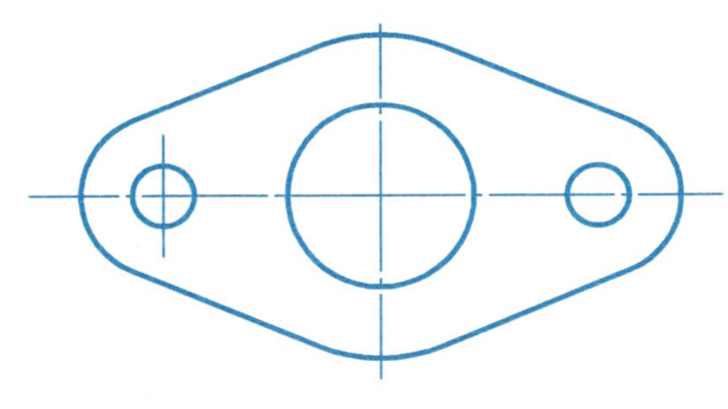

第1章	制图的基本知识	专业班级		姓名		学号		评审		日期	

1－5　在图示位置分别作直径为40的圆内接正五边形和正六边形。

1－6　用近似四心圆法画出椭圆（长轴为 AB，短轴为 CD）。

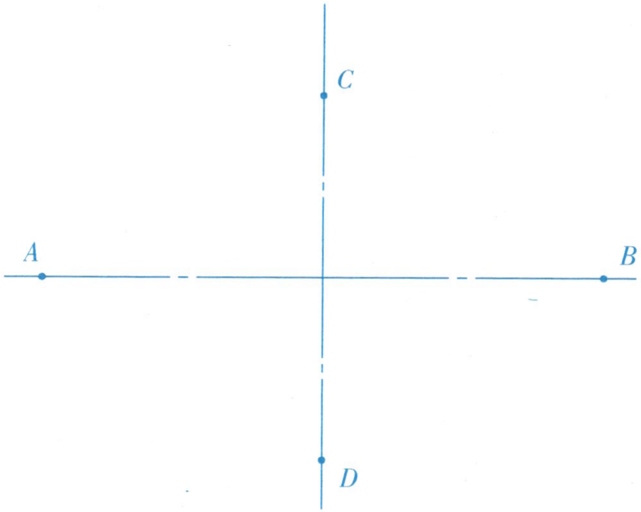

第1章	制图的基本知识	专业班级		姓名		学号		评审		日期	

1－7　根据所给的图样尺寸，按1∶1绘制整个平面图形。

1－8　根据所给的图样尺寸，按1∶1绘制整个平面图形。

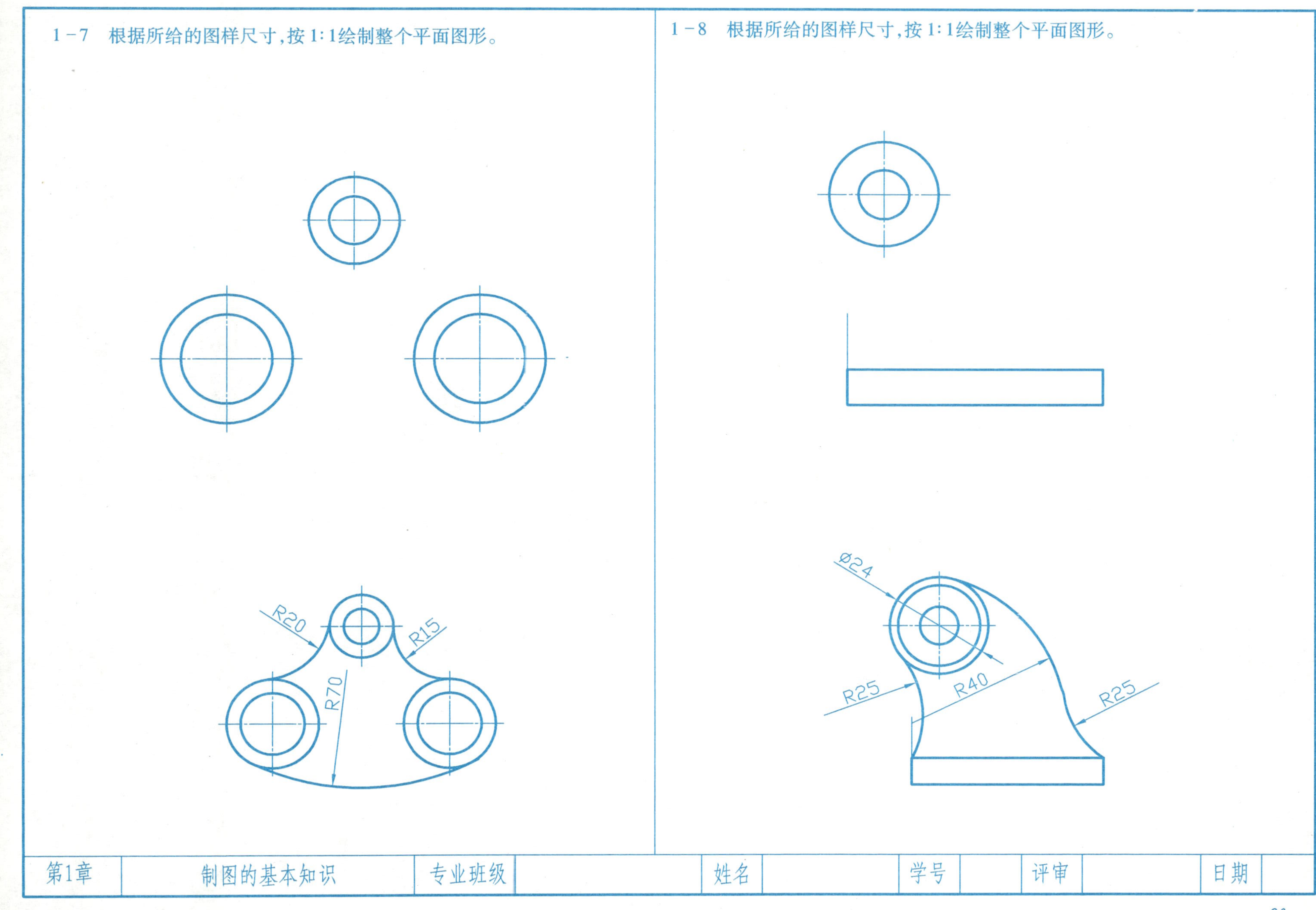

第1章	制图的基本知识	专业班级		姓名		学号		评审		日期	

2－1　根据轴测图上所注尺寸，用1:1画出物体的三视图。

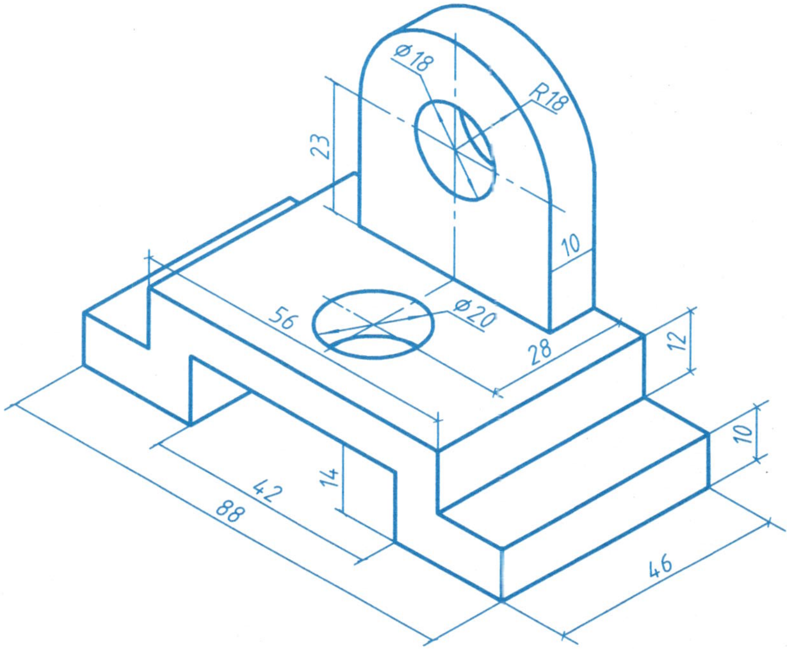

第2章	投影制图	专业班级		姓名		学号		评审		日期	

2－2　根据轴测图，画出物体的三视图（其数值按 1:1 在图上量取，以 mm 为单位取整数）。

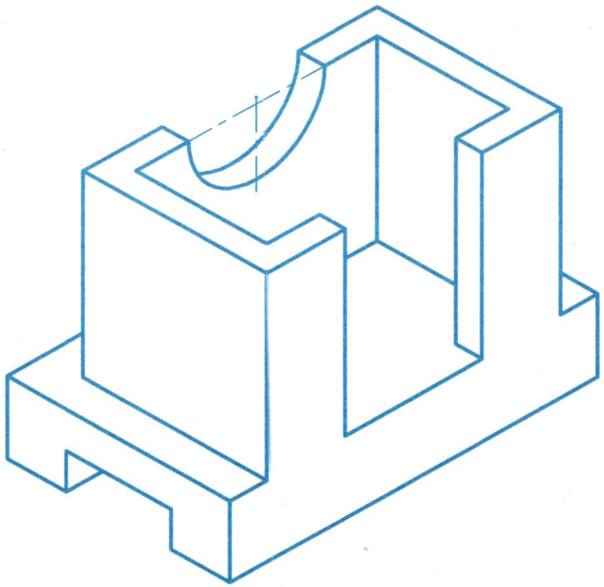

第2章	投影制图	专业班级		姓名		学号		评审		日期	

2－3　根据轴测图上所注尺寸，用 1∶1 画出物体的三视图。

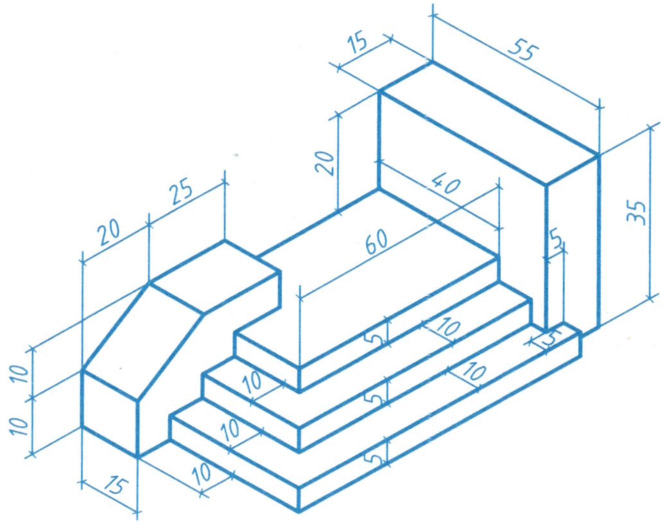

第2章	投影制图	专业班级		姓名		学号		评审		日期	

2-4 根据轴测图，画出物体的三视图（其数值按 1:1在图上量取，以 mm 为单位取整数）。

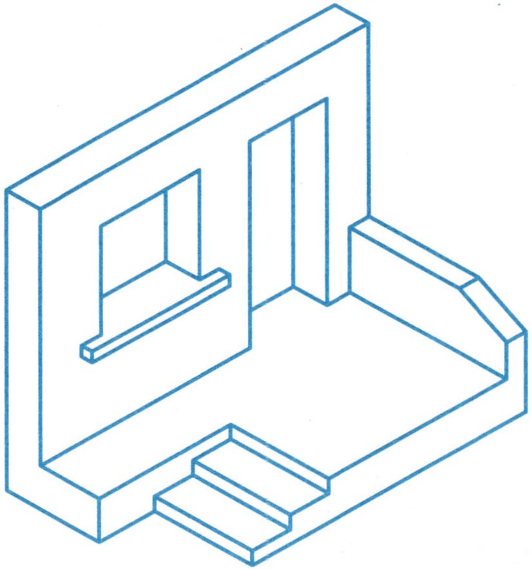

第2章	投影制图	专业班级		姓名		学号		评审		日期	

2-5 补画下列三视图中所缺图线。

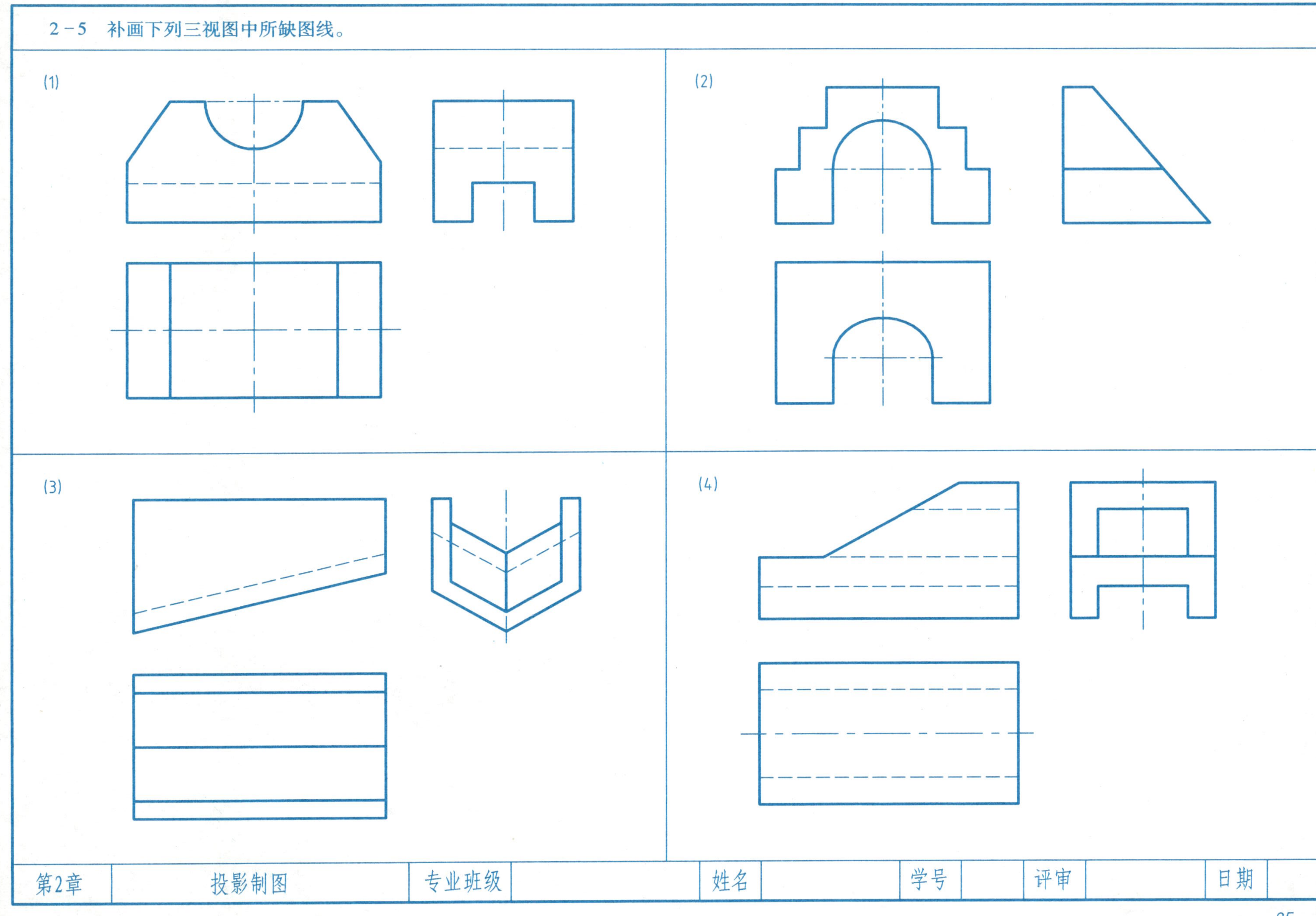

第2章	投影制图	专业班级		姓名		学号		评审		日期	

2－6 根据形体的两个视图，补画第三视图。

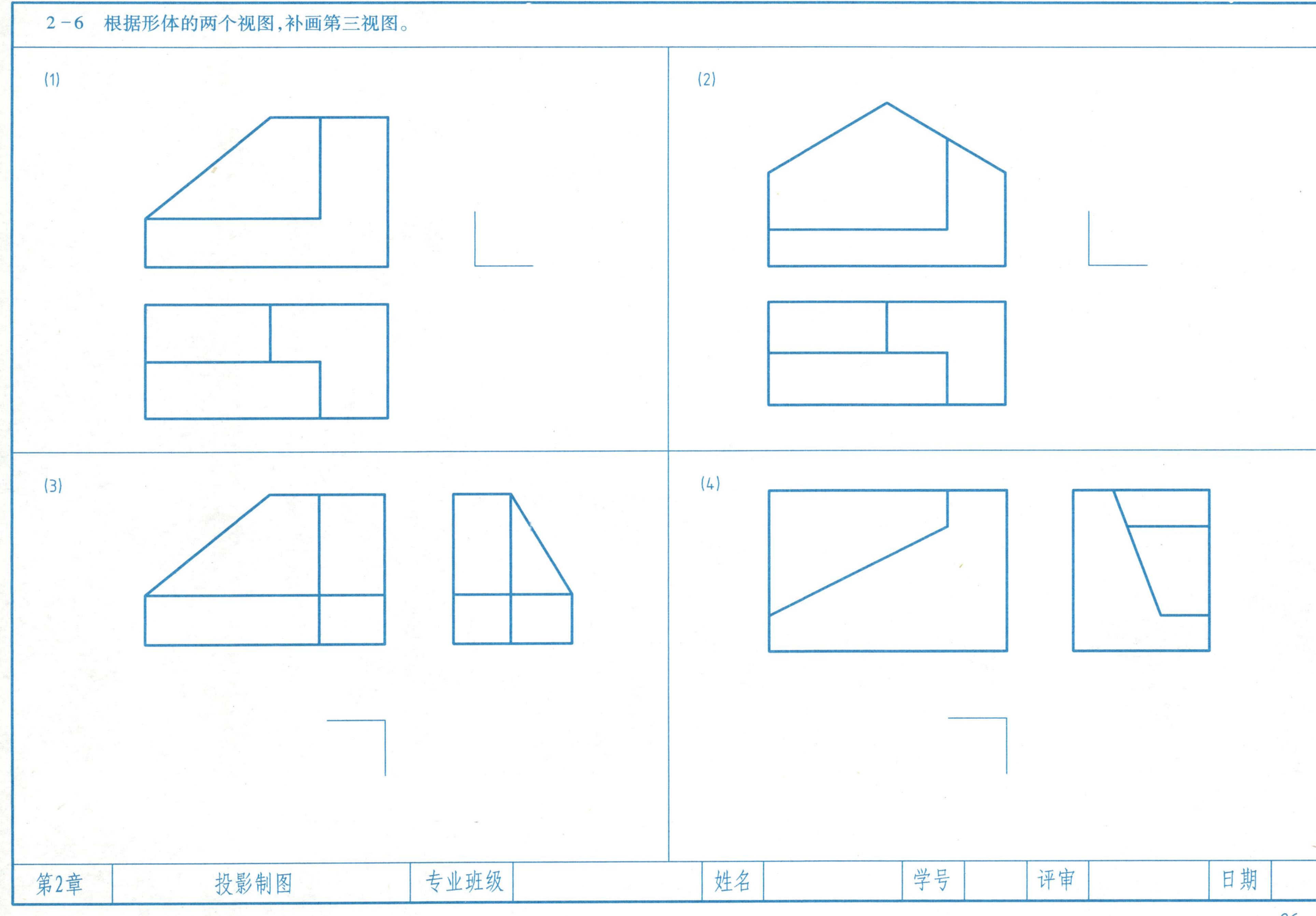

2-7　根据形体的两个视图,补画第三视图。

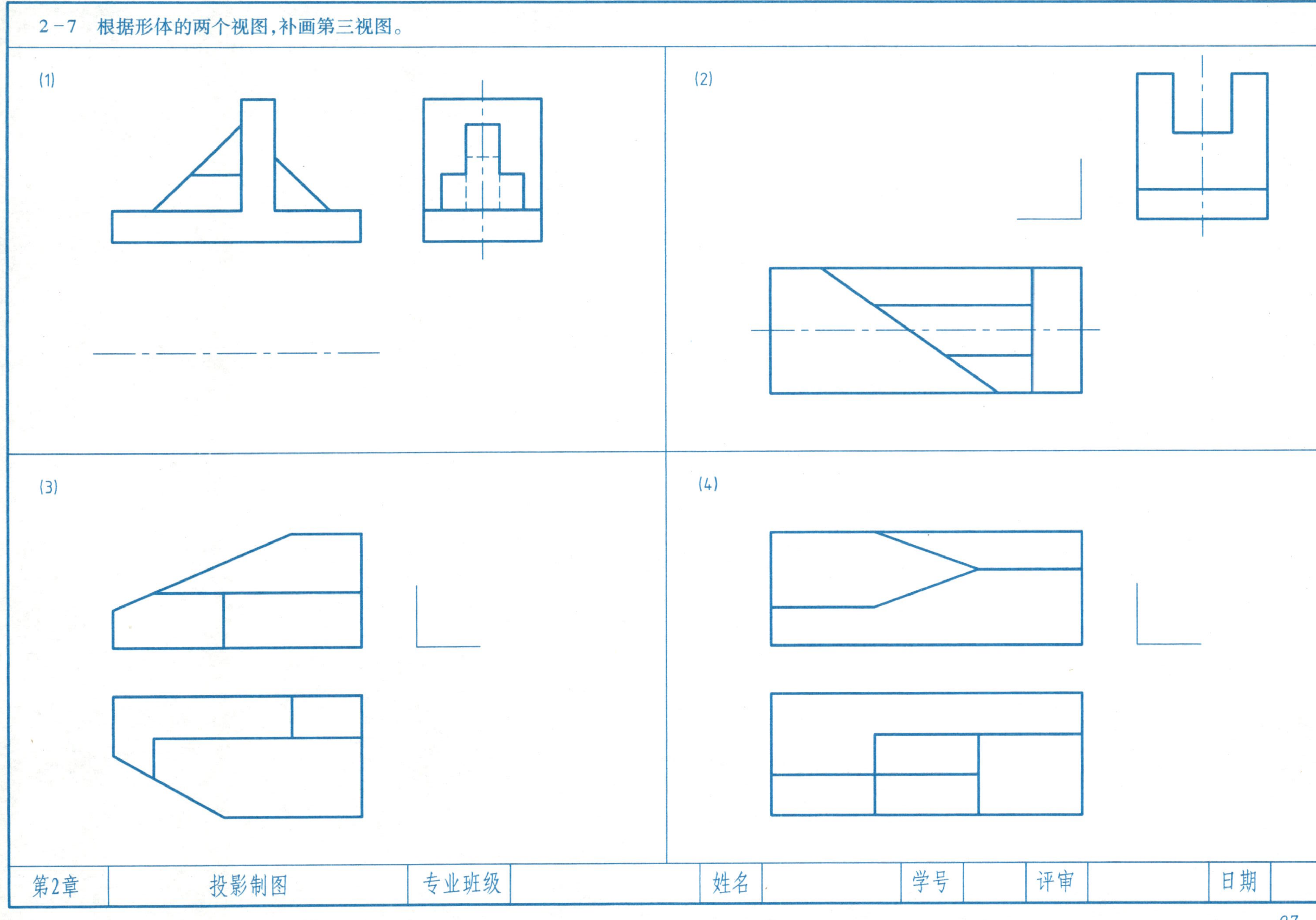

第2章	投影制图	专业班级		姓名		学号		评审		日期	

2-8 根据形体的两个视图，补画第三视图。

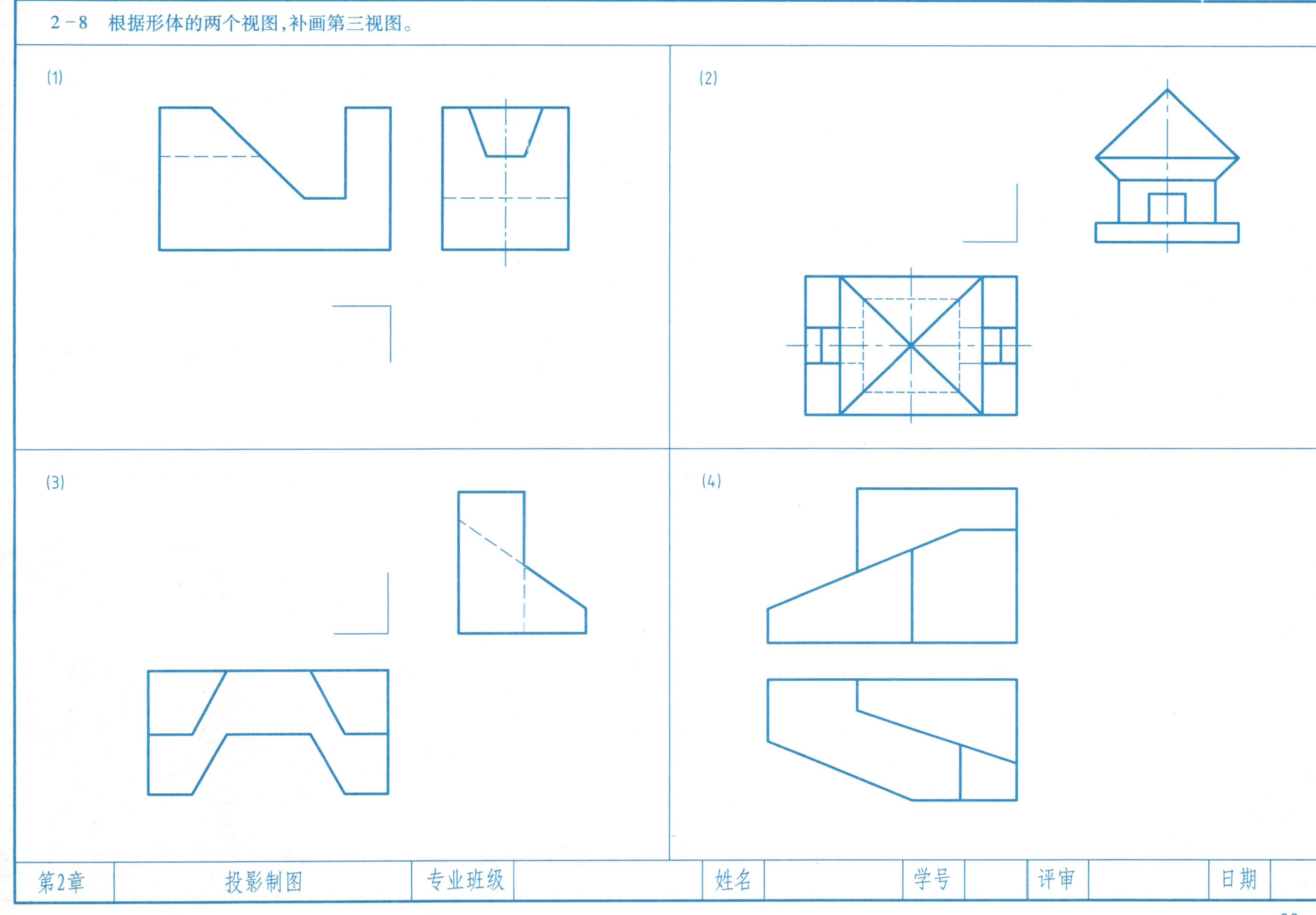

第2章	投影制图	专业班级		姓名		学号		评审		日期	

2-9 根据形体的两个视图，补画第三视图。

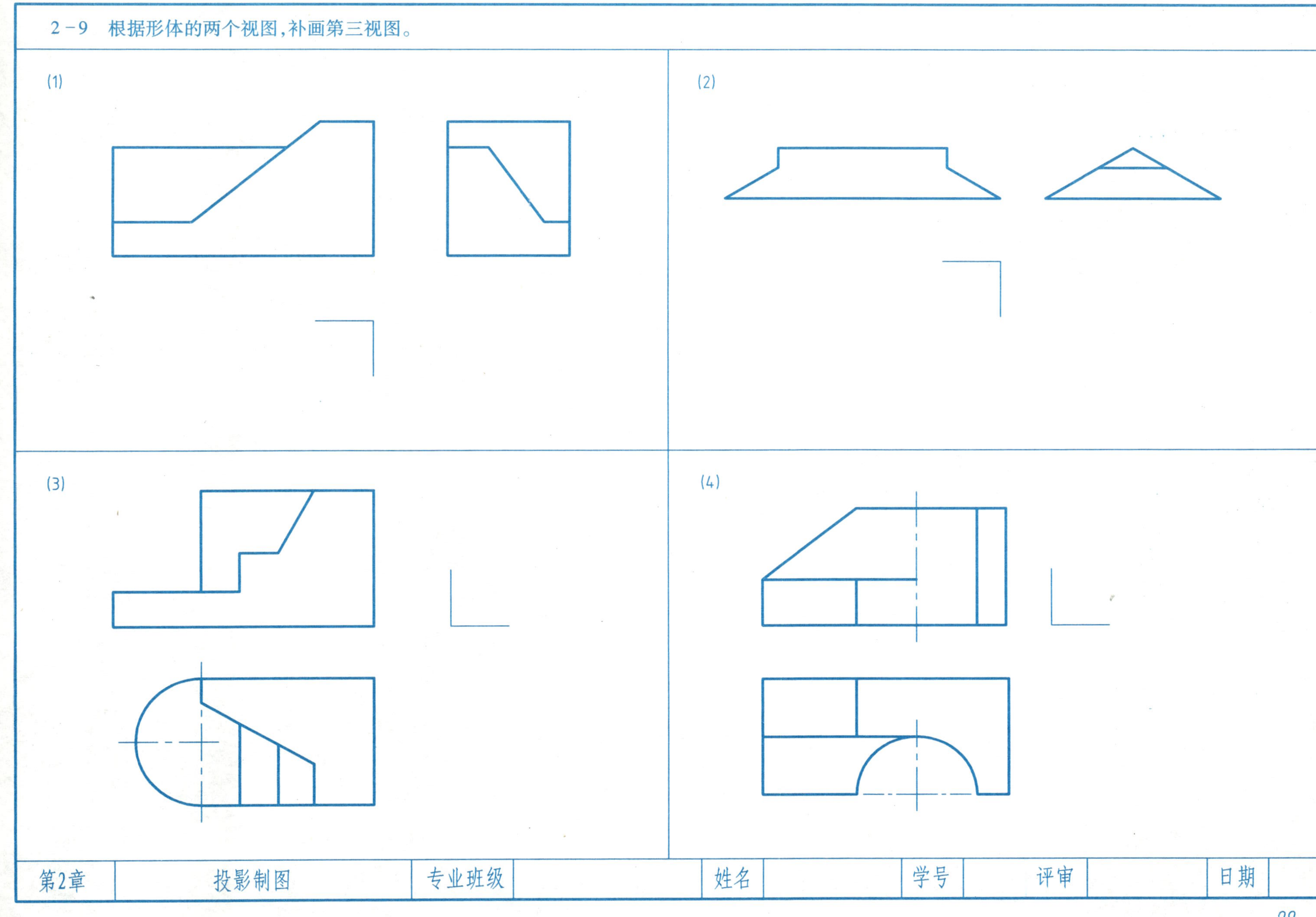

第2章	投影制图	专业班级		姓名		学号	评审		日期	

2－10　在指定位置将形体的主视图、左视图改作适当的剖面图。

2－11　在指定位置将形体的主视图、左视图改作适当的剖面图。

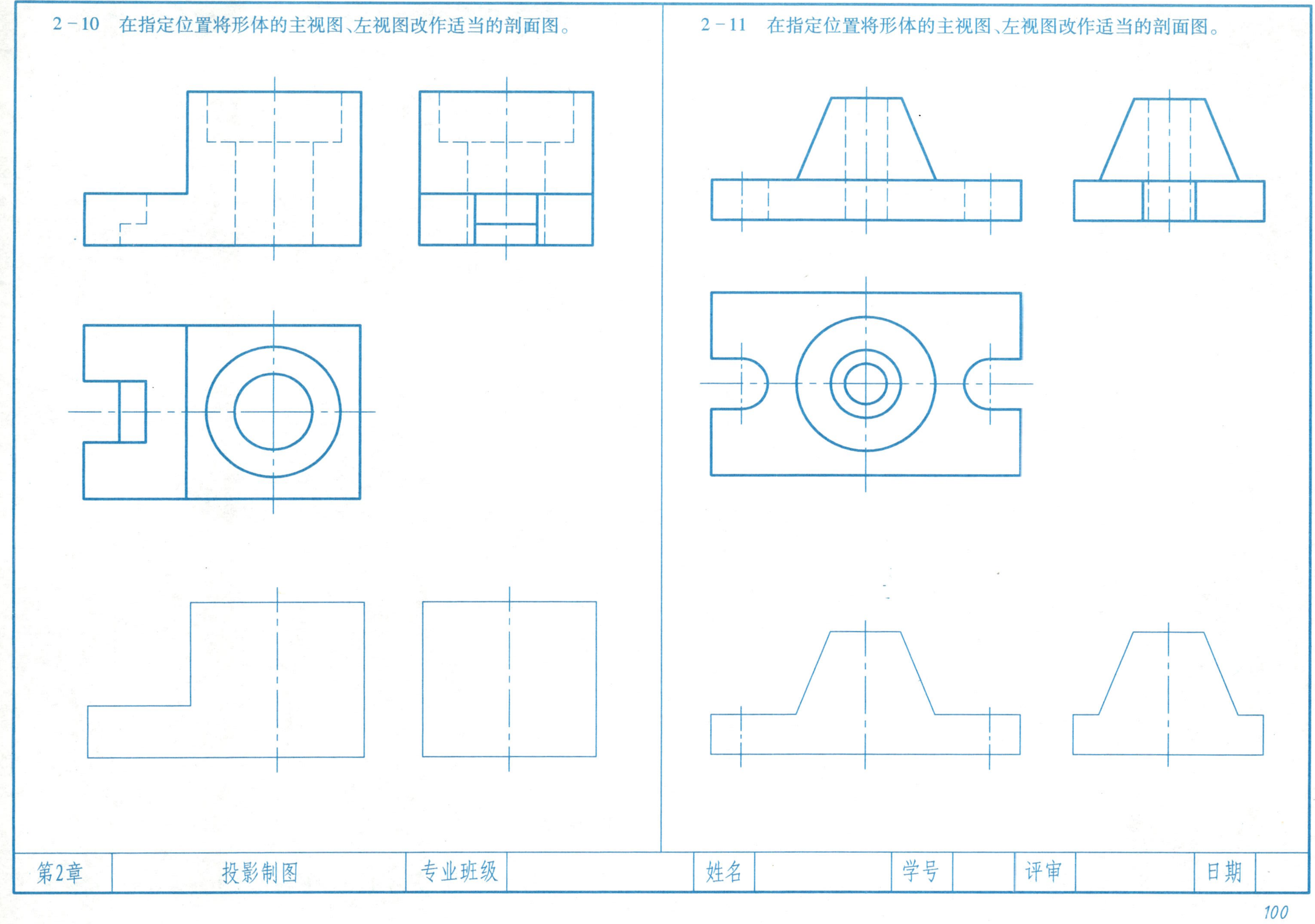

第2章	投影制图	专业班级		姓名		学号		评审		日期	

2－12　在指定位置将主视图改作剖面图。

2－13　将主视图改画成全剖面图。

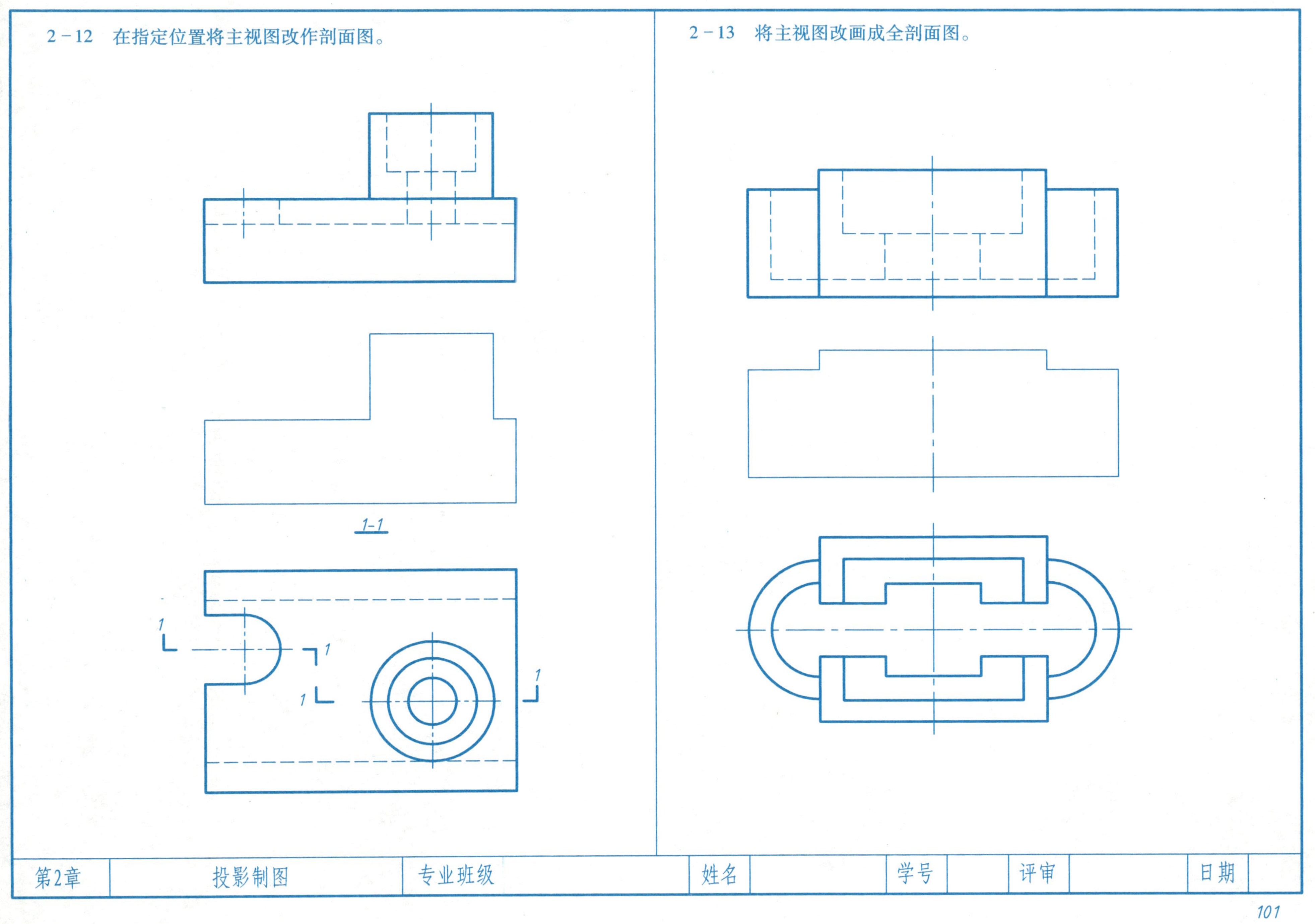

第2章	投影制图	专业班级		姓名		学号		评审		日期	

2－14　在指定位置将主视图、俯视图改作适当的局部剖面图。

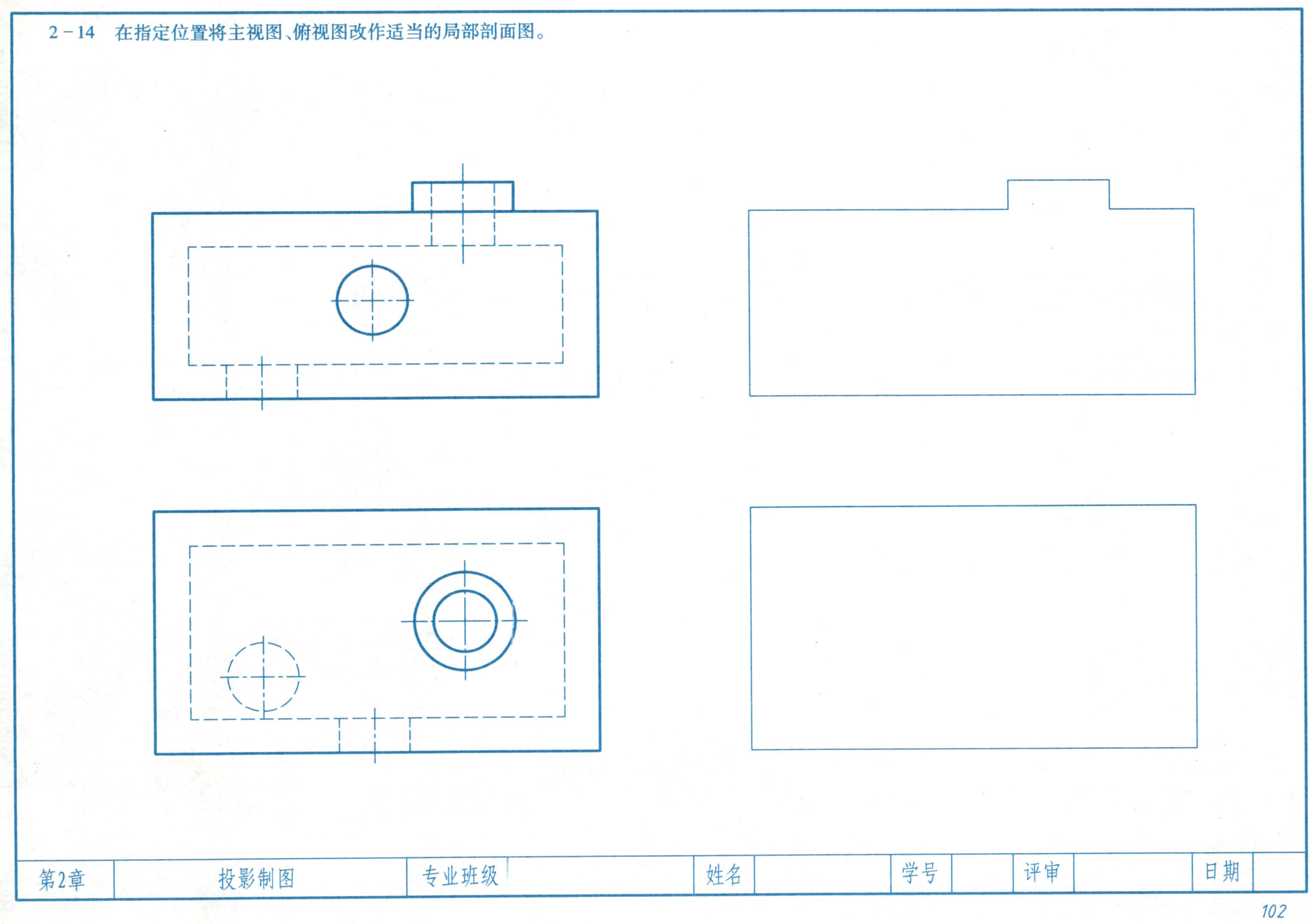

第2章	投影制图	专业班级		姓名		学号		评审		日期	

2－15　按指定位置作出建筑的2－2、3－3剖面图(窗高一致)。

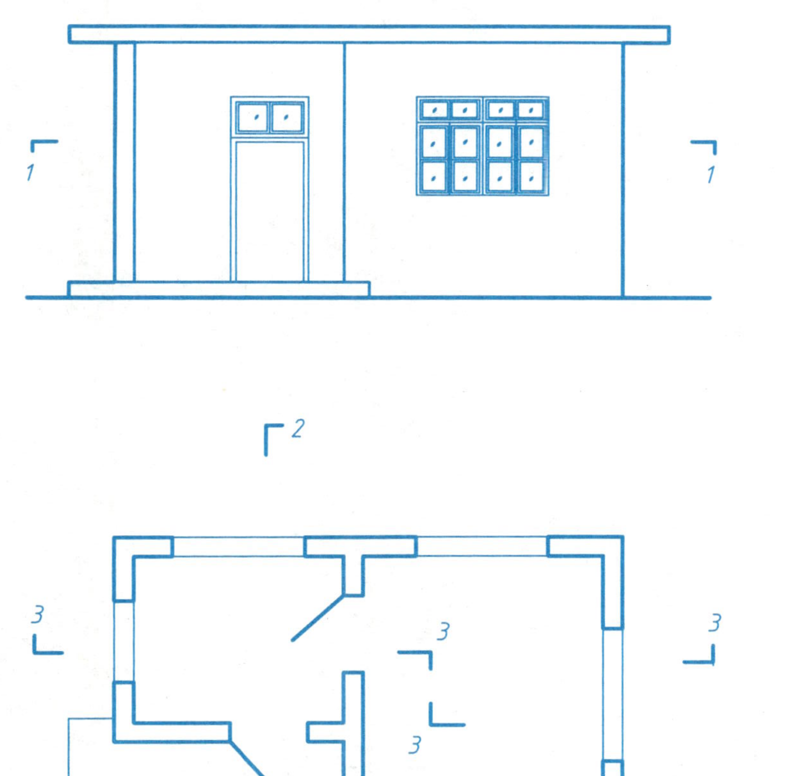

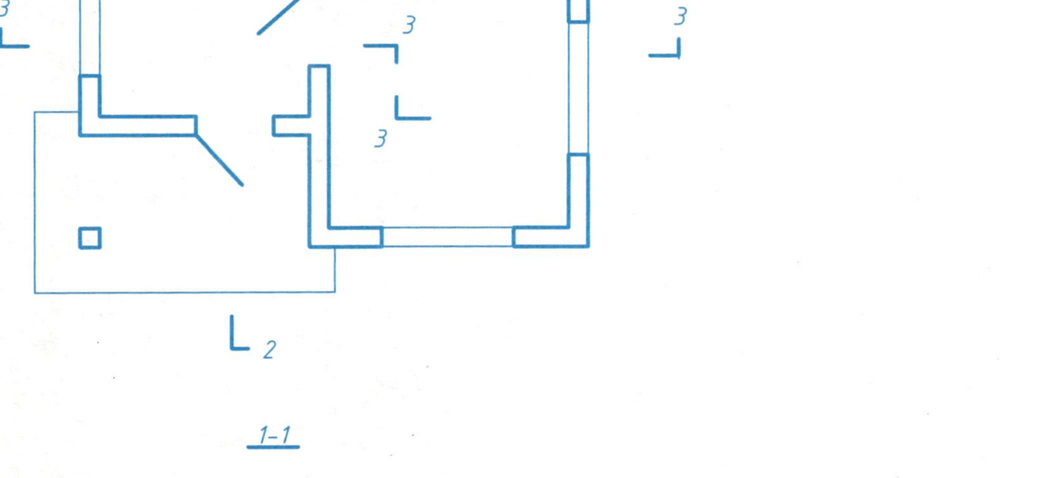

1-1

2-2

3-3

第2章	投影制图	专业班级		姓名		学号		评审		日期	

2－16　按指定位置作现浇板 2－2 剖面图。

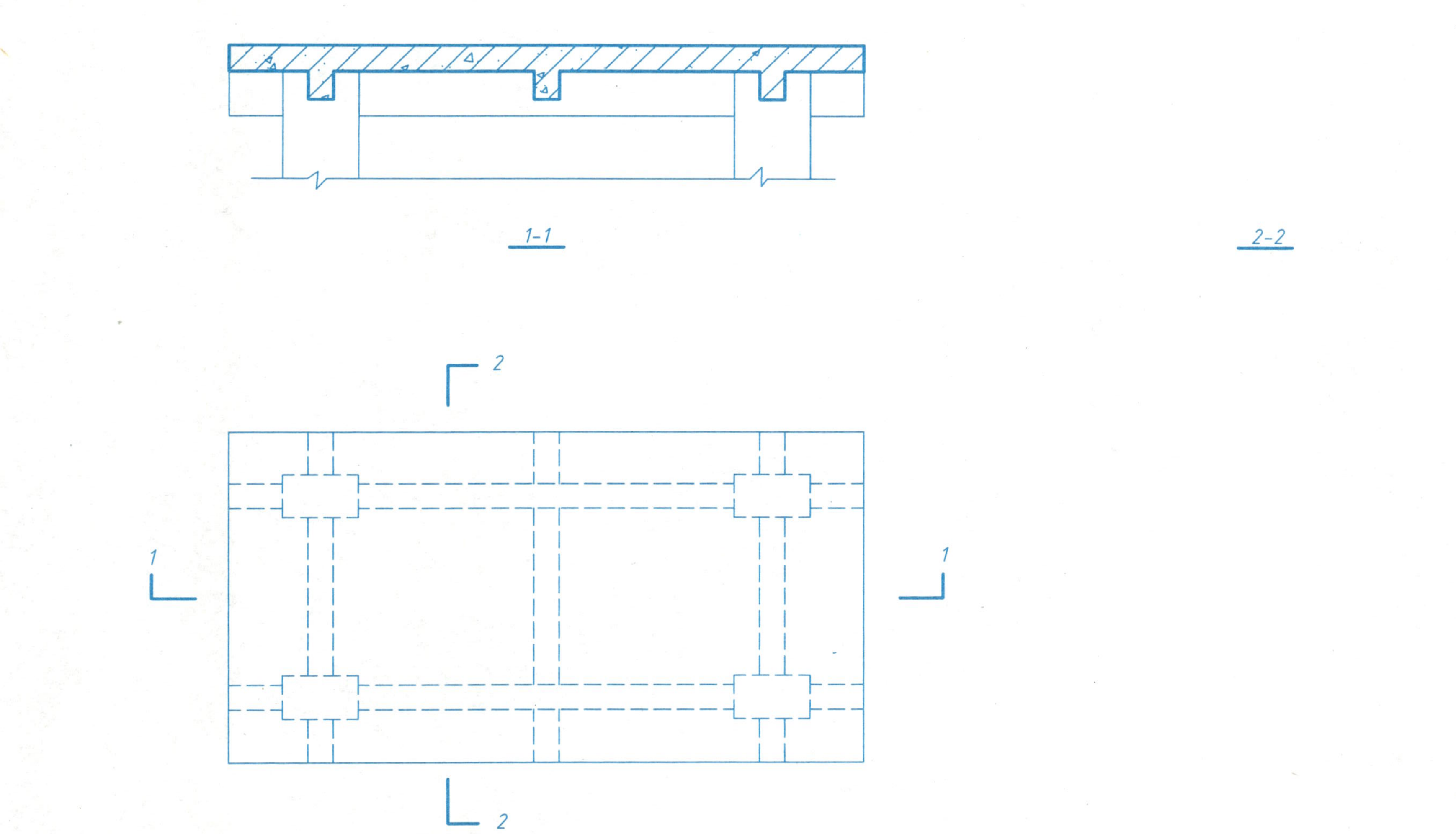

第2章	投影制图	专业班级		姓名		学号		评审		日期	

2－17　在指定位置作出柱子的断面图。

2－18　求屋面的重合断面图，坡面角 30°。

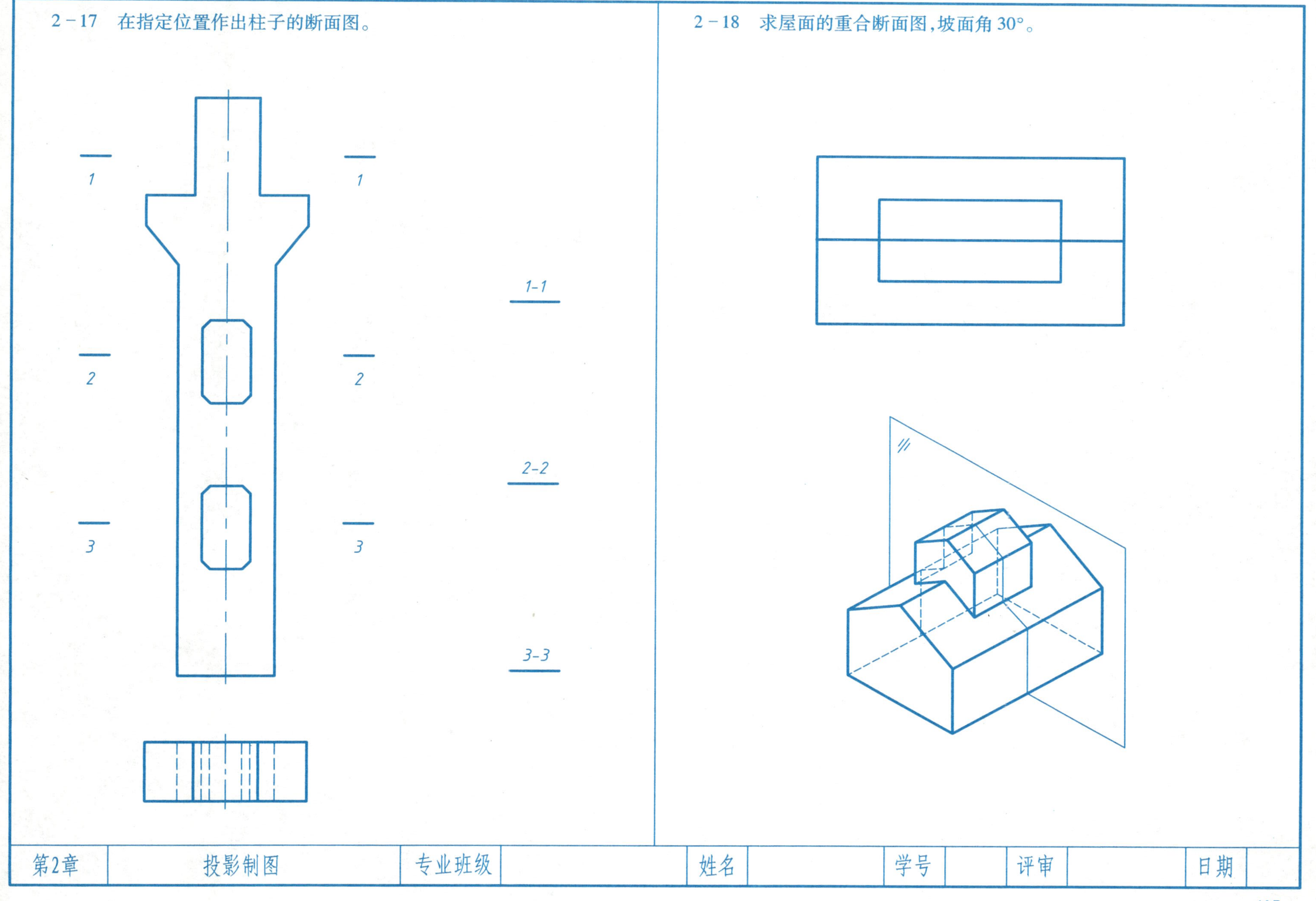

第2章	投影制图	专业班级		姓名		学号		评审		日期	

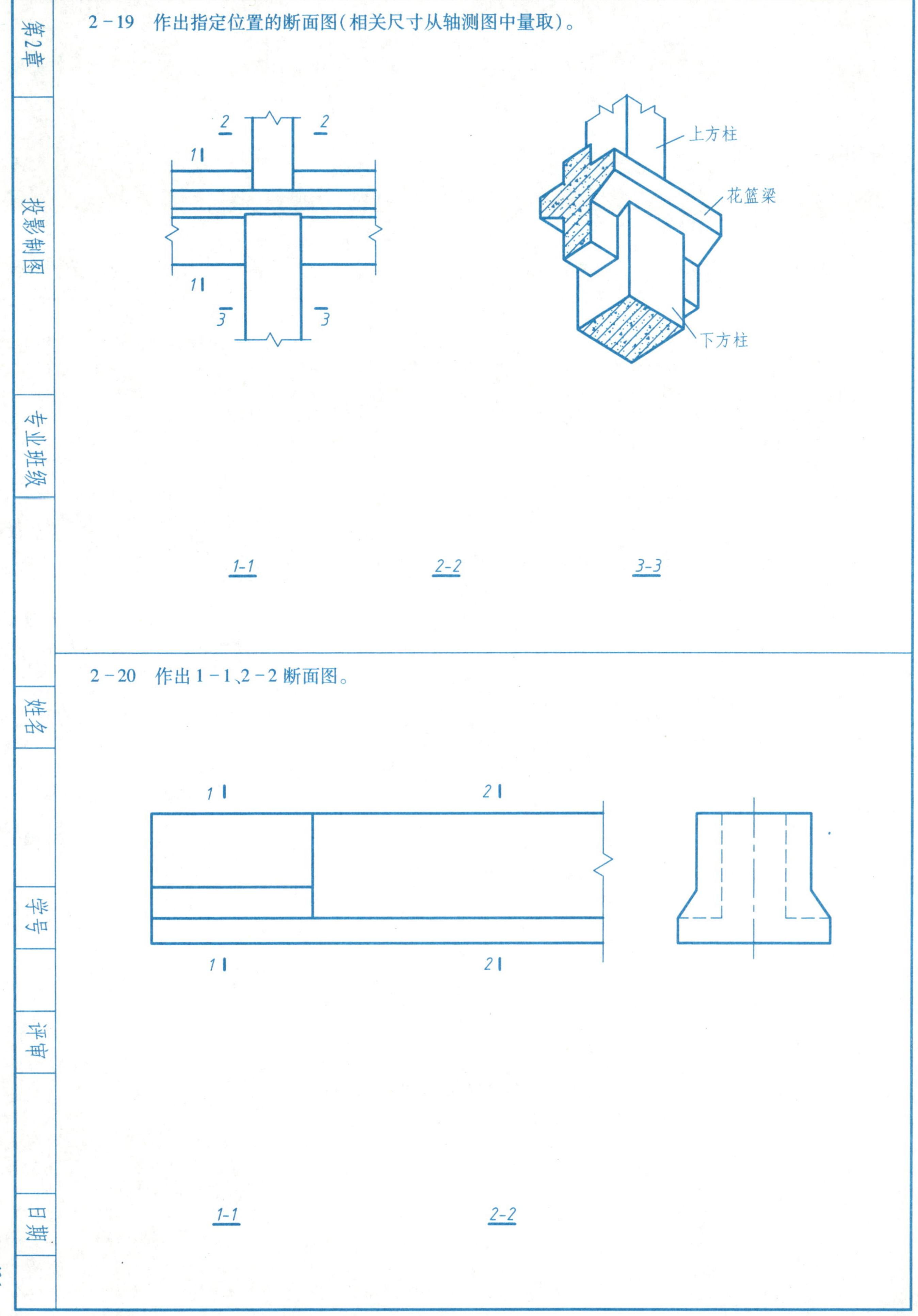
第2章
投影制图
专业班级
姓名
学号
评审
日期
2-19 作出指定位置的断面图（相关尺寸从轴测图中量取）。
2
2
1
1
3
3
上方柱
花篮梁
下方柱
1-1
2-2
3-3
2-20 作出1-1、2-2断面图。
1
2
1
2
1-1
2-2

2－21　将穿孔体的三视图改作适当的剖面，作指定位置的断面，并完成轴测剖面图。

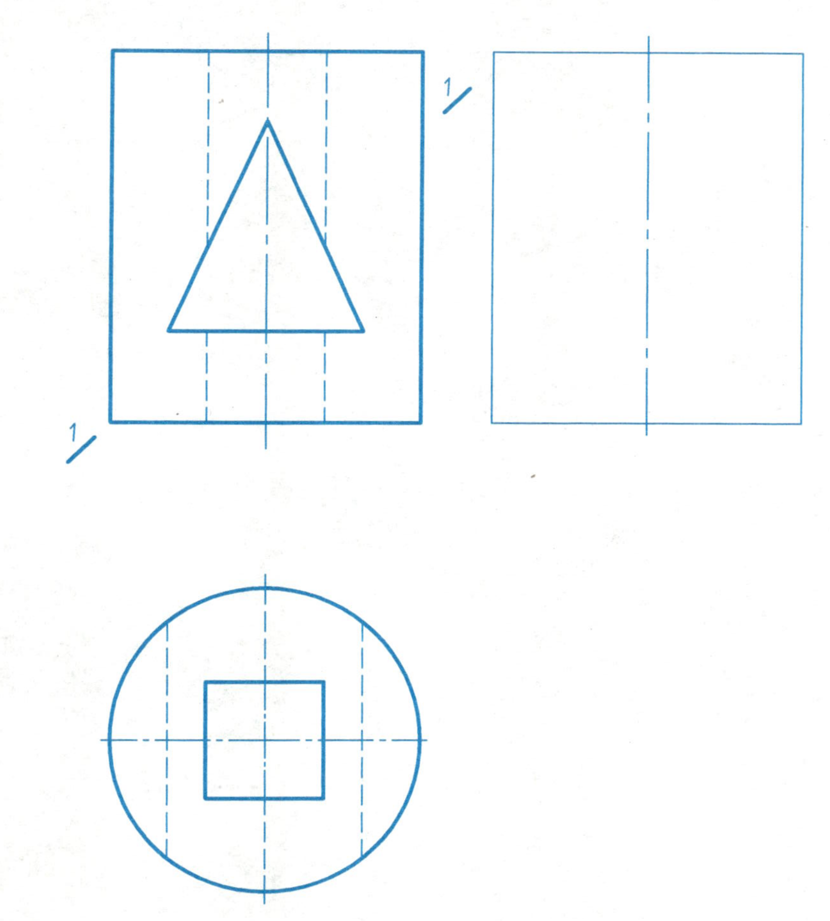

第2章	投影制图	专业班级		姓名		学号		评审		日期